新世纪电子信息与自动化系列课程改革教材

自动控制——建模·分析·设计

宫二玲　沈　辉　编　著

中国水利水电出版社
www.waterpub.com.cn
·北京·

内 容 提 要

本书针对工科院校普遍开设的“自动控制原理”课程，系统地阐述了经典控制理论和现代控制理论所涉及的基本内容。作为主要特色之一，本书将这些内容划分为模型篇、分析篇和设计篇三大部分。其中模型篇涵盖了连续时间系统的微分方程与传递函数模型、方框图与信号流图模型、频率特性模型、离散时间系统的差分方程与脉冲传递函数模型，以及作为现代控制理论基石的状态空间模型；分析篇包括连续时间系统的稳定性、瞬态性能、稳态性能分析，以及离散时间系统的性能分析，其中每一种性能分析都用到了多种方法，例如稳定性分析用到了 Routh-Hurwitz 判据、根轨迹方法、Nyquist 判定方法等；设计篇包括连续时间超前/滞后校正网络设计、离散时间数字控制器设计、状态反馈控制器设计、PID 与鲁棒控制器设计，以及最优控制器设计。

本书的另一大特色是全书贯穿了军事装备案例——高炮随动控制系统，包括对该系统各组成部分的介绍、各部件的数学模型以及全系统的数学模型，并在传递函数模型的基础上对系统进行性能分析和设计，从而将各篇中的基本理论和方法很好地加以运用。

本书还注重与当前先进的工具软件相结合，几乎在每章的理论阐述后，都介绍与之相关的 Matlab 命令或 Simulink 仿真模块，旨在帮助学生具备以现代手段分析设计控制系统的能力。

本书可以作为高等工科院校电气、机械、航空航天、自动化、化工等专业本科生的“自动控制原理”课程教材，也可供从事与自动控制系统相关的教师、研究生、科研或工程技术人员参考。

图书在版编目（C I P）数据

自动控制 ： 建模・分析・设计 / 宫二玲，沈辉编著
. -- 北京 ： 中国水利水电出版社，2016.11
新世纪电子信息与自动化系列课程改革教材
ISBN 978-7-5170-4889-3

Ⅰ. ①自… Ⅱ. ①宫… ②沈… Ⅲ. ①自动控制－高等学校－教材 Ⅳ. ①TP273

中国版本图书馆CIP数据核字(2016)第277981号

责任编辑：杨庆川　李　炎　　加工编辑：高双春　　封面设计：李　佳

书　名	新世纪电子信息与自动化系列课程改革教材 自动控制——建模・分析・设计 ZIDONG KONGZHI——JIANMO・FENXI・SHEJI
作　者	宫二玲　沈　辉　编　著
出版发行	中国水利水电出版社 （北京市海淀区玉渊潭南路 1 号 D 座　100038） 网址：www.waterpub.com.cn E-mail：mchannel@263.net（万水） sales@waterpub.com.cn 电话：（010）68367658（营销中心）、82562819（万水）
经　售	全国各地新华书店和相关出版物销售网点
排　版	北京万水电子信息有限公司
印　刷	三河市鑫金马印装有限公司
规　格	184mm×260mm　16 开本　29.25 印张　757 千字
版　次	2016 年 11 月第 1 版　2016 年 11 月第 1 次印刷
印　数	0001—3000 册
定　价	58.00 元

新世纪电子信息与自动化系列课程改革教材

编审委员会

新世纪电子信息与自动化系列课程改革教材

总　序

电子信息与自动化系列课程是专业适用面很广的课程系列。随着电子信息时代的到来，特别是进入21世纪之后，我国各级各类本科院校相当多的理工科专业都或多或少地开设了该系列课程中的课程。因此，提高该系列课程的教学水平、教学质量，对于提高我国高等教育水平和质量，增强当代大学生应用先进的信息技术解决专业领域问题的能力和业务素质，具有特殊重要的意义。而教材是课程内容和课程体系的知识载体，对课程改革和建设既有龙头作用，又有推动作用，所以要提高课程教学水平和质量，关键是要有高水平、高质量的教材。

正是基于上述认识，中国水利水电出版社推动成立了“新世纪电子信息与自动化系列课程改革教材”编审委员会，在经过近两年的深入调查研究的基础上，策划提出了本系列教材的编写、出版计划。

本系列教材总的定位是面向各级各类高等院校的本科教学，重点是一般本科院校的教学。整个教材系列大体分为电子信息与通信、计算机基础教育和测控技术与自动化三类，共约50本主体教材，它们既自成体系，具有信息类学科的系统性、完整性，又有相对独立性。参加本系列教材编写的作者全部是一些长期在重点大学从事相关课程教学的教授、副教授，大多是所在单位的学科学术带头人或学术骨干，不少还是全国知名专家教授、国家级教学名师和教育部有关“教指委”专家、国家级精品课程负责人等，他们不仅具有丰富的教学经验，而且具有丰富的相关领域的科研经验，对有关课程的内涵、特点、内容相关性及应用等都有较深刻的认识和切身体验。这对编写、出版好本系列教材是十分有利的条件。

本系列教材在编写时均遵循了以下指导思想：

（1）正确处理先进性和基础性的关系，努力实现两者的统一。

作为进入新世纪的新编信息类教材，既注重在原有同类教材的基础上推陈出新，努力反映学科技术的最新成就，使之具有鲜明的时代特征和先进水平，又注重符合教学规律、教学特点，突出基本原理、基本知识、基本方法和基本技术技能的阐述，着力培养学生应用基础知识分析、解决问题的创新思维能力和将来独立获取、掌握新知识，跟踪相关学科技术发展的能力。

（2）正确处理理论与实践的关系，切实贯彻理论与实践紧密结合的原则。

本系列教材绝大多数都是理论与实际结合紧密、实用性很强的课程教材，因此特别强调从应用的角度组织内容，在重视理论系统性的同时，尤其突出实践性、应用性，使学生学了以后懂得有什么用、怎么用。在教材内容阐释时，积极引入“案例”，将基本知识单元、知识点的讲解融入典型案例的解决和研究过程中，以培养学生解决工程实际问题的能力作为突破口。

（3）遵循“宽编窄用”的内容选取原则和模块化的内容组织原则。

凡教育部课程“教指委”制定了教学基本内容及要求的课程，所编教材均覆盖基本内容，满足基本要求；其他教材的内容选取也都尽量符合多数学校和国内外同行专家的共识。在此基础上再改革创新，努力从继承与发展的结合上来准确把握（取舍）内容。模块化的内容组织主要有利于适应不同专业、不同层次、不同学时数的教学组织和安排。

（4）努力贯彻素质教育与创新教育的思想，尽量采用“问题牵引”“任务驱动”的编写方式，融入启发式教学方法。

各知识单元尽量以实际问题、工程实例引出相关知识点，在启发学生分析、解决问题及实例的过程中，讲清原理和概念，提炼解决问题的思路和方法，着力培养学生的创新思维意识、习惯和能力，提高学生思考、分析、解决工程实际问题的素质和能力。

（5）注重内容编排的科学严谨性和文字叙述的准确生动性，务求好教好学。

在内容组织上，除条理清晰、逻辑严谨外，还尽量做到重点突出、难点分散、循序渐进，使学生易于理解。在文字叙述上，不仅概念准确、语言流畅，而且力求富有启发性、互动性、感染性、思想性，重视运用形象思维方法和通俗易懂语言，深入浅出地叙述复杂概念，说明难点问题。

（6）立足于形成立体配套的教材体系，以适应现代化教育教学方法手段的需要。

每本教材编写出版后都配套制作有 PowerPoint 电子教案，可从中国水利水电出版社网站上免费下载。大部分主教材出版后还将相继出版配套的辅助教材（包括教学辅导、习题解答、实验教程等），有的还将推出相应的多媒体教学资源库、CAI 课件和课程网站，为教师备课、教学和学生自主性、个性化学习提供更多更好的支持。

总之，本系列教材是近年来各位作者及其所在学校、学科课程教学改革和科学研究成果的结晶，在内容上、体系上、模式上有一定创新。我相信，它的出版将对推动我国高校电子信息与自动化系列课程的改革发挥积极的作用。

但是，由于电子信息与自动化类学科的内涵十分丰富，课程覆盖面很广，在组织策划本系列教材时难免有挂一漏万和不妥之处，所编教材质量也未必都能如愿，恳请广大读者多提宝贵意见，以使本系列教材渐趋合理、完善。

邹逢兴
2005 年 6 月

前　言

控制工程是一个充满新奇和挑战的领域，从本质上讲，它是一个跨学科的综合性领域，自动控制原理则是该领域的学习中非常重要的一门核心基础课程。一般而言，控制工程基本理论的学习可以采取两条不同的途径：一方面，由于控制工程建立在坚实的数学基础之上，因此可以将基本原理作为重点，从严格的理论角度进行学习，再将其应用到具体的工程实践中；另一方面，由于控制工程的终极目标是实现对实际系统的控制，因此也可以在设计反馈控制系统的实践中，凭直观和实践经验进行学习，不过没有理论的指导可能要走很多弯路。我们深信要能深入地、卓有成效地理解和掌握自动控制的基本思想和理论方法，就必须要系统地学习前人的研究成果，并对其进行重新发现和创新。这样，一本适用的教材就是必不可缺的，而本书即可作为工科类本科生学习自动控制基本原理时的教材。相较于目前为数众多的此类教材，本书具有如下显著特点：

1．重新整合经典控制和现代控制的基本内容，将其分为模型篇、分析篇、设计篇三大部分，这是本书的最大特色。这种篇章结构带来的好处是，更便于将研究同一问题的各种方法加以横向比较，进而做到融会贯通。

例如，在“模型篇”中，针对连续时间 LTI 系统分别介绍了微分方程模型、传递函数模型、方框图与信号流图模型、频率特性模型。其中微分方程模型是对连续时间系统的时域描述，也是根据系统运行的物理机理建立起来的最原始模型；当在零初始条件下，对微分方程两边同时进行 Laplace 变换后，就可以整理得到传递函数模型，它也是系统单位脉冲响应的 Laplace 变换；在传递函数模型的基础上，如果对系统内部结构了解得比较清楚，则可以用图示化的方式加以展示，即方框图模型或信号流图模型，当然由 Mason 公式也可以方便地再得到传递函数模型；在零初始条件下，对系统输入不同频率的正弦信号，其稳态输出仍是正弦信号，只是输出的幅值和相位是输入信号频率的函数，这就是系统的频率特性模型。事实上，频率特性模型也可以看作是系统单位脉冲响应的傅里叶变换。这样，我们就把用于描述连续时间 LTI 控制系统的四种模型有机地结合起来，同时可以认为它们是对同一个系统从不同角度的描述，具有“横看成岭侧成峰”的效果。对于离散时间 LTI 系统本书则介绍了差分方程、脉冲传递函数、状态空间三种模型。在“分析篇”中，对连续时间系统按照稳定性分析、瞬态性能分析、稳态性能分析将内容组织成三章。每一章中都运用多种方法对同一性能从不同角度进行分析。例如，稳定性分析中就采用了 Routh-Hurwitz 判据、根轨迹、Nyquist 判据三种方法，对同一个系统，三种方法的切入角度不同，但分析的结论应该是一致的。瞬态性能和稳态性能的分析中也采用了不同的方法加以比较。“设计篇”中对于校正装置的经典设计介绍了基于根轨迹和基于 Bode 图两种思路，现代控制系统设计中介绍了基于状态空间模型的状态反馈控制器设计方法。对于离散控制系统还介绍了基于模拟控制器的转换法和数字控制器的直接设计法。作为自动控制基本理论的延伸和拓展，“设计篇”中还介绍了 PID 控制、鲁棒控制和最优控制的基本思想。

2．不同于其他教材中常常采用的工业生产过程案例，本书自始至终贯穿了一个典型装备案例——高炮随动控制系统。除却在导论中对该系统的结构和工作原理加以介绍外，从全系统的数学模型建立，到系统的稳定性、瞬态性能、稳态性能分析，最后到系统性能的改进和设计，均作为每一篇的最后一章加以讨论。这样，一方面可以作为各篇所讲述基本理论知识的综合运用，另一方面又可以展现自动控制理论在装备系统中的具体应用。

3. 随着计算机和软件技术的迅猛发展，不论是从事实际工作的工程师还是在校学习的学生，都离不开 Matlab 这一强大工具的帮助。本书几乎在每章的最后一节都设置了 Matlab 应用专题，其中既包含对单条指令的介绍，又包含为解决一个实际问题而编制的 Matlab 脚本程序，以及程序运行后的结果。期望学习者可以通过仿照例程，切实掌握 Matlab 工具在控制系统建模、分析和设计中的运用。

4. 为方便数学基础较弱的学生学习本教材，我们还增加了 Laplace 变换、Z 变换和矩阵运算的基本内容作为附录 A、B、C，这三部分内容在自动控制原理的学习过程中是不可或缺的，必须要熟练掌握。

在本教材的编写即将完成之际，特别要提到国防科技大学的张湘平教授。作为本教材的负责人，早在 2010 年初，张教授即对教材的篇章结构进行了整体规划，提出了划分为模型篇、分析篇和设计篇的基本思想，并准备添加典型装备案例。在编写过程中，张教授亲力亲为，完成了第 1、2、3、16、17 章的编写任务，并负责全书的统稿。不幸的是，2012 年张教授罹患癌症。在和病魔抗争的过程中，他依然没有放弃本书的编写工作，精益求精，力求完美。如今，张教授已溘然仙逝。其余的编者只能化悲痛为力量，尽全力完成张教授的呕心沥血之作。其中宫二玲完成了第 5、7、8、10、11、12、15、18 章及附录的编写工作，沈辉完成了第 4、6、9、13、14 章的编写工作。还要特别感谢国防科技大学自动控制原理课程组的谢红卫教授、张明教授、韦庆教授、张辉教授、李兴玮副教授、孙志强讲师、白圣建讲师等同事的指导和帮助，以及“新世纪电子信息与自动化系列课程改革教材”丛书主编邹逢兴教授的鼓励与大力支持。

鉴于笔者水平有限，书中难免存在不妥和错误之处，恳请读者批评指正。

作　者
2016 年 5 月于国防科技大学

目　录

模型篇

分析篇

设计篇

第1章

导　论

作为整本书的开篇，本章将首先回顾自动控制发展的简史，展望自动控制的未来机遇与挑战；然后阐述自动控制的基本思想，包括自动控制系统的基本构成，开环控制和闭环控制的基本原理；介绍自动控制系统的类型，包括线性系统与非线性系统，定常系统与时变系统，连续系统与离散系统，单输入单输出（SISO）系统与多输入多输出（MIMO）系统；阐明对自动控制系统性能的基本要求，包括稳定性、瞬态响应的快速性和平稳性、稳态过程的准确性三个方面；作为整本书循序渐进实例的基础，最后将介绍高炮随动控制系统工作的基本原理。

1.1 概述

1.1.1 自动控制简史

人们普遍认为自动控制在工程中的最早应用可追溯到工业革命期间的瓦特蒸汽机，1788 年英国机械师 James Watt 发明了飞球式调节器（也称离心式调节器），并将它创造性地应用到蒸汽机的速度控制[1]。这项发明实现了蒸汽机的安全和可靠操作，从而使蒸气—动力工业得到了快速发展，瓦特蒸汽机也因此而闻名遐尔。

James Watt 是一个擅长实践的工程师，他没有太多的时间进行理论分析。但是，他仍然观察到在一定条件下，蒸汽机的速度调节过程中所出现的振荡现象。削弱这种振荡现象——也就是以后被众所周知的不稳定现象，是所有控制系统设计的一个重要特点。1868 年，英国物理学家 J.C.Maxwell 发表了《论调节器》一文[2]，在理论上通过平衡点附近的线性化处理，用线性微分方程为蒸汽机的调节器建立了数学模型，并证实系统的稳定性取决于特征方程的所有根是否具有负实部，从而揭开了创立古典控制理论的序幕。此后，英国数学家 E.J.Routh 和德国数学家 A.Hurwitz 分别在 1877 年和 1895 年独立地建立了直接根据代数方程的系数判别系统稳定性的准则[3,4]。1893 年，俄国数学家 A.M.Lyapunov 用严格的数学分析方法全面论述了系统稳定性问题，他的稳定性理论至今还是研究系统稳定性的重要方法。

在 20 世纪 20～40 年代之间，曾经涌现出许多研究古典控制理论的重要学者，如 Minorsky、Black、Nyquist，Hazen 和 Bode 等。1922 年，Minorsky 研制出船舶操纵自动控制器，并且证明了如何从描述系统的微分方程中确定系统的稳定性；1927 年，Black[5]在解决电子管放大器失真问题时首先引入了负反馈的概念，并研究了反馈放大器；1932 年，Nyquist 提出了一种基于开环频率响应的闭环系统稳定性分析方法[6]；1934 年，Hazen 提出了用于位置控制系统的伺服机构的概念，并且研究了可以精确跟踪输入信号变化的继电式伺服机构；1940 年，Bode[7]采用频域方法，分析了反馈放大器的设计。他们的工作既为古典控制理论奠定了基础，同时也促进了二次世界大战中的许多武器和通信自动化系统的研制工作，例如，针对防空火力控制系统中的军事技术问题，科学家们设计出各种精密的自动调节装置。二次大战后到 20 世纪 50 年代中期，由于生产和军事的需要，古典控制理论又得到了新发展，添加了 Evans 的根轨迹法[8,9]、非线性系统的谐波近似法（描述函数法）、采样控制系统等新内容。到 20 世纪 50 年代末期，古典控制理论已经形成了比较完善的理论体系，并在工程实践中得到了许多成功应用。1954 年，中国科学家钱学森全面地总结和提高了古典控制理论，出版了一本具有重要国际影响的著作《工程控制论》[10]。值得指出的是，在古典控制理论的发展过程中，开始和后来都曾用过时域方法，如微分方程和差分方程描述等，但频域法却是主导的。同样，古典控制理论的发展后期，也曾研究过多变量系统和非线性系统，但从整体上看，还是以研究单变量线性定常系统为主的。

随着人造卫星和空间时代的到来，人们迫切需要解决多变量控制问题，这样自动控制又有了新的推动力。1956 年，俄国数学家 L.S.Pontryagin 提出极大值原理，同年美国数学家 R.Bellman 创立动态规划，极大值原理和动态规划为解决最优控制问题提供了理论工具。1959 年，美国数学家 R.E.Kalman 提出著名的卡尔曼滤波器。1960 年，Kalman 又提出两个揭示系统内在属性的能控性和能观性概念[11,12]。此外，Kalman 还引入状态空间法，提出具有二次型性能指标的线性状态反馈律，对线性控制系统给出了最优调节器的概念。至此，古典控制理论的发展与现代控制理论接轨。数字计算机的出现对现代控制理论的发展起到了强大的推动作用，在20世纪60～80年代之间，不论是系统辨识与建模，还是系统的自适应与学习控制，都得到了充分的研究。从1980年至今，现代控制理论的研究主要集中于鲁棒控制和H_∞控制等。目前现代控制理论已形成了多个重要分支，包括系统辨识、最优控制、自适应控制、综合自动化、大系统理论、非线性系统理论、模式识别与人工智能、智能控制等。

自动控制理论（包括：古典控制理论和现代控制理论）的建立和发展，不仅推动了自动控制技术的发展，而且也推动了其他邻近学科和技术的发展。早在1948年，美国数学家N.Winner就把反馈的概念推广到生物控制机理、神经系统、经济及社会过程等非常复杂的系统，他出版的名著《控制论》具有划时代的意义[13]半个多世纪以来，自动控制已经从一个以反馈理论为基础的自动调节原理，发展成为一门包括工程控制论、生物控制论和经济控制论在内的独立的学科——控制论。表1.1给出了自动控制发展的主要历程。

表1.1　自动控制简史表

年代	重要事件	说明
1788	James Watt发明了飞球式调节器（也称离心式调节器），并将它创造性地应用到蒸汽机的速度控制。蒸汽机常常被认为是英国工业革命开始的标志。工业革命时期机械化水平有了巨大的提高，这是自动控制发展的前奏	严格地说，飞球式调节器并不是James Watt发明的，早在1776年Fuller就使用飞球式调节器来测量风力磨粉机的转速，James Watt只是将这些原理运用于蒸汽机，才使得飞球式调节器闻名于世。可见，创造性地运用前人知识是非常重要的
1868	J.C.Maxwell用系统的观点，把调节器和调节对象合在一起考虑，用微分方程来进行研究，为蒸汽机的调节器建立数学模型	J.C.Maxwell解释了速度调节过程中所出现的振荡现象，并指出系统的稳定性取决于微分方程的特征根是否都具有负实部
1877	E.J.Routh 建立了直接根据代数方程的系数判别系统稳定性的准则	E.J.Routh所提出的方法被称为Routh稳定性判据，他也因此贡献而获得了当时设立的Adams奖
1893	A.M.Lyapunov 用严格的数学分析方法全面论述了系统稳定性问题，他的稳定性理论基本上就是现在所说的状态变量法控制理论	A.M.Lyapunov的理论是基于非线性运动微分方程而建立的，也包括符合 Routh 稳定性判据的线性微分方程的结论，但直到1958年才被录入控制文献
1895	A.Hurwitz 建立了直接根据代数方程的系数判别系统稳定性的准则	A.Hurwitz所提出的方法与Routh稳定性判据在形式上不同，但本质上是一样的
1927	Black 在解决电子管放大器失真问题时首先引入了负反馈的概念，并研究了反馈放大器	Black是贝尔实验室的一名年轻的工程师，他的负反馈灵感来源于他长期从事电子振荡器的研究
1932	Nyquist 提出了一种基于开环频率响应的闭环系统稳定性分析方法	Nyquist的方法可在系统数学模型未知的情况下，利用频率响应数据来简便地分析系统的稳定性
1940	Bode采用频域方法，分析了反馈放大器的设计	频率响应分析法是古典控制理论的核心内容之一
1942	Nichols和Ziegler提出PID控制器参数整定表	50多年过去了，他们的研究成果现在仍在使用
1946	Evens提出了线性反馈系统的根轨迹法	根轨迹法是古典控制理论的又一核心内容
1948	N.Winner出版了名著《控制论》	N.Winner 把反馈的概念推广到生物、神经、经济及社会等非常复杂的系统
1954	钱学森出版了重要著作《工程控制论》	钱学森全面地总结和提高了古典控制理论

续表

年代	重要事件	说明
1956	L.S. Pontryagin 和 R.Bellman 分别提出了极大值原理和动态规划	极大值原理和动态规划为解决最优控制问题提供了理论工具
1960	R.E.Kalman 提出了滤波器理论，以及基于状态空间法的系统能控性、能观性	状态空间法为解决多变量系统的控制问题提供了理论工具
1970～1980	现代频域法、数字控制、自适应控制、非线性控制、预测控制、智能控制、模糊控制等理论的产生与发展	系统辨识与建模、自适应与学习控制等都得到了充分的研究
1980至今	现代控制理论主要研究鲁棒控制、H_∞ 控制以及大系统理论等	目前鲁棒控制系统设计得到了广泛研究与应用

1.1.2 自动控制的未来机遇与挑战

当前，无处不在的分布式计算、通信以及传感系统已经给我们营造了一个获取丰富信息资源的环境，各种计算机软件系统已经开始以多种集成方式与物理系统进行互联从而构成不同层次结构的大系统；与此同时，计算机技术的飞速发展，也极大地提高了我们处理和交互大量数据的能力，这些在20年前是无法想象的。那么，在这种情况下，自动控制在未来将面临什么样的机遇与挑战呢？

首先，人们对这种大系统提出了比单个控制单元要高得多的控制性能要求，并且这里所谈的控制系统与“单物理过程和单控制器”的传统控制系统观念有很大差别，它被视为是一个由各种不同物理和信息子系统构成的、且各子系统之间存在相互关联与相互作用的系统。对于这样的系统，自动控制的一个重要发展趋势就是从低层次的控制转向更高层次的优化调度与控制，比如，将若干个局部反馈控制回路和企业的生产计划与调度信息系统进行集成。这种非传统意义下的自动控制必将会在高效、高产、安全、可靠的实际需求牵引下获得巨大的发展空间和机遇。另外，在信息技术的支撑下，自动控制作为军事领域的关键技术也越来越表现出它的重要作用。比如，可实现自主或半自主操作的无人系统，避免战斗人员的伤亡；可实现重构的指挥与控制系统，适应瞬息万变的战场环境。因此，自动控制在当前新军事技术变革中的应用前景是不言而喻的。

显然，为了充分挖掘自动控制的应用潜力，我们迫切需要发展自动控制的新理论、新方法及新技术。在这种新的挑战中，我们将主要面临这样一些待研究的课题：

（1）符号逻辑与连续动力学控制系统

下一代系统将包含连续变量（比如：电压、位置、浓度）和逻辑运算（比如：符号推理和决策）。现有的理论还不能很好地解决这类系统的控制问题，特别是对于大系统更是如此。

（2）分布式、时间不同步及网络环境下的控制系统

考虑到分布式计算和数据通信时间不同步等方面因素的影响，这类控制系统要求发展新的理论来确保系统的稳定性、快速性以及鲁棒性。

（3）高级调度与自治系统

反馈控制与决策系统日益紧密的结合，相继产生了许多具有高级调度与自治功能的系统，比如：企业的生产供应链管理系统，空中交通管理与控制系统，军事指挥与控制系统等。为了适应现场环境的复杂多变性，就必须将鲁棒控制系统的分析与设计方法推广应用到这类系统的高级决策层。

（4）控制、验证及校验一体化的自动综合设计

未来工程系统将要求能够对系统进行快速设计、重新设计及实施相应控制。为此，研究人员需要开发更强劲的设计工具，以便能够自动完成整个控制设计过程，该设计过程一般包括系统建模、硬件回路仿真及系统级模型验证与校验等。

（5）高可靠性控制系统

高可靠性是大多数工程系统所需要的，这就要求研究先进的设计方法以使得系统在发生故障时能够通过自动重构等技术来确保系统的可靠运行。

虽然机遇和挑战是并存的，但是任何科学技术的进步从来不是一蹴而就的，它需要我们多年的不懈努力！

1.2　自动控制的基本思想

1.2.1　自动控制的基本概念

所谓自动控制，就是在没有人直接参与的情况下，利用控制装置使被控对象中的某一（或数个）物理量按照预定的规律变化。可见，自动控制实际上就是通过控制装置来取代人的工作以完成预期的控制目标。为了加深对这个概念的理解，这里剖析一个容器内液面位置的人工控制过程，如图 1.1 所示[14]。首先，操作者将期望保持的液面高度作为参考位置存放在脑海中；然后，通过眼睛随时观察容器内实际液面高度的变化，如果流入容器的液体多于流出容器的液体，那么容器内的液面将会升高，反之，则会降低；显然，液体的流入和流出对于保持恒定的液面高度而言，起到了相反的作用，因此，我们可将它们视为对系统的干扰；最后，操作者将观察到的实际液面高度与脑海中液面的参考位置进行比较，并通过手及时调节阀门位置来控制液体输出流量的大小，以达到保持液面高度的目的。

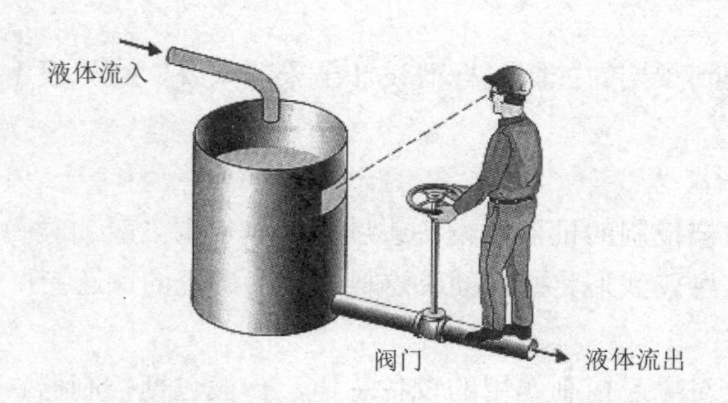

图 1.1　容器内液面位置的人工控制过程示意图

对于以上人工控制过程，我们可用如下原理框图来进行描述，如图 1.2 所示。

如果要对容器内的液面位置实现自动控制，那么就要用一些物理装置来代替人的工作。比如：用电子装置代替脑来给定参考位置（给定值）；用传感器代替眼来测量容器内液面实际位置（输出量）的变化，并将此测量信号传送到给定输入端（反馈量）；用比较器代替脑来比较实际位置与参考位置的差异并形成偏差信号；依据此偏差信号用控制器代替脑来形成相应的控制指令；依据此控制指令用执行机构（包括功率放大器和控制电机等装置）代替手来调节阀门位置。这样就可构成一个如图 1.3 所示的自动控制系统。

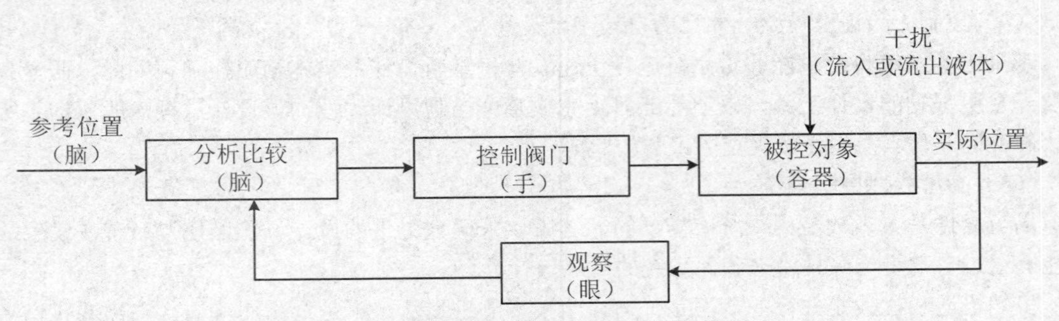

图 1.2　容器内液面位置的人工控制原理框图

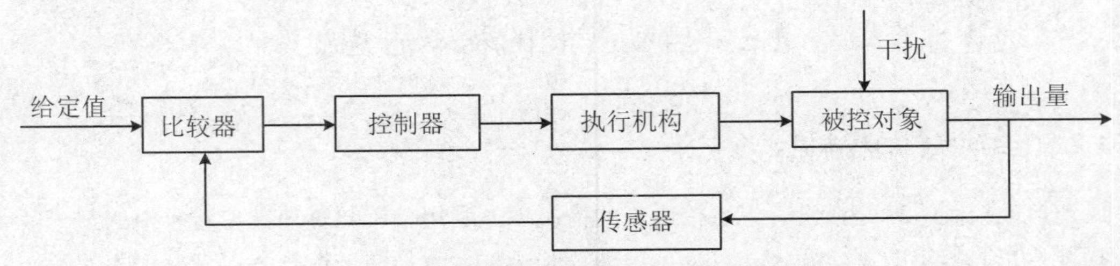

图 1.3　容器内液面位置的自动控制原理框图

其实，在自动控制原理中，图 1.3 所示的自动控制系统是具有一般意义的。于是，可由此给出一些关于自动控制的基本概念：

（1）系统

系统是一些部件（环节）有规则的组合，这些部件（环节）组合在一起，完成一定的任务。对“系统”概念的理解不应局限于物理系统，系统是对物理、生物、经济等学科领域中的动态现象的一种高度概括与抽象。

（2）控制系统

控制系统是指为了达到预期的控制目标而设计出来的系统，它一般由控制装置和被控对象两部分组合而成。

（3）被控对象

被控对象是指系统中被控制的机器、设备或过程，如宇宙飞船、导弹制导、飞机驾驶系统以及工业生产过程等，有时也被称为受控对象或控制对象。

（4）控制装置

控制装置是指对被控对象起控制作用的设备总体，一般包括控制器、执行机构、传感器、比较器四个部分。

（5）控制器

控制器被用于接收偏差信号并依据此偏差信号形成对被控对象进行操作的控制信号。

（6）执行机构

执行机构被用于接收控制信号并依据此控制信号直接作用于被控对象，使其输出量发生变化。用来作为执行机构的有阀门、电动机、液压马达等。

（7）传感器

传感器被用于对输出量进行测量并转换成能与给定输入量进行比较的反馈量，有时也被称为反馈元件或测量元件。

（8）输入量

输入量是指对系统的输出量有直接影响的外界输入信号，既包括给定输入量又包括干扰。其中给定输入量有时也被称为参考输入或给定值。

（9）输出量

输出量是指系统被控制的物理量，它与输入量之间有一定的函数关系。

（10）干扰

干扰是指对系统的输出量产生相反作用的信号，若干扰产生在系统的内部，则称之为内扰；若干扰产生在系统的外部，则称之为外扰，外扰也是输入量的一种。

（11）反馈量

反馈量是指将系统（或环节）的输出信号经变换、处理送到系统（或环节）输入端的信号。若此信号是从系统输出端取出送到系统输入端（如图1.3所示），则称这种反馈信号为主反馈量；若此信号是从环节输出端取出送到环节输入端（这种情形在以后的章节中将遇到），则称这种反馈信号为局部反馈量。

（12）偏差

偏差是指给定输入量与主反馈量之差。

1.2.2 开环控制系统

所谓开环控制系统，就是无反馈回路的控制系统。在这样的系统中，系统的输出量对控制作用没有影响，它既不需要对输出量进行测量，也不需要将输出量反馈到系统的输入端，并与输入量进行比较。开环控制系统的一种最常见的形式就是按给定值进行控制，系统框图如图1.4所示，其特点是给定值向输出量进行单向信号传递。

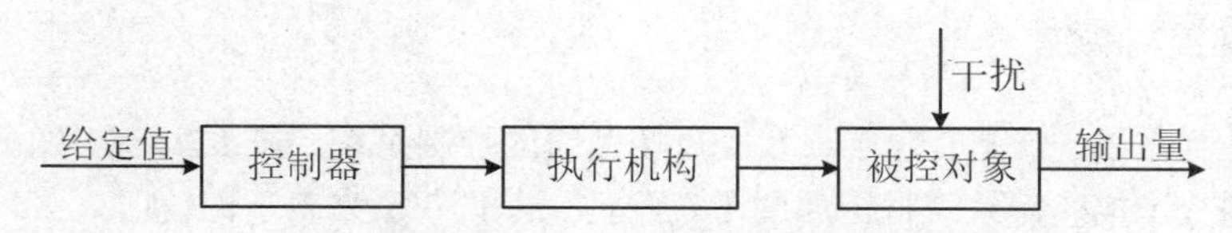

图1.4 按给定值进行控制的开环控制系统框图

由于开环控制系统既简单又经济，因此在现实生活中我们可以找到许多这类系统。比如，汽车驾驶控制系统就是一个实例[14]，如图1.5所示。其中，汽车方向盘为控制器，司机通过它向汽车发出控制信号；主轮驾驶传动机构为执行机构；整个汽车为被控对象；汽车实际方向为输出量；而汽车的期望方向为输入量。当然，与此系统相似的还有船艇、载人飞机、载人宇宙飞船等。

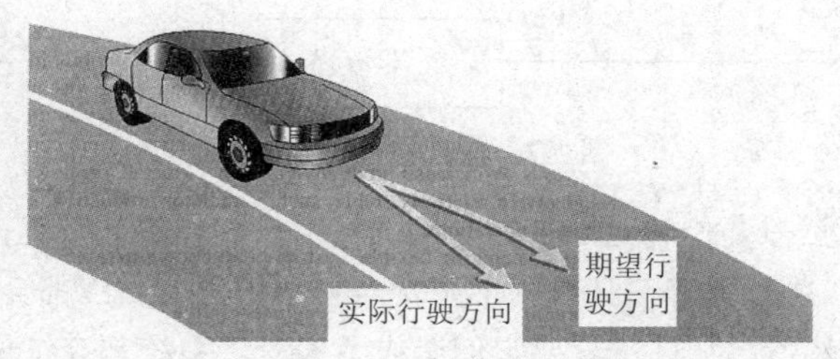

图1.5 汽车驾驶控制系统示意图

再比如，洗衣机也是一个开环控制的实例。在洗衣机中，浸湿、洗涤、漂清、甩干等过程都是按照一种时基顺序进行的，洗衣机不必对输出量，即衣物的清洁程度进行测量。应当指出，按时基运行的任何控制系统都是开环控制系统，例如，采用时基运行的交通管制等。

虽然这种控制方式较为简单，但是由于系统的精确度取决于标定的精确度，即对应于每一个输入量，要求有一个固定的工作状态与之对应，因此，当被控对象或控制装置受到干扰时，开环控制系统便不能完成既定任务。从另一种意义理解，这意味着开环控制系统对被控对象和其他控制元件技术提出了较高要求。

开环控制系统的另一种最常见的形式就是按干扰补偿进行控制，系统框图如图 1.6 所示。在工程实践中，机械加工中的恒速控制（如稳定刀具转速），以及电源系统的稳压、稳频控制等，就常用这种控制方式。这种控制方式的原理是：测量系统正常运行时的外部干扰，此测量信号与给定值一起，通过控制器和执行机构对被控对象产生控制作用，以补偿干扰对输出量的影响。这种控制方式具有开环控制的基本特征，即：系统中不存在反馈回路，且输入量（给定值和干扰）向输出量进行单向信号传递。应当指出，由于测量的是外部干扰，所以这种控制方式只能对可测干扰进行补偿，对于不可测干扰或内部干扰，它将无法补偿这些干扰对系统输出量所造成的影响，因此这类控制系统的精确度仍然受到原理上的限制。

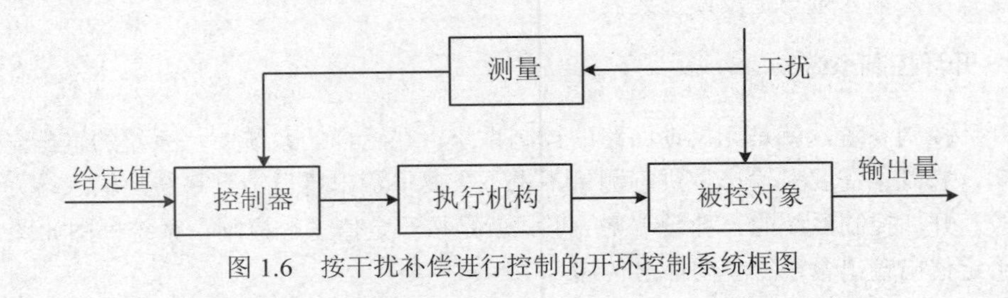

图 1.6　按干扰补偿进行控制的开环控制系统框图

1.2.3　闭环控制系统

所谓闭环控制系统，就是有一个或多个反馈回路的控制系统。在 1.2.1 节中，已对这类控制系统的基本思想进行了描述，系统框图如图 1.7 所示，这里用⊗来表示比较器。

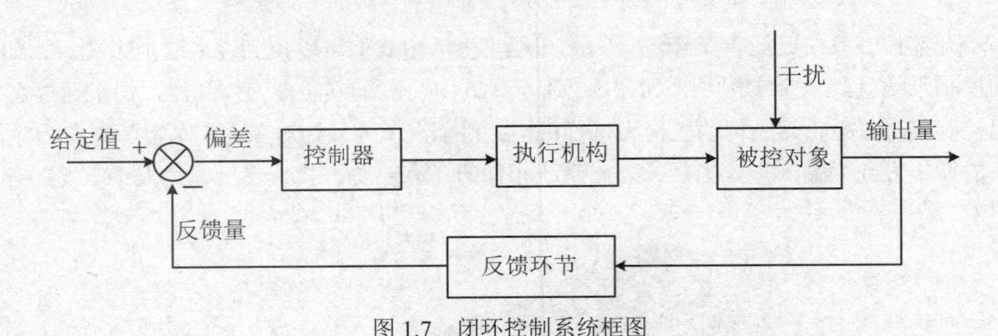

图 1.7　闭环控制系统框图

由图 1.7 可知，虽然需要控制的是被控对象的输出量，但是这里真正起控制作用的却是输出量相对于给定值的偏差。由于外部干扰和内部干扰对系统的影响最终都会体现在输出量的变化上，所以无论是外部干扰还是内部干扰，只要它们造成了偏差，系统都会按偏差进行调节。这就在原理上克服了开环控制系统的缺陷，从而为实现高精度控制提供了可能性。这种控制方式的显著特点就是系统中的信号沿反馈回路往返传递，也就是我们称之为闭环控制或反馈控制的缘由。

闭环控制系统作为自动控制系统的主要实现形式，在现实世界中是随处可见的，无论是家庭中使用的汽车、电子消费品，还是在企业、交通、通信、军事、太空等领域，它都扮演着重要角色。关于闭环控制系统实例，读者可根据自己的兴趣从各种控制书籍和资料中获得。这里仅介绍一例，其主要目的在于使读者能进一步加深对闭环控制的理解。

当你自豪地乘坐在飞奔的上海磁悬浮列车（最高速度为341公里/小时）上，如图1.8所示，在感受现代自动控制技术魅力的同时，你是否有兴趣来探究一下这个“庞然大物”是怎样悬浮起来的？简单地说，该列车的悬浮就是利用电磁效应原理，通过电流激励线圈产生磁力，来实现对铁磁物体的无接触支撑等控制。

图1.8　2003年初在上海建成的世界上第一条高速磁悬浮铁路商业运营线

为了对此悬浮过程作进一步的说明，我们来看一个磁悬浮钢球控制实验，实验装置如图1.9所示。

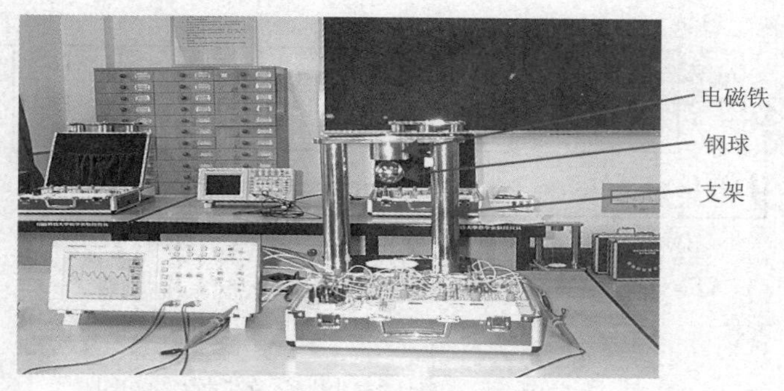

图1.9　磁悬浮钢球控制实验装置①

磁悬浮钢球控制实验的基本原理是：电磁铁线圈通电后会在其两端产生磁场，通过控制线圈电流，使其产生的磁场强度刚好能够产生与钢球重力相等的吸力，从而使钢球与电磁铁保持一定距离且稳定地悬浮。一种很容易想到的控制方式就是采用开环控制，即：若将电磁铁的线圈电流设在某一固定值（要求能够产生足够的磁场），则在某一个位置上电磁铁能够刚好吸引钢球悬浮。但是这个位置对钢球来说是不稳定的平衡位置，一点小的干扰就可能导致钢球掉落或被电磁铁吸住。由于在实际系统中各种各样的干扰是不可避免的，因此采用开环控制是不可能稳定地悬浮钢球的。为此，必须通过闭环控制来使原本不稳定的物理系统变成一个具有一定稳定裕度的稳定系统，即控制钢球

① 国防科技大学实验室装置，版权所有。

稳定地悬浮在电磁铁正下方的某个位置。磁悬浮钢球闭环控制系统的工作原理如图 1.10 所示。

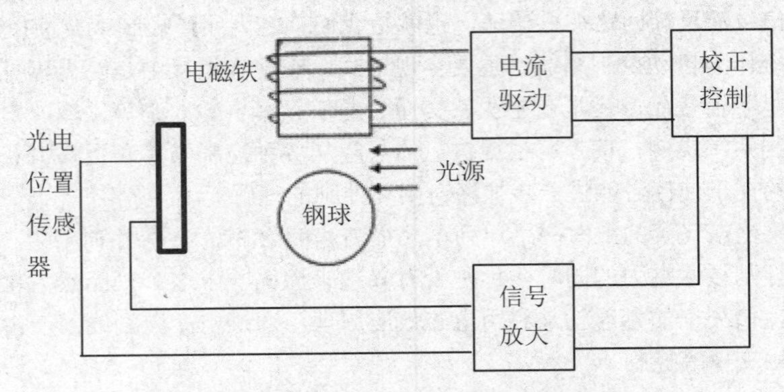

图 1.10　磁悬浮钢球闭环控制系统的工作原理图

在这个系统中，给定值是钢球悬浮在电磁铁正下方的给定位置，由于钢球的大小和质量已知，且可在给定激磁电流下，通过改变钢球与电磁铁之间的距离来实验测量钢球所受电磁力的变化曲线，因此这个给定值实际上是以给定激磁电流的方式给出的；输出量是钢球悬浮在电磁铁正下方的实际位置；反馈量是光电位置传感器对钢球实际位置的检测量；干扰来自不可预计的外力和系统内部参数的变化。需要指出的是，由于在系统设计中巧妙地进行了光路设计，因此给定值与反馈量之间的比较，实际上是通过检测光通量的改变来获得偏差的。另外，控制器由信号放大和校正控制两部分组成；执行机构由电流驱动和电磁铁两部分组成；被控对象是钢球。磁悬浮钢球闭环控制系统框图如图 1.11 所示。

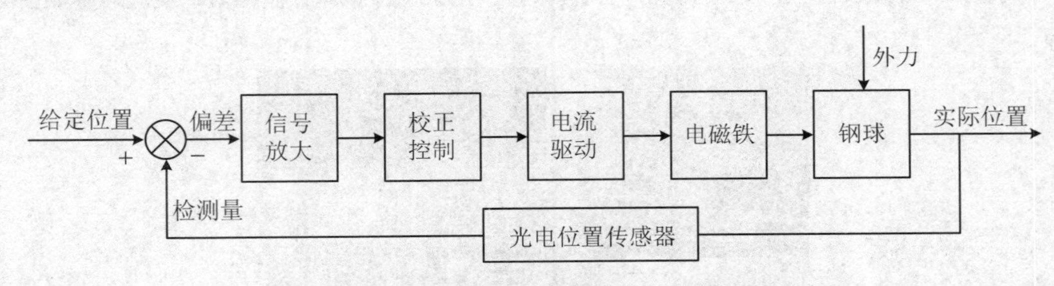

图 1.11　磁悬浮钢球闭环控制系统框图

1.3　自动控制系统的类型

自动控制系统的种类很多，其结构性能和完成的任务各不相同，如何对它们进行划分呢？这完全取决于我们的划分目的。比如，按照分析和设计的方法可划分为线性系统与非线性系统、定常系统与时变系统；按照信号类型可划分为连续系统与离散系统；按照系统的输入量和输出量的数目可划分为单输入单输出系统（单变量系统）与多输入多输出系统（多变量系统）。为了便于以后各章的论述，这里将对本书所涉及的主要系统类型进行描述。

1.3.1　线性系统与非线性系统

线性系统是指组成系统的元器件均具有线性特征，因此可用一个或一组线性微分方程来描述系统的输入—输出关系。线性系统的主要特点是满足线性叠加原理，即具有齐次性和叠加性。严格地说，在现实世界中线性系统是不存在的，因为任何物理系统都会在某种程度上表现出非线性特性，比如放大器的饱和特性、电磁阀的继电特性、齿轮传动的间隙特性以及由传感器的不灵敏区所造成的死区特性等。因此，所谓非线性系统就是在系统中若有一个元器件的特性不能用线性微分方程来描述，则这种系统被称为非线性系统。非线性系统的一个重要特点就是不能应用叠加原理，这就使非线性系统的问题求解变得非常困难。为了绕过这个数学难关，人们常引入“等效”线性系统来代替非线性系统，比如，对于许多机械元件和电气元件来说，由于它们的线性范围相当宽，因此经常可以通过限制这些元器件的输入、输出信号幅值来保证它们的线性特性；再比如，对于热力元件和流体元件来说，虽然它们一般不具有较宽的线性范围，但是在它们的工作点（或平衡点）附近，却可以通过 Taylor 展开等线性化方法来获得它们的近似线性特性。尽管这种“等效”线性系统仅在一定的工作范围内是有效的，但是一旦用线性数学模型来近似地表示非线性系统，就可以采用一些线性的方法来分析和设计系统。由此可见，线性系统并不是一个“空中楼阁”，在实际控制系统的分析与设计中，它是一种被广泛采用的模型。

1.3.2 定常系统与时变系统

如果描述系统的微分方程中的各项系数皆是与时间无关的常数，则这种系统被称为定常系统。与线性系统的定义一样，定常系统也是一种理想化的模型，其实大多数物理系统都是包含时变因素的，比如在电动机启动或内部温度升高时，它的绕线电阻值就是一个随时间而变化的量；再比如随着飞船上燃料的消耗，它的重量会随时间而变化，并且当飞船飞出地球后，它所受到的重力也会随时间而变化。因此，只要描述系统的微分方程中有一项系数是时间的函数，则这种系统就被称为时变系统。值得指出的是，尽管不考虑非线性因素的时变系统仍然是一个线性系统，但是对这类系统的分析与设计却往往会因考虑了时变因素而变得更加复杂，正是基于这个原因，在工程实际中，人们常常会通过各种合理假设来忽略系统中各种时变因素，从而用一个线性定常模型来对系统进行描述。本书的大部分内容都是围绕线性定常模型来展开的。

1.3.3 连续系统与离散系统

连续系统是指系统中所有元器件的信号都是关于连续时间变量 t 的函数，通常可将这类系统进一步划分为交流控制系统和直流控制系统。不过这里的“交流”和“直流”与电气工程中所定义的“交流”和“直流”是不同的，在控制系统的术语中，交流或直流控制系统具有特殊含义。所谓交流控制系统是指系统中的信号可以按某种方式进行调制，比如在飞机或导弹控制系统中，为了避免低频噪声的影响，就常采用 400Hz 或更高的载频来对系统中的信号进行调制，一个典型的交流控制系统通常由自整角机、交流放大器、交流电动机、陀螺仪、加速度计等组成；所谓直流控制系统也并不是指系统中不存在交流信号，而是指不对系统中的信号进行调制，比如常见的恒值调节系统（如工业过程中恒温、恒压、恒速等控制系统）就属于直流控制系统的范畴，一个典型的直流控制系统通常由电位器、直流放大器、直流电动机、测速计等组成。值得指出的是，并不是所有的连续系统都是可以严格地划分为交流或直流控制系统的。在实际应用中，一个控制系统还可以以“交流”和“直流”的混合形式来构成，不过这时需要在系统中采用调制器和解调器来实现信号之间的匹配。

离散系统是指系统中有一处或一处以上的地方存在脉冲或数字信号，通常可将这类系统进一步划分为采样或脉冲控制系统和数字控制系统。如果采用了采样开关，将系统中的连续信号转变为离散的脉冲信号，则称这种系统为采样或脉冲控制系统。如果采用了数字计算机或控制器，信号以数码（比如二进制码）形式在系统中传递，则称这种系统为数字控制系统。

采样或脉冲控制系统的特点是只能在采样点上获得数据或信息，并且任意两个相邻采样点的时间间隔是固定的，我们称这个固定的时间间隔为采样周期，采样周期的大小可通过改变采样开关的采样速率来进行选择，不过这种选择应满足著名的香农（Shannon）定理。采样或脉冲控制系统在实际应用中具有如下两个方面的优势：其一，通过采样操作可以使系统中的昂贵设备分时应用于几个不同的控制通道；其二，通过采样操作所获得的脉冲数据通常对噪声不敏感。

数字控制系统的特点是用数字信号和数字计算机控制被控对象，在这种控制系统中，被控对象的输入量和输出量一般都是模拟信号，为此，首先需通过模数（A/D）转换器将测量到的输出模拟信号转换成数字信号，然后将此数字信号输入到数字计算机进行处理并以数字的形式输出控制信号，最后通过数模（D/A）转换器将此控制信号转换成模拟信号后，再输送给执行机构并相继对被控对象实施控制。随着计算机科学技术的飞速发展，人们越来越多地把计算机用作控制器，因此，数字控制系统是今后控制系统的主要发展方向之一。

1.3.4 单输入单输出（SISO）系统与多输入多输出（MIMO）系统

如果系统只有一个输入量（不包括干扰输入）和一个输出量，则这种系统被称为单输入单输出（SISO）系统，通常也称之为单变量系统。如果系统的输入量和输出量多于一个，则这种系统被称为多输入多输出（MIMO）系统，通常也称之为多变量系统。显然，单变量系统是多变量系统的一个特例。前已述及，线性系统的主要特点是满足叠加原理。对于线性 MIMO 系统来说，系统的任何一个输出等于数个输入单独作用下的输出的叠加。本书的古典控制理论和现代控制理论部分，将主要以线性 SISO 系统和线性 MIMO 系统来分别展开论述。

1.4 自动控制系统性能的基本要求

我们知道，自动控制系统的目标就是要使被控对象中的某一（或数个）物理量按照预定的规律变化。在理想情况下，控制系统应使得输出量能精确地按照预定的规律变化，系统完全无误差，且不受干扰影响。然而，在现实世界中任何系统总是存在惯性的，并且在系统工作过程中也不可避免地受到各种干扰的影响，因此，当系统的输入量（包括干扰量）发生变化时，输出量将偏离原来的平衡状态或稳态——所谓平衡状态或稳态是指当输入量（包括干扰量）不变时，输出量也保持不变。如果系统稳定，那么输出量将经过一个动态（或瞬态）过程后，达到一个新的平衡状态；如果系统不稳定，那么输出量的变化将会离预定的要求越来越远，直至系统不能正常工作。由以上分析可见，除了关心系统的精确性之外，还应关心系统能否快速地响应输入量的变化，并且还应特别关心系统是否稳定。因此，自动控制系统性能的基本要求可归纳为如下三个方面：

（1）稳定性

对一个自动控制系统的最基本要求就是稳定性，即当系统在某一工作状态下工作时，若受到干扰的作用后，系统仍能正常地进行工作。由于系统不可能工作在一个无任何干扰的理想环境，因此不稳定的系统是不能工作的。这就好像人本身一样，身体健康是人们做好任何工作的前提，如果他（她）弱不禁风，那么他（她）就失去了正常工作的“稳定”条件。

（2）快速性

正如前面所述，在现实世界中任何系统总是存在惯性的，对于稳定系统来说，当输入量发生变化时，输出量总是要经过一个动态（瞬态）过程后，才能（近似）达到一个新的预期值。显然，从控制角度来看，希望这个动态（瞬态）过程时间越短越好，因此，所谓快速性本质上反映的是系统快速响应输入量变化的能力，它主要是通过系统的上升时间、峰值时间、调节时间以及超调量等动态性能指标来度量的。这就好像两个同时做相同工作的人，虽然他们最终都能完成工作，但是那位所花时间较短的人，总是更受到人们的青睐。

（3）准确性

对于稳定系统来说，当动态（瞬态）过程结束后，系统将进入一个稳态过程，此时的系统输出一般被称为稳态输出。显然，从控制角度来看，希望这个实际的稳态输出与期望的稳态输出之间误差越小越好，所谓准确性本质上反映的是系统的控制精度或准确度，它主要是通过系统的稳态误差来度量的。这就好像评价一个人的工作质量，当然希望他所完成的工作与预期的目标越接近越好。

从理想角度出发，总是希望自动控制系统能够稳定、快速、准确地运行，但实际上对于同一系统，这些要求往往是相互制约的，而且在实际系统中，对于上述三方面的要求可能也各有侧重，例如，对于恒温控制、调速系统，会主要侧重于系统的精确性，而对于随动系统，却会侧重于系统的快速性，要求能够快速调节，跟上输入量的变化。这就要求我们在进行自动控制系统设计时要针对具体的系统进行分析，均衡考虑各种要求。

除了上述基本要求以外，在现代自动控制系统的分析与设计中还特别强调系统的鲁棒性，许多新近提出的控制系统设计方法都将关注的重点集中于系统存在不确定性情况下的鲁棒性，包括稳定鲁棒性和性能鲁棒性研究。之所以这样，是基于一个事实：实际物理系统及其工作环境或多或少都会受到意外干扰或其他不确定因素的影响，不可能对系统精确建模。因此，控制系统的鲁棒性要求就是要在模型不准确或存在其他不确定因素的条件下，使控制系统仍能保持所期望的稳定性、快速性及准确性。

1.5 循序渐进实例——高炮随动控制系统简介

1.5.1 火炮相关知识

火炮是一种口径在 20mm 及以上，以发射药为能源发射弹丸的身管射击武器。火炮可对地面、水上和空中目标射击，用以歼灭、压制有生力量和技术兵器，摧毁各种防御工事和其他设施，击毁各种装甲目标和完成其他特种任务。

一般的火炮均由三大部分组成：随动部分、发射部分、车体运动部分。随动部分主要解决打得准的问题，发射部分主要解决引信爆炸时间设定的问题，有触发引信（机械保险）、时间引信（事先设定时间，如出炮口后 11～17 秒爆炸）、引信自动测合机（根据需要的射程，设定引信爆炸时间，例如在目标前方 10m 爆炸，然后以 10 度的锥角包裹目标）等多种类型，车体运动部分主要解决火炮快速运动、进入阵地和转换阵地的问题。

火炮的发展历史可以追溯到 15 世纪、16 世纪，在伽利略等科学家得出弹丸飞行的轨迹是抛物线这一正确结论之后，弹道学开始得到广泛应用。真正现代意义上的火炮是在 19 世纪末叶，火炮弹性炮架出现以后。弹性炮架可以大大缓冲发射时的后座阻力，使火炮射击后不致移位，从而发射速度和精度都得到提高。现代火炮经过近百年的发展，出现了多种类型，可以归纳为表 1.2 所示[15]。

表 1.2 现代火炮类型

<table>
<tr><th>分类方法</th><th colspan="2">火炮名称</th><th>说明</th></tr>
<tr><td rowspan="10">按用途分</td><td rowspan="4">地面压制火炮</td><td>加农炮</td><td rowspan="4">简称地炮，主要用于从地面对地（水）面目标射击，发射弹丸的能量一般由膛内高压火药气体提供</td></tr>
<tr><td>榴弹炮</td></tr>
<tr><td>加农榴弹炮</td></tr>
<tr><td>迫击炮</td></tr>
<tr><td colspan="2">高射炮</td><td>主要用于从地面对空中目标射击</td></tr>
<tr><td colspan="2">反坦克炮</td><td>主要用于对坦克和其他装甲目标射击</td></tr>
<tr><td colspan="2">坦克炮</td><td>装在坦克上，符合坦克作战要求的火炮</td></tr>
<tr><td colspan="2">航炮</td><td>装在飞机上，符合空中作战要求的火炮</td></tr>
<tr><td colspan="2">舰炮</td><td>装在舰艇上，符合海上作战要求的火炮</td></tr>
<tr><td colspan="2">岸炮</td><td>配置在海岸或岛屿上，符合海防作战要求的火炮</td></tr>
<tr><td rowspan="4">按弹道特性分</td><td colspan="2">加农炮</td><td>初速大，弹道低伸，射角小，适于对装甲目标、垂直目标和远距离目标射击</td></tr>
<tr><td colspan="2">榴弹炮</td><td>初速较小，弹道较弯曲，射角大，弹道机动性较大，适于对水平目标射击</td></tr>
<tr><td colspan="2">加农榴弹炮</td><td>简称加榴炮，以加农炮性能为主，兼有榴弹炮弹道性能</td></tr>
<tr><td colspan="2">迫击炮</td><td>初速小，弹道弯曲，适于对遮蔽物后的目标射击</td></tr>
<tr><td rowspan="4">按运动方式分</td><td colspan="2">自行火炮</td><td>炮身同履带车或轮式车底盘构成一体，可长距离运行</td></tr>
<tr><td colspan="2">自运火炮</td><td>装有辅助推进装置，可短距离运行</td></tr>
<tr><td colspan="2">牵引火炮</td><td>需由机动车拖动</td></tr>
<tr><td colspan="2">驮载炮</td><td>以蓄力驮载作为运动方式，适于在山地和崎岖地形上行军作战</td></tr>
<tr><td rowspan="3">按口径大小分</td><td colspan="2">大口径火炮</td><td>身管口径在 100mm 以上</td></tr>
<tr><td colspan="2">中口径火炮</td><td>身管口径为 60～100mm 之间</td></tr>
<tr><td colspan="2">小口径火炮</td><td>身管口径小于 60mm</td></tr>
</table>

高炮是从地面对空中目标射击的火炮，主要用于同中低空飞机、直升机、无人机、导弹等目标作战，必要时也可攻击地面有生力量、坦克等地面装甲目标或小型舰艇等水面目标。高炮系统一般以连为单位建制，一个高炮连组成一个独立的火力单元，其基本配备包括中央配电箱、指挥仪、雷达车、雷达油机、高炮油机以及八门高炮。

为了有效对付高速飞行的目标，高炮主要采取在极短的瞬间射出大量弹丸，形成一定火力网进行拦截的方式，因此高炮必须具备射速快、自动跟踪和瞄准目标且射击精度高的能力，这样对高炮的随动跟踪控制系统提出了严格的要求。本书将对高炮随动控制系统进行深入的研究，从系统的数学模型，到系统的性能分析，再到系统的综合设计，作为一个循序渐进的工程实例贯穿全书。

1.5.2 高炮随动控制系统简介

随动控制系统是一种特殊形式的反馈控制系统，它要求被控对象不折不扣地严格按照指令信号动作，而且指令信号往往是预先未知且随时间变化的。在自动控制系统中，将输出量能够以一定准确度跟随输入量的变化而变化的系统称为随动系统。“随动系统”一词是从俄语中翻译而来的，在英语字典里为Servo System，即伺服系统。

高炮随动控制系统的重要作用在于能够按照火控计算机给出的方位角、高低角指令，将高炮炮管快速、准确地驱动到瞄准目标的位置，为准确打击目标做好准备。因此随动控制系统能否高精度地复现指令信号，是影响高炮射击精度的重要因素。该随动控制系统具有以下特点[16]：

（1）动、静态性能好，实施复现指令信号的精度高。作战中要求高炮反应速度快、命中率高，以实现先敌开火和较高的作战效能。因此控制系统的结构都比较复杂，通常采用多环路设计（位置环、速度环、电流环），甚至前馈补偿。当今较为先进的高炮随动控制系统，其稳态控制误差不大于1密位，而且为了打击低空快速运动目标，方位角最大调转速度可达到120°/s，高低角最大调转速度可达到60°/s。

（2）被控对象体积、质量、转动惯量均较大。高炮作为随动控制系统的被控对象，质量一般少则几百千克，多则十几吨，体积也比较大，因此该控制系统属于大功率随动系统。

（3）负载力矩扰动大。高炮身管高低方向的不平衡力矩、载体倾斜后的炮塔方位不平衡力矩、发射时的冲击力矩等，都将对高炮随动控制系统造成较大的力矩扰动。在选择执行机构时，都必须充分考虑。

（4）传动机构的齿隙空回大。高炮随动控制系统的传动机构属于大功率传动机构，其齿隙空回一般为1～2密位。为保证高炮射击精度达到性能指标要求，应将该空回误差包含在高炮随动控制系统闭环之内，而不是处于闭环之外。

（5）对高频噪声应具有滤波作用。如果仅考虑控制系统响应的快速性，则系统频率特性的频带越宽越好。但是当指令信号中含有高频噪声时，身管和炮架将出现无规则的抖动现象，这种抖动会造成传动机构的磨损，且造成射击散布误差增大，在设计随动控制系统时应予以考虑，具备对高频噪声的滤波作用。

高炮随动系统是按照误差（偏差）实施控制的，其基本工作原理是：求出实际的炮管基线与输入指令之间的误差，并将误差变换和功率放大后，驱动被控对象运动以减小误差。具体来讲，首先由火控计算机或指挥仪计算出目标的未来方位角、高低角、射距等射击诸元，通过传信仪以同步信号电压形式传给高炮上的受信仪。受信仪感知炮管当前位置，并得出与传信仪给出的射击诸元之间的分划差，即高炮与指挥仪之间的失调角，产生与之成比例的控制电压。该电压再经过电子管放大器、放大电机分别进行电压放大、功率放大，最后再送至执行电机的电枢绕组，使执行电机带动炮管转动。同时也带动受信仪转子转动，使受信仪与传信仪之间的分划差减小，受信仪输出的控制电压也随之减小。当炮管转动到受信仪与传信仪分划相同，即炮管实际指向与指挥仪给出的预期方向一致时，受信仪控制电压等于零，炮管停止转动。图1.12为方位、高低两套随动控制系统在高炮上的配置示意图，从中可以看到受信仪、半自动瞄准仪、零位指示器、电机放大器、执行电机等部件。

当指挥仪不断地跟踪目标，连续计算并传送射击诸元时，受信仪将根据失调角的大小连续不断地产生控制电压，保证高炮始终按照指挥仪传送的诸元进行瞄准。当失调角很小时，如小于 1～2 密位，高炮处于稳定跟踪状态，可以发射。

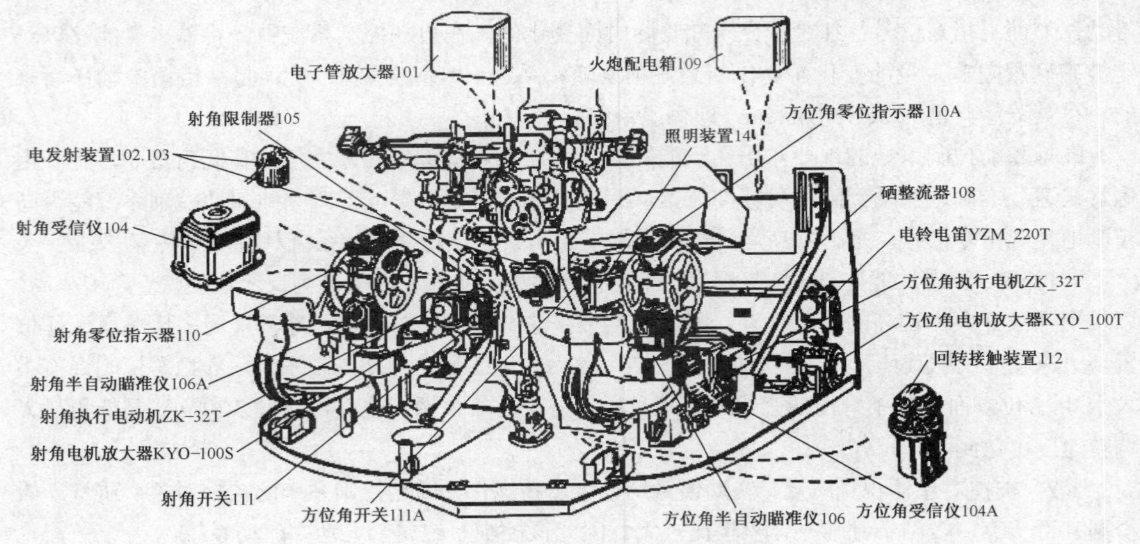

图 1.12　随动控制系统在高炮上的配置

习题一

1.1　从自动控制的发展历程中，我们得到了哪些启示？

1.2　我们知道，所谓自动控制就是在没有人直接参与的情况下，利用控制装置使被控对象中的某一（或数个）物理量按照预定的规律变化。请问能否将自动控制定义中的“直接”两字去掉，为什么？

1.3　俗话说“任凭风浪起，稳坐钓鱼船”，请分析这句谚语中的反馈控制思想。

1.4　请描述人调整痛觉、体温等感觉时的生物反馈过程。生物反馈是人能够自觉而且成功地调整脉搏、疼痛反应和体温等感觉的一种机能。

1.5　试述开环控制系统的主要优缺点。

1.6　试述闭环控制系统的主要优缺点。

1.7　日常生活中有许多开环和闭环控制系统，试举几个具体例子，并说明它们的工作原理。

1.8　瓦特蒸汽机调速控制系统的示意图如图 1.13 所示，试指明该闭环控制系统中的输入量、输出量、反馈量、干扰、偏差、被控对象及控制装置，并绘制出该闭环控制系统的框图。

1.9　由人来驾驶汽车时，试绘制出汽车速度控制系统的框图；如果用汽车驾驶仪来替代人的部分工作，控制汽车以给定的速度行驶，试绘制此时的汽车速度控制系统的框图，并从反馈控制的观点，分析以上两种情况的相同与不同之处。

1.10　请列举一些你所知道的或实际工作中遇到的非线性现象和设备（或器件）的参数时变现象。

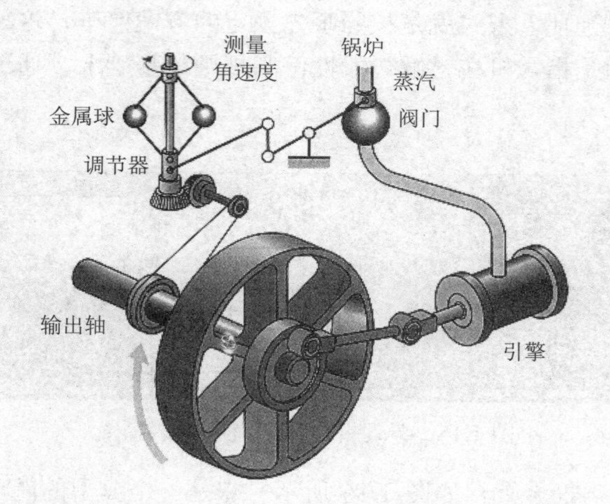

图 1.13　瓦特蒸汽机调速控制系统的示意图

1.11　师生之间的学习过程，本质上是一个使系统误差趋于最小化的反馈过程，试利用反馈控制原理构造一个适合师生和谐互动学习的反馈控制系统，并指明各系统组成部分的功能。此外，请从师生关系的和谐性、学习过程的实时性以及学习过程的实效性三个方面，来对自动控制系统的稳定性、快速性以及精确性加以理解和诠释。

1.12　按照一定的刻度要求，向玻璃杯中添加水，如图 1.14 所示。分别按以下两种方式来完成上述工作，试从概念上分析与讨论“开环”和“闭环”的行为差别，以进一步加深对反馈控制原理的理解。

①开环方式：事先了解倒水的平均速度和杯子的几何形状与尺寸，然后用一个秒表计时，要求倒水过程中闭上双眼，仅按事先的计算和秒表的计时提示来完成倒水工作。

②闭环方式：同日常生活中所见到的一样，倒水是一个用眼睛持续监控的过程，直到达到目的才停止。显然，无论杯子是什么几何形状和大小尺寸，我们总是可以完成这个工作的。值得一提的是，采用这种方式倒水，它与实际反馈系统的工作过程是类似的，刚开始倒水的时候，一般倒水速度比较快，而当杯子中的水快达到刻度时，倒水的速度就自然慢下来，而且，如果要求达到的准确度越高，那么倒水过程所持续的时间就越长。

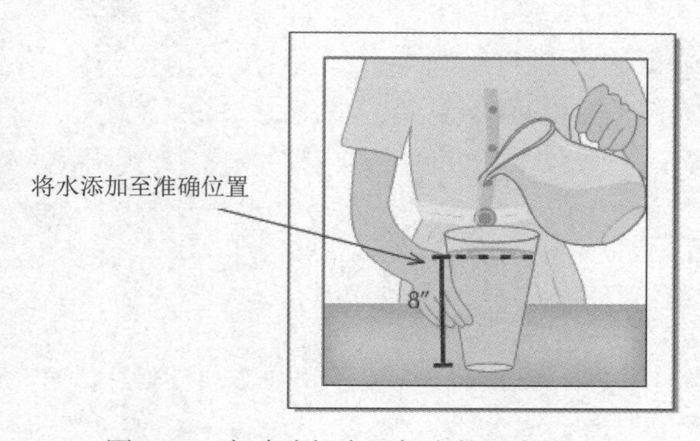

图 1.14　向玻璃杯中添加水的示意图

1.13　学习并列停车过程，如图 1.15 所示。分别采用“开环”和“闭环”方式来完成，试从概念上分析与讨论“开环”和“闭环”的行为差别，以进一步加深对反馈控制原理的理解。值得指出的是，这里的所谓“开环”方式就是按照事先预定的方案停车，这与一个司机的技能与经验相关；而“闭环”方式却是指司机在了解一般性停车规则的基础上，通过自己眼睛的观察来进行引导和操纵的过程。

图 1.15 学习并列停车过程的示意图

1.14 卫生间的抽水马桶装置，如图 1.16 所示。它是一个典型的闭环控制系统，其控制目标是使水箱中的水位保持常值。试绘制该系统的原理框图。

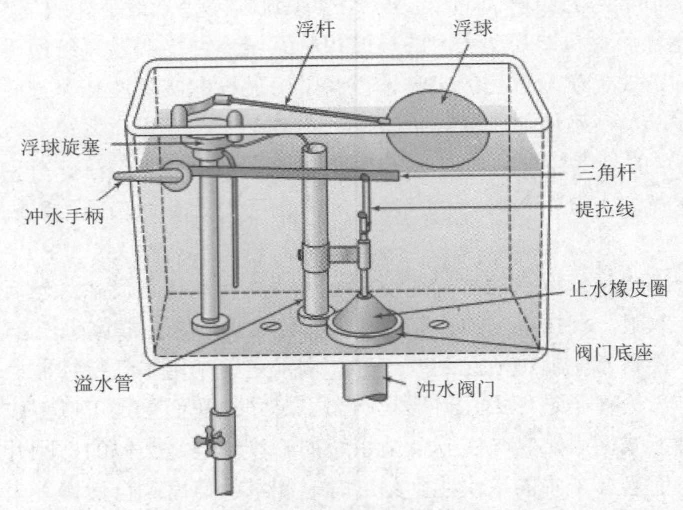

图 1.16 抽水马桶装置示意图

模 型 篇

控制系统研究的首要问题是：如何将反映系统特性的各变量之间的关系用数学语言加以描述，从而建立起系统的运动方程，即控制系统的数学模型，这是分析和设计自动控制系统的前提和基础。

本篇将陆续介绍多种数学模型，包括用于描述连续时间系统的微分方程模型，以及可以通过 Laplace 变换得到的传递函数模型，能够表达系统内部关系的方框图与信号流图模型，可以通过实验得到的频率域模型；还包括用于描述离散时间系统的差分方程模型与脉冲传递函数模型，以及基于矩阵的状态空间模型。最后将为全书的循序渐进案例——高炮随动控制系统建立方框图与传递函数模型，作为后续章节进行性能分析与设计的基础。

第 2 章

微分方程与传递函数模型

本章在介绍线性定常微分方程和传递函数的基本概念及其数学建模方法的基础上，通过若干电气系统和机械系统的举例，深入阐明和分析数学建模的具体步骤及数学建模中需要注意的共性问题，如负载效应、相似系统及非线性系统的线性化等，最后介绍与传递函数模型相关的 Matlab 函数调用格式及例子。

2.1　线性定常微分方程

2.1.1　线性定常微分方程的一般形式

学过高等数学的读者都知道，线性定常微分方程一般可表示为：

$$\begin{aligned}&a_n\frac{\mathrm{d}^n y(t)}{\mathrm{d}t^n}+a_{n-1}\frac{\mathrm{d}^{n-1}y(t)}{\mathrm{d}t^{n-1}}+\cdots+a_1\frac{\mathrm{d}y(t)}{\mathrm{d}t}+a_0y(t)\\&=b_m\frac{\mathrm{d}^m r(t)}{\mathrm{d}t^m}+b_{m-1}\frac{\mathrm{d}^{m-1}r(t)}{\mathrm{d}t^{m-1}}+\cdots+b_1\frac{\mathrm{d}r(t)}{\mathrm{d}t}+b_0r(t)\end{aligned}\tag{2.1}$$

式中的 $a_i(i=1,2,\cdots,n),b_j(j=1,2,\cdots,m)$ 皆为常系数。如果 $y(t)$ 为系统的输出量，$r(t)$ 为系统的输入量，那么用式（2.1）描述的系统就是线性定常系统。习惯上，我们就称这类系统为 n 阶线性定常系统。另外，由于在现实世界中，对于可实现的物理系统，其输入量与输出量之间都是满足因果关系的，因此式（2.1）中的 $n\geqslant m$。

2.1.2　线性叠加原理

前已述及，线性系统的主要特点是满足线性叠加原理，即具有叠加性和齐次性。所以，一个物理系统是否能够被视为线性系统，主要取决于该系统是否能够同时满足如下两条准则：

（1）假设系统对输入 $r_1(t)$ 的输出为 $y_1(t)$，对输入 $r_2(t)$ 的输出为 $y_2(t)$，当系统的输入为 $r_1(t)+r_2(t)$ 时，若系统的输出为 $y_1(t)+y_2(t)$，则该系统就满足线性系统的叠加性。

（2）假设系统对输入 $r(t)$ 的输出为 $y(t)$，当系统的输入为 $\beta r(t)$（β 为缩放常数）时，若系统的输出为 $\beta y(t)$，则该系统就满足线性系统的齐次性。

2.1.3　建立线性定常微分方程的步骤

读者可能会自然地提出这样的问题，如何用分析法来建立物理系统的微分方程呢？一般来说，主要分为以下几个步骤：

（1）根据系统工作的实际情况，确定系统的输入量和输出量，以及系统内部的各物理量（中间变量）。

（2）从输入端到输出端，按照信号的传递顺序，依据各量所遵循的物理或化学定律列写出描述系统工作的微分方程组。

（3）消去微分方程组中的各中间变量，推导出描述系统输入量与输出量之间因果关系的微分方程。

（4）将微分方程中所有与输入量有关的各项放在等号右侧，并把所有与输出量有关的各项放在等号左侧。

（5）将微分方程中的系数归一化为具有一定物理意义的形式。

2.2　传递函数

描述系统运动规律的微分方程是数学模型的最基本形式，微分方程在时间域内描述输入量与输出量之间的关系，方程的解就是系统输出量的变化规律。我们知道，求解二阶微分方程比较容易，而求解高阶微分方程却比较困难。1942 年，H.Harris 通过 Laplace 变换引入了传递函数的概念，将时间域内的微分方程变成复频域内的代数方程，从而为微分方程的求解带来方便。

2.2.1　传递函数的定义

线性定常系统的微分方程模型如式（2.1）所示。若系统的初始条件全部为零，即

$$\begin{cases} \dfrac{\mathrm{d}^i y(t)}{\mathrm{d}t^i} = 0, i = 0,1,2,\cdots,n-1 \\ \dfrac{\mathrm{d}^j r(t)}{\mathrm{d}t^j} = 0, j = 0,1,2,\cdots,m-1 \end{cases} \tag{2.2}$$

则对式（2.1）取 Laplace 变换可得

$$(a_n s^n + a_{n-1}s^{n-1} + a_{n-2}s^{n-2} + \cdots + a_1 s + a_0)Y(s) = (b_m s^m + b_{m-1}s^{m-1} + \cdots + b_1 s + b_0)R(s) \tag{2.3}$$

式（2.3）中，s 为 Laplace 变换中的复数变量；$Y(s), R(s)$ 分别表示输出信号和输入信号的 Laplace 变换式。可见，通过 Laplace 变换，可以将时间域内的微分方程变成复频域内的代数方程，这个方程把系统的输出信号与输入信号之间的信号传递关系表示了出来。于是，可得如下传递函数的定义：

在零初始条件下，线性定常系统或元件输出信号的 Laplace 变换与输入信号的 Laplace 变换之比称为该系统或元件的传递函数。若将传递函数记为 $G(s)$，则有：

$$G(s) = \frac{Y(s)}{R(s)} = \frac{b_m s^m + b_{m-1}s^{m-1} + \cdots + b_1 s + b_0}{a_n s^n + a_{n-1}s^{n-1} + \cdots + a_1 s + a_0} = \frac{M(s)}{N(s)} \tag{2.4}$$

式（2.4）中，$M(s), N(s)$ 分别为传递函数 $G(s)$ 的分子多项式和分母多项式。

2.2.2　关于传递函数的说明

（1）由于传递函数是通过对线性定常微分方程进行 Laplace 变换而得到的数学模型，因此它只能用于描述线性定常系统或元件的输入—输出关系。

（2）传递函数反映线性定常系统或元件自身的固有特性，由系统或元件的结构和参数决定，与输入信号的作用形式无关。

（3）传递函数与输入信号的作用位置和输出信号的取出位置有关。

（4）对于实际物理系统或元件，传递函数通常是复数变量 s 的有理分式，即：分母多项式 $N(s)$ 的阶次 n 总大于或等于分子多项式 $M(s)$ 的阶次 m，这是由物理系统或元件的因果性所决定的，反过来说，若 $n \leqslant m$，则该传递函数所表示的系统或元件是不可能物理实现的；此外，由于任何实际系统或元件的物理参数不可能是复数，因此传递函数中的系数皆为实数。

（5）对传递函数的分子、分母多项式进行因式分解，可将 $G(s)$ 写成如下形式：

$$G(s) = \frac{k(s-z_1)(s-z_2)\cdots(s-z_m)}{(s-p_1)(s-p_2)\cdots(s-p_n)} \tag{2.5}$$

式（2.5）中，$z_i(i=1,2,\cdots,m)$ 和 $p_j(j=1,2,\cdots,n)$ 分别为传递函数的零点和极点，k 为增益。还可将 $G(s)$ 写成如下形式：

$$G(s) = \frac{K(\tau_1 s+1)(\tau_2 s+1)\cdots(\tau_m s+1)}{(T_1 s+1)(T_2 s+1)\cdots(T_n s+1)} \tag{2.6}$$

式（2.6）中，$\tau_i(i=1,2,\cdots,m)$ 和 $T_j(j=1,2,\cdots,n)$ 皆为传递函数的时间常数，K 为增益。在以后控

制系统分析与设计中，这两种传递函数形式是经常使用的，比如，在根轨迹法中就常采用式（2.5）这种形式；而在频率响应分析中却又常采用式（2.6）这种形式。另外，值得一提的是，虽然上两式中的 k 和 K 都称为增益，但是它们在数值上并不相等，不难导出它们之间满足如下关系式：

$$K = \frac{k\prod_{i=1}^{m}(-z_i)}{\prod_{j=1}^{n}(-p_j)} \tag{2.7}$$

（6）传递函数不反映系统或元件的物理结构，那些物理结构截然不同的系统或元件，只要运动特性相同，它们便可以具有相同形式的传递函数。

（7）令传递函数的分母多项式等于零所得到的方程称为系统的特征方程，即：

$$N(s) = 0 \tag{2.8}$$

特征方程的根称为特征根，也就是传递函数的极点。

2.2.3　基本环节及其传递函数

为了分析方便，一般把一个控制系统分成一个个小部分，称为环节。从动态方程、传递函数和运动特性的角度看，不宜再分的最小环节称为基本环节。虽然控制系统是各种各样的，但是常见的基本环节并不多，常用的基本环节及其传递函数如表 2.1 所示。

表 2.1　常用的基本环节及其传递函数表

序号	环节名称	传递函数
1	比例（放大）环节	K
2	惯性环节	$\frac{1}{Ts+1}$（T 为该环节的时间常数）
3	积分环节	$\frac{1}{s}$
4	振荡环节	$\frac{\omega_n^2}{s^2+2\zeta\omega_n+\omega_n^2}$（$\omega_n$ 为无阻尼振荡频率，ζ 为阻尼比）
5	微分环节	s
6	一阶微分环节	$\tau s+1$（τ 为该环节的时间常数）
7	二阶微分环节	$\tau^2 s^2+2\tau\zeta s+1$（$\tau$ 为该环节的时间常数，ζ 为常数）
8	延迟环节	$e^{-\tau s}$（τ 为该环节的延迟时间常数）

值得指出的是，在表 2.1 中，比例（放大）环节、惯性环节、积分环节、振荡环节及延迟环节是可以物理实现的，它们分别代表一类运动特性相同但物理结构可以不同的物理元件或单元，比如，在各种控制系统中常见的电子放大器、电位器、弹簧、齿轮减速器盘等就都可以看成是比例（放大）环节的实际例子。对于表 2.1 中所列出的微分、一阶微分及二阶微分环节，由于它们不是复数变量 s 的有理分式，所以从理论上来讲，它们是不可以物理实现的。之所以将它们列为基本环节，主要是从数学处理上的方便来考虑的。不过，就微分环节而言，还是可以近似物理实现的，比如常见的电子微分器、测速发电机等就可以看成是它的实际例子。

2.3 电气系统

在控制系统中，电气系统的数学建模是相对简单的，这里首先温习一下电路基本定律和常用的电气元件，然后再通过举例来说明电气系统的数学建模方法。

2.3.1 电路基本定律和常用电气元件

1. 电路基本定律

电路基本定律主要包括：欧姆定律、Kirchhoff 定律和焦耳—楞次定律等；对于线性电路还有叠加原理、戴维南定理和诺顿定理等重要定理。这里从篇幅考虑，仅介绍 Kirchhoff 定律。

Kirchhoff 定律作为电路基本定律对于线性或非线性、定常或时变电路均是适应的，它由电压定律（简称 KVL，Kirchhoff's Voltage Law）和电流定律（简称 KCL，Kirchhoff's Current Law）两部分组成，KVL 和 KCL 分别描述了电路回路中的电压关系和电路节点上的电流关系，有时也将 KVL 和 KCL 分别称为回路定律和节点定律。

（1）KVL

在任一时刻，沿某一循行方向（顺时针或反时针方向）的任一闭合电路中的各分段或元件电压代数和恒为零，即若此闭合电路共含 N 个分段或元件电压 $u_i(i=1,\cdots,N)$，则有：

$$\sum_{i=1}^{N} u_i = 0 \tag{2.9}$$

KVL 的物理本质是能量守恒原理，即电荷沿某一循行方向绕行一周后，它所获得的能量与消耗的能量必然相等。

（2）KCL

在任一时刻，流入或流出任一电路节点的电流代数和恒为零，即若共有 M 个电流 $i_k(k=1,\cdots,M)$ 流入或流出此电路节点，则有：

$$\sum_{k=1}^{M} i_k = 0 \tag{2.10}$$

KCL 的物理本质是电荷守恒原理，即在任一电路节点处，流入的电荷必然等于同时流出的电荷，否则在此电路节点处将堆积或亏空电荷，这是不可能的，违背了电荷守恒原理。

2. 常用电气元件

（1）电阻 R

电阻 R 是反映电路中能量损耗的参数。电阻元件按其电压 $u_R(t)$ 与电流 $i_R(t)$ 的关系可分为线性、非线性电阻元件；按其电阻 R 是否随时间而变可分为时变、定常电阻元件。最常用的是线性定常电阻元件，其端电压 $u_R(t)$ 与其所通过的电流 $i_R(t)$ 之间的关系为：

$$u_R(t) = i_R(t)\cdot R \tag{2.11}$$

式（2.11）中，电阻 R 的单位为欧姆（Ω），电压 $u_R(t)$ 的单位为伏特（V），电流 $i_R(t)$ 的单位为安培（A）。线性定常电阻元件符号及其伏安特性如图 2.1 所示。

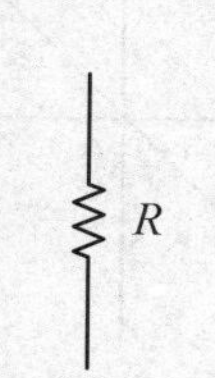

（a）线性定常电阻元件符号

（b）线性定常电阻元件的伏安特性

图 2.1　线性定常电阻元件符号及其伏安特性

（2）电容 C

电容 C 是反映电场储能性质的参数。电容元件按其所储存的电荷 $q_C(t)$ 与电压 $u_C(t)$ 的关系可分为线性、非线性电容元件；按其电容 C 是否随时间而变可分为时变、定常电容元件。最常用的是线性定常电容元件，其所储存的电荷 $q_C(t)$ 与端电压 $u_C(t)$ 的关系为：

$$q_C(t)=u_C(t)\cdot C \tag{2.12}$$

式（2.12）中，电容 C 的单位为法拉（F），电荷 $q(t)$ 的单位为库仑（C），电压 $u(t)$ 的单位为伏特（V）。由式（2.12）可知，电容元件的端电压 $u_C(t)$ 与其所通过的电流 $i_C(t)$ 的关系为：

$$u_c(t)=\frac{1}{C}\int i_c(t)\mathrm{d}t \tag{2.13}$$

线性定常电容元件符号及其库伏特性如图 2.2 所示。

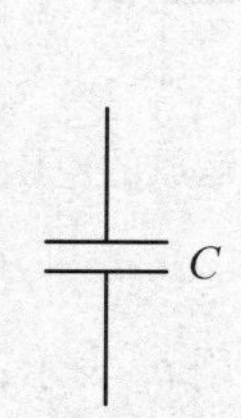

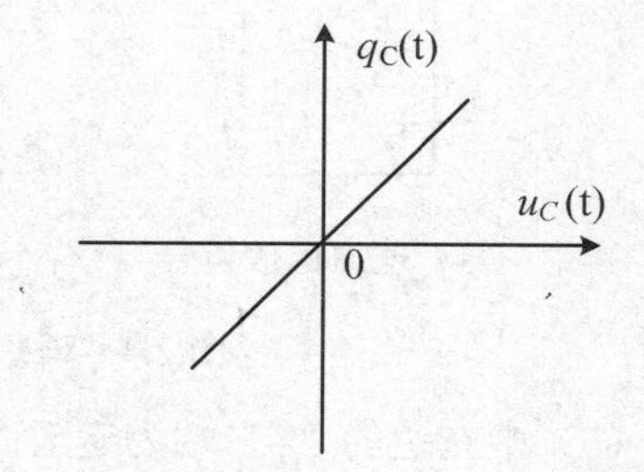

（a）线性定常电容元件符号

（b）线性定常电容元件的库伏特性

图 2.2　线性定常电容元件符号及其库伏特性

（3）电感 L

电感 L 是反映磁场储能性质的参数。电感元件按其磁链 $\psi(t)$ 与电流 $i_L(t)$ 的关系可分为线性、非线性电感元件；按其电感 L 是否随时间而变可分为时变、定常电感元件。最常用的是线性定常电感元件，其磁链 $\psi(t)$ 与其所通过的电流 $i_L(t)$ 的关系为：

$$\psi(t)=i_L(t)\cdot L \tag{2.14}$$

式（2.14）中，电感 L 的单位为亨利（H），磁链 $\psi(t)$ 的单位为韦伯（Wb）。由电磁感应定律可知，其两端的感应电压 $u_L(t)$ 与其所通过的电流 $i_L(t)$ 的关系为：

$$u_L(t)=L\frac{\mathrm{d}i_L(t)}{\mathrm{d}t} \tag{2.15}$$

线性定常电感元件符号及其韦安特性如图 2.3 所示。

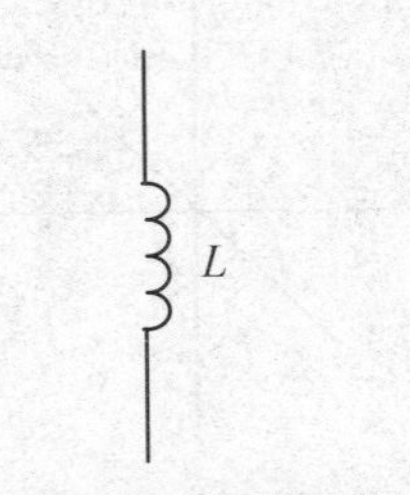

（a）线性定常电感元件符号

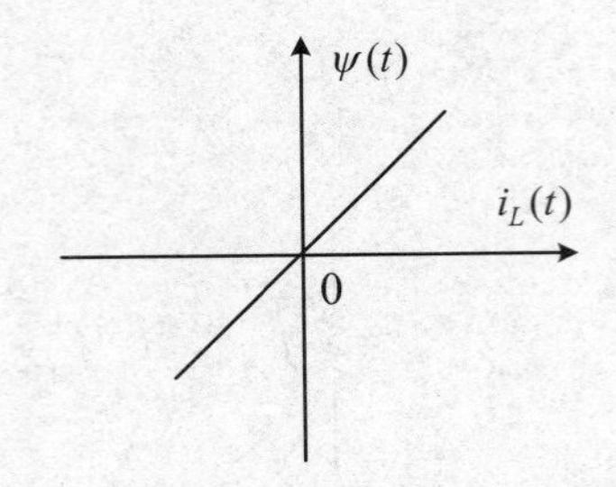

（b）线性定常电感元件的韦安特性

图 2.3　线性定常电容元件及其库伏特性

（4）运算放大器

运算放大器在控制系统中有着非常重要的作用，比如将它用于信号放大或滤波电路。由于当实际运放工作在线性区时，其开环差模电压放大倍数 A_0、开环差模输入电阻 r_{id} 和共模抑制比 K_{CMR} 一般都很高，而输出电阻 r_0 却很低。所以在电路分析中，常将其视为理想运放，即假设其开环差模电压放大倍数 $A_0=\infty$、开环差模输入电阻 $r_{id}=\infty$、输出电阻 $r_0=0$ 和共模抑制比 $K_{CMR}=\infty$。理想运放的标准符号及其电压传输特性如图 2.4 所示。

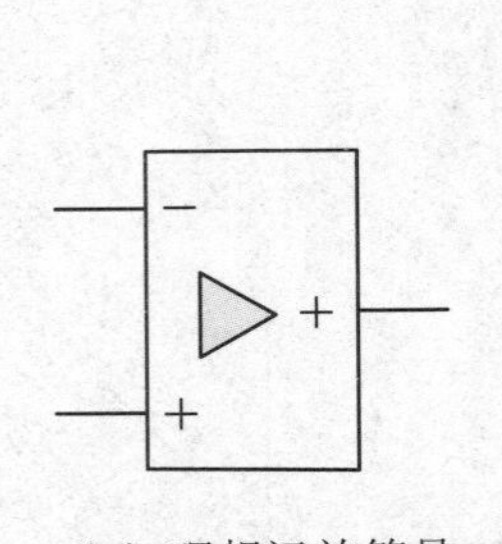

（a）理想运放符号

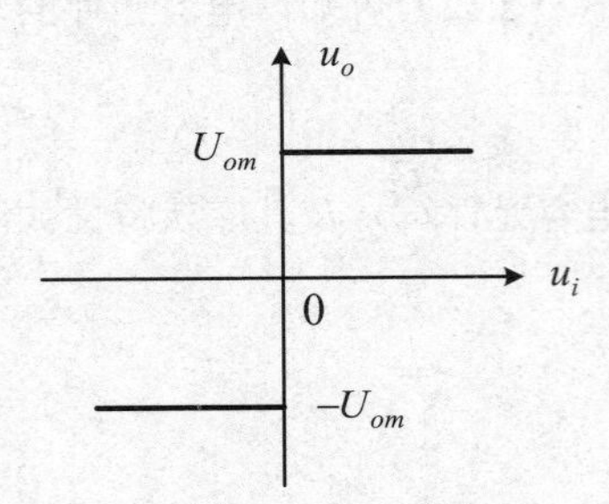

（b）理想运放的电压传输特性

图 2.4　理想运放符号及其电压传输特性

图 2.4（a）中左边的“–”端为运放的反相输入端，其输入电压用 u_- 表示；左边的“+”端为运放的同相输入端，其输入电压用 u_+ 表示；右边的“+”端为运放的输出端，其输出电压用 u_o 表示。图 2.4（b）中的 U_{om} 表示运放的最大输出电压，u_i 表示运放的输入电压，它与 u_- 和 u_+ 关系为：$u_i=u_--u_+$。利用理想运放的概念，可得到如下两条重要且普遍适用的原则：①虚短原则，即：如果运放工作在线性区，那么它的同相输入端和反相输入端的电压相等，即：$u_-=u_+$。从电压的角度看，可把它们之间看成短路，称为虚短。当同相输入端接地时，反相输入端称为虚地。②虚断原则，即：理想运放的开环差模输入电阻 $r_{id}=\infty$，流入运放的输入端电流为零，可认为外部电路与运放输入端之间是断开的，称为虚断。

2.3.2　电气系统的数学建模举例

例 2.1　*RC* 电路　*RC* 电路如图 2.5 所示。该电路由一个电阻 R 和一个电容 C 组成，其中 $u_i(t)$ 和 $u_o(t)$ 分别为电路的输入电压和输出电压，$i(t)$ 为电阻 R 和电容 C 上所通过的电流。

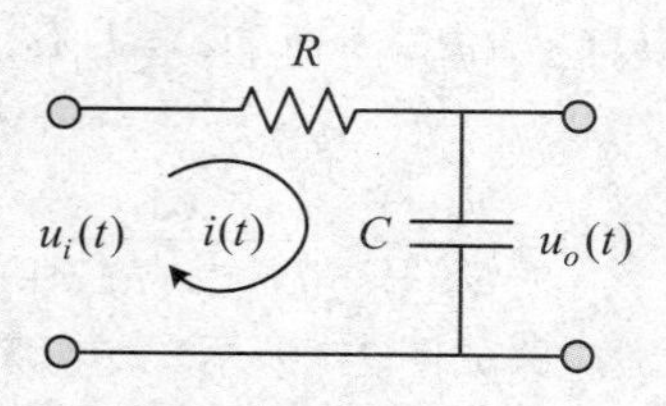

图 2.5　RC 电路

这里分别以 $u_i(t)$ 和 $u_o(t)$ 为输入量和输出量，以 $i(t)$ 为中间变量。由 KVL 可得：

$$Ri(t)+\frac{1}{C}\int i(t)\mathrm{d}t=u_i(t) \tag{2.16}$$

$$\frac{1}{C}\int i(t)\mathrm{d}t=u_o(t) \tag{2.17}$$

消去中间变量 $i(t)$，可得关于 $u_i(t)$ 和 $u_o(t)$ 的线性微分方程为：

$$RC\frac{\mathrm{d}u_o(t)}{\mathrm{d}t}+u_o(t)=u_i(t) \tag{2.18}$$

由于式（2.18）是一个一阶线性微分方程，所以图 2.5 所示的 RC 电路是一个一阶线性定常系统。

在零初始条件下，对式（2.18）取 Laplace 变换得：

$$(RCs+1)U_0(s)=U_i(s) \tag{2.19}$$

则传递函数为：

$$G(s)=\frac{U_0(s)}{U_i(s)}=\frac{1}{RCs+1} \tag{2.20}$$

例 2.2　RLC 电路　RLC 电路如图 2.6 所示。该电路由一个电阻 R、一个电感 L 及一个电容 C 组成，其中 $u_i(t)$ 和 $u_o(t)$ 分别为电路的输入电压和输出电压，$i(t)$ 为电阻 R、电感 L 及电容 C 上所通过的电流。

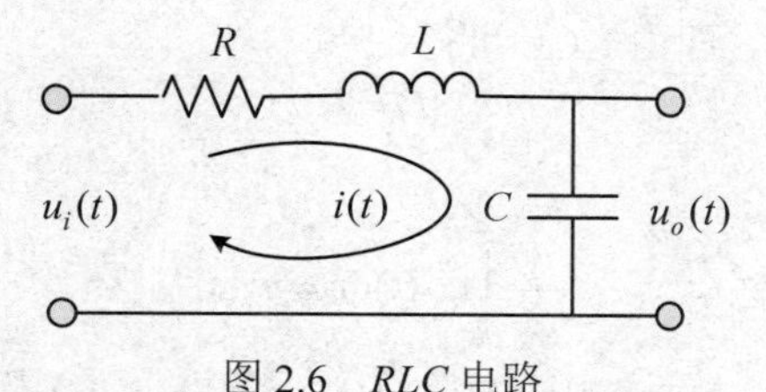

图 2.6　RLC 电路

这里分别以 $u_i(t)$ 和 $u_o(t)$ 为输入量和输出量，以 $i(t)$ 为中间变量。由 KVL 可得：

$$L\frac{\mathrm{d}i(t)}{\mathrm{d}t}+Ri(t)+\frac{1}{C}\int i(t)\mathrm{d}t=u_i(t) \tag{2.21}$$

$$\frac{1}{C}\int i(t)\mathrm{d}t=u_o(t) \tag{2.22}$$

消去中间变量 $i(t)$，可得关于 $u_i(t)$ 和 $u_o(t)$ 的线性微分方程为：

$$LC\frac{\mathrm{d}^2u_o(t)}{\mathrm{d}t^2}+RC\frac{\mathrm{d}u_o(t)}{\mathrm{d}t}+u_o(t)=u_i(t) \tag{2.23}$$

由于式（2.23）是一个二阶线性微分方程，所以图 2.6 所示的 RLC 电路是二阶线性定常系统。在零初始条件下，对式（2.23）取 Laplace 变换得：

$$(LCs^2+RCs+1)U_0(s)=U_i(s) \tag{2.24}$$

则传递函数为：

$$G(s)=\frac{U_0(s)}{U_i(s)}=\frac{1}{LCs^2+RCs+1} \tag{2.25}$$

例 2.3　*RC* 滤波电路　*RC* 滤波电路如图 2.7 所示。该电路由两个电阻 R_1、R_2 和两个电容 C_1、C_2 组成，其中 $u_i(t)$ 和 $u_o(t)$ 分别为电路的输入电压和输出电压，$i_1(t)$ 和 $i_2(t)$ 分别为回路 1 和回路 2 的电流，$i_{C_1}(t)$ 和 $i_{C_2}(t)$ 分别为电容 C_1、C_2 上所通过的电流。

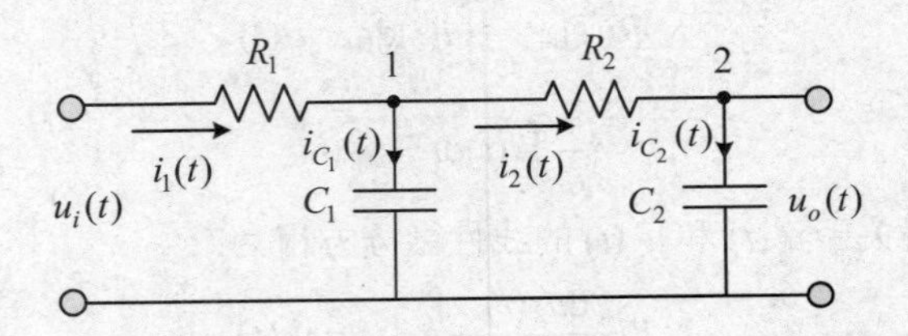

图 2.7　*RC* 滤波电路

这里分别以 $u_i(t)$ 和 $u_o(t)$ 为输入量和输出量，以 $i_1(t)$、$i_2(t)$、$i_{C_1}(t)$ 及 $i_{C_2}(t)$ 为中间变量。

对于回路 1 和回路 2，由 KVL 可分别得：

$$R_1 i_1(t)+\frac{1}{C_1}\int i_{C_1}(t)\mathrm{d}t=u_i(t) \tag{2.26}$$

$$R_2 i_2(t)+u_o(t)=\frac{1}{C_1}\int i_{C_1}(t)\mathrm{d}t \tag{2.27}$$

对于节点 1，由 KCL 可得：

$$i_{C_1}(t)=i_1(t)-i_2(t) \tag{2.28}$$

对于节点 2，若假设电路的输出阻抗为无穷大，则在输出端不会产生“负载效应”，这意味着在输出端没有能量被输送出去，即由 KCL 可得：

$$i_{C_2}(t)=i_2(t) \tag{2.29}$$

且有：

$$\frac{1}{C_2}\int i_{C_2}(t)\mathrm{d}t=u_o(t) \tag{2.30}$$

联立式（2.26）～式（2.30），消去中间变量 $i_1(t)$、$i_2(t)$、$i_{C_1}(t)$ 及 $i_{C_2}(t)$，可得关于 $u_i(t)$ 和 $u_o(t)$ 的线性微分方程为：

$$R_1C_1R_2C_2\frac{\mathrm{d}^2u_o(t)}{\mathrm{d}t^2}+(R_1C_1+R_1C_2+R_2C_2)\frac{\mathrm{d}u_o(t)}{\mathrm{d}t}+u_o(t)=u_i(t) \tag{2.31}$$

由于式（2.31）是一个二阶线性微分方程，所以图 2.7 所示的 *RC* 滤波电路是一个二阶线性定常系统。

在零初始条件下，对式（2.31）取 Laplace 变换得：

$$(R_1C_1R_2C_2s^2+(R_1C_1+R_1C_2+R_2C_2)s+1)U_0(s)=U_i(s) \tag{2.32}$$

则传递函数为

$$G(s)=\frac{U_0(s)}{U_i(s)}=\frac{1}{R_1C_1R_2C_2s^2+(R_1C_1+R_1C_2+R_2C_2)s+1} \tag{2.33}$$

例 2.4　带隔离放大器的 *RC* 滤波电路　若在上述 *RC* 滤波电路中增加一个增益为 1 的隔离放大器（该隔离放大器可按如图 2.8 所示的电路来实现），则可构成一个如图 2.9 所示的带隔离放大器的 *RC* 滤波电路。同例 2.3 一样，仍设 $u_i(t)$ 和 $u_o(t)$ 分别为电路的输入电压和输出电压，$i_1(t)$ 和 $i_2(t)$ 分别为电路中两个不同回路的电流，$i_{C_1}(t)$ 和 $i_{C_2}(t)$ 分别为电容 C_1、C_2 上所通过的电流。

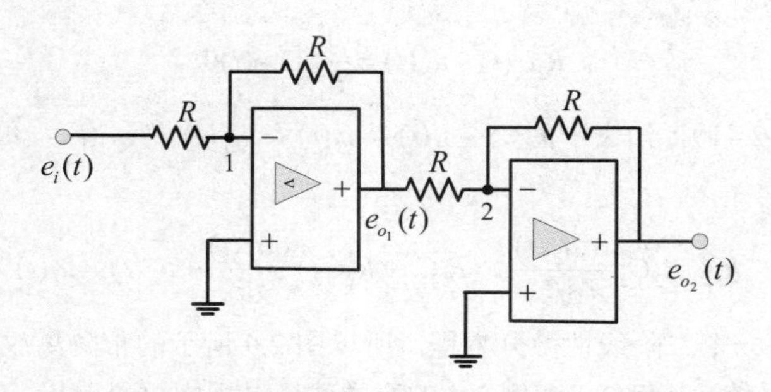

图 2.8　增益为 1 的隔离放大器电路

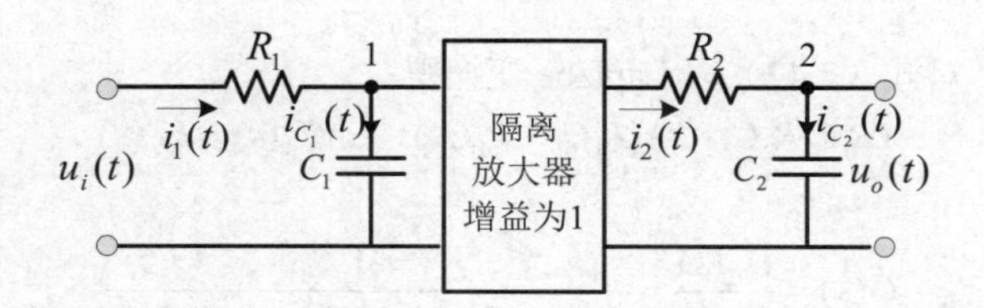

图 2.9　带隔离放大器的 *RC* 滤波电路

这里首先依据图 2.8 来推导隔离放大器的输入电压 $e_i(t)$ 与输出电压 $e_{o_2}(t)$ 之间的关系。由于两个理想运放的同相输入端接地，所以根据虚短原则可知，它们的反相输入端皆为虚地；又由于理想运放的开环差模输入电阻 $r_{id}=\infty$，所以根据虚断原则可知，流入两个运放的输入端的电流皆为零。于是，对于图 2.8 中的节点 1 和节点 2，由 KCL 可分别得：

$$\frac{e_i(t)}{R}=-\frac{e_{o_1}(t)}{R} \tag{2.34}$$

$$\frac{e_{o_1}(t)}{R}=-\frac{e_{o_2}(t)}{R} \tag{2.35}$$

联立式（2.34）～式（2.35），消去中间变量 $e_{o_1}(t)$，可得关于 $e_i(t)$ 与 $e_{o_2}(t)$ 之间的关系为：

$$e_{o_2}(t)=e_i(t) \tag{2.36}$$

可见，如图 2.8 所示的电路确实是一个增益为 1 的隔离放大器。它的“隔离”的意义在于它利用了理想运放的“虚断”性质，将原 *RC* 滤波电路中的前后两级 *RC* 滤波电路隔离开来，这样后级 *RC* 滤波电路将不会对前级 *RC* 滤波电路产生“负载效应”。基于这些认识，下面我们来推导图 2.9 所示电路的数学模型。这里仍分别以 $u_i(t)$ 和 $u_o(t)$ 为输入量和输出量，以 $i_1(t)$、$i_2(t)$、$i_{C_1}(t)$ 及 $i_{C_2}(t)$ 为中间变量。对于节点 1 和节点 2，由于不存在“负载效应”，所以由 KCL 可分别得：

$$i_{C_1}(t)=i_1(t) \tag{2.37}$$

$$i_{C_2}(t) = i_2(t) \tag{2.38}$$

且有：

$$\frac{1}{C_2}\int i_{C_2}(t)\mathrm{d}t = u_o(t) \tag{2.39}$$

对于回路 1 和回路 2，由 KVL 可分别得：

$$R_1 i_1(t) + \frac{1}{C_1}\int i_{C_1}(t)\mathrm{d}t = u_i(t) \tag{2.40}$$

$$R_2 i_2(t) + u_o(t) = \frac{1}{C_1}\int i_{C_1}(t)\mathrm{d}t \tag{2.41}$$

联立式（2.37）～式（2.41），消去中间变量 $i_1(t)$、$i_2(t)$、$i_{C_1}(t)$ 及 $i_{C_2}(t)$，可得关于 $u_i(t)$ 和 $u_o(t)$ 的线性微分方程为：

$$R_1C_1R_2C_2\frac{\mathrm{d}^2u_o(t)}{\mathrm{d}t^2} + (R_1C_1 + R_2C_2)\frac{\mathrm{d}u_o(t)}{\mathrm{d}t} + u_o(t) = u_i(t) \tag{2.42}$$

由于式（2.42）是一个二阶线性微分方程，所以图 2.9 所示的带隔离放大器的 RC 滤波电路仍是一个二阶线性定常系统。从例 2.3 和例 2.4 的数学建模过程中可以看出，它们的主要区别在于是否存在“负载效应”。因此，在数学建模过程中，要特别注意与该元部件串联的下一个元部件对该元部件的负载效应。

在零初始条件下，对式（2.42）取 Laplace 变换得：

$$(R_1C_1R_2C_2s^2 + (R_1C_1 + R_2C_2)s + 1)U_0(s) = U_i(s) \tag{2.43}$$

则传递函数为：

$$G(s) = \frac{U_0(s)}{U_i(s)} = \frac{1}{R_1C_1R_2C_2s^2 + (R_1C_1 + R_2C_2)s + 1} \tag{2.44}$$

2.4 机械系统

在机械系统中，一般有这样三种运动方式，即：直线运动、旋转运动以及直线和旋转运动的结合。这里首先温习一下与它们相关的牛顿定律和常用机械元件，然后再通过举例来说明机械系统的数学建模方法。

2.4.1 牛顿定律和常用机械元件

1. 牛顿定律

由于在惯性参考系中，任何物体（当然包括各种机械元件）作直线运动都服从牛顿定律所揭示的客观规律性，所以在研究机械元件的直线运动时，一般都是依据此定律来进行数学建模的。

（1）牛顿第一定律

如果没有合力（$\vec{F} = 0$）作用在一个物体上，则该物体的速度 $\vec{v}$ 就不能改变，即：物体不可能加速。换言之，或许会有多个力作用在一个物体上，但若它们的合力为零，则物体就不能加速。

（2）牛顿第二定律

作用于物体的合力 $\vec{F}$ 等于物体的质量 M 与它的加速度 $\vec{a}$ 的乘积。该定律可用如下一个简单的方程式表示，即：

$$\vec{F} = M\vec{a} \tag{2.45}$$

虽然式（2.45）相当简单，但是在使用时要格外小心。为此需明确这样两个基本概念：①合力 $\vec{F}$ 为作用在物体上的所有力的矢量和。值得注意的是，在力的矢量和中只能包括作用于物体上的力，而对于那些在给定问题中涉及到的作用在其他物体上的力是不能计入的。② 质量是物体的一种固有特征——即物体与生俱来的特征。更确切地说，物体的质量是把加在物体上的力和所引起的加速度联系起来的一种特性。也许这个定义对没有学过物理学基础的读者来说还是比较抽象，但是如果你打算加速一个物体时，比如击出一个棒球或保龄球，你就会对质量有切身感受。

（3）牛顿第三定律

两个物体相互作用时，两个物体各自对对方的相互作用力总是大小相等而方向相反的。值得指出的是，对任意两个相互作用的物体来说，在任何情况（静止或运动或加速）下，这个定律总是成立的。

（4）牛顿第二定律的推广

众所周知，力矩可以使一个物体转动，就像用力矩使门转动一样。那么如何将一个物体受到的力矩和它所产生的对转轴的角加速度联系起来呢？下面以如图 2.10 所示的物体转动示例来说明它们之间所存在的一般规律性。为了分析方便，这里假设：①物体由两部分组成，即：一根无质量且长为 r 的杆和杆端的一个质量为 M 的质点；②杆只可能绕其另一端转动，该端有一转轴垂直于图中的 xoy 平面。可见，质点只能绕转轴在半径为 r 的圆轨道上运动。

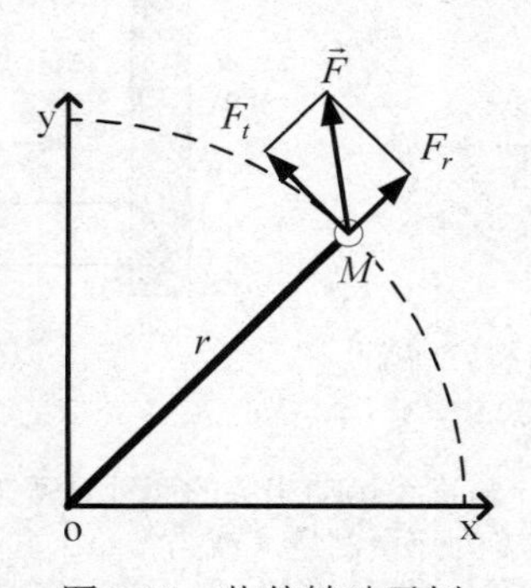

图 2.10　物体转动示例

如图 2.10 所示，一个力 $\vec{F}$ 作用到质点上，然而由于质点只能沿圆轨道运动，因此只有力的切向分量 F_t（和圆轨道相切的分量）能沿圆轨道加速质点。把 F_t 和质点沿圆轨道的切向加速度 a_t 联系起来，即有：

$$F_t = Ma_t \tag{2.46}$$

于是，对质点的力矩 τ 为：

$$\tau = F_t r = Ma_t r \tag{2.47}$$

又由于切向加速度 a_t 可表示为：

$$a_t = r\alpha \tag{2.48}$$

式（2.48）中，α 为角加速度。

将式（2.48）代入式（2.47）可得：

$$\tau = (Mr^2)\alpha \tag{2.49}$$

式（2.49）右侧括号内的量是质点对于转轴的转动惯量 J，因此，式（2.49）可简化为：

$$\tau = J\alpha \tag{2.50}$$

虽然式（2.50）是由图 2.10 所示的这种简单物体转动所获得的结论，但是这一结论是具有普遍意义的，这就是所谓的牛顿第二定律的推广。在此定律中，τ 表示的是一个物体关于一个固定转轴的外力矩代数和；J 表示的是一个物体关于一个固定转轴的转动惯量。值得指出的是，转动惯量在转动物体中的作用正如质量在直线运动物体中的作用一样，它是转动物体惯性的度量。也就是说，物体转动时，在相同外力矩作用下，转动惯量越大，则角加速度就越小；反之，转动惯量越小，则角加速度就越大。转动惯量的大小与物体的几何形状以及质量对转轴的分布情形有关，显然，若质量分布在远离转轴的地方，则转动惯量较大；反之，若质量集中在转轴附近，则转动惯量较小。关于转动惯量的具体计算方法，这里就不赘述了，读者可根据自己的需要参阅相关书籍。

2. 常用机械元件

（1）线性弹簧

弹簧是一种常用的机械储能元件，尽管在现实世界中，任何弹簧都会在某种程度上存在非线性，但是在机械系统的数学建模中，通常都是将弹簧视为线性弹簧来处理的。对于与直线运动相关的弹簧来说，它所产生的弹簧力与它的位移之间将成线性关系。例如，弹簧处于如图 2.11 所示的两种工作情况：①弹簧的两端分别为固定端和自由端；②弹簧的两端皆为自由端。

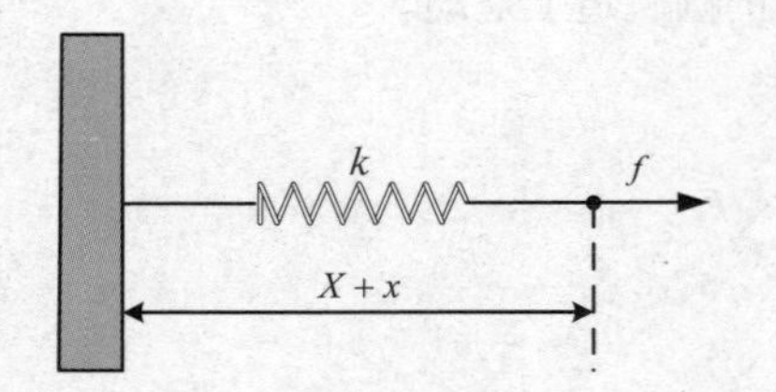

（a）弹簧的两端分别为固定端和自由端
（x 为弹簧自由端的位移）

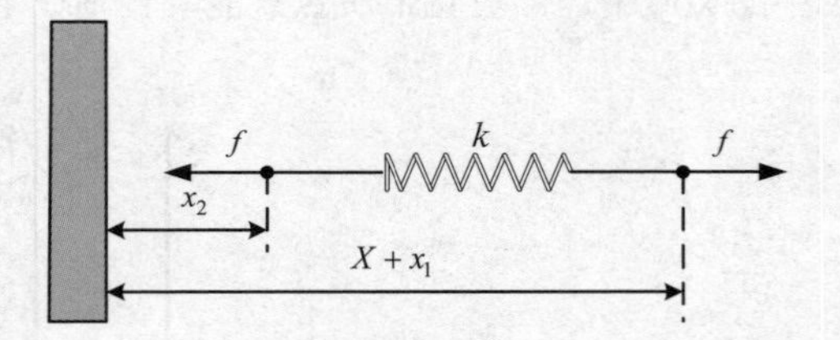

（b）弹簧的两端皆为自由端
（x_1, x_2 分别为弹簧两端的位移）

图 2.11　与直线运动相关的两种弹簧工作情况
（X 为弹簧的自由长度；f 为拉力；k 为弹簧常量（或力常量），它是弹簧刚度的度量，即：k 越大，弹簧越硬，也就是说对于一段给定的位移，它所需要的拉力或推力越大。）

对于图 2.11（a）所示的工作情况，可采用下式来计算弹簧力 F，即：

$$F = kx \tag{2.51}$$

而对于图 2.11（b）所示的工作情况，由于弹簧的位移等于 $x_1 - x_2$，所以此时的弹簧力计算公式为：

$$F = k(x_1 - x_2) \tag{2.52}$$

同样，对于与旋转运动相关的弹簧（通常称之为扭力弹簧）来说，它所产生的弹簧力矩与它的角位移之间将成线性关系。例如，它处在如图 2.12 所示的工作情况。

由于扭力弹簧的角位移等于 $\theta_1 - \theta_2$，所以此时弹簧力矩 T 的计算公式为：

$$T = k(\theta_1 - \theta_2) \tag{2.53}$$

值得指出的是，如果在某些应用场合中需要考虑弹簧的非线性，那么就需对它的非线性特性进行线性化处理，关于线性化处理的一般方法本章将在 2.6 中进行论述。另外，在工程实际中，由于弹簧的质量相对于与它相连的物体来说一般都较小，所以在以后的数学建模分析中将认为弹簧是一个无质量的理想元件。

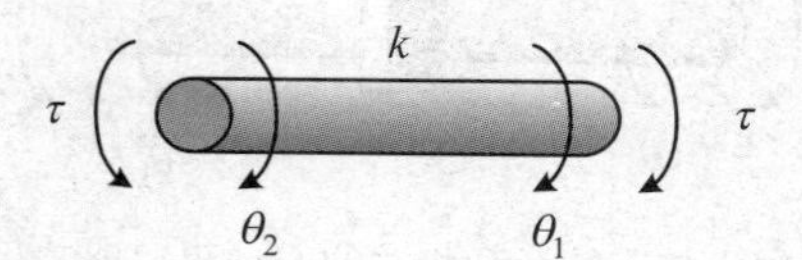

图 2.12　与旋转运动相关的一种弹簧工作情况

（两端分别施加一个方向相反、大小相等的外力矩 τ；θ_1,θ_2 分别为扭力弹簧两端的角位移；k 为扭力弹簧常量，它是扭力弹簧刚度的度量，即 k 越大，扭力弹簧越硬，也就是说对于一段给定的角位移，它所需要施加的外力矩越大。）

（2）阻尼器

阻尼器是被广泛使用的机械元件，因为人们往往希望通过增加阻尼来减少控制过程中的预期输出值附近的来回振荡幅度和次数。当然，也不能一味地增加阻尼，因为这样会对系统的快速性造成较大的负面影响，这是控制系统设计中的一个需要综合考虑的问题。我们知道，在实际系统中，与直线（或旋转）运动相关的阻力（或阻力矩）一般有这样三种类型，即：粘性摩擦阻力（或阻力矩）、静摩擦阻力（或阻力矩）及库仑摩擦阻力（或阻力矩）。这里所谈及的阻尼器，是一种产生粘性摩擦阻力（或阻力矩）的装置。从机构原理上来讲，它由活塞和充满油液的缸体组成，活塞和缸体之间的任何相对运动，都将受到油液的阻滞。而从能量转换上来看，阻尼器却是一种用来吸收能量（动能或势能）的机械元件，被吸收的能量转换为热量而散失掉，它本身并不贮存任何能量。

对于与直线运动相关的阻尼器来说，一般认为它所产生的粘性摩擦阻力与它的运动速度成线性关系。例如，阻尼器处于如图 2.13 所示的两种工作情况：①阻尼器的两端分别为固定端和自由端；②阻尼器的两端皆为自由端。

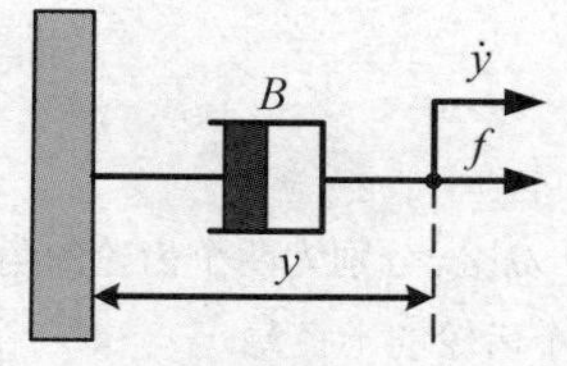

（a）阻尼器的两端分别为固定端和自由端（$y,\dot{y}$ 分别为阻尼器自由端的位移和速度）

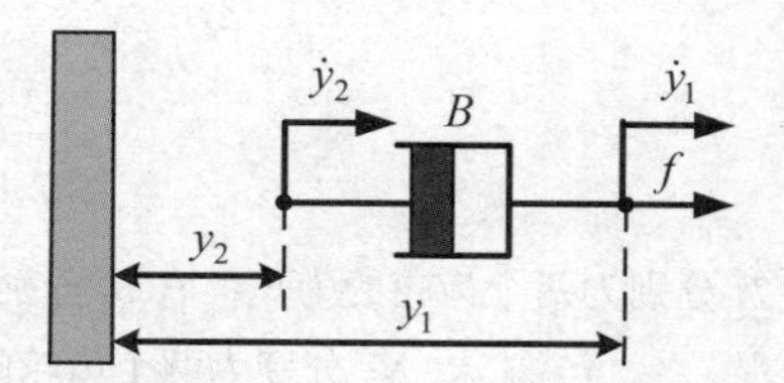

（b）阻尼器的两端皆为自由端（y_1,y_2 分别为阻尼器两端的位移；$\dot{y}_1,\dot{y}_2$ 分别为阻尼器两端的速度）

图 2.13　与直线运动相关的两种阻尼器工作情况（图中的 B 为粘性摩擦系数，f 为拉力）

对于图 2.13（a）所示的工作情况，可采用下式来计算粘性摩擦阻力 F_v，即有：

$$F_v = B\dot{y} \tag{2.54}$$

而对于图 2.13（b）所示的工作情况，由于阻尼器两端的运动速度差为 $\dot{y}_1-\dot{y}_2$，所以此时的粘性摩擦阻力 F_v 计算公式为：

$$F_v = B(\dot{y}_1-\dot{y}_2) \tag{2.55}$$

同样，对于与旋转运动相关的阻尼器来说，它所产生的粘性摩擦力矩与它的角速度之间将成线性关系。例如，它处在如图 2.14 所示的这种情况。

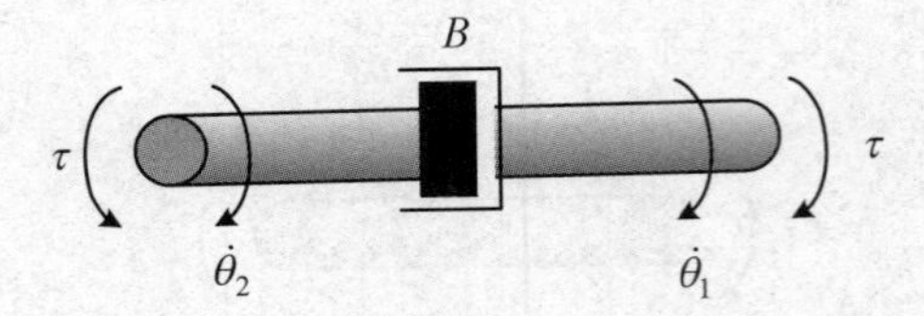

图 2.14 与旋转运动相关的一种阻尼器工作情况

（两端分别施加一个方向相反、大小相等的外力矩 τ；$\dot{\theta}_1,\dot{\theta}_2$ 分别为扭力弹簧两端的角速度；B 为粘性摩擦系数）

由于阻尼器两端的角速度差为 $\dot{\theta}_1-\dot{\theta}_2$，所以此时粘性摩擦力矩 T_v 的计算公式为：

$$T_v = B(\dot{\theta}_1-\dot{\theta}_2) \tag{2.56}$$

值得指出的是，尽管在实际阻尼器中还会存在一些诸如惯性和弹簧效应等复杂因素，但是在工程实际中，由于这些因素的影响一般比较小，所以在以后的数学建模分析中将认为阻尼器是一个无质量、无弹簧效应的理想元件。

（3）齿轮系

齿轮系是一种常用的机械传动装置，它被用于将系统的某一部分的能量传递到系统的另一部分。在这种能量传递过程中，与之相关的力、力矩、速度以及位移等物理量都会发生相应变化。齿轮系的示意图如图 2.15 所示。

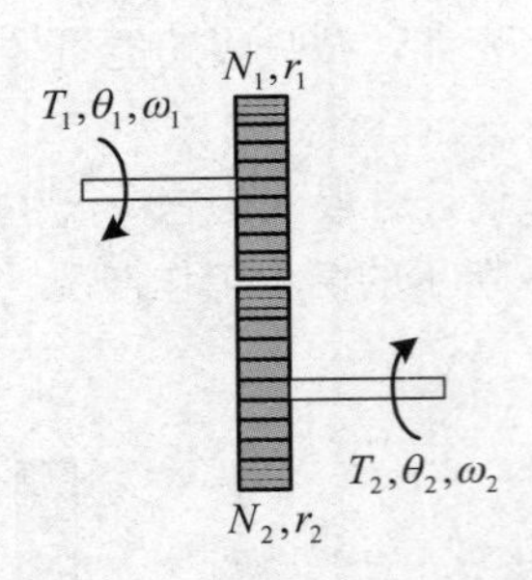

图 2.15 齿轮系的示意图

（T_1,T_2 分别为两个齿轮的力矩；θ_1,θ_2 分别为两个齿轮的角位移；ω_1,ω_2 分别为两个齿轮的角速度；N_1,N_2 分别为两个齿轮的齿数；r_1,r_2 分别为两个齿轮的半径）

如果忽略齿轮的惯性和它们之间的相互摩擦影响，那么与齿轮系相关的诸物理量之间将存在以下比例关系，即：

$$\frac{T_1}{T_2}=\frac{\theta_2}{\theta_1}=\frac{N_1}{N_2}=\frac{\omega_2}{\omega_1}=\frac{r_1}{r_2} \tag{2.57}$$

值得指出的是，在机械传动装置中，除了齿轮系外，还有杠杆、同步齿型带、皮带轮等。限于篇幅，这里就不一一介绍了，读者可根据自己的需要参阅相关书籍。

2.4.2 机械系统的数学建模举例

例 2.5 质量—弹簧—阻尼系统 质量—弹簧—阻尼系统如图 2.16 所示。在此系统中，$f(t)$ 是作用在质量为 M 的物体上的外力，它是系统的输入量；$y(t)$ 是物体的水平方向的直线位移，它是系统的输出量；k 是弹簧的弹簧常量；B 是阻尼器的粘性摩擦系数。注意：在以下的数学建模过程中，将只考虑水平方向的直线运动，并且假设弹簧和阻尼器皆为线性元件。

物体的受力图如图 2.17 所示，由牛顿第二定律可得：

$$f(t)-ky(t)-B\frac{\mathrm{d}y(t)}{\mathrm{d}t}=M\frac{\mathrm{d}^2y(t)}{\mathrm{d}t^2} \tag{2.58}$$

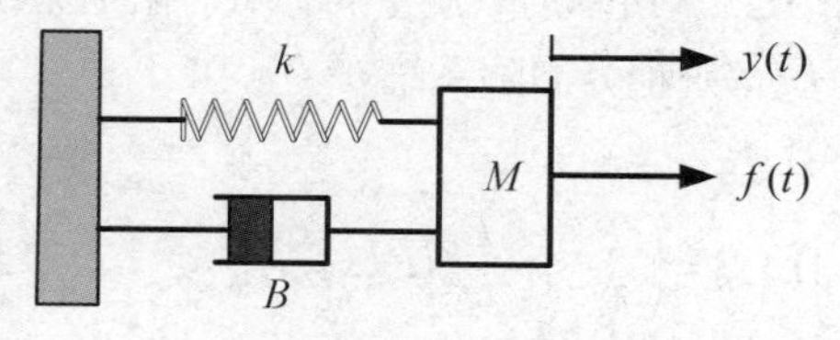

图 2.16　质量—弹簧—阻尼系统

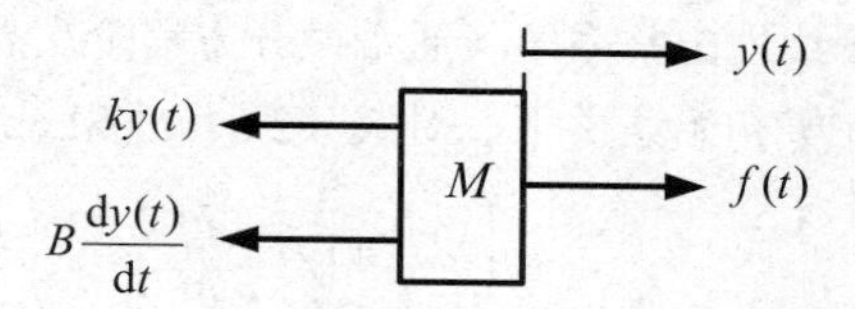

图 2.17　物体受力图

整理可得关于 $f(t)$ 和 $y(t)$ 的线性微分方程为：

$$M\frac{\mathrm{d}^2y(t)}{\mathrm{d}t^2}+B\frac{\mathrm{d}y(t)}{\mathrm{d}t}+ky(t)=f(t) \tag{2.59}$$

可见，图 2.16 所示的质量—弹簧—阻尼系统是一个二阶线性定常系统。

在零初始条件下，对式（2.59）取 Laplace 变换得：

$$(Ms^2+Bs+k)Y(s)=F(s) \tag{2.60}$$

则传递函数为：

$$G(s)=\frac{Y(s)}{F(s)}=\frac{1}{Ms^2+Bs+k} \tag{2.61}$$

例 2.6　机器人手臂　机器人抓持哑铃的情形如图 2.18 所示。我们知道，机器人抓持较重的负载时，要求其手臂各关节具有很好的柔韧性。为了便于分析，这里将机器人手臂近似等效为一个双质量—弹簧—阻尼系统，如图 2.19 所示。

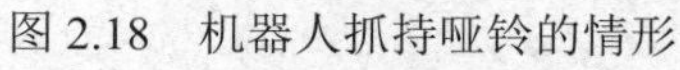

图 2.18　机器人抓持哑铃的情形

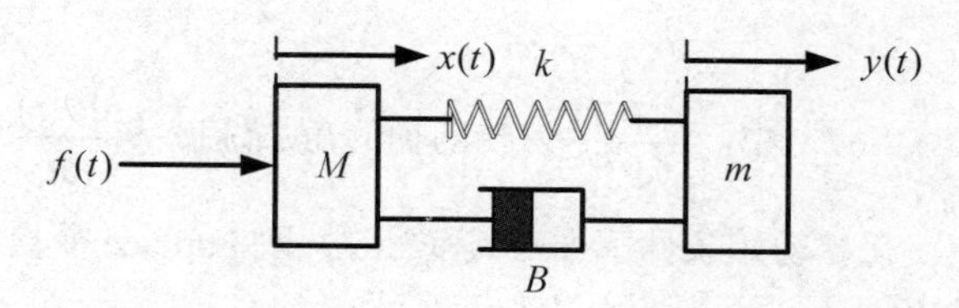

图 2.19　双质量—弹簧—阻尼系统

在双质量—弹簧—阻尼系统中，$f(t)$ 是作用在质量为 M 的物体上的外力，它是系统的输入量；$x(t)$ 是质量为 M 的物体在水平方向的直线位移；$y(t)$ 是质量为 m 的物体在水平方向的直线位移，它是系统的输出量；k 是弹簧的弹簧常量；B 是阻尼器的粘性摩擦系数。

针对两个物体的受力情况（请读者参考例 2.5，自行绘制受力图），分别应用牛顿第二定律可建立如下方程：

$$M\frac{\mathrm{d}^2x(t)}{\mathrm{d}t^2}+B\left(\frac{\mathrm{d}x(t)}{\mathrm{d}t}-\frac{\mathrm{d}y(t)}{\mathrm{d}t}\right)+k(x(t)-y(t))=f(t) \tag{2.62}$$

$$m\frac{\mathrm{d}^2y(t)}{\mathrm{d}t^2}+B\left(\frac{\mathrm{d}y(t)}{\mathrm{d}t}-\frac{\mathrm{d}x(t)}{\mathrm{d}t}\right)+k(y(t)-x(t))=0 \tag{2.63}$$

联立式（2.62）～式（2.63），消去中间变量 $x(t)$，可得关于 $f(t)$ 和 $y(t)$ 的线性微分方程为：

$$m\frac{\mathrm{d}^4y(t)}{\mathrm{d}t^4}+\left(B+\frac{m}{M}\right)\frac{\mathrm{d}^3y(t)}{\mathrm{d}t^3}+\left(k+\frac{km}{M}\right)\frac{\mathrm{d}^2y(t)}{\mathrm{d}t^2}=\frac{B}{M}\frac{\mathrm{d}f(t)}{\mathrm{d}t}+\frac{k}{M}f(t) \tag{2.64}$$

由于式（2.64）是一个四阶线性微分方程，所以图 2.19 所示的双质量—弹簧—阻尼系统是一个高阶线性定常系统（通常微分方程阶次高于 2 的系统都统称为高阶系统）。

在零初始条件下，对式（2.64）取 Laplace 变换得：

$$\left(ms^4+\left(B+\frac{m}{M}\right)s^3+\left(k+\frac{km}{M}\right)s^2\right)Y(s)=\left(\frac{B}{M}s+\frac{k}{M}\right)F(s) \tag{2.65}$$

则传递函数为：

$$G(s)=\frac{Y(s)}{F(s)}=\frac{\frac{B}{M}s+\frac{k}{M}}{s^2\left(ms^2+\left(B+\frac{m}{M}\right)s+\left(k+\frac{km}{M}\right)\right)} \tag{2.66}$$

例 2.7　机械转动系统　某机械转动系统如图 2.20 所示，其中 J 表示转动惯量；B 表示转动轴上的粘性摩擦系数；$\tau(t)$ 表示外作用力矩，它是系统的输入量；$\theta(t)$ 表示转动轴的角位移，它是系统的输出量。

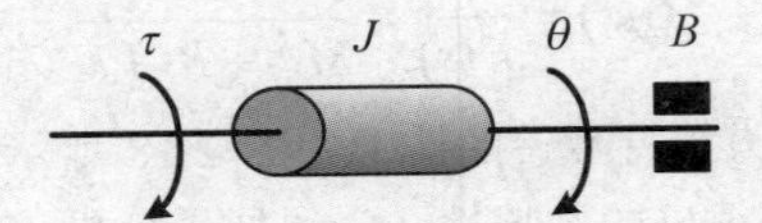

图 2.20　机械转动系统

由牛顿第二定律的推广可知，机械转动系统的力矩方程式为：

$$J\frac{\mathrm{d}^2\theta(t)}{\mathrm{d}t^2}+B\frac{\mathrm{d}\theta(t)}{\mathrm{d}t}=\tau(t) \tag{2.67}$$

式（2.67）中，$\frac{\mathrm{d}^2\theta(t)}{\mathrm{d}t^2}$ 为转动轴的角加速度；$\frac{\mathrm{d}\theta(t)}{\mathrm{d}t}$ 为转动轴的角速度。

在零初始条件下，对式（2.67）取 Laplace 变换得：

$$(Js^2+Bs)\theta(s)=\tau(s) \tag{2.68}$$

则传递函数为：

$$G(s)=\frac{\theta(s)}{\tau(s)}=\frac{1}{Js^2+Bs} \tag{2.69}$$

若以转动轴的角速度 $\omega(t)$ 为系统的输出量，则机械转动系统的力矩方程式为：

$$J\frac{\mathrm{d}\omega(t)}{\mathrm{d}t}+B\omega(t)=\tau(t) \tag{2.70}$$

在零初始条件下，对式（2.70）取 Laplace 变换得：

$$(Js+B)\omega(s)=\tau(s) \tag{2.71}$$

则传递函数为：

$$G(s)=\frac{\omega(s)}{\tau(s)}=\frac{1}{Js+B} \tag{2.72}$$

由以上推导容易想到，就同一系统而言，如果所取的输入量和/或输出量不同，那么所得到的数学模型一般是不相同的。因此，在数学建模过程中，要特别注意这样一个结论，即：数学模型与输入信号在元部件或系统中的作用点以及输出信号的取出点有关。

例 2.8　齿轮传动系统　某齿轮传动系统如图 2.21 所示，其中 J_1,J_2 分别表示主动轴和从动轴的转动惯量；B_1,B_2 分别表示主动轴和从动轴上的粘性摩擦系数；$\tau(t)$ 表示主动轴上的外作用力矩，它是系统的输入量；N_1,N_2 分别表示两个齿轮的齿数；$\theta_1(t),\theta_2(t)$ 分别表示两个齿轮的角位移；$T_1(t)$ 表示齿轮 1 所承受的阻力矩；$T_2(t)$ 表示齿轮 2 的传动力矩，它是系统的输出量。

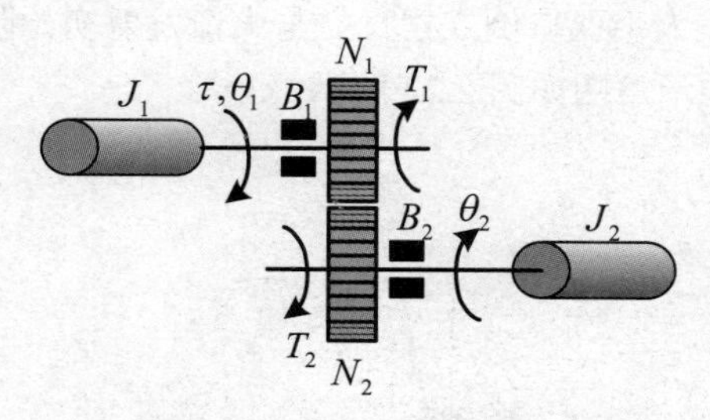

图 2.21　齿轮传动系统

由牛顿第二定律的推广可知，主动轴上的力矩方程式为：

$$J_1\frac{\mathrm{d}^2\theta_1}{\mathrm{d}t^2}+B_1\frac{\mathrm{d}\theta_1}{\mathrm{d}t}+T_1(t)=\tau(t) \tag{2.73}$$

从动轴上的力矩方程式为：

$$J_2\frac{\mathrm{d}^2\theta_2}{\mathrm{d}t^2}+B_2\frac{\mathrm{d}\theta_2}{\mathrm{d}t}=T_2(t) \tag{2.74}$$

依据式（2.57），可得：

$$T_2=T_1\frac{\theta_1}{\theta_2}=T_1\frac{N_2}{N_1} \tag{2.75}$$

将式（2.75）代入式（2.73）和式（2.74）中，即有：

$$\left(J_1+\left(\frac{N_1}{N_2}\right)^2 J_2\right)\frac{\mathrm{d}^2\theta_2}{\mathrm{d}t^2}+\left(B_1+\left(\frac{N_1}{N_2}\right)^2 B_2\right)\frac{\mathrm{d}\theta_2}{\mathrm{d}t}=\frac{N_1}{N_2}\tau(t) \tag{2.76}$$

式（2.76）中，$J_1+\left(\frac{N_1}{N_2}\right)^2 J_2$ 可视为从动轴折算到主动轴上的转动惯量；$B_1+\left(\frac{N_1}{N_2}\right)^2 B_2$ 可视为从动轴折算到主动轴上的粘性摩擦系数。

在零初始条件下，对式（2.76）取 Laplace 变换得：

$$\left(\left(J_1+\left(\frac{N_1}{N_2}\right)^2 J_2\right)s^2+\left(B_1+\left(\frac{N_1}{N_2}\right)^2 B_2\right)s\right)\theta_2(s)=\frac{N_1}{N_2}\tau(s) \tag{2.77}$$

则传递函数为：

$$G(s)=\frac{\theta_2(s)}{\tau(s)}=\frac{\dfrac{N_1}{N_2}}{\left(J_1+\left(\dfrac{N_1}{N_2}\right)^2 J_2\right)s^2+\left(B_1+\left(\dfrac{N_1}{N_2}\right)^2 B_2\right)s} \tag{2.78}$$

例 2.9　一级倒立摆系统　倒立摆系统的研究最初起始于 20 世纪 50 年代，麻省理工学院（MIT）的控制专家根据火箭发射助推器原理设计出了一级倒立摆系统，以后人们又参照双足机器人的控制问题设计出了二级倒立摆系统。三级倒立摆系统是由一、二级倒立摆系统演绎而来的，有关它的控制问题过去一直是一个公认的难题。值得骄傲的是，2002 年 8 月，北京师范大学李洪兴教授采用高维变论域自适应控制方法在国际上首次成功实现了三级倒立摆系统的控制。一级倒立摆系统是从诸如人手保持倒立摆直立、火箭发射初始阶段的姿态控制等不稳定系统中所抽象出来的典型控制问题。应该说，人手保持倒立摆直立与火箭发射初始阶段的姿态控制是没有本质差异的。人手保持倒立摆直立的示意图如图 2.22 所示。

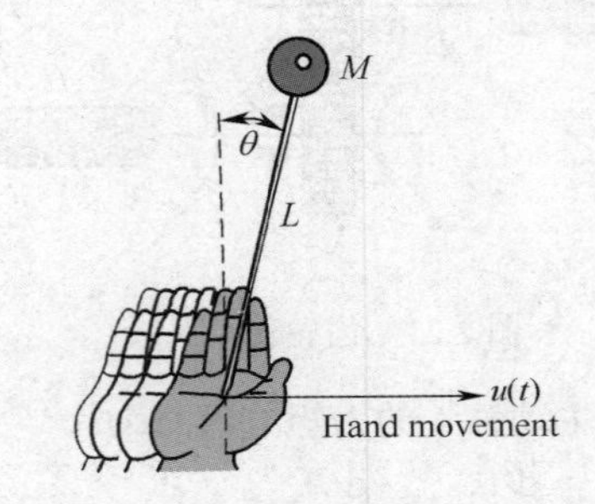

图 2.22　人手保持倒立摆直立的示意图

如果用小车代替人手且倒立摆被限定在垂直平面内绕铰链接点旋转，那么就可以以此小车倒立摆系统为被控对象来研究一级倒立摆的控制问题，显然，这里的控制目的就是要通过电机推动小车运动，使倒立摆保持直立平衡。小车倒立摆系统的示意图如图 2.23 所示。

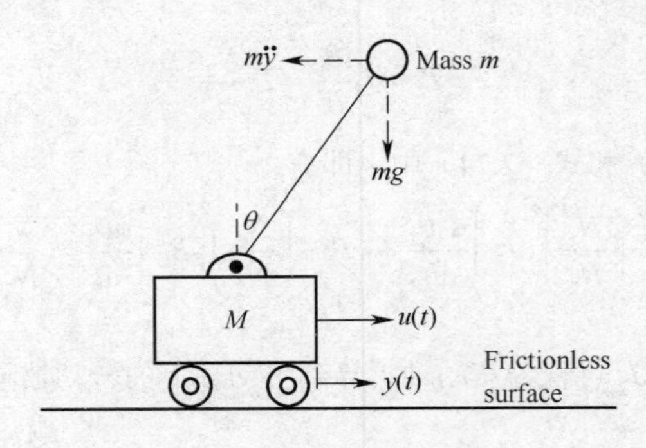

图 2.23　小车倒立摆系统的示意图

就实际情况而言，小车倒立摆系统是一个非线性、多变量、不稳定系统，但是经过合理的假设忽略掉一些次要的因素之后，可以将之视为一个具有典型运动的刚体系统，采用机理建模的方法在惯性坐标系内应用经典力学理论建立系统的动力学方程。在忽略了空气阻力和各种摩擦之后，可将该系统抽象为小车和匀质杆组成的系统，如图 2.24 所示，表 2.2 列出了系统中的各参数。

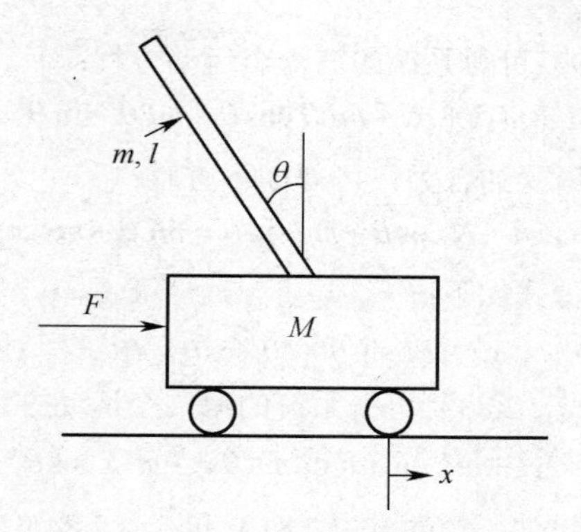

图 2.24　一级倒立摆系统示意图

表 2.2　一级倒立摆系统的各参数

序号	符号	名称	参数值
1	M	小车质量	0.5kg
2	m	摆杆质量	0.2kg
3	B	小车摩擦系数	0.1N/m/sec
4	L	摆杆质心位置	0.3m
5	I	摆杆惯量	$0.006\text{kg}\cdot\text{m}^2$
6	F	加在小车上的力	
7	x	小车的水平位置	
8	θ	摆杆与垂直向上方向的夹角	

系统中小车和摆杆的受力分析如图 2.25 所示，其中 N 和 P 分别为小车和摆杆相互作用力的水平和垂直分量。

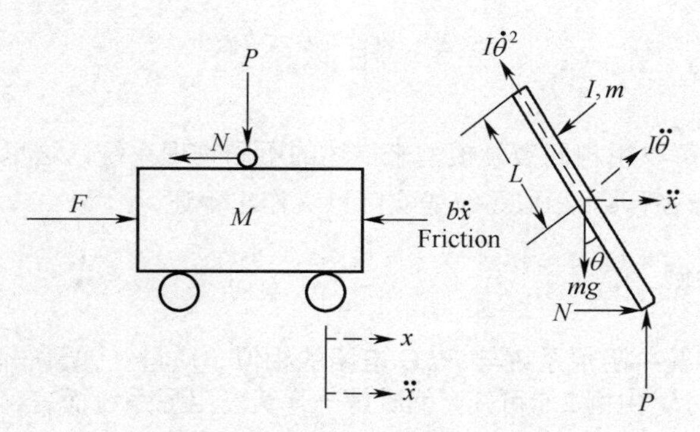

图 2.25　小车和摆杆的受力分析

分析小车水平方向所受的合力，可得如下方程：

$$M\ddot{x} = F - b\dot{x} - N \tag{2.79}$$

另外，对摆杆水平方向的受力进行分析，还可得到如下方程：

$$N = m\ddot{x} + mL\ddot{\theta}\cos\theta - mL\dot{\theta}^2\sin\theta \tag{2.80}$$

将式（2.80）代入式（2.79）可得系统的第一个运动方程：

$$(M+m)\ddot{x}+b\dot{x}+mL\ddot{\theta}\cos\theta-mL\dot{\theta}^2\sin\theta=F \tag{2.81}$$

同样，分析摆杆垂直方向所受的合力，可得如下方程：

$$P\sin\theta+N\cos\theta-mg\sin\theta=mL\ddot{\theta}+m\ddot{x}\cos\theta \tag{2.82}$$

此外，摆杆的力矩平衡方程式如下：

$$-PL\sin\theta-NL\cos\theta=I\ddot{\theta} \tag{2.83}$$

于是，联立式（2.82）和式（2.83）可得系统的第二个运动方程：

$$(I+mL^2)\ddot{\theta}+mgL\sin\theta=-mL\ddot{x}\cos\theta \tag{2.84}$$

为了便于系统仿真和控制设计，需对式（2.81）和式（2.84）进行关于$\theta=\pi$的线性化处理。假设$\theta=\pi+\varphi$（φ为摆杆与垂直向上方向的小夹角），于是有：$\cos\theta=-1,\sin\theta=-\varphi,\dot{\theta}^2=0°$。经过以上线性化处理，系统的两个运动方程变成：

$$(M+m)\ddot{x}+b\dot{x}-mL\ddot{\varphi}=u \tag{2.85}$$

$$(I+mL^2)\ddot{\varphi}-mgL\varphi=mL\ddot{x} \tag{2.86}$$

注意：式（2.85）中，u表示系统输入。

为了获得系统的传递函数，对式（2.85）和式（2.86）进行 Laplace 变换，即有：

$$(M+m)X(s)s^2+bX(s)s-mL\Phi(s)s^2=U(s) \tag{2.87}$$

$$(I+mL^2)\Phi(s)s^2-mgL\Phi(s)=mLX(s)s^2 \tag{2.88}$$

若视摆角φ为系统输出，则依据以上两式，不难得到系统的传递函数：

$$\frac{\Phi(s)}{U(s)}=\frac{\frac{mL}{q}s}{s^3+\frac{b(I+mL^2)}{q}s^2-\frac{(M+m)mgL}{q}s-\frac{bmgL}{q}} \tag{2.89}$$

式（2.89）中，$q=[(M+m)(I+mL^2)-(mL)^2]$。

2.5 相似系统

所谓相似系统是指可以用相同数学模型来描述的不同物理系统。这里首先通过两个例子来加深对这个概念的理解，然后再对相似系统的实际意义作出评述。

2.5.1 相似系统举例

例 2.10 质量—弹簧—阻尼系统与 *RLC* 电路的相似 质量—弹簧—阻尼系统和 *RLC* 电路分别如图 2.16 和图 2.6 所示。由例 2.5 可知，就质量—弹簧—阻尼系统而言，关于$f(t)$和$y(t)$的线性微分方程和传递函数分别为：

$$M\frac{\mathrm{d}^2y(t)}{\mathrm{d}t^2}+B\frac{\mathrm{d}y(t)}{\mathrm{d}t}+ky(t)=f(t) \tag{2.90}$$

$$G(s)=\frac{Y(s)}{F(s)}=\frac{1}{Ms^2+Bs+k} \tag{2.91}$$

对于 *RLC* 电路来说，由例 2.2 中的式（2.21）可知：

$$L\frac{\mathrm{d}i(t)}{\mathrm{d}t}+Ri(t)+\frac{1}{C}\int i(t)\mathrm{d}t=u_i(t) \tag{2.92}$$

又由于电容元件上所储存的电荷 $q_C(t)$ 与通过其的电流 $i(t)$ 之间满足如下关系，即：

$$q_C(t)=\int i(t)\mathrm{d}t \tag{2.93}$$

将式（2.93）代入式（2.92）可得关于 $u_i(t)$ 和 $q_C(t)$ 的线性微分方程：

$$L\frac{\mathrm{d}^2q_C(t)}{\mathrm{d}t^2}+R\frac{\mathrm{d}q_C(t)}{\mathrm{d}t}+\frac{1}{C}q_C(t)=u_i(t) \tag{2.94}$$

在零初始条件下，对式（2.94）取 Laplace 变换得：

$$\left(Ls^2+Rs+\frac{1}{C}\right)Q_C(s)=U_i(s) \tag{2.95}$$

则传递函数为：

$$G(s)=\frac{U_i(s)}{Q_C(s)}=\frac{1}{Ls^2+Rs+\frac{1}{C}} \tag{2.96}$$

比较式（2.94）和式（2.90）（或式（2.96）和式（2.91））可知，如果选择 *RLC* 电路的元件参数，使得两个微分方程的系数在数值上完全相等，那么这两个数学模型在数学意义上就是一致的。这样一来，就可以将两个方程中的 $y(t)$ 和 $q_C(t)$ 视为两个等效的变量（常称它们为相似变量），并通过力—电压模拟方法（在 *RLC* 电路的输入端施加一个模拟外力变化的电压信号）来研究质量—弹簧—阻尼系统的动态特性。另外，针对以上质量—弹簧—阻尼系统，还可以采用如图 2.26 所示的 *RLC* 并联电路来构建相似系统。

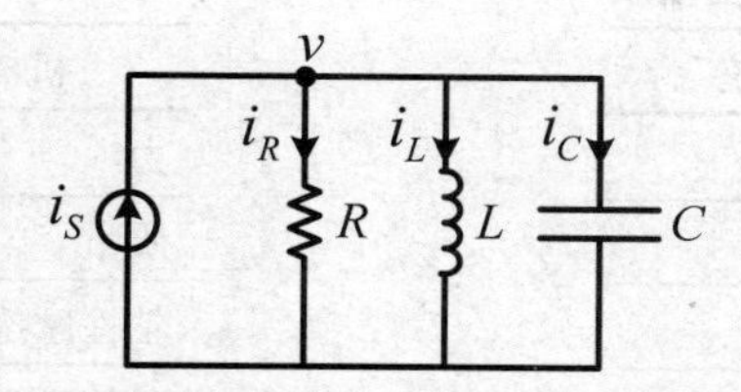

图 2.26　*RLC* 并联电路

（i_R,i_L,i_C 分别为电阻、电感、电容上的电流；i_S,v 分别电流源的电流和两端电压。）

由 *KCL* 可知，$i_S(t)$、$i_R(t)$、$i_L(t)$、$i_C(t)$ 之间满足如下关系：

$$i_L(t)+i_R(t)+i_C(t)=i_S(t) \tag{2.97}$$

由于这是一个 *RLC* 并联电路，所以有如下等式成立，即：

$$i_L(t)=\frac{1}{L}\int v(t)\mathrm{d}t \tag{2.98}$$

$$i_R(t)=\frac{v(t)}{R} \tag{2.99}$$

$$i_C(t)=C\frac{\mathrm{d}v(t)}{\mathrm{d}t} \tag{2.100}$$

于是，式（2.97）可写为如下形式：

$$\frac{1}{L}\int v(t)\mathrm{d}t+\frac{v(t)}{R}+C\frac{\mathrm{d}v(t)}{\mathrm{d}t}=i_S(t) \tag{2.101}$$

又由于电感元件的磁链$\psi(t)$与$v(t)$之间满足如下关系：

$$v(t)=\frac{\mathrm{d}\psi(t)}{\mathrm{d}t} \tag{2.102}$$

将式（2.102）代入式（2.101）可得：

$$C\frac{\mathrm{d}^2\psi(t)}{\mathrm{d}t^2}+\frac{1}{R}\frac{\mathrm{d}\psi(t)}{\mathrm{d}t}+\frac{1}{L}\psi(t)=i_S(t) \tag{2.103}$$

在零初始条件下，对式（2.103）取 Laplace 变换得：

$$\left(Cs^2+\frac{1}{R}s+\frac{1}{L}\right)\psi(s)=I_S(s) \tag{2.104}$$

则传递函数为：

$$G(s)=\frac{\psi(s)}{I_S(s)}=\frac{1}{Cs^2+\frac{1}{R}s+\frac{1}{L}} \tag{2.105}$$

比较式（2.103）和式（2.90）（或式（2.105）和式（2.91））可知，此时可以将两个方程中的$y(t)$和$\psi(t)$视为相似变量，并通过力—电流模拟方法（即：在 RLC 电路的输入端施加一个模拟外力变化的电流信号）来研究质量—弹簧—阻尼系统的动态特性。

由以上例子可以看出，构建相似系统的方法并不是唯一的。就这里所讨论的机械系统和电气系统而言，一般可采用力—电压模拟方法和力—电流模拟方法来构建相似系统。这两种方法所对应的相似变量分别如表 2.3 和表 2.4 所示。

表 2.3　力—电压模拟中的相似变量表

机械系统	电气系统
力	电压
质量	电感
粘性摩擦系数	电阻
弹簧常量	电容的倒数
位移	电荷
速度	电流

表 2.4　力—电流模拟中的相似变量表

机械系统	电气系统
力	电流
质量	电容
粘性摩擦系数	电阻的倒数
弹簧常量	电感的倒数
位移	磁链
速度	电压

例 2.11　振动吸收器的相似电路　某振动吸收器如图 2.27 所示。其中，k_1和k_2分别为两个弹簧的弹簧常量；B 是阻尼器的粘性摩擦系数；M_1和M_2分别为两个物体的质量。振动吸收器的一般作用在于，当$f(t)=a\sin\omega_0 t$时，通过选择参数M_2和k_2的取值，可以使质量块M_1不再振动。

在该系统中，$f(t)$是作用在质量为M_1的物体上的外力，它是系统的输入量；$y_1(t)$是质量为M_1的物体的位移；$y_2(t)$是质量为M_2的物体的位移，它是系统的输出量。针对两个物体的受力情况（请读者自行绘制受力图），分别应用牛顿第二定律可建立如下方程：

$$M_1\frac{\mathrm{d}^2y_1(t)}{\mathrm{d}t^2}+B\frac{\mathrm{d}y_1(t)}{\mathrm{d}t}+k_1y_1(t)+k_2(y_1(t)-y_2(t))=f(t) \tag{2.106}$$

$$M_2\frac{\mathrm{d}^2y_2(t)}{\mathrm{d}t^2}+k_2(y_2(t)-y_1(t))=0 \tag{2.107}$$

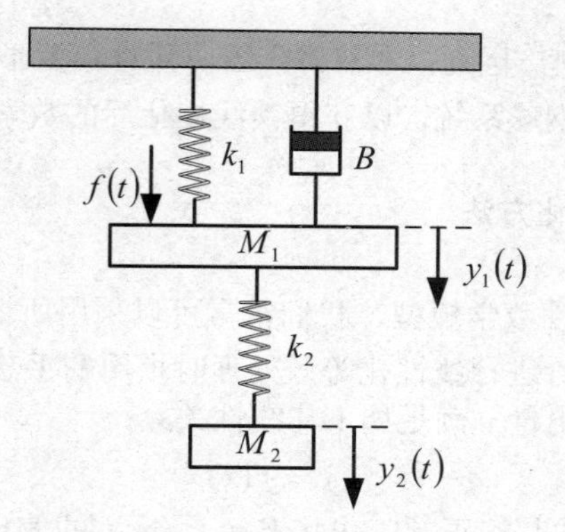

图 2.27　振动吸收器

这里采用力—电流模拟方法来构建相似电路，如图 2.28 所示。

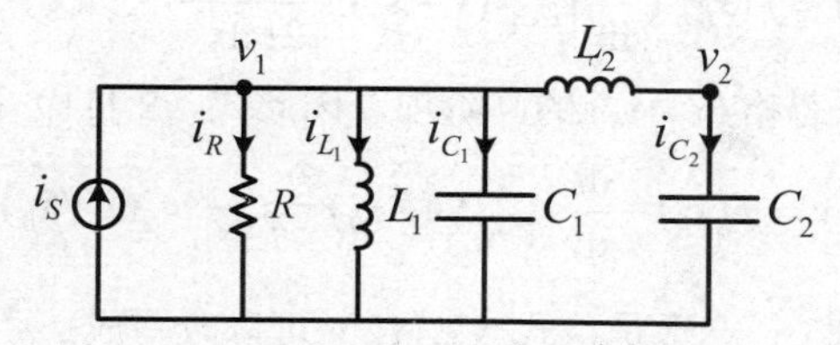

图 2.28　振动吸收器的相似电路

分别对图 2.28 中的两个节点应用 KCL 可得如下微分方程组，即有：

$$C_1\frac{\mathrm{d}^2v_1(t)}{\mathrm{d}t^2}+\frac{1}{R}\frac{\mathrm{d}v_1(t)}{\mathrm{d}t}+\frac{1}{L_1}v_1(t)+\frac{1}{L_2}(v_1(t)-v_2(t))=i_s(t) \tag{2.108}$$

$$C_2\frac{\mathrm{d}^2v_2(t)}{\mathrm{d}t^2}+\frac{1}{L_2}(v_2(t)-v_1(t))=0 \tag{2.109}$$

将式（2.106）、式（2.107）和式（2.108）、式（2.109）比较可知，上述电路确实是振动吸收器的相似电路。

2.5.2　相似系统的优势

相似系统这一概念，在工程实践中是很有用的，因为一种系统可能比另一种系统更容易通过实验来处理。正如前面所举的例子那样，我们可以通过建造一个与机械系统相似的电气系统，来代替对机械系统的研究，因为一般来说，电气系统更容易通过实验进行研究。特别是如果能用计算机来模拟或仿真机械、热力及流体等物理系统，那就更为方便了。总之，许多表面上完全不同的系统却可能具有完全相同的数学模型，数学模型表达了这些系统的共性，所以研究透了一种数学模型就能完全了解具有这种数学模型的各种各样系统的特点。因此数学模型建立以后，研究系统主要是以数学模型为基础，分析并综合系统的各项性能，而不再涉及实际系统的物理性质和具体特点。

2.6　非线性系统的线性化

前已述及，在现实世界中，任何物理系统都会在某种程度上表现出非线性特性。考虑到非线性数学模型比较难以用数学处理，因此，本节将介绍一种对许多非线性系统都适用的线性化方法，并应用这一方法去分析磁悬浮钢球系统，以获得其线性化后的数学模型。

2.6.1 非线性系统的线性化方法

为了得到非线性系统的线性数学模型，我们常常可以采用所谓“小信号”的线性化方法，这种方法是在对电子线路和晶体管进行线性化等效处理时惯用的手法。

假设系统的输入量 x 和输出量 y 满足如下非线性关系：

$$y = f(x) \tag{2.110}$$

如果变量（x,y）相对于系统的某一正常工作状态（x_0,y_0）的偏离很小，那么式（2.110）就可以在此工作点附近展开成 Taylor 级数，即：

$$y = f(x) = f(x_0) + \frac{\mathrm{d}f}{\mathrm{d}x}\bigg|_{x=x_0}(x-x_0) + \frac{1}{2!}\frac{\mathrm{d}^2 f}{\mathrm{d}x^2}\bigg|_{x=x_0}(x-x_0)^2 + \cdots \tag{2.111}$$

当 $(x-x_0)$ 很小时，我们可以忽略 $(x-x_0)$ 的高阶项，因此式（2.111）可以写成：

$$y = f(x_0) + \frac{\mathrm{d}f}{\mathrm{d}x}\bigg|_{x=x_0}(x-x_0) = y_0 + m_0(x-x_0) \tag{2.112}$$

式中，$y_0 = f(x_0)$，$m_0 = \frac{\mathrm{d}f}{\mathrm{d}x}\big|_{x=x_0}$。于是，式（2.112）可以改写成：

$$y - y_0 = m_0(x-x_0) \tag{2.113}$$

可见，式（2.113）就是由式（2.110）定义的非线性系统的线性数学模型。

如果系统的输出量 y 依赖于多个输入量 x_1、x_2、$\cdots$、x_n，且它们之间有如下非线性关系：

$$y = f(x_1, x_2, \cdots, x_n) \tag{2.114}$$

那么在“小信号”条件下，式（2.114）也可以在工作点 $(x_{1_0}, x_{2_0}, \cdots, x_{n_0})$ 附近展开成多元 Taylor 级数。当忽略多元 Taylor 级数中的高阶项时，可得到如下线性近似式：

$$y = f(x_{1_0}, x_{2_0}, \cdots, x_{n_0}) + \frac{\partial f}{\partial x_1}\bigg|_{x_1=x_{1_0}}(x_1 - x_{1_0}) + \frac{\partial f}{\partial x_2}\bigg|_{x_2=x_{2_0}}(x_2 - x_{2_0}) + \cdots + \frac{\partial f}{\partial x_n}\bigg|_{x_n=x_{n_0}}(x_n - x_{n_0}) \tag{2.115}$$

于是，可将式（2.114）定义的非线性系统表示成如下线性数学模型，即有：

$$y - y_0 = m_1(x_1 - x_{1_0}) + m_2(x_2 - x_{2_0}) + \cdots + m_n(x_n - x_{n_0}) \tag{2.116}$$

式（2.116）中，$y_0 = f(x_{1_0}, x_{2_0}, \cdots, x_{n_0})$，$m_i = \frac{\partial f}{\partial x_i}\big|_{x_i = x_{i_0}} (i = 1, 2, \cdots, n)$。

2.6.2 磁悬浮钢球系统的线性化处理

在第 1 章中，我们已对磁悬浮钢球系统的基本原理作了介绍。为不失问题的一般性，这里将以如图 2.29 所示的磁悬浮钢球简化模型（忽略钢球垂直方向的扰动）来讨论如何运用上述方法对该系统中的非线性关系进行线性化处理。我们知道，该系统是用电磁铁来使钢球悬浮的，由牛顿第二定律可得钢球的运动方程为：

$$m\frac{\mathrm{d}^2 x}{\mathrm{d}t^2} = f_m(x,i) - mg \tag{2.117}$$

式（2.117）中，$i(t)$ 为电磁铁线圈电流，$f_m(x,i)$ 为电磁铁产生的力，m 为钢球的质量。

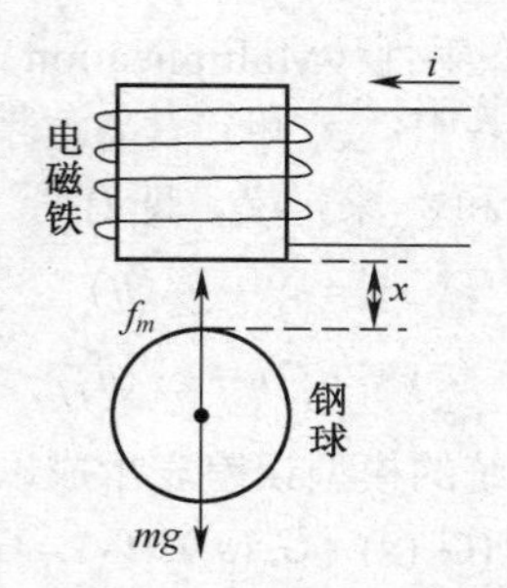

图 2.29　磁悬浮钢球简化模型

考虑到式（2.117）中的 $f_m(x,i)$ 是非线性函数（由磁场的非线性引起），所以需要对其进行线性化处理。设在钢球垂直方向受力平衡时，电磁铁线圈电流为 i_0；钢球距离电磁铁下端面为 x_0。由于在对钢球进行悬浮稳定控制时，钢球的位置变化很小，所以可在其平衡点 (i_0,x_0) 附近对 $f_m(x,i)$ 进行 Taylor 级数展开，当忽略 Taylor 级数中的高阶项时，可得到如下线性近似式：

$$\begin{aligned} f_m(x,i) &= f_m(x_0,i_0)+\frac{\partial f_m}{\partial x}\Big|_{x=x_0}(x-x_0)+\frac{\partial f_m}{\partial i}\Big|_{i=i_0}(i-i_0) \\ &= f_m(x_0,i_0)+K_x(x-x_0)+K_i(i-i_0) \end{aligned} \tag{2.118}$$

式（2.118）中，$K_x=\frac{\partial f_m}{\partial x}\Big|_{x=x_0}$；$K_i=\frac{\partial f_m}{\partial i}\Big|_{i=i_0}$。将式（2.118）代入式（2.117）可得：

$$m\frac{\mathrm{d}^2 x}{\mathrm{d}t^2}=f_m(x_0,i_0)+K_x(x-x_0)+K_i(i-i_0)-mg \tag{2.119}$$

由于在钢球垂直方向受力平衡时，电磁铁所产生的吸力刚好与钢球所受到的重力相等，即：

$$f_m(x_0,i_0)=mg \tag{2.120}$$

若令 $\delta x=x-x_0,\delta i=i-i_0$，则可将磁悬浮钢球系统表示成如下线性数学模型，即有：

$$m\frac{\mathrm{d}^2\delta x}{\mathrm{d}t^2}=K_x\delta x+K_i\delta i \tag{2.121}$$

值得指出的是，由于磁场的复杂性，所以一般很难从理论推导中得出关于 $f_m(x,i)$ 的精确关系，为此需通过实验来测定受力曲线，进而再由受力曲线确定 K_x 和 K_i。

2.7　模型误差

前已述及，任何数学模型都是在某种程度上对真实物理过程的近似描述。对于控制工程师来说，他们在控制系统设计过程中往往需要了解模型的近似程度。那么，如何对模型误差进行定量分析呢？为此，这里先引入如下概念。

（1）标称（Norminal）模型：用于控制系统设计的数学模型，它对真实物理过程的基本特性进行了描述。

（2）定标（Calibration）模型：对真实物理过程进行了较为全面的描述，它比标称模型要复杂但却比标称模型更准确。由于精确的真实过程总是无法知道的，因此在模型误差分析中，常将定标模型近似当作真实过程。

（3）模型误差：标称模型与定标模型之间的差异，这种差异常被表示成标称模型与更复杂一些的定标模型之间加性（或乘性）模型误差的有界不等式形式。

（4）加性（Additive）模型误差和乘性（Multiplication）模型误差：假设标称模型和定标模型分别表示为：$y_0 = g_0\langle u\rangle$ 和 $y = g\langle u\rangle$，其中，g_0 和 g 表示一种变换或映射，那么，加性模型误差和乘性模型误差可分别用以下两式中 g_ε 和 g_Δ 来定义，即有：

$$y = y_0 + g_\varepsilon\langle u\rangle \tag{2.122}$$

$$y = g_0\langle u + g_\Delta\langle u\rangle\rangle \tag{2.123}$$

按照以上定义，我们可将线性系统的模型误差表示成以下传递函数的形式：

$$Y(s) = G(s)U(s) = (G_0(s) + G_\varepsilon(s))U(s) = G_0(s)(1 + G_\Delta(s))U(s) \tag{2.124}$$

式（2.124）中，$G_\varepsilon(s)$ 和 $G_\Delta(s)$ 分别表示加性模型误差和乘性模型误差，这是两种描述模型误差的常用方法，加性模型误差表示的是绝对误差值，而乘性模型误差却表示的是相对误差值，依据式（2.124），可推导出 $G_\varepsilon(s)$ 和 $G_\Delta(s)$ 之间的关系：

$$G_\Delta(s) = \frac{G_\varepsilon(s)}{G_0(s)} = \frac{G(s) - G_0(s)}{G_0(s)} \tag{2.125}$$

利用式（2.125）可以较方便地来确定 $G_\varepsilon(s)$ 和 $G_\Delta(s)$。比如，考虑模型在极点上存在数值误差的情形，假设 $G(s) = \dfrac{1}{as+1}F(s)$ 和 $G_0(s) = \dfrac{1}{(a+\delta)s+1}F(s)$，那么，按式（2.125）可得：

$$G_\varepsilon(s) = \frac{\delta s}{(as+1)((a+\delta)s+1)}F(s) \tag{2.126}$$

$$G_\Delta(s) = \frac{\delta s}{as+1} \tag{2.127}$$

关于模型误差的讨论，还需说明的一点就是，它与本书第 9 章讨论的鲁棒控制系统设计有密切关系。为了实现系统的鲁棒性，亦即在模型不精确或存在其他变化因素的条件下，使系统仍能保持期望的性能，在鲁棒控制器设计阶段，常常需要将模型误差表示成有界不等式形式，比如：$\|g_\Delta\| \leqslant \varepsilon$，其中，$\|\circ\|$ 表示一个合适的范数，ε 表示一个给定的正函数。

2.8 用 Matlab 处理传递函数

2.8.1 传递函数的表示及形式转换

1. 传递函数的表示

正如 2.2.2 节中所述，传递函数的两种常用表达形式是有理分式形式（式（2.7））和零极点形式（式（2.8））。在 Matlab 中，有理分式形式的传递函数表示方法为：①将传递函数的分子、分母多项式分别写成两个行向量；②使用 tf()函数，该函数的调用格式如下：

```
num=[bm bm-1 … b1 b0];
den=[an an-1 … a1 a0];
g1=tf(num,den)
```

在 Matlab 中，零极点形式的传递函数表示方法为：①将传递函数的零点和极点分别写成两个行向量；②使用 zpk()函数，该函数的调用格式如下：

```
z=[z1 z2 … zm];
```

p=[p_1 p_2 … p_1];

k=增益值；

g_2=zpk(z,p,k)

2．传递函数的形式转换

在 Matlab 中，可以实现上述两种传递函数形式之间的相互转换。若想将有理分式形式的传递函数转换为零极点形式的传递函数，则可使用 zpk()函数；反之，若想将零极点形式的传递函数转换为有理分式形式的传递函数，则可使用 tf()函数。

3．举例

例 2.12 传递函数的表示及形式转换 ①在 Matlab 中有理分式表示形式的传递函数 $G(s)=\dfrac{10s+20}{s^3+4s^2+3s}$，并将其转换为零极点形式的传递函数；②在 Matlab 中零极点表示形式的传递函数 $G(s)=\dfrac{10(s+2)}{s(s+1)(s+3)}$，并将其转换为有理分式形式的传递函数。

第①问的计算程序：

```
%Tansfer Function example 2.11
num=[10 20];
den=[1 4 3 0];
g1=tf(num,den)
g2=zpk(g1)
```

第①问的计算结果：

```
Transfer function:                      Zero/pole/gain:
    10 s + 20            转换              10 (s+2)
 -----------------    ---------->       -------------
 s^3 + 4 s^2 + 3 s                      s (s+3) (s+1)
```

第②问的计算程序：

```
%Tansfer Function example 2.11
z=[-2];
p=[0 -1 -3];
k=10
g3=zpk(z,p,k)
g4=tf(g3)
```

第②问的计算结果：

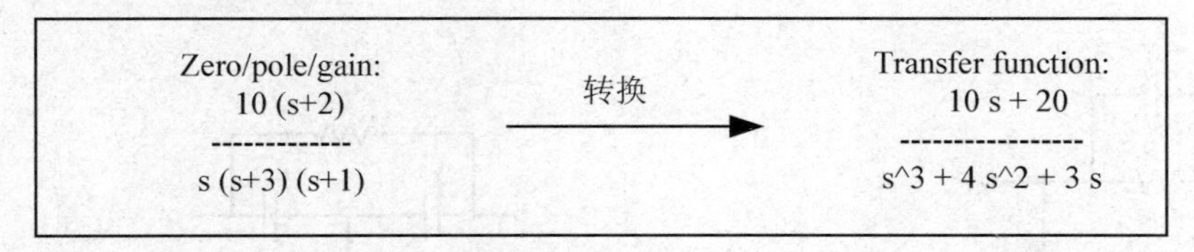

2.8.2 传递函数的特征根及零极点分布图

1．传递函数的特征根

传递函数的特征根可以通过对传递函数的分母多项式 den 求根来获得。Matlab 提供了多项式求根函数 roots()，该函数的调用格式为：roots(den)。

2．传递函数的零极点分布图

传递函数在复平面上的零极点分布图可采用 Matlab 提供的函数 pzmap()来获得。在零极点分布图中，零点用“○”表示，极点用“×”表示。该函数的调用格式为：[p,z]=pzmap(num,den)。

3．举例

例 2.13　传递函数的特征根及零极点分布图　求传递函数 $G(s)=\dfrac{2s^3+5s^2+3s+6}{s^3+6s^2+11s+6}$ 的特征根，并绘制该传递函数的零极点分布图。

计算程序：

```
%Tansfer Function example 2.12
num=[2 5 3 6];
den=[1 6 11 6];
p=roots(den)
pzmap(num,den)
title('zero-pole Map')
```

计算结果：

```
p =

-3.0000
-2.0000
-1.0000
```

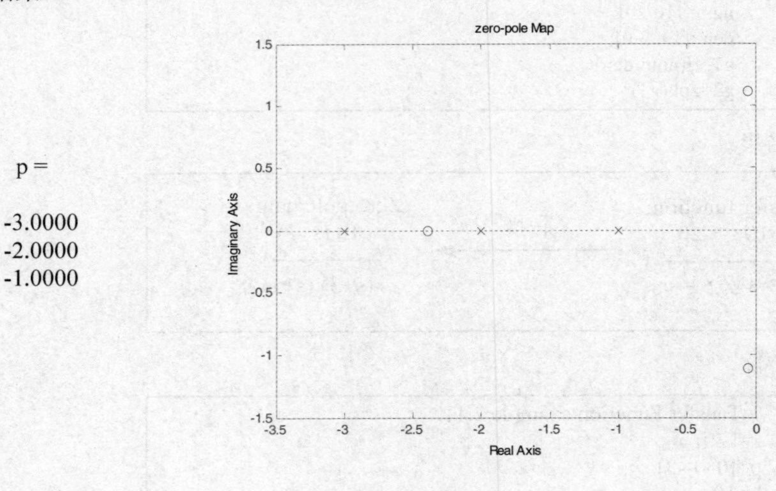

习题二

2.1　试求图 2.30 所示电路的微分方程式和传递函数。

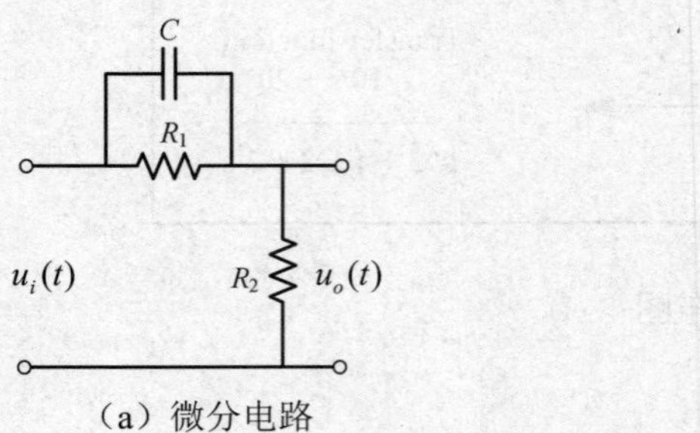

（a）微分电路

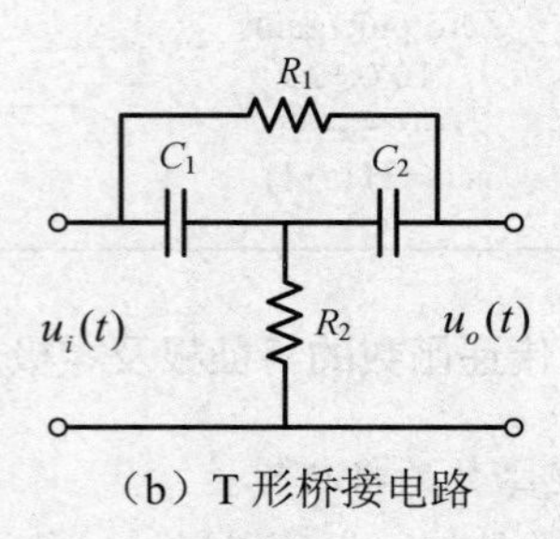

（b）T 形桥接电路

图 2.30　习题 2.1 图

2.2　一个电动机驱动系统如图 2.31 所示，系统由一个电动机、两个质量块及一个连接两个质量块之间的扭力弹簧构成。在工程实践中，这类系统是比较常见的，比如：带有柔性臂的机器人、DVD 和光盘的驱动臂等。假设电动机产生的转矩与输入电流 I 成正比，试推导描述该系统的微分方程式和传递函数。

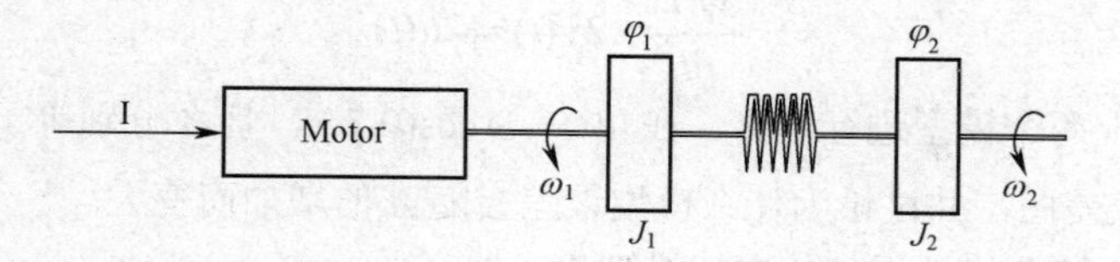

图 2.31　电动机驱动系统示意图

2.3　试求图 2.32 所示有源网络的传递函数。

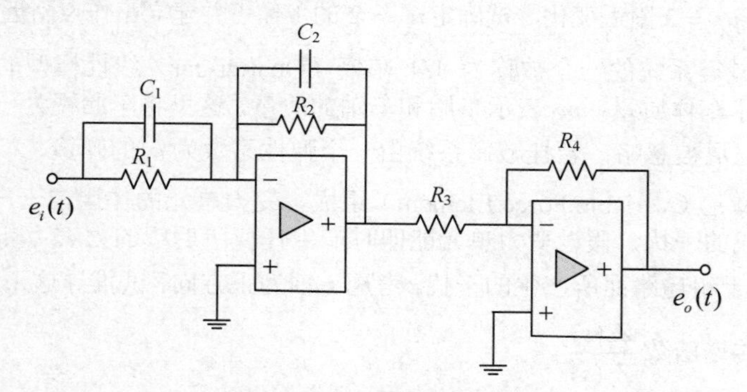

图 2.32　有源网络示意图

2.4　试求图 2.33 所示机械系统的微分方程式和传递函数。

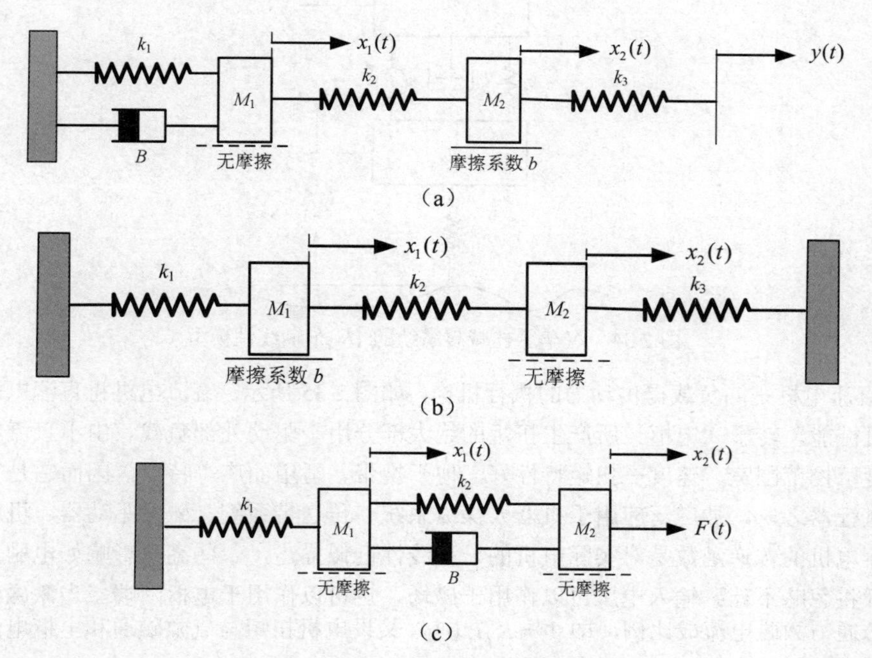

图 2.33　习题 2.4 图

2.5 考虑一个连续非线性系统的定标模型为：

$$\frac{\mathrm{d}y(t)}{\mathrm{d}t}+(2+0.1\cdot(y(t))^2)y(t)=2u(t)$$

假设通过合适的线性化处理，已经获得了一个线性的标称模型：

$$\frac{\mathrm{d}y(t)}{\mathrm{d}t}+2y(t)=2u(t)$$

用 Matlab 对以上两个模型进行仿真，在 $u(t)=A\cos(0.5t)$，且 A 分别等于 0.1、1.0 和 10 的情形下，绘制出模型误差图，并讨论为什么模型误差会随 A 的增加而变大。

2.6 考虑一个连续非线性系统的定标模型为：

$$\frac{\mathrm{d}x(t)}{\mathrm{d}t}=f(x(t),u(t))=-\sqrt{x(t)}+\frac{(u(t))^2}{3}$$

假设输入信号 $u(t)$ 在 $u_Q=2$ 附近变化，试确定 $u_Q=2$ 的工作点并建立工作点附近的线性化模型。

2.7 汽车悬挂减震系统的一个被称为 1/4 车辆（Quarter-car）线性模型的示意图，如图 2.34 所示。图中的 m_s 表示车体质量；m_u 表示车胎和车轴的质量，这里将车胎视为一个弹性系数为 k_t 的弹簧，并假设它的阻尼被忽略；悬挂减震系统由一个弹性系数为 k_s 的弹簧、一个阻尼系数为 b_s 的减震器及一个变力单元（Variable Force Element）组成，变力单元的作用在于产生一个力以补偿凹凸不平的路面所造成的干扰，假设变力单元能即时产生任何所期望的力 F_α。记 $u=F_\alpha$ 表示系统输入，$\mathrm{d}(t)=\dot{z}_r$ 表示由于粗糙路面所产生的干扰，考虑 z 轴为正方向，试推导这个系统的微分方程式，并计算车辆响应的传递函数 $\dfrac{Z_s(s)}{Z_r(s)}$。

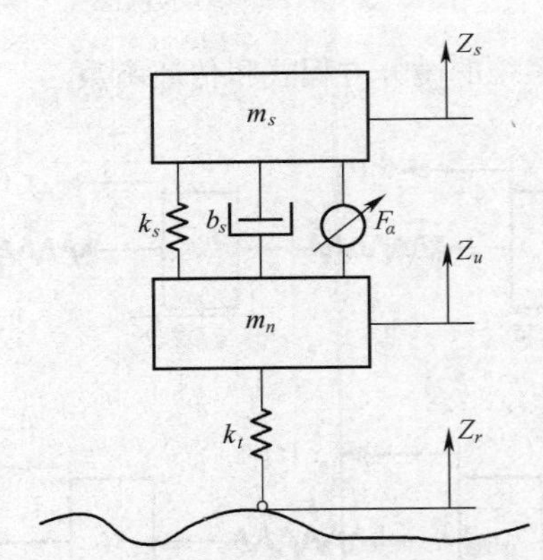

图 2.34 汽车悬挂减震系统的 1/4 车辆线性模型

2.8 直流电机是向负载提供动力的执行机构，如图 2.35 所示。直流电机将直流电能转化成旋转运动的机械能，转子（电枢）所产生扭矩的绝大部分用于驱动外部负载。由于直流电机具有扭矩大、速度可控范围宽、速度—扭矩特性好、便于携带、适用面广等特点，因而它是控制系统中最常用的执行器之一，被广泛应用于机器人操纵系统、传送带系统、磁盘驱动器、机床等实用系统中。直流电机的传递函数是对实际电机的一种线性近似描述，一些高阶影响如电刷上的电压下降等因素都将忽略不计。输入电压可以作用于磁场，也可以作用于电枢两端。当激磁磁场非饱和时，气隙磁通与激磁电流成比例，即 $\Phi=K_f i_f(t)$。又设电机扭矩与气隙磁通和电枢电流之间有如下线性关系：

$$T_m = K_1 \Phi i_a(t) = K_1 K_f i_f(t) i_a(t)$$

从上式可见，为了保持扭矩与电流之间的线性关系，必须有一个电流保持恒定，另一个电流便成了输入电流。显然，若使电枢电流 $i_a(t)$ 保持恒定，则有：

$$T_m = (K_1 K_f i_a(t)) \cdot i_f(t) = K_m i_f(t)$$

其中 K_m 为电机常数，这时称之为磁场控制式直流电机，如图 2.35（a）所示。

同样，若使激磁电流 $i_f(t)$ 保持恒定，则有：

$$T_m = (K_1 K_f i_f(t)) \cdot i_a(t) = K_m i_a(t)$$

此时称之为电枢控制式直流电机，如图 2.35（b）所示。基于以上背景知识，并借鉴第 7 章 7.1.4 节中关于电枢控制式直流电机的传递函数的推导，试推导出磁场控制式直流电机的传递函数 $\dfrac{\theta(s)}{V_f(s)}$。

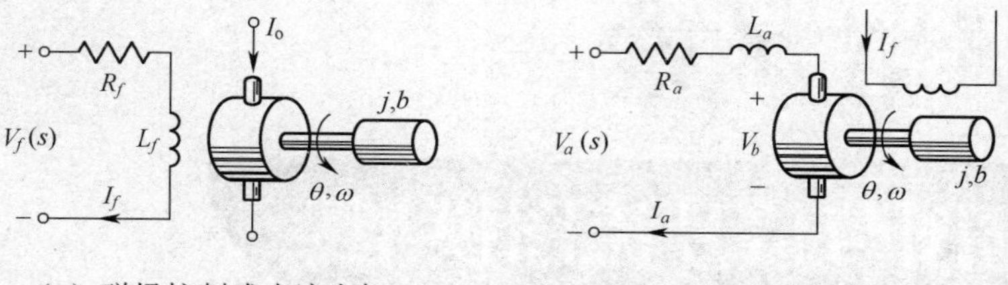

（a）磁场控制式直流电机　　　（b）电枢控制式直流电机

图 2.35　直流电机工作原理示意图

2.9　电枢控制式直流电机驱动着某类负载，若输入电压为 5V，在 $t = 2\text{s}$ 时，电机的转速为 30rad/s，当 $t \to \infty$ 时，电机的稳态转速为 70rad/s，试计算传递函数 $\dfrac{\omega(s)}{V_a(s)}$。

第 3 章

方框图与信号流图模型

由于微分方程和传递函数不能简洁直观地表示出系统内部各物理量（变量）或信号之间的相互传递关系、各环节之间的连接方式及系统的结构，因此，H.Harris 在提出传递函数概念的同时，引入方框图来对系统所涉及的各环节和信号流向进行图解表示。除了方框图之外，还有另一种常用的图解方法就是信号流图。信号流图是由 S.F.Mason 于 1953 年提出来的，故又称 Mason 图。比较而言，方框图的适用面广，无论是线性系统还是非线性系统都可以描述，而信号流图仅适用于线性定常系统。但信号流图并不会没有“生命力”，因为在工程实际中，人们常常将一个实际系统近似描述成一个线性定常连续系统。此外，在求复杂系统的传递函数时，信号流图也表现得比方框图要优越，因为它不必像方框图那样进行一步一步的框图化简，而只需套用 Mason 增益公式进行求解。

当然，就线性定常系统而言，方框图和信号流图之间又是可以相互等效转换的，熟练者往往可以省去画信号流图的过程，直接在方框图上运用 Mason 增益公式。

3.1　方框图模型

3.1.1　方框图的基本组成单元与绘制步骤

1．基本组成单元

一个控制系统的方框图通常包含如下四种基本组成单元：

（1）信号线

信号线是带有箭头的直线，箭头表示信号的流向，在直线旁标记信号的时间函数和（或）象函数，如图 3.1（a）所示。

（2）方框

方框表示对信号进行的数学变换，如图 3.1（b）所示。从外部指向方框的带箭头的信号线表示输入信号 $X_1(s)$，从方框指向外部的带箭头的信号线表示输出信号 $X_2(s)$，方框中写入元部件或系统的传递函数 $G(s)$，表示输入信号 $X_1(s)$ 与输出信号 $X_2(s)$ 之间的传递关系，即有：$X_2(s)=G(s)X_1(s)$。

（3）引出点（或测量点）

引出点（或测量点）表示信号的引出和测量位置，无论从一个引出点上引出多少条信号线，它们都代表同一信号，其大小和性质与原信号完全相同，如图 3.1（c）所示。

（4）比较点（或综合点）

比较点（或综合点）表示对两个或两个以上的信号进行加减运算。输入信号线的箭头旁所标出的“＋”“－”号用来表示信号之间的运算是加还是减，通常可省略“＋”号，如图 3.1（d）所示。

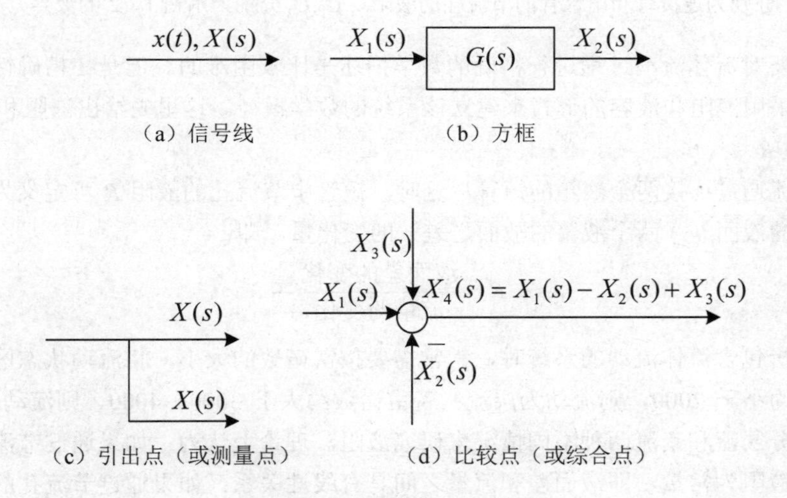

图 3.1　方框图的基本组成单元

2．绘制步骤

（1）列写描述每一个元部件动态特性的微分方程。

（2）假定初始条件等于零，对这些方程进行 Laplace 变换，写出每一个元部件的传递函数，并以方框的形式表示出来。

（3）根据各元部件的信号流向，用信号线依次将各方框连接起来，以组成一个完整的系统方框图。

可见，系统方框图实际上是系统原理图与数学方程两者的结合，既补充了原理图所缺少的定量描述，又避免了纯数学的抽象运算；既可以用方框进行数学运算，也可以直观地了解各元部件的相互关系及其在系统中所起的作用，还可以从系统方框图求得系统的传递函数。

例 3.1　双容水箱的方框图　我们知道，过程工业是一个涉及面非常广的领域，其中包括石油、化工、电力、造纸、玻璃、采矿、金属、水泥、制药、食品和饮料等。过程工业的一个共同特征就是它们的产品能够被制成流体。由于这些流体往往是通过若干个相互连接的工艺容器（即：前一级工艺容器流出的液体被作为后一级工艺容器流入的液体）来进行加工制作的，因此这里所研究的双容水箱的方框图模型是具有一定代表性的。双容水箱的示意图如图 3.2 所示。

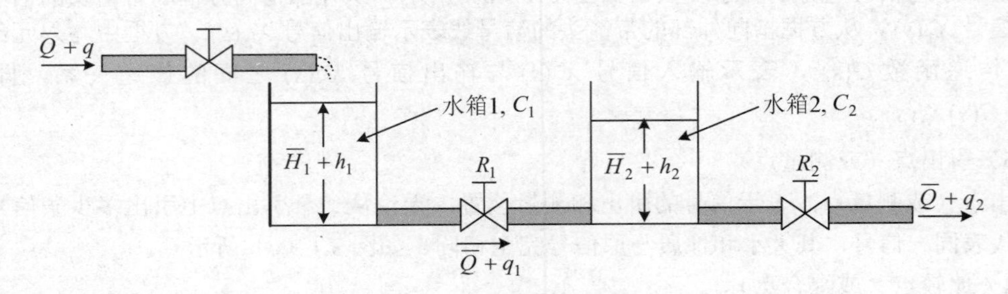

图 3.2　双容水箱示意图

（$\overline{Q}$ 为稳态流量；q,q_1,q_2 分别为进水管、连接管及出水管的流量相对于 $\overline{Q}$ 的微小变化；$\overline{H}_1,\overline{H}_2$ 分别为水箱 1、2 的稳态液面；h_1,h_2 分别为水箱 1、2 的液面相对于 $\overline{H}_1,\overline{H}_2$ 的微小变化；R_1,R_2 分别为连接管和出水管的节流孔的液阻；C_1,C_2 分别为水箱 1、2 的液容）

应该说，要对流体流动过程进行精确的数学描述是比较困难的。但是在精确性要求不高的情形下，可考虑采用液阻和液容的形式来建立该系统的数学模型。这里先给出液阻和液容的定义。

（1）液阻 R

设有一液流通过连接两个液箱的短管，这时，短管中节流孔的液阻 R 可定义为：产生单位流量变化所必需的液面差（两个液箱的液面之差）的变化量，即：

$$R=\frac{\text{液面差的变化量}}{\text{流量的变化量}} \tag{3.1}$$

由于在分析包含流体流动的系统时，常常需要按雷诺数的大小，将流动状态区分为层流和紊流（若雷诺数约小于 2000，则流动为层流；若雷诺数约大于 3000～4000，则流动为紊流），所以严格地说，应分层流和紊流两种不同情况来研究液阻。理论上认为：如果通过节流孔的液流是层流，那么层流液阻为常量，即液面差和流量之间具有线性关系；如果通过节流孔的液流是紊流，那么紊流液阻非常量，即液面差和流量之间具有非线性关系。但是在实际分析中，我们常常可以把液阻当成一个常量来看待。这是因为即使在紊流情况下，只要液面差和流量是在各自稳态值附近作微小变化，那么就可以对它们之间的非线性关系进行线性化处理。

（2）液容 C

液容 C 可定义为：产生单位液位变化所需要的液箱中储存的液体量的变化量，即：

$$C=\frac{\text{被储存的液体的变化量}}{\text{液位的变化量}} \tag{3.2}$$

应当指出，容量和液容在概念上是不同的。液箱的液容等于液箱的横断面积，如果后者等于常量，那么对应任何液位的液容也都是常量。

在该问题中，两个水箱相互影响。液阻 R_1 连接水箱 1 和水箱 2，根据液阻的定义，有：

$$R_1=\frac{h_1(t)-h_2(t)}{q_1(t)} \tag{3.3}$$

而对于液阻 R_2，则有：

$$R_2=\frac{h_2(t)}{q_2(t)} \tag{3.4}$$

在微小的时间间隔 dt 内，水箱内液体的增量等于输入量减去输出量，因此对于水箱 1 有：

$$q(t)-q_1(t)=C_1\frac{\mathrm{d}h_1(t)}{\mathrm{d}t} \tag{3.5}$$

同样，对于水箱 2 有：

$$q_1(t)-q_2(t)=C_2\frac{\mathrm{d}h_2(t)}{\mathrm{d}t} \tag{3.6}$$

对式（3.3）～式（3.6）在零初始条件下取 Laplace 变换，可得如下关于复变量 s 的代数方程：

$$R_1=\frac{H_1(s)-H_2(s)}{Q_1(s)} \tag{3.7}$$

$$R_2=\frac{H_2(s)}{Q_2(s)} \tag{3.8}$$

$$Q(s)-Q_1(s)=C_1sH_1(s) \tag{3.9}$$

$$Q_1(s)-Q_2(s)=C_2sH_2(s) \tag{3.10}$$

按照上述方程，可绘制出双容水箱的四个方框，如图 3.3（a）～（d）所示。

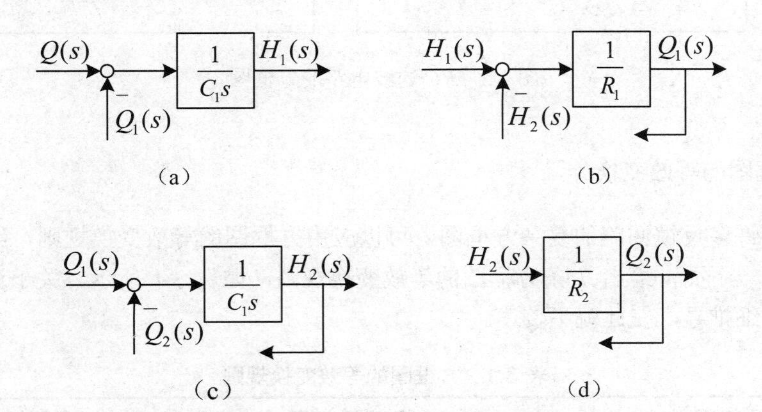

图 3.3　双容水箱的四个方框图

再分别以 $Q(s)$ 和 $Q_2(s)$ 为系统的输入量和输出量，依次按 $Q(s)\to H_1(s)\to Q_1(s)\to H_2(s)\to Q_2(s)$ 的信号传递顺序，将上述四个方框连接起来，并且分别将 $Q_1(s),H_2(s),Q_2(s)$ 三个信号通过各自的引出点引到相应的比较点，这样便可得到双容水箱的方框图，如图 3.4 所示。

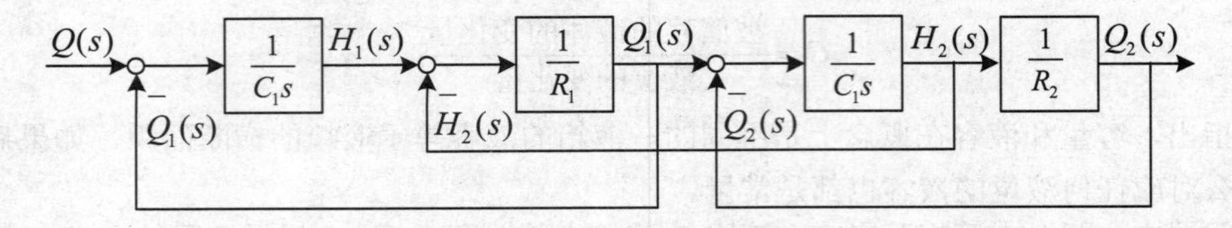

图 3.4　双容水箱的方框图

可见，这个方框图中有 4 个方框，3 个比较点，3 个分支点，3 个反馈回路。

例 3.2　*RC* 滤波电路的方框图　这里以例 2.3 为基础来绘制 *RC* 滤波电路的方框图，*RC* 滤波电路如图 2.7 所示。对式（2.26）～式（2.30）在零初始条件下取 Laplace 变换，可得如下关于复变量 s 的代数方程：

$$R_1 I_1(s)+\frac{1}{C_1 s}I_{c_1}(s)=U_i(s) \tag{3.11}$$

$$R_2 I_2(s)+U_o(s)=\frac{1}{C_1 s}I_{C_1}(s) \tag{3.12}$$

$$I_{C_1}(s)=I_1(s)-I_2(s) \tag{3.13}$$

$$I_{C_2}(s)=I_2(s) \tag{3.14}$$

$$\frac{1}{C_2 s}I_{C_2}=U_o(s) \tag{3.15}$$

按照上述方程，采用例 3.1 中的绘制方法（请读者自行练习）可得如图 3.5 所示方框图。

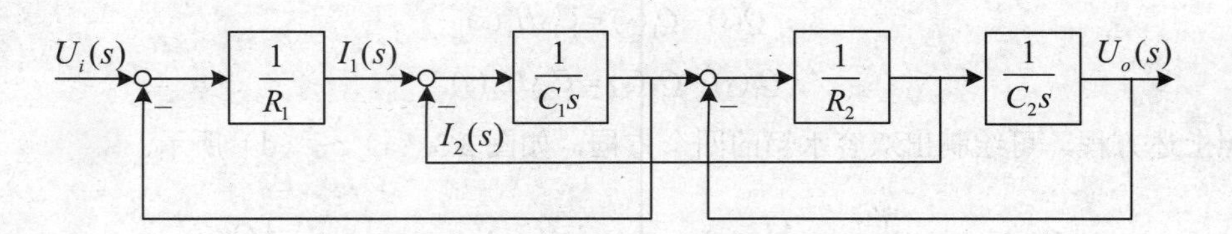

图 3.5　*RC* 滤波电路的方框图

3.1.2　方框图的等效变换

一个包含着许多反馈回路的复杂方框图，可以应用方框图的等效变换规则，经过重新排列和整理而得到简化。下面，给出 7 条方框图的等效变换规则，如表 3.1 所示。关于这些规则，有许多教材已作了详细推导，在此就不赘述。

表 3.1　方框图的等效变换规则

原方框图	等效方框图	等效运算关系
$R(s)$ → $G_1(s)$ → $G_2(s)$ → $Y(s)$	$R(s)$ → $G_1(s)G_2(s)$ → $Y(s)$	（1）串联等效 $Y(s)=G_1(s)G_2(s)R(s)$

续表

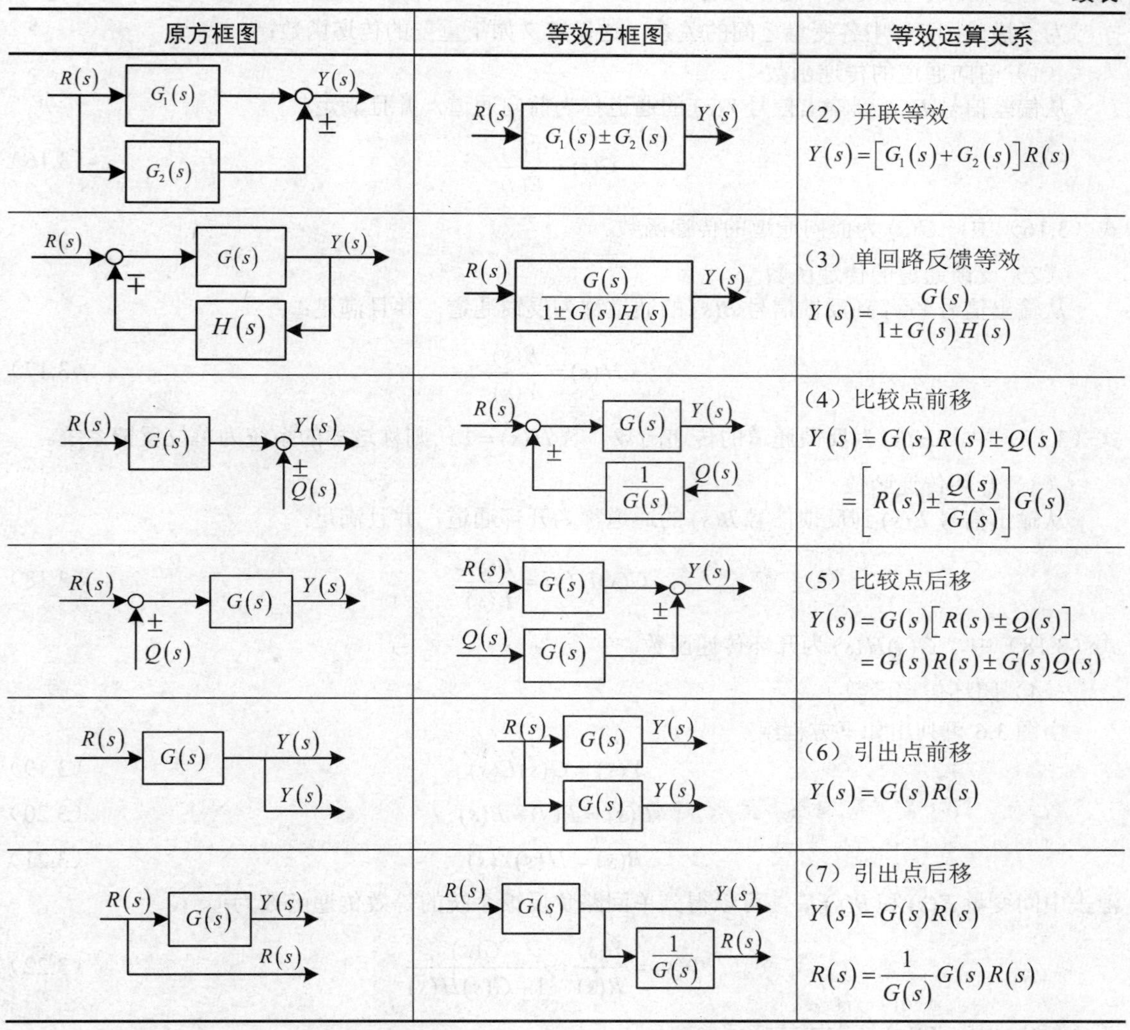

原方框图	等效方框图	等效运算关系
		（2）并联等效 $Y(s)=\left[G_1(s)+G_2(s)\right]R(s)$
		（3）单回路反馈等效 $Y(s)=\dfrac{G(s)}{1\pm G(s)H(s)}$
		（4）比较点前移 $Y(s)=G(s)R(s)\pm Q(s)$ $=\left[R(s)\pm\dfrac{Q(s)}{G(s)}\right]G(s)$
		（5）比较点后移 $Y(s)=G(s)\left[R(s)\pm Q(s)\right]$ $=G(s)R(s)\pm G(s)Q(s)$
		（6）引出点前移 $Y(s)=G(s)R(s)$
		（7）引出点后移 $Y(s)=G(s)R(s)$ $R(s)=\dfrac{1}{G(s)}G(s)R(s)$

在以上规则中，值得特别关注的是单回路反馈的等效规则。由于单回路负反馈是控制系统中的一种最基本、最重要的实现方式，所以，这里需要对它给予重点介绍。为了叙述方便，这里先将单回路负反馈的方框图重新绘制，如图 3.6 所示。

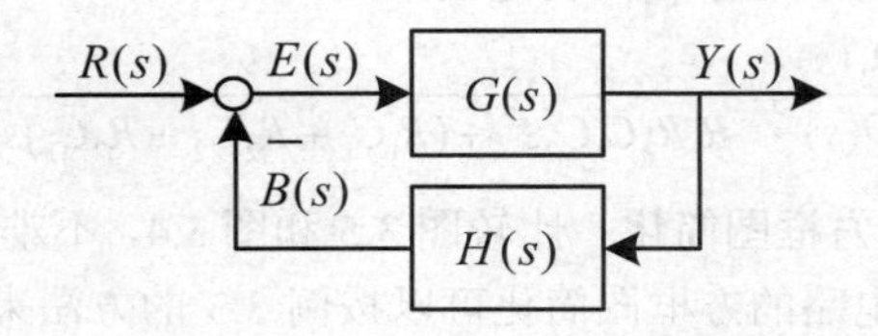

图 3.6　单回路负反馈的方框图

图 3.6 中，$R(s)$ 是输入信号，$Y(s)$ 是输出信号，$B(s)$ 是反馈信号，$E(s)$ 是偏差信号；“+”号表示正反馈，即输入信号与反馈信号相加；“－”号表示负反馈，即输入信号与反馈信号相减；一

般加号可以省略，但减号一定不能省略。

为了描述图 3.6 中各变量之间的关系，这里定义如下重要的传递函数：

（1）前向通道的传递函数

从偏差信号 $E(s)$ 到输出信号 $Y(s)$ 的通道称为前向通道，并且满足：

$$G(s)=\frac{Y(s)}{E(s)} \tag{3.16}$$

式（3.16）中，$G(s)$ 为前向通道的传递函数。

（2）反馈通道的传递函数

从输出信号 $Y(s)$ 到反馈信号 $B(s)$ 的通道称为反馈通道，并且满足：

$$H(s)=\frac{B(s)}{Y(s)} \tag{3.17}$$

式（3.17）中，$H(s)$ 为反馈通道的传递函数。若 $H(s)=1$，则称这样的系统为单位反馈系统。

（3）开环传递函数

从输出信号 $E(s)$ 到反馈信号 $B(s)$ 的通道称为开环通道，并且满足：

$$G(s)H(s)=\frac{B(s)}{E(s)} \tag{3.18}$$

式（3.18）中，$G(s)H(s)$ 为开环传递函数。

（4）闭环传递函数

由图 3.6 可列出如下方程组：

$$Y(s)=G(s)E(s) \tag{3.19}$$

$$E(s)=R(s)-B(s) \tag{3.20}$$

$$B(s)=H(s)Y(s) \tag{3.21}$$

消去中间变量 $E(s)$ 和 $B(s)$ 后，可以得到单回路负反馈系统的等效传递函数为：

$$\Phi(s)=\frac{Y(s)}{R(s)}=\frac{G(s)}{1+G(s)H(s)} \tag{3.22}$$

式（3.22）中，$\Phi(s)$ 称为闭环传递函数。

例 3.3　双容水箱的方框图简化　通过例 3.1 已得到了双容水箱的方框图，如图 3.4 所示。由于该方框图不是串联、并联及单回路反馈结构，所以需要运用表 3.1 中所提供的其他规则来进行简化。简化过程如图 3.7 所示。

通过以上简化过程，可得双容水箱的传递函数为：

$$\frac{Q_2(s)}{Q(s)}=\frac{1}{R_1R_2C_1C_2s^2+(R_1C_1+R_2C_2+R_2C_1)s+1} \tag{3.23}$$

例 3.4　*RC* 滤波电路的方框图简化　比较图 3.5 和图 3.4，不难发现：这两者在框图结构上是完全一致的。所以 *RC* 滤波电路的方框图简化可以按例 3.3 的方法来进行（请读者自行练习）。得到 *RC* 滤波电路的传递函数为：

$$\frac{U_o(s)}{U_i(s)}=\frac{1}{R_1R_2C_1C_2s^2+(R_1C_1+R_2C_2+R_2C_1)s+1} \tag{3.24}$$

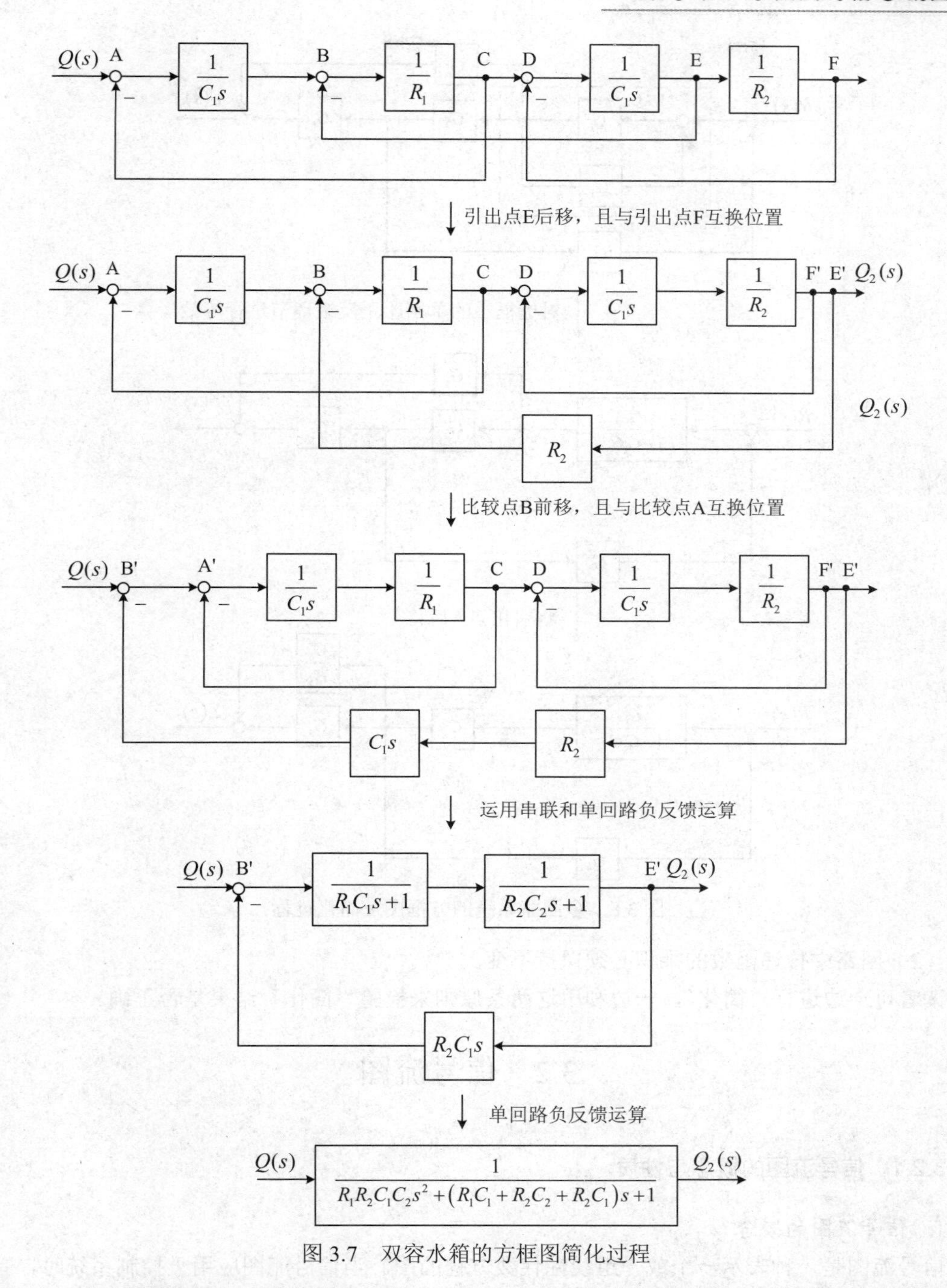

图 3.7　双容水箱的方框图简化过程

例 3.5　多回路系统的方框图简化　某多回路系统的方框图及简化过程，如图 3.8 所示。然后，利用表 3.1 中的前三条等效变换规则，就可得到该多回路系统的传递函数：

$$\frac{Q_2(s)}{Q(s)}=\frac{G_1G_2G_5+G_1G_6}{1-G_1G_3+G_1G_2G_4} \tag{3.25}$$

最后，值得指出的是，在方框图简化过程中，应记住以下两条原则：

（1）前向通道中传递函数的乘积必须保持不变。

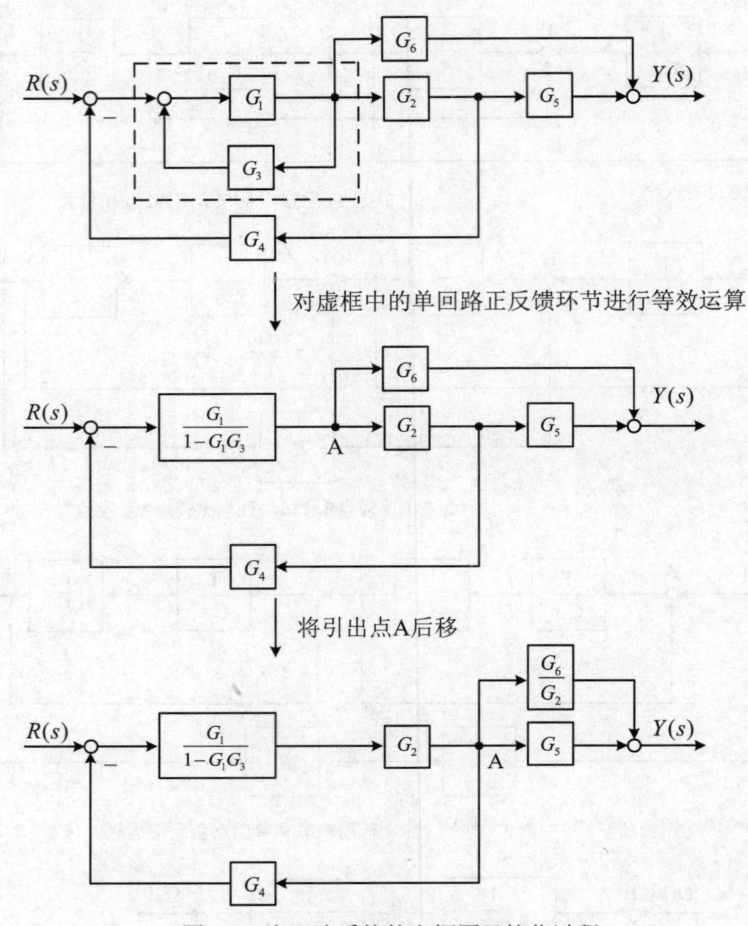

图 3.8　多回路系统的方框图及简化过程

（2）回路中传递函数的乘积必须保持不变。

读者可一边进行“简化”，一边利用这两条原则来检验“简化”结果是否正确。

3.2　信号流图

3.2.1　信号流图的概念与性质

1. 信号流图的概念

信号流图是一种表示一个或一组线性代数方程的图。当信号流图应用于控制系统时，首先必须通过 Laplace 变换将线性微分方程变换成复变量 s 的代数方程组。

信号流图可以视为是由若干节点和定向线段构成的网络。每一个节点表示一个变量或信号，而每两个节点之间的定向连结线段相当于信号乘法器。应当指出，信号只能单向流通。信号流的方向由线段上的箭头表示，而乘法因子则标在线上。信号流图描绘了信号从系统中的一点流向另一点的情况，并且表明了各信号之间的关系。

如何构建一个信号流图？先来看一个例子。考虑如下代数方程组：

$$\begin{cases} y_2 = a_{12}y_1 + a_{32}y_3 \\ y_3 = a_{23}y_2 + a_{43}y_4 \\ y_4 = a_{24}y_2 + a_{34}y_3 + a_{44}y_4 \\ y_5 = a_{25}y_2 + a_{45}y_4 \end{cases} \tag{3.26}$$

式（3.26）中共有 5 个变量（$y_1 \sim y_5$），因此所构造的应是一个具有 5 节点的信号流图。此图的构造过程如图 3.9（a）～（d）所示。

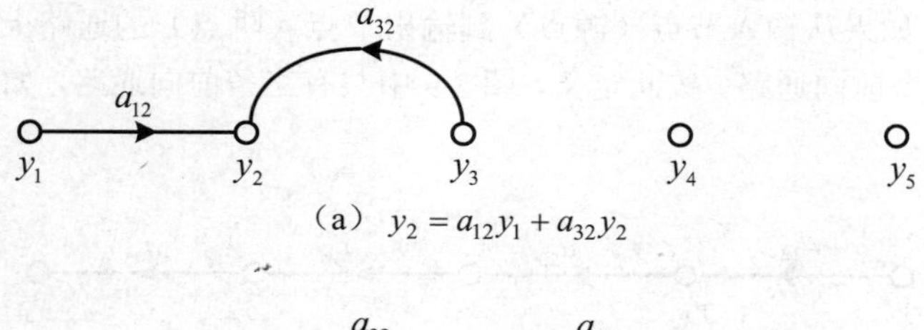

（a）$y_2 = a_{12}y_1 + a_{32}y_2$

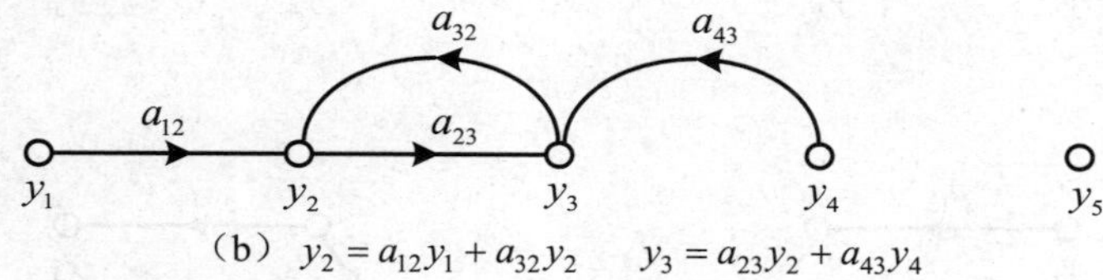

（b）$y_2 = a_{12}y_1 + a_{32}y_2$　　$y_3 = a_{23}y_2 + a_{43}y_4$

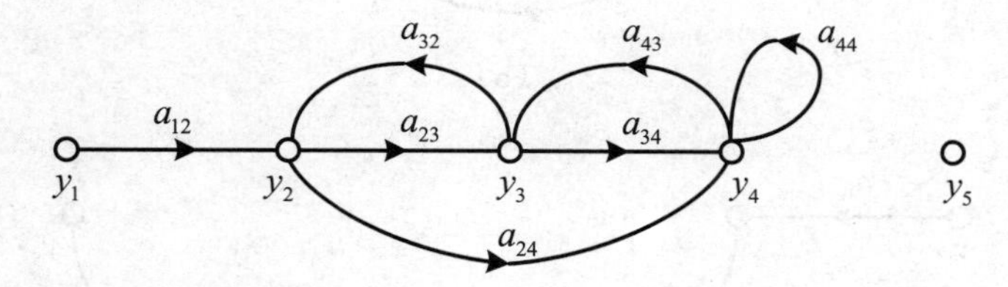

（c）$y_2 = a_{12}y_1 + a_{32}y_2$　　$y_3 = a_{23}y_2 + a_{43}y_4$　　$y_4 = a_{24}y_2 + a_{34}y_3 + a_{44}y_4$

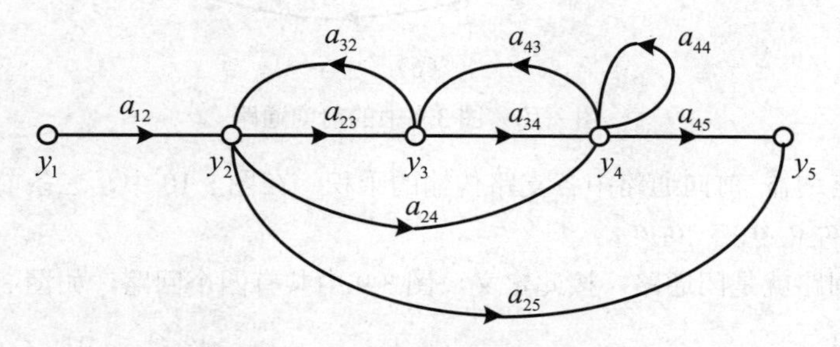

（d）完整的信号流图

图 3.9　式（3.26）的信号流图及其构造过程

为了便于以后的讨论，这里结合图 3.9 给出如下定义：

（1）节点 用来表示变量或信号的点，如图 3.9 中的 5 个圆点（$y_1 \sim y_5$）。

（2）传输 两个节点之间的增益，如图 3.9 中的 $a_{12}, a_{23} \cdots$ 等。

（3）支路 连结两个节点的定向线段，如图 3.9 中连结 y_1, y_2 两节点的定向线段等。

（4）输入节点或源点 只有输出支路的节点，如图 3.9 中的 y_1 节点。

（5）输出节点或阱点 只有输出支路的节点，如图 3.9 中的 y_5 节点。

（6）混合节点 既有输入支路又有输出支路的节点，如图 3.9 中的 y_2, y_3, y_4 节点。

（7）通路 沿支路箭头方向而穿过各相连支路的路径。如果通路与任一节点相交不多于一次，就叫做开通路，如图 3.9 中由 $a_{12}, a_{23}, a_{34}, a_{45}$ 四条支路组成的与 y_1, y_2, y_3, y_4, y_5 五个节点相交的通路就是一条开通路。如果通路的终点就是通路的起点，并且与任何其他节点相交不多于一次，就叫做闭通路，如图 3.9 中由 a_{23}, a_{32} 两条支路组成的与 y_2, y_3 两个节点相交的通路就是一条闭通路。

（8）前向通路 如果从输入节点（源点）到输出节点（阱点）的通路上，通过任何节点不多于一次，则该通路叫做前向通路。按此定义，图 3.9 中共有三条前向通路，如图 3.10 中（a）～（c）所示。

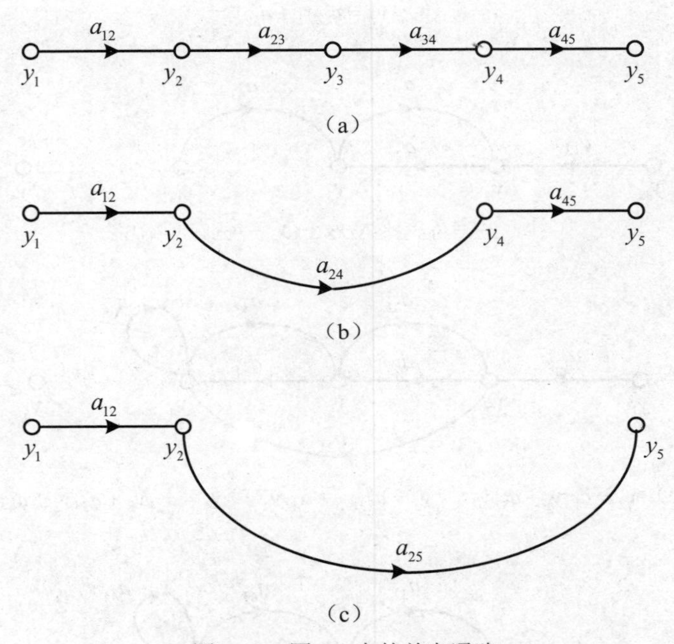

图 3.10 图 3.9 中的前向通路

（9）前向通路增益 前向通路中各支路传输的乘积。在图 3.10 中，三条前向通路的增益分别为：$a_{12}a_{23}a_{34}a_{45}$、$a_{12}a_{24}a_{45}$、$a_{12}a_{25}$。

（10）回路 回路就是闭通路。按此定义，图 3.9 中共有四个回路，如图 3.11 中（a）～（d）所示。

（11）不接触回路 如果一些回路中没有任何公共节点，就把它们叫做不接触回路。在图 3.10 中，图 3.11（a）和图 3.11（d）所表示的两个回路就是不接触回路。

（12）回路增益 回路中各支路传输的乘积。在图 3.11 中，四个回路的增益分别为：$a_{23}a_{32}$、$a_{34}a_{43}$、$a_{24}a_{43}a_{32}$、a_{44}。

2. 信号流图的性质

结合以上介绍，我们不难理解信号流图的如下性质：

（1）信号流图仅适用于线性系统。

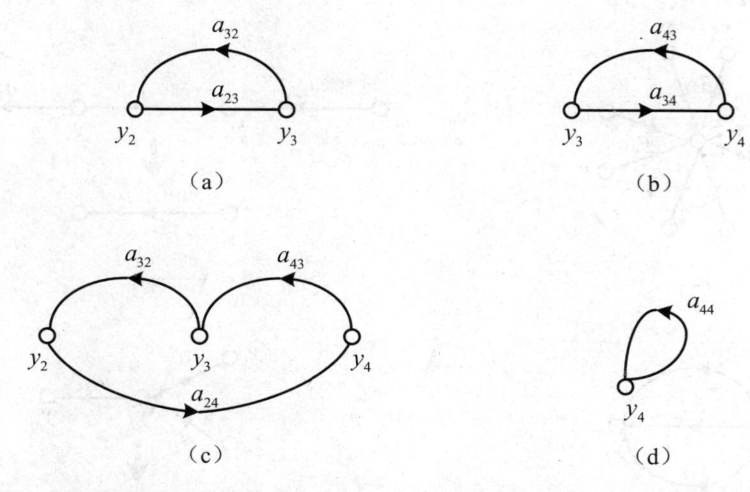

图 3.11　图 3.9 中的回路（注：也称图 3.11（d）所示的回路为自回路）

（2）绘制信号流图所依据的方程必须是具有因果关系的代数方程。

（3）通常依据系统的因果关系，将节点按输入输出的顺序由左至右进行排列。

（4）支路表示一个信号对另一个信号的函数关系。信号只能沿着支路上的箭头方向传递。

（5）具有输入和输出支路的混合节点，通过增加一个具有单位传输的支路，可以把它变成输出节点来处理，如图 3.12 所示。应当指出，这种方法不能将混合节点改变为输入节点。

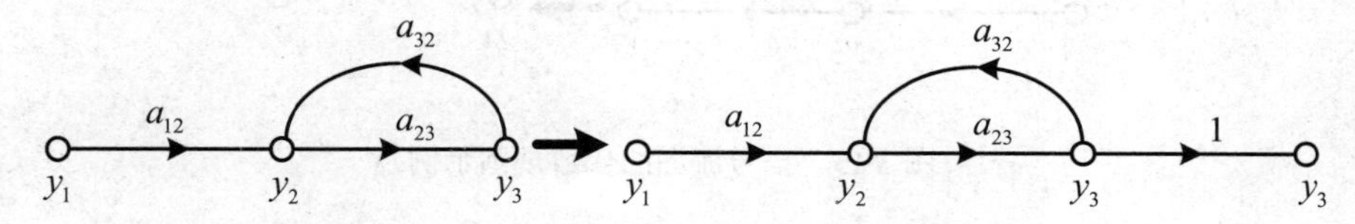

图 3.12　将混合节点改变为输出节点的示例

（6）由于同一系统的方程可以写成不同的形式，因此对于给定的系统，信号流图不是唯一的。

3.2.2　信号流图代数

基于以上性质，可归纳出如下信号流图的代数规则：

（1）节点的值等于所有流入该节点的信号及其输入支路传输乘积的代数和；节点的值通过所有离开该节点的输出支路进行传递。示例如图 3.13（a）所示，$y_1 = a_{21}y_2 + a_{31}y_3 + a_{41}y_4 + a_{51}y_5$；$y_6 = a_{16}y_1, y_7 = a_{17}y_1, y_8 = a_{18}y_1, y_9 = a_{19}y_1$。

（2）串联支路的总传输等于所有支路传输的乘积。因此，串联支路可以通过传输相乘将之合并为单一支路，示例如图 3.13（b）所示。

（3）并联支路可以通过传输相加将之合并为单一支路，示例如图 3.13（c）所示。

（4）混合节点可以消掉，示例如图 3.13（d）所示。

（5）回路可以消掉，示例如图 3.13（e）所示。

利用以上规则，可以求出一些简单控制系统的传递函数。比如，图 3.6 所示的单回路负反馈控制系统，其信号流图如图 3.14 所示。

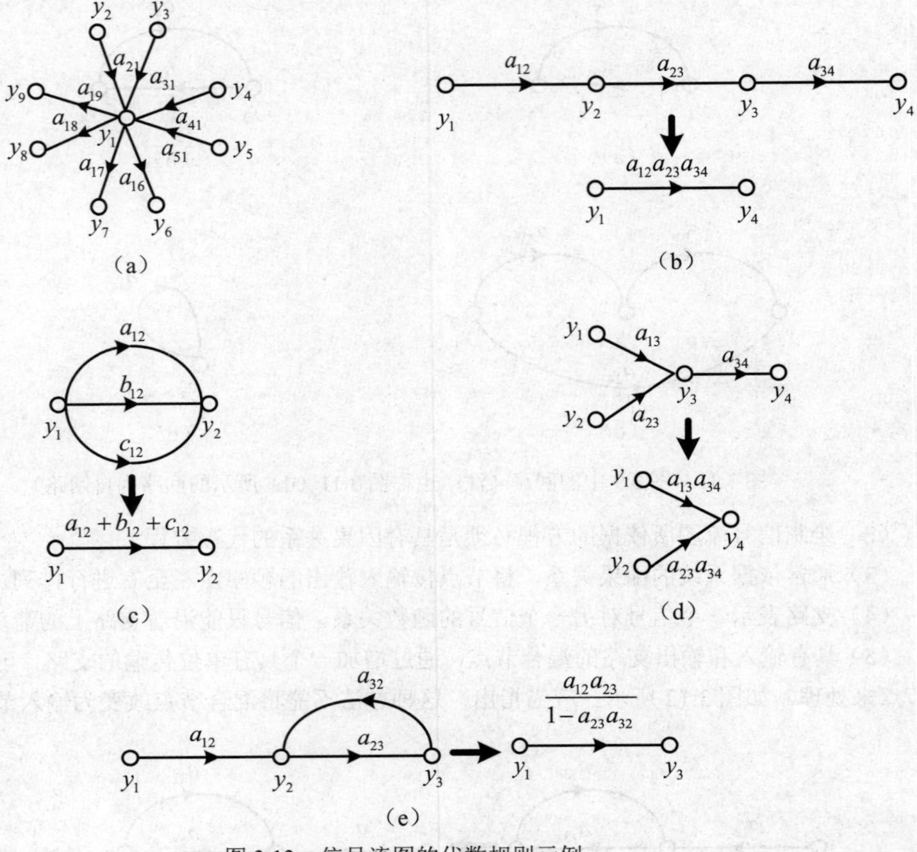

图 3.13　信号流图的代数规则示例

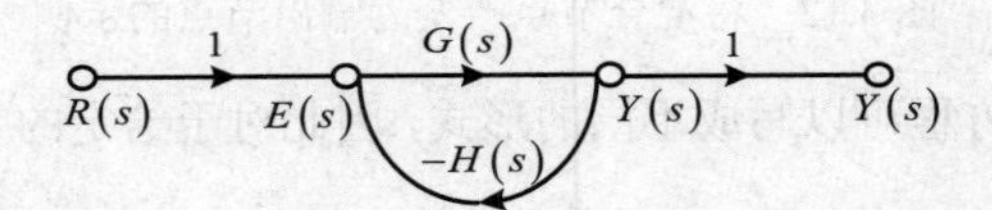

图 3.14　单回路负反馈控制系统的信号流图

利用规则（5），即可写出该系统的闭环传递函数：

$$\frac{Y(s)}{R(s)}=\frac{G(s)}{1+G(s)H(s)} \tag{3.27}$$

当然，对于复杂控制系统来说，如果仍采用这些规则来进行化简和计算，那么所需的工作量将会同方框图化简不相上下。为此引入著名的 Mason 增益公式。

3.2.3　Mason 增益公式及其应用

利用 Mason 增益公式可以直接求出信号流图中输入节点与输出节点之间的总增益或总传输，其计算公式可以表示为：

$$P=\frac{1}{\Delta}\sum_{k}P_k\Delta_k \tag{3.28}$$

式（3.28）中，P_k 为第 k 条前向通路的增益，Δ 为信号流图的特征式，其计算公式如下：

$$\Delta = 1 - \sum_a L_a + \sum_{b,c} L_b L_c - \sum_{d,e,f} L_d L_e L_f + \cdots \tag{3.29}$$

式（3.29）中，$\sum_a L_a$ 为所有不同回路的增益之和；$\sum_{b,c} L_b L_c$ 为每两个互不接触回路的增益乘积之和；$\sum_{d,e,f} L_d L_e L_f$ 为每三个互不接触回路的增益乘积之和。Δ_k 为与第 k 条前向通路不接触的那部分信号流图的特征式，称为第 k 条前向通路特征式的余子式。

注意，上面的求和过程是在从输入节点到输出节点之间的全部可能通路上进行的。数清楚（不遗漏）信号流图中的所有前向通路、回路及不接触回路是应用 Mason 增益公式的关键。下面我们通过四个例子，说明 Mason 增益公式的应用。

例 3.6　双容水箱的总增益计算　双容水箱的方框图，如图 3.4 所示。首先画出该系统的信号流图；然后利用 Mason 增益公式计算该系统的总增益（闭环传递函数）。

双容水箱的信号流图，如图 3.15 所示。

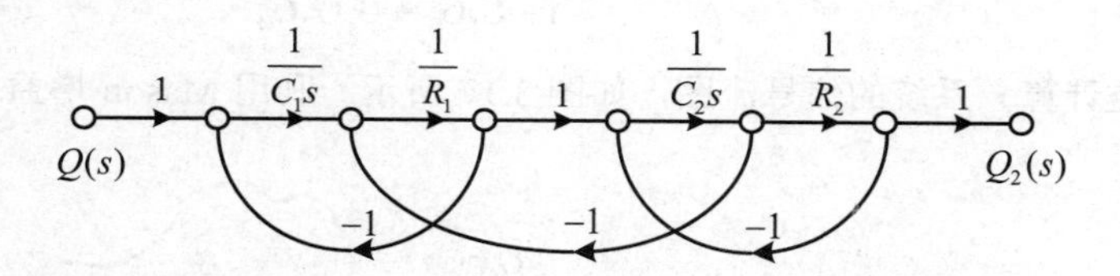

图 3.15　双容水箱的信号流图

该系统共有三个单回路：$L_1 = -\frac{1}{C_1 R_1 s}, L_2 = -\frac{1}{C_2 R_1 s}, L_3 = -\frac{1}{C_2 R_2 s}$；并且 L_1, L_3 是两个互不接触的回路。由式（3.29），可求出系统的特征式 Δ：

$$\Delta = 1 + \left(\frac{1}{C_1 R_1 s} + \frac{1}{C_2 R_1 s} + \frac{1}{C_2 R_2 s}\right) + \frac{1}{C_1 R_1 C_2 R_2 s^2} \tag{3.30}$$

该系统只有一条前向通路：$P_1 = \frac{1}{C_1 R_1 C_2 R_2 s^2}$；由于 P_1 与所有的回路都相接触，因此，这条前向通路特征式的余子式 $\Delta_1 = 1$。最后，利用 Mason 增益公式，可求出系统的总增益（闭环传递函数）：

$$\begin{aligned} P = \frac{Q_2(s)}{Q(s)} &= \frac{P_1 \Delta_1}{\Delta} \\ &= \frac{\frac{1}{C_1 R_1 C_2 R_2 s^2}}{1 + \left(\frac{1}{C_1 R_1 s} + \frac{1}{C_2 R_1 s} + \frac{1}{C_2 R_2 s}\right) + \frac{1}{C_1 R_1 C_2 R_2 s^2}} \\ &= \frac{1}{C_1 R_1 C_2 R_2 s^2 + (C_1 R_1 + C_1 R_2 + C_2 R_2)s + 1} \end{aligned} \tag{3.31}$$

例 3.7　多回路系统的总增益计算　某多回路系统的方框图，如图 3.8 所示。首先画出该系统的信号流图；然后利用 Mason 增益公式计算该系统的总增益（闭环传递函数）。

多回路系统的信号流图，如图 3.16 所示。该系统共有两个单回路：$L_1 = G_1 G_3, L_2 = -G_1 G_2 G_4$；

并且L_1,L_2是两个相互接触的回路。同样，由式（3.29），可求出系统的特征式Δ：

$$\Delta = 1 - G_1G_3 + G_1G_2G_4 \tag{3.32}$$

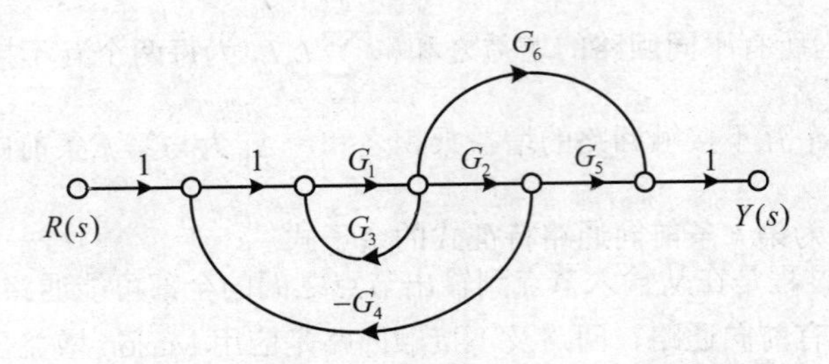

图 3.16　多回路系统的信号流图

该系统有两条前向通路：$P_1 = G_1G_2G_5, \Delta_1 = 1$；$P_2 = G_1G_6, \Delta_2 = 1$。最后，利用 Mason 增益公式，可求出系统的总增益（闭环传递函数）：

$$P = \frac{P_1\Delta_1 + P_2\Delta_2}{\Delta} = \frac{G_1G_2G_5 + G_1G_6}{1 - G_1G_3 + G_1G_2G_4} \tag{3.33}$$

例 3.8　总增益计算　系统的信号流图，如图 3.17 所示。利用 Mason 增益公式计算该系统的总增益。

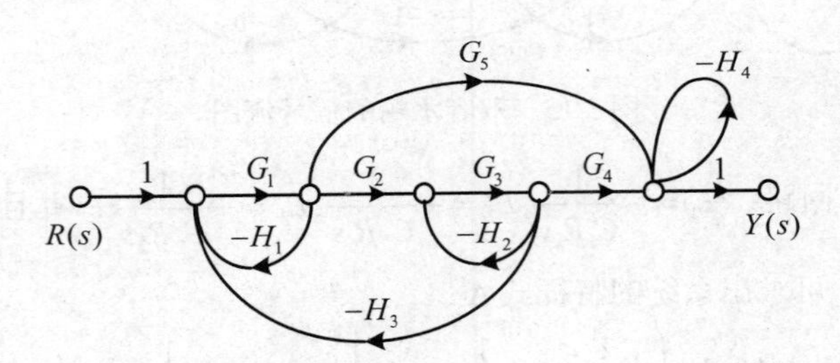

图 3.17　例 3.8 的信号流图

该系统共有四个单回路：$L_1 = -G_1H_1, L_2 = -G_3H_2, L_3 = -G_1G_2G_3H_3, L_4 = -H_4$；并且$L_1,L_2$、$L_1,L_4$、$L_2,L_4$、$L_3,L_4$为四对互不接触的回路，$L_1,L_2,L_4$为三个互不接触的回路。由式（3.29），可求出系统的特征式Δ：

$$\begin{aligned}\Delta = 1 &+ G_1H_1 + G_3H_2 + G_1G_2G_3H_3 + H_4 + G_1H_1G_3H_2 \\ &+ G_1H_1H_4 + G_3H_2H_4 + G_1G_2G_3H_3H_4 + G_1G_3H_1H_2H_4\end{aligned} \tag{3.34}$$

该系统有两条前向通路：$P_1 = G_1G_2G_3G_4, \Delta_1 = 1$；$P_2 = G_1G_5, \Delta_2 = 1 + G_3H_2$。最后，利用 Mason 增益公式，可求出系统的总增益：

$$P = \frac{P_1\Delta_1 + P_2\Delta_2}{\Delta} = \frac{G_1G_2G_3G_4 + G_1G_5(1 + G_3H_2)}{\Delta} \tag{3.35}$$

例 3.9　图 3.18 的闭环传递函数计算　系统的方框图，如图 3.18 所示。利用 Mason 增益公式计算该系统的闭环传递函数。

由于方框图与信号流图之间具有相似性，所以，熟练者一般可以直接将 Mason 增益公式应用于方框图。此例正是出于这种考虑而设置的。

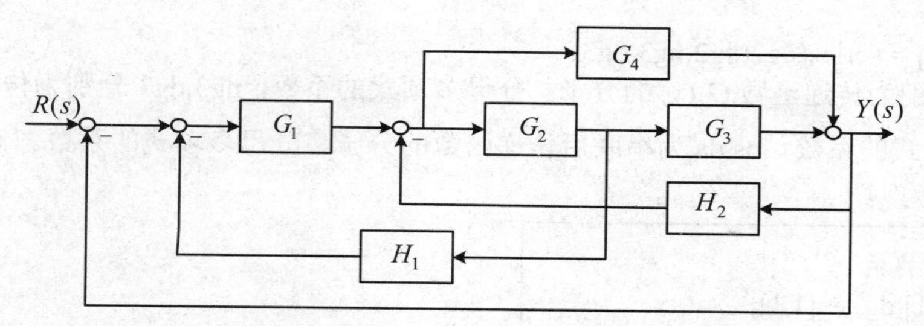

图 3.18　例 3.9 的方框图

该系统共有五个单回路：

$L_1=-G_1G_2H_1, L_2=-G_2G_3H_2, L_3=-G_1G_2G_3, L_4=-G_4H_2, L_5=-G_1G_4$，并且它们皆是相互接触的回路。由式（3.29），可求出系统的特征式Δ：

$$\Delta=1+G_1G_2H_1+G_2G_3H_2+G_1G_2G_3+G_4H_2+G_1G_4 \tag{3.36}$$

该系统有两条前向通路：$P_1=G_1G_2G_3, \Delta_1=1$；$P_2=G_1G_4, \Delta_2=1$。最后，利用 Mason 增益公式，可求出系统的闭环传递函数：

$$P=\frac{P_1\Delta_1+P_2\Delta_2}{\Delta}=\frac{G_1G_2G_3+G_1G_4}{1+G_1G_2H_1+G_2G_3H_2+G_4H_2} \tag{3.37}$$

值得指出，对于更复杂的系统，建议读者在应用 Mason 增益公式之前，还是要先画出与方框图相对应的信号流图，以便更清晰地识别所有前向通路、回路及不接触回路等。

3.3　利用 Matlab 函数或 Simulink 环境进行系统建模

前面介绍的方框图模型和信号流图模型中，各子系统或部件之间的基本关系只有串联、并联、反馈三种，它们在 Matlab 中都可以用相应的函数实现，从而对复杂的模型进行简化。另外，根据方框图和信号流图模型，还可以利用 Simulink 环境中的各种模块搭建起相应的仿真模型，从而对系统进行各种仿真。下面以图 3.19 所示的方框图模型为例，介绍如何利用 Matlab 中的各种函数和 Simulink 环境对系统进行建模和仿真。方框图中的各传递函数给定如下：

$$G_1(s)=\frac{1}{s+2}，\ G_2(s)=\frac{1}{s+1}，\ G_3(s)=\frac{s+1}{s^2+4s+4}，\ H_1(s)=2s，\ H_2(s)=1$$

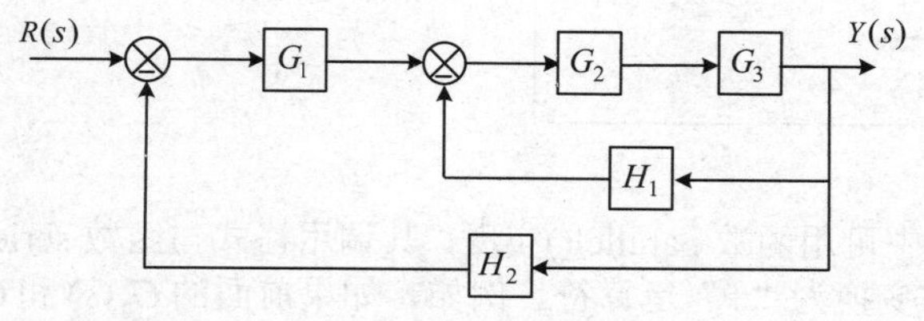

图 3.19　方框图模型

3.3.1　利用 Matlab 函数进行框图化简

1. 串联关系

图 3.19 中传递函数 $G_2(s)$ 和 $G_3(s)$ 之间是串联关系，Matlab 中可用函数 series()实现，调用格式为：

[ns,ds] = series(ng2,dg2,ng3,dg3)

其中 ng2,dg2 分别为传递函数 $G_2(s)$ 的分子、分母多项式的系数，ng3,dg3 分别为传递函数 $G_3(s)$ 的分子、分母多项式的系数，ns,ds 为串联后传递函数的分子、分母多项式的系数。该例中，可用如下 Matlab 语句实现：

```
% 串联关系
ng2 = [1];dg2 = [1 1];
ng3 = [1 1];dg3 = [1 4  4];
[ns,ds] = series(ng2,dg2,ng3,dg3)
```

运行结果为：

```
ns =    0    0    1    1
ds =    1    5    8    4
```

另外，串联关系也可以在建立了各子系统的传递函数后，再用函数 series( )实现，此时的调用格式为：

sys2 = tf(ng2,dg2);

sys3 = tf(ng3,dg3);

syss = series(sys2,sys3)

或直接用“*”运算符计算两个有理分式的乘积，格式为：

syss = sys2*sys3

本例中，可用如下 Matlab 语句实现：

```
sys2 = tf(ng2,dg2);
sys3 = tf(ng3,dg3);
syss = series(sys2,sys3)

syss = sys2*sys3
```

运行结果均为：

```
Transfer function:
      s + 1
---------------------
s^3 + 5 s^2 + 8 s + 4
```

2. 并联关系

并联关系在 Matlab 中可用函数 parallel()实现，其调用格式与函数 series()大致相同，只是串联关系中的“*”运算符需变换为“+”运算符。例如，如果前面的 $G_2(s)$ 和 $G_3(s)$ 之间是并联关系，则可以用下面的 Matlab 语句求取并联后的传递函数：

```
% 并联关系
sys2 = tf(ng2,dg2);
sys3 = tf(ng3,dg3);
sysp = parallel(sys2,sys3)
sysp = sys2+sys3
```

可以看到，用 parallel()函数和“+”运算符求取的结果相同，均为：

```
Transfer function:
  2 s^2 + 6 s + 5
---------------------
s^3 + 5 s^2 + 8 s + 4
```

3. 反馈关系

图 3.19 中 $G_2(s)$ 和 $G_3(s)$ 串联后，与 $H_1(s)$ 形成了负反馈关系。在 Matlab 中，可以用 feedback()函数实现反馈连接，其调用格式为：

[num,den] = feedback[nump,denp,numh,denh,sign]

或者

sysf = feedback[sysp,sysh,sign]

其中，nump,denp 分别为前向通路传递函数分子、分母多项式的系数，numh,denh 分别为反馈回路传递函数分子、分母多项式的系数；sysp 为已经建立的前向通路传递函数，sysh 为已经建立的反馈回路传递函数；sign 为正反馈或负反馈的标志，默认值为负反馈，如果是正反馈，需要设置为+1；num,den 是闭环系统传递函数分子、分母多项式的系数；sysf 是闭环系统的传递函数。

下面的 Matlab 语句将求出图 3.19 中 $G_2(s)$ 和 $G_3(s)$ 串联后再与 $H_1(s)$ 形成负反馈时的闭环传递函数：

```
% 反馈关系
nh1 = [2 0];dh1 = [1];
sysh = tf(nh1,dh1);
sysf = feedback(syss,sysh)
```

运行后结果为：

```
Transfer function:
     s + 1
----------------------
s^3 + 7 s^2 + 10 s + 4
```

另外，如果是单位反馈结构，还可以直接调用函数 cloop()，其调用格式为：

sysf = cloop(sysp,sign)

最后，可以用下面的 Matlab 语句求出图 3.19 所示方框图模型的闭环传递函数：

```
% 图3.19的闭环传递函数
ng2 = [1];dg2 = [1 1];
ng3 = [1 1];dg3 = [1 4  4];
sys2 = tf(ng2,dg2);
sys3 = tf(ng3,dg3);
syss1 = series(sys2,sys3);

nh1 = [2 0];dh1 = [1];
sysh1 = tf(nh1,dh1);
sysf1 = feedback(syss,sysh1);

ng1 = [1];dg1 = [1 2];
sys1 = tf(ng1,dg1);
syss2 = series(sys1,sysf1);

sys = cloop(syss2,-1)
```

运行结果为：

```
Transfer function:
          s + 1
-------------------------------
s^4 + 9 s^3 + 24 s^2 + 24 s + 8
```

3.3.2 利用 Simulink 环境进行系统建模

Simulink 动态仿真集成环境是 Matlab 软件的扩展，它是实现动态系统建模和仿真的一个软件包，支持连续、离散及两者混合的线性和非线性系统。Simulink 与用户的交互接口是基于 Windows 的模型化图形输入，使得用户可以把更多的精力投入到系统模型的构建，而非语言的编程上。所谓模型化图形输入是指 Simulink 提供了一些按功能分类的基本的系统模块，用户只需要知道这些模块的输入输出及模块的功能，而不必考查模块内部是如何实现的。通过对这些基本模块的调用，再将它们连接起来就可以构成所需要的系统模型（以.mdl 文件形式进行存取），进而进行仿真与分析。

1. *启动 Simulink*

在 Matlab 命令窗口中直接键入 Simulink，或通过 Matlab 主窗口的快捷按钮打开 Simulink Library Browser 窗口。

2. *Simulink 中的模块库*

模块库中主要包括连续模块、离散模块、函数和平台模块、数学模块、非线性模块、信号和系统模块、接收器模块、输入源模块，各模块中都有多个具有一定功能的子模块，具体可在打开 Simulink Library Browser 窗口后点击各子模块以查看。

3. *Simulink 简单模型的建立及模型特点*

Simulink 简单模型的建立步骤是：打开新的模型窗口，将需要的功能模块由模块库窗口复制到模型窗口，修改各功能模块参数，并对各模块进行连接，从而构成需要的系统模型。

Simulink 模型的特点是：Simulink 中有许多诸如 Scope 的接收器模块，这使得用 Simulink 进行仿真具有像做实验一般的图形化显示效果；Simulink 的模型具有层次性，通过底层子系统可以构建上层母系统；Simulink 提供对子系统进行封装的功能，用户可以自定义子系统的图标和设置参数对话框。

图 3.20 即为对图 3.19 中的方框图模型进行 Simulink 建模后得到的模型。

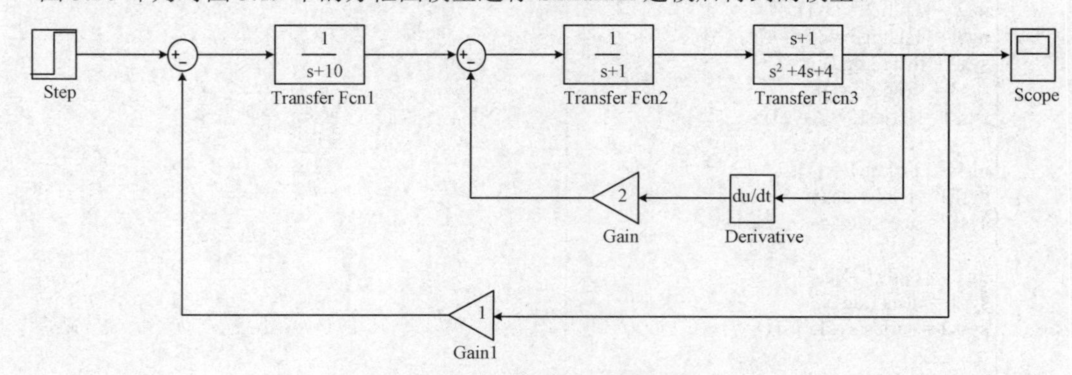

图 3.20　Simulink 仿真模型

当输入信号为单位阶跃信号时，观察输出示波器上显示的曲线，并比较按照前面 Matlab 文件求出的闭环传递函数 $\Phi(s)=\dfrac{s+1}{s^4+9s^3+24s^2+24s+8}$ 绘制的单位阶跃响应曲线，如图 3.21 所示，可以看到二者基本一致。还可以令输入信号为单位正弦信号，其输出响应曲线如图 3.22 所示。

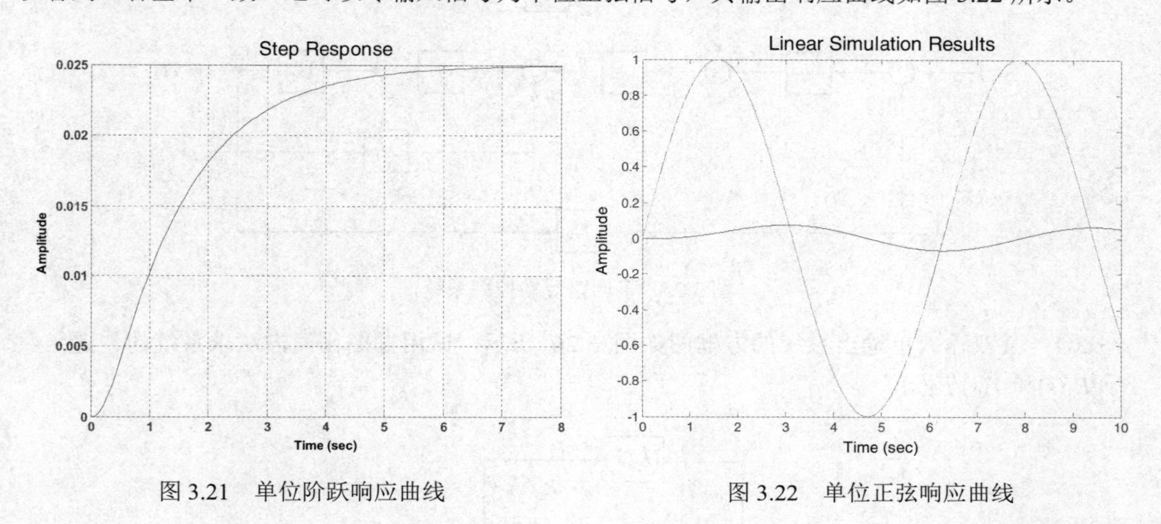

图 3.21　单位阶跃响应曲线　　　图 3.22　单位正弦响应曲线

习题三

3.1　某船舵控制系统的方框图模型如图 3.23 所示，其中 $Y(s)$为船舵的实际路线，$R(s)$为预期路线，试用框图化简和 Mason 公式两种方法，分别计算系统的闭环传递函数 $Y(s)/R(s)$ 。

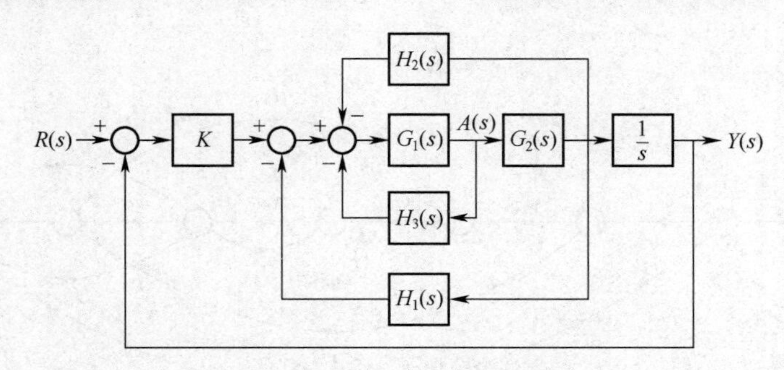

图 3.23　船舵系统方框图

3.2　计算图 3.24 所示系统的闭环传递函数 $T(s)=Y(s)/R(s)$。

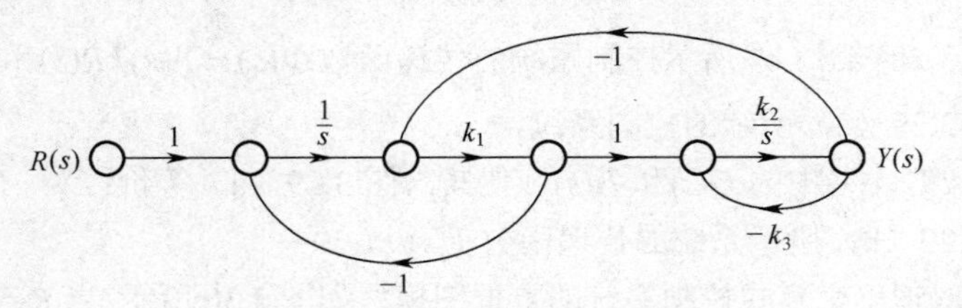

图 3.24　某系统信号流图

3.3　多回路反馈控制系统的方框图结构如图 3.25 所示，试用框图化简方法求出系统的闭环传递函数 $Y(s)/R(s)$。

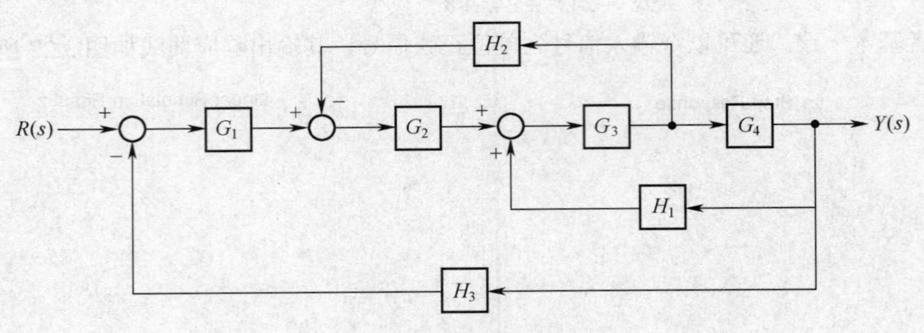

图 3.25　多回路反馈控制系统

3.4　某双输入单输出系统的方框图如图 3.26 所示，试用框图化简方法求系统的传递函数 $Y(s)/R_1(s)$和 $Y(s)/R_2(s)$。

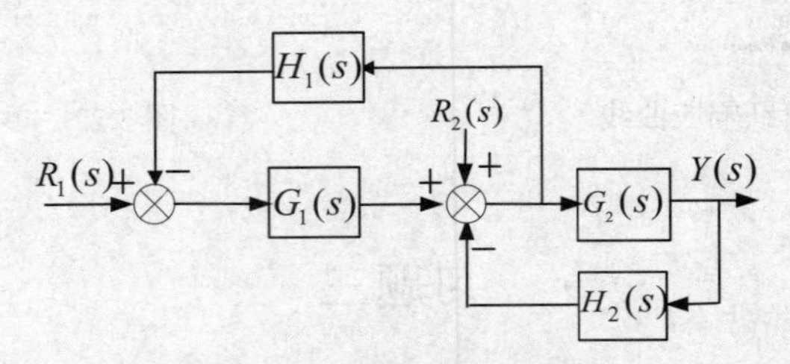

图 3.26　双输入单输出系统

3.5　某复杂系统的信号流图模型如图 3.27 所示，试用 Mason 公式求系统的闭环传递函数 $Y(s)/R(s)$。

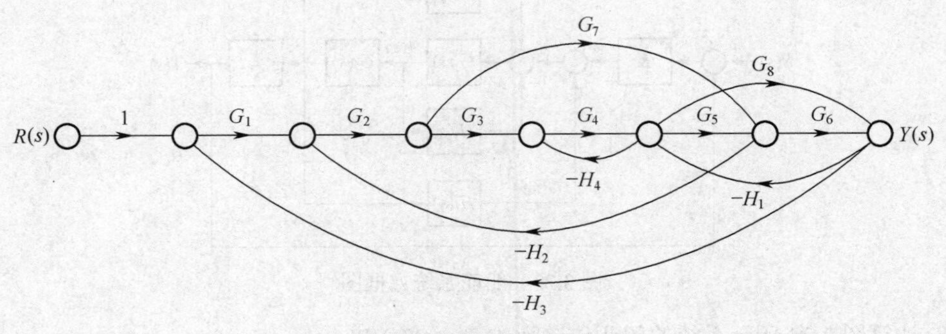

图 3.27　复杂控制系统

3.6　分别求图 3.28（a）、（b）所示控制系统的传递函数 $\Phi(s)=Y(s)/R(s)$ 和 $\Phi_e(s)=E(s)/R(s)$。

3.7　考虑如图 3.29（a）所示的控制系统，

（1）确定图 3.29（b）中的 $G(s)$和 $H(s)$，使其与图 3.29（a）等价；

（2）计算图 3.29（b）所示系统的传递函数 $Y(s)/R(s)$。

3.8　某双输入双输出交互式控制系统的方框图模型如图 3.30 所示。当 R_2=0 时，确定 $Y_1(s)/R_1(s)$ 和 $Y_2(s)/R_1(s)$。

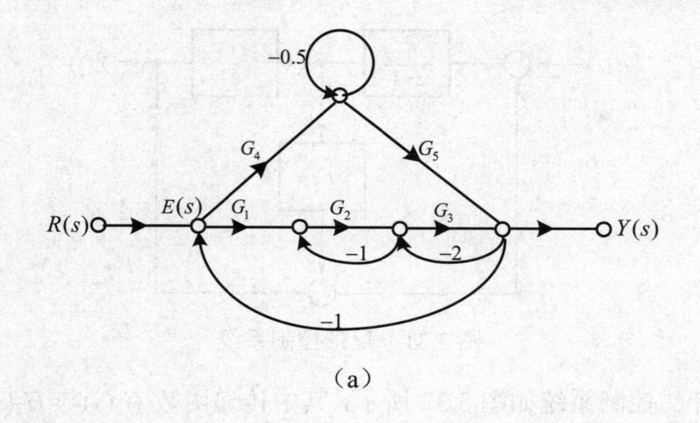

（a）

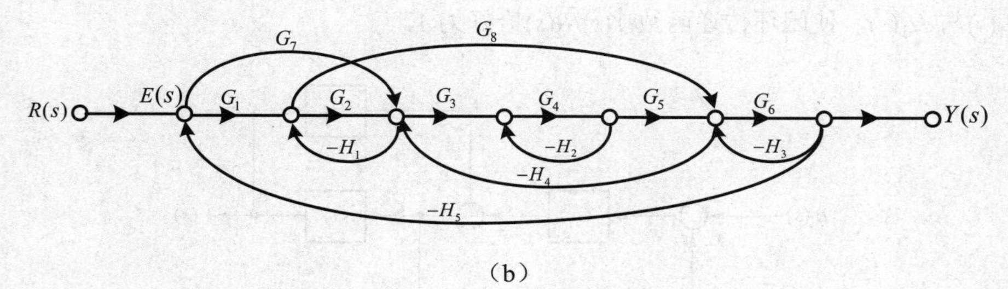

（b）

图 3.28　控制系统信号流图

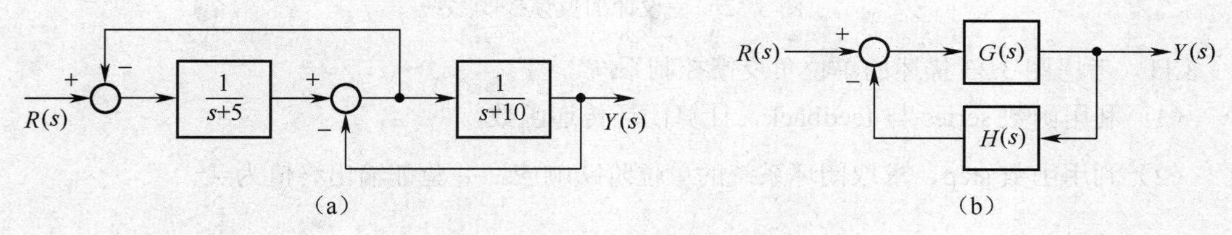

图 3.29　等价的方框图结构

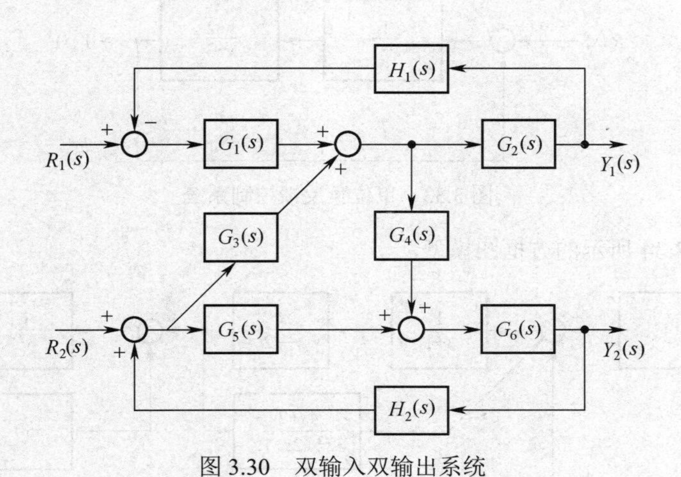

图 3.30　双输入双输出系统

3.9　某反馈控制系统的框图如图 3.31 所示，请分别使用方框图化简和 Mason 公式两种方法，计算闭环传递函数 $Y(s)/R(s)$，并选择增益 K_1 和 K_2 的合适取值，使得闭环系统在 $s=-10$ 处有二重极点。

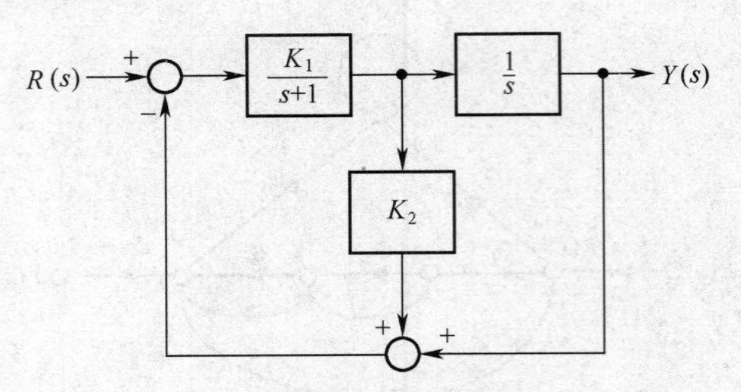

图 3.31　反馈控制系统

3.10　某个待设计的控制系统如图 3.32 所示，其中传递函数 $G_2(s)$与 $H_2(s)$已经给定，试确定传递函数 $G_1(s)$与 $H_1(s)$，使闭环传递函数 $Y(s)/R(s)$恰好为 1。

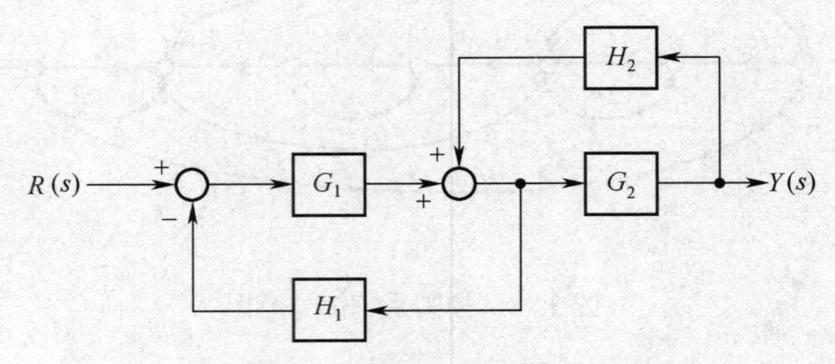

图 3.32　待设计的反馈控制系统

3.11　考虑图 3.33 描述的单位负反馈控制系统，

（1）利用函数 series 与 feedback，计算闭环传递函数。

（2）利用函数 step，求取闭环系统的单位阶跃响应，并验证输出终值为$\frac{2}{5}$。

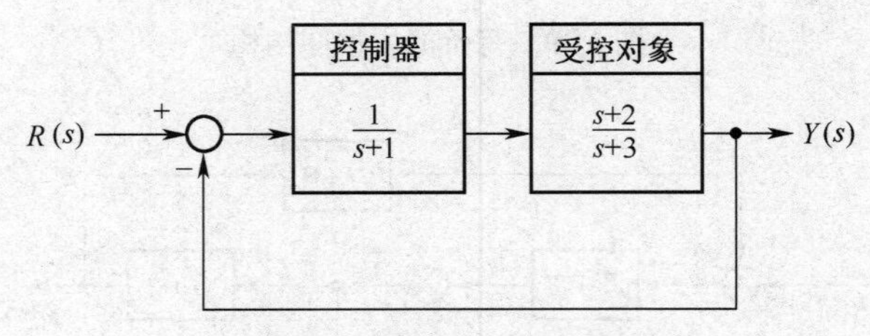

图 3.33　单位负反馈控制系统

3.12　考虑图 3.34 所示的方框图模型，

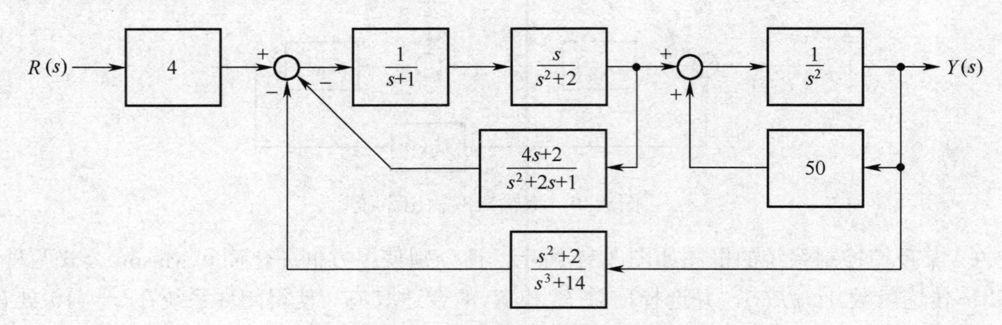

图 3.34　待简化的反馈控制系统

（1）编写 Matlab 程序，对方框图进行简化，并计算系统的闭环传递函数。

（2）利用函数 pzmap，绘制闭环传递函数的零－极点分布图。

（3）利用函数 pole 和 zero 分别计算闭环传递函数的极点和零点，并与（2）所得的结果进行对比。

3.13 设某直流电动机调速系统的信号流图如图 3.35 所示，图中各部件的传递函数如下：

$$G_1(s)=G_3(s)=\frac{1}{0.01s+1}，\ G_2(s)=\frac{0.17s+1}{0.085s}，\ G_4(s)=\frac{0.15s+1}{0.051s}，\ G_5(s)=\frac{70}{0.0067s+1}，$$

$$G_6(s)=\frac{0.21}{0.15s+1}，\ G_7(s)=\frac{130}{s}，\ G_8(s)=0.212，\ G_9(s)=\frac{0.1}{0.01s+1}，\ G_{10}(s)=\frac{0.0044}{0.01s+1}$$

试利用 Matlab 函数求取系统的闭环传递函数，并求出系统的闭环零/极点。

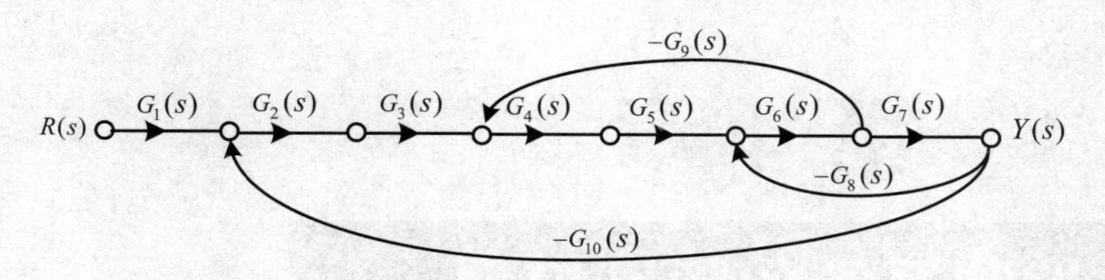

图 3.35 直流电机调速系统

第 4 章

控制系统的频域模型

控制系统的频率特性（频率响应）是系统（或元件）对不同频率正弦输入信号的响应特性，是描述控制系统性质的另一重要模型。控制系统频域模型的一个重要特点是控制系统及其元部件的频率特性可以运用分析法和实验方法获得。本章首先介绍频率特性的基本概念以及典型表示方法。然后，针对控制系统的典型环节，分别分析其频率响应的特性。最后介绍了开环系统频率特性的绘制方法。

4.1　频率特性的基本概念

4.1.1　引言

前面已经介绍了线性常微分方程和传递函数这两种控制系统的数学模型，这两种模型分别在时域和复频域中对系统进行了描述。本章将介绍另一种数学模型——频率特性。

控制系统的频率特性反映了在不同频率的正弦信号作用下系统响应的性能。应用频率特性研究线性系统的经典方法称为频域响应法。频域响应法是研究控制系统的一种常见工程方法，它能够根据系统的频率特性间接地揭示系统的动态特性和稳态特性，可以简单迅速地判断某些环节或者参数对系统的动态特性和稳态特性的影响，从而指明系统改进的方向。

频率响应法的基本思想是把控制系统中的各个变量看成一个信号，而这些信号又是由不同频率的正弦信号合成的，各个变量的运动就是系统对各个不同频率信号的响应的综合。这种观察问题和处理问题的方法起源于通信领域。20 世纪 30 年代，这种观点被引进控制科学，对控制理论的发展起了强大的推动作用。它克服了直接用微分方程研究控制系统的种种困难，解决了许多理论问题和工程问题，迅速形成了分析和综合控制系统的一整套方法。英国剑桥大学的学者又将频域响应法推广到多变量系统。

频率响应法建立在系统频率特性描述基础上，它具有如下优点：首先，该方法具有明显的物理含义。按照频率响应的观点，一个控制系统的运动就是信号在系统内部各个环节之间依次传递的过程。每个信号又可以通过傅立叶变换分解成一些不同频率的正弦信号组成。这些不同频率正弦信号的振幅和相角在传递过程中，依照一定的函数关系变化，从而产生形式多样的运动。这种观点比简单地将控制系统看成一个微分方程显然更容易理解，并且更能启发人们区分影响系统的主要因素和次要因素，进而考虑改善控制系统性能。其次，从信号传递的角度来看，可以用实验方法求出对象的数学模型，这一点在工程上价值很大，特别是对于机理复杂或机理不明而难以列写微分方程的对象，频率响应法提供了一种重要的处理方法。最后，对于手工计算而言，频率响应法的计算量小，并且由于频率响应法很大一部分都采用作图方式，因此该方法具有很强的直观性。

运用频率响应法，首先需要建立控制系统的频率特性模型。为了直观地理解控制系统的频率特性概念，我们先来看一个生活中的例子。

如图 4.1 所示的简单线性系统。该系统包含一个用手柄安装的弹簧来悬挂的重物，人们可以通过上下移动手柄来控制重物的位置。玩过这种游戏的人都知道，如果以一种正弦波的方式来上下移动手柄，那么重物也会以相同的频率开始振荡，尽管此时重物的振荡与手柄的移动并不同步。只有在弹簧无法充分伸长的情况下，重物与弹簧才会同步运动且以相对较低的频率动作。重物振荡的幅值与相位和输入频率有关。在过程对象的固有频率点上，重物振荡的高度将达到最高。过程对象的固有频率是由重物的质量及弹簧的强度系数来决定的。当输入频率超过过程对象的固有频率且越来越大时，重物振荡的幅度将趋于减小，相位更加滞后。在极高频的情况下，重物仅仅轻微移动，而且与手柄的运动方向恰恰相反。

所有的线性过程对象都表现出类似的特性。这些过程对象均将正弦波的输入转换为同频率正弦波的输出，不同的是，输出与输入的振幅和相位有所改变。在上例中，弹簧一重物对象不会大幅度地改变低频正弦波输入信号的振幅。而当手柄被快速摇动时，重物几乎无法起振，说明该过程对象的高频增益可以认为是零。可见，线性系统对于不同频率的正弦输入信号呈现出完全不同的响应特性。这种系统（或元件）在不同频率正弦输入信号作用下的输出响应特性，称为系统的频率特性。

图 4.1　一个演示频率特性的简单例子

4.1.2　频率特性的定义

下面以 RC 电路为例，说明频率特性的基本概念。图 4.2 所示 RC 网络的传递函数为：

$$\frac{U_o(s)}{U_i(s)} = G(s) = \frac{1}{1+RCs} = \frac{1}{Ts+1} \tag{4.1}$$

式中，$T = RC$。若网络输入为正弦电压，即：

$$u_i(t) = A\sin(\omega t) \tag{4.2}$$

我们来观察系统在输入信号幅值不变、频率不断增大条件下，系统输出的情况。图 4.3 是采用 Matlab 仿真不同频率输入信号的响应结果。可以发现，对于图 4.2 的 RC 电路输入幅值不变的正弦信号，其稳态输出也是同频率的正弦信号，但输出信号的幅值与相位均随输入频率的变化而改变。

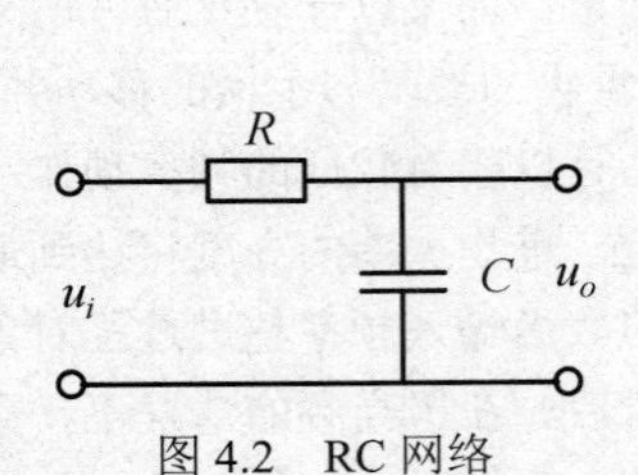

图 4.2　RC 网络

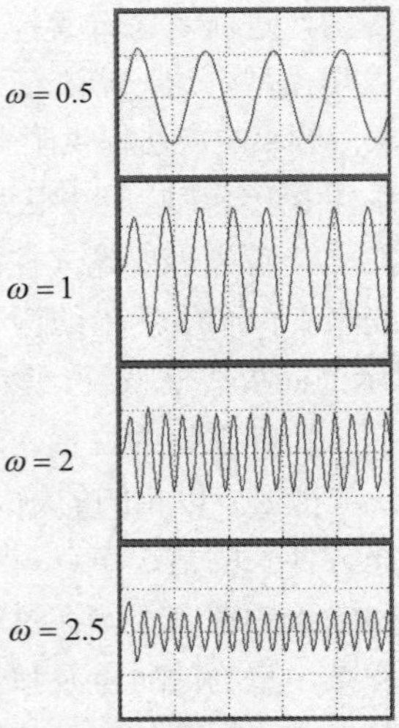

$\omega = 0.5$

$\omega = 1$

$\omega = 2$

$\omega = 2.5$

图 4.3　RC 网络在不同频率正弦输入信号下的输出曲线

事实上，通过计算该系统输出：

$$u_o(s) = \frac{1}{Ts+1} \cdot \frac{A\omega}{s^2+\omega^2} \tag{4.3}$$

经过 Laplace 反变换，可得电容两端输出电压：

$$u_o(t)=\frac{A\omega T}{1+\omega^2T^2}\mathrm{e}^{-\frac{t}{T}}+\frac{A}{\sqrt{1+\omega^2T^2}}\sin(\omega t-\arctan\omega T) \tag{4.4}$$

式中，第一项为输出电压的瞬态分量，第二项为稳态分量。随着时间趋向于无穷，第一项瞬态分量趋向于零，因此，系统工作在稳态时：

$$\lim_{t\to\infty}u_o(t)=\frac{A}{\sqrt{1+\omega^2T^2}}(\sin\omega t-\arctan\omega T) \tag{4.5}$$

由上式可见，RC 网络在正弦输入信号作用下的稳态输出仍然是正弦信号，且频率与输入信号频率相同，幅值是输入的 $\frac{A}{\sqrt{1+\omega^2T^2}}$ 倍，相位比输入滞后 $\arctan\omega T$ 。这里，$\frac{A}{\sqrt{1+\omega^2T^2}}$ 和 $-\arctan\omega T$ 均是输入信号频率 ω 的函数。前者称为 RC 网络的幅频特性，后者称为 RC 网络的相频特性。

由于：

$$\frac{1}{\sqrt{1+\omega^2T^2}}\mathrm{e}^{-\mathrm{j}\cdot\arctan\omega T}=\left|\frac{1}{1+\mathrm{j}\omega T}\right|\mathrm{e}^{\mathrm{j}\angle\frac{1}{1+\mathrm{j}\omega T}}=\frac{1}{1+\mathrm{j}\omega T} \tag{4.6}$$

故函数 $\frac{1}{1+\mathrm{j}\omega T}$ 可以完整地描述 RC 网络在正弦输入信号作用下，稳态输出信号幅值与相位随输入信号频率 ω 变化的规律，称 $\frac{1}{1+\mathrm{j}\omega T}$ 为 RC 网络的频率特性。将频率特性和传递函数表达式（4.1）比较可知，只要将式（4.1）中的 s 以 $\mathrm{j}\omega$ 置换，即得频率特性，即：

$$\frac{1}{1+\mathrm{j}\omega T}=\left.\frac{1}{Ts+1}\right|_{s=\mathrm{j}\omega} \tag{4.7}$$

上述结果对于任何稳定的线性定常系统都成立。下面就来讨论一般线性定常系统的情况。在一般情况下，设系统的传递函数为：

$$G(s)=\frac{p(s)}{q(s)}=\frac{p(s)}{(s+p_1)(s+p_2)\cdots(s+p_n)} \tag{4.8}$$

输入信号为 $r(t)=A\sin(\omega t)$，其 Laplace 变换为：

$$R(s)=A\frac{\omega}{s^2+\omega^2} \tag{4.9}$$

设系统的全部极点均不相同，则：

$$Y(s)=G(s)R(s)=\frac{p(s)}{q(s)}R(s)=\frac{a}{s+\mathrm{j}\omega}+\frac{\overline{a}}{s-\mathrm{j}\omega}+\frac{b_1}{s+p_1}+\frac{b_2}{s+p_2}+\cdots+\frac{b_n}{s+p_n} \tag{4.10}$$

对式（4.10）进行 Laplace 反变换，可得输出信号表达式：

$$y(t)=a\mathrm{e}^{-\mathrm{j}\omega t}+\overline{a}\mathrm{e}^{\mathrm{j}\omega t}+b_1\mathrm{e}^{-p_1t}+b_2\mathrm{e}^{-p_2t}+\cdots+b_n\mathrm{e}^{-p_nt} \tag{4.11}$$

对于稳定系统，$-p_i(i=1,2,\cdots,n)$ 具有负实部，$\mathrm{e}^{-p_it}(i=1,\cdots n)$ 随时间增长而趋近于零。于是，系统的稳态响应为：

$$y_{ss}(t)=a\mathrm{e}^{-\mathrm{j}\omega t}+\overline{a}\mathrm{e}^{\mathrm{j}\omega t} \tag{4.12}$$

其中，

$$a=G(s)\frac{\omega A}{s^2+\omega^2}(s+\mathrm{j}\omega)\Big|_{s=-\mathrm{j}\omega}=-\frac{AG(-\mathrm{j}\omega)}{2\mathrm{j}}$$

$$\bar{a} = G(s)\frac{\omega A}{s^2+\omega^2}(s-\mathrm{j}\omega)\Big|_{s=\mathrm{j}\omega} = \frac{AG(\mathrm{j}\omega)}{2\mathrm{j}}。$$

由于 $|G(\mathrm{j}\omega)|$ 是 ω 的偶函数，而 $\angle G(\mathrm{j}\omega)$ 是 ω 的奇函数，于是：

$$\begin{aligned} y_{ss}(t) &= -\frac{AG(-\mathrm{j}\omega)}{2\mathrm{j}}\mathrm{e}^{-\mathrm{j}\omega t} + \frac{AG(\mathrm{j}\omega)}{2\mathrm{j}}\mathrm{e}^{\mathrm{j}\omega t} = -\frac{A|G(\mathrm{j}\omega)|}{2\mathrm{j}}\mathrm{e}^{-\mathrm{j}(\omega t+\varphi)} + \frac{A|G(\mathrm{j}\omega)|}{2\mathrm{j}}\mathrm{e}^{\mathrm{j}(\omega t+\varphi)} \\ &= A|G(\mathrm{j}\omega)|\frac{\mathrm{e}^{\mathrm{j}(\omega t+\varphi)}-\mathrm{e}^{-\mathrm{j}(\omega t+\varphi)}}{2\mathrm{j}} = A|G(\mathrm{j}\omega)|\sin(\omega t+\varphi) \end{aligned} \tag{4.13}$$

式（4.13）表明，在稳定的线性定常系统中，由正弦信号作用引起的输出稳态分量也是与输入信号同频率的正弦信号，但输出稳态分量的幅值、相位却是输入信号频率的函数。

定义 $A(\omega)=|G(\mathrm{j}\omega)|=\left|\frac{Y(\mathrm{j}\omega)}{R(\mathrm{j}\omega)}\right|$ 为系统的幅频特性，它描述系统对于不同频率的正弦输入信号在稳态情况下的衰减（或放大）特性。

定义 $\varphi(\omega)=\angle G(\mathrm{j}\omega)=\angle\frac{Y(\mathrm{j}\omega)}{R(\mathrm{j}\omega)}$ 为系统的相频特性，它描述系统的稳态输出对于不同频率的正弦输入信号的相位滞后（ $\varphi(\omega)<0$ ）或超前（ $\varphi(\omega)>0$ ）的特性。

式（4.13）表示的就是系统的频率特性 $G(\mathrm{j}\omega)=A(\omega)\mathrm{e}^{\mathrm{j}\varphi(\omega)}$，它可以由系统的传递函数以 $s=\mathrm{j}\omega$ 代入求得，即：

$$G(\mathrm{j}\omega)=G(s)\big|_{s=\mathrm{j}\omega} \tag{4.14}$$

式（4.14）表明，频率特性与传递函数以及微分方程一样，也表征了系统的运动规律，因此也是控制系统的一种数学模型描述。这正是频率响应分析法能够从频率特性出发研究系统的理论根据。但频率特性也同传递函数一样，只适用于线性定常系统。

频率特性、传递函数以及微分方程三种模型描述之间的关系可以由图 4.4 来说明。

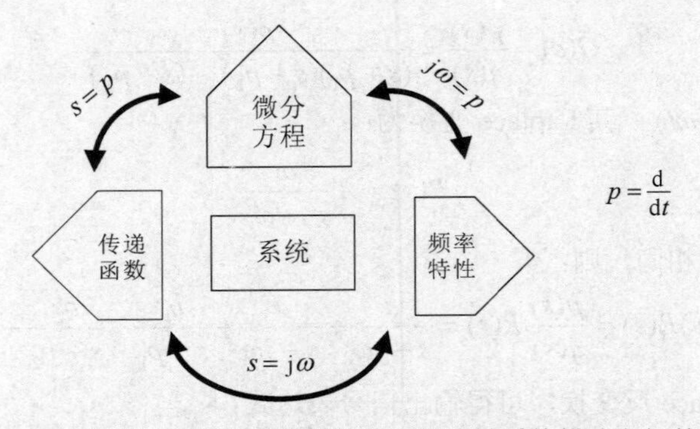

图 4.4　频率特性、传递函数和微分方程三种系统描述之间的关系

4.2　频率特性的表示方法

在工程分析和设计中，通常把频率特性画成曲线，从这些频率特性曲线出发研究系统的性质。这些图形化的表示方法能够直观地描述频率特性随频率 ω 变化的趋势。系统的频率特性的表示方法很多，其本质都是一样的，只是表示的形式不同而已。最常见的有幅相频率特性、对数频率特

性和对数幅相频率特性。

4.2.1　幅相频率特性曲线

幅相频率特性曲线又称为幅相曲线或极坐标图，这种表示方法将频率特性写成实部和虚部的代数形式。设系统的传递函数为：

$$G(\mathrm{j}\omega)=\frac{b_0 s^m+b_1 s^{m-1}+\cdots+b_m}{a_0 s^n+a_1 s^{n-1}+\cdots+a_n}=P(\omega)+\mathrm{j}Q(\omega) \tag{4.15}$$

令 $s=\mathrm{j}\omega$，可得系统的频率特性：

$$G(\mathrm{j}\omega)=\frac{b_0(\mathrm{j}\omega)^m+b_1(\mathrm{j}\omega)^{m-1}+\cdots+b_m}{a_0(\mathrm{j}\omega)^n+a_1(\mathrm{j}\omega)^{n-1}+\cdots+a_n}=P(\omega)+\mathrm{j}Q(\omega) \tag{4.16}$$

其中，$P(\omega)$ 是频率特性的实部，称为实频特性，$Q(\omega)$ 为频率特性的虚部，称为虚频特性。

也可以将式（4.16）写成指数形式：

$$G(\mathrm{j}\omega)=\sqrt{P^2(\omega)+Q^2(\omega)}\mathrm{e}^{\mathrm{j}\varphi(\omega)}=A(\omega)\mathrm{e}^{\mathrm{j}\varphi(\omega)} \tag{4.17}$$

式（4.17）中，$A(\omega)$ 为频率特性的模，即幅频特性，$A(\omega)=\sqrt{P^2(\omega)+Q^2(\omega)}$。$\varphi(\omega)$ 为频率特性的幅角或相位移，即相频特性，$\varphi(\omega)=\arctan\dfrac{Q(\omega)}{P(\omega)}$。

将频率特性表示为实数和虚数和的形式以后，以频率 ω 为参变量，将幅频特性与相频特性同时表示在复数平面上。其中，实部为实轴坐标值，虚部为虚轴坐标值。若将频率特性表示为复指数形式，则为复平面上的向量，向量长度为频率特性的幅值，向量与实轴正方向的夹角等于频率特性的相位。由于 $A(\omega)$ 和 $\varphi(\omega)$ 是频率 ω 的函数，故随着频率 ω 的变化，$G(j\omega)$ 的向量长度和相位移也改变。当 ω 从零变化到 $+\infty$ 时，$G(\mathrm{j}\omega)$ 的向量的终端将绘制出一条曲线。这条曲线就称为系统的幅相频率特性曲线。由于 ω 从零变化到 $+\infty$ 和从零变化至 $-\infty$ 关于实轴对称，因此只绘制从零变化到 $+\infty$ 的幅相曲线，并用箭头表示 ω 增大的方向，如图 4.5 所示。

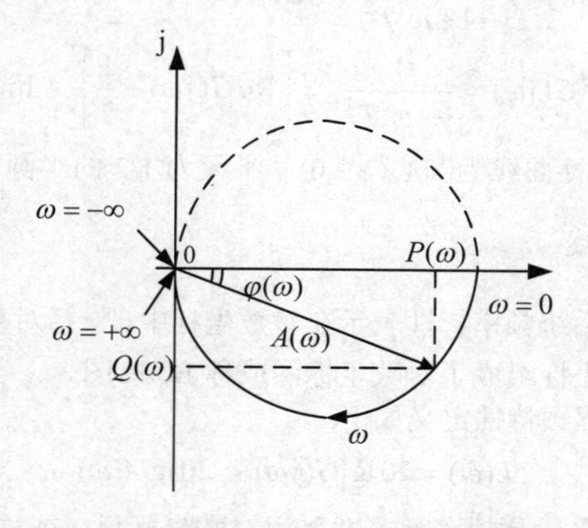

图 4.5　频率特性的幅相频率特性曲线表示法

下面来绘制 4.1.2 节 RC 电路的幅相频率特性曲线，RC 网络的幅频特性为 $A(\omega)=\dfrac{1}{\sqrt{1+\omega^2T^2}}$，相频特性为 $\varphi(\omega)=-\arctan\omega T$，两者均为 ω 的函数。表 4.1 列出了不同频率下的幅频特性与相频

特性取值。

表 4.1　*RC* 网络的幅频特性与相频特性数据表

ω	0	$\dfrac{1}{2T}$	$\dfrac{1}{T}$	$\dfrac{2}{T}$	$\dfrac{3}{T}$	$\dfrac{4}{T}$	$\dfrac{5}{T}$	∞
$\dfrac{1}{\sqrt{1+\omega^2T^2}}$	1	0.89	0.71	0.45	0.32	0.24	0.20	0
$-\arctan\omega T$（单位：度）	0	–26.6	–45	–63.5	–71.5	–76	–78.7	–90

绘制方法一：幅值与相角法。将表 4.1 的数据表示成复平面上的向量，向量长度为频率特性的幅值，向量与实轴正方向的夹角等于频率特性的相位，由此可画出 *RC* 网络的幅相频率特性曲线，如图 4.6（a）所示。

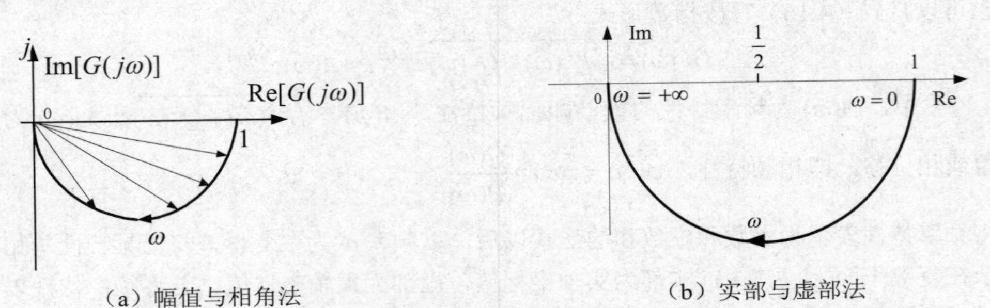

（a）幅值与相角法　　　　（b）实部与虚部法

图 4.6　*RC* 网络的幅相频率特性曲线

绘制方法二：实部与虚部法。将 *RC* 网络的频率特性写成实部与虚部的形式，即：

$$G(\mathrm{j}\omega)=\frac{1}{1+\mathrm{j}T\omega}=\frac{1-\mathrm{j}T\omega}{1+(T\omega)^2}$$

其中，$\mathrm{Re}(\mathrm{j}\omega)=\dfrac{1}{1+\omega^2T^2}$，$\mathrm{Im}(\mathrm{j}\omega)=\dfrac{-\omega T}{1+\omega^2T^2}$，因此有：

$$\mathrm{Re}^2\,G(\mathrm{j}\omega)+\mathrm{Im}^2\,G(\mathrm{j}\omega)=\frac{1}{1+\omega^2T^2}\Rightarrow\left[\mathrm{Re}\,G(\mathrm{j}\omega)-\frac{1}{2}\right]^2+\mathrm{Im}^2\,G(\mathrm{j}\omega)=\left(\frac{1}{2}\right)^2$$

可见，*RC* 网络的幅相频率特性曲线为圆心(1/2,0)，半径为 1/2 的半圆，如图 4.6（b）所示。

4.2.2　对数频率特性曲线

对数频率特性曲线是将系统频率特性表示在对数坐标中，包括对数幅频和对数相频两条曲线。这两条曲线连同它们的对数坐标组成了对数坐标图或称 Bode 图。

频率特性 $G(\mathrm{j}\omega)$ 的对数幅频特性定义如下：

$$L(\omega)=20\lg|G(\mathrm{j}\omega)|=20\lg A(\omega) \tag{4.18}$$

对数频率特性曲线的横坐标是频率 ω，并采用对数坐标尺（或称对数分度），单位是 rad/s，如图 4.7 所示。ω 每变化十倍，横坐标变化一个单位长度。这个单位代表十倍频的距离，故称之为“十倍频”或“十倍频程”。可见，在对数坐标系中，横坐标对 ω 而言是不均匀的，但对 $\lg(\omega)$ 来说却是均匀的。图中纵坐标 $L(\omega)$ 称为增益，单位是 dB。$A(\omega)$ 每变化十倍，$L(\omega)$ 变化 20dB。将 $\lg A(\omega)$ 变换成 $L(\omega)$ 以后，纵坐标可用普通比例尺标注。

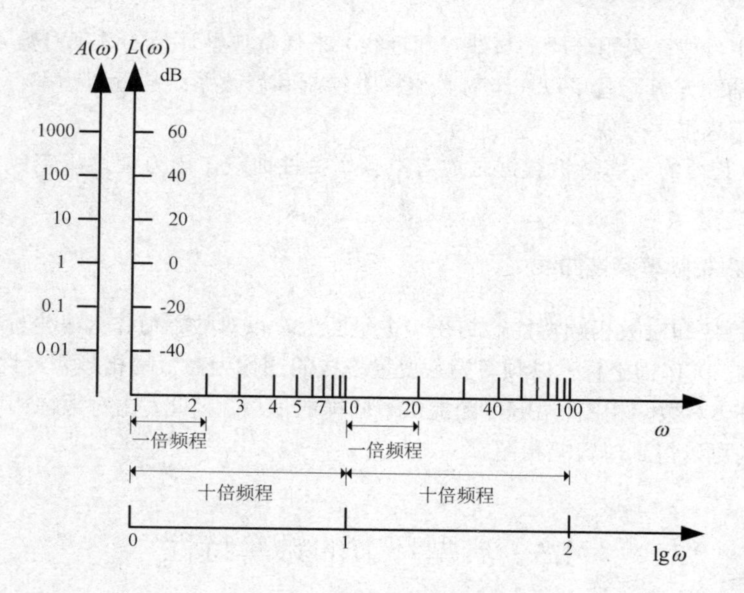

图 4.7　Bode 图采用的对数坐标系

图 4.7 中，每个十倍频程中，ω 与 $\lg\omega$ 的对应关系如表 4.2 所示。

对数相频特性曲线的纵坐标表示相频特性的函数值，均匀分度，单位是°；横坐标与幅频特性的横坐标相同。

表 4.2　ω 从 1 到 10 的对数分度

ω	1	2	3	4	5	6	7	8	9	10
$\lg\omega$	0	0.301	0.477	0.602	0.699	0.778	0.845	0.903	0.954	1

使用对数频率特性表示法具有诸多优点：

（1）它能够在研究频率范围很宽的频率特性时，缩小比例尺。在一张图上，既能画出中、高频段频率特性，又能描述其低频段特性。

（2）它能够在很大程度上简化绘制系统频率特性的工作。例如在绘制开环系统频率特性时，由于开环系统往往由 n 个环节串联而成，设各环节的频率特性为：

$$G_1(\mathrm{j}\omega)=A_1(\omega)\mathrm{e}^{\mathrm{j}\varphi_1(\omega)}$$
$$G_2(\mathrm{j}\omega)=A_2(\omega)\mathrm{e}^{\mathrm{j}\varphi_2(\omega)}$$
$$\vdots$$
$$G_n(\mathrm{j}\omega)=A_n(\omega)\mathrm{e}^{\mathrm{j}\varphi_n(\omega)}$$

则串联后的频率特性为：

$$G(\mathrm{j}\omega)=A(\omega)\mathrm{e}^{\mathrm{j}\varphi(\omega)} \tag{4.19}$$

式（4.19）中，$A(\omega)=A_1(\omega)A_2(\omega)\cdots A_n(\omega)$，$\varphi(\omega)=\varphi_1(\omega)+\varphi_2(\omega)+\cdots+\varphi_n(\omega)$。

由于

$$L(\omega)=20\lg A_1+20\lg A_2+\cdots+20\lg A_n \tag{4.20}$$

将乘除运算变成了加减运算，这样，如果首先绘制出各环节的对数幅频特性，然后进行加减，便可得到整个开环系统的对数频率特性。

在实际工程中，往往采用分段的直线（渐近线）来代替典型环节的准确对数幅频特性。这时，一般通过简单的辅助计算，就可以在半对数坐标上绘制和修改系统的近似频率特性，这给控制系统的分析和设计带来很大方便。

（3）将实验获得的频率特性数据画成对数频率特性曲线，能方便地确定频率特性的函数表达式。

4.2.3 对数幅相频率特性曲线

将对数幅频特性和对数相频特性绘制在一个平面上，以对数幅值作为纵坐标（单位为 dB），以相位移（单位是°）作横坐标，以频率为参变量构成的图称为对数幅相频率特性，也称为对数幅相图或 Nichols 图。对数幅相图与 Bode 图提供了同样的信息，因此，由对数幅相图可以得到 Bode 图，由 Bode 图也可以得到对数幅相图。

4.3 典型环节的频率特性

自动控制系统的开环传递函数往往由多个环节组成。在第 2 章，根据传递函数的特性，将自动控制系统的典型环节分成六种：比例环节、惯性环节、积分环节、微分环节、振荡环节和时滞环节。根据式（4.19）的讨论，掌握这些典型环节的频率特性后，就能通过作图法很快求出整个开环传递函数的频率特性。本节讨论前五种典型环节的频率特性。

4.3.1 比例环节

比例环节的传递函数为：

$$G(s)=K \tag{4.21}$$

将 $s=\mathrm{j}\omega$ 代入上式，可得频率特性描述：

$$G(\mathrm{j}\omega)=K+\mathrm{j}0=|A(\omega)|\mathrm{e}^{\mathrm{j}\varphi(\omega)}$$

其中幅频特性与相频特性均为常数，即：

$$L(\omega)=20\lg|A|=20\lg|K|$$

$$\varphi(\omega)=0°(K>0)\text{ 或者 }\varphi(\omega)=-180°(K<0)$$

比例环节频率特性的幅相曲线和 Bode 图表示如图 4.8、图 4.9 所示。

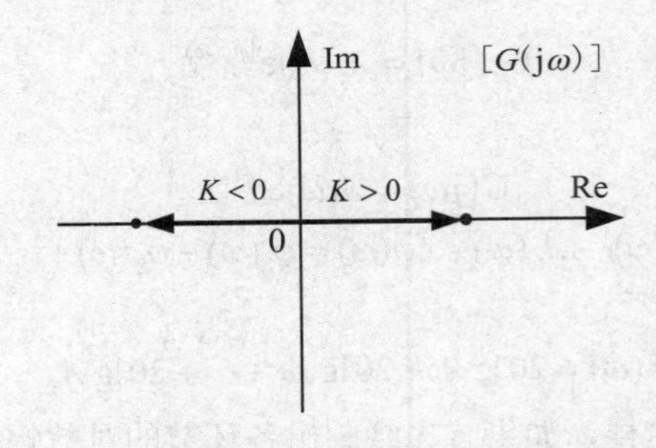

图 4.8 比例环节的幅相频率特性曲线表示

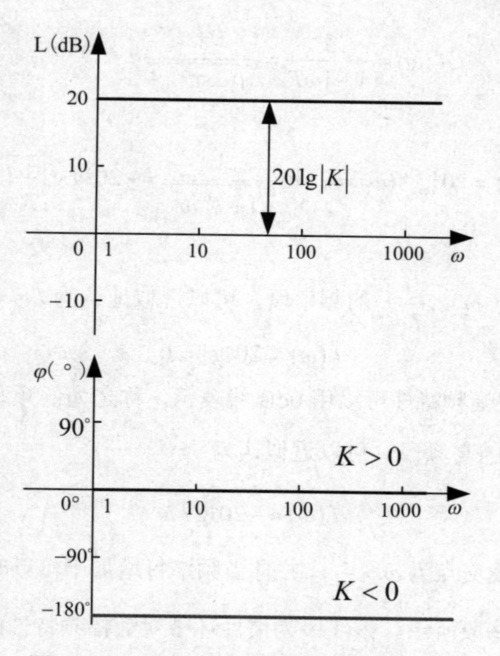

图 4.9　比例环节频率特性的 Bode 图表示

4.3.2　惯性环节

惯性环节的传递函数为：

$$G(s)=\frac{1}{1+Ts} \tag{4.22}$$

将 $s=\mathrm{j}\omega$ 代入上式，可得频率特性的代数表示：

$$G(\mathrm{j}\omega)=\frac{1}{1+\mathrm{j}\omega T}=\frac{1}{1+T^2\omega^2}+\mathrm{j}\frac{-T\omega}{1+T^2\omega^2} \tag{4.23}$$

上式表明，惯性环节频率特性的幅相曲线为圆心为$(\frac{1}{2},0)$，直径为 1 的圆，如图 4.10 所示。

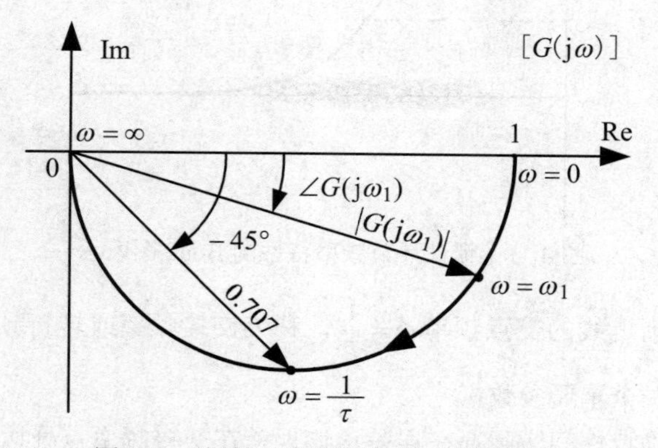

图 4.10　惯性环节频率特性的幅相曲线

为了绘制对数频率特性，采用指数形式表示式（4.23），可得：

$$G(\mathrm{j}\omega)=\frac{1}{1+\mathrm{j}\omega T}=\frac{1}{\sqrt{1+T^2\omega^2}}\mathrm{e}^{-\mathrm{j}\cdot\arctan T\omega}$$

故

$$L(\omega)=20\lg A(\omega)=20\lg\frac{1}{\sqrt{1+T^2\omega^2}}=-20\lg\sqrt{1+T^2\omega^2} \tag{4.24}$$

可以分段来讨论。

对于低频段，即 $T\omega \ll 1$ 或（$\omega \ll \frac{1}{T}$）的频率段，可以近似地认为 $T\omega \approx 0$，因此有：

$$L(\omega)\approx 20\lg 1=0$$

这样，在频率很低时，对数幅频特性可以用 0dB 线表示，称之为低频渐近线，如图 4.11①段。

对于 $T\omega \gg 1$ 或（$\omega \gg \frac{1}{T}$）的高频段，可以近似认为

$$L(\omega)\approx -20\lg T\omega$$

这是一条斜线，它与 0dB 线交点为 $\omega=\frac{1}{T}$。并且当频率每增加十倍频时，$L(\omega)$ 变化–20dB，即斜率为–20dB/dec，如图 4.11②段所示。该线段为惯性环节对数幅频特性的高频渐近线。

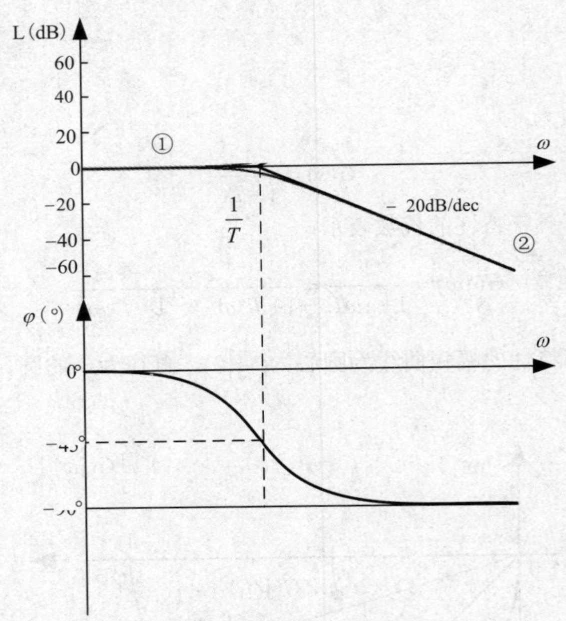

图 4.11　惯性环节频率特性的 Bode 图表示

高频渐近线与低频渐近线的交点频率 $\omega=\frac{1}{T}$，称为交接频率或转折频率。该频率点是绘制惯性环节对数频率特性的一个重要参数。

注意渐近特性和准确特性间实际存在误差，该误差在交接频率点处达到最大，其值为：

$$L(\omega=\frac{1}{T})=-20\lg\sqrt{2}=-3\mathrm{dB}$$

惯性环节的对数相频特性为：

$$\varphi(\omega) = -\arctan T\omega \tag{4.25}$$

可以通过确定几个关键点来绘制近似相频特性，如表 4.3 所示。对数相频特性曲线绘制于图 4.11。

表 4.3　惯性环节相频曲线的特征点

$T\omega$	0	1/2	1	2	∞
$\varphi(\omega)$	0	-26.6°	-45°	-63.4°	-90°

图 4.11 显示，惯性环节的幅频特性随频率升高而下降，呈现“低通滤波器”的特性。输出信号的相位总是滞后于输入信号，当输入频率等于交接频率，即 $\omega = \dfrac{1}{T}$ 时，相位正好滞后 45°，频率越高，相位滞后越多，当 $\omega \to \infty$ 时，其极限为 90°。

4.3.3　积分环节

积分环节的传递函数为：

$$G(s) = \frac{1}{s} \tag{4.26}$$

其幅相频率特性为：

$$G(\mathrm{j}\omega) = \frac{1}{\mathrm{j}\omega} = -\mathrm{j}\frac{1}{\omega}$$

因此，积分环节的幅相频率特性曲线如图 4.12 所示，对于 $0 \leqslant \omega < \infty$，幅频特性为整个负虚轴。

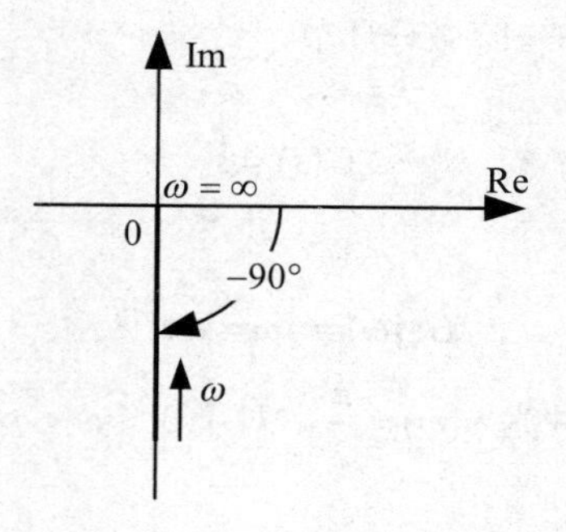

图 4.12　积分环节的幅相频率特性曲线

积分环节的对数幅频特性为：

$$L(\omega) = 20\lg A(\omega) = 20\lg\frac{1}{\omega} = -20\lg\omega$$

故积分环节的对数幅频特性是一条斜率为–20dB/dec 的直线，它与 0dB 线的交点为 $\omega = 1$。

积分环节的对数相频特性为：

$$\varphi(\omega) = -90^\circ$$

故积分环节的对数相频特性是一条平行于横轴的直线，如图 4.13 所示。

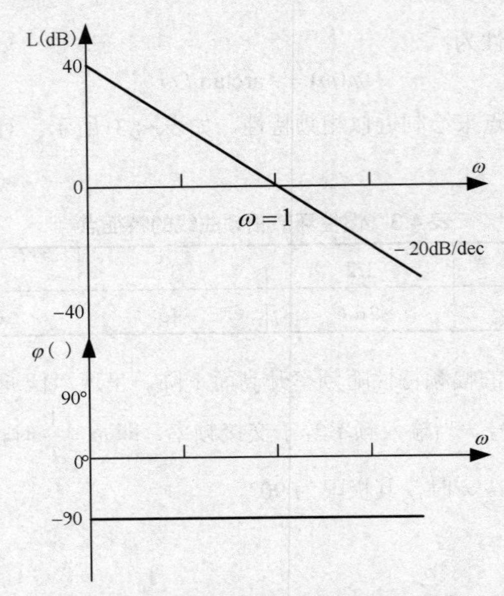

图 4.13　积分环节频率特性的 Bode 图表示

对于 N 个串联积分环节，此时对数幅频特性曲线为：

$$L(\omega)=20\lg A(\omega)=20\lg\frac{1}{\omega^{N}}=-20N\lg\omega$$

即为一条斜率为–20NdB/dec 的斜线，对数相频特性曲线为：

$$\varphi(\omega)=-N\times 90^{\circ}$$

4.3.4　微分环节

微分环节分为理想微分环节和一阶微分环节。

理想微分环节的传递函数为：

$$G(s)=s \tag{4.27}$$

其幅相频率特性的代数表示式为：

$$G(\mathrm{j}\omega)=\mathrm{j}\omega=\omega \mathrm{e}^{+\mathrm{j}\frac{\pi}{2}}$$

其幅频特性为 $A(\omega)=\omega$，相频特性为 $\varphi(\omega)=\dfrac{\pi}{2}$。对于 $0\leqslant\omega<\infty$，幅相特性是正虚轴，如图 4.14 所示。

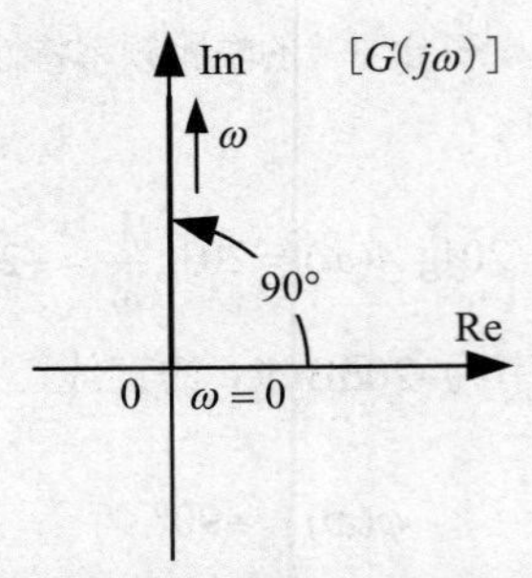

图 4.14　理想微分环节的幅相特性曲线

理想微分环节的对数幅频特性和对数相频特性分别为：

$$L(\omega) = 20\lg A(\omega) = 20\lg \omega$$

$$\varphi(\omega) = 90^\circ$$

因此理想微分环节的对数幅频特性为一条斜率为+20dB/dec 的直线，它在 $\omega = 1$ 处穿越 0dB 线；对数相频特性曲线为平行于横轴的一条直线，如图 4.15 所示。

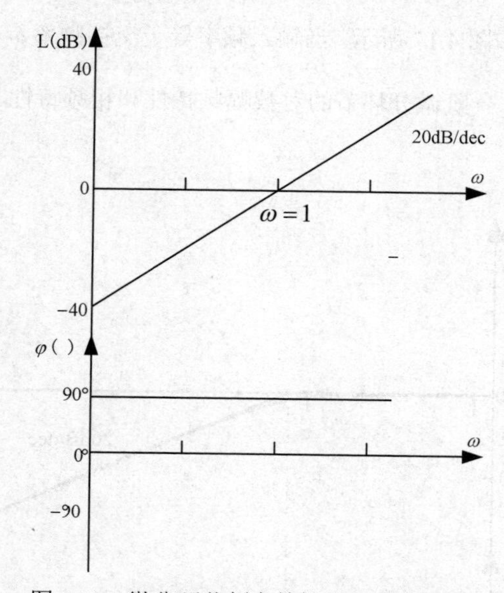

图 4.15　微分环节频率特性的 Bode 图表示

比较图 4.15 与图 4.13 可知，理想微分环节的对数幅频特性和相频特性与积分环节的相应特性互以横轴为镜像。

下面来看一阶微分环节。

一阶微分环节的传递函数为：

$$G(s) = \tau s + 1 \tag{4.28}$$

其幅相频率特性为：

$$G(\mathrm{j}\omega) = \mathrm{j}\tau\omega + 1 = \sqrt{1 + (\tau\omega)^2}\,\mathrm{e}^{\mathrm{j}\varphi(\omega)}$$

幅频特性为 $A(\omega) = \sqrt{1 + (\tau\omega)^2}$ ，相频特性为 $\varphi(\omega) = \arctan(\tau\omega)$ ，幅相频率特性曲线如图 4.16 所示。

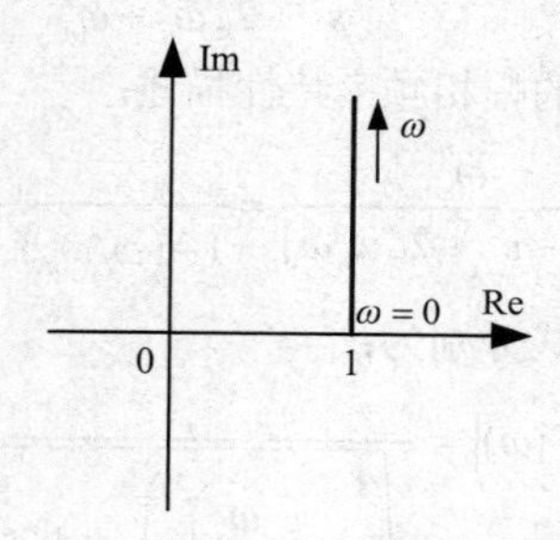

图 4.16　一阶微分环节的幅频特性曲线

计算对数幅频特性为：

$$L(\omega) = 20\lg A(\omega) = 20\lg\sqrt{1+(\tau\omega)^2}$$

对数相频特性为：

$$\varphi(\omega) = \arctan(\tau\omega)$$

从表达式上看，一阶微分环节与惯性环节互为倒数，因此，可以按照与惯性环节类似的近似作图方法绘制其 Bode 图表示，如图 4.17 所示。当输入频率等于交接频率 $\omega = \dfrac{1}{\tau}$ 时，相位正好超前 45°。

比较图 4.17 与图 4.11 可知，一阶微分环节的对数幅频特性和相频特性与惯性环节的相应特性互以横轴为镜像。

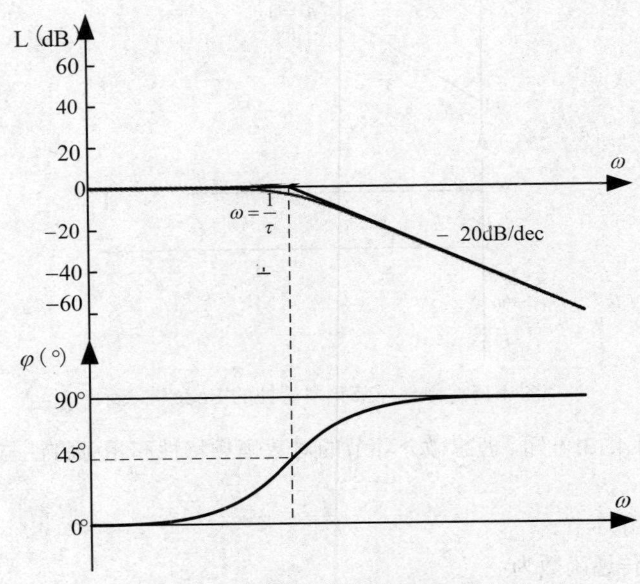

图 4.17　一阶微分环节的 Bode 图表示

4.3.5　振荡环节

振荡环节的传递函数为：

$$G(s) = \frac{\omega_n^2}{s^2 + 2\zeta\omega_n + \omega_n^2} \tag{4.29}$$

将 $s = \mathrm{j}\omega$ 代入上式，得到振荡环节的幅相频率特性描述：

$$G(\mathrm{j}\omega) = \frac{\omega_n^2}{\omega_n^2 - \omega^2 + 2\zeta\omega_n\omega\mathrm{j}} = \frac{1}{1-(\omega/\omega_n)^2 + 2\zeta(\omega/\omega_n)\mathrm{j}} \tag{4.30}$$

其中，幅频特性和相频特性的表达式分别为：

$$|G(\mathrm{j}\omega)| = \frac{1}{\sqrt{\left(1-\left(\dfrac{\omega}{\omega_n}\right)^2\right)^2 + 4\zeta^2\dfrac{\omega^2}{\omega_n^2}}} \tag{4.31}$$

$$
\angle G(\mathrm{j}\omega)=\begin{cases}-\arctan\dfrac{2\zeta\dfrac{\omega}{\omega_n}}{1-\dfrac{\omega^2}{\omega_n^2}}, & \dfrac{\omega}{\omega_n}\leqslant 1\\ -\left[\pi-\arctan\dfrac{2\zeta\dfrac{\omega}{\omega_n}}{\dfrac{\omega^2}{\omega_n^2}-1}\right], & \dfrac{\omega}{\omega_n}>1\end{cases} \tag{4.32}
$$

根据式（4.31）与式（4.32），以 $u=\omega/\omega_n$ 为参变量绘制幅相曲线，如图 4.18 所示。

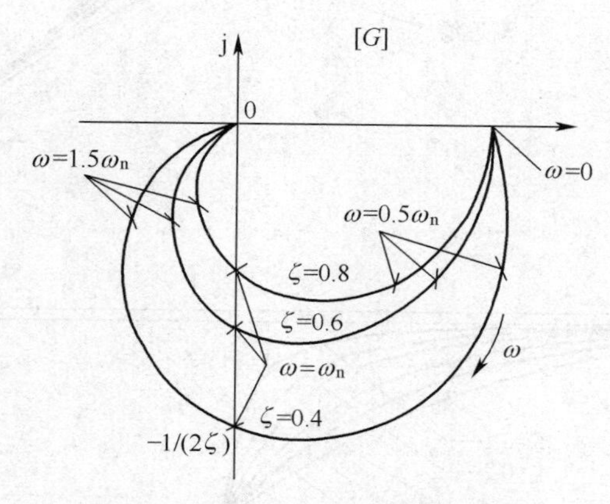

图 4.18　振荡环节的幅相频率特性

下面讨论振荡环节的对数频率特性。根据式（4.31），振荡环节的对数幅频特性：

$$
L(\omega)=-20\lg\sqrt{(1-u^2)^2+(2\zeta u)^2} \tag{4.33}
$$

$$
\varphi(\omega)=-\arctan\left(\frac{2\zeta u}{1-u^2}\right) \tag{4.34}
$$

（1）低频段。当 $u<<1$，即 $\omega<<\omega_n$，式（4.33）可简化为 $L_1(\omega)\approx 20\lg 1=0$。此时幅频特性曲线是一条与 0dB 线重合的直线，而相角近似为 $0°$。

（2）高频段。当 $u>>1$，即 $\omega>>\omega_n$，式（4.33）可简化为 $L_2(\omega)\approx 20\lg u^4=-40\lg u$，相角近似为 $-180°$。此时的幅频特性曲线渐近线是斜率为–40dB/dec 的直线，它和 0dB 线相交于 $\omega=\omega_n$ 的地方，因此振荡环节的交接频率为 ω_n。

图 4.19 给出了振荡环节的对数幅频特性曲线及其渐近线。从图中可以看出：在 $\omega=\omega_n$ 附近，对数幅频特性渐近线的近似误差最大，并且渐近线的近似误差与阻尼比 ζ 有关。所以，对于振荡环节，以渐近线代替实际幅相特性时，要特别加以注意。如果 ζ 在 0.4～0.7 范围内，误差不大，而当 ζ 很小时，需要考虑产生的尖峰。在谐振频率点 ω_r 上，频率响应的幅值最大（称为谐振峰值 M_r）；当阻尼比 ζ 趋向于零时，谐振频率 ω_r 趋近于固有频率 ω_n。

事实上，可通过对式（4.31）求导并令其等于零来求解振荡环节的谐振频率为：

$$
\omega_r=\omega_n\sqrt{1-2\zeta^2}\quad 0\leqslant\zeta\leqslant 0.707 \tag{4.35}
$$

将上式代入式（4.31），可得谐振峰值：

$$M_r = \left|G(\mathrm{j}\omega_r)\right| = \frac{1}{2\zeta\sqrt{1-\zeta^2}} \quad 0 \leqslant \zeta \leqslant 0.707 \tag{4.36}$$

当$\zeta > 0.707$时，不产生谐振峰值；当$\zeta \to 0$时，$M_r \to \infty$。

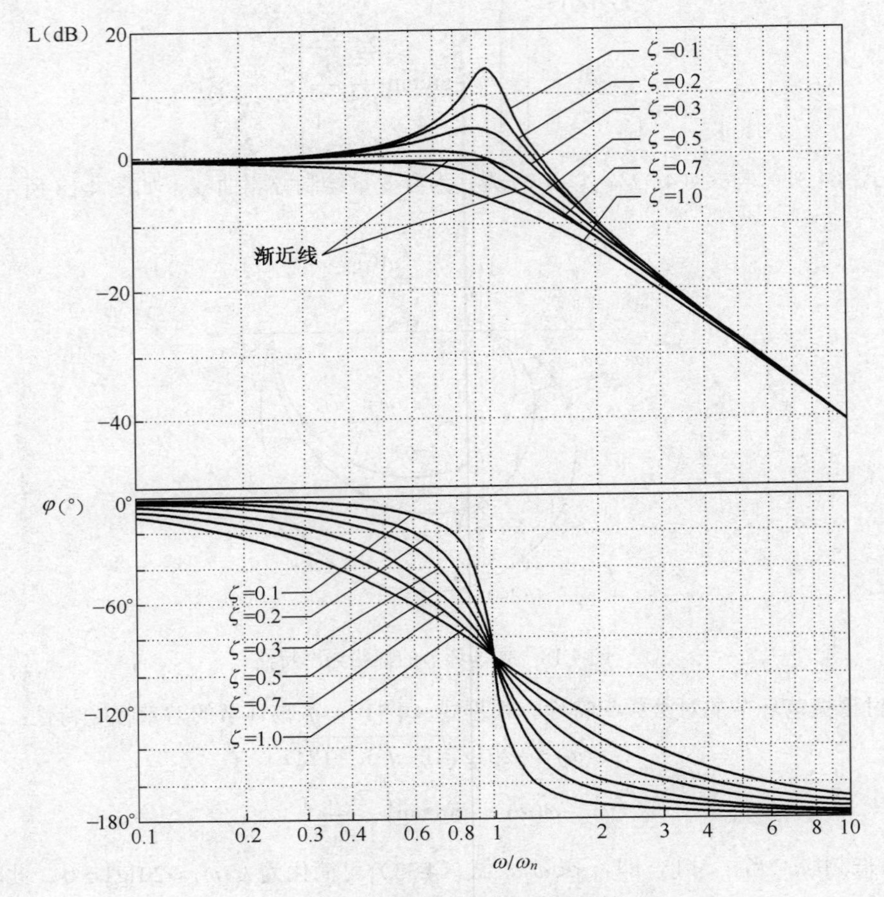

图 4.19　振荡环节的对数频率特性

4.4　系统开环频率特性的绘制

4.4.1　开环幅相频率特性曲线的绘制

开环系统的幅相频率特性曲线简称开环幅相曲线。这类曲线的画法与典型环节幅相曲线一样，即列出开环幅频特性和相频特性表达式，用解析计算法绘制。开环系统的类型不同，其幅相曲线呈现不同的特点，但它们的绘制过程都具有一般性的规律，即包括：①确定起点$\omega = 0^+$和终点$\omega = \infty$；②确定开环幅相曲线与实轴的交点；③确定开环幅相曲线的变化范围等几个步骤。下面介绍绘制概略开环幅相曲线的具体方法。

1．0 型系统的开环幅相曲线

0 型系统的开环传递函数为：

$$G(s)=\frac{K_c\prod_{i=1}^{m}(T_i s+1)}{\prod_{j=1}^{n}(T_j s+1)},\quad n>m \tag{4.37}$$

其频率特性为：

$$G(\mathrm{j}\omega)=\frac{K_c\prod_{i=1}^{m}(T_i\omega\mathrm{j}+1)}{\prod_{j=1}^{n}(T_j\omega\mathrm{j}+1)},\quad n>m$$

下面来分析这类型系统的幅相频率特性的特点。

在低频段，当 $\omega=0$ 时，$A(0)=|G(\mathrm{j}0)|=K_c$，$\varphi(0)=0°$，因此其开环幅相曲线从实轴上一点 $(K_c,\mathrm{j}0)$ 开始。

在高频段，由于 $n>m$，因此 $A(\infty)=0$，为坐标原点。注意到当 $\omega\to\infty$ 时，分母中每个因子 $(\mathrm{j}\omega T_j+1)$ 的相位移为 $-90°$，而分子中每个因子 $(\mathrm{j}\omega T_i+1)$ 的相位移为 $90°$，因此总的相位移为：

$$\varphi(\infty)=-n\times90°+m\times90°=-(n-m)\times90°$$

例如对于 $(n-m)=3$，则 $\varphi(\omega)=-270°$，即幅相曲线以 $-270°$ 相角进入坐标原点。

在 $0<\omega<\infty$ 的区段，幅相曲线的形状与环节及参数有关。

例 4.1　某 0 型反馈控制系统的开环传递函数为：

$$G(s)=\frac{K}{(T_1s+1)(T_2s+1)}$$

试概略绘制系统开环幅相曲线。

系统开环频率特性：

$$G(\mathrm{j}\omega)=\frac{K}{(\mathrm{j}\omega T_1+1)(\mathrm{j}\omega T_2+1)}$$

通过计算，有：

$$G(\mathrm{j}0)=K\angle0°\qquad G(\mathrm{j}\infty)=0\angle-180°$$

幅相曲线大致形状如图 4.20 所示。

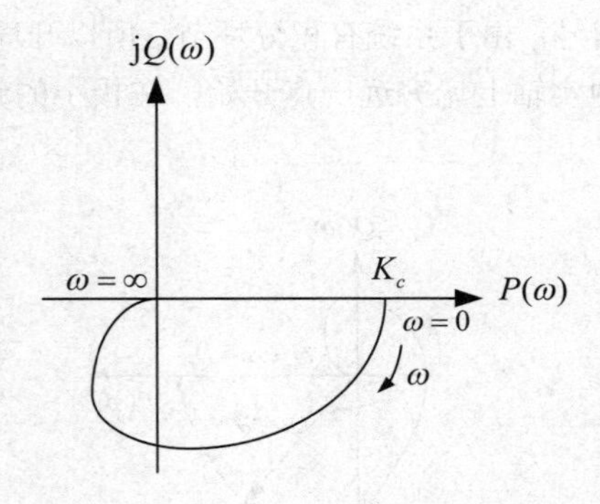

图 4.20　例 4.1 系统的概略幅相曲线

本例开环传递函数包含两个惯性环节，故 $\omega\to\infty$，幅相曲线趋于 $0\angle-180°$。显然，若包含 n

个惯性环节，则幅相曲线趋向于$0\angle(-n\times 90°)$。图 4.21 绘制了 n 为 1 至 4 四种情况时的幅相曲线大致形状。

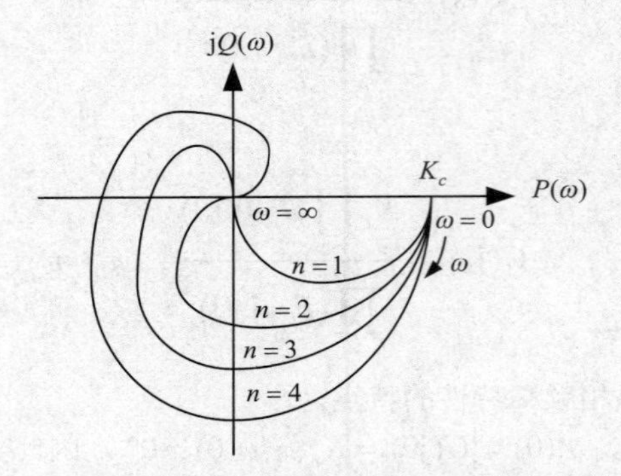

图 4.21　0 型系统包含 n 个惯性环节时的幅相曲线

2. I 型系统的开环幅相曲线

I 型系统的开环传递函数为：

$$G(s)=\frac{K_c\prod_{i=1}^{m}(T_i s+1)}{s\prod_{j=1}^{n-1}(T_j s+1)},\quad n>m \tag{4.38}$$

其开环频率特性为：

$$G(\mathrm{j}\omega)=\frac{K_c\prod_{i=1}^{m}(T_i\omega\mathrm{j}+1)}{\mathrm{j}\omega\prod_{j=1}^{n}(T_j\omega\mathrm{j}+1)},\quad n>m$$

在低频段，当$\omega\to 0^+$时，有：

$$G(\mathrm{j}\omega)=\frac{K_c}{\mathrm{j}\omega}=\frac{K_c}{\omega}\mathrm{e}^{-\mathrm{j}\frac{\pi}{2}}$$

即幅值趋向于∞，而相角位移为$-\dfrac{\pi}{2}$。$A(\infty)$趋于无穷大的物理意义可以理解为：在$\omega=0$时，相当于对系统输入加一个恒值信号；由于系统有积分环节，所以开环系统输出量将无限增长。这样，可以认为开环系统频率特性由实轴上无穷远一点开始，在极小的频率范围内按无穷大半径变化，如图 4.22 虚线所示。

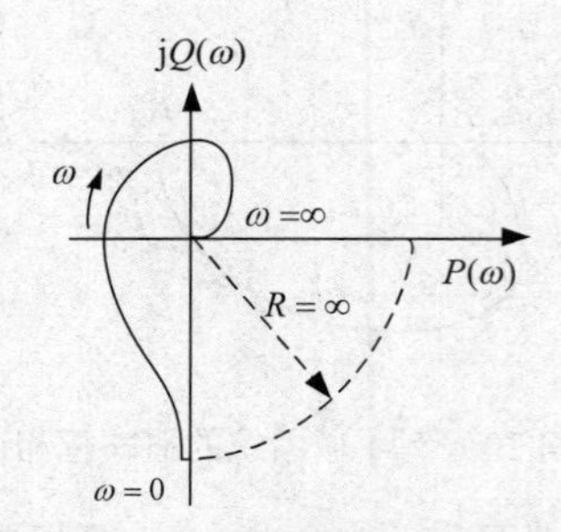

图 4.22　I 型系统的概略幅相曲线

在高频段，当 $\omega \to \infty$ 时，$A(\infty)=0$，$\varphi(\infty)=-(n-m)\times 90^\circ$。例如，对于 $(n-m)=4$，则 $\varphi(\omega)=-360^\circ$，所以，其幅相曲线按照顺时针方向经过四个象限，然后以 -360° 进入原点。

3. II 型系统的开环幅相曲线

II 型系统的开环传递函数为：

$$G(s)=\frac{K_c\prod_{i=1}^{m}(T_i s+1)}{s^2\prod_{j=1}^{n-2}(T_j s+1)},\quad n>m \tag{4.39}$$

其开环频率特性为：

$$G(\mathrm{j}\omega)=\frac{K_c\prod_{i=1}^{m}(T_i\omega\mathrm{j}+1)}{(\mathrm{j}\omega)^2\prod_{j=1}^{n}(T_j\omega\mathrm{j}+1)},\quad n>m$$

当 $\omega \to 0^+$ 时，有：

$$G(\mathrm{j}\omega)=\frac{K_c}{(\mathrm{j}\omega)^2}=\frac{K_c}{\omega^2}\mathrm{e}^{-\mathrm{j}\pi}$$

即幅值趋向无穷大，而相位移为 $-\pi$。

当 $\omega \to \infty$ 时，$A(\infty)=0$，$\varphi(\infty)=-(n-m)\times 90^\circ$。图 4.23 给出了 $n-m=2$ 情况下 II 型系统开环幅相曲线的一种可能情况。

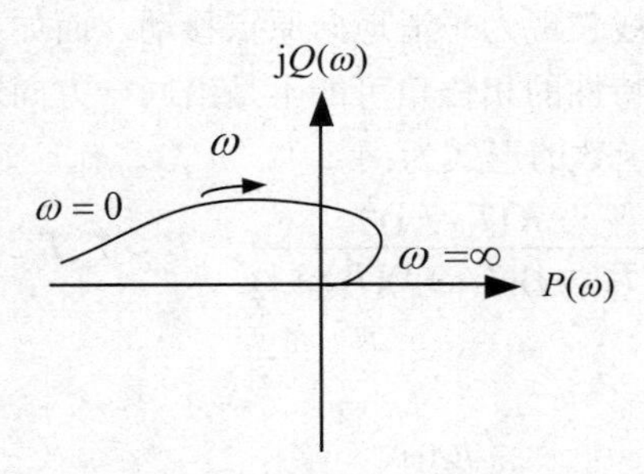

图 4.23　II 型系统的概略幅相曲线

下面对绘制系统开环幅相曲线的方法进行小结。对于一般系统，绘制其开环概略幅相曲线包含以下几个步骤：

（1）考虑幅相特性曲线的低频部分。开环系统频率特性的一般形式为：

$$G(s)=\frac{K_c\prod_{i=1}^{m}(T_i s+1)}{s^N\prod_{j=1}^{n-N}(T_j s+1)},\quad n>m$$

当 $\omega \to 0^+$ 时，可以确定特性的低频部分，其特点由系统的类型近似确定，如图 4.24 所示。其相位角为 $\varphi(0)\to -N\times 90^\circ$，对于 0 型系统，其幅值 $A(0)$ 为一有限值，而对于 I 型及以上系统，其特性表现为与坐标轴平行的渐近线。

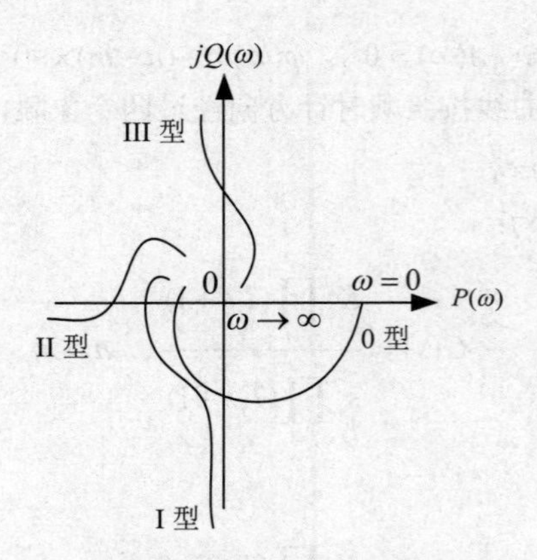

图 4.24　各型系统的概略幅相曲线

（2）考虑幅相特性曲线的高频部分。当 $\omega \to \infty$ 时，有：

$$\lim_{\omega \to \infty} G(\mathrm{j}\omega) = 0\angle -(n-m)\times 90°,\quad n > m \tag{4.40}$$

即特性总是以顺时针方向趋于 $\omega = \infty$ 点，并按式（4.40）确定的角度终止于坐标原点。

（3）幅相特性与负实轴和虚轴的交点。幅相曲线与负实轴的交点频率由下式得出：

$$\mathrm{Im}[G(\mathrm{j}\omega)] = Q(\omega) = 0$$

而它与虚轴的交点则由下式得出：

$$\mathrm{Re}[G(\mathrm{j}\omega)] = P(\omega) = 0$$

（4）如果在传递函数的分子中无时间常数，则当 ω 由 0 增大到 ∞ 的过程中，幅相曲线的相位角和幅值均呈现连续减小，曲线表现为平滑地向原点移动。而如果分子中有时间常数，则根据这些时间常数的数值大小不同，特性的相位角可能不是沿同一方向连续变化，这时的幅相曲线可能出现凹凸。例如对于开环传递函数的形式为：

$$G(s) = \frac{K(T_1 s + 1)^2}{(T_2 s + 1)(T_3 s + 1)(T_4 s + 1)},\quad T_2 > T_1, T_3 > T_1, T_1 > T_4$$

其幅相曲线如图 4.25 所示。

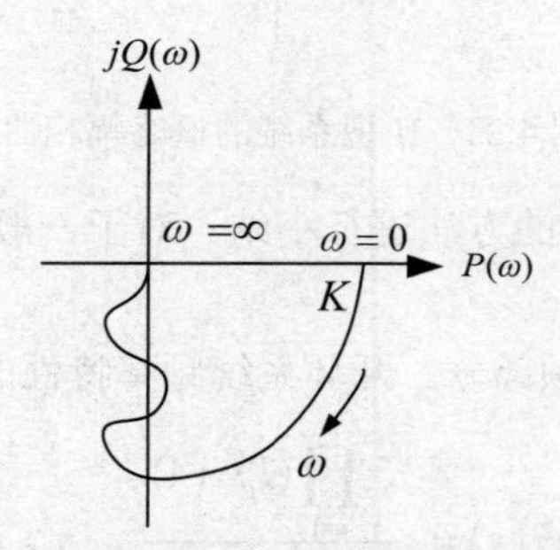

图 4.25　0 型系统开环幅相曲线出现凹凸的情况

4.4.2　开环对数频率特性曲线的绘制

前面已提到，控制系统的开环传递函数一般可分解为多个典型环节串联而成。式（4.19）和式（4.20）表明，对于由 n 个典型环节串联而成的开环系统，其对数幅频特性曲线和对数相频特

性曲线可由这 n 个典型环节对应的特性曲线叠加而得。

例 4.2 某单位负反馈系统，其开环传递函数

$$G(s)=\frac{K}{s(Ts+1)}$$

式中 $K=7, T=0.087$。要求绘制近似对数幅频特性曲线和对数相频特性曲线。

首先确定开环传递函数由以下三个典型环节组成：

（1）比例环节 $G_1(s)=K$，其中 $L_1(\omega)=20\lg K=20\lg 7=16.9\text{dB}$，对数幅频特性曲线如图 4.26①所示。

（2）积分环节 $1/s$，其交接频率 $\omega_c=1$ rad/s，对数幅频特性曲线如图 4.26②所示。

（3）惯性环节 $1/(Ts+1)$，其转折频率 $\omega=\dfrac{1}{T}=11.5$ rad/s，对数幅频特性曲线如图 4.26③所示。

将这些典型环节的对数幅频特性和对数相频特性曲线分别相加，即得开环对数幅频特性曲线和开环对数相频特性曲线，如图 4.26 所示。

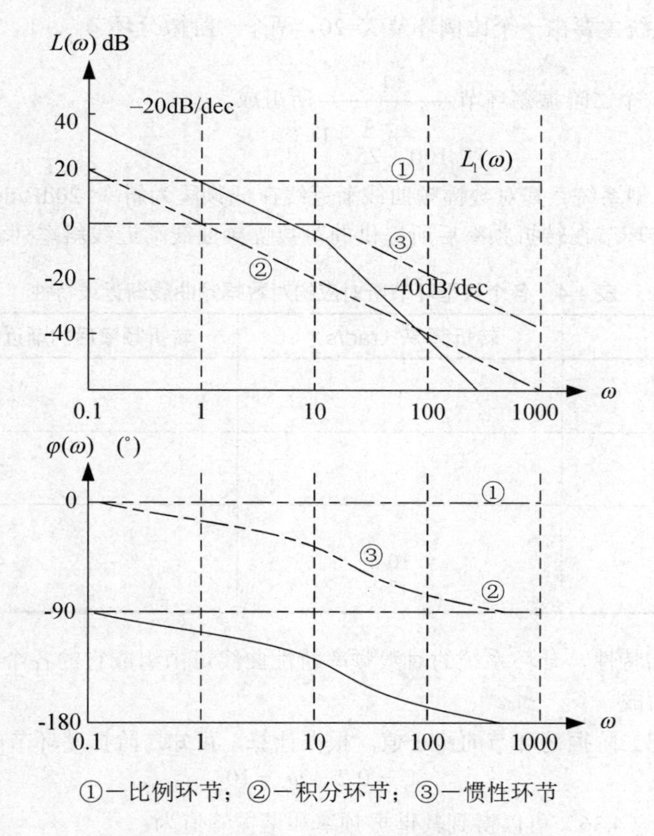

①—比例环节；②—积分环节；③—惯性环节

图 4.26 例 4.2 的开环对数频率特性曲线

分析图 4.26 的近似开环对数幅频特性曲线可知：

（1）最左端直线的斜率为–20dB/dec，这一斜率完全由 $G(s)$ 的积分环节数决定。

（2）$\omega=1$ 时，曲线的分贝值等于 $20\lg K$，最左端直线和 0dB 线的交接频率点处的值为 K。

（3）在惯性环节转折频率 11.5rad/s 处，斜率从–20dB/dec 变为–40dB/dec，原因是当

$\omega > 11.5\text{rad/s}$ 后，惯性环节也提供了–20dB/dec 的幅值衰减率，它与前面的积分环节叠加后提供了共–40dB/dec 的曲线斜率。

掌握上述特点，可以根据开环传递函数直接绘制近似对数幅频特性曲线。

例 4.3 已知单位负反馈控制系统的开环传递函数为：

$$G(s)=\frac{2000\left(\frac{s}{5}+1\right)^2}{s(s+1)(s^2+4s+100)}$$

试绘制该系统的概略对数幅频特性曲线。

首先将开环传递函数转换为“尾 1 型”的标准形式：

$$G(s)=\frac{20\left(\frac{s}{5}+1\right)^2}{s(s+1)(\frac{s^2}{100}+\frac{s}{25}+1)}$$

由此可以看出，该系统主要由一个比例环节 K=20，两个一阶微分环节 $\frac{s}{5}+1$，一个纯积分环节，一个惯性环节 $\frac{1}{s+1}$，一个二阶振荡环节 $\frac{1}{\frac{s^2}{100}+\frac{s}{25}+1}$ 所组成。

由于该系统为 I 型系统，其对数幅频曲线渐近线在低频段为斜率–20dB/dec 的直线。其他环节的对应转折频率及该环节在转折频率后所提供的对数幅频曲线渐近线斜率列表如表 4.4 所示。

表 4.4 各个典型环节所对应的对数幅频曲线渐近线特性

典型环节	转折频率（rad/s）	转折频率后的渐近线斜率（dB/dec）
$\frac{1}{s+1}$	1	–20
$\frac{s}{5}+1$	5	+20
$\frac{1}{\frac{s^2}{100}+\frac{s}{25}+1}$	10	–40

按照线性系统的特性，开环系统的对数频率特性曲线可由组成它的各个典型环节的对数频率特性曲线线性叠加而成。

这里还需要考虑二阶振荡环节的修正值。根据计算，可知二阶振荡环节的参数为：

$$\zeta = 0.2,\quad \omega_n = 10$$

根据式（4.35）和式（4.36）可以得到其谐振频率和谐振峰值为：

$$\omega_r = 9.59,\quad L_m = 8.14\text{dB}$$

这样可以得到如图 4.27 所示的对数幅频特性曲线渐近线。

最后，绘制开环系统的对数相频特性曲线。通常可采用特征点法得到近似的相频特性曲线。即分别计算各个典型环节在转折频率处的相角大小，整个开环系统在转折频率处的相角由所有典型环节的相角相加而得到（见表 4.5）。然后采用光滑的曲线将所有转折频率的相角连接起来，即构成开环系统的近似相频特性曲线。为了考虑相频特性在整个频段的变化范围，特征点还应该包括 $\omega=0$ 和 $\omega=\infty$ 两个点。

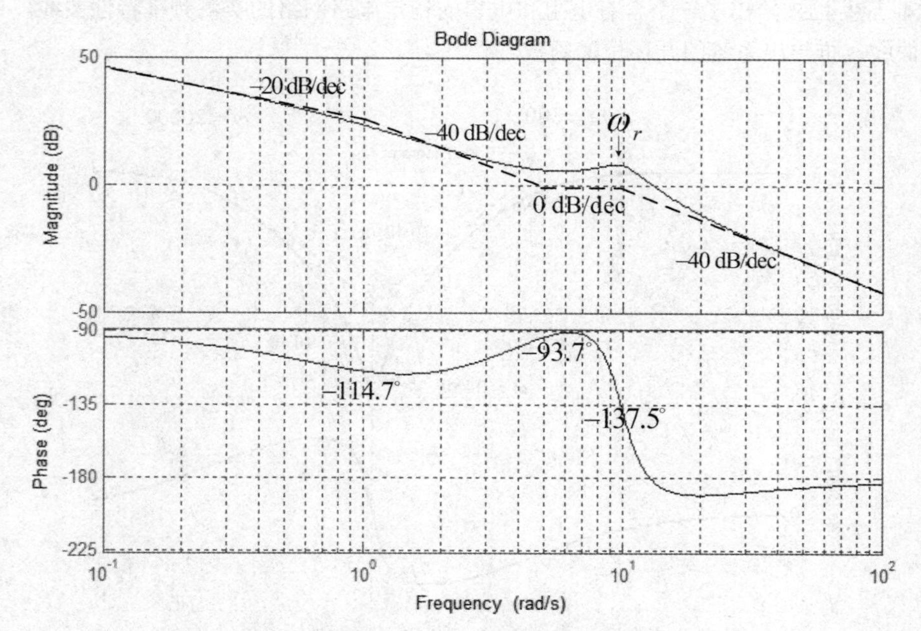

图 4.27　例 4.3 的开环对数频率特性曲线

表 4.5　各个典型环节在特征频率点处的相角

典型环节	$\omega=0$	$\omega=1$	$\omega=5$	$\omega=10$	$\omega=\infty$
$\dfrac{1}{s}$	−90°	−90°	−90°	−90°	−90°
$\dfrac{1}{s+1}$	0°	−45°	−78.7°	−84.3°	−90°
$\dfrac{s}{5}+1$	0°	11.3°	45°	63.4°	90°
$\dfrac{1}{\dfrac{s^2}{100}+\dfrac{s}{25}+1}$	0°	−2.3°	−15°	−90°	−180°

4.4.3　频率特性的测量

利用正弦信号可以测量控制系统的开环频率响应，而实际测量的结果是幅值和相角随频率的变化曲线。利用这两条曲线，可以导出系统的开环频率特性函数；同样，也可以测量系统的闭环频率响应，从而导出闭环频率特性函数。

首先选择信号源输出的正弦信号的幅值，以使系统处于非饱和状态。在一定频率范围内，改变输入正弦信号的频率，记录各频率点处系统输出信号的波形，由稳态段的输入输出信号的幅值比和相角差绘制对数频率特性曲线。

最小相位系统的幅频特性和相频特性直接关联，也即一个幅频特性只能有一个相频特性与之对应；反之亦然。因此，对于最小相位系统，只要根据对数幅频曲线就能推导出系统的传递函数。

例 4.4 图 4.28 给出了一个含有电阻和电容的稳定电路网络的实测频率特性曲线。试根据该频率特性曲线，推导出系统的开环传递函数。

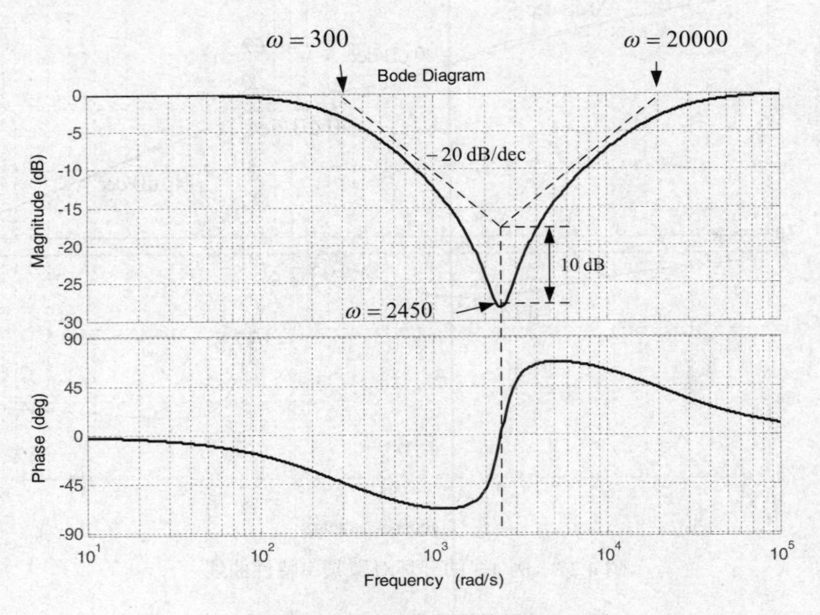

图 4.28 未定频率特性函数的 Bode 图

由图 4.28 所知，当 ω 从 100 增加到 1000 时，幅频特性曲线的渐近线是斜率为–20dB/dec 的直线。在 $\omega = 300$ 处，系统相角为 $-45°$，对数幅值增益为–3dB。因此，$\omega = 300$ 应为系统的转折频率，且 $p_1 = 300$ 为系统的极点。当 $\omega = 2450$ 时，幅频特性曲线再次出现转折，渐近线的斜率由–20dB/dec 变成了+20dB/dec，而系统相角为 0°，相频特性曲线在此附近的变化量接近 +180°，由此可以判断，系统应该存在一对共轭复零点，且对应的转折频率参数为 $\omega = 2450$。

为了推导共轭复零点的参数，考察幅频特性渐近线的近似误差。在转折频率 $\omega = 2450$ 处，该近似误差约为 10dB，于是由式（4.36）可以估计得到与共轭复零点对应的阻尼系数为 $\zeta = 0.16$（二阶微分环节的幅频特性曲线可以由二阶振荡环节的幅频特性曲线倒置得到）。最后，当 $\omega = 20000$ 时，幅频特性渐近线的斜率又变成 0dB/dec，且系统相角为 $-45°$，对数幅值增益为–3dB。由此可以推断，系统的第 2 个极点应为 $p_2 = 20000$。至此，我们可以确定该系统的传递函数为：

$$G(s) = \frac{\left(\dfrac{s}{2450}\right)^2 + \dfrac{0.32s}{2450} + 1}{\left(\dfrac{s}{300} + 1\right)\left(\dfrac{s}{20000} + 1\right)}$$

4.5 利用 Matlab 绘制频率特性

利用 Matlab 控制系统工具箱可以快速方便地绘制控制系统的频率特性图。表 4.6 列举了一些常用的绘制控制系统频率特性的 Matlab 函数。其中 bode、nyquist 和 nichols 函数既适用于单变量系统也适用于多变量系统，既适用于连续时间系统也适用于离散时间系统。下面主要介绍用于绘制开环对数频率特性的 bode 函数和绘制极坐标图的 nyqusit 函数。

表 4.6　绘制频率特性的常用函数

函数名称	基本功能	函数名称	基本功能
bode	绘制控制系统的 Bode 图	nyquist	绘制控制系统的极坐标图
nichols	绘制控制系统的 Nichols 图	ngrid	绘制 Nichols 图的网格线
freqresp	计算系统在指定频率处的频率响应值	evalfr	计算 LTI 系统在单个复频率处的频率响应值

（1）bode 函数的基本功能是计算线性定常系统的对数频率特性，或绘制其 Bode 图。函数的调用格式为：

```
bode(sys)
bode(sys,w)
bode(sys1,sys2,... ,sysN)
bode(sys1,sys2,... ,sysN,w)
[mag,phase,w] = bode(sys)
[mag,phase]= bode(sys,w)
bode(sys1,'plotstyle1',... ,sysN,'plotstyleN')
```

其中 sys 为所讨论系统的数学模型。它可以是传递函数（阵）（tf 模型或 zpk 模型），也可以是状态空间表达式（ss 模型）。如果输入的是多变量系统模型，则该函数将产生一组对数频率特性曲线，且每个输入输出通道均对应一条曲线。

（2）nyquist 函数的功能是计算线性定常系统的幅相频率特性，或绘制其 Nyquist 曲线（即极坐标图）。函数的调用类似于 bode 函数。

```
nyquist(sys)
nyquist(sys,w)
nyquist(sys1,sys2,... ,sysN)
nyquist(sys1,sys2,... ,sysN,w)
[re im,w] = nyquist (sys)
[re,im] = nyquist(sys,w)
nyquist(sys1,'plotstyle1',... ,sysN,'plotstyleN')
```

其中，返回变量中 re 和 im 分别对应于频率特性的实部和虚部。

（3）freqresp 函数的主要功能是计算线性定常系统在指定频率处的频率响应特性，或根据在一系列频率处所得的数据绘制其频率特性曲线。函数的调用格式为：

```
G = freqresp(sys,w)
```

其中，sys 为传递函数（阵）或状态空间形式的系统数学模型，w 为所要计算的频率点向量，可以用 logspace 函数生成。返回变量 G 以复数形式（实部和虚部）给出系统 sys 在 w 处的频率响应特性，它为三维数组，其大小为(输出维数)×(输入维数)×(w 的长度)。

例 4.5　试用 Matlab 绘制下式所示非最小相位系统的开环极坐标图和 Bode 图。

$$G(s)H(s)=\frac{16(s+1)}{s(s-1)(s^2+4s+16)}$$

相应的 Matlab 绘制脚本为:

```
% Example 4.5
G = tf([16,16],[conv([1,-1],[1,4,16]),0]);
w = logspace(-1,2,100);
subplot(2,2,1),nyquist(G,w)
subplot(2,2,2),bode(G,w),grid
```

绘制的开环极坐标图和开环 Bode 图如图 4.29 所示。

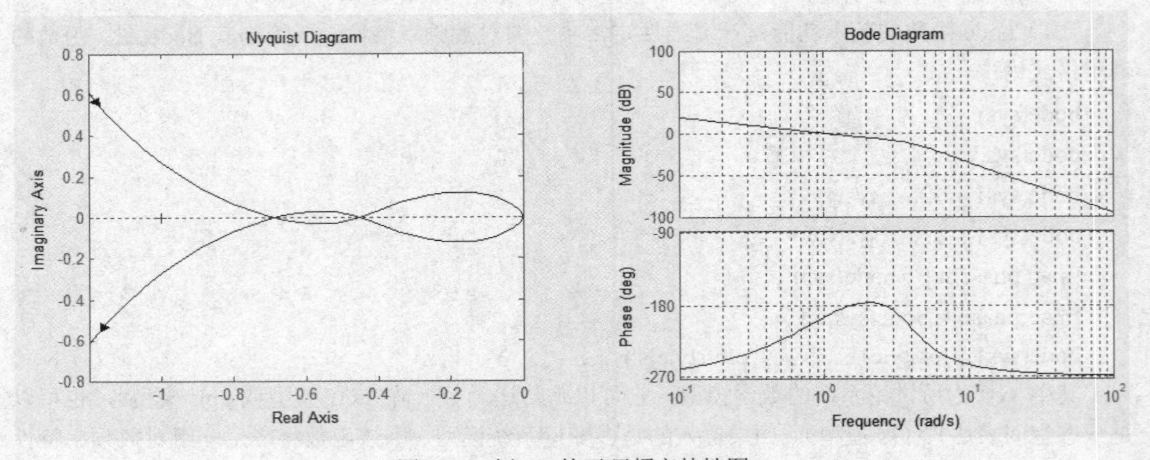

图 4.29　例 4.5 的开环频率特性图

例 4.6　设多变量系统的状态空间模型（参考第 6 章）为:

$$\dot{x}=\begin{bmatrix}0 & 1\\ -25 & -4\end{bmatrix}x+\begin{bmatrix}1\\ 1\end{bmatrix}u$$

$$y=\begin{bmatrix}1 & 0\\ 0 & 1\end{bmatrix}x$$

试绘制该系统的 Bode 图。

相应的 Matlab 绘制脚本为:

```
% Example 4.6
A=[0,1;-25,-4];
B=[1;1];
C=[1,0;0,1];
D=[0;0];
bode(ss(A,B,C,D)),grid
```

绘制的开环极坐标图和开环 Bode 图如图 4.30 所示。

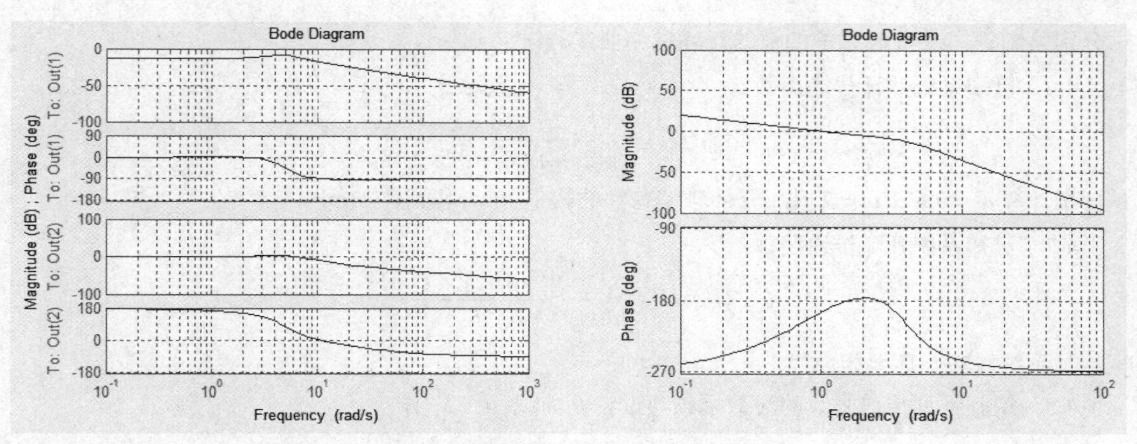

图 4.30　例 4.6 的开环频率特性图

习题四

4.1　若系统单位阶跃响应：

$$h(t)=1-1.8\mathrm{e}^{-4t}+0.8\mathrm{e}^{-9t}$$

试确定系统的频率特性。

4.2　设系统的框图模型如图 4.31 所示，试确定在输入信号：

$$r(t)=\sin(t+30°)-\cos(2t-45°)$$

作用下，系统的稳态误差 $e_{ss}(t)$。

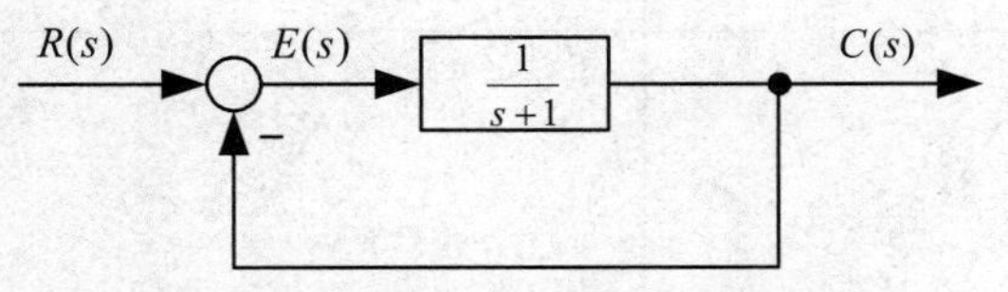

图 4.31　题 4.2 控制系统框图模型

4.3　典型二阶系统的开环传递函数为：

$$G(s)=\frac{\omega_n^2}{s(s+2\zeta\omega\ )}$$

当取 $r(t)=2\sin t$ 时，系统的稳态输出：

$$c_{ss}(t)=2\sin(t-45^\circ)$$

试确定系统参数 ω_n,ζ。

4.4　已知系统开环传递函数：

$$G(s)H(s)=\frac{K(\tau s+1)}{s^2(Ts+1)}，\quad K,\tau,T>0$$

试分析并绘制 $\tau>T$ 和 $T>\tau$ 情况下的概略开环幅相曲线。

4.5　已知系统开环传递函数：

$$G(s)H(s)=\frac{1}{s^v(s+1)(s+2)}$$

试分别绘制 $v = 1, 2, 3$ 时系统的概略开环幅相曲线。

4.6　已知系统开环传递函数：

$$G(s)H(s) = \frac{10}{s(2s+1)(s^2+0.5s+1)}$$

试分别计算 $\omega = 0.5$ 和 $\omega = 2$ 时，开环频率特性的幅值 $A(\omega)$ 和相位 $\varphi(\omega)$ 。

4.7　已知系统开环传递函数：

$$G(s)H(s) = \frac{10}{s(s+1)(0.25s^2+1)}$$

试绘制系统概略开环幅相曲线。

4.8　绘制下列传递函数的对数幅频渐近特性曲线。

（1）$G(s) = \dfrac{4}{(2s+1)(8s+1)}$　（2）$G(s) = \dfrac{100}{s^2(s+1)(10s+1)}$

（3）$G(s) = \dfrac{8(10s+1)}{s(s^2+s+1)(0.5s+1)}$　（4）$G(s) = \dfrac{10\left(\dfrac{s^2}{400}+\dfrac{s}{10}+1\right)}{s(s+1)\left(\dfrac{s}{0.1}+1\right)}$

4.9　已知最小相位系统的对数幅频渐近特性曲线如图 4.32 所示，试确定系统的开环传递函数。

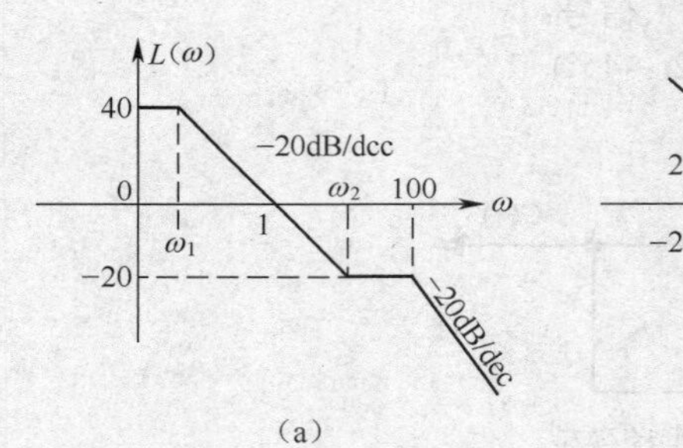

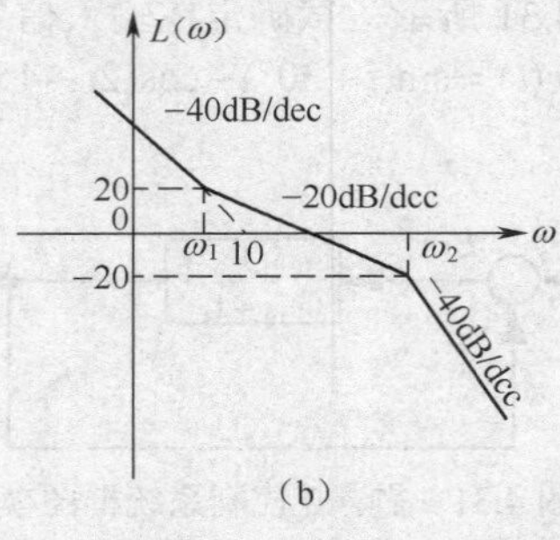

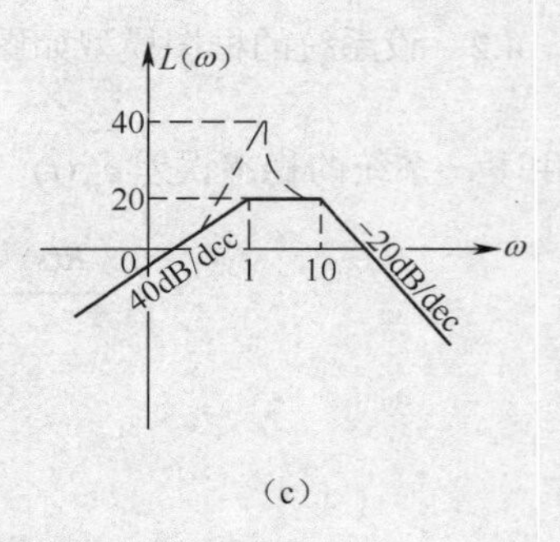

图 4.32　题 4.9 控制系统开环对数幅频渐近特性

第 5 章 差分方程与脉冲传递函数模型

前面第 2～4 章研究的均是线性定常连续时间系统的模型，其特点是系统及其各环节的输入、输出信号皆是关于连续时间变量 t 的函数。而离散时间系统作为控制系统"家族"中的重要成员，它与连续时间系统的重要区别在于系统中是否存在脉冲（采样）或数字信号。一般来讲，只要控制系统中有一处或一处以上的地方存在脉冲（采样）或数字信号，即称其为离散时间控制系统。本章主要研究线性定常离散时间系统的模型问题，首先介绍连续时间信号与离散时间信号之间转换的桥梁——采样与保持，然后介绍离散时间系统的差分方程模型及其求解方法，以及基于 Z 变换的脉冲传递函数模型及其在 Matlab 中的表示。为了便于分析与讨论，先澄清不同信号类型的基本概念，以及离散时间系统的基本结构。

5.1 离散时间系统的基本结构

5.1.1 信号类型

1. 连续时间信号

连续时间信号是定义在连续时间区间上的信号，其幅值连续或仅有有限个一类间断点。如果连续时间信号的取值范围也是连续的，则称这样的信号为模拟信号。连续时间（模拟）信号的示意图如图 5.1（a）所示。

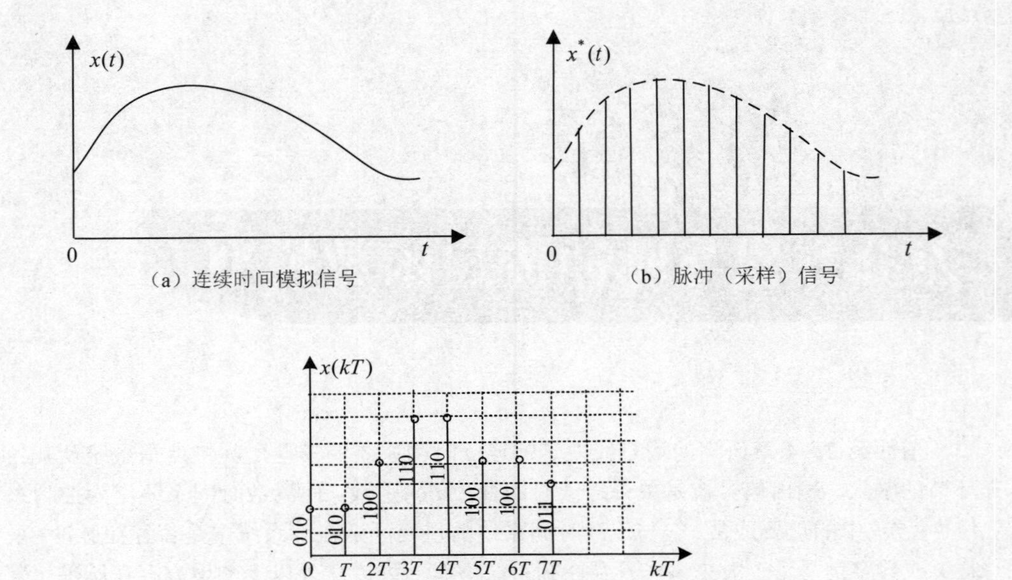

（a）连续时间模拟信号

（b）脉冲（采样）信号

（c）数字信号

图 5.1 信号类型

2. 离散时间信号

离散时间信号是仅定义在离散时间点上的信号。在一个离散时间信号中，如果其幅值包络线呈现出近似连续变化，则称这样的信号为脉冲（采样）信号。脉冲（采样）信号的示意图如图 5.1（b）所示。如果一个离散时间信号用一个数字序列来表示，例如二进制形式的数字序列，则称这样的信号为数字信号。数字信号的示意图如图 5.1（c）所示。图 5.1（c）中，010、…、011 表示 3 位二进制数。值得指出：在数字计算机内部，数的运算和存储都是采用有限位二进制数表示的数字信号。由于位数有限，所以能表示的不同数值的个数也是有限的。例如，8 位二进制数可以表示 $2^8=256$ 个不同的数值。因此，数字计算机中数字信号的数值只能是有限个离散的数值。

5.1.2 离散时间系统的基本结构

正如离散时间信号可以细分为脉冲（采样）信号和数字信号一样，严格来说，离散时间控制系统也可以细分为脉冲（采样）控制系统和数字控制系统。二者的主要区别在于它们各自的离散时间信号表现形式不一样，前者一般采用脉冲（采样）信号，而后者一般采用数字信号。不过，在控制工程中，由于大多数被控对象（过程）都涉及连续时间信号，并且将连续时间信号转换为计算机可使用的数字信号时，采样过程是必不可少的，因此，许多离散时间控制系统中既有连续时间信号又有脉冲（采样）信号，也有数字信号。离散时间控制系统的基本结构框图如图 5.2 所示[17]。

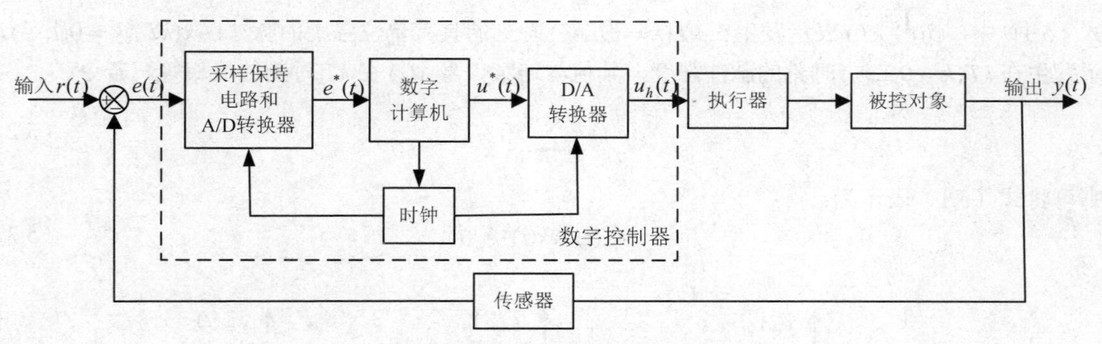

图 5.2　离散时间系统的基本结构

从图 5.2 可知，要实现一个离散时间控制系统，除了需要成本低、可靠性高的数字计算机外，信号的采样、保持及转换是“一个也不能少”。与此相关的术语定义如下：

（1）采样保持电路

采样保持电路是所有采样保持放大器的统称，该电路输入模拟信号，并可在规定的时间段内保持此输入信号为恒定值。

（2）A/D 转换器

A/D 转换器也叫编码器，它是一种可将模拟信号转换为数字信号的装置，输出信号通常采用数字编码形式。在模拟部件与数字部件之间必须采用此转换器作为接口。市场上的 A/D 转换器往往集成了采样保持电路。

（3）D/A 转换器

D/A 转换器也叫解码器，它是一种可将数字信号转换为模拟信号的装置，在数字部件与模拟部件之间必须采用此转换器作为接口。

由于这方面所涉及的内容较多，所以在接下来的 5.2 节，将对信号的采样、保持及转换的基本原理作专门讨论。

5.2　信号的采样、保持及转换

5.2.1　采样过程

连续时间信号 $x(t)$ 的采样过程可以用一个采样开关来完成。假设连续时间信号 $x(t)$ 为斜坡信号，则其采样过程可用图 5.3 来描述。

图 5.3 中，连续时间信号 $x(t)$ 被加到采样开关的输入端，采样开关每隔一定时间 T（称 T 为采样周期）闭合一次，闭合的持续时间为 τ 。在闭合期间，以此时的连续时间信号 $x(t)$ 的幅值作为

采样开关的输出；在断开期间，采样开关的输出为零。如此往复，就会在采样开关的输出端实际输出一串宽度为τ、高度为$x(kT)$的矩形脉冲序列$x_{实}^{*}(t)$。但是考虑到一般τ会远小于T，因此常将这个实际采样过程视为一个理想采样过程，即$\tau \to 0$。于是，经过这种理想化处理以后，就可认为从采样开关的输出端得到的是一串脉冲序列$x_{理}^{*}(t)$，该脉冲序列$x_{理}^{*}(t)$可表示为：

$$x_{理}^{*}(t)=\sum_{k=0}^{\infty}x(kT)\cdot\delta(t-kT) \tag{5.1}$$

式（5.1）中，$\delta(t-kT)$表示发生在$kT(k=0,1,\cdots)$时刻的具有单位强度的脉冲；$x(kT)(k=0,1,\cdots)$表示发生在$kT(k=0,1,\cdots)$时刻的脉冲强度，其值与连续信号$x(t)$在kT时刻的值相等。若令：

$$\delta_T(t)=\sum_{k=0}^{\infty}\delta(t-kT) \tag{5.2}$$

则可将式（5.1）表示为：

$$x_{理}^{*}(t)=x(t)\cdot\delta_T(t) \tag{5.3}$$

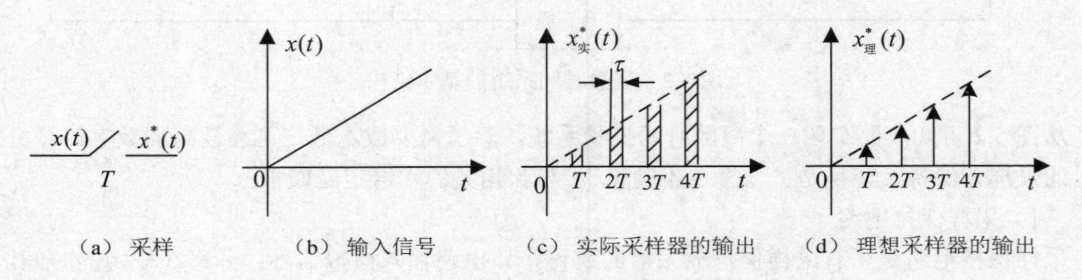

图 5.3　采样过程的描述

注意：为了以后讨论方便，我们将把信号的采样过程当成一个理想过程，并统一将$x_{理}^{*}(t)$写成$x^{*}(t)$。这样式（5.3）可改写为：

$$x^{*}(t)=x(t)\cdot\delta_T(t) \tag{5.4}$$

从物理意义上看，式（5.4）所描述的理想采样过程可以看做是一个脉冲调制过程，其中$x(t)$为调制信号，$\delta_T(t)$为载波信号，采样开关即为幅值调制器。该脉冲调制过程如图 5.4 所示。

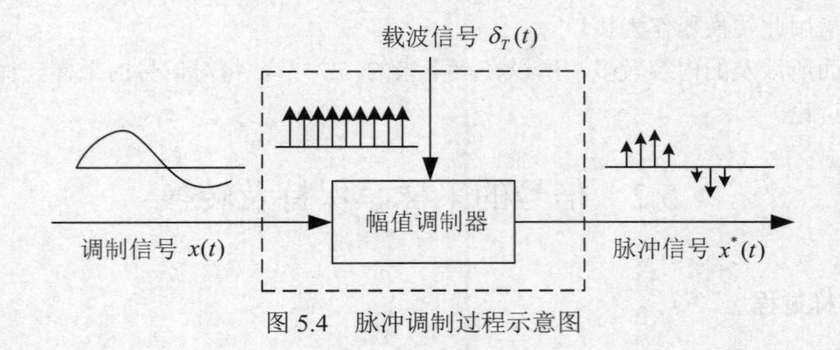

图 5.4　脉冲调制过程示意图

5.2.2　Nyquist-Shannon 采样定理

由以上讨论可知，连续时间信号$x(t)$经过采样后变成了离散的脉冲序列$x^{*}(t)$。那么，$x^{*}(t)$中是否包含了关于$x(t)$的足够多的信息呢？这应该是一个很自然的发问。显然，若采样周期T越小，

亦即采样频率 ω_s（定义：$\omega_s = \dfrac{2\pi}{T}$）越高，则 $x^*(t)$ 中所包含 $x(t)$ 的信息就越多。但是，由于在实际控制系统中采样周期（频率）不可能做到无限短（大），因此如何正确地选择采样周期（频率）是离散时间控制系统实现中的一个关键问题。著名的 Nyquist-Shannon 采样定理为这种选择提供了一个基本原则。这里需要首先分析采样后信号的频谱变化。

将（5.4）式中的 $\delta_T(t)$ 展开成傅里叶级数，成为：

$$\delta_T(t) = \sum_{k=-\infty}^{\infty} C_k \cdot \mathrm{e}^{\mathrm{j}k\omega_s t} \tag{5.5}$$

式（5.5）中 $\omega_s = \dfrac{2\pi}{T}$ 为采样角频率，T 为采样周期，C_k 为傅里叶级数的系数，由下式决定：

$$C_k = \frac{1}{T}\int_{-\frac{T}{2}}^{\frac{T}{2}} \delta_T(t) \cdot \mathrm{e}^{-\mathrm{j}k\omega_s t} \cdot \mathrm{d}t \tag{5.6}$$

由于 $\delta_T(t)$ 在 $-\dfrac{T}{2}$ 到 $\dfrac{T}{2}$ 区间内仅当 $t=0$ 时取值为 1，所以系数：

$$C_k = \frac{1}{T}\int_{0^-}^{0^+} \delta(t) \cdot \mathrm{d}t = \frac{1}{T} \tag{5.7}$$

于是：

$$\begin{aligned} x^*(t) &= x(t) \cdot \delta_T(t) = x(t) \cdot \sum_{k=-\infty}^{+\infty} \frac{1}{T} \cdot \mathrm{e}^{\mathrm{j}k\omega_s t} \\ &= \frac{1}{T}\sum_{k=-\infty}^{+\infty} x(t) \cdot \mathrm{e}^{\mathrm{j}k\omega_s t} \end{aligned} \tag{5.8}$$

对式（5.8）进行 Laplace 变换，利用复域位移定理，可得：

$$\begin{aligned} X^*(s) &= L\left[\frac{1}{T}\sum_{k=-\infty}^{+\infty} x(t) \cdot \mathrm{e}^{\mathrm{j}k\omega_s t}\right] \\ &= \frac{1}{T}\sum_{k=-\infty}^{+\infty} X(s - \mathrm{j}k\omega_s) \end{aligned} \tag{5.9}$$

当 $X^*(s)$ 的极点都位于 s 平面左半部时，可令 $s = \mathrm{j}\omega$ 而得到 $x^*(t)$ 的傅里叶变换：

$$X^*(\mathrm{j}\omega) = \frac{1}{T}\sum_{k=-\infty}^{+\infty} X\left[\mathrm{j}(\omega - k\omega_s)\right] \tag{5.10}$$

于是 $x^*(t)$ 的幅频特性为：

$$\left|X^*(\mathrm{j}\omega)\right| = \frac{1}{T}\left|\sum_{k=-\infty}^{+\infty} X\left[\mathrm{j}(\omega - k\omega_s)\right]\right| \tag{5.11}$$

式（5.11）中 $|X(\mathrm{j}\omega)|$ 表示原信号 $x(t)$ 的幅频特性。

可以看出，采样信号 $x^*(t)$ 的频谱 $X^*(\mathrm{j}\omega)$ 是 $X(\mathrm{j}\omega)$ 以 ω_s 为周期的周期延拓，只是幅值成为原来的 $\dfrac{1}{T}$。我们称 $k=0$ 时的频谱分量 $\dfrac{1}{T}X(\mathrm{j}\omega)$ 为主频谱分量，而 $k = \pm 1, \pm 2, \ldots$ 时的频谱分量是采样产生的高频频谱分量，如图 5.5 所示。

若 $\omega_s \geqslant 2\omega_{\max}$，各频谱分量不会发生重叠，如图 5.5（b）所示，如果用一个理想的低通滤波器（其幅频特性如图中虚线所示），可以将 $\omega > \dfrac{1}{2}\omega_s$ 的高频分量全部滤掉，只保留主频谱分量

$\frac{1}{T}\left|X(\mathrm{j}\omega)\right|$，再经过一个 T 倍的放大器即可得到原连续时间信号的频谱 $\left|X(\mathrm{j}\omega)\right|$，从而保留了原信号 $x(t)$ 的所有信息。

若 $\omega_s < 2\omega_{\max}$，不同的频谱分量之间将发生重叠，如图 5.5（c）所示，这种情况下频谱将会发生畸变，即使通过一个理想低通滤波器也不能无失真地恢复原来的连续信号 $x(t)$。

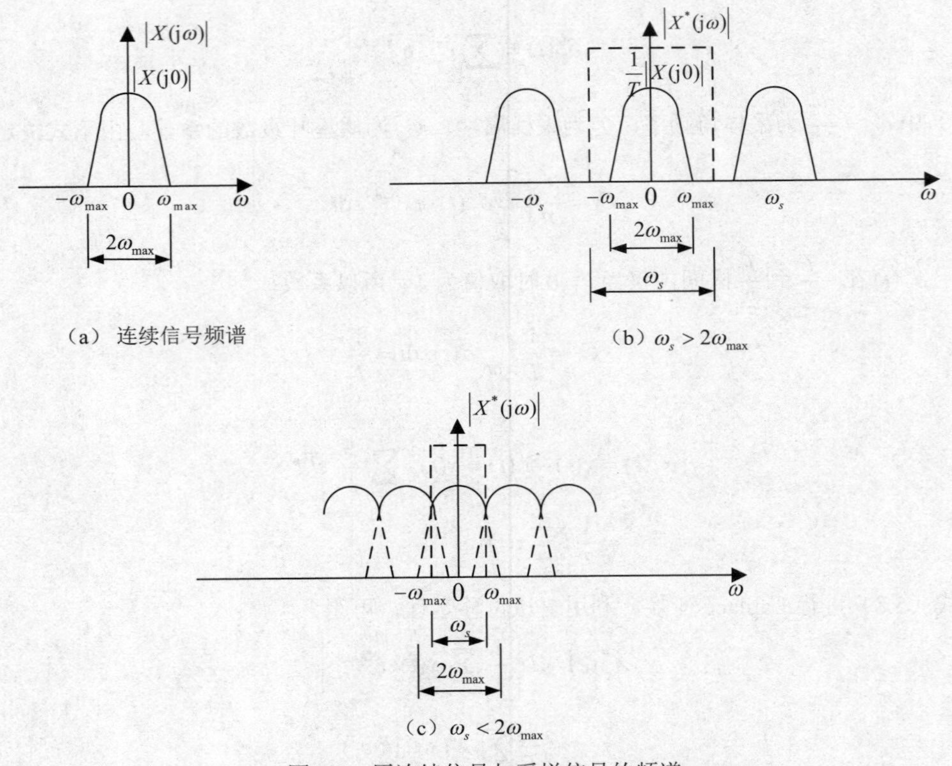

图 5.5　原连续信号与采样信号的频谱

至此，可以得到著名的 Shannon 采样定理[18]：对于一个具有有限频谱（$-\omega_{\max} < \omega < \omega_{\max}$）的连续信号，当采样角频率 $\omega_s \geqslant 2\omega_{\max}$ 时，由采样得到的离散信号能无失真地恢复出原来的连续信号。

该定理从物理意义上来理解就是：如果选择的采样频率，能够对连续信号中的最高频率成分，做到在一个周期内采样两次以上，则采样获得的离散信号中将包含连续信号的全部信息。反之，如果采样频率太低，即采样周期太长，就做不到无失真地再现原连续信号。

应当指出，采样定理只是给出了对有限频谱连续信号采样时采样角频率选择的指导原则。实际上，非周期连续信号的频谱是无限宽的，很难确定其最高频率 $\omega_{\max}$，因此不可能选择一个有限频率，使采样后信号的频谱不混叠，这样，即使通过一个理想低通滤波器，信号仍会有畸变。为此，工程实践中常采用一个折中办法：给定一个信息容许损失的百分比 η，选择原信号频谱的幅值由 $\left|X(\mathrm{j}0)\right|$ 下降到 $\eta\left|X(\mathrm{j}0)\right|$ 时的频率为最高频率 $\omega_{\max}$，由此选择采样角频率 $\omega_s \geqslant 2\omega_{\max}$。另外，采样频率太高导致采样点数增加，因此还需考虑控制算法中计算量的因素，最终确定出一个合理的 ω_s。

5.2.3　信号的保持

信号的保持是将离散时间信号转换成连续时间信号的过程，从数学意义上讲，其任务是解决各采样时刻之间的插值问题。常用的 D/A 转换器就可以完成这样的功能：首先解码，将采样得到的数字编码转换成对应的电压或电流值，再经过保持完成采样时刻之间的插值，成为连续时间信号。

在图 5.2 中，数字控制器输出的控制信号 $u^*(t)$ 经过 D/A 转换器成为连续控制信号 $u_h(t)$。在采样时刻，$u_h(t)$ 的函数值与 $u^*(t)$ 的值相等，即：

$$u_h(t)\big|_{t=kT} = u_h(kT) = u^*(kT)\,,\quad k = 0,1,2,\cdots \tag{5.12}$$

$$u_h(t)\big|_{t=(k+1)T} = u_h\left[(k+1)T\right] = u^*\left[(k+1)T\right] \tag{5.13}$$

但是在 kT 和 $(k+1)T$ 时刻之间，连续信号 $u_h(t)$ 该取何值就是保持器要解决的问题。

从时域特性看，保持器是一种在时间上的外推装置，按照其外推规律分为常数型、线性型、二次型，对应于零阶、一阶和二阶保持器。应当指出，物理可实现的保持器都必须按现在时刻或过去时刻的采样值外推，而不能按将来的采样值外推。

零阶保持器是工程上最常用的一种保持器，它将采样时刻 kT 的值恒定不变地保持（或外推）到下一个采样时刻 $(k+1)T$，即：

$$u_h(kT+\tau) = u^*(kT)\,,\quad 0<\tau<T \tag{5.14}$$

也就是说，任何一个采样时刻的值只能作为常值保持到下一个相邻的采样时刻到来之前，其保持时间为一个采样周期。因此，零阶保持器的输出为一个阶梯信号，如图 5.6 所示。

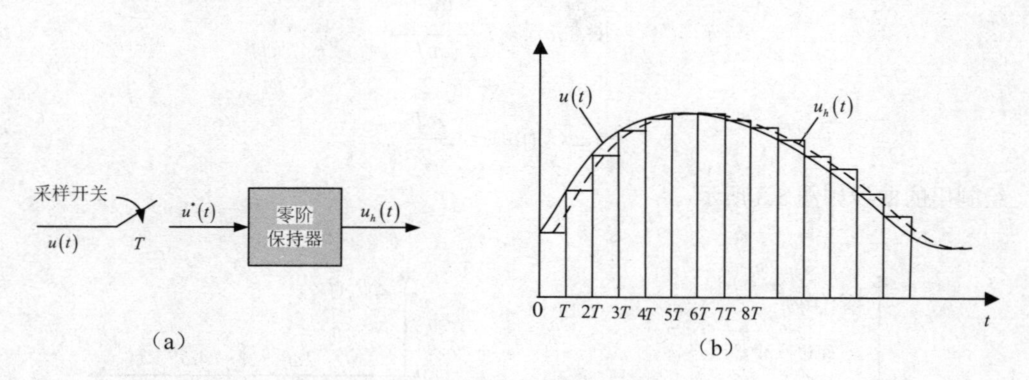

图 5.6　零阶保持器的输出波形

零阶保持器的输出波形可以看作是一系列矩形波的组合，表示为：

$$u_h(t) = \sum_{k=0}^{+\infty} u^*(kT)\cdot\left[1(t-kT)-1(t-kT-T)\right] \tag{5.15}$$

其中每个矩形波均以两个阶跃函数相减的形式给出，其高度等于采样时刻 $u^*(t)$ 的幅值。

若把阶梯信号的中点连接起来，则可得到与 $u(t)$ 形状一致，但在时间上滞后 $\dfrac{T}{2}$ 的曲线，如图 5.6（b）中虚线所示。可见，零阶保持器对系统动态性能的影响近似为一个延迟环节。

下面通过零阶保持器的脉冲响应函数 $g_h(t)$ 求出其传递函数，并分析其频率特性，$g_h(t)$ 如图 5.7 所示。

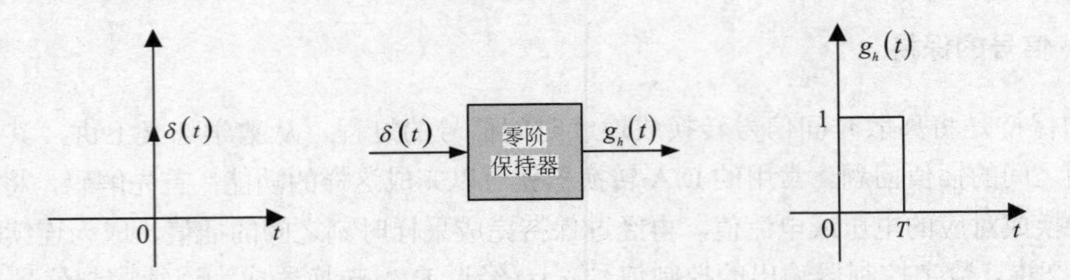

图 5.7　零阶保持器的脉冲响应函数

在零阶保持器的输入端输入单位脉冲信号 $\delta(t)$，按照其工作原理，保持器的单位脉冲响应是一个高度为 1 的矩形方波，可表示为：

$$g_h(t) = 1(t) - 1(t-T) \tag{5.16}$$

取 Laplace 变换，可得其传递函数为：

$$G_h(s) = \frac{1}{s} - \frac{\mathrm{e}^{-Ts}}{s} = \frac{1-\mathrm{e}^{-Ts}}{s} \tag{5.17}$$

以 $s = \mathrm{j}\omega$ 代入 $G_h(s)$ 可得零阶保持器的频率特性：

$$G_h(\mathrm{j}\omega) = \frac{1-\mathrm{e}^{-\mathrm{j}\omega T}}{\mathrm{j}\omega} = T \cdot \frac{\sin\frac{\omega T}{2}}{\frac{\omega T}{2}} \cdot \mathrm{e}^{-\mathrm{j}\frac{\omega T}{2}} \tag{5.18}$$

相应的幅频特性和相频特性为：

$$\left|G_h(\mathrm{j}\omega)\right| = T \cdot \frac{\sin\frac{\omega T}{2}}{\frac{\omega T}{2}} \tag{5.19}$$

$$\angle G_h(\mathrm{j}\omega) = -\frac{\omega T}{2} \tag{5.20}$$

绘制出的曲线如图 5.8 所示。

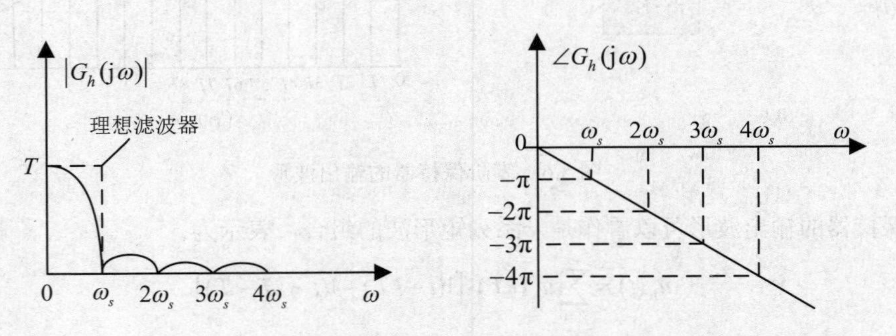

图 5.8　零阶保持器的幅频和相频特性

由幅频特性曲线可以看出，零阶保持器是一个低通滤波器，但不是理想的低通滤波器，其在主频谱内幅度不是恒定的，而是随频率增高逐渐衰减，在主频谱之外，并不能完全滤除高频分量，而是允许部分高频分量通过。由相频特性曲线可知，零阶保持器产生正比于频率的滞后相移，频率越高，滞后越厉害，这对闭环系统的稳定性将产生一定的影响。

整体来看，采用零阶保持器恢复连续信号，幅度和相位都会产生一定的畸变，只有对变化较平缓的信号，恢复的误差才较小，效果较好。但由于零阶保持器相对于更高阶类型的保持器具有容易实现且相位滞后小的优点，因此在控制系统中是应用最广泛的一种保持器。工程上常用的步进电机可以看作零阶保持器的典型例子，每当发出一个脉冲，转动一步，然后等待，直到下一个脉冲到来再转动一步。而数字控制系统中的寄存器可以把 kT 时刻的数值一直保持到下一个采样时刻，也可看作是零阶保持器，D/A 转换器即采用这一原理完成信号的保持。

5.3 离散时间系统的差分方程模型

描述连续时间系统可以采用微分方程形式，其中包含连续自变量的函数及其导数。对于离散时间系统不存在微分，而是用离散自变量的函数及前后采样时刻离散信号之间的关系来刻画系统的行为，由此建立起来的方程称为差分方程，它是描述系统各变量之间动态关系的数学表达式。

这里我们主要讨论线性常系数离散时间系统，该系统输入输出的变换关系是线性的，即满足叠加定理，且输入输出之间的关系不随时间改变，描述该类系统的方程即为线性常系数差分方程。

5.3.1 线性常系数差分方程

对于一个单变量输入、单变量输出（SISO）的线性离散系统，设输入脉冲序列用 $r(kT)$ 表示，输出脉冲序列用 $y(kT)$ 表示，且为了简便一般均写成 $r(k)$ 与 $y(k)$，如图 5.9 所示。显然，kT 时刻的输出 $y(k)$ 除了与此时刻的输入 $r(k)$ 有关，还与过去采样时刻的输入 $r(k-1)$，$r(k-2)$，……有关，也与过去采样时刻的输出 $y(k-1)$，$y(k-2)$，……有关，用方程描述为：

$$y(k)+a_1y(k-1)+a_2y(k-2)+\cdots+a_ny(k-n)=b_0r(k)+b_1r(k-1)+\cdots+b_mr(k-m) \tag{5.21}$$

图 5.9 线性离散系统

式（5.21）可以写成递推形式：

$$y(k)=\sum_{j=0}^{m}b_jr(k-j)-\sum_{i=1}^{n}a_iy(k-i) \tag{5.22}$$

式中 $a_i(i=1,2,\cdots,n)$ 和 $b_j(j=0,1,2,\cdots,m)$ 为常系数，$m\leqslant n$，该式称为 n 阶线性常系数差分方程。

5.3.2 微分方程描述的差分化

在数字控制系统中，被控对象往往是连续系统，一般用微分方程描述，但由于数字控制器是离散的，所以需要建立被控对象的差分方程模型。事实上，连续系统的输入和输出关系可以用微分方程描述，但在离散时刻的数学关系可以用差分方程描述。在工程上，常常需要由连续系统的微分方程描述得到等价的差分方程描述。下面介绍一种工程上常用的近似变换方法。

根据数学分析中熟知的结论，当采样周期 T 足够小时，有下列近似等式成立：

$$\left.\frac{\mathrm{d}y(t)}{\mathrm{d}t}\right|_{t=kT}\approx\frac{1}{T}\left\{y\left[(k+1)T\right]-y(kT)\right\} \tag{5.23}$$

$$\left.\frac{\mathrm{d}^2 y(t)}{\mathrm{d}t^2}\right|_{t=kT} \approx \frac{1}{T^2}\left\{y\left[(k+2)T\right]-2y\left[(k+1)T\right]+y(kT)\right\} \tag{5.24}$$

$$\left.\frac{\mathrm{d}^3 y(t)}{\mathrm{d}t^3}\right|_{t=kT} \approx \frac{1}{T^3}\left\{y\left[(k+3)T\right]-3y\left[(k+2)T\right]+3y\left[(k+1)T\right]-y(kT)\right\} \tag{5.25}$$

$$\left.\frac{\mathrm{d}^4 y(t)}{\mathrm{d}t^4}\right|_{t=kT} \approx \frac{1}{T^4}\left\{y\left[(k+4)T\right]-4y\left[(k+3)T\right]+6y\left[(k+2)T\right]-4y\left[(k+1)T\right]+y(kT)\right\} \tag{5.26}$$

若将微分方程的各阶导数项直接用上面的近似式代替，就可得到近似的差分方程描述。例如考虑下列一阶线性微分方程：

$$\tau\frac{\mathrm{d}y(t)}{\mathrm{d}t}+y(t)=Kr(t) \tag{5.27}$$

将式（5.23）代入微分方程式（5.27），得：

$$\frac{\tau}{T}\left\{y\left[(k+1)T\right]-y(kT)\right\}+y(kT)=Kr(kT) \tag{5.28}$$

整理得：

$$y\left[(k+1)T\right]-\left(1-\frac{T}{\tau}\right)y(kT)=\frac{T}{\tau}Kr(kT) \tag{5.29}$$

当采样周期T相对于系统的时间常数τ很小时，该近似变换方法具有很高的准确性，数字控制系统中常采用这种变换方法。

同样地，考虑如下二阶线性微分方程：

$$\tau_1\tau_2\frac{\mathrm{d}^2 y(t)}{\mathrm{d}t^2}+(\tau_1+\tau_2)\frac{\mathrm{d}y(t)}{\mathrm{d}t}+y(t)=Kr(t) \tag{5.30}$$

将式（5.23）、式（5.24）代入上述微分方程式（5.30），得：

$$\begin{aligned}&\tau_1\tau_2\cdot\frac{1}{T^2}\left\{y\left[(k+2)T\right]-2y\left[(k+1)T\right]+y(kT)\right\}\\&+(\tau_1+\tau_2)\cdot\frac{1}{T}\left\{y\left[(k+1)T\right]-y(kT)\right\}+y(kT)=Kr(kT)\end{aligned} \tag{5.31}$$

整理得：

$$y\left[(k+2)T\right]-\left(2-\frac{T}{\tau_1}-\frac{T}{\tau_2}\right)y\left[(k+1)T\right]+\left(1+\frac{T^2}{\tau_1\tau_2}-\frac{T}{\tau_1}-\frac{T}{\tau_2}\right)y(kT)=\frac{T^2}{\tau_1\tau_2}Kr(kT) \tag{5.32}$$

差分方程式（5.32）就是微分方程式（5.30）的近似变换，同样方法还可以求出更高阶微分方程的近似差分方程。

例 5.1 图 5.10 所示电路的输入在$t<0$时为零，在$t=kT$时为$r(kT)$，求输入与输出间的差分方程。

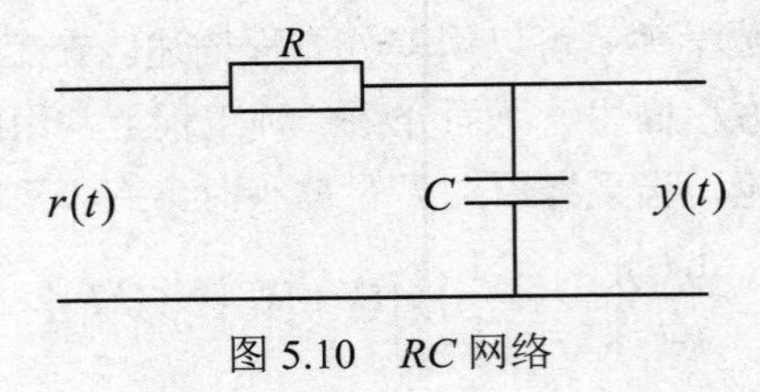

图 5.10 *RC* 网络

电路的微分方程描述为：

$$RC\frac{\mathrm{d}y(t)}{\mathrm{d}t}+y(t)=r(t) \tag{5.33}$$

如果只考虑 RC 网络的输入与输出在采样时刻的关系，则可以采用差分方程描述。由式（5.27）和式（5.29）可得 RC 网络的近似差分方程描述：

$$y\left[(k+1)T\right]-\left(1-\frac{T}{RC}\right)y(kT)=\frac{T}{RC}r(kT) \tag{5.34}$$

可见其数学模型是一阶线性常系数差分方程。

5.4　线性常系数差分方程的求解

线性常系数差分方程的求解方法主要有经典法、迭代法和 Z 变换法。与微分方程的经典解法类似，差分方程的经典解法也要求出齐次方程的通解和非齐次方程的一个特解，非常不便。迭代法非常适合在计算机上求解，已知差分方程并且给出输入序列和输出序列的初值，就可以利用递推关系在计算机上一步步地算出输出序列。Z 变换法则是通过 Z 变换将差分方程化为代数方程，通过代数运算及 Z 反变换求出输出序列。下面主要介绍工程上常用的后两种方法。

5.4.1　迭代法

这里通过举例来说明迭代法在求解差分方程中的应用。

例 5.2　二阶离散时间系统方程为 $y(k+2)-5y(k+1)+6y(k)=u(k)$，已知输入信号 $u(k)=1(k)$，初始条件 $y(0)=6$， $y(1)=25$，求响应 $y(k)$。

原差分方程可变为：

$$y(k+2)=5y(k+1)-6y(k)+u(k)$$

根据输入信号、初始条件及递推关系，可得：

$$\begin{aligned}
&y(0)=6\\
&y(1)=25\\
&y(2)=5y(1)-6y(0)+u(0)=90\\
&y(3)=5y(2)-6y(1)+u(1)=301\\
&y(4)=5y(3)-6y(2)+u(2)=966\\
&y(5)=5y(4)-6y(3)+u(3)=3025
\end{aligned}$$

迭代法给出了输出序列的一系列取值，由此可以画出输出信号的曲线，但得不到输出信号的闭式表达，而用 Z 变换法则可以得到输出信号的闭式表达。

5.4.2　Z 变换法求解差分方程

用 Z 变换法解线性常系数差分方程与用 Laplace 变换法解微分方程相类似。用 Z 变换法解差分方程的实质是将差分方程简化成代数方程，通过代数运算及查表求出输出序列 $y(k)$。整个过程可由图 5.11 表示。

Z 变换求解差分方程的一般步骤如下：

（1）利用 Z 变换的时域位移性质对差分方程两边进行 Z 变换，并代入相应的初始条件，化成复变量 z 的代数方程。

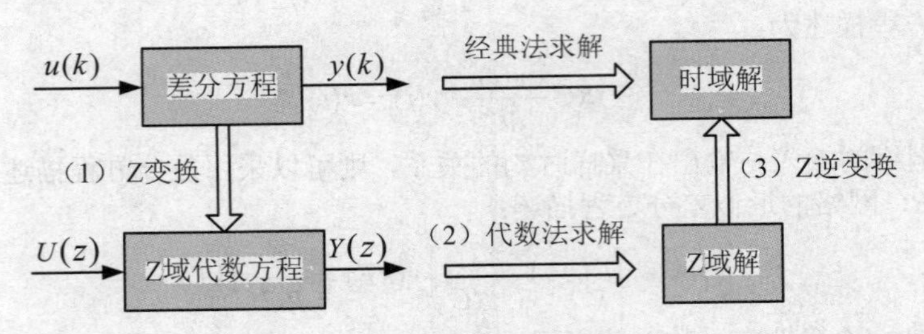

图 5.11　Z 变换法解差分方程

(2)求出代数方程的解 $Y(z)$。

(3)通过查 Z 变换表，对 $Y(z)$ 求 Z 反变换，得到 $y(kT)$ 或 $y^*(t)$。

例 5.3　二阶离散时间系统方程为 $y(k+2)-5y(k+1)+6y(k)=u(k)$，已知输入信号 $u(k)=1(k)$，初始条件 $y(0)=6$，$y(1)=25$，求响应 $y(k)$。

对方程两端取 Z 变换，得：

$$\left[z^2Y(z)-z^2y(0)-zy(1)\right]-5\left[zY(z)-zy(0)\right]+6Y(z)=U(z)$$

由于 $U(z)=Z\left[1(t)\right]=\dfrac{z}{z-1}$，$y(0)=6$，$y(1)=25$，得：

$$z^2Y(z)-6z^2-25z-5zY(z)+30z+6Y(z)=\frac{z}{z-1}$$

解代数方程得：

$$Y(z)=\frac{z(6z^2-11z+6)}{(z^2-5z+6)(z-1)} \tag{5.35}$$

对式(5.35)进行部分分式展开，得：

$$\frac{Y(z)}{z}=\frac{(6z^2-11z+6)}{(z-1)(z-2)(z-3)}=\frac{0.5}{z-1}-\frac{8}{z-2}+\frac{13.5}{z-3}$$

$$Y(z)=\frac{0.5z}{z-1}-\frac{8z}{z-2}+\frac{13.5z}{z-3}$$

再查典型信号的 Z 变换表，可得 $y(k)=0.5-8(2^k)+13.5(3^k)$，$k=0,1,2,\cdots$。经验算可知，此结果与例 5.2 中迭代出的结果一致。

5.5　离散时间系统的脉冲传递函数模型

在连续时间系统的研究中，传递函数作为基于 Laplace 变换的一种复数域数学模型，成为研究控制系统性能的重要工具。而在本章离散时间系统的研究中，通过 Z 变换同样可以建立起复数域的数学模型——脉冲传递函数，使得对离散时间系统的分析设计更加快捷。

5.5.1　脉冲传递函数的定义

连续时间系统中，传递函数定义为在零初始条件下，输出量的 Laplace 变换与输入量的 Laplace 变换之比。对于离散时间系统，利用 Z 变换也有类似的定义。

定义　在线性常系数离散时间系统中，当初始条件为零时，离散输出信号的 Z 变换与离散输入信号的 Z 变换之比，称为系统的脉冲传递函数。

所谓零初始条件是指在 $t<0$ 时，输入脉冲序列与输出脉冲序列均为零。

若线性常系数离散时间系统的差分方程为：

$$\begin{aligned} & y(k)+a_1y(k-1)+a_2y(k-2)+\cdots+a_ny(k-n) \\ & =b_0r(k)+b_1r(k-1)+\cdots+b_mr(k-m) \end{aligned} \quad (n \geqslant m) \tag{5.36}$$

在零初始条件下，对上式两端作 Z 变换，可得：

$$(1+a_1z^{-1}+a_2z^{-2}+\cdots+a_nz^{-n})Y(z)=(b_0+b_1z^{-1}+b_2z^{-2}+\cdots+b_mz^{-m})R(z) \tag{5.37}$$

可以写出脉冲传递函数：

$$G(z)=\frac{Y(z)}{R(z)}=\frac{b_0+b_1z^{-1}+b_2z^{-2}+\cdots+b_mz^{-m}}{1+a_1z^{-1}+a_2z^{-2}+\cdots+a_nz^{-n}} \tag{5.38}$$

定义了脉冲传递函数，就可以在复数域中用代数的方法表示出输入、输出之间的关系。而如果已知系统的脉冲传递函数 $G(z)$ 及输入信号 $R(z)$，那么系统的离散输出信号就可以通过代数解的 Z 反变换求出，即：

$$y^*(t)=Z^{-1}\left[Y(z)\right]=Z^{-1}\left[G(z)\cdot R(z)\right] \tag{5.39}$$

可见与连续时间系统类似，求解 $y^*(t)$ 的关键是求出系统的脉冲传递函数。而脉冲传递函数 $G(z)$ 实际上是系统单位脉冲响应 $g^*(t)$ 的 Z 变换，在时域中 $y(kT)=g(kT)*r(kT)$，在频域中有 $Y(z)=G(z)\cdot R(z)$，其中 $Y(z)$、$G(z)$、$R(z)$ 分别为三个离散序列 $y^*(t)$、$g^*(t)$、$r^*(t)$ 的 Z 变换。

5.5.2　串联环节的脉冲传递函数

在连续时间系统中，串联环节的传递函数等于各环节传递函数之乘积，在离散系统脉冲传递函数的求取中，这一规则是否成立，要视环节之间有无采样开关而定。下面分别讨论两种情况。

（1）串联环节之间有采样开关

如图 5.12 所示，在两个串联环节之间有理想采样开关隔开，由脉冲传递函数的定义，有：

$$D(z)=G_1(z)\cdot R(z) \tag{5.40}$$

$$Y(z)=G_2(z)\cdot D(z) \tag{5.41}$$

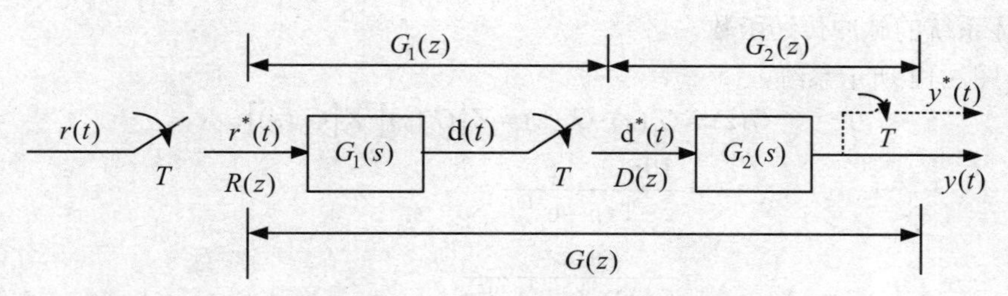

图 5.12　串联环节之间有采样开关

其中 $G_1(z)$、$G_2(z)$ 分别为 $G_1(s)$ 和 $G_2(s)$ 的脉冲传递函数，进一步化简，得：

$$Y(z)=G_2(z)\cdot G_1(z)\cdot D(z) \tag{5.42}$$

因此，等效的脉冲传递函数为：

$$G(z)=\frac{Y(z)}{R(z)}=G_1(z)\cdot G_2(z) \tag{5.43}$$

上式表明，由理想采样开关隔开的两个线性环节串联时的脉冲传递函数，等于这两个环节各自的脉冲传递函数之积，该结论可推广到 n 个环节串联的情况。

（2）串联环节之间无采样开关

如图 5.13 所示，两个串联环节直接连接，无采样开关隔开，图中：

$$D(s)=R^*(s)\cdot G_1(s) \tag{5.44}$$

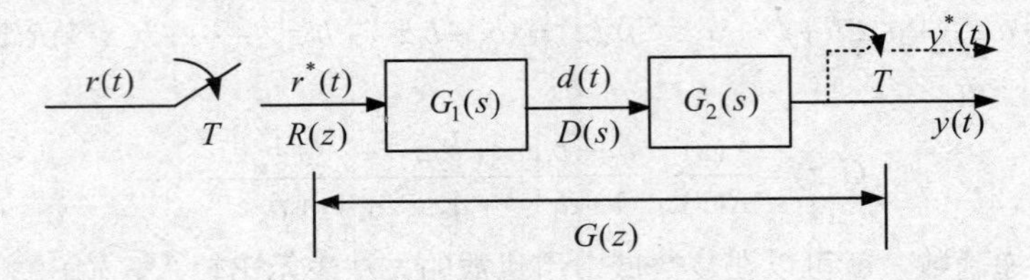

图 5.13　串联环节之间无采样开关

式中 $R^*(s)$ 为离散输入信号 $r^*(t)$ 的 Laplace 变换，又有：

$$Y(s)=D(s)\cdot G_2(s)=R^*(s)\cdot G_1(s)\cdot G_2(s) \tag{5.45}$$

对 $Y(s)$ 离散化，得：

$$Y^*(s)=\left[R^*(s)\cdot G_1(s)\cdot G_2(s)\right]^* \tag{5.46}$$

可以证明：

$$Y^*(s)=\left[G_1(s)\cdot G_2(s)\right]^*\cdot R^*(s) \tag{5.47}$$

对上式等号两边取 Z 变换，得 $Y(z)=G_1G_2(z)\cdot R(z)$，根据脉冲传递函数的定义，有：

$$G(z)=\frac{Y(z)}{R(z)}=G_1G_2(z) \tag{5.48}$$

该式表明，两个串联环节之间无采样开关隔开时，其等效的脉冲传递函数等于两个环节传递函数乘积的 Z 变换，该结论同样可推广到类似的 n 个环节串联的情况。

例 5.4　设开环离散系统分别如图 5.12、图 5.13 所示，其中 $G_1(s)=\dfrac{10}{s}$，$G_2(s)=\dfrac{1}{s+10}$，试分别求其开环系统的脉冲传递函数。

① 对于图 5.12 所示系统：

$$\begin{aligned}G(z)&=G_1(z)\cdot G_2(z)=Z\left[G_1(s)\right]\cdot Z\left[G_2(s)\right]\\&=\frac{10z}{z-1}\cdot\frac{z}{z-\mathrm{e}^{-10T}}\\&=\frac{10z^2}{(z-1)\cdot(z-\mathrm{e}^{-10T})}\end{aligned} \tag{5.49}$$

② 对于图 5.13 所示系统：

$$\begin{aligned}G(z)&=G_1G_2(z)=Z\left[G_1(s)\cdot G_2(s)\right]\\&=Z\left[\frac{10}{s}\cdot\frac{1}{s+10}\right]=Z\left[\frac{1}{s}-\frac{1}{s+10}\right]\\&=\frac{z(1-\mathrm{e}^{-10T})}{(z-1)(z-\mathrm{e}^{-10T})}\end{aligned} \tag{5.50}$$

将两种情况下求出的结果对照，显然 $G_1(z)\cdot G_2(z)\neq G_1G_2(z)$，但是，它们有相同的分母，表明采样开关的配置不影响系统的稳定性。

例 5.5　零阶保持器与其他环节串联，如图 5.14 所示。

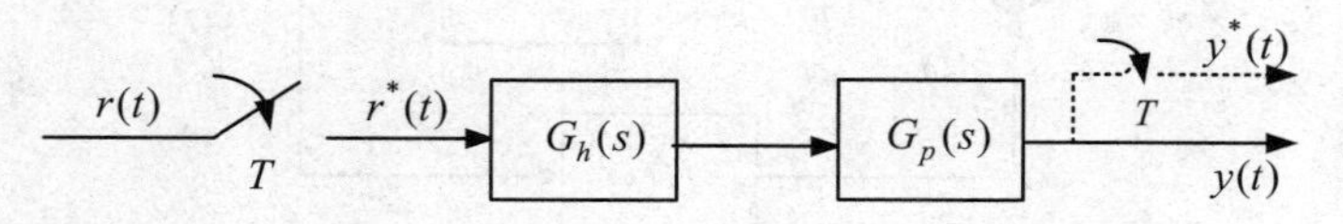

图 5.14　零阶保持器与其他环节串联

其中零阶保持器的传递函数为 $G_h(s)=\dfrac{1-\mathrm{e}^{-Ts}}{s}$，另一环节的传递函数为 $G_p(s)=\dfrac{10}{s(s+10)}$，两环节之间无采样开关连接，求该开环系统的脉冲传递函数。

先求：

$$\begin{aligned}G_h(s)\cdot G_p(s)&=\frac{1-\mathrm{e}^{-Ts}}{s}\cdot G_p(s)\\&=\frac{G_p(s)}{s}-\mathrm{e}^{-Ts}\frac{G_p(s)}{s}\\&\triangleq G_1(s)-\mathrm{e}^{-Ts}G_1(s)\end{aligned}\tag{5.51}$$

式中 e^{-Ts} 是一个延迟环节。根据 Z 变换的时域位移性质和串联环节的 Z 变换，可得：

$$\begin{aligned}G(z)&=Z\left[G_h(s)\cdot G_p(s)\right]=Z\left[G_1(s)\right]-z^{-1}Z\left[G_1(s)\right]\\&=(1-z^{-1})Z\left[\frac{G_p(s)}{s}\right]\end{aligned}\tag{5.52}$$

进一步将 $G_p(s)$ 的表达式代入，有：

$$\begin{aligned}G(z)&=(1-z^{-1})Z\left[\frac{10}{s^2(s+10)}\right]\\&=(1-z^{-1})Z\left[\frac{-0.1}{s}+\frac{1}{s^2}+\frac{0.1}{s+10}\right]\\&=(1-z^{-1})\left[\frac{-0.1z}{z-1}+\frac{Tz}{(z-1)^2}+\frac{0.1z}{z-\mathrm{e}^{-10T}}\right]\\&=\frac{(T-0.1+0.1\mathrm{e}^{-10T})z+(0.1-T\mathrm{e}^{-10T}-0.1\mathrm{e}^{-10T})}{(z-1)(z-\mathrm{e}^{-10T})}\end{aligned}\tag{5.53}$$

与例 5.4 相比，可以看出 $G(z)$ 的极点完全相同，仅零点不同，所以零阶保持器的引入，并不影响开环系统脉冲传递函数的极点，从而不改变系统的稳定性。

5.5.3　闭环系统的脉冲传递函数

由于闭环系统中采样开关的位置有多种放置方式，因此闭环离散系统没有唯一的结构图形式，进而脉冲传递函数也不同，这里先研究一种比较常见的误差采样闭环离散系统，如图 5.15 所示。

由图 5.15 可知，$Y(s)=G_p(s)E^*(s)$，$E(s)=R(s)-H(s)Y(s)$，故：

$$E(s) = R(s) - H(s)G_p(s)E^*(s) \tag{5.54}$$

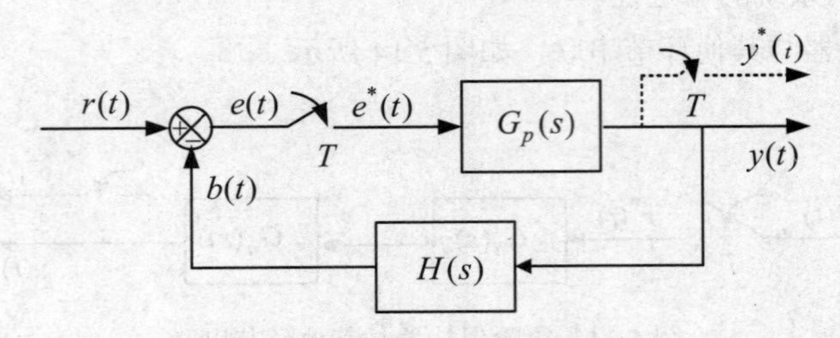

图 5.15　误差采样闭环离散系统

于是误差采样信号 $e^*(t)$ 的 Laplace 变换为：

$$E^*(s) = R^*(s) - \left[H(s)G_p(s)\right]^* \cdot E^*(s) \tag{5.55}$$

整理后，得：

$$E^*(s) = \frac{R^*(s)}{1 + \left[H(s)G_p(s)\right]^*} \tag{5.56}$$

由于 $Y^*(s) = \left[G_p(s) \cdot E^*(s)\right]^* = G_p{}^*(s) \cdot E^*(s) = G_p{}^*(s)\dfrac{R^*(s)}{1 + \left[H(s)G_p(s)\right]^*}$，取 Z 变换得到：

$$Y(z) = \frac{G_p(z)}{1 + HG_p(z)}R(z) \tag{5.57}$$

从而闭环离散系统的脉冲传递函数为：

$$G(z) = \frac{Y(z)}{R(z)} = \frac{G_p(z)}{1 + HG_p(z)} \tag{5.58}$$

令脉冲传递函数 $G(z)$ 的分母多项式为零，可以得到闭环离散系统的特征方程为 $D(z) = 1 + HG_p(z) = 0$。

为了便于比较，这里给出另一个闭环离散系统的结构图，只是采样开关的位置有所变化，如图 5.16 所示。

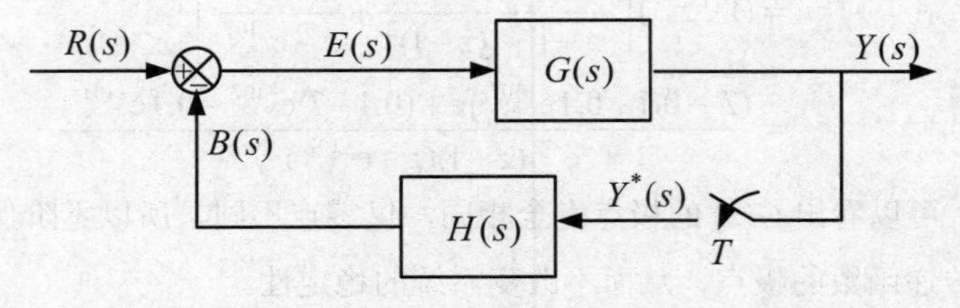

图 5.16　闭环离散系统结构

可以证明该系统中 $Y(z) = \dfrac{RG_p(z)}{1 + HG_p(z)}$，因此解不出 $\dfrac{Y(z)}{R(z)}$，无法得到系统的脉冲传递函数，只能得到输出采样信号的 Z 变换 $Y(z)$，从而得到 $y^*(t)$。

典型闭环离散系统及其输出的 Z 变换 $Y(z)$ 可参考表 5.1。

表 5.1　闭环离散系统及其输出的 Z 变换

序　号	系统结构图	$Y(z)$表达式
1	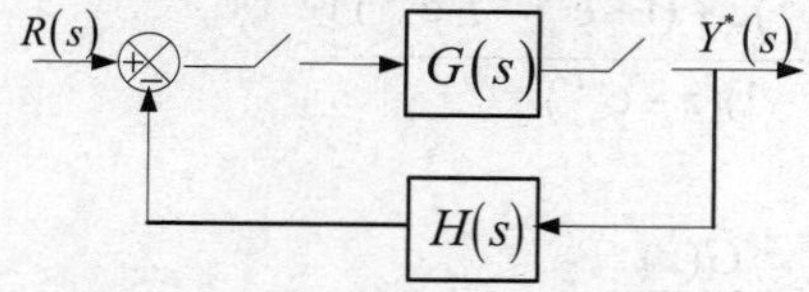	$Y(z)=\dfrac{G(z)R(z)}{1+G(z)H(z)}$
2	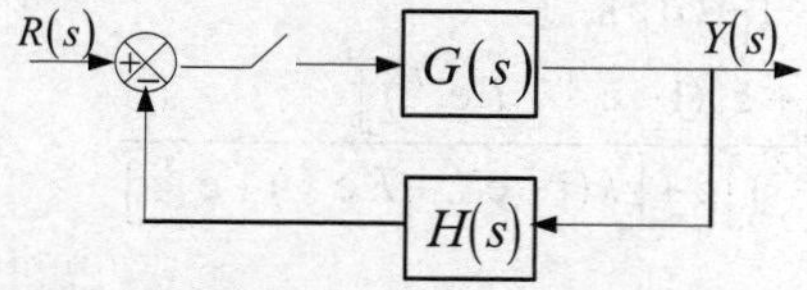	$Y(z)=\dfrac{G(z)R(z)}{1+GH(z)}$
3	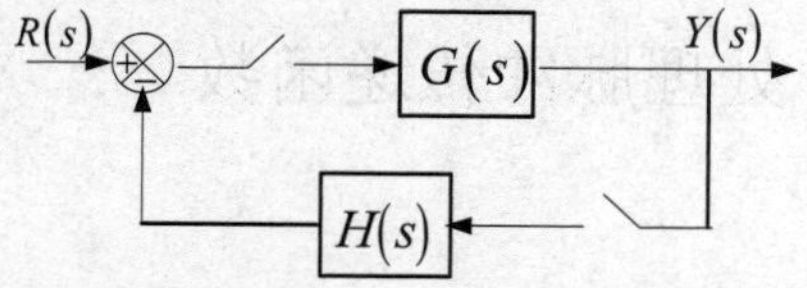	$Y(z)=\dfrac{G(z)R(z)}{1+G(z)H(z)}$
4	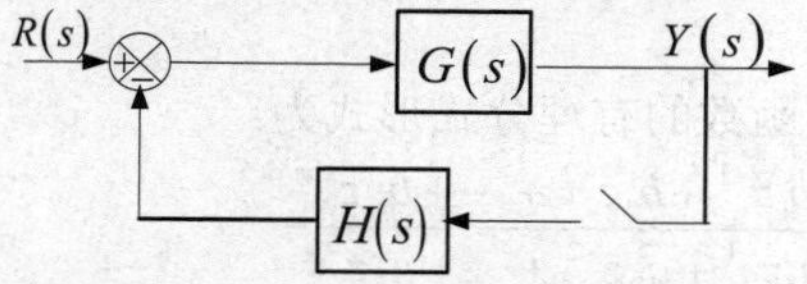	$Y(z)=\dfrac{GR(z)}{1+GH(z)}$
5	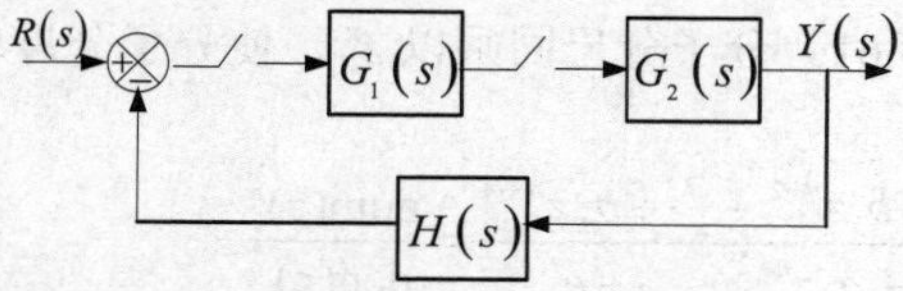	$Y(z)=\dfrac{G_1(z)G_2(z)R(z)}{1+G_1(z)G_2H(z)}$
6	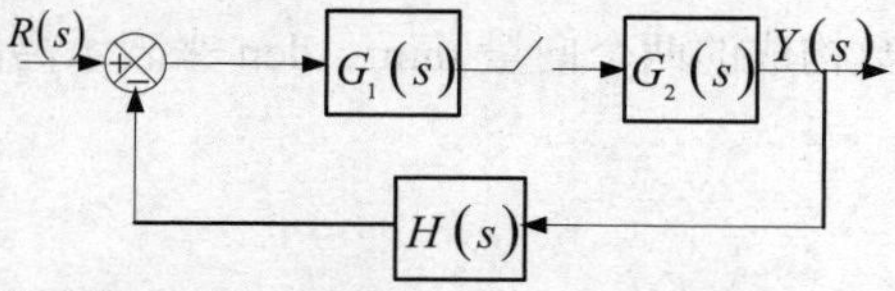	$Y(z)=\dfrac{G_2(z)G_1R(z)}{1+G_1G_2H(z)}$
7	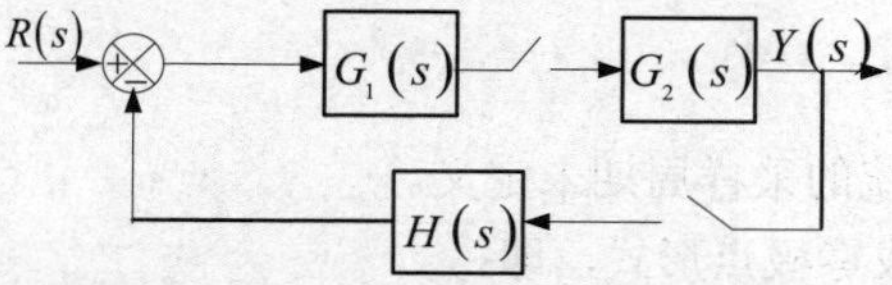	$Y(z)=\dfrac{G_2(z)G_1R(z)}{1+G_2(z)G_1H(z)}$

例 5.6　试求图 5.17 所示单位反馈闭环离散系统的脉冲传递函数。

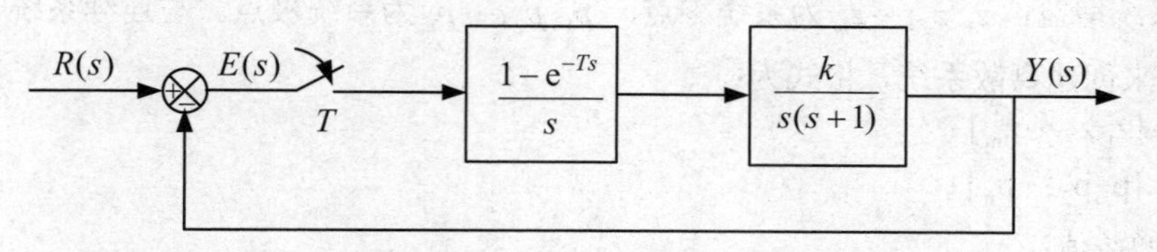

图 5.17　单位反馈闭环离散系统

先求系统开环脉冲传递函数，根据例 5.5 中的式（5.52），可得：

$$G(z)=(1-z^{-1})Z\left[\frac{1}{s}\cdot\frac{k}{s(s+1)}\right]$$
$$=\frac{k\left[(T-1+\mathrm{e}^{-T})z+(1-\mathrm{e}^{-T}-T\,\mathrm{e}^{-T})\right]}{(z-1)(z-\mathrm{e}^{-T})} \tag{5.59}$$

进一步得到闭环系统的脉冲传递函数为：

$$\frac{Y(z)}{R(z)}=\frac{G(z)}{1+G(z)}$$
$$=\frac{k\left[(T-1+\mathrm{e}^{-T})z+z^2(1-\mathrm{e}^{-T}-T\,\mathrm{e}^{-T})\right]}{z^2+\left[k(T-1+\mathrm{e}^{-T})-(1+\mathrm{e}^{-T})\right]z+\left[k(1-\mathrm{e}^{-T}-T\,\mathrm{e}^{-T})+\mathrm{e}^{-T}\right]} \tag{5.60}$$

5.6 利用 Matlab 处理脉冲传递函数

5.6.1 脉冲传递函数在 Matlab 中的表示

在 5.5.1 节中已给出离散控制系统脉冲传递函数的有理分式形式为：

$$G(z)=\frac{Y(z)}{R(z)}=\frac{b_0+b_1z^{-1}+b_2z^{-2}+\cdots+b_mz^{-m}}{1+a_1z^{-1}+a_2z^{-2}+\cdots+a_nz^{-n}} \tag{5.61}$$

对于因果控制系统，必然有 $n\geqslant m$，将式（5.61）分子分母同乘以 z^n，使分子分母均按 z 的降幂排列，即：

$$G(z)=\frac{b_0z^n+b_1z^{n-1}+b_2z^{n-2}+\cdots+b_mz^{n-m}}{z^n+a_1z^{n-1}+a_2z^{n-2}+\cdots+a_n}\overset{\Delta}{=}\frac{\mathrm{num}(z)}{\mathrm{den}(z)} \tag{5.62}$$

在 Matlab 中，可以用分子分母多项式系数构成的两个向量 num、den 来表示离散系统，这时要调用函数 tf()，调用格式为：

$\mathrm{num}=[\mathrm{b_0\ b_1\cdots b_{m-1}\ b_m}\ \underbrace{0\,0\cdots0\,0}_{\text{n-m-1}}]$；

$\mathrm{den}=[1\ \mathrm{a_1\ a_2\ \cdots\ a_{n-1}\ a_n}]$；

sys=tf(num,den,Ts)；

其中 Ts 为采样周期，当 Ts=-1 或缺省时，系统的采样周期未定义。

离散控制系统的脉冲传递函数还可以化成零极点形式，即：

$$G(z)=K\frac{(z-z_1)(z-z_2)\cdots(z-z_m)}{(z-p_1)(z-p_2)\cdots(z-p_n)} \tag{5.63}$$

式中 K 为系统增益，$z_1,z_2,\cdots z_m$ 为系统零点，$p_1,p_2,\cdots p_n$ 为系统极点。与连续系统一样，可以调用 zpk()函数来创建离散系统，格式为：

$\mathrm{z}=[\mathrm{z_1\ z_2\cdots z_m}]$；

$\mathrm{p}=[\mathrm{p_1\ p_2\cdots p_n}]$；

k=增益值；

sys=zpk(z,p,k,Ts)；

两种表示形式之间也可以互相转换。

最后可以用 printsys(sys,'z')或 printsys(num,den,'z')函数输出离散控制系统的脉冲传递函数模型。

例 5.7　某离散控制系统的传递函数为 $G(z)=\dfrac{2z+3}{z^2-3z+2}$，采样时间 $T_s=1$ 秒，试在 Matlab 中表示该系统。

可以用两种方法来表示系统：

①用有理分式形式表示系统的程序：

```
%Tansfer Function example 6.5
num=[2 3];
den=[1 -3 2];
sys1=tf(num,den,1)
sys2=zpk(sys1)
```

程序运行以后的结果：

```
Transfer function:                      Zero/pole/gain:
     2 z + 3                 转换          2 (z+1.5)
  -------------        ------------>     -----------
  z^2 - 3 z + 2                          (z-2) (z-1)
```

②用零极点形式表示系统的程序：

```
%Tansfer Function example 5.11
z=[-1.5];
p=[2 1];
k=2
sys3=zpk(z,p,k,1)
sys4=tf(sys3)
```

程序运行以后的结果：

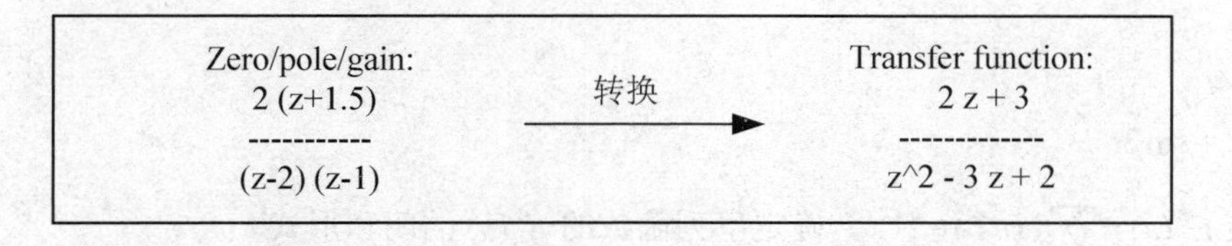

5.6.2　连续控制系统与离散控制系统之间的转换

（1）连续控制系统转换为离散控制系统，可以调用函数 c2d()或 c2dm()，调用格式为：

sysd=c2d(sysc,Ts,'zoh');

[numd,dend]=c2dm(num,den,Ts,'zoh');

其中 sysc 为已创建的连续系统的传递函数，sysd 为返回的离散系统的脉冲传递函数。采样时间 Ts 设置不同的参数，返回的离散控制系统将不同。'zoh'为默认值，可以缺省。

（2）离散控制系统转换为连续控制系统，可以调用函数 d2c()或 d2cm()，调用格式为：

```
sysc=d2c(sysd, 'zoh');
[numc,denc]=d2cm(numd,dend,Ts, 'zoh');
```

其中 sysd 为已创建的离散系统脉冲传递函数，sysc 为返回的连续系统 s 域传递函数。同样地，采样时间 Ts 设置不同的参数，返回的连续控制系统也将不同。'zoh'为默认值，可以缺省。

例 5.8 某连续控制系统的传递函数为$G(s)=\dfrac{3s+1}{2s^2+5s+11}$，采样时间$T_s=0.1$秒，试在 Matlab 中表示相应的离散控制系统。

编制的程序如下：

```
%Tansfer Function example 6.6
num=[3 1];
den=[2 5 11];
sysc=tf(num,den);
sysd=c2d(sysc,0.1,'zoh');
```

程序运行以后的结果：

```
Transfer function:                      Transfer function:
     3 s + 1              转换           0.1338 z - 0.1294
 ----------------      ---------->     ---------------------
 2 s^2 + 5 s + 11                      z^2 - 1.73 z + 0.7788
```

习题五

5.1 已知采样器的采样角频率$\omega_s=3\,\text{rad/s}$，求对下列连续信号采样后得到的脉冲序列的前 8 个值。并说明是否满足采样定理，如果不满足采样定理会出现什么现象。

（1）$x_1(t)=\sin t$

（2）$x_2(t)=\sin 4t$

（3）$x_3(t)=\sin t+\sin 3t$

5.2 试根据定义$E^*(s)=\sum\limits_{n=0}^{\infty}e(nT)\,\mathrm{e}^{-nsT}$，确定下列函数的$E^*(s)$的闭和形式。

（1）$e(t)=\sin\omega t$

（2）$E(s)=\dfrac{1}{(s+a)(s+b)(s+c)}$

5.3 输入信号$u(t)$及系统结构如图 5.18 所示。

（1）求$\{u_k\}$及$\{y_k\}$的 Z 变换。

（2）求脉冲序列$\{y_k\}$，当$k=0,1,2,3,4$时的数值。

（3）用 Z 变换的初值定理和终值定理求y_0及y_∞。

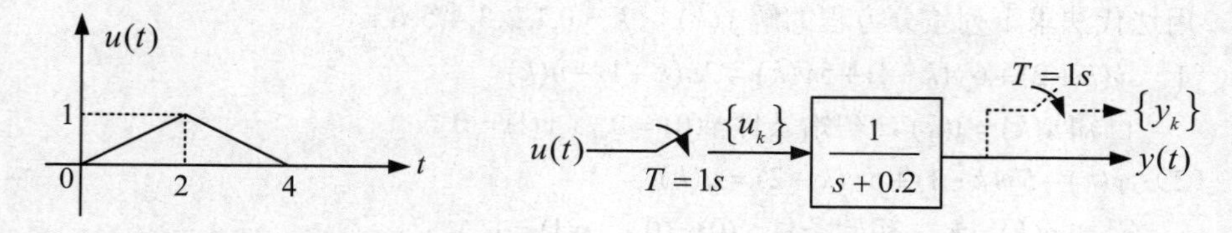

图 5.18　习题 5.3 图

5.4　RLC 电路如图 5.19 所示，该电路由一个电阻 R、一个电感 L 及一个电容 C 组成，其中 $u_i(t)$ 和 $u_o(t)$ 分别为电路的输入电压和输出电压，$i(t)$ 为电阻 R、电感 L 及电容 C 上所通过的电流。若对该网络的输入、输出进行周期为 T 的采样，试列写出网络对应的差分方程模型。

5.5　一个由弹簧－质量－阻尼器组成的机械平移系统如图 5.20 所示。m 为物体质量，k 为弹簧系数，f 为粘性阻尼系数，外力 $F(kT)$ 为输入量，位移 $y(kT)$ 为输出量。试列写出系统的差分运动方程。

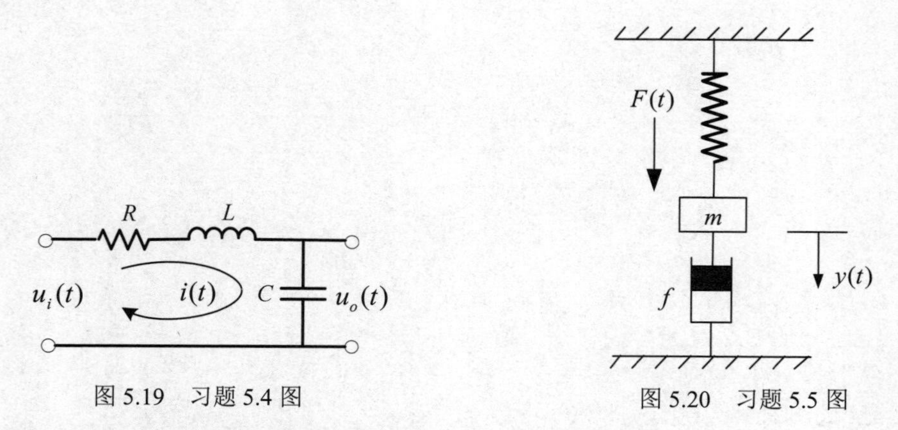

图 5.19　习题 5.4 图　　　　图 5.20　习题 5.5 图

5.6　试求如图 5.21 所示各系统的脉冲传递函数。

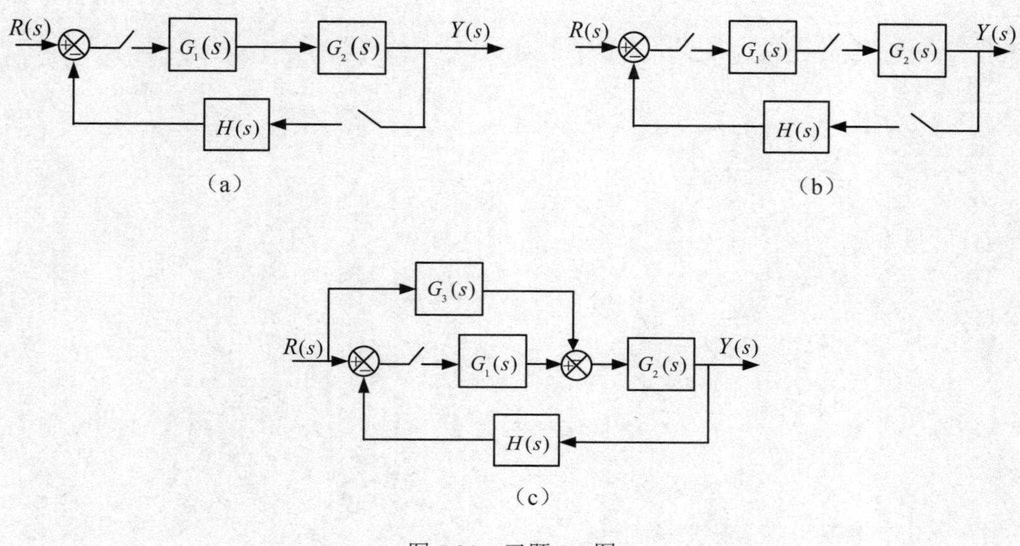

图 5.21　习题 5.6 图

5.7 用迭代法求下列差分方程的解 $y(k)$， $k=0,1,2,3,4,5,6$ 。

（1） $y(k+2)+6y(k+1)+5y(k)=2u(k+1)+u(k)$

已知 $u(k)=1(k)$，初始条件 $y(0)=0$， $y(1)=0$ 。

（2） $y(k)-5y(k-1)+6y(k-2)=u(k)$

已知 $u(k)=k$，初始条件 $y(0)=0$， $y(1)=1$ 。

5.8 用Z变换法求解下列差分方程。

（1） $y(k)-4y(k+1)+y(k+2)=0$， $y(0)=0$， $y(1)=1$

（2） $y(k+2)-0.25y(k+1)+0.125y(k)=u(k)$， $u(k)=1(k)$， $y(0)=y(1)=0$

（3） $y(k+2)-3y(k+1)+10y(k)=u(k)$， $u(k)=\delta(k)$， $y(0)=y(1)=0$

第 6 章

状态空间模型

建立在状态概念基础上的状态空间模型是现代控制理论的基础，它使得对控制系统的研究从以传递函数为基础的复频域法又回到时域法。它不仅能够描述线性定常系统，而且能够描述非线性系统和时变系统，极大地扩展了描述系统的范围。掌握状态空间分析法是学习现代控制理论的前提和基础。本章将介绍有关状态、状态空间的概念以及建立系统状态空间模型的过程，了解不同模型之间的内在联系和相互转换方法，以及状态转移矩阵的基本概念。

6.1 动态系统的状态空间描述法

前面几章中，无论是连续系统的微分方程模型和传递函数模型，还是离散系统的差分方程模型，所描述的都是系统的输入与输出之间的关系，因此可以统称为输入输出模型。例如，用电枢电压 $u(t)$ 控制的直流电动机的传递函数为：

$$G(s)=\frac{\Omega(s)}{U(s)}=\frac{1/K_e}{T_aT_ms^2+T_ms+1} \tag{6.1}$$

它描述的是输出转速 $\omega(t)$ 与输入控制电压 $u(t)$ 之间的关系，并不涉及电动机内部诸如电枢电流等其他信息。所以输入输出模型对系统的描述是不完全的。

要完全描述一个动态系统，需要确定一组能够完全描述系统内部状态的变量，建立起该系统的状态空间模型。对于同一个系统，其状态变量的选取不是唯一的，从而系统的状态空间模型也非唯一，状态变量的不同选取可以看作是状态空间的坐标变换。同一系统的两种不同描述模型（输入输出模型和状态空间模型）之间也存在内在的联系，并且可以互相转换。

首先我们来讨论什么是系统状态以及动态系统的状态空间描述方法。

6.1.1 引言

“状态”一词从字面上理解，是指系统过去、现在和将来的运动状况。以沿直线运动的质点运动为例，由牛顿运动定律可确定其运动的微分方程模型：

$$m\frac{\mathrm{d}v(t)}{\mathrm{d}t}(t)=f(t) \tag{6.2}$$

质点在 t 时刻的轨迹可表示为：

$$s(t)=s(t_0)+v(t_0)t+\frac{1}{2}at^2 \tag{6.3}$$

若要确定某一时刻的 $s(t)$，除了需要知道作用力 $f(t)$ 外，还必须知道初始位置 $s(t_0)$ 和初始速度 $v(t_0)$。换句话说，该质点每一时刻的运动状况，可以由该时刻的位置和速度两个变量完全描述。又如电枢电压控制的直流电动机（如图 6.1 所示）的一阶微分方程组：

电路回路方程：

$$L\frac{\mathrm{d}i(t)}{\mathrm{d}t}+Ri(t)+K_e\omega=u \tag{6.4}$$

电机力矩平衡：

$$J\frac{\mathrm{d}\omega(t)}{\mathrm{d}t}=K_mi(t) \tag{6.5}$$

它是包含电磁惯性参数（L）和机电惯性参数（J）的二阶动态系统，K_e 和 K_m 分别为电势系数和电动机转矩系数。要完全描述该系统，需要两个状态变量，例如可以选取 $i(t)$ 和 $\omega(t)$ 作为系统的状态。

定义 6.1 动态系统的状态是指能够完全地描述系统动态行为的一个线性独立变量组，该变量组中的每个变量称为状态变量。

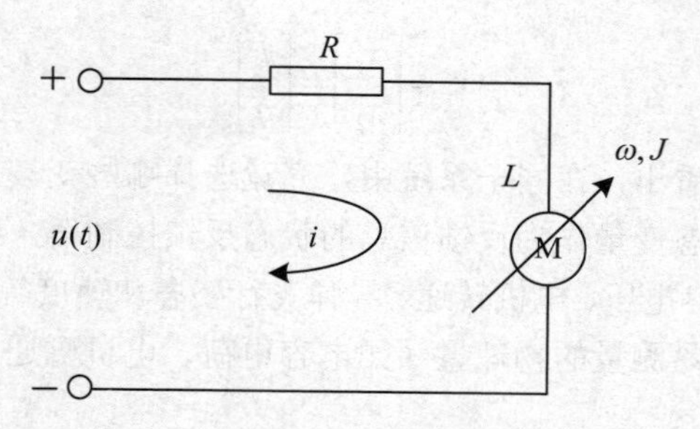

图 6.1 电枢电压控制的直流电动机

若一个系统有 n 个状态变量 $x_1(t), x_2(t), \cdots, x_n(t)$，用这 n 个状态变量作为分量所构成的向量 $\boldsymbol{x}(t)$，称为该系统的状态向量，表示为：

$$\boldsymbol{x} = \begin{bmatrix} x_1 \\ x_2 \\ \vdots \\ x_n \end{bmatrix} \tag{6.6}$$

这里有两个概念需要强调。首先所选择的系统状态必须能够完全地描述系统行为。如果给定了这组变量在初始时刻 $t = t_0$ 的初始值，以及 $t \geqslant t_0$ 的系统输入，则可以完全地确定系统在 $t \geqslant t_0$ 的任何时刻的行为。另外一个就是所选取的这组变量要求相互间线性独立，对于能够由其他变量线性表示的变量，不能作为系统的状态变量。系统状态的这两个条件决定了系统的状态个数应该不多不少，恰好能够完全反映系统的内部行为。一般而言，完全描述一个动态系统所需要的状态变量的个数是由系统的阶数决定的，如 n 阶系统应有 n 个状态变量。但是同一系统状态变量的选择不是唯一的。下面我们来看一个例子。

如图 6.2 显示的 *RLC* 电路。

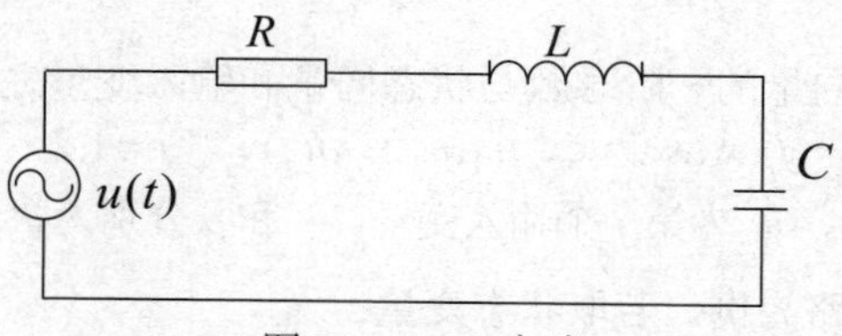

图 6.2 *RLC* 电路

根据基尔霍夫定律，建立电路的电流 $i(t)$ 和输入电压 $u(t)$ 之间的微分方程：

$$Ri(t) + L\frac{\mathrm{d}i(t)}{\mathrm{d}t} + \frac{1}{c}\int i(t)\,\mathrm{d}t = u(t) \tag{6.7}$$

根据微分方程理论，要唯一地确定 t 时刻的输出电流 $i(t)$，除了需要知道输入电压 $u(t)$ 外，还需要知道电感 L 中的初始电流 $i(t_0)$ 和电容的初始电压 $u_c(t_0)$。也就是说，$i(t)$ 和 $u_c(t)$ 这两个变量能够完全描述 *RLC* 电路在各个时刻的状态，且这两个变量之间是线性独立的。因此，图 6.2 所示的 *RLC* 电路的状态变量可选：

$$\boldsymbol{x} = \begin{bmatrix} x_1 \\ x_2 \end{bmatrix} = \begin{bmatrix} i \\ u_c \end{bmatrix} \tag{6.8}$$

从另外一个角度来看，如果选择 $i(t_0)$ 和电容电量 $q(t_0)$，在输入电压 $u(t)$（$t \geqslant t_0$）已知的情况下，同样可以唯一地确定其输出 $i(t)$。因此 $i(t)$ 和 $q(t)$ 也可构成系统的状态变量。

$$\boldsymbol{x}' = \begin{bmatrix} x_1' \\ x_2' \end{bmatrix} = \begin{bmatrix} i \\ q \end{bmatrix} \tag{6.9}$$

从这个例子的分析可以看出，在同一系统中，究竟选择哪些变量作为系统状态不是唯一的。实际工程中，为了实现以状态变量作为反馈信息的状态反馈控制器，经常选择一些能够测量的物理量作为状态变量（例如电容电压、电机转速、导弹飞行姿态和速度等）。有时为了方便系统分析，也可以选择系统中一些不容易测量的物理量（如电容电荷、电机磁通等）或者不具有任何物理意义的某种变量表示。

需要指出的是，系统的状态和系统的输出是两个不同的概念。输出是人们希望从系统中获得的某种信息，如图 6.2 的 *RLC* 电路中的回路电流 $i(t)$；而状态是完全地描述系统动力学行为的一组信息，如回路电流 $i(t)$ 和电容电压 $u_c(t)$。但二者之间也存在联系，例如在线性系统中，输出一般表示为某个状态变量或者几个状态变量的线性组合，而从系统输出上可能反映系统的部分或者全部的内部状态信息，后者正是现代控制理论中的状态能观性概念。

状态向量 $\boldsymbol{x}(t)$ 所有可能值的集合称为状态空间，它是由状态变量 $x_1(t), x_2(t), \cdots, x_n(t)$ 为坐标轴所组成的 n 维空间。如相平面，就是一个特殊的二维状态空间。状态空间中的每一个点，代表系统的某个特定的状态。$t \geqslant t_0$ 各个时刻的状态在状态空间构成一条轨迹，称为状态轨迹。由微分方程解的存在性和唯一性理论可知，状态轨迹的形状完全由系统在 t_0 时刻的状态以及系统动态微分方程所决定。

6.1.2 系统的状态空间模型

系统的状态空间模型，既包括能够描述系统内部状态行为的状态方程，又包含指定输出变量和状态变量之间关系的输出方程。其中，状态方程用一组一阶微分方程表示，输出方程则采用一组代数变换方程形式。下面以 *RLC* 电路为例，介绍状态空间模型的建立过程。

（1）状态方程

状态方程反映的是状态向量的一阶导数与状态向量和输入变量之间的关系式：

$$\dot{x}_i = f_i(x_1, x_2, \cdots, x_n, u_1, u_2, \cdots, u_p) \qquad i = 1, 2, \cdots, n \tag{6.10}$$

其中，x_i 表示第 i 个状态变量，u_j 为第 j 个输入变量，n 和 p 分别为状态变量个数和输入变量个数。

以图 6.2 所示的 *RLC* 电路为例，若取状态变量：

$$\boldsymbol{x}(t) = \begin{bmatrix} x_1(t) \\ x_2(t) \end{bmatrix} = \begin{bmatrix} i(t) \\ \int i(t)\,\mathrm{d}t \end{bmatrix} \tag{6.11}$$

将上述状态向量对时间 t 求导，有：

$$\frac{\mathrm{d}x_1}{\mathrm{d}t} = \frac{\mathrm{d}i}{\mathrm{d}t} \tag{6.12}$$

$$\frac{\mathrm{d}x_2}{\mathrm{d}t} = i \tag{6.13}$$

将上式带入回路方程式（6.7），有：

$$\frac{\mathrm{d}x_1}{\mathrm{d}t} = -\frac{R}{L}x_1 - \frac{1}{LC}x_2 + \frac{1}{L}u \tag{6.14a}$$

同时根据式（6.13），有：

$$\frac{\mathrm{d}x_2}{\mathrm{d}t}=x_1 \tag{6.14b}$$

将式（6.14a）和式（6.14b）写成矩阵形式，即得到该电路的状态方程。

$$\begin{bmatrix}\dot{x}_1\\ \dot{x}_2\end{bmatrix}=\begin{bmatrix}-\dfrac{R}{L} & -\dfrac{1}{LC}\\ 1 & 0\end{bmatrix}\begin{bmatrix}x_1\\ x_2\end{bmatrix}+\begin{bmatrix}\dfrac{1}{L}\\ 0\end{bmatrix}u \tag{6.15}$$

（2）输出方程

输出方程反映的是系统输出变量与系统状态变量和输入变量之间的函数关系式：

$$y_j=g_j(x_1,x_2,\cdots,x_n,u_1,u_2,\cdots,u_p) \qquad j=1,2,\cdots,q \tag{6.16}$$

其中，y_j 为第 j 个输出变量，q 为输出变量个数。

在图 6.2 所示的 RLC 电路中，如果指定回路电流 $i(t)$ 为系统输出，则输出方程为：

$$y=x_1 \tag{6.17}$$

写成矩阵形式有：

$$y=\begin{bmatrix}1 & 0\end{bmatrix}\begin{bmatrix}x_1\\ x_2\end{bmatrix} \tag{6.18}$$

如果指定电容电压 u_c 为系统输出，则输出方程表示为：

$$y=\begin{bmatrix}0 & \dfrac{1}{C}\end{bmatrix}\begin{bmatrix}x_1\\ x_2\end{bmatrix} \tag{6.19}$$

如果既要输出回路电流 $i(t)$，又要输出电容电压 u_c，则输出方程表示为：

$$\boldsymbol{y}=\begin{bmatrix}y_1\\ y_2\end{bmatrix}=\begin{bmatrix}1 & 0\\ 0 & \dfrac{1}{C}\end{bmatrix}\begin{bmatrix}x_1\\ x_2\end{bmatrix} \tag{6.20}$$

状态方程式（6.15）和输出方程式（6.20）合写在一起，构成一个对系统动力学行为的完整描述——状态空间模型：

$$\dot{\boldsymbol{x}}=\boldsymbol{f}(\boldsymbol{x},\boldsymbol{u}) \tag{6.21a}$$

$$\boldsymbol{y}=\boldsymbol{g}(\boldsymbol{x},\boldsymbol{u}) \tag{6.21b}$$

其中，状态向量 $\boldsymbol{x}\in[x_1 \quad x_2 \quad \cdots \quad x_n]^T\in R^n$，

输入 $\boldsymbol{u}=[u_1 \quad u_2 \quad \cdots \quad u_p]^T\in R^p$，

输出 $\boldsymbol{y}=[y_1 \quad y_2 \quad \cdots \quad y_q]^T\in R^q$。

上述采用状态变量描述系统的方法和以前介绍的传递函数不同，它将系统输入到输出之间的信息传递分成两段来描述。第一段采用状态方程描述了系统输入与系统状态之间的传递关系，第二段采用输出方程描述了系统内部状态的变化引起的系统输出变化。因此，系统的状态空间模型能够深入到系统的内部（见图 6.3b），而传递函数等模型只能从系统外部的输入输出关系来描述系统（见图 6.3a）。

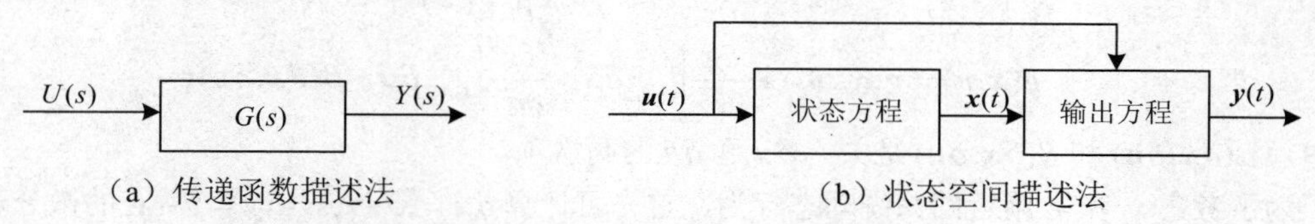

（a）传递函数描述法 （b）状态空间描述法

图 6.3 系统内部描述方法和输入输出描述方法

特别的，n 阶线性连续定常系统的状态空间模型一般形式为：

$$\dot{\boldsymbol{x}}(t)=A\boldsymbol{x}(t)+B\boldsymbol{u}(t) \quad t\geqslant t_0 \tag{6.22a}$$

$$\boldsymbol{y}(t)=C\boldsymbol{x}(t)+D\boldsymbol{u}(t) \tag{6.22b}$$

其中，$\boldsymbol{x}$ 为 n 维状态向量，$\boldsymbol{u}$ 为 p 维输入，$\boldsymbol{y}$ 为 q 维输出。称 $A\in R^{n\times n}$ 为系统矩阵，$B\in n\times p$ 为输入矩阵，$C\in R^{q\times n}$ 为输出矩阵，$D\in R^{q\times p}$ 为传输矩阵，它们都是由系统结构和参数所决定的定常矩阵。

为了表达的方便，线性定常连续系统的状态空间模型可以简单表示为 $\Sigma(A,B,C,D)$。为了分析方便，如果不特别说明，一般不考虑系统输入到输出之间的直接传递，即令 $D=0$。

需要指出的是，由于同一系统的状态变量的选取不是唯一的，因此，上述描述系统状态空间模型的四个矩阵 A,B,C,D 也随之不同。例如在图 6.2 所示的 RLC 电路中，如果选择 $x_1=u_c+Ri,x_2=u_c$，则状态方程为：

$$\begin{bmatrix}\dot{x}_1\\ \dot{x}_2\end{bmatrix}=\begin{bmatrix}-\dfrac{R}{L}+\dfrac{1}{RC} & -\dfrac{1}{RC}\\ \dfrac{1}{RC} & -\dfrac{1}{RC}\end{bmatrix}\begin{bmatrix}x_1\\ x_2\end{bmatrix}+\begin{bmatrix}\dfrac{R}{L}\\ 0\end{bmatrix}u$$

因此，对于同一系统，选择不同状态变量，将得到不同系数矩阵的状态空间模型。如何选择合适的状态变量使得 A,B,C,D 矩阵具有所希望的形式，这将是今后进一步讨论的问题之一。

对于线性时变连续系统，状态方程和输出方程仍具有线性属性，但系数矩阵中至少有一个为时间 t 的函数矩阵。线性时变系统状态空间模型的一般形式为：

$$\dot{\boldsymbol{x}}(t)=A(t)\boldsymbol{x}(t)+B(t)\boldsymbol{u}(t) \quad t\in[t_0,t_f] \tag{6.23a}$$

$$\boldsymbol{y}(t)=C(t)\boldsymbol{x}(t)+D(t)\boldsymbol{u}(t) \tag{6.23b}$$

时变系统的典型例子如火箭、导弹等。由于燃料的消耗、大气参数的变化等，系统在发射到爆炸或脱落前的时间区间内是时变的。

式（6.23a）和式（6.23b）是线性动态系统状态空间模型的一般形式。实际工程中，大多数的物理系统都是非线性的，即向量函数 $\boldsymbol{f},\boldsymbol{g}$ 都是非线性函数。非线性函数的求解不是一件容易的事，理论也比较复杂。实际中处理非线性系统的常用方法是在足够的精度前提下，将非线性系统在参考状态处近似线性化，通过研究近似的线性状态空间模型来分析和设计系统控制器。这在很多情况下是完全可以满足系统设计要求的。

设 $\boldsymbol{x}_t$、$\boldsymbol{u}_t$ 和 $\boldsymbol{y}_t$ 分别是非线性系统在 t 时刻的状态、输入和输出：

$$\dot{\boldsymbol{x}}_t=\boldsymbol{f}(\boldsymbol{x}_t,\boldsymbol{u}_t) \tag{6.24a}$$

$$\boldsymbol{y}_t=\boldsymbol{g}(\boldsymbol{x}_t,\boldsymbol{u}_t) \tag{6.24b}$$

考虑输入 $\boldsymbol{u}$ 偏离 $\boldsymbol{u}_t$ 为 $\delta\boldsymbol{u}$，对应 $\boldsymbol{x}$ 也偏离 $\boldsymbol{x}_t$ 为 $\delta\boldsymbol{x}$，$\boldsymbol{y}$ 相应偏离 $\boldsymbol{y}_t$ 为 $\delta\boldsymbol{y}$ 时的系统动态方程。

为此，将 $\boldsymbol{f}(\boldsymbol{x}_t,\boldsymbol{u}_t)$ 和 $\boldsymbol{g}(\boldsymbol{x}_t,\boldsymbol{u}_t)$ 在 $\boldsymbol{x}_t$ 和 $\boldsymbol{u}_t$ 附近作 Taylor 级数展开：

$$\boldsymbol{f}(\boldsymbol{x},\boldsymbol{u})=\boldsymbol{f}(\boldsymbol{x}_t,\boldsymbol{u}_t)+\frac{\partial \boldsymbol{f}}{\partial \boldsymbol{x}^T}\Big|_{x_t,u_t}\delta\boldsymbol{x}+\frac{\partial \boldsymbol{f}}{\partial \boldsymbol{u}^T}\Big|_{x_t,u_t}\delta\boldsymbol{u}+\boldsymbol{\alpha}(\delta\boldsymbol{x},\delta\boldsymbol{u})$$

$$\boldsymbol{g}(\boldsymbol{x},\boldsymbol{u})=\boldsymbol{g}(\boldsymbol{x}_t,\boldsymbol{u}_t)+\frac{\partial \boldsymbol{g}}{\partial \boldsymbol{x}^T}\Big|_{x_t,u_t}\delta\boldsymbol{x}+\frac{\partial \boldsymbol{g}}{\partial \boldsymbol{u}^T}\Big|_{x_t,u_t}\delta\boldsymbol{u}+\boldsymbol{\beta}(\delta\boldsymbol{x},\delta\boldsymbol{u})$$

其中，$\boldsymbol{\alpha}(\delta\boldsymbol{x},\delta\boldsymbol{u})$ 和 $\boldsymbol{\beta}(\delta\boldsymbol{x},\delta\boldsymbol{u})$ 是关于 $\delta\boldsymbol{x}$ 和 $\delta\boldsymbol{u}$ 的高次项。

为了考察 $\boldsymbol{x}_t$ 和 $\boldsymbol{y}_t$ 附近的系统动态行为，首先可计算 $\delta\boldsymbol{x}=\boldsymbol{x}-\boldsymbol{x}_t$，$\delta\boldsymbol{y}=\boldsymbol{y}-\boldsymbol{y}_t$ 的微分表达式：

$$\delta\dot{\boldsymbol{x}}=\dot{\boldsymbol{x}}-\dot{\boldsymbol{x}}_t=\boldsymbol{f}(\boldsymbol{x},\boldsymbol{u})-\boldsymbol{f}(\boldsymbol{x}_t,\boldsymbol{u}_t)=\frac{\partial\boldsymbol{f}}{\partial\boldsymbol{x}^T}\Big|_{x_t,u_t}\delta\boldsymbol{x}+\frac{\partial\boldsymbol{f}}{\partial\boldsymbol{u}^T}\Big|_{x_t,u_t}\delta\boldsymbol{u}+\boldsymbol{\alpha}(\delta\boldsymbol{x},\delta\boldsymbol{u}) \tag{6.25a}$$

$$\delta\boldsymbol{y}=\boldsymbol{y}-\boldsymbol{y}_t=\boldsymbol{g}(\boldsymbol{x},\boldsymbol{u})-\boldsymbol{g}(\boldsymbol{x}_t,\boldsymbol{u}_t)=\frac{\partial\boldsymbol{g}}{\partial\boldsymbol{x}^T}\Big|_{x_t,u_t}\delta\boldsymbol{x}+\frac{\partial\boldsymbol{g}}{\partial\boldsymbol{u}^T}\Big|_{x_t,u_t}\delta\boldsymbol{u}+\boldsymbol{\beta}(\delta\boldsymbol{x},\delta\boldsymbol{u}) \tag{6.25b}$$

当$\delta\boldsymbol{x}$、$\delta\boldsymbol{u}$很小时，可忽略上式中的高次项，并引入新的状态变量和输入输出变量：

$$\overline{\boldsymbol{x}}\triangleq\delta\boldsymbol{x}$$
$$\overline{\boldsymbol{u}}\triangleq\delta\boldsymbol{u}$$
$$\overline{\boldsymbol{y}}\triangleq\delta\boldsymbol{y}$$

则非线性系统（6.24）在t时刻近似线性化后的状态空间表达式为：

$$\dot{\overline{\boldsymbol{x}}}=A\overline{\boldsymbol{x}}+B\overline{\boldsymbol{u}} \tag{6.26a}$$
$$\overline{\boldsymbol{y}}=C\overline{\boldsymbol{x}}+D\overline{\boldsymbol{u}} \tag{6.26b}$$

其中，系数矩阵$\boldsymbol{A}\triangleq\frac{\partial\boldsymbol{f}}{\partial\boldsymbol{x}^T}\Big|_{x_t,u_t}$，$\boldsymbol{B}\triangleq\frac{\partial\boldsymbol{f}}{\partial\boldsymbol{u}^T}\Big|_{x_t,u_t}$，$\boldsymbol{C}\triangleq\frac{\partial\boldsymbol{g}}{\partial\boldsymbol{x}^T}\Big|_{x_t,u_t}$，$\boldsymbol{D}\triangleq\frac{\partial\boldsymbol{g}}{\partial\boldsymbol{u}^T}\Big|_{x_t,u_t}$。

上述近似线性化过程中，系统偏离标称状态$\boldsymbol{x}_t$的邻域越小，得到的线性化模型就能以越高的精度“逼近”原非线性系统。实际中的许多非线性系统都要求控制在平衡点位置附近，此时在一定的工作范围内，可将系统在平衡点附近进行线性化。较之非线性系统，线性系统的分析和设计要简单得多。

例 6.1　将下列非线性系统

$$\dot{x}_1=x_2$$
$$\dot{x}_2=x_1+x_2+x_2^3+2u^2$$
$$y=x_1+x_2^2$$

在$x(0)=0,u(0)=1$处进行近似线性化。

根据题意

$$\boldsymbol{f}(\boldsymbol{x},u)=\begin{bmatrix}x_2\\x_1+x_2+x_2^3+2u^2\end{bmatrix}$$

$$\boldsymbol{g}(\boldsymbol{x},u)=x_1+x_2^2$$

于是

$$A=\frac{\partial\boldsymbol{f}}{\partial\boldsymbol{x}^T}\Big|_{x(0)}=\begin{bmatrix}0&1\\1&1+3x_2^2\end{bmatrix}_{x(0)}=\begin{bmatrix}0&1\\1&1\end{bmatrix}$$

$$B=\frac{\partial\boldsymbol{f}}{\partial\boldsymbol{u}^T}=\begin{bmatrix}0\\4u\end{bmatrix}_{u_0}=\begin{bmatrix}0\\4\end{bmatrix}$$

$$C=\frac{\partial\boldsymbol{g}}{\partial\boldsymbol{x}^T}\Big|_{x(0)}=\begin{bmatrix}1&2x_2\end{bmatrix}\Big|_{x(0)}=\begin{bmatrix}1&0\end{bmatrix}$$

$$D=\frac{\partial\boldsymbol{g}}{\partial\boldsymbol{u}^T}=0$$

对于状态空间模型，经常采用方框图来表示系统各状态变量之间的关系。方框图的绘制步骤为：确定积分器的数量（等于系统状态变量数），并绘制在合适的地方，其中每个积分器输出表示相应的某个状态变量，并在上面注明相应状态变量，然后根据状态方程与输出方程绘制加法器和比例反馈环节；最后用箭头将上述元件连接起来。其中加法器需要注意连接信号的正负号。

例如，如下三阶系统

$$\dot{\boldsymbol{x}} = \begin{bmatrix} 0 & 1 & 0 \\ 0 & 0 & 1 \\ -6 & -3 & -2 \end{bmatrix} \boldsymbol{x} + \begin{bmatrix} 0 \\ 0 \\ 1 \end{bmatrix} u$$

$$\boldsymbol{y} = \begin{bmatrix} 1 & 1 & 0 \end{bmatrix} \boldsymbol{x}$$

其方框图如图 6.4 所示。

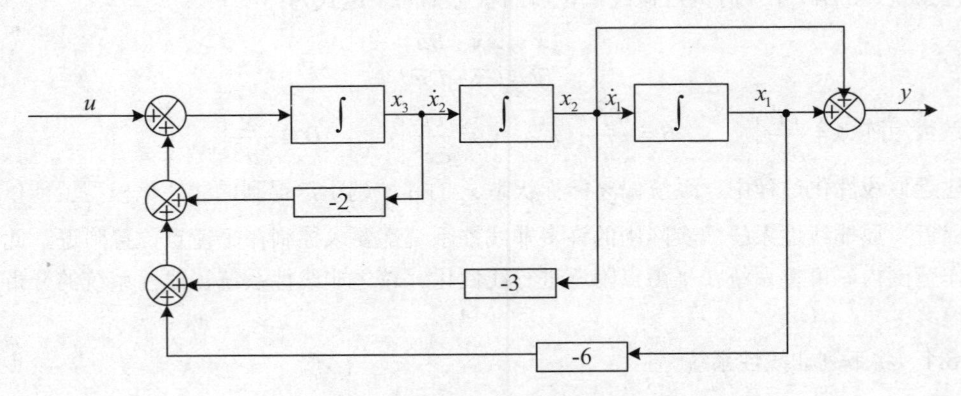

图 6.4　一个三阶系统的方框图

对于多输入多输出系统，状态变量之间的关系变得相当复杂，此时一般将状态变量写成状态向量形式，并采用双线箭头表示向量信号的传递。系统状态方框图的一般形式如图 6.5 所示。

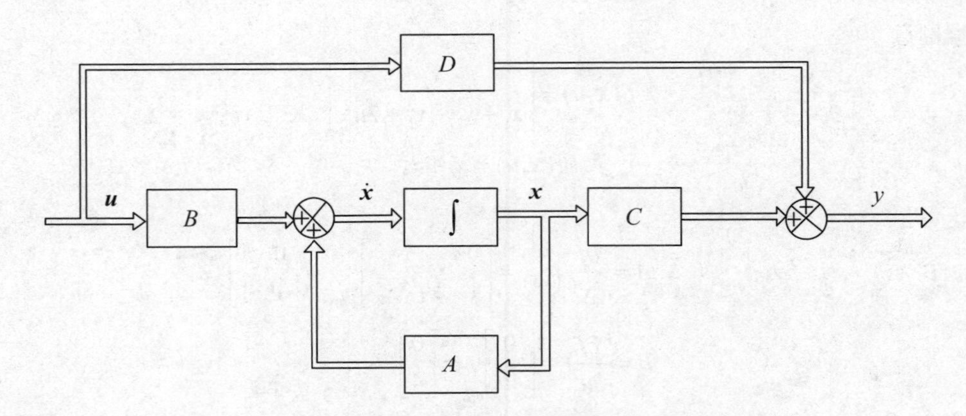

图 6.5　多输入多输出连续线性系统方框图的一般形式

6.1.3　状态空间模型的建立

如前所述，系统模型的确立有两种基本的方法，一种是基于物理原理直接建立系统模型的分析法，常用于结构和参数已知的系统，另一种是基于输入输出实验数据的辨识方法，适用于结构和参数不清楚的系统。本节将讨论如何采用分析方法建立系统的状态空间模型。

采用分析法建立系统状态空间模型的一般步骤包括：确定系统输入输出变量和状态变量、基于物理原理列写系统动态模型、导出一阶状态变量方程与输出变量方程，最后整理成系统状态空间模型。下面通过几个具体实例介绍建立系统状态空间模型的详细过程。

例 6.2　*RLC* 电路的状态空间模型　试建立图 6.6 所示的典型 *RLC* 电路的状态空间模型。要求以电路输入电压 u_c 为输入，电阻 R_2 的电流 i_2 为输出。

首先基于物理原理建立电路的动态方程。根据基尔霍夫第一定律和第二定律建立电路的两个回路方程和一个节点方程:

$$R_1 i_1 + L_1 \frac{\mathrm{d}i_1}{\mathrm{d}t} + u_c = u \tag{6.27}$$

$$-u_c + L_2 \frac{\mathrm{d}i_2}{\mathrm{d}t} + R_2 i_2 = 0 \tag{6.28}$$

$$-i_1 + i_2 + c\frac{\mathrm{d}u_c}{\mathrm{d}t} = 0 \tag{6.29}$$

显然，i_1, i_2 和 u_c 三个变量间相互线性独立，且系统的阶次为 3，因此可以将这三个变量作为系统的状态变量，令：

$$x_1 = i_1,\quad x_2 = i_2,\quad x_3 = u_c$$

将其带入微分方程式（6.27）～式（6.29），得到系统状态方程：

$$\begin{bmatrix} \dot{x}_1 \\ \dot{x}_2 \\ \dot{x}_3 \end{bmatrix} = \begin{bmatrix} -\dfrac{R_1}{L_1} & 0 & -\dfrac{1}{L_1} \\ 0 & -\dfrac{R_2}{L_2} & \dfrac{1}{L_2} \\ \dfrac{1}{C} & -\dfrac{1}{C} & 0 \end{bmatrix} \begin{bmatrix} x_1 \\ x_2 \\ x_3 \end{bmatrix} + \begin{bmatrix} \dfrac{1}{L_1} \\ 0 \\ 0 \end{bmatrix} u \tag{6.30}$$

依照题意，将电流 i_2 指定为输出，显然输出方程为:

$$y = \begin{bmatrix} 0 & 1 & 0 \end{bmatrix} \begin{bmatrix} x_1 \\ x_2 \\ x_3 \end{bmatrix} \tag{6.31}$$

式（6.30）与式（6.31）构成 *RLC* 电路的状态空间模型，显然，这是一个线性定常系统。

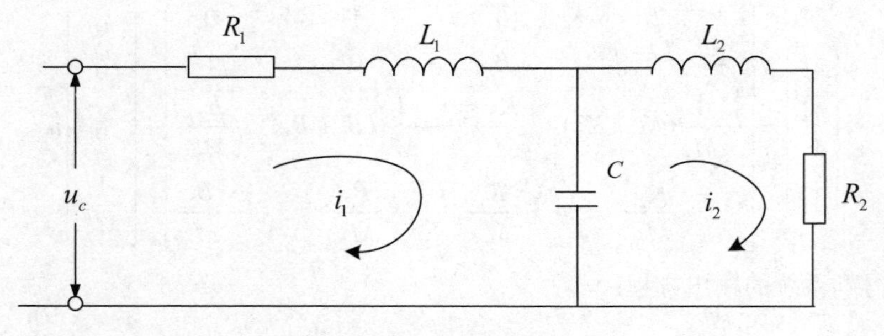

图 6.6　两回路 RLC 电路

例 6.3　弹簧阻尼机械系统的状态空间模型　试建立图 6.7 所示的弹簧阻尼机械系统的状态空间模型，系统输出为质量块 M_1 和 M_2 的位移 y_1 和 y_2。

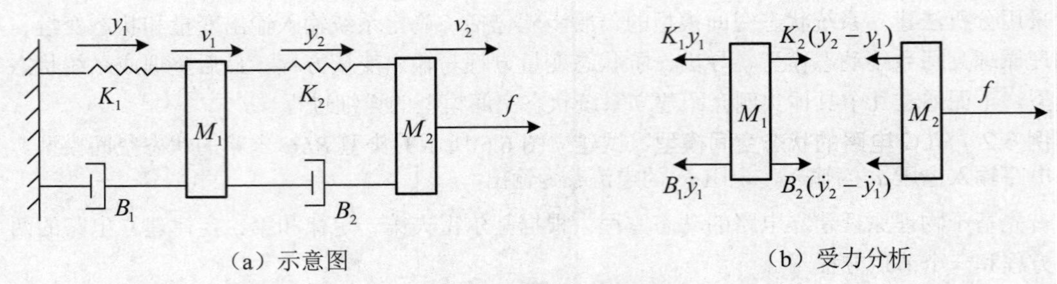

（a）示意图　　　　（b）受力分析

图 6.7　弹簧阻尼系统

该系统中有 4 个储能元件，包括两个弹簧 K_1, K_2 和两个质量块 M_1 和 M_2。因此初步选择弹簧的伸长长度 y_1, y_2 和质量块的速度 v_1, v_2 作为系统状态变量。并且容易看出，这些变量之间是线性无关的，因此最终确定系统的状态变量为：

$$x_1 = y_1, \quad x_2 = y_2 \tag{6.32}$$

$$x_3 = v_1 = \frac{\mathrm{d}\,y_1}{\mathrm{d}\,t}, \quad x_4 = v_2 = \frac{\mathrm{d}\,y_2}{\mathrm{d}\,t} \tag{6.33}$$

根据牛顿定律，对于质量块 M_1，有：

$$M_1\frac{\mathrm{d}\,v_1}{\mathrm{d}\,t} = K_2(y_2 - y_1) + B_2\left(\frac{\mathrm{d}\,y_2}{\mathrm{d}\,t} - \frac{\mathrm{d}\,y_1}{\mathrm{d}\,t}\right) - K_1 y_1 - B_1\frac{\mathrm{d}\,y_1}{\mathrm{d}\,t} \tag{6.34}$$

对于质量块 M_2，有：

$$M_2\frac{\mathrm{d}\,v_2}{\mathrm{d}\,t} = f - K_2(y_2 - y_1) - B_2\left(\frac{\mathrm{d}\,y_2}{\mathrm{d}\,t} - \frac{\mathrm{d}\,y_1}{\mathrm{d}\,t}\right) \tag{6.35}$$

将上述 4 个方程整理，并代入系统输入 $u = f$，得到：

$$\begin{aligned}
\dot{x}_1 &= x_3 \\
\dot{x}_2 &= x_4 \\
\dot{x}_3 &= -\frac{1}{M}(K_1 + K_2)x_1 + \frac{K_2}{M_1}x_2 - \frac{1}{M_1}(B_1 + B_2)x_3 + \frac{B_2}{M_1}x_4 \\
\dot{x}_4 &= \frac{K_2}{M_2}x_1 - \frac{K_1}{M_2}x_2 + \frac{B_2}{M_2}x_3 - \frac{B_2}{M_2}x_4 + \frac{1}{M_2}u
\end{aligned}$$

写成矩阵形式，得到系统的状态方程：

$$\begin{bmatrix}\dot{x}_1\\ \dot{x}_2\\ \dot{x}_3\\ \dot{x}_4\end{bmatrix} = \begin{bmatrix}0 & 0 & 1 & 0\\ 0 & 0 & 0 & 1\\ -\frac{1}{M_1}(K_1 + K_2) & \frac{K_2}{M_1} & -\frac{1}{M_1}(B_1 + B_2) & \frac{B_2}{M_1}\\ \frac{K_2}{M_2} & -\frac{K_1}{M_2} & \frac{B_2}{M_2} & -\frac{B_2}{M_2}\end{bmatrix} + \begin{bmatrix}0\\ 0\\ 0\\ \frac{1}{M_2}\end{bmatrix}u \tag{6.36}$$

根据题意，可得到系统的输出方程：

$$\begin{bmatrix}y_1\\ y_2\end{bmatrix} = \begin{bmatrix}1 & 0 & 0 & 0\\ 0 & 1 & 0 & 0\end{bmatrix}\begin{bmatrix}x_1\\ x_2\\ x_3\\ x_4\end{bmatrix} \tag{6.37}$$

式（6.36）与式（6.37）共同构成系统的状态空间模型，这是一个单输入多输出的线性定常系统。

上面讨论的都是线性定常系统。对于非线性系统，通常需要将系统在参考状态附近进行近似线性化，以获得其简化的线性状态空间模型。下面讨论一个相对复杂的例子。

例 6.4　倒立摆系统的状态空间模型　小车倒立摆系统是现代控制理论中的典型研究对象，该装置由一个沿水平方向直线运动的小车和一个安装在小车上的倒立摆杆组成，如图 6.8 所示。通过小车的移动可控制倒立摆杆维持直立不倒。下面根据相关的物理定律来建立该系统的状态空间模型。

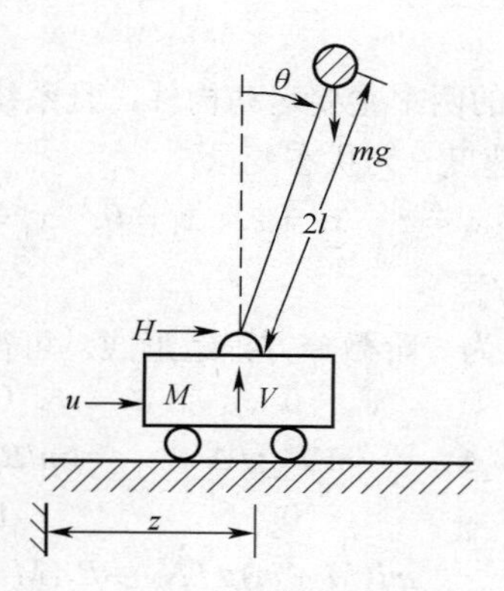

图 6.8　小车倒立摆系统

设小车和倒立摆的质量分别是 M 和 m，匀质摆杆长为 $2l$，重心位于几何中心 l 处，其转动惯量 $J = ml^2/3$。摆杆与小车通过铰链相连，H 和 V 分别是摆杆在铰链处受到的水平反作用力和垂直反作用力。摆杆和小车在铰链处的摩擦系数分别为 B_1 和 B_2。假设小车距离参考坐标的位置是 z，摆杆倾角为 θ。则摆杆重心水平位置坐标为 $z + l\sin\theta$，垂直方向坐标为 $l\cos\theta$。设系统输入为作用在小车上的力 u，小车位移 z 和摆杆偏角 θ 为系统输出。

（1）依照牛顿运动定律建立系统运动方程

摆杆受到水平方向和垂直方向的力，同时能够绕其重心进行转动。这样摆杆具有三个方向上的运动自由度。

摆杆水平方向：

$$m\frac{\mathrm{d}^2}{\mathrm{d}t^2}(z + l\sin\theta) = H \tag{6.38}$$

摆杆垂直方向：

$$m\frac{\mathrm{d}^2}{\mathrm{d}t^2}(l\cos\theta) = V - mg \tag{6.39}$$

摆动转动方向：

$$J\frac{\mathrm{d}^2\theta}{\mathrm{d}t^2} + B_1\frac{\mathrm{d}\theta}{\mathrm{d}t} = Vl\sin\theta - Hl\cos\theta \tag{6.40}$$

小车只能作一维直线运动，只有沿水平方向的运动方程：

$$M\frac{\mathrm{d}^2 z}{\mathrm{d}t^2} + B_2\frac{\mathrm{d}z}{\mathrm{d}t} = u - H \tag{6.41}$$

联立方程式（6.38）～式（6.41），消去V和H，得：

$$\left.\begin{aligned}(J+ml^2)\ddot{\theta}+ml\cos\theta\ddot{z}&=-B_1\dot{\theta}+mlg\sin\theta\\(M+m)\ddot{z}+(ml\cos\theta)\ddot{\theta}&=-B_2\dot{z}+ml\sin\theta\cdot\dot{\theta}^2+u\end{aligned}\right\}\tag{6.42}$$

式（6.42）是关于倾角θ的二阶非线性微分方程。一般讨论的是，在对倒立摆系统实施控制后，倒立摆在其平衡状态（倒摆杆保持直立，小车位于指定位置）附近的运动过程。此时$\theta\approx 0,\dot{\theta}\approx 0$，因此近似有$\sin\theta\approx\theta,\cos\theta\approx 1$。式（6.42）可近似为如下的线性化方程：

$$\left.\begin{aligned}(J+ml^2)\ddot{\theta}+ml\cos\theta\ddot{z}&=-B_1\dot{\theta}+mlg\theta\\(M+m)\ddot{z}+(ml\cos\theta)\ddot{\theta}&=-B_2\dot{z}+u\end{aligned}\right\}\tag{6.43}$$

（2）选择状态变量

由于小车和倒立摆是该系统的两个主要运动构件，且系统为四阶系统，可选取小车位移z，小车速度$\dot{z}$，摆杆倾角θ以及角速度$\dot{\theta}$为状态变量：

$$x_1\triangleq z,\quad x_2\triangleq\dot{z},\quad x_3\triangleq\theta,\quad x_4\triangleq\dot{\theta}$$

（3）列写状态方程和输出方程

将其代入式（6.43），并转换为一阶微分方程组形式，可得系统状态方程：

$$\begin{bmatrix}\dot{x}_1\\\dot{x}_2\\\dot{x}_3\\\dot{x}_4\end{bmatrix}=\begin{bmatrix}0&1&0&0\\0&-B_2(J+ml^2)/\Delta&-m^2l^2g/\Delta&mlB_1/\Delta\\0&0&0&1\\0&mlB_2/\Delta&ml(M+m)g/\Delta&-B_2(M+m)/\Delta\end{bmatrix}+\begin{bmatrix}0\\(J+ml^2)/\Delta\\0\\-ml/\Delta\end{bmatrix}\tag{6.44}$$

其中：

$$\Delta=(M+m)J+Mml^2$$

根据题意，小车位移z和摆杆倾角θ为输出，则系统输出方程为：

$$\boldsymbol{y}=\begin{bmatrix}z\\\theta\end{bmatrix}=\begin{bmatrix}1&0&0&0\\0&0&1&0\end{bmatrix}\begin{bmatrix}x_1\\x_2\\x_3\\x_4\end{bmatrix}\tag{6.45}$$

状态方程式（6.44）与输出方程式（6.45）组成小车倒立摆系统的状态空间模型。

6.1.4 等价变换与特征值标准型

上述讨论表明，只要满足定义 6.1 要求的系统变量均可以作为系统状态变量。因此，对于同一系统，系统状态的选取不是唯一的。由于状态向量的选择不同，导致其状态方程中的系统矩阵也不同，例如 6.1.2 节介绍的 RLC 电路就是一个典型的例子。数学上，这种由于状态向量选择不同而引起的状态方程系数的变化，可以解释为由两个状态向量之间的坐标变换而引起的系数矩阵的相应变换。那么，究竟什么是不同坐标变换下不变的东西呢？或者说，反映系统本质的东西是什么呢？下面我们通过讨论代数等价系统与线性系统的等价变换，来进一步研究这个问题。

考虑连续时间线性时不变系统，状态空间模型为：

$$\Sigma:\quad\begin{aligned}\dot{\boldsymbol{x}}&=A\boldsymbol{x}+B\boldsymbol{u}\\\boldsymbol{y}&=C\boldsymbol{x}\end{aligned}\tag{6.46}$$

引入坐标变换即线性非奇异变换$\bar{\boldsymbol{x}}=P^{-1}\boldsymbol{x}$，则变换后的系统状态空间模型描述为：

$$\Sigma: \quad \dot{\bar{x}} = \bar{A}\bar{x} + \bar{B}u \qquad (6.47)$$
$$y = \bar{C}\bar{x}$$

变换矩阵 P 的各列向量 $P_1, P_2, \cdots, P_n$ 则是新基底各坐标轴关于旧基底的坐标表示。

下面来分析经过坐标变换以后，变换前与变换后系数矩阵之间的关系。

为此，将变换方程 $x = P\bar{x}$ 代入式（6.46），得到：

$$P\dot{\bar{x}} = AP\bar{x} + Bu \qquad (6.48)$$
$$y = CP\bar{x}$$

第一式两边左乘以 P^{-1}，得到：

$$\dot{\bar{x}} = P^{-1}AP\bar{x} + P^{-1}Bu \qquad (6.49)$$
$$y = CP\bar{x}$$

对照式（6.49）与式（6.47），可知变换前后系统矩阵存在如下的关系：

$$\bar{A} = P^{-1}AP, \quad \bar{B} = P^{-1}B, \quad \bar{C} = CP \qquad (6.50)$$

可见，对状态空间作某种坐标变换将引起系统状态空间模型的 A 矩阵作相似变换，B 矩阵和 C 矩阵分别作相应的行变换和列变换。经过这种变换得到的系统与原系统等价，相应的变换称为等价变换。

等价变换是现代控制理论中线性系统分析和综合问题的基本手段。关于线性系统的等价变化，有以下几点性质需要注意：

（1）系统特征多项式在坐标变换下的不变性

依照矩阵代数的基本结论，矩阵经非奇异变换后，其特征多项式保持不变。因此系统经非奇异变换后，其特征多项式保持不变。即若：

$$\bar{A} = P^{-1}AP \qquad (6.51)$$

则有：

$$|\lambda I - \bar{A}| = |\lambda I - A| = \lambda^n + a_{n-1}\lambda^{n-1} + \cdots + a_1\lambda + a_0$$

其中称多项式的系数 $a_{n-1}, a_{n-2}, \cdots, a_1, a_0$ 为系统的不变量。

由于特征值完全由特征多项式的系数 $a_{n-1}, a_{n-2}, \cdots, a_1, a_0$ 唯一地确定，因此系统在等价变换下的特征值也保持不变。而特征向量在坐标变化下具有相同的变换关系。若令 v_i 和 $\bar{v}_i$ 为变换前后的特征向量，则对于形式为 $\bar{x} = P^{-1}x$ 的线性非奇异坐标变换，具有如下的关系：

$$\bar{v}_i = P^{-1}v_i \qquad (6.52)$$

（2）代数等价系统的基本特征

具有相同输入和输出的两个同维线性时不变系统为代数等价系统，当且仅当它们的系数矩阵之间满足状态空间模型坐标变换下的关系式（6.50）。换句话说，同一线性时不变系统的两个状态空间描述必定为代数等价。由于传递函数反映的是系统的输入输出关系，同一系统的传递函数在坐标变换下具有相同的形式，因此所有代数等价系统均具有相同的输入输出特性。代数等价系统的基本特征是具有相同的代数结构特性，如特征多项式、特征值、极点等，这些特征反映了系统运动和结构的固有特性。

例 6.5 设系统的状态空间模型为：

$$\begin{bmatrix} \dot{x}_1 \\ \dot{x}_2 \\ \dot{x}_3 \end{bmatrix} = \begin{bmatrix} 0 & 1 & 0 \\ 0 & 0 & 1 \\ -6 & -11 & -6 \end{bmatrix} \begin{bmatrix} x_1 \\ x_2 \\ x_3 \end{bmatrix} + \begin{bmatrix} 0 \\ 0 \\ 6 \end{bmatrix} u$$

$$y=\begin{bmatrix}1 & 0 & 0\end{bmatrix}\begin{bmatrix}x_1\\x_2\\x_3\end{bmatrix}$$

如果引入变换矩阵 P：

$$P=\begin{bmatrix}1 & 1 & 1\\-1 & -2 & -3\\1 & 4 & 9\end{bmatrix}$$

则新的状态向量为：

$$\overline{\boldsymbol{x}}=P^{-1}\boldsymbol{x}=\begin{bmatrix}3 & 2.5 & 0.5\\-3 & -4 & -1\\1 & 1.5 & 0.5\end{bmatrix}\begin{bmatrix}x_1\\x_2\\x_3\end{bmatrix}$$

变换后的新状态空间模型为：

$$\dot{\overline{\boldsymbol{x}}}=P^{-1}AP\overline{\boldsymbol{x}}+P^{-1}Bu$$
$$y=CP\overline{\boldsymbol{x}}$$

计算后得：

$$\begin{bmatrix}\dot{\overline{x}}_1\\\dot{\overline{x}}_2\\\dot{\overline{x}}_3\end{bmatrix}=\begin{bmatrix}-1 & 0 & 0\\0 & -2 & 0\\0 & 0 & -3\end{bmatrix}\begin{bmatrix}\overline{x}_1\\\overline{x}_2\\\overline{x}_3\end{bmatrix}+\begin{bmatrix}3\\-6\\3\end{bmatrix}u$$

$$y=\begin{bmatrix}1 & 1 & 1\end{bmatrix}\begin{bmatrix}\overline{x}_1\\\overline{x}_2\\\overline{x}_3\end{bmatrix}$$

上例中，通过坐标变换将原状态空间模型变换成 A 矩阵为对角线标准形的状态空间模型，从而分离了各个状态变量之间的相互联系，这种形式的状态空间模型无疑是十分有利于以后的系统分析和设计的，称具有这种形式系数矩阵 A 的状态空间模型为特征值标准形。

由矩阵代数的理论可知，对于特征值两两互异的矩阵 A，总可以选择非奇异变换矩阵

$$P=\begin{bmatrix}\boldsymbol{v}_1 & \boldsymbol{v}_2 & \cdots & \boldsymbol{v}_n\end{bmatrix} \tag{6.53}$$

将其转换成对角线标准形。其中，$v_1,v_2,\cdots,v_n$ 分别为对应于特征值 $\lambda_1,\lambda_2,\cdots,\lambda_n$ 的特征向量。

选择式（6.53）中的 P 作为等价变换的变换矩阵，可以将系统的状态空间模型变换成特征值标准形。

例 6.6 试将下列状态方程：

$$\dot{\boldsymbol{x}}=\begin{bmatrix}2 & -1 & -1\\0 & -1 & 0\\0 & 2 & 1\end{bmatrix}\boldsymbol{x}+\begin{bmatrix}7\\2\\3\end{bmatrix}u$$
$$y=\begin{bmatrix}1 & 0 & 0\end{bmatrix}\boldsymbol{x}$$

变换成对角线标准形。

（1）首先构造变换矩阵 P。为此计算系数矩阵 A 的特征向量。由系统特征方程：

$$|\lambda I-A|=(\lambda-2)(\lambda+1)(\lambda-1)=0$$

可得系统特征值：

$$\lambda_1 = 2, \quad \lambda_2 = 1, \quad \lambda_3 = -1$$

显然，它们两两互异。再通过求解：

$$\lambda_i \begin{bmatrix} v_{i1} \\ v_{i2} \\ v_{i3} \end{bmatrix} = \begin{bmatrix} 2 & -1 & -1 \\ 0 & -1 & 0 \\ 0 & 2 & 1 \end{bmatrix} \begin{bmatrix} v_{i1} \\ v_{i2} \\ v_{i3} \end{bmatrix}, \quad i = 1,2,3$$

可得一组特征向量：

$$\boldsymbol{v}_1 = \begin{bmatrix} 1 \\ 0 \\ 0 \end{bmatrix}, \quad \boldsymbol{v}_2 = \begin{bmatrix} 1 \\ 0 \\ 1 \end{bmatrix}, \quad \boldsymbol{v}_3 = \begin{bmatrix} 0 \\ 1 \\ -1 \end{bmatrix}$$

（2）构造变换矩阵并求逆：

$$P = [v_1, v_2, v_3] = \begin{bmatrix} 1 & 1 & 0 \\ 0 & 0 & 1 \\ 0 & 1 & -1 \end{bmatrix}, P^{-1} = \begin{bmatrix} 1 & -1 & -1 \\ 0 & 1 & 1 \\ 0 & 1 & 0 \end{bmatrix}$$

（3）依照等价系统系数矩阵之间的关系，计算变换后状态空间模型的系数矩阵：

$$\overline{A} = P^{-1}AP = \begin{bmatrix} 2 & 0 & 0 \\ 0 & 1 & 0 \\ 0 & 0 & -1 \end{bmatrix}$$

$$\overline{\boldsymbol{b}} = P^{-1}\boldsymbol{b} = \begin{bmatrix} 2 \\ 5 \\ 2 \end{bmatrix}$$

$$\overline{\boldsymbol{c}} = \boldsymbol{c}P = \begin{bmatrix} 1 & 1 & 0 \end{bmatrix}$$

（4）变换以后的对角线标准形为：

$$\dot{\overline{\boldsymbol{x}}} = \begin{bmatrix} 2 & 0 & 0 \\ 0 & 1 & 0 \\ 0 & 0 & -1 \end{bmatrix} \overline{\boldsymbol{x}} + \begin{bmatrix} 2 \\ 5 \\ 2 \end{bmatrix} u$$

图 6.9 显示了系统变换后的方框图。

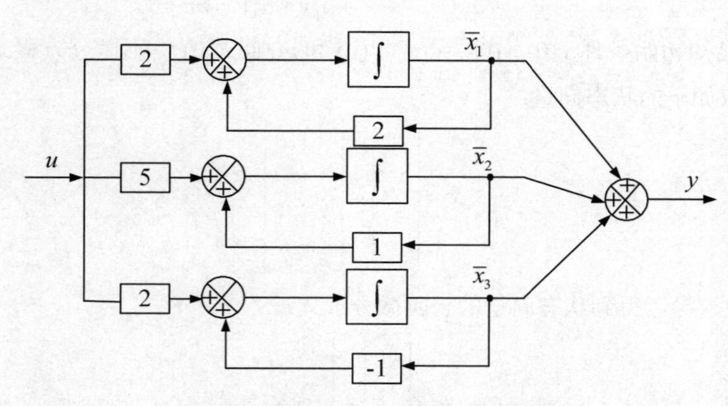

图 6.9　系统变换后的方框图

上述讨论的是系统特征值互异的情况。如果系统特征值包含重值的情况，其特征值规范形一般不再具有对角线形式，而是转换成一种称为约当标准形的规范形式。此时，系数矩阵 A 成为具有准对角线形的约当矩阵。

值得一提的是，系统的特征值标准形意味着系统状态在规范形式下可能实现的最简耦合。特别的，对于对角线标准形，系统各状态之间实现了完全解耦。

6.2 模型变换与实现问题

微分方程、传递函数与状态空间模型均可以对动态系统模型进行描述，因此它们之间必定能够相互转换。然而，由于微分方程与传递函数反映的是系统输入输出之间的关系，而状态空间模型引入了对系统内部运动状态的描述，因此由微分方程或传递函数向状态空间模型进行转换时，情况就变得较为复杂。对于线性系统，状态空间模型是与外部描述（如传递函数阵）外部等价的一个内部描述。一个传递函数阵能够描述具有无限多个内部不同结构的系统，这其中，必定具有维数最小的一类系统，这就引入了所谓系统最小实现问题。研究模型转换的目的在于理解系统不同描述下的结构特性，为采用各种系统分析和综合方法提供多种途径。为简便起见，本节主要介绍单输入单输出线性连续时不变系统的模型变换方法。

6.2.1 由微分方程模型转换为状态空间模型

微分方程与传递函数模型一样，描述的都是系统的输入输出关系。而根据输入输出关系所求得的状态空间模型并不是唯一的，理论上将有无穷多个内部结构能够反映相同的输入输出关系。这里只讨论单输入单输出系统的一种转换方法，目的在于了解这类模型转换的基本步骤。

假设系统的微分方程模型的一般形式为：

$$y^{(n)}+a_n y^{(n-1)}+\cdots+a_1\dot{y}+a_0 y=b_{n-1}u^{(m-1)}+b_{n-2}u^{(m-2)}+\cdots+b_0 u \tag{6.54}$$

这是一个线性微分方程，描述了线性系统的动态过程。下面分两种情况来讨论其状态空间模型的转化。

（1）输入函数中不含有导数项的情况

式（6.54）的一种简单情况是右边不含输入的导数项：

$$y^{(n)}+a_n y^{(n-1)}+\cdots+a_1\dot{y}+a_0 y=bu \tag{6.55}$$

此时，如果已知初始条件 $y(0),\dot{y}(0),\cdots,y^{(n-1)}(0)$ 和 $u(t)(t\geqslant 0)$，则微分方程式（6.55）的解存在且唯一。不妨取如下的状态向量：

$$\boldsymbol{x}=\begin{bmatrix}x_1\\x_2\\\vdots\\x_n\end{bmatrix}=\begin{bmatrix}y\\\dot{y}\\\vdots\\y^{(n-1)}\end{bmatrix} \tag{6.56}$$

将式（6.56）两边求导，得到状态向量的一阶微分形式：

$$\dot{\boldsymbol{x}}=\begin{bmatrix}\dot{x}_1\\\dot{x}_2\\\vdots\\\dot{x}_n\end{bmatrix}=\begin{bmatrix}\dot{y}\\\ddot{y}\\\vdots\\y^{(n)}\end{bmatrix} \tag{6.57}$$

将式（6.55）代入上式，可得状态方程：

$$\dot{x}=\begin{bmatrix}\dot{x}_1\\ \dot{x}_2\\ \vdots\\ \dot{x}_n\end{bmatrix}=\begin{bmatrix}x_2\\ x_3\\ \vdots\\ -a_0x_1-a_1x_2\cdots-a_{n-1}x_n+bu\end{bmatrix}$$

输出方程：

$$y=x_1$$

写成状态空间模型形式：

$$\dot{\boldsymbol{x}}=\begin{bmatrix}0 & 1 & 0 & \cdots & 0\\ 0 & 0 & 1 & \cdots & 0\\ \vdots & \vdots & \vdots & & \vdots\\ 0 & 0 & 0 & \cdots & 1\\ -a_0 & -a_1 & -a_2 & \cdots & -a_{n-1}\end{bmatrix}x+\begin{bmatrix}0\\ 0\\ \vdots\\ 0\\ b\end{bmatrix}u$$

$$y=\begin{bmatrix}1 & 0 & \cdots & 0 & 0\end{bmatrix}\boldsymbol{x}$$

例 6.7　设系统的微分方程模型为：

$$\dddot{y}+6\ddot{y}+41\dot{y}+7y=6u$$

试将其转换为状态空间模型。

依照式（6.56），选取输出 y 的各阶导数作为系统状态向量：

$$\boldsymbol{x}=\begin{bmatrix}x_1\\ x_2\\ x_3\end{bmatrix}=\begin{bmatrix}y\\ \dot{y}\\ \ddot{y}\end{bmatrix}$$

对上式求导，并将微分方程代入上式，有：

$$\dot{x}_3=\dddot{y}=-7x_1-41x_2-6x_3+6u$$

最后可得状态空间模型：

$$\begin{bmatrix}\dot{x}_1\\ \dot{x}_2\\ \dot{x}_3\end{bmatrix}=\begin{bmatrix}0 & 1 & 0\\ 0 & 0 & 1\\ -7 & -41 & -6\end{bmatrix}\begin{bmatrix}x_1\\ x_2\\ x_3\end{bmatrix}+\begin{bmatrix}0\\ 0\\ 6\end{bmatrix}u$$

$$y=\begin{bmatrix}1 & 0 & 0\end{bmatrix}\begin{bmatrix}x_1\\ x_2\\ x_3\end{bmatrix}$$

（2）输入函数中含有导数项的情况

对于微分方程式（6.54）的一般情况，通常不能像第一种情况下取输出 y 的各阶导数为状态向量，因为，此时所得状态方程的输入含有输入函数的各阶导数：

$$\dot{\boldsymbol{x}}=\begin{bmatrix}0 & 1 & 0 & \cdots & 0\\ 0 & 0 & 1 & \cdots & 0\\ \vdots & \vdots & \vdots & & \vdots\\ 0 & 0 & 0 & \cdots & 1\\ -a_0 & -a_1 & -a_2 & \cdots & -a_{n-1}\end{bmatrix}\boldsymbol{x}+\begin{bmatrix}0 & 0 & \cdots & 0\\ 0 & 0 & \cdots & 0\\ \vdots & \vdots & & \vdots\\ b_n & b_{n-1} & & b_0\end{bmatrix}\begin{bmatrix}u^{(n)}\\ u^{(n-1)}\\ \vdots\\ u\end{bmatrix}$$

这是我们所不希望看到的。为了消除这种现象，需要将输入函数 u 的各阶导数隐含到状态向量的各个分量中，为此我们构造图 6.10 的系统结构图。

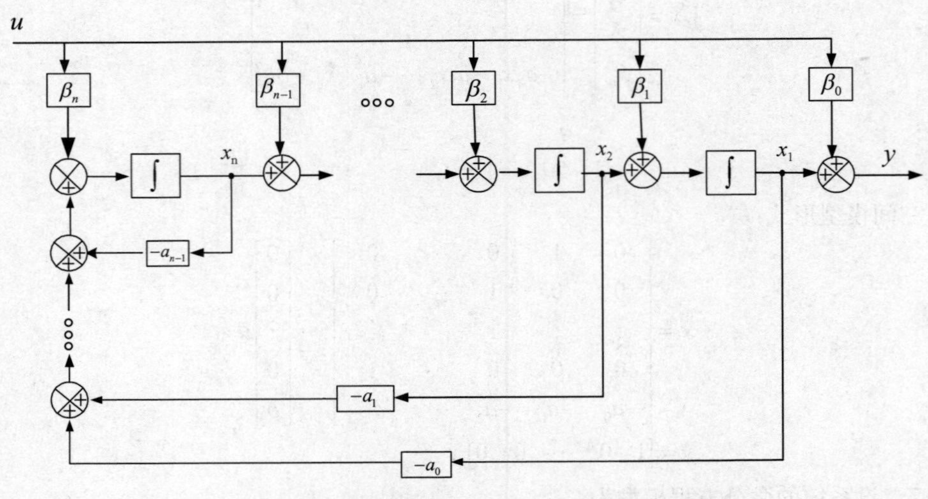

图 6.10　微分方程式（6.54）实现的系统结构图

图 6.10 中，如果取每个积分器的输出为状态变量，则有：

$$\begin{aligned}
&x_1 = y - \beta_0 u \\
&x_2 = \dot{x}_1 - \beta_1 u = \dot{y} - \beta_0 \dot{u} - \beta_1 u \\
&\cdots \\
&x_n = \dot{x}_{n-1} - \beta_{n-1} u = y^{(n-1)} - \beta_0 u^{(n-1)} - \beta_1 u^{(n-2)} \cdots - \beta_{n-1} u
\end{aligned} \tag{6.58}$$

对上式两边求导，并代入微分方程式（6.54），则有：

$$\begin{aligned}
&\dot{x}_1 = \dot{y} - \beta_0 \dot{u} = x_2 + \beta_1 u \\
&\dot{x}_2 = \ddot{y} - \beta_0 \ddot{u} - \beta_1 \dot{u} = x_3 + \beta_2 u \\
&\cdots \\
&\dot{x}_n = y^{(n)} - \beta_0 u^{(n)} - \beta_1 u^{(n-1)} \cdots \beta_{n-1} \dot{u} = -a_0 x_1 - a_1 x_2 \cdots - a_{n-1} x_n + \beta_n u
\end{aligned}$$

写成状态方程形式：

$$\dot{\boldsymbol{x}} = \begin{bmatrix} 0 & 1 & 0 & \cdots & 0 \\ 0 & 0 & 1 & \cdots & 0 \\ \vdots & \vdots & \vdots & & \vdots \\ 0 & 0 & 0 & \cdots & 1 \\ -a_0 & -a_1 & -a_2 & \cdots & -a_{n-1} \end{bmatrix} \boldsymbol{x} + \begin{bmatrix} \beta_1 \\ \beta_2 \\ \vdots \\ \beta_{n-1} \\ \beta_n \end{bmatrix} u \tag{6.59}$$

$$y = \begin{bmatrix} 1 & 0 & 0 & \cdots & 0 \end{bmatrix} \boldsymbol{x} + \beta_0 u \tag{6.60}$$

下面推导系统 $\beta_i (i = 0,1,\cdots,n)$ 的计算方法。

在式（6.58）中类似地引入中间变量：

$$x_{n+1} = \dot{x}_n - \beta_n u = y^{(n)} - \beta_0 u^{(n)} - \beta_1 u^{(n-1)} - \cdots - \beta_{n-1} \dot{u} - \beta_n u$$

变换其形式，有：

$$
\begin{aligned}
& y = x_1 + \beta_0 u \\
& \dot{y} = x_2 + \beta_0 \dot{u} + \beta_1 u \\
& \cdots \\
& y^{(n-1)} = x_n + \beta_0 u^{(n-1)} + \beta_1 u^{(n-2)} \cdots + \beta_{n-1} u \\
& y^{(n)} = x_{n+1} + \beta_0 u^{(n)} + \beta_1 u^{(n-1)} \cdots + \beta_{n-1} \dot{u} + \beta_n u
\end{aligned} \tag{6.61}
$$

将上式代入微分方程式（6.54）中，得到：

$$
\begin{aligned}
& -(x_{n+1} + a_{n-1} x_n + \cdots + a_1 x_2 + a_0 x_1) + (b_n - \beta_0) u^{(n)} + \\
& (b_{n-1} - \beta_1 - a_{n-1}\beta_0) u^{(n-1)} + (b_{n-2} - \beta_2 - a_{n-1}\beta_1 - a_{n-2}\beta_0) u^{(n-2)} + \cdots \\
& +(b_0 - \beta_n - a_{n-1}\beta_{n-1} - \cdots - a_1\beta_1 - a_0\beta_0) u = 0
\end{aligned}
$$

令上式中输入 u 的各阶项系数等于零，得到：

$$
\begin{aligned}
& \beta_0 = b_n \\
& \beta_1 = b_{n-1} - a_{n-1}\beta_0 \\
& \beta_2 = b_{n-2} - a_{n-1}\beta_1 - a_{n-2}\beta_0 \\
& \cdots \\
& \beta_n = b_0 - a_{n-1}\beta_{n-1} - \cdots - a_n\beta_1 - a_0\beta_0
\end{aligned} \tag{6.62}
$$

上式即为系数 $\beta_i (i = 0,1,\cdots,n)$ 的递推计算公式，它与微分方程输入输出的各阶项系数有关。

例 6.8　已知系统的微分方程模型：

$$
\dddot{y} + 28\ddot{y} + 196\dot{y} + 740y = 360\dot{u} + 440u
$$

将其转换为状态空间模型。

首先计算系统 $\beta_i (i = 0,1,2,3)$，将输入输出各阶导数的系数代入递推计算公式。

得到：

$$
\begin{aligned}
& \beta_0 = b_3 = 0 \\
& \beta_1 = b_2 - a_2\beta_0 = 0 \\
& \beta_2 = b_1 - a_2\beta_1 - a_1\beta_0 = 360 \\
& \beta_3 = b_0 - a_2\beta_2 - a_1\beta_1 - a_0\beta_0 = -9640
\end{aligned}
$$

设系统状态向量：

$$
\boldsymbol{x} = \begin{bmatrix} x_1 \\ x_2 \\ x_3 \end{bmatrix} = \begin{bmatrix} y + \beta_3 u \\ \dot{y} - \beta_3\dot{u} - \beta_2 u \\ \ddot{y} - \beta_3\ddot{u} - \beta_2\dot{u} - \beta_1 u \end{bmatrix} = \begin{bmatrix} y \\ \dot{y} \\ \ddot{y} - 360u \end{bmatrix}
$$

则根据式（6.59）和式（6.60）写出状态方程和输出方程：

$$
\dot{\boldsymbol{x}} = \begin{bmatrix} 0 & 1 & 0 \\ 0 & 0 & 1 \\ -740 & -196 & -28 \end{bmatrix} \boldsymbol{x} + \begin{bmatrix} 0 \\ 360 \\ -9640 \end{bmatrix} u
$$

$$
y = \begin{bmatrix} 1 & 0 & 0 \end{bmatrix} \begin{bmatrix} x_1 \\ x_2 \\ x_3 \end{bmatrix}
$$

可以看出，上面计算步骤中的关键在于递推计算系数 $\beta_i (i = 0,1,\cdots,n)$，其过程比较复杂。实际计算中，也可以先将微分方程模型写成传递函数模型，然后再利用 6.2.3 节介绍的方法将传递函数模型转换为状态空间模型。

6.2.2 由状态空间模型转换为传递函数模型

设多输入多输出线性定常系统的状态空间模型为：

$$\begin{aligned}\dot{\boldsymbol{x}} &= A\boldsymbol{x} + B\boldsymbol{u} \\ \boldsymbol{y} &= C\boldsymbol{x} + D\boldsymbol{u}\end{aligned} \tag{6.63}$$

式中，x 为 n 维状态向量，y 为 q 维输出向量，u 为 p 维输入向量。为了由系统的状态空间模型得到系统传递函数，首先将式（6.63）转换到复频域上去，对式（6.63）作 Laplace 变换：

$$\begin{aligned}sX(s) - X(0) &= AX(s) + BU(s) \\ Y(s) &= CX(s) + DU(s)\end{aligned}$$

经整理得：

$$\begin{aligned}X(s) &= (sI - A)^{-1}\left[x(0) + BU(s)\right] \\ Y(s) &= C(sI - A)^{-1}\left[x(0) + BU(s)\right] + DU(s)\end{aligned}$$

令初始状态 $x(0) = 0$，得到：

$$Y(s) = \left[C(sI - A)^{-1}B + D\right]U(s) = G(s)U(s) \tag{6.64}$$

特别的，对于单输入单输出系统，式（6.64）可写成传递函数形式：

$$G(s) = \frac{Y(s)}{U(s)} = C(sI - A)^{-1}B + D \tag{6.65}$$

上式即为转换后的传递函数模型。

例 6.9 已知系统的状态空间模型：

$$\dot{\boldsymbol{x}} = \begin{bmatrix} 0 & 1 & 0 \\ 0 & 0 & 1 \\ -6 & -11 & -6 \end{bmatrix}\boldsymbol{x} + \begin{bmatrix} 1 & 0 \\ 2 & -1 \\ 0 & 2 \end{bmatrix}u$$

$$y = \begin{bmatrix} 1 & -1 & 0 \\ 2 & 1 & -1 \end{bmatrix}\boldsymbol{x}$$

试计算其传递函数阵。

由式（6.65），有：

$$G(s) = C(sI - A)^{-1}B = \begin{bmatrix} 1 & -1 & 0 \\ 2 & 1 & -1 \end{bmatrix}\begin{bmatrix} s & -1 & 0 \\ 0 & s & -1 \\ 6 & 11 & s+6 \end{bmatrix}^{-1}\begin{bmatrix} 1 & 0 \\ 2 & -1 \\ 0 & 2 \end{bmatrix}$$

其中，

$$(sI - A)^{-1} = \frac{\mathrm{adj}(sI - A)}{|sI - A|} = \frac{1}{s^3 + 6s^2 + 11s + 6}\begin{bmatrix} s^2 + 6s + 11 & s+6 & 1 \\ -6 & s(s+6) & s \\ -6s & -11s - 6 & s^2 \end{bmatrix}$$

最终计算得系统的传递函数阵：

$$G(s)=\frac{1}{s^3+6s^2+11s+6}\begin{bmatrix}-s^2-4s+29 & s^2+3s-4\\ 4s^2+56s+52 & -3s^2-17s-14\end{bmatrix}$$

Matlab 中提供的 ss2tf 函数可以将系统状态空间模型变换成相应的传递函数模型。调用格式为：

[num, den] = ss2tf (A, B, C, D, iu)

其中，A, B, C, D 为状态空间模型当中的系数矩阵；iu 用于指定变换所使用的第几个输入量；返回结果中，den 为传递函数的分母多项式的系数，按 s 降幂排列；num 为按照降幂排列的分子多项式的系数。对于例 6.9，相应的 Matlab 程序如下。

```
% Example 6.9
A = [0 1 0; 0 0 1; -6 -11 -6];
B = [1 0; 2 -1; 0 2];
C = [1 -1 0; 2 1 -1];
D = [0 0; 0 0];
[num1, den1] = ss2tf (A, B, C, D, 1);     % 计算相对第一输入的传递函数
[num2, den2] = ss2tf (A, B, C, D, 2);     % 计算相对第二输入的传递函数
disp(‘ Transfer function of Input1-Output1:’）;
tf(num1(1,:),den1)      % 显示第一输入与第一输出之间的传递函数
disp(‘ Transfer function of Input1-Output2:’);
tf(num1(2,:),den1)      % 显示第一输入与第二输出之间的传递函数
disp(‘ Transfer function of Input2-Output1:’);
tf(num2(1,:),den2)      % 显示第二输入与第一输出之间的传递函数
disp(‘ Transfer function of Input2-Output2:’);
tf(num2(2,:),den2)      % 显示第二输入与第二输出之间的传递函数
```

计算结果为：

```
Transfer function of Input1-Output1:
        -s^2 - 4 s + 29
      ----------------------
      s^3 + 6 s^2 + 11 s + 6
Transfer function of Input1-Output2:
        4 s^2 + 56 s + 52
      ----------------------
      s^3 + 6 s^2 + 11 s + 6
Transfer function of Input2-Output1:
          s^2 + 3 s - 4
      ----------------------
      s^3 + 6 s^2 + 11 s + 6
Transfer function of Input2-Output2:
        -3 s^2 - 17 s - 14
      ----------------------
      s^3 + 6 s^2 + 11 s + 6
```

最后需要强调的是，对于同一个系统，由于状态向量选取不同，其状态空间模型具有不同的形式，然而其传递函数阵是不变的，这称为系统的传递函数阵不变性。

下面简单证明这一结论。

假设对式（6.63）作非奇异变换 $x = P\bar{x}$，则可得到等价系统：

$$\begin{aligned} \dot{\bar{x}} &= \bar{A}\bar{x} + \bar{B}u \\ y &= \bar{C}\bar{x} + \bar{D}u \end{aligned} \tag{6.66}$$

其中，$\bar{A} = P^{-1}AP, \bar{B} = P^{-1}B, \bar{C} = CP, \bar{D} = D$。则对应于式（6.66）的传递函数阵为：

$$\begin{aligned} \bar{G}(s) &= \bar{C}(sI - \bar{A})^{-1}\bar{B} + \bar{D} \\ &= CP(sI - P^{-1}AP)^{-1}P^{-1}B + D \\ &= C[P(sI - P^{-1}AP)P^{-1}]^{-1}B + D \\ &= C(sI - A)^{-1}B + D \\ &= G(s) \end{aligned}$$

因此，等价系统式（6.63）与式（6.66）具有相同的传递函数阵。这个结论从物理意义上也很容易理解。既然等价系统描述的是具有相同输入输出外部特性的同一系统的不同内部描述，其反映输入输出关系的传递函数阵自然是相同的。

6.2.3 由传递函数模型转换为状态空间模型

由系统的传递函数模型求取其状态空间模型，称为传递函数模型的实现问题，所求到的状态空间模型称为该传递函数的一个实现。一旦将一个传递函数模型转换成为状态空间模型，就可以通过运算放大器等电路构造一个具有该传递函数模型的实际系统，其中采用一阶积分器的输出代表状态变量，积分器的个数等于系统状态变量的个数，也即系统的维数。“实现”一词故而得名。显然，对于一个具体的传递函数模型，必有无穷多个实现。一方面体现在状态空间模型的状态向量选择不同，另一方面，其状态空间模型的维数也可能不同。其中，必有一类系统具有最小的维数，称为最小实现问题。

定义 6.2 对于一个给定的传递函数阵 $G(s)$，若有一状态空间模型 Σ：

$$\begin{aligned} \dot{x} &= Ax + Bu \\ y &= Cx + Du \end{aligned} \tag{6.67}$$

满足：

$$C(sI - A)^{-1}B + D = G(s)$$

则称该状态空间模型 Σ 为传递函数阵 $G(s)$ 的一个实现。

需要指出的是，并不是所有的传递函数阵都可以找到其实现。通常只有满足物理可实现性，即传递函数阵各元素为真有理分式的情况下，才具有其实现。此时，传递函数阵 $G(s)$ 中的每个元素 $G_{ij}(s)(i = 1, 2, \cdots, q, j = 1, 2, \cdots, p)$ 的分子分母多项式的系数均为实常数，而且 $G_{ij}(s)$ 的分子多项式的最高阶次低于或等于分母多项式的最高阶次。当 $G_{ij}(s)$ 的分子多项式的最高阶次低于分母多项式的最高阶次时，称 $G_{ij}(s)$ 为严格真有理分式。因此，$G(s)$ 中所有元素均是严格真有理分式，对应于 $\Sigma(A, B, C)$ 形式的实现；而 $G(s)$ 中至少有一个元素的分子分母多项式最高阶次相等时，对应的实现具有 $\Sigma(A, B, C, D)$ 的形式。

对于一个具体的传递函数阵，寻找其实现的方法多种多样。不同的方法所得到的实现形式也不同。通常的做法是采用分式分解的方法，将一个 n 阶传递函数分解为 n 个一阶传递函数，而一阶传递函数的实现是很容易建立的。为简单起见，本节将着重以单输入单输出二阶系统为例，介绍几种常用的传递函数分解方法，如直接分解、串联分解和并联分解等。其计算步骤和结论对于一般n阶系统均适用。

1. 直接分解

直接分解通过引入一个中间变量，将传递函数的输入输出通道联系起来。设二阶系统的传递函数形式为：

$$G(s)=\frac{Y(s)}{U(s)}=\frac{b_2s^2+b_1s+b_0}{a_2s^2+a_1s+a_0} \tag{6.68}$$

分子分母同时除以s的最高次数项s^2，同时引入一中间变量$M(s)$：

$$G(s)=\frac{Y(s)}{U(s)}=\frac{(b_2+b_1s^{-1}+b_0s^{-2})M(s)}{(a_2+a_1s^{-1}+a_0s^{-2})M(s)} \tag{6.69}$$

将输入输出通道分开写，有：

$$U(s)=(a_2+a_1s^{-1}+a_0s^{-2})M(s)$$
$$Y(s)=(b_2+b_1s^{-1}+b_0s^{-2})M(s)$$

进一步，可得：

$$M(s)=\frac{1}{a_2}U(s)-\frac{a_1}{a_2}s^{-1}M(s)-\frac{a_0}{a_2}s^{-2}M(s)$$
$$Y(s)=b_2M(s)+b_1s^{-1}M(s)+b_0s^{-2}M(s)$$

可取状态变量：

$$x_1=L^{-1}(s^{-2}M(s))$$
$$x_2=L^{-1}(s^{-1}M(s))$$

显然，有：

$$\dot{x}_1=x_2$$

$$\dot{x}_2=L^{-1}(M(s))=-\frac{a_1}{a_2}x_1-\frac{a_0}{a_2}x_2+\frac{1}{a_2}u$$

$$y=b_2\left(\frac{1}{a_2}u-\frac{a_1}{a_2}x_2-\frac{a_0}{a_2}x_1\right)+b_1x_2+b_0x_1$$
$$=\left(b_0-b_2\frac{a_0}{a_2}\right)x_1+\left(b_1-b_2\frac{a_1}{a_2}\right)x_2+\frac{b_2}{a_2}u$$

写成矩阵形式，得到系统的一个实现为：

$$\begin{bmatrix}\dot{x}_1\\ \dot{x}_2\end{bmatrix}=\begin{bmatrix}0 & 1\\ -\frac{a_0}{a_2} & -\frac{a_1}{a_2}\end{bmatrix}\begin{bmatrix}x_1\\ x_2\end{bmatrix}+\begin{bmatrix}0\\ \frac{1}{a_2}\end{bmatrix}u \tag{6.70a}$$

$$y=\begin{bmatrix}\left(b_0-b_2\frac{a_0}{a_2}\right) & \left(b_1-b_2\frac{a_1}{a_2}\right)\end{bmatrix}\begin{bmatrix}x_1\\ x_2\end{bmatrix}+\begin{bmatrix}\frac{b_2}{a_2}\end{bmatrix}u \tag{6.70b}$$

其系统结构图如图6.11所示。

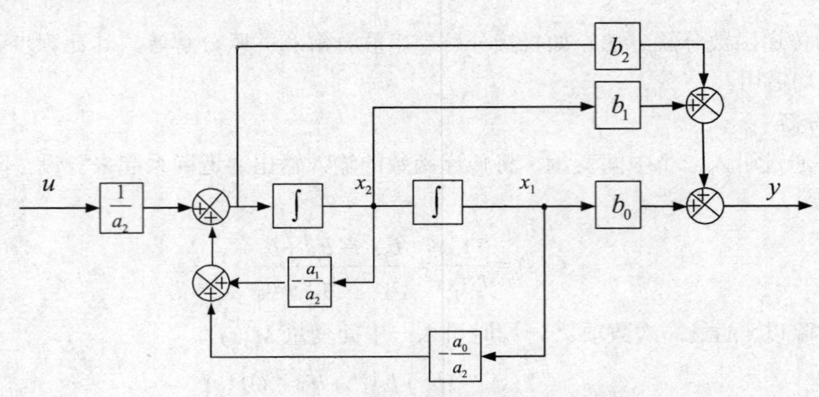

图 6.11　二阶系统直接分解实现方框图

2. 串联分解

顾名思义，串联分解的方法是将系统分解为多个一阶系统的串联形式。为此，需要将传递函数写成多个一阶传递函数相乘的形式。以二阶系统为例，设系统已分解为如下的因式形式：

$$G(s)=\frac{Y(s)}{U(s)}=\left(\frac{s+z_1}{s+p_1}\right)\left(\frac{s+z_2}{s+p_2}\right) \tag{6.71}$$

很明显，这个传递函数可视作两个一阶传递函数的串联：

$$G_1(s)=\frac{s+z_1}{s+p_1}=1+\frac{z_1-p_1}{s+p_1}$$

$$G_2(s)=\frac{s+z_2}{s+p_2}=1+\frac{z_2-p_2}{s+p_2}$$

其系统方框图如图 6.12 所示。

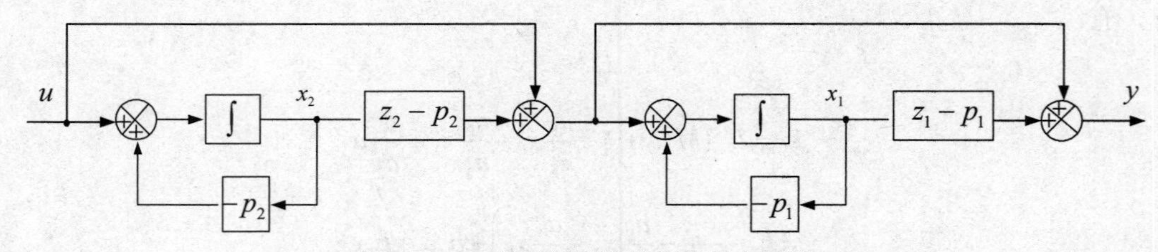

图 6.12　二阶系统串联分解实现方框图

一般指定每个积分器的输出为状态变量，于是可得系统的状态方程模型为：

$$\begin{bmatrix}\dot{x}_1\\ \dot{x}_2\end{bmatrix}=\begin{bmatrix}-p_1 & z_2-p_2\\ 0 & -p_2\end{bmatrix}\begin{bmatrix}x_1\\ x_2\end{bmatrix}+\begin{bmatrix}1\\ 1\end{bmatrix}u \tag{6.72a}$$

$$y=\begin{bmatrix}(z_1-p_1) & (z_2-p_2)\end{bmatrix}\begin{bmatrix}x_1\\ x_2\end{bmatrix}+u \tag{6.72b}$$

需要指出的是，串联分解所得到的状态空间模型具有良好的性质，如其状态变量往往具有明显的物理含义，在状态方程的系数阵中，传递函数的每对零极点相互不关联，因而可以方便地讨论系统零极点对系统动态性能的影响。

3. 并联分解

并联分解方法的主要思想是将系统分解为 n 个一阶系统的并联组合形式。为此，需要将传递函数展开成部分分式形式。然而对于极点互异和存在重极点的情况应区别对待。

仍然以二阶系统为例。

（1）对于极点 p_1 和 p_2 互异的情况，传递函数式（6.71）可以写成：

$$G(s)=\frac{k_1}{s+p_1}+\frac{k_2}{s+p_2} \tag{6.73}$$

其中，

$$k_i=\lim_{s\to -p_i} G(s)(s+p_i) \quad (i=1,2) \tag{6.74}$$

系统结构图如图 6.13 所示。

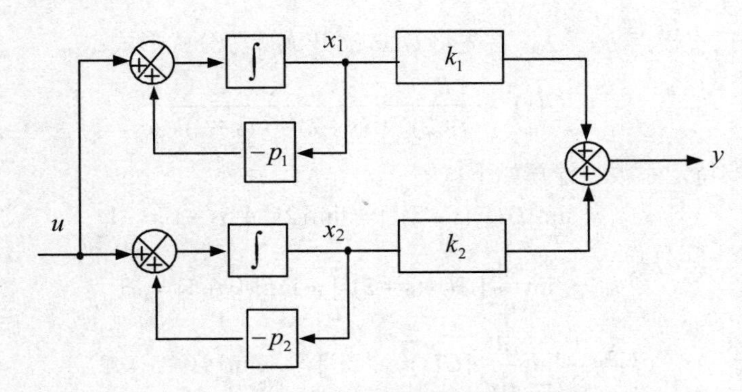

图 6.13　二阶系统极点互异情况下的并联分解实现

以一阶积分器的输出作为状态变量，可得系统状态空间模型：

$$\begin{bmatrix}\dot{x}_1\\ \dot{x}_2\end{bmatrix}=\begin{bmatrix}-p_1 & 0\\ 0 & -p_2\end{bmatrix}\begin{bmatrix}x_1\\ x_2\end{bmatrix}+\begin{bmatrix}1\\ 1\end{bmatrix}u \tag{6.75a}$$

$$y=\begin{bmatrix}k_1 & k_2\end{bmatrix}\begin{bmatrix}x_1\\ x_2\end{bmatrix} \tag{6.75b}$$

（2）对于系统存在 n 重根 p 的情况，此时系统传递函数可写成如下部分分式形式：

$$G(s)=\frac{k_1}{(s+p)^n}+\frac{k_2}{(s+p)^{n-1}}+\cdots+\frac{k_n}{(s+p)} \tag{6.76}$$

其中，系数 $k_i(i=1,\cdots,n)$ 为：

$$k_i=\lim_{s\to -p}\frac{1}{(i-1)!}\frac{\mathrm{d}^{i-1}}{\mathrm{d}s^{i-1}}[G(s)(s+p)^n] \tag{6.77}$$

相应的系统方框图如图 6.14 所示。

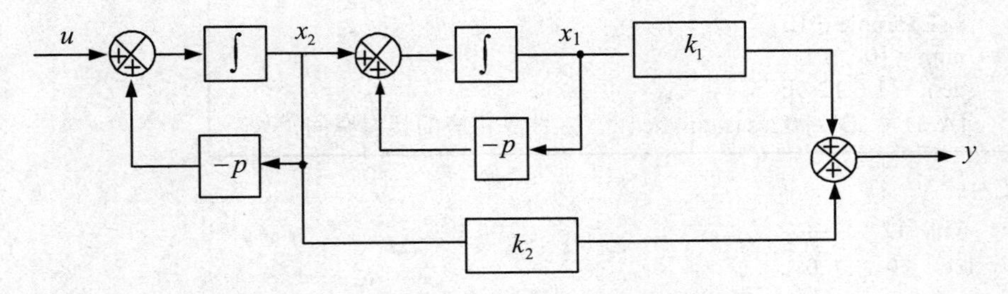

图 6.14　二阶系统重根情况下的并联分解实现

从前面的介绍可知，此时的状态空间实现为如下的约当标准形：

$$\begin{bmatrix}\dot{x}_1\\ \dot{x}_2\end{bmatrix}=\begin{bmatrix}-p & 1\\ 0 & -p\end{bmatrix}\begin{bmatrix}x_1\\ x_2\end{bmatrix}+\begin{bmatrix}0\\ 1\end{bmatrix}u \tag{6.78a}$$

$$y=\begin{bmatrix}k_1 & k_2\end{bmatrix}\begin{bmatrix}x_1\\ x_2\end{bmatrix} \tag{6.78b}$$

例 6.10 设系统的传递函数为：

$$G(s)=\frac{2s^2+5s+1}{(s+2)^3}$$

试计算其状态空间实现。

系统存在一个三重极点 $p=-2$，首先将 $G(s)$ 展开成部分分式形式：

$$G(s)=\frac{k_1}{(s+2)^3}+\frac{k_2}{(s+2)^2}+\frac{k_3}{(s+2)}$$

按照式（6.77）求取待定系数，计算如下：

$$k_1=\lim_{s\to-2}[G(s)(s+2)^3]=\lim_{s\to-2}[2s^2+5s+1]=-1$$

$$k_2=\lim_{s\to-2}\frac{\mathrm{d}}{\mathrm{d}s}[G(s)(s+2)^3]=\lim_{s\to-2}[4s+5]=-3$$

$$k_3=\frac{1}{2}\lim_{s\to-2}\frac{\mathrm{d}^2}{\mathrm{d}s^2}[G(s)(s+2)^3]=\frac{1}{2}\lim_{s\to-2}[4s+5]=2$$

最终由式（6.78）可得系统实现为：

$$\begin{bmatrix}\dot{x}_1\\ \dot{x}_2\\ \dot{x}_3\end{bmatrix}=\begin{bmatrix}2 & 1 & 0\\ 0 & 2 & 1\\ 0 & 0 & 2\end{bmatrix}\begin{bmatrix}x_1\\ x_2\\ x_3\end{bmatrix}+\begin{bmatrix}0\\ 0\\ 1\end{bmatrix}u$$

$$y=\begin{bmatrix}-1 & -3 & 2\end{bmatrix}\begin{bmatrix}x_1\\ x_2\\ x_3\end{bmatrix}$$

Matlab 中的 tf2ss 函数能够用于求取单输入系统传递函数模型的一种实现，调用格式是：

[A, B, C, D] = tf2ss (num, den)

输入参数中，den 对应于传递函数中按照降幂排列的分母多项式的系数；num 为一个矩阵，每行对应一个输出的分子多项式系数，其行数等于输出的个数。输出的参数分别对应于转换后的状态空间模型的系数矩阵。

对于例 6.10，编写 Matlab 程序如下。

```
% Example 6.10
num = [0 2 5 1];
den = [1 6 12 8];
[A, B, C, D] = tf2ss (num, den);    % 计算相应的状态空间模型
```

计算结果为：

```
A =    -6    -12    -8
        1      0     0
        0      1     0
```

```
B =  1
     0
     0
C =  2    5    1
D =  0
```

tf2ss 函数计算得到的是一种称为第二可观标准形的实现。

最后我们再来讨论一下传递函数实现的一些基本属性。传递函数阵 $G(s)$ 的实现 $\Sigma(A,B,C,D)$ 满足强不唯一性。即对传递函数阵 $G(s)$，不仅其实现结果不唯一，而且其实现维数也不唯一。最小实现定义为传递函数阵 $G(s)$ 的所有实现 $\Sigma(A,B,C,D)$ 中维数最小的一类实现。本质上，最小实现是外部等价于 $G(s)$ 的一个结构最简状态空间模型。对传递函数阵 $G(s)$，不同实现间一般不存在等价关系，但其所有最小实现间必具有等价关系。

上述所讨论的几种分解方法中，系统实现的维数均等于系统阶数，因此都是原传递函数的最小实现。对于一些特殊情况，例如传递函数分子分母存在零极点对消情况下的系统实现问题，以及系统的能控能观性实现等满足特定条件的实现问题，情况将变得比较复杂。

6.3 线性连续定常系统状态方程的解

为了了解系统状态随时间的演化过程，需要求解状态方程：

$$\dot{\boldsymbol{x}} = A\boldsymbol{x} + B\boldsymbol{u} \tag{6.79}$$

即系统在输入 $u(t)(t \geqslant t_0)$ 作用下，其状态变量的运动轨迹 $x(t)(t \geqslant t_0)$。这种运动本质上都可以归结为相应状态的一种转移，从而引入了状态转移矩阵的概念。在系统的状态空间描述方法中，状态转移矩阵是一个十分重要的概念，它能够清楚地反映系统内部状态的运动规律，使线性系统的状态响应建立在统一的表达式基础上。为简便起见，本节主要讨论线性连续定常系统的状态转移矩阵及状态响应的求解方法。

6.3.1 状态转移矩阵

为了能对状态转移矩阵有一个直观的概念，我们首先来考虑齐次线性定常状态方程：

$$\dot{\boldsymbol{x}} = A\boldsymbol{x} \tag{6.80}$$

其解为：

$$\boldsymbol{x}(t) = e^{At}\boldsymbol{x}(0) \tag{6.81}$$

也可以写成：

$$\boldsymbol{x}(t) = e^{A(t-t_0)}\boldsymbol{x}(t_0) \tag{6.82}$$

矩阵指数函数 e^{At} 是一个与 A 同维的矩阵，它将系统初始状态向量 $\boldsymbol{x}(t_0)$ 变换为当前时刻状态向量 $\boldsymbol{x}(t)$。并且满足：

$$e^{A(t-t_0)}\Big|_{t=t_0} = e^{A0} = I \tag{6.83}$$

e^{At} 作为一个状态向量的变换矩阵，能够随着时间的推移，将初始状态变换为不断演化的状态向量，状态向量的矢端在状态空间形成一条轨迹，如图 6.15 所示。因此，e^{At} 起到一种状态转移的作用，因此称它为式（6.80）的状态转移矩阵，用 $\Phi(t)$ 表示。

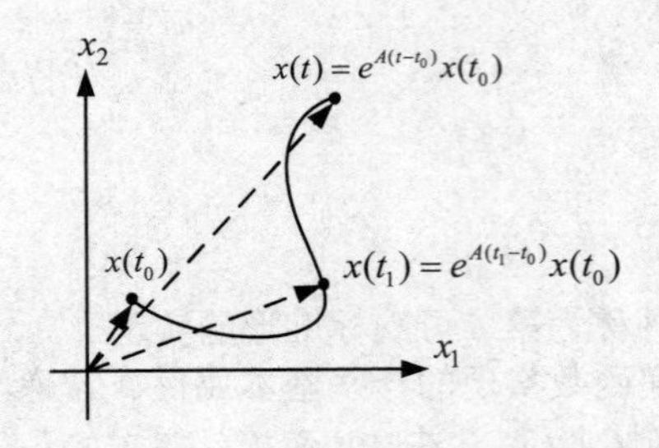

图 6.15　状态转移矩阵示意图

例 6.11　已知控制系统状态方程：

$$\dot{\boldsymbol{x}}=\begin{bmatrix}0&1&0\\1&0&0\\0&2&0\end{bmatrix}\boldsymbol{x}$$

计算其状态转移矩阵。

对于连续线性定常系统，其状态转移矩阵：

$$\Phi(t)=e^{At}$$

计算矩阵指数函数 e^{At} 的方法有多种，这里采用 Laplace 反变换的方法进行计算。

首先计算 $(sI-A)^{-1}$：

$$(sI-A)^{-1}=\begin{bmatrix}s&-1&0\\-1&s&0\\0&-2&s\end{bmatrix}^{-1}=\frac{1}{s^3-s}\begin{bmatrix}s^2&s&0\\s&s^2&0\\2&2s&s^2-1\end{bmatrix}$$

$$=\begin{bmatrix}\dfrac{0.5}{s+1}+\dfrac{0.5}{s-1}&\dfrac{0.5}{s-1}-\dfrac{0.5}{s+1}&0\\\dfrac{0.5}{s-1}-\dfrac{0.5}{s+1}&\dfrac{0.5}{s+1}+\dfrac{0.5}{s-1}&0\\\dfrac{1}{s+1}+\dfrac{1}{s-1}-\dfrac{2}{s}&\dfrac{1}{s-1}-\dfrac{1}{s+1}&\dfrac{1}{s}\end{bmatrix}$$

取 Laplace 反变换，得：

$$\Phi(t)=e^{At}=\begin{bmatrix}0.5(e^t+e^{-t})&0.5(e^t-e^{-t})&0\\0.5(e^t-e^{-t})&0.5(e^t+e^{-t})&0\\e^t+e^{-t}-2&e^t-e^{-t}&1\end{bmatrix}$$

例 6.12　已知某二阶系统齐次状态方程 $\dot{\boldsymbol{x}}=A\boldsymbol{x}$ 的解为：

当 $\boldsymbol{x}(0)=\begin{bmatrix}2\\1\end{bmatrix}$时，$\boldsymbol{x}(t)=\begin{bmatrix}2e^{-t}\\e^{-t}\end{bmatrix}$；当 $\boldsymbol{x}(0)=\begin{bmatrix}1\\1\end{bmatrix}$时，$\boldsymbol{x}(t)=\begin{bmatrix}e^{-t}+2te^{-t}\\e^{-t}+te^{-t}\end{bmatrix}$，试计算该系统的状态转移矩阵。

根据定义 $\boldsymbol{x}(t)=\Phi(t)\boldsymbol{x}(0)$，可写出如下方程：

$$\begin{bmatrix}2e^{-t}&e^{-t}+2te^{-t}\\e^{-t}&e^{-t}+te^{-t}\end{bmatrix}=\begin{bmatrix}\Phi_{11}(t)&\Phi_{12}(t)\\\Phi_{21}(t)&\Phi_{22}(t)\end{bmatrix}\begin{bmatrix}2&1\\1&1\end{bmatrix}$$

$$\Phi(t)=\begin{bmatrix}\Phi_{11}(t) & \Phi_{12}(t)\\ \Phi_{21}(t) & \Phi_{22}(t)\end{bmatrix}=\begin{bmatrix}2e^{-t} & e^{-t}+2te^{-t}\\ e^{-t} & e^{-t}+te^{-t}\end{bmatrix}\begin{bmatrix}2 & 1\\ 1 & 1\end{bmatrix}^{-1}$$

$$=\begin{bmatrix}e^{-t}-2e^{-t} & 4te^{-t}\\ -te^{-t} & e^{-t}+2te^{-t}\end{bmatrix}$$

要掌握状态转移矩阵的概念，关键在于掌握状态转移矩阵的基本性质。对于式（6.80），其状态转移矩阵具有如下性质：

（1）性质一：

$$\frac{\mathrm{d}}{\mathrm{d}t}\Phi(t-t_0)=A\Phi(t-t_0) \tag{6.84}$$

$$\Phi(t_0-t_0)=\Phi(0)=I \tag{6.85}$$

（2）性质二：状态转移矩阵的传递性。

$$\Phi(t_2-t_1)\Phi(t_1-t_0)=\Phi(t_2-t_0) \tag{6.86}$$

证明：根据状态转移矩阵的定义式（6.81），有：

$$\boldsymbol{x}(t_2)=\Phi(t_2-t_1)x(t_1) \tag{6.87}$$

$$\boldsymbol{x}(t_1)=\Phi(t_1-t_0)x(t_0) \tag{6.88}$$

$$\boldsymbol{x}(t_2)=\Phi(t_2-t_0)x(t_0) \tag{6.89}$$

从而有：

$$\boldsymbol{x}(t_2)=\Phi(t_2-t_1)\Phi(t_1-t_0)x(t_0)=\Phi(t_2-t_0)x(t_0)$$

上式中隐含了解的唯一性，因此得到：

$$\Phi(t_2-t_1)\Phi(t_1-t_0)=\Phi(t_2-t_0)$$

（3）性质三：状态转移矩阵的逆。

$$\Phi^{-1}(t-t_0)=\Phi(t_0-t) \tag{6.90}$$

证明：根据性质（1）和（2），有：

$$\Phi(t-t_0)\Phi(t_0-t)=\Phi(t-t)=I$$

性质（3）得证。

（4）性质四：

$$\Phi(t_1+t_2)=\Phi(t_1)\Phi(t_2)=\Phi(t_2)\Phi(t_1) \tag{6.91}$$

证明：根据定义：

$$\Phi(t_1+t_2)=e^{A(t_1+t_2)}=e^{At_1}e^{At_2}=\Phi(t_1)\Phi(t_2)$$

$$\Phi(t_1+t_2)=e^{A(t_2+t_1)}=e^{At_2}e^{At_1}=\Phi(t_2)\Phi(t_1)$$

得证。

例 6.13　已知系统的状态转移矩阵

$$\Phi(t)=\begin{bmatrix}2e^{-t}-e^{-2t} & 2(e^{-2t}-e^{-t})\\ e^{-t}-e^{-2t} & 2e^{-2t}-e^{-t}\end{bmatrix}$$

计算系统矩阵 A。

根据性质（1），有：

$$\frac{\mathrm{d}}{\mathrm{d}t}\Phi(t)=A\Phi(t)$$

若取 $t=0$，则：

$$A\Phi(t)\Big|_{t=0}=A\Phi(0)=A=\frac{\mathrm{d}}{\mathrm{d}t}\Phi(t)\Big|_{t=0}=\frac{\mathrm{d}}{\mathrm{d}t}\begin{bmatrix}2e^{-t}-e^{-2t} & 2(e^{-2t}-e^{-t})\\ e^{-t}-e^{-2t} & 2e^{-2t}-e^{-t}\end{bmatrix}_{t=0}$$

$$=\begin{bmatrix}-2e^{-t}+2e^{-2t} & 2(-2e^{-2t}+e^{-t})\\ -e^{-t}+2e^{-2t} & -4e^{-2t}+e^{-t}\end{bmatrix}_{t=0}=\begin{bmatrix}0 & -2\\ 0 & -3\end{bmatrix}$$

例 6.14 已知齐次状态方程 $\dot{x}=Ax$ 的状态转移矩阵为：

$$\Phi(t)=\begin{bmatrix}2e^{-t}-e^{-2t} & e^{-t}-e^{-2t}\\ -2e^{-t}+2e^{-2t} & -e^{-2t}+2e^{-2t}\end{bmatrix}$$

试求其逆矩阵 $\Phi^{-1}(t)$。

不必对矩阵求逆，直接由性质（3）可得：

$$\Phi(t)^{-1}=\Phi(-t)=\begin{bmatrix}2e^{t}-e^{2t} & e^{t}-e^{2t}\\ -2e^{t}+2e^{2t} & -e^{2t}+2e^{2t}\end{bmatrix}$$

6.3.2 状态方程的解析解

状态转移矩阵的一个重要应用是基于状态转移矩阵求解式（6.79）的系统响应表达式。对于非齐次方程式（6.79），将方程两边乘 e^{-At}，得：

$$e^{-At}(\dot{\boldsymbol{x}}-A\boldsymbol{x})=e^{-At}B\boldsymbol{u}$$

即：

$$\frac{\mathrm{d}}{\mathrm{d}t}\left[e^{-At}\boldsymbol{x}\right]=e^{-At}B\boldsymbol{u}$$

将上式两边积分，得到：

$$\int_{t_0}^{t}\frac{\mathrm{d}}{\mathrm{d}t}e^{-A\tau}\boldsymbol{x}(\tau)\mathrm{d}\tau=\int_{t_0}^{t}e^{-A\tau}B\boldsymbol{u}(\tau)\mathrm{d}\tau$$

于是有：

$$e^{-A\tau}\boldsymbol{x}(\tau)\Big|_{t_0}^{t}=\int_{t_0}^{t}e^{-A\tau}B\boldsymbol{u}(\tau)\mathrm{d}\tau$$

展开并整理得：

$$\boldsymbol{x}(t)=e^{A(t-t_0)}\boldsymbol{x}(t_0)+\int_{t_0}^{t}e^{A(t-\tau)}B\boldsymbol{u}(\tau)\mathrm{d}\tau \tag{6.92}$$

或者

$$\boldsymbol{x}(t)=\Phi(t-t_0)\boldsymbol{x}(t_0)+\int_{t_0}^{t}\Phi(t-\tau)B\boldsymbol{u}(\tau)\mathrm{d}\tau \tag{6.93}$$

上式即为式（6.79）的状态响应方程。可以看出，非齐次状态方程式（6.79）的状态响应由两部分构成，第一部分 $\Phi(t-t_0)\boldsymbol{x}(t_0)$ 在输入为零的情况下仅与系统初态有关，称为**零输入响应**；第二部分 $\int_{t_0}^{t}\Phi(t-\tau)B\boldsymbol{u}(\tau)d\tau$ 在初态为零的条件下仅与输入有关，称为**零初态响应**。式（6.92）和式（6.93）描述了系统在输入 $u(t)$ 激励作用下，系统状态从初态 $\boldsymbol{x}(t_0)$ 出发到当前时刻 t 的状态运动轨迹，因此又称为**状态转移方程**。

式（6.92）给出了线性定常式（6.79）状态响应的解析解。然而，该方程计算起来相对复杂，实际中也可以采用 Laplace 反变换的方法进行求解。下面通过一个具体例子来说明这两种方法的应用。

例 6.15　已知状态方程：

$$\begin{bmatrix}\dot{x}_1\\ \dot{x}_2\end{bmatrix}=\begin{bmatrix}0 & 1\\ -2 & -3\end{bmatrix}\begin{bmatrix}x_1\\ x_2\end{bmatrix}+\begin{bmatrix}0\\ 1\end{bmatrix}u \qquad \begin{bmatrix}x_1(0)\\ x_2(0)\end{bmatrix}=\begin{bmatrix}1\\ 1\end{bmatrix}$$

试确定系统在单位阶跃信号输入激励下的状态响应表达式。

（1）状态转移矩阵法

首先确定状态转移矩阵，利用 6.3.1 节介绍的方法，求得状态转移矩阵：

$$\Phi(t)=e^{At}=\begin{bmatrix}2e^{-t}-e^{-2t} & e^{-t}-e^{-2t}\\ -2e^{-t}+2e^{-2t} & -e^{-t}+2e^{-2t}\end{bmatrix}$$

由式（6.93），有：

$$x(t)=\begin{bmatrix}2e^{-t}-e^{-2t} & e^{-t}-e^{-2t}\\ -2e^{-t}+2e^{-2t} & -e^{-t}+2e^{-2t}\end{bmatrix}\begin{bmatrix}x_1(0)\\ x_2(0)\end{bmatrix}$$
$$+\int_0^t\begin{bmatrix}2e^{-(t-\tau)}-e^{-2(t-\tau)} & e^{-(t-\tau)}-e^{-2(t-\tau)}\\ -2e^{-(t-\tau)}+2e^{-2(t-\tau)} & -e^{-(t-\tau)}+2e^{-2(t-\tau)}\end{bmatrix}\begin{bmatrix}0\\ 1\end{bmatrix}1(\tau)\mathrm{d}\tau$$

其中，零输入响应：

$$\begin{bmatrix}2e^{-t}-e^{-2t} & e^{-t}-e^{-2t}\\ -2e^{-t}+2e^{-2t} & -e^{-t}+2e^{-2t}\end{bmatrix}\begin{bmatrix}x_1(0)\\ x_2(0)\end{bmatrix}=\begin{bmatrix}3e^{-t}-2e^{-2t}\\ -3e^{-t}+4e^{-2t}\end{bmatrix}$$

零初态响应：

$$\int_0^t\begin{bmatrix}e^{-(t-\tau)}-e^{-2(t-\tau)}\\ -e^{-(t-\tau)}+2e^{-2(t-\tau)}\end{bmatrix}\mathrm{d}\tau=\begin{bmatrix}\int_0^t(e^{-(t-\tau)}-e^{-2(t-\tau)})\mathrm{d}\tau\\ \int_0^t(-e^{-(t-\tau)}+2e^{-2(t-\tau)})\mathrm{d}\tau\end{bmatrix}=\begin{bmatrix}(e^{-(t-\tau)}-e^{-2(t-\tau)})\big|_0^t\\ (-e^{-(t-\tau)}+2e^{-2(t-\tau)})\big|_0^t\end{bmatrix}$$
$$=\begin{bmatrix}\dfrac{1}{2}-e^{-t}+\dfrac{1}{2}e^{-2t}\\ e^{-t}-e^{-2t}\end{bmatrix}$$

于是得状态响应表达式：

$$\begin{bmatrix}x_1(t)\\ x_2(t)\end{bmatrix}=\begin{bmatrix}\dfrac{1}{2}+2e^{-t}-\dfrac{3}{2}e^{-2t}\\ -2e^{-t}+3e^{-2t}\end{bmatrix}$$

（2）Laplace 反变换法

对系统状态方程作 Laplace 变换：

$$X(s)=(sI-A)^{-1}x(0)+(sI-A)^{-1}BU(s)$$

因为

$$sI-A=\begin{bmatrix}s & -1\\ 2 & s+3\end{bmatrix}$$

$$(sI-A)^{-1}=\frac{1}{s^2+3s+2}\begin{bmatrix}s+3 & 1\\ -2 & s\end{bmatrix}$$

因此

$$X(s)=\frac{1}{s^2+3s+2}\begin{bmatrix}s+3 & 1\\ -2 & s\end{bmatrix}\begin{bmatrix}1\\1\end{bmatrix}+\frac{1}{s^2+3s+2}\begin{bmatrix}s+3 & 1\\ -2 & s\end{bmatrix}\begin{bmatrix}0\\1\end{bmatrix}\frac{1}{s}$$

$$=\frac{1}{s^2+3s+2}\begin{bmatrix}s+4\\ s-2\end{bmatrix}+\frac{1}{s^2+3s+2}\begin{bmatrix}\frac{1}{s}\\ 1\end{bmatrix}=\frac{1}{s^2+3s+2}\begin{bmatrix}s+4+\frac{1}{s}\\ s-1\end{bmatrix}$$

$$=\begin{bmatrix}\frac{1}{2s}+\frac{2}{s+1}-\frac{3}{2(s+2)}\\ -\frac{2}{s+1}+\frac{3}{s+2}\end{bmatrix}$$

对上式作 Laplace 反变换：

$$\boldsymbol{x}(t)=L^{-1}(X(s))=\begin{bmatrix}\frac{1}{2}+2e^{-t}-\frac{3}{2}e^{-2t}\\ -2e^{-t}+3e^{-2t}\end{bmatrix}$$

6.4　离散系统的状态空间模型

在前面讨论的系统状态空间模型当中，系统各部分的信号均是时间的连续函数。如果系统的某些部分的信号是离散的，则该系统称为离散时间系统，简称离散系统。离散系统又分为两种情况：第一种情况是，整个系统中的信号均是离散信号，所有系统状态变量都是离散量，此时可由描述系统输入输出关系的差分方程或者脉冲传递函数得到一个描述内部离散状态的一阶差分方程组；另一种情况是，状态变量当中既有连续的模拟量，也有离散量。为了采用统一的离散状态方程描述，就需要对其中连续的状态变量离散化。例如采用计算机控制的采样控制系统，就需要首先对连续时间的控制对象进行离散化。

6.4.1　离散系统状态方程模型

设系统状态 $\boldsymbol{x}=\begin{bmatrix}x_1 & x_2 & \cdots & x_n\end{bmatrix}^T$，输入 $\boldsymbol{u}=\begin{bmatrix}u_1 & u_2 & \cdots & u_p\end{bmatrix}^T$，输出 $\boldsymbol{y}=\begin{bmatrix}y_1 & y_2 & \cdots & y_q\end{bmatrix}^T$，则离散线性定常系统状态空间模型的一般形式为：

$$\begin{aligned}\boldsymbol{x}(k+1)&=G\boldsymbol{x}(k)+H\boldsymbol{u}(k),\quad k=0,1,2,\cdots\\ \boldsymbol{y}(k)&=C\boldsymbol{x}(k)+D\boldsymbol{u}(k)\end{aligned}\tag{6.94}$$

其中，称 $n\times n$ 阵 G 为系统矩阵，$n\times p$ 阵 H 为输入矩阵，$q\times n$ 阵 C 为输出矩阵，$q\times p$ 阵 D 为传输矩阵。

从式（6.94）可以看出，离散系统的状态空间模型具有与连续系统状态空间模型不同的特点。离散系统的状态方程为差分方程而不是微分方程，系统所有变量都只能在离散时刻 k 上取值，状态空间模型只反映离散时刻上信号变量间的传递关系。

对离散时间线性系统，其状态空间模型的方框图如图 6.16 所示。相对连续线性系统，离散线性系统采用“一步延迟环节”替代了“一阶积分环节”，其物理实现有移位寄存器、延迟器等。

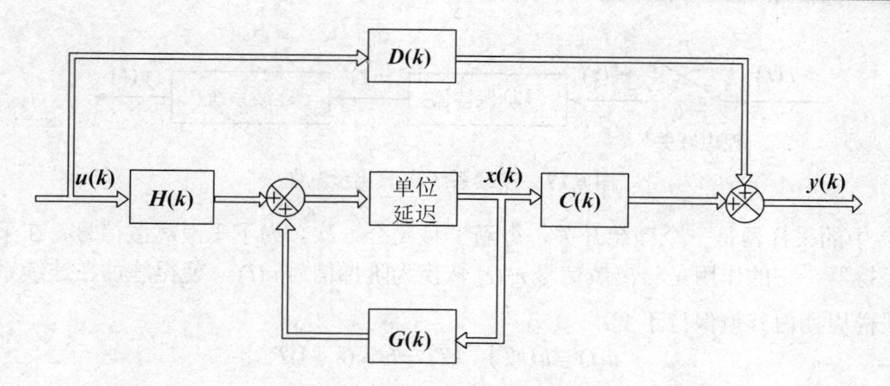

图 6.16 离散线性系统的方框图

例 6.16 城乡人口分布问题的状态空间模型 下面我们讨论一个经过简化的城乡人口分布动态模型。假设某个国家 2001 年城乡人口的分布是：城镇人口为 1000 万，农村人口为 9000 万。人口的自然流动情况是，每年有 4%上一年城镇人口迁移去农村，同时有 2%上一年农村人口迁移去城镇。整个国家的人口增长率为 1%。希望能够反映该国家城乡人口分布的状态空间模型。

设 k 代表年份，例如令 $k=0$ 代表 2001 年。$u(k)$ 为第 k 年所采取的激励性政策控制手段，例如一个单位正控制措施可激励 50000 城镇人口流向农村，而一个单位负控制措施会导致 50000 农村人口变为城镇人口。

首先选择状态变量，考虑到问题中城镇人口 $x_1(k)$ 和农村人口 $x_2(k)$ 的线性无关性，取城镇人口 $x_1(k)$ 和农村人口 $x_2(k)$ 为状态变量；另外取政策控制 $u(k)$ 为输入变量，全国人口数 $y(k)$ 为输出变量。

下面建立离散状态方程和输出方程。基于问题的描述，第 $k+1$ 年相比第 k 年的人口迁移、增长和控制等关系，可以写出反映第 $k+1$ 年城镇人口和农村人口分布的状态方程为：

$$x_1(k+1)=1.01\times(1-0.04)x_1(k)+1.01\times0.02x_2(k)+1.01\times5\times10^4u(k) \tag{6.95}$$

$$x_2(k+1)=1.01\times0.04x_1(k)+1.01\times(1-0.02)x_2(k)-1.01\times5\times10^4u(k) \tag{6.96}$$

其中，$k=0,1,2,\cdots$。输出方程：

$$y(k)=x_1(k)+x_2(k) \tag{6.97}$$

最后写成矩阵形式，得离散状态空间模型：

$$\begin{gathered}\begin{bmatrix}x_1(k+1)\\x_2(k+1)\end{bmatrix}=G\begin{bmatrix}x_1(k)\\x_2(k)\end{bmatrix}+Hu(k),\quad k=0,1,2,\cdots\\ y(k)=C\begin{bmatrix}x_1(k)\\x_2(k)\end{bmatrix}+Du(k)\end{gathered} \tag{6.98}$$

其中，各系数矩阵：

$$G=\begin{bmatrix}0.9696 & 0.0202\\0.0404 & 0.9898\end{bmatrix}，H=\begin{bmatrix}5.05\times10^4\\-5.05\times10^4\end{bmatrix}，C=\begin{bmatrix}1 & 1\end{bmatrix}，D=0$$

上述讨论的对象都是所有状态变量本身是离散量的离散系统。对于存在连续状态的部分离散系统，需要通过时间采样将连续状态方程离散化为离散状态方程。离散化的过程可用图 6.17 表示。

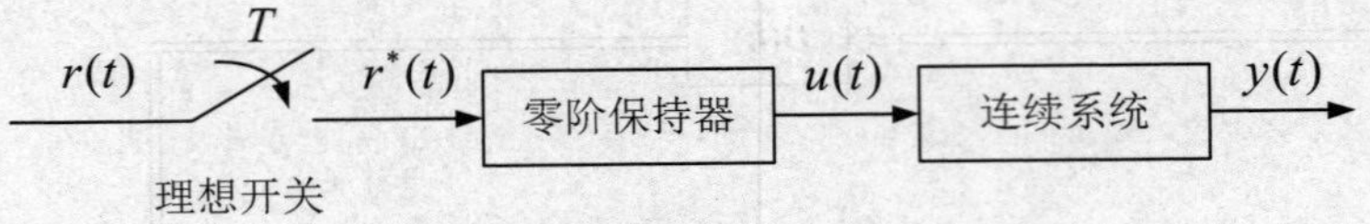

图 6.17　连续系统离散化示意图

图 6.17 中的采样器是一个理想开关，每隔 T 秒闭合一次。为了平滑离散信号，在采样器后串联一零阶保持器，它的作用是将离散信号 $r^*(t)$ 转换为阶梯信号 $u(t)$，使得施加在连续系统上的输入信号在采样周期内其值保持不变：

$$u(t)=u(kT) \quad kT\leqslant t\leqslant (k+1)T \tag{6.99}$$

在上述假设下，根据连续系统状态方程的求解过程，即可得到连续系统的离散化状态空间模型。

设连续线性系统状态空间模型：

$$\begin{aligned}\dot{\boldsymbol{x}}&=A\boldsymbol{x}+B\boldsymbol{u}\\ \boldsymbol{y}&=C\boldsymbol{x}+D\boldsymbol{u}\end{aligned} \tag{6.100}$$

其状态响应表示为：

$$\boldsymbol{x}(t)=\Phi(t-t_0)\boldsymbol{x}(t_0)+\int_{t_0}^{t}\Phi(t-\tau)B\boldsymbol{u}(\tau)\mathrm{d}\tau \tag{6.101}$$

考虑 $kT\leqslant t\leqslant (k+1)T$ 时间段的状态响应，即对上式取 $t_0=kT$，$t=(k+1)T$，于是：

$$\boldsymbol{x}[(k+1)T]=\Phi(T)\boldsymbol{x}(kT)+\int_{kT}^{(k+1)T}\Phi[(k+1)T-\tau]B\boldsymbol{u}(\tau)\mathrm{d}\tau \tag{6.102}$$

在零阶保持器的作用下，在 $kT\leqslant t\leqslant (k+1)T$ 时间段内，系统输入 $\boldsymbol{u}(t)=\boldsymbol{u}(kT)$，代入上式：

$$\boldsymbol{x}[(k+1)T]=\Phi(T)\boldsymbol{x}(kT)+\int_{kT}^{(k+1)T}\Phi[(k+1)T-\tau]B\boldsymbol{u}(kT)\mathrm{d}\tau \tag{6.103}$$

令：

$$t=(k+1)T-\tau \tag{6.104}$$

式（6.103）可进一步写成：

$$\boldsymbol{x}[(k+1)T]=\Phi(T)\boldsymbol{x}(kT)+\int_{0}^{T}\Phi(\tau)\mathrm{d}\tau B\boldsymbol{u}(kT) \tag{6.105}$$

如果假设：

$$G(T)=\Phi(T)=e^{AT},\quad H(T)=\int_0^T\Phi(t)B\mathrm{d}t \tag{6.106}$$

则连续线性系统式（6.100）在采样周期为 T 下的离散化系统模型为：

$$\boldsymbol{x}[(k+1)T]=G(T)\boldsymbol{x}(kT)+H(T)\boldsymbol{u}(kT) \tag{6.107a}$$

$$\boldsymbol{y}(kT)=C\boldsymbol{x}(kT)+D\boldsymbol{u}(kT) \tag{6.107b}$$

例 6.17　已知连续系统状态方程：

$$\begin{bmatrix}\dot{x}_1\\ \dot{x}_2\end{bmatrix}=\begin{bmatrix}0 & 1\\ 0 & -2\end{bmatrix}\begin{bmatrix}x_1\\ x_2\end{bmatrix}+\begin{bmatrix}0\\ 1\end{bmatrix}u$$

试计算在采样周期 T 时的离散化方程。

由式（6.106），首先应确定系统的状态转移矩阵：

$$\Phi(t)=e^{At}=L^{-1}[sI-A]^{-1}=L^{-1}\begin{bmatrix}s & 1\\ 0 & s+2\end{bmatrix}^{-1}=L^{-1}\begin{bmatrix}\dfrac{1}{s} & \dfrac{1}{s(s+2)}\\ 0 & \dfrac{1}{s+2}\end{bmatrix}=\begin{bmatrix}1 & \dfrac{1}{2}(1-e^{-2t})\\ 0 & e^{-2t}\end{bmatrix}$$

由此可计算 $G(T)$ 和 $H(T)$：

$$G(T)=\Phi(T)=\begin{bmatrix}1 & \frac{1}{2}(1-e^{-2T})\\ 0 & e^{-2T}\end{bmatrix}$$

$$H(T)=\int_0^T\Phi(t)B\mathrm{d}t=\int_0^T\begin{bmatrix}1 & \frac{1}{2}(1-e^{-2t})\\ 0 & e^{-2t}\end{bmatrix}\mathrm{d}t\begin{bmatrix}0\\1\end{bmatrix}=\int_0^T\begin{bmatrix}\frac{1}{2}(1-e^{-2t})\\ e^{-2t}\end{bmatrix}\mathrm{d}t=\begin{bmatrix}\frac{1}{2}T+\frac{1}{4}e^{-2T}-\frac{1}{4}\\ -\frac{1}{2}e^{-2T}+\frac{1}{2}\end{bmatrix}$$

因此，系统离散化状态方程为：

$$\begin{bmatrix}x_1[(k+1)T]\\ x_2[(k+1)T]\end{bmatrix}=\begin{bmatrix}1 & \frac{1}{2}(1-e^{-2T})\\ 0 & e^{-2T}\end{bmatrix}\begin{bmatrix}x_1(kT)\\ x_2(kT)\end{bmatrix}+\begin{bmatrix}\frac{1}{2}T+\frac{1}{4}e^{-2T}-\frac{1}{4}\\ -\frac{1}{2}e^{-2T}+\frac{1}{2}\end{bmatrix}u(kT)$$

例 6.18　设一闭环离散系统的结构图如图 6.18 所示，试计算闭环离散系统的状态空间模型。

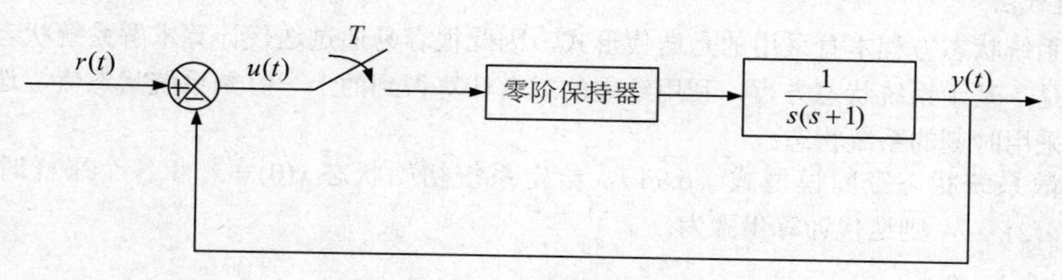

图 6.18　闭环离散系统方框图

首先列写开环连续系统的状态空间模型：

$$\begin{bmatrix}\dot{x}_1\\ \dot{x}_2\end{bmatrix}=\begin{bmatrix}0 & 1\\ 0 & -1\end{bmatrix}\begin{bmatrix}x_1\\ x_2\end{bmatrix}=\begin{bmatrix}0\\ 1\end{bmatrix}u$$

$$y=\begin{bmatrix}1 & 0\end{bmatrix}\begin{bmatrix}x_1\\ x_2\end{bmatrix}$$

将上述系统离散化，采样周期为 T：

$$G(T)=e^{AT}=L^{-1}(sI-A)^{-1}=\begin{bmatrix}1 & 1-e^{-T}\\ 0 & e^{-T}\end{bmatrix}$$

$$H(T)=\int_0^T e^{AT}B\mathrm{d}t=\begin{bmatrix}T-1+e^{-T}\\ 1-e^{-T}\end{bmatrix}$$

得到开环离散系统的状态方程和输出方程：

$$\begin{bmatrix}x_1(k+1)T\\ x_2(k+1)T\end{bmatrix}=\begin{bmatrix}1 & 1-e^{-T}\\ 0 & e^{-T}\end{bmatrix}\begin{bmatrix}x_1(kT)\\ x_2(kT)\end{bmatrix}+\begin{bmatrix}T-1+e^{-T}\\ 1-e^{-T}\end{bmatrix}u(kT)$$

$$y(kT)=\begin{bmatrix}1 & 0\end{bmatrix}\begin{bmatrix}x_1(kT)\\ x_2(kT)\end{bmatrix}$$

最后计算闭环系统状态空间模型。由于：

$$u(kT)=r(kT)-y(kT)=r(kT)-Cx(kT)$$

将上式代入开环系统模型，并经过整理，最终可得闭环系统状态空间模型：

$$\begin{bmatrix} x_1(k+1)T \\ x_2(k+1)T \end{bmatrix} = \begin{bmatrix} 2-T-e^{-T} & 1-e^{-T} \\ e^{-T}-1 & e^{-T} \end{bmatrix} \begin{bmatrix} x_1(kT) \\ x_2(kT) \end{bmatrix} + \begin{bmatrix} T-1+e^{-T} \\ 1-e^{-T} \end{bmatrix} r(kT)$$

$$y(kT) = \begin{bmatrix} 1 & 0 \end{bmatrix} \begin{bmatrix} x_1(kT) \\ x_2(kT) \end{bmatrix}$$

6.4.2 离散状态方程的求解

离散系统能够描述社会、经济、工程等领域大量离散动态问题的数学模型，同时目前应用广泛的计算机既采用控制系统也采用离散系统状态空间模型进行描述。相比连续系统的状态空间模型，离散系统状态空间模型采用一阶差分方程形式描述，因此其状态响应计算相对简单，且容易用计算机编程实现。

通常离散系统状态方程的求解有两种方法：迭代法和 Z 变换法。前者计算简单，适合于计算机编程计算，但不能得到其解析解形式；后者计算相对复杂一些，但可以得到其解析解。

1．迭代法

离散系统状态方程本身采用的是迭代形式，因此很容易通过迭代计算求解系统状态响应。迭代的思路是，基于系统状态方程，利用给定的或者计算得到的上一时刻系统状态值，迭代地计算出下一个采用时刻的系统状态。

对离散系统状态空间模型式（6.94），给定系统初始状态 $x(0)=x_0$ 和各个采样时刻的输入 $u(0),u(1),u(2),\cdots$，则迭代计算步骤为：

（1）令 $k=0$。

（2）对给定的 $G(k)$，$H(k)$ 和 $\boldsymbol{u}(k)$，以及已知的 $x(k)$，计算：

$$\boldsymbol{x}(k+1) = G(k)\boldsymbol{x}(k) + H(k)\boldsymbol{u}(k)$$

（3）令 $k=k+1$。

（4）重复计算步骤（2），直到满足系统要求。

上述迭代计算过程可得到如下的递推公式：

$$x(k) = G^k x(0) + \sum_{i=0}^{k-1} G^{k-i-1} Hu(i), \quad k=1,2,\cdots \tag{6.108}$$

如果设离散线性定常系统的状态转移矩阵 $\Phi(k)$，则上式可以写成状态转移矩阵形式：

$$x(k) = \Phi(k)\boldsymbol{x}(0) + \sum_{i=0}^{k-1} \Phi(k-i-1) H\boldsymbol{u}(i), \quad k=1,2,\cdots \tag{6.109}$$

例 6.19 定义离散系统状态方程：

$$\begin{bmatrix} x_1(k+1) \\ x_2(k+1) \end{bmatrix} = \begin{bmatrix} 0 & 1 \\ 1 & \cos k\pi \end{bmatrix} \begin{bmatrix} x_1(k) \\ x_2(k) \end{bmatrix} + \begin{bmatrix} \sin(k\pi/2) \\ 1 \end{bmatrix} u(k), \quad \begin{bmatrix} x_1(0) \\ x_2(0) \end{bmatrix} = \begin{bmatrix} 1 \\ 1 \end{bmatrix}$$

输入为：

$$u(k) = \begin{cases} 1, & k=0,2,4,\cdots \\ -1, & k=1,3,5,\cdots \end{cases}$$

计算该系统在 $k=0,1,2$ 时刻的状态响应。

（1）计算 $x(1)$。由：

$$G(0)=\begin{bmatrix}0&1\\1&1\end{bmatrix},\quad H(0)=\begin{bmatrix}0\\1\end{bmatrix},\quad u(0)=1,\quad \begin{bmatrix}x_1(0)\\x_2(0)\end{bmatrix}=\begin{bmatrix}1\\1\end{bmatrix}$$

求得：

$$\begin{bmatrix}x_1(1)\\x_2(1)\end{bmatrix}=\begin{bmatrix}0&1\\1&1\end{bmatrix}\begin{bmatrix}1\\1\end{bmatrix}+\begin{bmatrix}0\\1\end{bmatrix}=\begin{bmatrix}1\\3\end{bmatrix}$$

（2）计算 $x(2)$。由：

$$G(1)=\begin{bmatrix}0&1\\1&-1\end{bmatrix},\quad H(1)=\begin{bmatrix}1\\1\end{bmatrix},\quad u(1)=-1,\quad \begin{bmatrix}x_1(1)\\x_2(1)\end{bmatrix}=\begin{bmatrix}1\\3\end{bmatrix}$$

求得：

$$\begin{bmatrix}x_1(2)\\x_2(2)\end{bmatrix}=\begin{bmatrix}0&1\\1&-1\end{bmatrix}\begin{bmatrix}1\\3\end{bmatrix}+\begin{bmatrix}-1\\-1\end{bmatrix}=\begin{bmatrix}2\\-3\end{bmatrix}$$

（3）计算 $x(3)$。由：

$$G(2)=\begin{bmatrix}0&1\\1&1\end{bmatrix},\quad H(2)=\begin{bmatrix}0\\1\end{bmatrix},\quad u(2)=1,\quad \begin{bmatrix}x_1(2)\\x_2(2)\end{bmatrix}=\begin{bmatrix}2\\-3\end{bmatrix}$$

求得：

$$\begin{bmatrix}x_1(3)\\x_2(3)\end{bmatrix}=\begin{bmatrix}0&1\\1&1\end{bmatrix}\begin{bmatrix}2\\-3\end{bmatrix}+\begin{bmatrix}0\\1\end{bmatrix}=\begin{bmatrix}-3\\0\end{bmatrix}$$

2. Z 变换法

对于离散系统状态方程：

$$\boldsymbol{x}(k+1)=G\boldsymbol{x}(k)+H\boldsymbol{u}(k) \tag{6.110}$$

对上式进行 Z 变换：

$$zX(z)-z\boldsymbol{x}(0)=GX(z)+HU(z) \tag{6.111}$$

因此有：

$$X(z)=(zI-G)^{-1}z\boldsymbol{x}(0)+(zI-G)^{-1}HU(z) \tag{6.112}$$

对上式进行 Z 反变换：

$$\boldsymbol{x}(k)=Z^{-1}[(zI-G)^{-1}z\boldsymbol{x}(0)]+Z^{-1}[(zI-G)^{-1}HU(z)] \tag{6.113}$$

与连续系统类似，式（6.113）右边第一项与第二项分别称为零输入响应和零初态响应。

比较式（6.113）和式（6.109），可得离散系统状态转移矩阵

$$\Phi(k)=Z^{-1}[(zI-G)^{-1}z]$$

例 6.20　用 Z 反变换法计算如下系统的状态响应。

$$\boldsymbol{x}(k+1)=G\boldsymbol{x}(k)+Hu(k)$$

$$G=\begin{bmatrix}0&1\\-0.16&-1\end{bmatrix}\quad H=\begin{bmatrix}1\\1\end{bmatrix}\quad u(k)=1,k=0,1,2,\cdots$$

系统初态为：

$$\boldsymbol{x}(0)=\begin{bmatrix}1\\-1\end{bmatrix}$$

计算：

$$(zI-G)^{-1}=\begin{bmatrix} z & -1 \\ 0.16 & z+1 \end{bmatrix}^{-1}=\frac{1}{(z+0.2)(z+0.8)}\begin{bmatrix} z+1 & 1 \\ -0.16 & z \end{bmatrix}$$

$$=\begin{bmatrix} \frac{4}{3}\left(\frac{z}{z+0.2}\right)-\frac{1}{3}\left(\frac{z}{z+0.8}\right) & \frac{5}{3}\left(\frac{z}{z+0.2}\right)-\frac{5}{3}\left(\frac{z}{z+0.8}\right) \\ -\frac{0.8}{3}\left(\frac{z}{z+0.2}\right)+\frac{0.8}{3}\left(\frac{z}{z+0.8}\right) & -\frac{1}{3}\left(\frac{z}{z+0.2}\right)+\frac{4}{3}\left(\frac{z}{z+0.8}\right) \end{bmatrix}$$

由于$U(z)=\dfrac{z}{z-1}$，从而：

$$X(z)=(zI-G)^{-1}zx(0)+(zI-G)^{-1}HU(z)$$

$$=\begin{bmatrix} \dfrac{(z^2+2)z}{(z+0.2)(z+0.8)(z-1)} \\ \dfrac{(-z^2+1.84z)z}{(z+0.2)(z+0.8)(z-1)} \end{bmatrix}=\begin{bmatrix} -\frac{17}{6}\left(\frac{z}{z+0.2}\right)+\frac{22}{9}\left(\frac{z}{z+0.8}\right)+\frac{25}{18}\left(\frac{z}{z-1}\right) \\ \frac{3.4}{6}\left(\frac{z}{z+0.2}\right)-\frac{17.6}{9}\left(\frac{z}{z+0.8}\right)+\frac{7}{18}\left(\frac{z}{z-1}\right) \end{bmatrix}$$

对$X(z)$取Z反变换，得：

$$\boldsymbol{x}(k)=Z^{-1}[X(z)]=\begin{bmatrix} -\frac{17}{6}(-0.2)^k+\frac{22}{9}(-0.8)^k+\frac{25}{18} \\ \frac{34}{6}(-0.2)^k-\frac{17.6}{9}(-0.8)^k+\frac{7}{18} \end{bmatrix}$$

习题六

6.1　建立图 6.19 所示电路的状态空间模型，要求选择$v_1(t)$和$v_2(t)$作为状态变量。

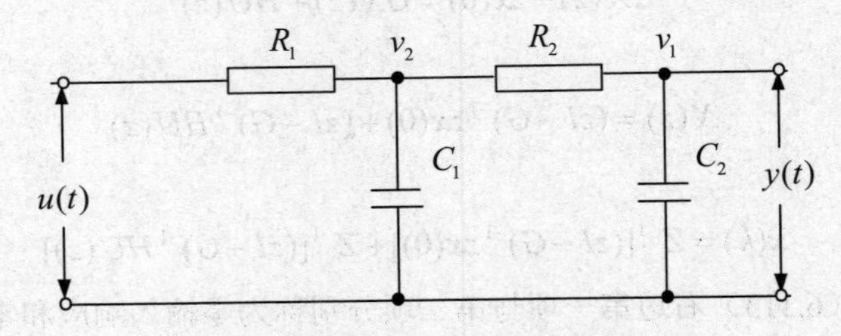

图 6.19　题 6.1 中的电路示意图

6.2　图 6.20 所示为登月舱在月球软着陆的示意图。设m为登月舱质量，g为月球表面重力加速度，$-k\dot{m}$为反向推力，k为常数，y为登月舱相对月球表面着陆点的距离。指定状态变量$x_1=y$，$x_2=\dot{y}$，$x_3=m$，系统输入变量$u=\dot{m}$，试写出该系统的状态空间模型。

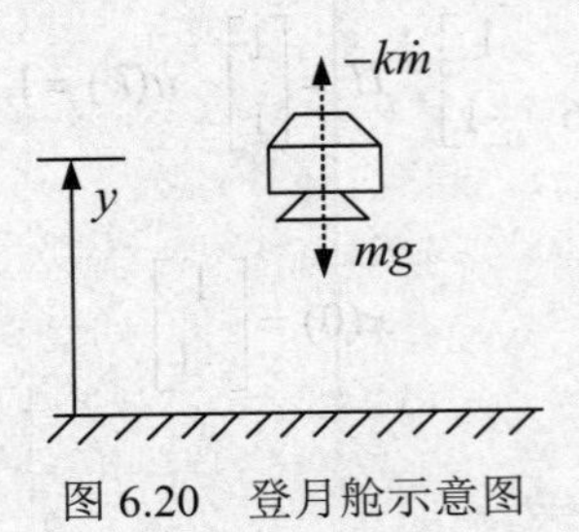

图 6.20　登月舱示意图

6.3　试建立图 6.21 所示弹簧阻尼系统的状态空间模型。

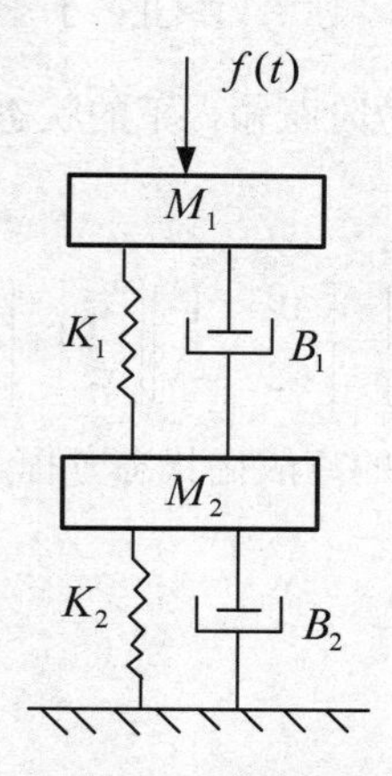

图 6.21　题 6.3 中的弹簧阻尼系统示意图

6.4　将下列微分方程模型转换为状态空间模型。

（1）$\dddot{y}+2\ddot{y}+6\dot{y}+3y=5u$

（2）$\dddot{y}+8\ddot{y}+5\dot{y}+13y=4\dot{u}+7u$

（3）$3\dddot{y}+8\ddot{y}+12\dot{y}+7y=6\dot{u}+7u$

6.5　计算下列传递函数对应的一个状态空间模型。

（1）$G(s)=\dfrac{2s^2+18s+40}{s^3+6s^2+11s+6}$　　（2）$G(s)=\dfrac{3(s+5)}{(s+3)^2(s+1)}$

6.6　将下列状态空间模型转换为传递函数模型。

$$\dot{\boldsymbol{x}}=\begin{bmatrix}-5 & -1\\ 3 & -1\end{bmatrix}\boldsymbol{x}+\begin{bmatrix}2\\5\end{bmatrix}u$$

$$y=\begin{bmatrix}1 & 2\end{bmatrix}\boldsymbol{x}+4u$$

6.7　已知一个连续线性系统的状态转移矩阵 $\Phi(t)$ 为：

$$\Phi(t)=\begin{bmatrix}\frac{1}{2}(e^{-t}+e^{3t}) & \frac{1}{4}(-e^{-t}+e^{3t})\\ -e^{-t}+e^{3t} & \frac{1}{2}(e^{-t}+e^{3t})\end{bmatrix}$$

试据此计算出系统矩阵 A。

6.8　已知一个二阶连续线性系统 $\dot{\boldsymbol{x}}=A\boldsymbol{x}$ 对应于两个不同初态的状态响应为：

$$\text{对 }\boldsymbol{x}(0)=\begin{bmatrix}1\\-4\end{bmatrix},\quad \boldsymbol{x}(t)=\begin{bmatrix}e^{-3t}\\-4e^{-3t}\end{bmatrix}$$

$$\text{对 }\boldsymbol{x}(0)=\begin{bmatrix}2\\-1\end{bmatrix},\quad \boldsymbol{x}(t)=\begin{bmatrix}2e^{-2t}\\-e^{-2t}\end{bmatrix}$$

试确定系统矩阵 A。

6.9　设系统状态方程为：

$$\begin{bmatrix}\dot{x}_1\\ \dot{x}_2\end{bmatrix}=\begin{bmatrix}0 & 1\\ -2 & -3\end{bmatrix}\begin{bmatrix}x_1\\ x_2\end{bmatrix}+\begin{bmatrix}0\\ 1\end{bmatrix}u$$

试确定初始状态 $\boldsymbol{x}(0)=\begin{bmatrix}2\\ 1\end{bmatrix}$ 时系统在单位阶跃输入下的状态响应 $\boldsymbol{x}(t)$。

6.10　已知连续线性系统状态方程：

$$\begin{bmatrix}\dot{x}_1\\ \dot{x}_2\end{bmatrix}=\begin{bmatrix}0 & 1\\ -2 & -3\end{bmatrix}\begin{bmatrix}x_1\\ x_2\end{bmatrix}+\begin{bmatrix}0\\ 1\end{bmatrix}u$$

计算该系统在采样周期 $T=0.2\ \text{s}$ 下的离散化状态方程。

第 7 章

高炮随动控制系统模型

第 1 章已经介绍了高炮随动控制系统的基本工作原理，要完成准确跟踪空中随动目标的任务，需要从方位角与射角两个方面同时实施控制，即两套随动跟踪系统同时而又相对独立地工作。考虑到两套系统的工作原理及所采用的元部件并无本质区别（只是射角控制系统中多加了射角限制器，以防止炮弹的飞行轨迹过于平坦或过于垂直，误伤己方目标），本章在对随动控制系统的分析中，仅以方位角控制系统为例，介绍其中主要元部件的作用以及工作原理，并给出各部件的传递函数模型，最终得到整个系统的数学模型。

7.1　主要元部件的工作原理及数学模型

分析方位角随动控制系统的工作过程，可得到图 7.1 所示的工作原理图，其中包含多个环节：失调角检测、信号转换与处理、功率放大、执行元件、转动角位置测量、转动角速度测量、转动角加速度测量等。

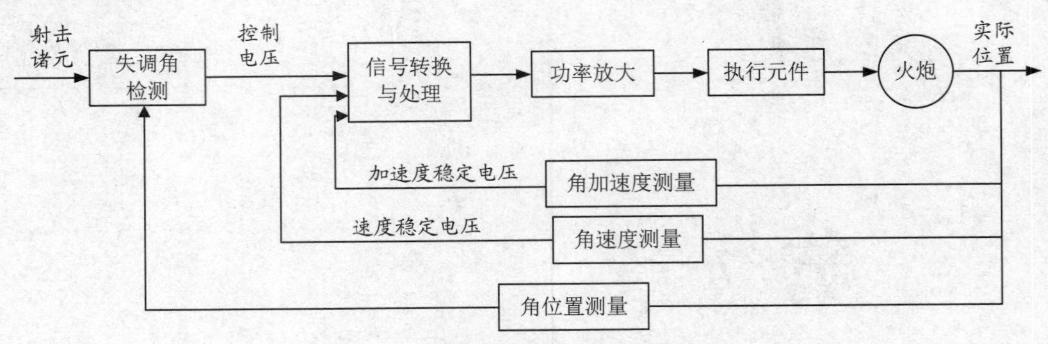

图 7.1　方位角随动控制系统工作原理

7.1.1　失调角检测

能够完成该功能的元部件有多种类型，例如自整角机（包括传信仪与受信仪）、旋转变压器（包括发送器和接收器）、直线式感应同步器（包括定尺和滑尺）、伺服电位器（包括发送电位器和接收电位器）、光电编码盘等。这里仅介绍现代高炮装备中常采用的自整角机检测装置。

图 7.2 所示为控制式自整角机双通道系统（双读数电路），即传信仪与受信仪均有一对精确与概略同步机电路，以保证火炮在任意失调角下自动整步和满足精度要求。传信仪的精确与概略同步机转子由指挥仪的输出装置带动，且两个转子之间用具有一定传动比 n 的减速器连接；受信仪的精确与概略同步机转子则由火炮带动，两个转子之间一般也用具有传动比 n 的减速器连接。受信仪转子轴上端安装有分划盘，用来观察失调角的大小，概略分划从 0-00 到 60-00，每刻线为 1-00，精确分划从 0-00 到 1-00，每刻线为 0-02。在电气方面，传信仪与受信仪按照变压器工作状态连接。由于精确与概略同步机电路工作原理相同，因此这里只研究单读数电路，即传信仪与受信仪只有一对同步机时的工作原理。

工作时，传信仪的单相定子绕组接 110V/50Hz 的交流电，三相转子绕组随同指挥仪转动。当指挥仪转动时，转子绕组与定子绕组间的相对位置不断变化，由互感原理可知，转子每相绕组上的感应电势大小都在不断变化。

由于受信仪的定子绕组与传信仪的转子绕组对应连接，所以受信仪定子绕组上的感应电流将随传信仪转子绕组上感应电势的变化而变化，由此引起受信仪定子磁场方向的改变，从而使受信仪转子绕组上的感应电势变化。也就是说，传信仪转子绕组上感应电势的变化，引起受信仪转子绕组上的感应电势变化。

另一方面，若指挥仪不动，而火炮转动，由于机械传动器的作用使受信仪的转子跟随火炮转动，则传信仪与受信仪之间仍然有相对转角，或者说，火炮带动受信仪转子的转动将产生另外的感应电势，叠加在指挥仪转动引起的感应电势上，一起作为控制电压。

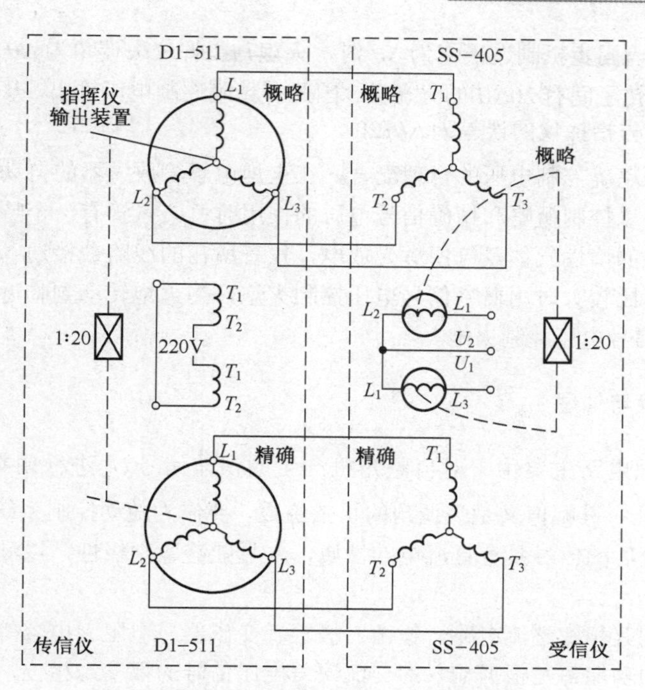

图 7.2　自整角机受信仪与传信仪的连接

若传信仪与受信仪转子之间有相对转角，通常称为同步机失调角，记为$\theta_{同}$，则受信仪转子绕组上的感应电势U_e与失调角$\theta_{同}$的正弦成比例，即：

$$U_e = U_m \sin\theta_{同} \tag{7.1}$$

其曲线如图 7.3 所示。其中U_m为受信仪转子绕组上感应电势的最大值，出现在当$\theta_{同}=90°$或$\theta_{同}=270°$时，只是二者感应电势的符号相反即相位相反。

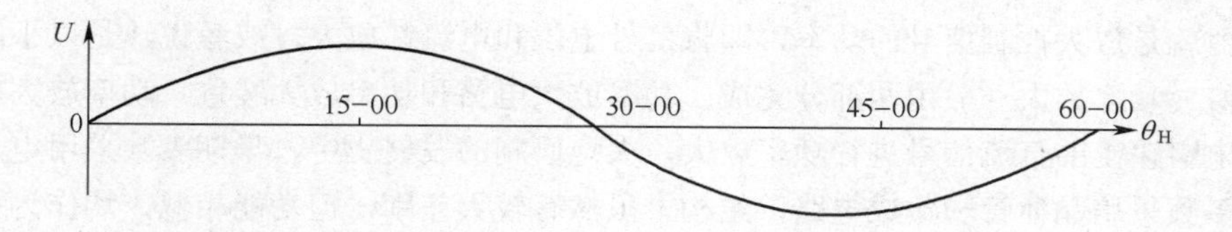

图 7.3　受信仪转子上的感应电势与失调角之间的关系

当$\theta_{同}$为某一数值时，感应电势U_e对时间而言是一个 50Hz 的等幅交流电压；$\theta_{同}$不同时，此交流电压的幅值就不同。如果$\theta_{同}$在 0-00～30-00 之间，感应电势是正相位，从而控制电压也是正相位，火炮将向减小分划数的方向转动，达到与指挥仪的协调；当$\theta_{同}$在 30-00～60-00 之间变化时，控制电压是负相位，火炮将向增大分划数的方向转动，即向着 60-00 处转动以达到与指挥仪的协调。

由以上分析可知，单对概略读数线路是满足可靠“整步”要求的，然而在精度方面要达到诸如瞄准误差小于 0-02 或小于 0-01 的要求，还必须加入精确读数线路。因为即使采用 I 级精度的同步变压器，其制造误差也在 0-04 范围内，也就是说，当$\theta_{同}$小于 0-04 时，受信仪将没有控制电压输出，火炮不转动，显然不能满足更高的精度要求。一般地，概略、精确同步机转子之间的传动比为 1∶20，这样，当同步机制造误差为 $\Delta\theta$ 时，火炮与指挥仪失调角为 $\Delta\theta$，此时概略控制电压为零，但精确同步机转子间有 $20\Delta\theta$ 的失调角，因此有精确控制电压输出，从而使火炮继续向指挥仪协调，协调后火炮与指挥仪的误差为 $\Delta\theta/20$。

为了实现概略和精确控制电压的合理配合，在火炮电子管放大器的自动输入级概略信号电路中加入了一个氖管，以控制概略和精确信号电压的作用时机。氖管有一个特性，当其两端的电压达到足够高时，管中的惰性气体氖气便辉光放电，氖管所在的线路被接通。因此采用氖管的实际效果是在火炮失调角比较大时用概略信号电压控制火炮，当火炮转动到临近协调位置，如失调角小于 0-75 时用精确信号电压控制火炮。

7.1.2 信号转换与处理

信号转换与处理电路主要用于对自整角机产生的误差信号 U_e 进行调制和解调。由于 U_e 是 50Hz 的等幅交流电压，其幅值又是失调角的正弦函数，要作为随动控制系统的控制电压，必须进行相敏整流，使整流后的信号具有直流电的性质，并且能够鉴别极性，以满足火炮正反方向转动控制的要求。

早期研制的火炮其相敏整流电路一般由三极管、变压器、电阻、电容等组成，后期则大多采用集成电路，完成的功能都是根据输入的交流误差电压信号的幅度与相位，确定相应的差动输出电压的大小与正负极性，经过后续功率放大，作用于执行电机，从而带动火炮以不同的转速及方向转动。

7.1.3 功率放大

受信仪根据失调角产生的电压信号一般都比较微弱，例如火炮失调角为 0-01 时，受信仪产生的信号电压为 1.6V，失调角为 0-03 时，信号电压为 5V，这样微弱的信号不可能直接用来控制火炮转动，必须将信号放大。

放大器就是放大控制信号的功率，即将信号电压和电流都放大，或者说，是以小的能量去控制大的能量。功率放大一般由两部分完成：功率放大电路和功率放大装置。功率放大电路通常对相敏整流电路输出的直流信号进行功率放大，火炮研制的发展史中，早期多数采用电子管放大电路，后期多数采用晶体管和集成电路，结构上虽然有较大差别，但功能相似，均作为控制信号的小功率放大器。

功率放大装置可以采用交磁电机放大机、磁放大器、可控硅或者液压放大器，主要用作中等或大功率放大器。现代高炮随动系统中，放大器的末级大多采用交磁电机放大机，也称作交磁电机扩大电机，其本质上是一台特殊结构的直流发电机。由驱动电机带动直流发电机的电枢旋转，电枢绕组的导线切割发电机定子磁场的磁力线，产生感应电势，经过换向器输出直流电。交磁电机放大机一般制成两级结构，即两级放大，其外形如图 7.4 所示，具体的工作原理可以查阅相关文献。

由于进行了两级放大，所以交磁电机放大机的功率放大系数可以达到 10^3～10^5。而其输出电路的空载电势 U_{c2} 与控制绕组上所加的控制电压 U_{c1} 之间的传递函数可以描述为：

$$W_1(s)=\frac{U_{c2}(s)}{U_{c1}(s)}=\frac{K_e}{(\tau_c s+1)(\tau_q s+1)} \tag{7.2}$$

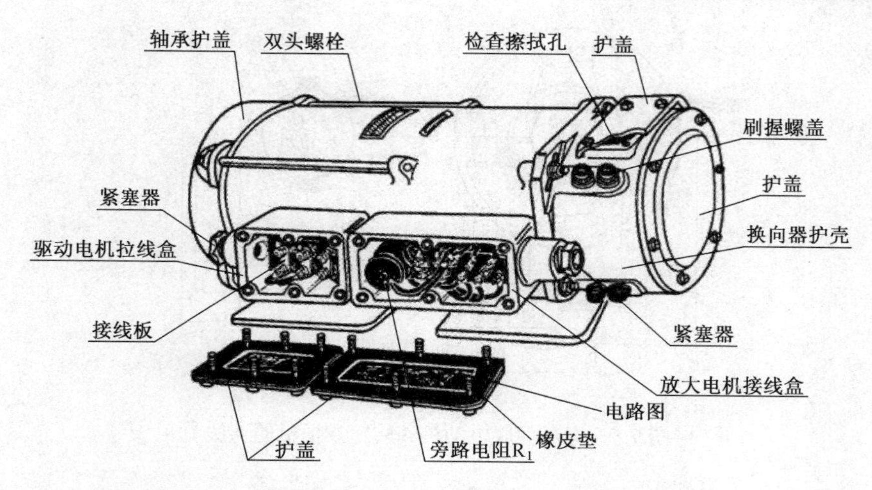

图 7.4　放大电机外形图，包括驱动电机和直流发电机

其中 K_e 为比例系数，τ_c、τ_q 分别为控制绕组、交轴绕组的电磁时间常数，通常 $\tau_c << \tau_q$，因此上式可简化为：

$$W_1(s) = \frac{K_e}{(\tau_q s + 1)} \tag{7.3}$$

可见交磁电机放大机可以视为放大倍数为 K_e 的惯性环节，当给控制绕组加上一个阶跃信号时，输出电势不能立刻达到稳定值，而是按指数规律上升，时间常数为 τ_q，一般 $\tau_q = 0.02 \sim 0.05\text{s}$。

7.1.4　执行元件

执行元件是火炮控制系统的一个重要组成部分，其功能是把输入的电压信号转换为电机轴的机械转矩，从而带动火炮的回转部分或起落部分转动。执行元件就其能源性质，可分为电气元件、液压元件和气动元件三大类。电气的执行元件主要由各种伺服电动机组成，目前大量使用的是直流伺服电动机、交流伺服电动机、步进电动机、无刷直流电动机等。这里主要介绍直流伺服电动机的工作原理和数学模型。图 7.5 为直流伺服电动机和相连的转速发电机的外形图，图 7.6 为直流伺服电动机和转速发电机的连线图，图 7.7 为直流伺服电动机的线路原理图。

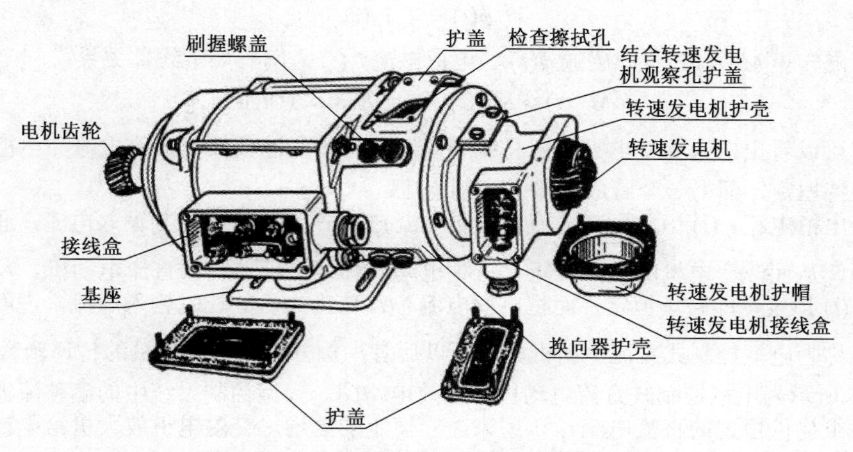

图 7.5　直流伺服电动机和转速发电机外形

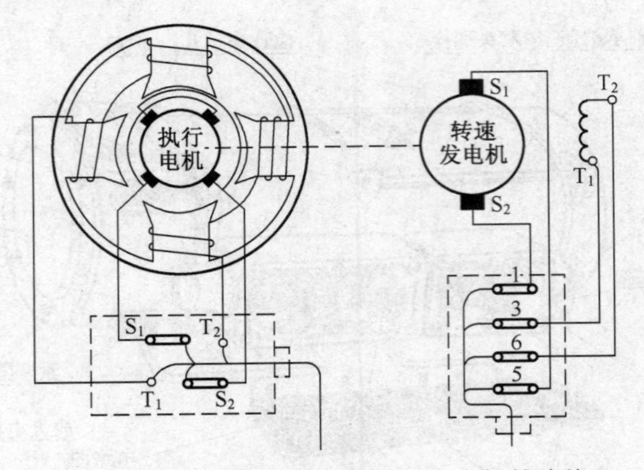

图 7.6　直流伺服电动机和转速发电机的连线

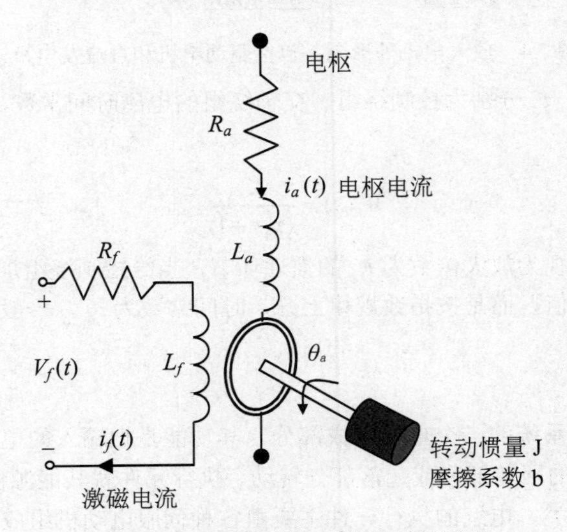

图 7.7　直流伺服电动机的线路原理

电动机的输入控制电压既可以作用于磁场，也可以作用于电枢两端。当激磁磁场非饱和时，气隙磁通 $\phi(t)$ 与激磁电流 $i_f(t)$ 成正比，即：

$$\phi(t)=K_f i_f(t) \tag{7.4}$$

又设电磁转矩 $M_m(t)$ 与气隙磁通 $\phi(t)$、电枢电流 $i_a(t)$ 之间有如下线性关系：

$$M_m(t)=K_1\phi(t)i_a(t)=K_1K_f i_f(t)i_a(t) \tag{7.5}$$

从上式可以看出，为保持电磁转矩与控制电流之间的线性关系，激磁电流和电枢电流之间必须有一个保持恒定，而另一个就成为输入控制电流。

若保持电枢电流 $i_a(t)$ 恒定不变，而将激磁电流 $i_f(t)$ 作为电机的控制输入电流，通过改变电机的气隙磁通，从而改变电机的电磁转矩，这种电动机称为磁场控制式直流电动机。反之，若保持激磁电流 $i_f(t)$ 恒定，即磁场恒定，而将电枢电流 $i_a(t)$ 作为电机的控制输入电流，进而控制电磁转矩的电动机称为电枢控制式直流电动机。下面以后者为例分析直流电动机的传递函数模型。

图 7.8 所示为电枢控制式直流电动机的等效电路图。火炮控制系统中的硒整流器给电动机的定子激磁绕组提供恒定的直流电流 i_f，用来建立恒定的磁场。交磁电机放大机给电动机转子的电枢绕组提供可变的控制电压 $U_a(t)$，从而产生控制电流 $i_a(t)$。电枢绕组作为载流导体在恒定磁场中

将产生电磁转矩 $M_m(t)$，其大小与电枢电流成正比，即：

$$M_m(t) = K_m i_a(t) \tag{7.6}$$

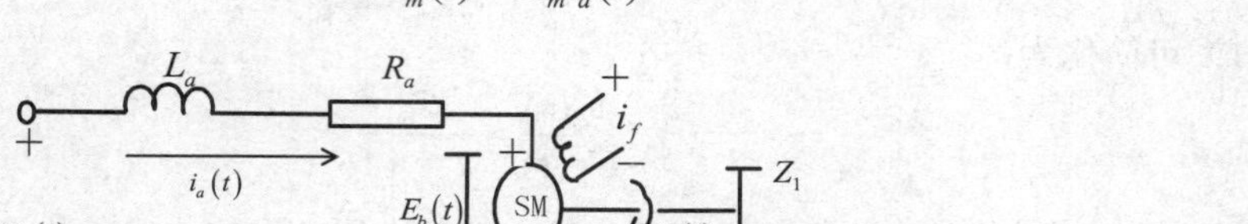
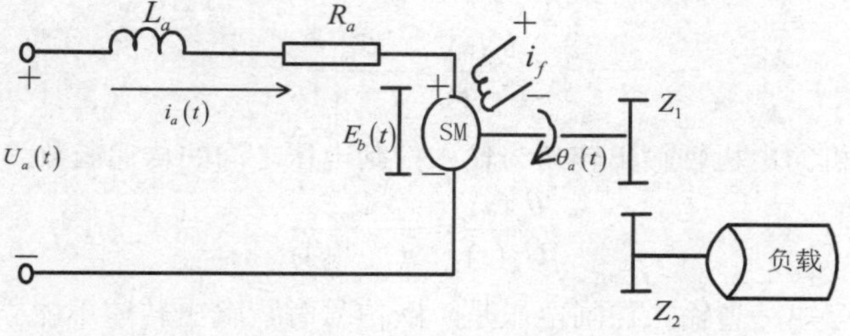

图 7.8　电枢控制式直流电动机的等效电路图

K_m 记为电动机的转矩系数（N·m/A）。

由于电动机是带动减速器和负载一起转动的，因此列写电动机的运动方程时，必须考虑减速器、负载的转动惯量和粘性摩擦的影响。电机轴上的力矩平衡方程式为：

$$M_m(t) = J\frac{\mathrm{d}^2\theta_a(t)}{\mathrm{d}t^2} + b\frac{\mathrm{d}\theta_a(t)}{\mathrm{d}t} \tag{7.7}$$

其中 J 是电机转子、减速器、负载的转动惯量折算后的等效转动惯量；b 是三者粘性摩擦系数折算后的等效摩擦系数。

电枢是一个载流导体，当它作为转子在定子磁场中旋转时将切割磁力线，于是电枢中会产生感应电势 $E_b(t)$，因为与电枢电压方向相反，故称为反向电势，它与电机的转速成正比，即：

$$E_b(t) = K_b\frac{\mathrm{d}\theta_a(t)}{\mathrm{d}t} \tag{7.8}$$

其中 K_b 是反电势系数（V/(rad/s)）。

再来分析电枢绕组回路中的电压电流关系，根据基尔霍夫定律，回路的电压平衡方程式为：

$$u_a(t) = L_a\frac{\mathrm{d}i_a(t)}{\mathrm{d}t} + R_a i_a(t) + E_b(t) \tag{7.9}$$

根据以上分析可以给出电枢控制式直流电机的方框图模型，如图 7.9 所示。

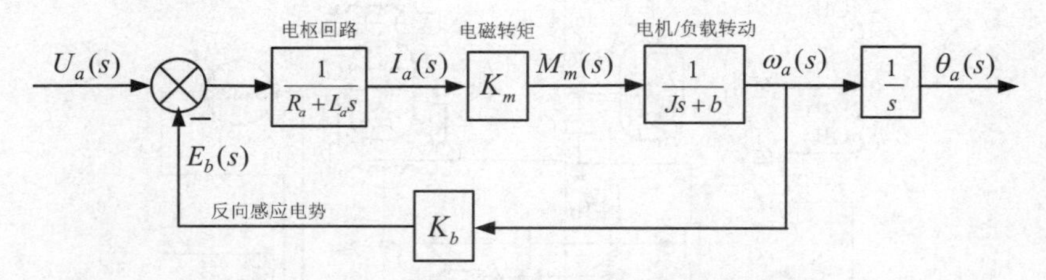

图 7.9　电枢控制式直流电机方框图模型

至此，可以得出电机轴的输出转速与输入控制电压之间的传递函数为：

$$\frac{\omega_a(s)}{U_a(s)} = \frac{K_m}{(R_a + L_a s)(Js + b) + K_m K_b} \tag{7.10}$$

通常 L_a 很小，可以忽略不计，此时：

$$\frac{\omega_a(s)}{U_a(s)} = \frac{K_m}{R_a(Js + b) + K_m K_b} = \frac{K_m}{R_a Js + R_a b + K_m K_b} \tag{7.11}$$

若令 $C_m = \dfrac{K_m}{bR_a + K_b K_m}$ 为直流电动机的传递系数，$T_m = \dfrac{R_a J}{bR_a + K_b K_m}$ 为直流电动机的时间常数，则式（7.11）可简化为：

$$\frac{\omega_a(s)}{U_a(s)} = \frac{C_m}{T_m s + 1} \tag{7.12}$$

进一步可以得到电动机的电机轴输出转角与输入控制电压之间的传递函数为：

$$\frac{\theta_a(s)}{U_a(s)} = \frac{C_m}{s(T_m s + 1)} \tag{7.13}$$

分析式（7.12）可知，当输入控制电压是阶跃信号时，输出转速不能立刻达到稳定值，而是按指数规律上升，时间常数 T_m 越小，过渡过程越快，因此 T_m 是衡量电动机工作时惯性大小的主要因素。影响 T_m 的主要因素有等效转动惯量 J、电枢回路电阻 R_a 以及等效摩擦系数 b、转矩系数 K_m 和反电势系数 K_b，减小前两项，或增大后三项，都可以减小时间常数，使转速尽快上升。

工程上，直流电动机的时间常数可以从其单位阶跃响应曲线上找出来，即从静止开始到达到稳态转速的 63.2%所需要的时间，一般来说，该时间常数不大于 0.03 秒。

7.1.5 转速测量

火炮控制系统的炮管转速测量主要应用的是直流测速发电机，它与执行电机的输出轴通过半连接器相连。当执行电机电枢旋转时，便带动测速发电机的电枢转子旋转，因此其输出的直流电压与火炮的转速成正比，可以表示为：

$$U_v(t) = K_v \omega_a(t) \tag{7.14}$$

其中 $U_v(t)$ 为测速发电机的输出电压，$\omega_a(t)$ 为执行电机的转速，K_v 为比例系数。

测速发电机的定子绕组则由硒整流器供给直流电，激励电压一般为 42V 左右。

测速发电机测量得到的转速 $\omega_a(t)$ 将作为速度稳定电压送入电子管放大器 G_4 的速度稳定电路，可以起到稳定火炮跟踪速度的作用。稳定电路的组成如图 7.10 所示，其中 S-221 即为测速电机。

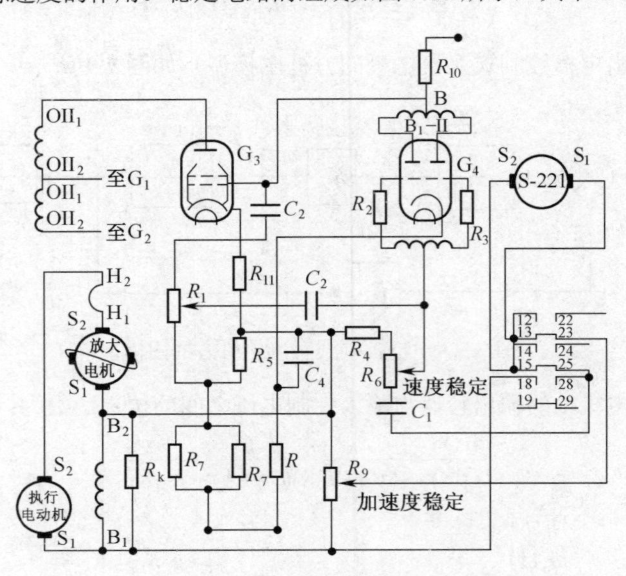

图 7.10　速度、加速度稳定电路

7.1.6　转动角加速度测量

由电机学可知，火炮转动的角加速度 $\varepsilon(t)$ 与执行电动机的电枢电流 $i_a(t)$ 成正比。在图 7.10 中由于交磁电机放大机的补偿绕组匝数很小，电感量很小，如果再忽略并联电阻 R_k 的分流作用，则可以认为补偿绕组中流过的电流近似为执行电动机的电流，R_k 两端的电压正比于火炮的角加速度，因此可以称该电压为加速度稳定电压。在进行自动瞄准时，经过加速度稳定电位计 R_9 只取其中一部分与速度稳定电压串联使用。

7.2　系统的方框图与传递函数模型

7.2.1　系统的方框图模型

7.1 节针对火炮方位角随动控制系统，分析了主要元部件的工作原理及数学模型，在此基础上，对图 7.1 所示的原理方框图进行修改，可以得到系统在自动瞄准工作方式下更准确的工作原理方框图，如图 7.11 所示。

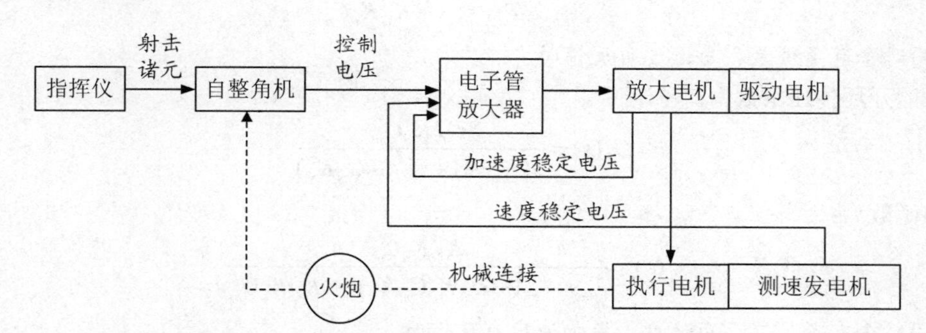

图 7.11　修改后的高炮随动控制系统工作原理方框图

若利用 7.1 节中给出的各元部件的传递函数模型，可以得到如图 7.12 所示的方框图模型。

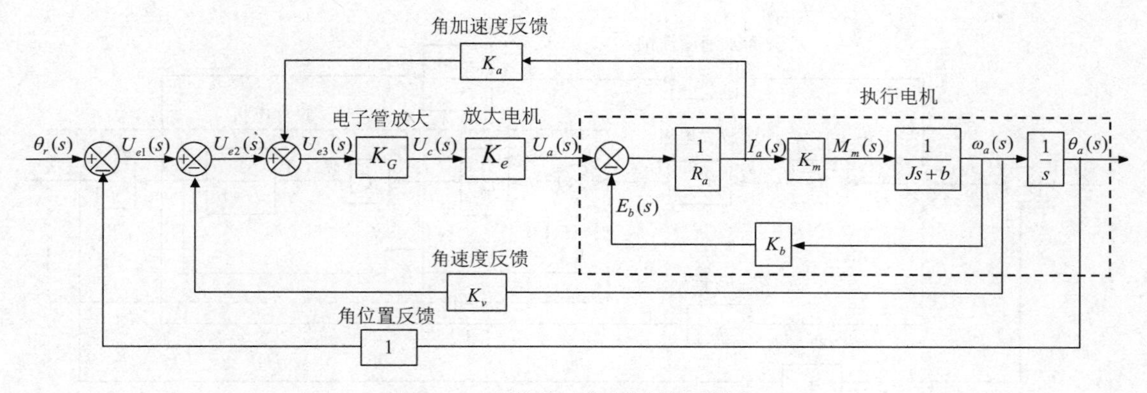

图 7.12　高炮随动控制系统方框图

其中电子管放大器的传递函数取为比例系数 K_G，放大电机的传递函数取为比例系数 K_e，虚线框中是忽略了电枢电路中的电感 L_a 时执行电机的方框图模型。失调角检测采用自整角机，可认为该环节的传递函数为 1。角速度测量采用直流测速发电机，其输出的直流电压与火炮的转速成正比，比例系数取为 K_v。而角加速度 $\varepsilon(t)$ 与执行电机的电枢电流 $i_a(t)$ 成正比，比例系数取为 K_a。

7.2.2 系统的传递函数模型

由图 7.12 的方框图模型，可以分析多种情况下的传递函数。

1. 只含有角位置反馈时

首先得到执行电机内部反馈回路的闭环传递函数，沿用 7.1.4 节中的定义 $C_m=\dfrac{K_m}{bR_a+K_bK_m}$，$T_m=\dfrac{R_aJ}{bR_a+K_bK_m}$，仍然有 $\dfrac{\omega_a(s)}{U_a(s)}=\dfrac{C_m}{T_ms+1}$。进一步可以得到只有角位置反馈时，系统的开环传递函数为：

$$G_1(s)=\frac{K_GK_eC_m}{s(T_ms+1)} \tag{7.15}$$

由于闭环系统是单位负反馈，因此闭环传递函数为：

$$\Phi_1(s)=\frac{K_GK_eC_m}{T_ms^2+s+K_GK_eC_m} \tag{7.16}$$

2. 同时含有角位置、角速度负反馈时

此时的开环传递函数为：

$$G_2(s)=\frac{K_GK_eC_m}{s(T_ms+1+K_GK_eC_mK_v)} \tag{7.17}$$

闭环传递函数为：

$$\Phi_2(s)=\frac{K_GK_eC_m}{T_ms^2+(1+K_GK_eC_mK_v)s+K_GK_eC_m} \tag{7.18}$$

3. 同时含有角位置、角速度、角加速度负反馈时

此时需将图 7.12 所示方框图模型中 $I_a(s)$ 处的引出点后移至 $\omega_a(s)$ 处，并将相加点合并，得到图 7.13 所示的简化后模型。

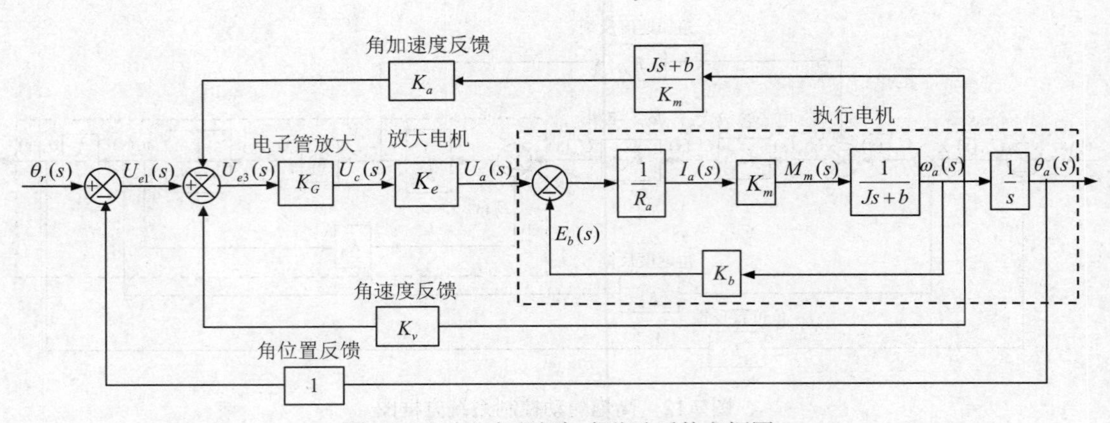

图 7.13 引出点和相加点移动后的方框图

进一步将角速度和角加速度反馈回路合并，可得到图 7.14 所示的简化后方框图模型。根据该

图，可以得到系统的开环传递函数为：

$$G_3(s)=\frac{K_G K_e C_m K_m}{s\left[(K_m T_m + K_a J K_G K_e C_m)s + (K_m + K_{va} K_G K_e C_m)\right]} \tag{7.19}$$

其中 $K_{va}=K_a b+K_m K_v$。

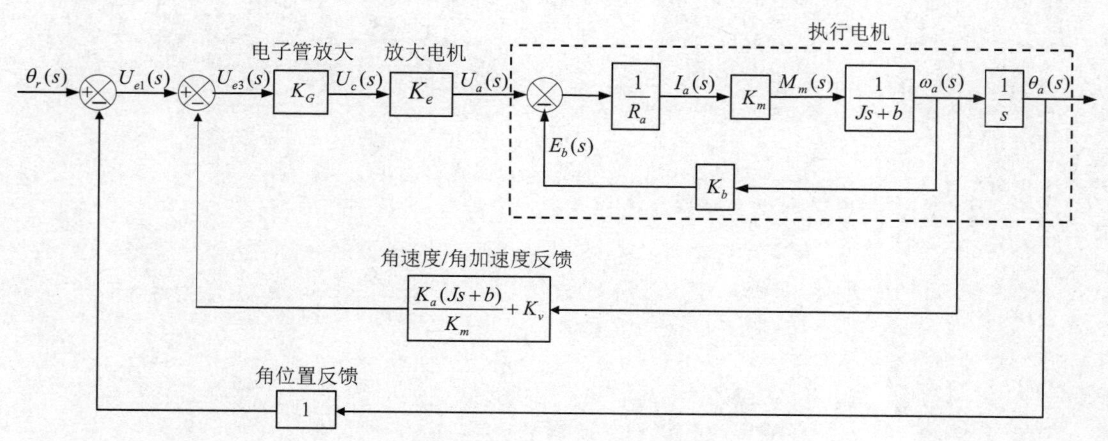

图 7.14　简化后的方框图

系统的闭环传递函数为：

$$\Phi_3(s)=\frac{K_G K_e C_m K_m}{(K_m T_m + K_a J K_G K_e C_m)s^2 + (K_m + K_{va} K_G K_e C_m)s + K_G K_e C_m K_m} \tag{7.20}$$

若由图 7.12 出发直接利用 Mason 公式，可以得到同时采用三种反馈时的闭环传递函数为：

$$\Phi_3'(s)=\frac{K_G K_e K_m}{(R_a J + K_G K_e K_a J)s^2 + (bR_a + K_m K_b + K_G K_e K_a b + K_G K_e K_m K_v)s + K_G K_e K_m} \tag{7.21}$$

考虑到 $C_m=\dfrac{K_m}{bR_a+K_b K_m}$，$T_m=\dfrac{R_a J}{bR_a+K_b K_m}$，可知 $\Phi_3(s)$ 与 $\Phi_3'(s)$ 是等价的。

习题七

7.1　本章已经给出了各种反馈情况下高炮随动控制系统的传递函数模型，试在 Matlab 中以 M-file 和 Simulink-file 两种形式建立起这些模型，并绘制系统分别在阶跃信号、速度信号、加速度信号作为输入时的输出信号波形。

7.2　本章在对高炮随动控制系统建模时，并没有考虑负载变化对系统的影响。实际系统中，执行电机的枢轴上装有斜齿轮，它与瞄准机中的斜齿轮啮合。当两级齿轮还未啮合住时，系统处于空载状态，而一旦啮合住，负载电流立即增加到一个很大的值。因此负载电流的变化对系统来说是一个主要的扰动量，它可以近似用阶跃函数来描述。试分析当考虑这一扰动时，系统的传递函数及其相应的输出分别有什么变化。

7.3　查阅其他随动控制系统的例子，如天线方位角位置随动系统、铣床光电跟踪系统等，了解它们的工作原理、主要元器件及其数学模型，尝试建立起整个系统的数学模型。

分 析 篇

在具备了控制系统数学模型的基础上，可以开展对系统的性能分析。自动控制系统的性能主要体现在三个方面：稳定性、瞬态过程（又称过渡过程）性能、稳态性能。稳定性是系统能够正常工作的首要条件，瞬态性能则考察系统的动态过渡过程是否既快速又平稳，而稳态性能则考察系统的稳态误差是否足够小，即控制是否足够准确。然而这三个方面的性能并非彼此孤立的，而是相互之间存在诸多制约。因此，如何进行控制系统的性能分析是本篇的主要任务，同时也为后续设计篇中通过系统的综合设计改进系统性能打下基础。

分析系统性能可以采取的方法主要包括时域响应分析法、根轨迹分析法以及频率响应分析法。在系统稳定性分析中主要介绍 Routh-Hurwitz 代数判据、根轨迹分析以及 Nyquist 稳定性判据；瞬态性能的分析中主要介绍时域性能分析、根轨迹分析以及频率域分析；而稳态性能分析中则主要介绍系统型别和稳态误差系数分析、根轨迹分析和频率域分析。因此，本篇中对每种系统性能的分析都力图从不同的角度展开，多视角地审视系统的性能，阐明其具体方法以及相互间的联系，期望读者能够对系统性能有更全面的认识，能够融会贯通各种方法。对于离散控制系统，同样进行稳定性、瞬态性能以及稳态性能三方面的分析，但更注重讨论与连续控制系统的区别。最后，作为各种分析方法的具体运用，在第 7 章已经建立的高炮随动控制系统方框图模型基础上，还将对该系统的各项性能进行全面地分析。

第 8 章

控制系统的稳定性分析

确保闭环控制系统的稳定是控制系统设计的首要任务，一个不稳定的闭环系统一般是没有实际价值的。本章将首先介绍稳定性研究的历史和重要性，以及 BIBO（外部）稳定性、渐进（内部）稳定性的概念和联系。具体到如何判断系统的稳定性，可以有多种方法，本章将介绍基于系统闭环特征方程的 Routh-Hurwitz 代数判据，基于根轨迹的判断方法，以及基于开环极坐标图的 Nyquist 稳定性判据。它们都能用来判断闭环控制系统的稳定性，只是适用条件不一样，各有优缺点。

上述各方法所判断的系统稳定与否指的是系统的绝对稳定性，进一步还可以用相对稳定性来衡量其稳定程度。本章将介绍衡量相对稳定性的指标，以及计算这些指标的方法。最后还将介绍如何用 Matlab 辅助求解这些指标。

8.1　稳定性研究概述

8.1.1　稳定性研究的历史足迹

1840 年英国数学家、天文学家 G. Airy 第一次利用微分方程讨论了反馈控制系统的不稳定性，因为他在应用离心调速器控制天文望远镜转动时，发现望远镜的运动非常不稳定——“机器变得发狂”。1868 年英国物理学家 J. C. Maxwell 第一次系统地研究了反馈控制系统的稳定性，在他的著名论文《关于调速器》（On Governors）中推演了调速器的微分方程，在平衡点附近对方程进行线性化，并声明：系统的稳定性取决于特征方程的根是否有负实部。他尝试推导多项式系数必须满足的条件，以使特征方程的根具有负实部，但他仅在二、三阶方程中取得了成功。1877 年英国数学家 E.J.Routh 第一次提出了关于特征方程的根是否具有负实部的稳定性代数判据——Routh 判据，他也因此学术成就而获得了 1877 年亚当斯奖。1895 年德国数学家 A.Hurwitz 也独立地建立了直接根据特征方程的系数判别系统稳定性的判据——Hurwitz 判据，由于这个判据与 Routh 判据是等价的，所以许多控制学者将他们的方法归为一类，统称为 Routh-Hurwitz 稳定性代数判据。应该说，在 1932 年之前，这种以“分析特征方程”为基础的稳定性分析方法得到了许多成功的应用，比如：Tolle 的涡轮控制和 Minorsky 的轮船自动驾驶等。但是在 1927 年 H.Black 发明电子负反馈放大器之后，这种方法的一个重要缺陷——不能为“将一个不稳定的系统修正为稳定系统”提供指南，被逐渐地表现出来，因为 Bell 实验室的 H.Black、H.Nyquist 及 H.Bode 等人发现，当采用电子负反馈放大器进行长距离电话信号传输时，放大器会出现不稳定的“啸叫”现象，而这种困难又不能通过 Routh-Hurwitz 稳定性代数判据得以解决。于是，通信工程师们开始转向采用他们所熟悉的频率响应概念来研究系统的稳定性。1932 年 H.Nyquist 采用完全不同的思路提出了一种分析反馈系统稳定性的方法——Nyquist 稳定性判据，该判据描述了如何通过系统的频率响应图来确定系统的稳定性。1940 年 H.Bode 通过引入幅值裕度和相角裕度等概念研究闭环系统的稳定性，进而提出了一种设计反馈放大器的方法，之后，这种方法在反馈控制系统设计中得到了广泛的应用。

8.1.2　稳定性的重要性

追逐历史的脚印，我们看到：稳定性作为控制系统分析与设计中最重要的问题之一，一直被控制领域的科学家和工程师所重视。从实践的观点来看，一个不稳定的控制系统是没有实用价值的，也难怪稳定性会成为控制系统设计的一个首要要求。就一般而言，我们所设计的控制系统大都是通过反馈来实现闭环控制的，因此这种控制系统的稳定性要求，一般表现为系统的闭环稳定。在现实世界中，许多物理对象原本就是不稳定的，也就是说，在对这类物理对象实施闭环控制之前，系统是开环不稳定的。例如，图 8.1 和图 8.2 所表示的自行车驾驶和倒立摆直立就都是典型的不稳定物理对象，如果要模仿人来对它们进行控制，那么首先就需通过引入闭环控制使原本开环不稳定的系统变为闭环稳定，然后再考虑控制系统的快速性、准确性等其他性能要求。当然，对于开环稳定的对象，如果需要通过反馈来调节系统性能以满足设计指标要求，那么闭环稳定仍是首先需要考虑的问题。此外，为了便于控制系统的分析与设计，我们还需进一步考虑控制系统的绝对稳定性和相对稳定性等问题。有关这些话题，还是留待后续相关章节进行讨论。总之，本章将从分析与设计控制系统的需要出发，首先针对线性定常连续系统介绍有关稳定性的基本概念，然后介绍判断系统是否稳定的多种方法，包括 Routh-Hurwitz 判据、根轨迹方法、频率域 Nyquist 方法，以及系统的相对稳定性和衡量指标。

图 8.1　自行车驾驶

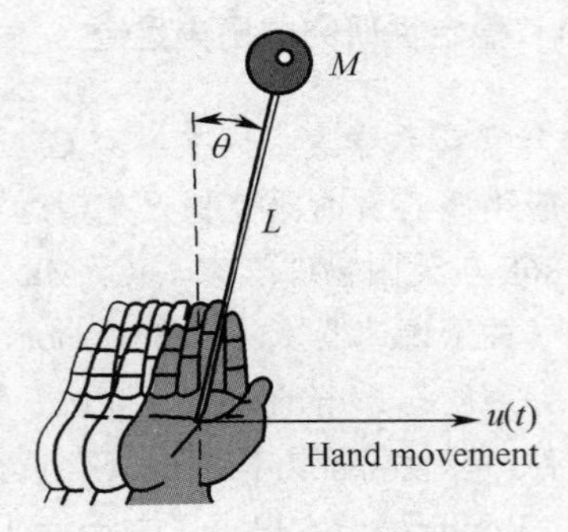

图 8.2　倒立摆直立

8.2　稳定性概念

8.2.1　零状态响应和零输入响应

在介绍稳定性概念之前，首先需要定义两种关于线性定常系统的典型响应，即：零状态响应和零输入响应。

（1）零状态响应 是指系统在初始条件为零的情况下，系统对输入的响应

（2）零输入响应 是指系统在输入为零的情况下，系统对不为零的初始条件的响应。

下面，我们通过一个质量—弹簧—阻尼系统的例子来说明这两个概念。

例 8.1　质量—弹簧—阻尼系统　因为曾在例 2.5 中推导过这个系统的线性定常微分方程和传递函数模型，所以在本例的零状态响应和零输入响应计算中，将直接使用这些模型结果。图 8.3（a）和图 8.3（b）分别表示的是该系统处于“零状态”和“零输入”的两种不同情况。为了计算方便，假设图 8.3 中的各参数分别为：M=50kg；m=0.01kg；B=100N·s/m；k=2500N/m。

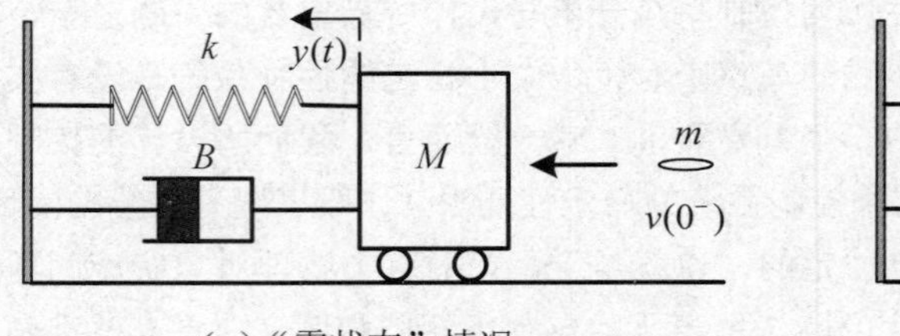

（a）“零状态”情况

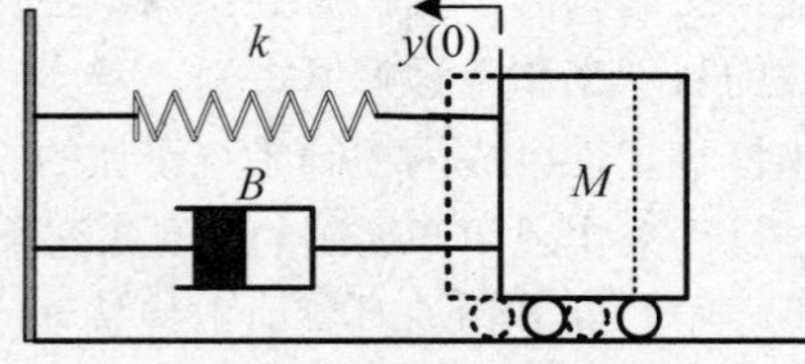

（b）“零输入”情况

图 8.3　质量—弹簧—阻尼系统的“零状态”和“零输入”示意图

考虑图 8.3（a）所示的“零状态”的情况，假设一颗质量为 m（M 远大于 m）的子弹，在 $t=0^-$ 时刻以 $v(0^-)=800\ \text{m/s}$ 的初速度射入质量块 M 中。由于子弹在一瞬间被嵌入到质量块 M 中，并且与之一起运动，所以子弹在 $t=0^+$ 时刻将获得与质量块一样的速度。子弹速度的这种突变如图 8.4

（a）所示，而由此突变所引起的子弹加速度变化却可视为是一个负脉冲，如图 8.4（b）所示。

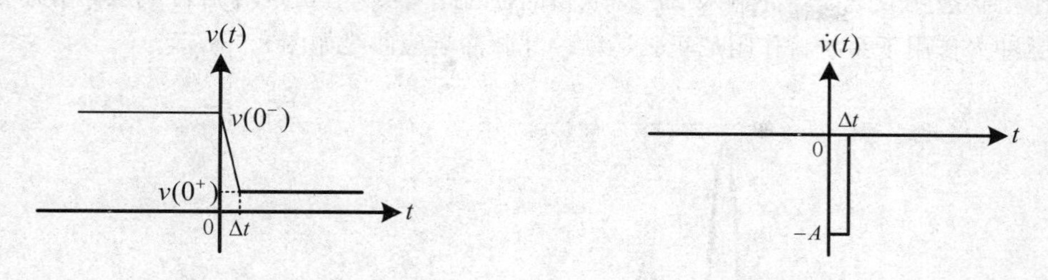

（a）子弹速度的突变　　　　（b）子弹的加速度变化

图 8.4　子弹射入质量块前后的速度和加速度变化示意图

对于 $t>0$，参照例 2.5，不难推出该系统的运动方程为：

$$(M+m)\ddot{y}(t)+B\dot{y}(t)+ky(t)=f(t) \tag{8.1}$$

式（8.1）中，$f(t)$ 是一脉冲力。根据牛顿第二定律和图 8.4（b），可得：

$$f(t)=-m\dot{v}(t)=A\Delta t\delta(t) \tag{8.2}$$

式（8.2）中，$A\Delta t$ 为脉冲输入的强度。值得注意的是，由于 $-m\dot{v}(t)$ 是正的，因此脉冲力 $f(t)$ 的方向与 $y(t)$ 的正方向相同。于是，依据式（8.2）可得：

$$\int_{0^-}^{0^+} A\Delta t\delta(t)\mathrm{d}t=-m\int_{0^-}^{0^+}\dot{v}(t)\mathrm{d}t \tag{8.3}$$

或者

$$A\Delta t=mv(0^-)-mv(0^+) \tag{8.4}$$

因为子弹在 $t=0^+$ 时刻将与质量块一起运动，故有：$v(0^+)=\dot{y}(0^+)$，于是，式（8.4）可写为：

$$A\Delta t=mv(0^-)-m\dot{y}(0^+) \tag{8.5}$$

这样，式（8.1）变成：

$$(M+m)\ddot{y}(t)+B\dot{y}(t)+ky(t)=f(t)=\left[mv(0^-)-m\dot{y}(0^+)\right]\delta(t) \tag{8.6}$$

此外，如果忽略子弹在射入质量块的瞬间过程中所损失的摩擦能量，那么依据力学中的动量守恒定理，则有：

$$mv(0^-)-m\dot{y}(0^+)=(M+m)\dot{y}(0^+) \tag{8.7}$$

或者

$$\dot{y}(0^+)=\frac{m}{M+2m}v(0^-) \tag{8.8}$$

将式（8.8）代入式（8.6），可得：

$$(M+m)\ddot{y}(t)+B\dot{y}(t)+ky(t)=\frac{(M+m)mv(0^-)}{M+2m}\delta(t) \tag{8.9}$$

将给定的数据代入式（8.9），并且注意系统的零初始条件（即：$y(0^-)=\dot{y}(0^-)=0$），对式（8.9）进行 Laplace 变换，可得：

$$Y(s)=0.02285\frac{6.9993}{(s+0.9998)^2+(6.9993)^2} \tag{8.10}$$

再对式（8.10）进行 Laplace 反变换，可获得系统的零状态响应为：

$$y(t)=0.02285\mathrm{e}^{-0.9998t}\sin 6.9993t \tag{8.11}$$

由于这个零状态响应是在脉冲输入情况下获得的，因此它实际上是一个脉冲响应。由式（8.11）可知，在脉冲力作用下系统将作阻尼正弦运动，其脉冲响应曲线如图 8.5 所示。

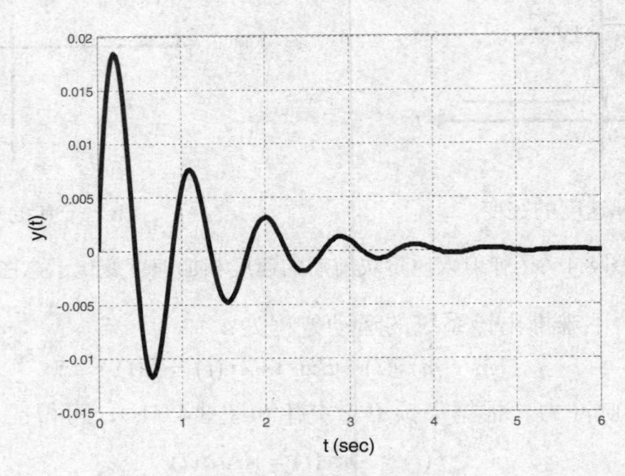

图 8.5　系统的脉冲响应

考虑图 8.3（b）所示的“零输入”的情况，假设这时没有受到子弹的冲击，并且在 $t=0^-$ 时刻系统的初始条件为：$y(0^-)=0.02\,\mathrm{m}$，$\dot{y}(0^-)=0\,\mathrm{m/s}$。对于 $t>0$，参照例 2.1 和例 5.1，也不难推出该系统的运动方程为：

$$M\ddot{y}(t)+B\dot{y}(t)+ky(t)=0 \tag{8.12}$$

将已给定的数据代入式（8.12），并且注意以上所假定的初始条件，对式（8.12）进行 Laplace 变换，可得：

$$Y(s)=0.02\frac{s+1}{(s+1)^2+7^2} \tag{8.13}$$

再对式（8.13）进行 Laplace 反变换，可获得系统的零输入响应为：

$$y(t)=0.02\mathrm{e}^{-t}\cos 7t \tag{8.14}$$

系统的零输入响应，如图 8.6 所示。

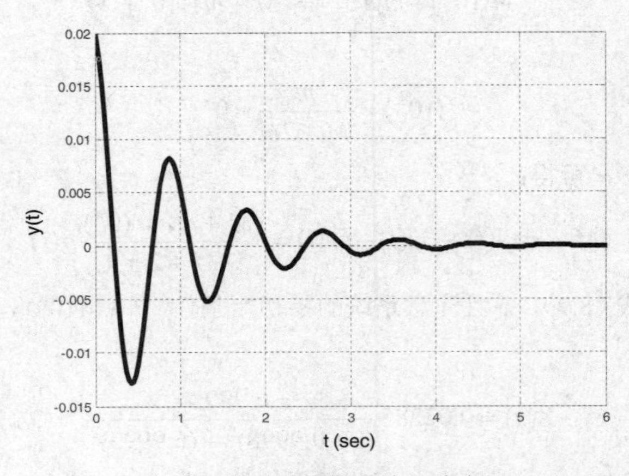

图 8.6　系统的零输入响应

最后值得指出：如果系统既有输入又有不等于零的初始条件，那么按照线性定常系统的叠加原理，即有：系统的总响应=零状态响应+零输入响应。这个概念是容易接受的，读者可用例 8.1 进行计算验证。此外，请读者注意：以上这些定义不仅只针对线性定常连续系统，而且对于线性定常离散系统也是适合的。

8.2.2　BIBO（外部）稳定

所谓 BIBO（Bounded Input and Bounded Output，有界输入一有界输出）稳定，是指对于具有零初始条件的线性定常系统，若系统在有界输入的作用下，其输出响应也是有界的，则称系统是 BIBO 稳定的。

假设 r(t)、y(t)及 g(t)分别表示系统的输入量、输出量及脉冲响应函数。对于线性定常系统，传递函数 $G(s)$的经典形式可以写为：

$$G(s)=\frac{Y(s)}{R(s)}=\frac{k(s-z_1)(s-z_2)\cdots(s-z_m)}{(s-p_1)(s-p_2)\cdots(s-p_n)}=\frac{M(s)}{N(s)} \tag{8.15}$$

式（8.15）中，$R(s)$和 $Y(s)$分别表示输入量和输出量的 Laplace 变换；$M(s)$和 $N(s)$分别为 $G(s)$的分子多项式和分母多项式，$N(s)$又叫做系统的特征多项式；$z_1,z_2,\cdots,z_m$ 和 $p_1,p_2,\cdots,p_n$ 分别是传递函数的 m 个零点和 n 个极点（也就是特征方程 $N(s)$=0 的 n 个特征根）。

显然，输出量 $Y(s)$可以写成传递函数 $G(s)$与输入量 $R(s)$的乘积，即：

$$Y(s)=G(s)R(s) \tag{8.16}$$

此外，由于单位脉冲函数 $\delta(t)$ 的 Laplace 变换等于 1，所以若以 $\delta(t)$ 作为系统的输入量，则依据式（8.16）可知：

$$Y(s)=G(s) \tag{8.17}$$

于是，系统的单位脉冲响应为：

$$y(t)=g(t)=L^{-1}(G(s)) \tag{8.18}$$

注意到复频域中的乘积（式（8.16））等效于时域中的卷积（Laplace 变换的卷积性质），以及式（8.18）所表示的脉冲响应函数与传递函数之间的关系，式（8.16）的 Laplace 反变换可表示为下述卷积：

$$y(t)=\int_0^{\infty}g(\tau)r(t-\tau)\mathrm{d}\tau \tag{8.19}$$

对式（8.19）两边取绝对值，可得：

$$|y(t)|=\left|\int_0^{\infty}g(\tau)r(t-\tau)\mathrm{d}\tau\right| \tag{8.20}$$

或者

$$|y(t)|\leqslant\int_0^{\infty}|g(\tau)||r(t-\tau)|\mathrm{d}\tau \tag{8.21}$$

如果 $r(t)$是有界的，即：

$$|r(t)|\leqslant M \tag{8.22}$$

式（8.22）中，M 为有限的正实数。那么，就有：

$$|y(t)|\leqslant M\int_0^{\infty}|g(\tau)|\mathrm{d}\tau \tag{8.23}$$

这样，如果 $y(t)$ 也是有界的，即：

$$|y(t)| \leqslant N \tag{8.24}$$

式（8.24）中，N 为有限的正实数。那么，就必须满足以下充要条件：

$$M\int_0^{\infty}|g(\tau)|\mathrm{d}\tau \leqslant N \tag{8.25}$$

或者，对于有限的正实数 Q 满足：

$$\int_0^{\infty}|g(\tau)|\mathrm{d}\tau \leqslant Q \tag{8.26}$$

式（8.26）表明：要使系统的输出有界，就必须使 $|g(\tau)|$ 曲线之下的面积是有限的。

那么，这个使系统 BIBO 稳定的充要条件与系统的特征根有什么联系呢？不失讨论问题的一般性，假设系统的传递函数无重极点，即式（8.15）中的 $p_1, p_2, \cdots, p_n$ 皆互不相同，则有：

$$g(t) = L^{-1}\left(\frac{N(s)}{(s-p_1)(s-p_2)\cdots(s-p_n)}\right) = L^{-1}\left(\sum_{i=1}^{n}\frac{a_i}{s-p_i}\right) = \sum_{i=1}^{n}a_i\mathrm{e}^{p_i t} \tag{8.27}$$

其中 $a_i(i=1,2,\cdots,n)$ 为常数，称 a_i 为极点 $s=p_i$ 上的留数。于是，就有：

$$|g(t)| = \left|\sum_{i=1}^{n}a_i\mathrm{e}^{p_i t}\right| \leqslant \sum_{i=1}^{n}a_i\left|\mathrm{e}^{p_i t}\right| = \sum_{i=1}^{n}a_i\left|\mathrm{e}^{\sigma_i t}\right| \tag{8.28}$$

其中 $\sigma_i(i=1,2,\cdots,n)$ 为 $p_i(i=1,2,\cdots,n)$ 的实部。

由式（8.28）可知：①当系统的所有特征根都具有负实部时，$|g(t)|$ 随时间增长逐渐衰减；②当系统有一个或更多的特征根具有正实部时，$|g(t)|$ 随时间增长逐渐发散；③当系统有一个或更多的特征根具有零实部（位于复平面的虚轴上）而其他特征根都具有负实部时，$|g(t)|$ 随时间增长保持恒值。显然，要使 $\int_0^{\infty}|g(\tau)|\mathrm{d}\tau$ 有限，只有第一种情形才能得到满足。因此，系统 BIBO 稳定的充要条件可表述为：系统的所有特征根都具有负实部，或者说传递函数的极点全部位于复平面的左半平面。

这个充要条件的正确性是不难验证的，比如，从例 8.1 中的零状态响应计算可以看出，由于这个二阶系统的两个特征根都具有负实部（$s_{1,2} = -0.9998 \pm \mathrm{j}6.9993$），因此系统的脉冲响应不仅有界而且会随时间增长逐渐衰减到零（如图 8.5 所示），亦即系统是 BIBO 稳定的。现在读者也许会对“特征根位于复平面虚轴上”的这种情况感到困惑，因为他（她）们可能会提出这样一个有趣的问题：“既然此时系统的脉冲响应有界，那么为什么系统不是 BIBO 稳定的呢？”尽管对于这个问题，我们是完全能够通过式（8.28）来进行解释的，因为当“$|g(t)|$ 随时间增长保持恒值”时，其关于时间的无穷积分必定是无限的。但是这毕竟只是一个数学意义上的解释，它也许并不能促使读者从物理意义上去理解。为此，这里假设例 8.1 中的阻尼系数 B=0（即无阻尼器），来分析这样一个质量—弹簧系统的零状态响应。

例 8.2　质量—弹簧系统　质量—弹簧系统如图 8.7 所示，假设图 8.7 中的各参数分别为：M=1kg，k=49N/m。并且假设系统在零初始条件下，分别受到脉冲力 $f(t) = A\delta(t)$ 和周期力 $f(t) = \sin\omega t$ 的作用，试分析这个系统对这两种不同输入的零状态响应。

对于 $t>0$，不难推出该系统的运动方程为：

$$M\ddot{y}(t) + ky(t) = f(t) \tag{8.29}$$

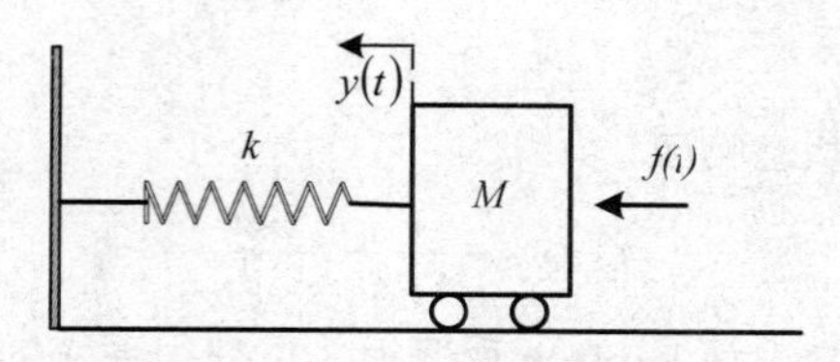

图 8.7　质量—弹簧系统

将已给定的数据代入式（8.29），并在零初始条件下，对式（8.29）进行 Laplace 变换，可得系统的传递函数 $G(s)$为：

$$G(s)=\frac{Y(s)}{F(s)}=\frac{1}{s^2+49} \tag{8.30}$$

由式（8.30）可见，传递函数在虚轴上有一对共轭极点（$s_{1,2}=\pm\mathrm{j}7$）。

（1）系统对脉冲力的零状态响应

$$Y(s)=\frac{A}{s^2+49}=\frac{A}{7}\frac{7}{s^2+7^2} \tag{8.31}$$

对式（8.31）进行 Laplace 反变换，可获得系统的零状态响应为：

$$y(t)=\frac{A}{7}\sin 7t \tag{8.32}$$

若对式（8.32）中的脉冲力强度 A 分别取四个不同的值，如表 8.1 所示，则可分别计算出它们的零状态响应曲线，如图 8.8 所示。

表 8.1　不同的脉冲力强度 A

序号	1	2	3	4
A	0.01	0.05	0.1	0.15

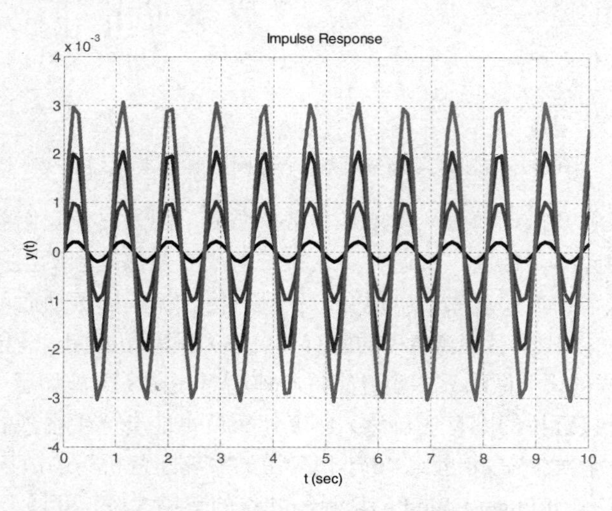

图 8.8　脉冲力强度 A 取四个不同值时的零状态响应

由图 8.8 可见，系统无论受到多大的脉冲力作用，它都将以一个固定的频率（$\omega_0=7$ rad/s）作振幅不同的等幅振荡（注：这个频率完全由系统本身的参数决定，故称之为系统的固有（自然）频率）。尽管这时系统的输出仍然是有界的，但是从工程意义上说，这样的系统处于稳定的临界状态，故常称之为临界稳定。

（2）系统对周期力的零状态响应

$$Y(s)=\frac{1}{s^2+49}\frac{\omega}{s^2+\omega^2} \tag{8.33}$$

若 $\omega=\omega_0=7$，则对式（8.33）进行 Laplace 反变换，可获得系统的零状态响应为：

$$y(t)=t\sin 7t \tag{8.34}$$

由式（8.34）可见，当系统受到频率与固有频率相等的周期力作用时，系统将以这个频率作振幅不断发散的振荡，这也就是工程上常说的共振（谐振）现象。显然，出现这种共振现象时，系统是不稳定的。为了能体会一下系统由有限振荡到出现共振（谐振）的这一变化过程，这里对式（8.33）中的周期力频率 ω 分别取四个不同的值，如表 8.2 所示，则可分别计算出它们的零状态响应曲线，如图 8.9 所示。

表 8.2　不同的周期力频率 ω

序号	1	2	3	4
ω（rad/s）	1	3	5	7

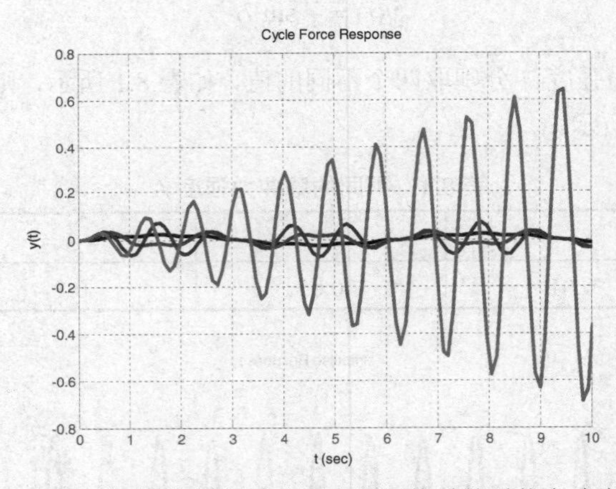

图 8.9　周期力频率 ω 取四个不同值时的零状态响应

值得郑重指出：了解共振（谐振）现象是非常重要的，因为它使我们能够通过适当地选择系统特征根来设计系统的频率。低通、带通、高通和带阻滤波器都是频率选择网络的例子。在机械系统中，被疏忽的共振（谐振）现象的出现会产生具有巨大振幅的振动而可能导致系统崩溃。一个音符（周期振动），如果其频率与玻璃板的固有（自然）频率相匹配，就能够粉碎玻璃板（相当于一个机械系统）。同样的，一队士兵齐步行军过一座桥时，在桥上施加了一个周期力。如果这个周期力的频率恰好十分接近桥的固有（自然）频率，桥就可能会产生强烈的响应（振动）并且倒塌。由此我们想起了一个发生在 20 世纪 40 年代美国的“魂断蓝桥”的故事[14]。

图 8.10 是跨越华盛顿州 Puget Sound 的塔科马峡谷的首座大桥，开通于 1940 年 7 月 1 日。只要有风，这座大桥就会晃动。4 个月之后的 11 月 7 日，一阵风引起了桥的晃动，而且晃动越来越大，直到整座桥断裂。图 8.10（a）和图 8.10（b）分别示出了开始晃动时和灾难发生时的情景。究其灾难发生的原因，不是由于风的强力，而是由于风产生旋涡的频率刚好与桥的固有（自然）频率相匹配，产生了共振（谐振）。

（a）开始晃动时

（b）发生灾难时

图 8.10　塔科马峡谷大桥

由以上论述可知：系统的 BIBO 稳定性可以通过测量外部端口（输入和输出）来确定，所以这是一个外部稳定性准则。式（8.26）中的 BIBO 准则是由单位脉冲响应的形式给出的，这点并非巧合，因为单位脉冲响应正是对系统的一种外部描述。然而，系统的内部行为并不一定总能通过外部描述确定。因此，外部（BIBO）稳定性有可能不能正确反映系统内部的稳定性。实际上，一些由 BIBO 准则判定为稳定的系统其内部可能不稳定，比如，前面提到的自行车驾驶和倒立摆控制就属于此类情况，这就好像一个内部起火的房子，从外面看却没有一点起火的痕迹。

8.2.3　渐近（内部）稳定

所谓渐近稳定，是指线性定常系统在零输入条件下由有界的非零初始条件所作用，若系统产生的响应有界且随时间的增长而趋于零，则称系统是渐近稳定的。由于渐近稳定是通过系统的零输入响应来表示的，所以也称之为零输入稳定。应该说，渐近稳定是一种比 BIBO 稳定更强的稳定性，它刻画的是系统处于平衡状态下，受到初始扰动后的自由运动性质。对于一个线性定常系统来说，零状态就是一个平衡状态，如果一个有界的非零初始条件改变这个状态，那么，对于一个渐近稳定的系统来说，它应该能够最终回到原来的平衡状态。对系统渐近稳定性的一个形象解释，如图 8.11 所示。

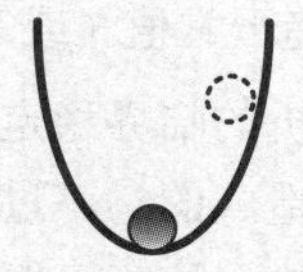
（a）渐近稳定

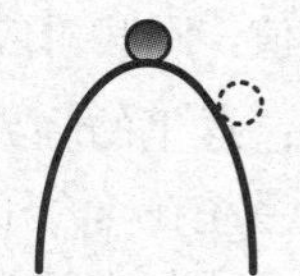
（b）渐近不稳定

图 8.11　系统渐近稳定性解释的示意图

如图 8.11（a）所示，将一个小球放在“谷底”，如果小球在 $t=0^-$ 时刻由于某种原因偏离了原来的“谷底”位置，那么小球将从虚线球所示的位置开始，在峡谷中作幅度逐渐衰减的来回摆动，并且随着时间的增长而最终到达“谷底”位置。因此，这种情形是渐近稳定的。相反，假设将一个小球放在“山顶”，如图 8.11（b）所示。如果小球在 $t=0^-$ 时刻由于某种原因偏离了原来的“山顶”位置，那么小球将从虚线球所示的位置开始，沿着“山坡”一直滚下去，从此不能再回到原来的“山顶”位置。显然，这种情形是渐近不稳定的。那么，何为系统渐近稳定的充要条件呢？

由 6.1 节的论述，我们知道状态空间模型是对系统的一种内部描述。为此，这里将以系统的状态空间模型为基础，来讨论渐近稳定的充要条件。由式（6.80）可知：在零输入条件下，线性定常连续系统的齐次状态方程为：

$$\dot{\boldsymbol{x}} = A\boldsymbol{x} \tag{8.35}$$

假设非零初始状态为 $\boldsymbol{x}(0^-)$，则系统的零输入响应为：

$$\boldsymbol{x}(t) = \mathrm{e}^{At}\boldsymbol{x}(0^-) \tag{8.36}$$

依据前面所述的渐近稳定定义可知，若系统是渐近稳定的，则有：

$$\lim_{t\to+\infty}\boldsymbol{x}(t) = \lim_{t\to+\infty}\mathrm{e}^{At}\boldsymbol{x}(0^-) = 0 \tag{8.37}$$

对此，这里给出如下定理。

定理 线性定常系统渐近稳定的充要条件是其系数矩阵 A 的特征方程 $|\lambda I - A| = 0$ 的根（即系统的特征值）全都具有负实部。

证明：对于式（8.35）所示的系统，若采用由 A 的特征向量构成的变换矩阵 P 对系统进行线性变换，即令 $\boldsymbol{x} = P\boldsymbol{x}'$，则有：

$$\dot{\boldsymbol{x}}' = P^{-1}AP\boldsymbol{x}' = A'\boldsymbol{x}' \tag{8.38}$$

式（8.38）中，A' 和 A 具有相同的特征值。值得注意的是，若 A 具有 n 个互不相同的特征值 $\lambda_i(i=1,2,\cdots,n)$，则 A' 为对角线矩阵且对角元素为 A 的特征值；若 A 的 n 个特征值中存在重特征值，则 A' 就不是对角线矩阵，而是 Jordan 矩阵。

不难知道，式（8.38）的解应为：

$$\boldsymbol{x}'(t) = \mathrm{e}^{A't}\boldsymbol{x}'(0^-) \tag{8.39}$$

式（8.39）中，$\boldsymbol{x}'(0^-) = P^{-1}\boldsymbol{x}(0^-)$。所以，式（8.36）可进一步表示为：

$$\boldsymbol{x}(t) = P\mathrm{e}^{A't}P^{-1}\boldsymbol{x}(0^-) \tag{8.40}$$

由式（8.40）可知，若 A' 为对角线矩阵，则 $\boldsymbol{x}(t)$ 的 n 个分量 $\boldsymbol{x}_i(t)(i=1,2,\cdots,n)$ 均为 $\mathrm{e}^{\lambda_i t}(i=1,2,\cdots,n)$ 的线性组合；若 A' 为 Jordan 矩阵，例如有重特征值 λ_k，则会在与此重特征值相关联的某些 $\boldsymbol{x}(t)$ 分量中出现 $\mathrm{e}^{\lambda_k t}, t\mathrm{e}^{\lambda_k t}, \frac{1}{2}t^2\mathrm{e}^{\lambda_k t}\cdots$ 等项的线性组合。据此，可以得出如下结论：①若 A 存在正实部的特征值，则其对应的 $\boldsymbol{x}(t)$ 分量必然随时间的增长而趋于无穷大，系统不稳定。②若 A 存在实部为零的特征值，则其对应的 $\boldsymbol{x}(t)$ 分量必然随时间的增长而趋于常值（或等幅振荡），系统处于临界稳定。注意：这里的临界稳定与前面在 BIBO 稳定中所分析的临界稳定本质上是一致的，因为它们都是由于系统在 s 平面的虚轴上有特征根（特征值）所造成的。不过需要指出的是，这里所说的临界稳定是系统在没有任何外部输入情况下自身所产生的一种等幅振荡，它是被广泛应用于工程实际中的各种振荡器的基本原理。③若 A 的所有特征值全都具有负实部，则 $\boldsymbol{x}(t)$ 的所有分量必然随时间的增长而趋于零，系统渐近稳定。

同 BIBO 稳定一样，这个充要条件的正确性也是不难验证的，比如，从例 8.1 中的零输入响应计算可以看出，由于这个二阶系统的两个特征根都具有负实部（$s_{1,2} = -1 \pm \mathrm{j}7$），因此系统的脉冲响应不仅有界而且会随时间增长逐渐衰减到零，亦即系统是渐近稳定的。现在细心的读者可能会有这样两个疑问：①例 8.1 中计算零输入响应时用的是输入—输出模型，而这里在讨论渐近稳定性时用的却是状态空间模型，这两者的分析结果是否一致？②从这两种稳定性的充要条件来看，它们都要求系统的所有特征值全都具有负实部，那么这两种稳定性之间又有什么区别和联系？本质上说，这其实是一个问题，即在于系统的外部描述与内部描述是否等价。为此，下面以这个问题为切入点来讨论 BIBO 稳定与渐近稳定之间的关系。

8.2.4　BIBO 稳定与渐近稳定之间的关系

为了讨论方便，也不失结论的一般性，下面仅以线性定常 SISO 系统进行讨论。由 6.2.2 节论述可知，对于同一系统，数学模型的两种模式，即传递函数与状态空间模型之间存在着内在联系，它们之间的关系满足式（6.65），即有：

$$G(s)=\frac{M(s)}{N(s)}=C(sI-A)^{-1}\cdot B+D=\frac{C\cdot \mathrm{adj}(sI-A)\cdot B}{\det(sI-A)}+D \tag{8.41}$$

式（8.41）中，$\det(sI-A)=|sI-A|$，为 A 的特征多项式；$\mathrm{adj}(sI-A)$ 为矩阵 $(sI-A)$ 的伴随矩阵；$C\cdot \mathrm{adj}(sI-A)\cdot B$ 为复变量 s 的分子多项式。从这个关系式可知：如果 $|sI-A|$ 与 $C\cdot \mathrm{adj}(sI-A)\cdot B$ 之间不存在公因式，那么传递函数 $G(s)$ 的极点（特征方程的根）与系统的特征值完全相同，此时，若系统是渐近稳定的，则系统一定是 BIBO 稳定的；反之，如果 $|sI-A|$ 与 $C\cdot \mathrm{adj}(sI-A)\cdot B$ 之间存在公因式，那么传递函数 $G(s)$ 的极点（特征方程的根）只是所有系统特征值中的一部分，此时，若系统是 BIBO 稳定的，则系统不一定是渐近稳定的。总之，渐近（内部）稳定能保证 BIBO（外部）稳定，反之则不然。下面通过一个例子来说明。

例 8.3　BIBO 稳定与渐近稳定的系统举例　系统的方框图，如图 8.12 所示。图中，u, y 分别表示系统的输入量和输出量；x_1, x_2 分别表示系统的两个状态变量；虚框表示系统的两个子系统是被物理封装的，它将系统内部和系统外部严格区分开来，在系统的输出端只能观测到 x_2 并以此作为系统的输出量。

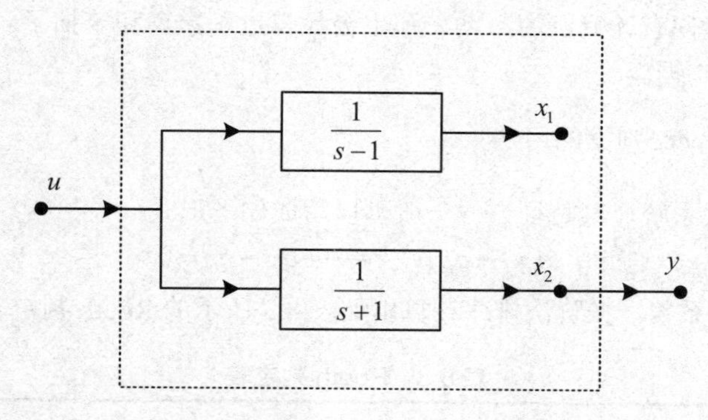

图 8.12　系统方框图

依据图 8.12 和 6.2.3 节中建立状态空间模型的方法，不难得到该系统的状态空间模型为：

$$\begin{aligned}\begin{bmatrix}\dot{x}_1\\ \dot{x}_2\end{bmatrix}&=\begin{bmatrix}1 & 0\\ 0 & -1\end{bmatrix}\begin{bmatrix}x_1\\ x_2\end{bmatrix}+\begin{bmatrix}1\\ 1\end{bmatrix}u\\ y&=\begin{bmatrix}0 & 1\end{bmatrix}\begin{bmatrix}x_1\\ x_2\end{bmatrix}\end{aligned} \tag{8.42}$$

因为

$$|sI-A|=\begin{vmatrix}s-1 & 0\\ 0 & s+1\end{vmatrix}=(s-1)(s+1)=0 \tag{8.43}$$

求得系统的特征值为：$s_1=1, s_2=-1$，有位于 s 平面正实轴上的特征值，所以系统不是渐近稳定的。但是，由于

$$G(s)=c(sI-A)^{-1}B=\begin{bmatrix}0 & 1\end{bmatrix}\begin{bmatrix}s-1 & 0\\ 0 & s+1\end{bmatrix}^{-1}\begin{bmatrix}1\\1\end{bmatrix}=\frac{1}{s+1} \tag{8.44}$$

传递函数的极点（特征方程的根）为：$s=-1$，只有位于 s 平面负实轴上的特征根，所以系统是 BIBO 稳定的。从这个例子可以看到：要使 BIBO 稳定与渐近稳定相互等价，关键的一点就是看一个系统是否可以由其传递函数完全表征。这种完全表征的含义就是要求系统的传递函数是一个不可约的真有理函数或严格真有理函数，亦即要求系统的状态空间模型是 6.2.3 节中所提及的最小实现。此外，完全表征还可以理解为就是要求系统的外部描述和内部描述相互等价，亦即要求系统的内部行为能够通过测量外部端口（输入和输出）来确定。这就涉及到本书第 14 章专门讨论的系统的能观性和能控性问题。

8.3 Routh-Hurwitz 判据及其应用

在线性定常系统中，无论是判断系统的渐近稳定性还是判断系统的 BIBO 稳定性，都要求解特征方程的根（传递函数的极点或系统的特征值），以通过确定它们在 s 平面上的分布情况来判断系统是否稳定。应该说，随着现代计算机技术的飞速发展，当前求解高阶特征方程已经不是特别困难的事，比如，可用 Matlab 的 roots()命令来计算特征方程根，详见本书的 2.8.2 节。但是在控制系统的分析与设计中，控制工程师往往需要知道系统中某些参数（比如增益）的变化对系统稳定性的影响，以确定该参数的取值范围。如果这时通过参数的不同取值来逐点计算特征方程的根以确定参数的边界，即便有计算机的帮助，那也会显得过于繁琐和笨拙了。为此，这里引入“古老”的 Routh-Hurwitz 判据。

8.3.1 Routh-Hurwitz 判据的用法

对于线性定常连续系统，其特征方程一般可以写成如下形式：

$$a_n s^n + a_{n-1}s^{n-1}+\cdots+a_1 s+a_0=0 \tag{8.45}$$

利用式（8.45）的各项系数，按阶次排序计算出如表 8.3 所示的 Routh 判定表。

表 8.3 Routh 判定表

s^n	a_n	a_{n-2}	a_{n-4}	…
s^{n-1}	a_{n-1}	a_{n-3}	a_{n-5}	…
s^{n-2}	$b_{n-1}=\frac{-1}{a_{n-1}}\begin{vmatrix}a_n & a_{n-2}\\ a_{n-1} & a_{n-3}\end{vmatrix}$	$b_{n-3}=\frac{-1}{a_{n-1}}\begin{vmatrix}a_n & a_{n-4}\\ a_{n-1} & a_{n-5}\end{vmatrix}$	$b_{n-5}=\cdots$	…
s^{n-3}	$c_{n-1}=\frac{-1}{b_{n-1}}\begin{vmatrix}a_{n-1} & a_{n-3}\\ b_{n-1} & b_{n-3}\end{vmatrix}$	$c_{n-3}=\frac{-1}{b_{n-1}}\begin{vmatrix}a_{n-1} & a_{n-5}\\ b_{n-1} & b_{n-5}\end{vmatrix}$	$c_{n-5}=\cdots$	…
⋮	⋮	⋮	⋮	⋮
s^0	d_{n-1}			

注：第 1、2 行元素是给定的特征方程的系数；其他各行元素是由相邻前两行的元素按照表中所列出的公式依次计算而得；Routh 判定表共计 n+1 行。

Routh-Hurwitz 判据：在特征方程式（8.45）中，假设其全部系数都不为零且具有相同的符号，那么当全部系数大于零（若全部系数小于零，可将特征方程两边同乘以-1）时，系统稳定的充分条件为 Routh 判定表中左端第 1 列（首列）的所有元素均大于零；如果首列元素的符号出现正、负交替的情况，那么系统就不稳定，而且正、负号变换的次数等于特征方程正实部根的个数。值得指出，该判据的假设条件实际上是系统稳定的必要条件，如果特征方程中有缺项（系数等于零）或不同号，那么系统就一定不稳定。换言之，若遇到这样的特征方程，则可直接判定系统不稳定。

关于 Routh 判定表首列元素的构成，我们需要考虑 3 种不同的情形。其中的每种情形都需要区别对待，并且在必要时，还应修改判定表的计算步骤。这 3 种情形分别是：①首列中没有元素等于零；②首列中有 1 个元素等于零，但零元素所在行中存在非零元素；③首列中有 1 个元素等于零，且零元素所在行中，其他元素也均为零。为了清楚地说明 Routh-Hurwitz 判据的使用方法，下面对每种情形都举例说明。

例 8.4　Routh-Hurwitz 判据用法举例　分别考虑下列系统的特征方程：① $s^3+20s^2+9s+100=0$；② $s^3+20s^2+9s+200=0$；③ $s^4+s^3+2s^2+2s+3=0$；④ $s^4+s^3+3s^2+s+2=0$。利用 Routh-Hurwitz 判据判定系统的稳定性，并求系统不稳定时正实部根的数目。

（1）情形 1：首列中没有元素等于零。对于这种情形，可以直接按表 8.3 所示的计算方法来获得相应的 Routh 判定表。特征方程①、②就属于这种情形，它们的 Routh 判定表分别如表 8.4 和表 8.5 所示。

表 8.4　特征方程①的 Routh 判定表

s^3	1	9
s^2	20	100
s^1	$\dfrac{-1}{20}\begin{vmatrix}1 & 9\\20 & 100\end{vmatrix}=4$	0
s^0	100	

由于表 8.4 中的首列元素皆大于零，所以特征方程①所代表的系统是稳定的。

表 8.5　特征方程②的 Routh 判定表

s^3	1	9
s^2	20	200
s^1	$\dfrac{-1}{20}\begin{vmatrix}1 & 9\\20 & 200\end{vmatrix}=-1$	0
s^0	200	

由于表 8.5 中的首列元素有 2 次符号变化，所以特征方程②所代表的系统不稳定，并且存在 2 个正实部根。

（2）情形 2：首列中有 1 个元素等于零，但零元素所在行中存在非零元素。对于这种情形，可用一个很小的正数 ε 来代替零元素参与计算，在完成 Routh 判定表的计算之后，再令 $\varepsilon\to 0$ 即得到所需的 Routh 判定表。特征方程③就属于这种情形，它的 Routh 判定表如表 8.6 所示。

表 8.6　特征方程③的 Routh 判定表

s^4	1	2	3
s^3	1	2	
s^2	ε	3	
s^1	$2-\dfrac{3}{\varepsilon}$	0	
s^0	3		

注意到表 8.6 中，$2-\dfrac{3}{\varepsilon}<0$（$\varepsilon$ 为很小的正数）。因此其首列元素中有 2 次符号变化，即：特征方程③所代表的系统不稳定，并且存在 2 个正实部根。

（3）情形 3：首列中有 1 个元素等于零，且零元素所在行中，其他元素也均为零。对于这种情形，可借助于辅助多项式来解决，同样能达到掌握特征根分布情况的目的。例如，第 k 行的全部元素均为零时，可利用第 k-1 行的元素（$g_1,g_2,\cdots$）作出下列 n-k+2 阶的辅助多项式：

$$p(s)=g_1s^{n-k+2}+g_2s^{n-k}+\cdots \tag{8.46}$$

将式（8.46）对复变量 s 求导，并将由此获得的新的多项式系数当作第 k 行元素，以此来完成后续 Routh 判定表的计算。值得指出：若出现这种情形，就意味着该特征方程存在一组（偶数个）关于原点对称的特征根。例如，一对共轭虚根，或绝对值相等且符号不同的实根。特征方程④就属于这种情形，它的 Routh 判定表如表 8.7 所示。

表 8.7　特征方程④的 Routh 判定表

				辅助多项式及其求导
s^4	1	3	2	
s^3	1	1	0	
s^2	2	2		$p(s)=2s^2+2$
s^1	$0\to4$	$0\to0$		$p'(s)=4s$
s^0	2			

注：第 4 行中“$0\to4$”和“$0\to0$”表示将 $p(s)$ 求导之后的多项式系数引入到原来元素全为零的这一行。

由于表 8.7 中的首列元素皆大于零，因此该特征方程没有正实部根。但是并不意味着该系统稳定，因为该特征方程存在一对共轭虚根，令 $p(s)=0$，可求得这对共轭虚根为：$s_{1,2}=\pm\mathrm{j}$。所以，该系统是临界稳定的。

8.3.2　Routh-Hurwitz 判据的应用

Routh-Hurwitz 判据的一个重要应用，就是能够用它来确定参数的变化范围以使系统保持稳定。通过以下两个例子来对此进行说明。

例 8.5　喷气式飞机垂直起飞控制器参数的取值范围　垂直起降飞机的目的是为了使它能在狭小的机场起降，而在水平飞行时，它又能像普通飞机一样易于操作。垂直起降飞机的起飞过程与导弹升空有些类似，本质上是不稳定的，因此需要为这类飞机设计起飞控制系统。该起飞控制系统的框图如图 8.13 所示。为了使系统稳定，确定控制器参数 K 的变化范围。

由图 8.13，可得系统的特征方程为：

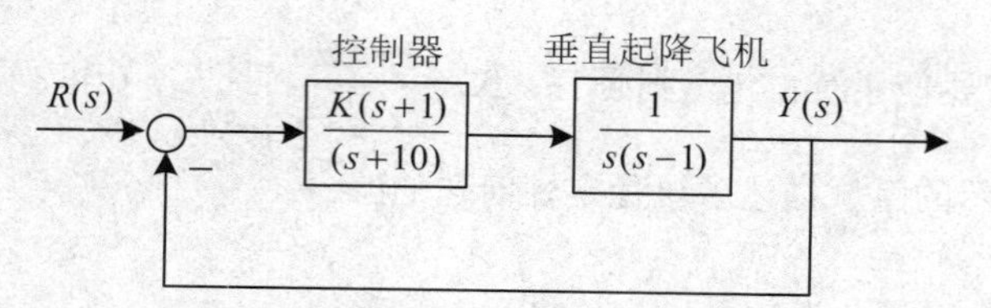

图 8.13　垂直起降飞机的起飞控制系统

$$1+\frac{K(s+1)}{(s+10)}\frac{1}{s(s-1)}=0 \to s^3+9s^2+(K-10)s+K=0 \tag{8.47}$$

于是，可列出与式（8.47）相应的 Routh 判定表，如表 8.8 所示。

表 8.8　例 8.5 的 Routh 判定表

s^3	1	$K-10$
s^2	9	K
s^1	$\frac{8K-90}{9}$	0
s^0	K	

由表 8.8 可知，若要使系统稳定，则必有：$\frac{8K-90}{9}>0$，且 $K>0$。亦即：$K>11.25$。

例 8.6　航天飞机姿态控制器二参数的取值区域　航天飞机的姿态控制系统框图，如图 8.14 所示。为了使系统稳定，确定控制器二参数 K、a 的变化区域，并画图表示。

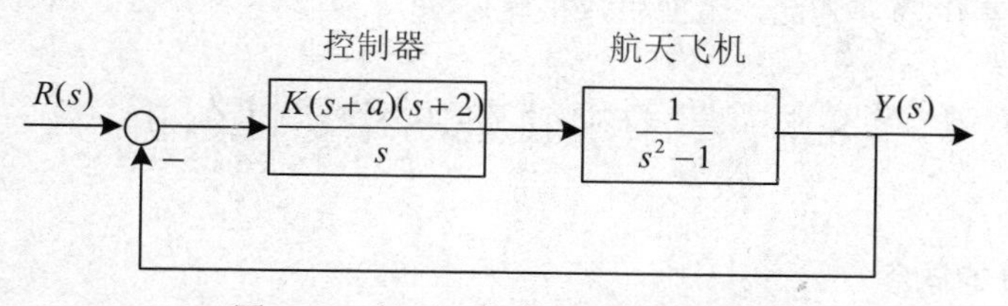

图 8.14　航天飞机的姿态控制系统

由图 8.14，可得系统的特征方程为：

$$1+\frac{K(s+a)(s+2)}{s}\frac{1}{s^2-1}=0 \tag{8.48}$$

进一步整理得到

$$s^3+Ks^2+\left[(2+a)K-1\right]s+2aK=0 \tag{8.49}$$

于是，可列出与式（8.49）相应的 Routh 判定表，如表 8.9 所示。

表 8.9　例 8.6 的 Routh 判定表

s^3	1	$(2+a)K-1$
s^2	K	$2aK$
s^1	$(2+a)K-(1+2a)$	0
s^0	$2aK$	

由表 8.8 可知，若要使系统稳定，则必有：$K > \dfrac{1+2a}{2+a}$，且 $K>0$ 和 $a>0$。两个参数的允许取值区域，如图 8.15 所示的区域描述了该稳定性问题的解。

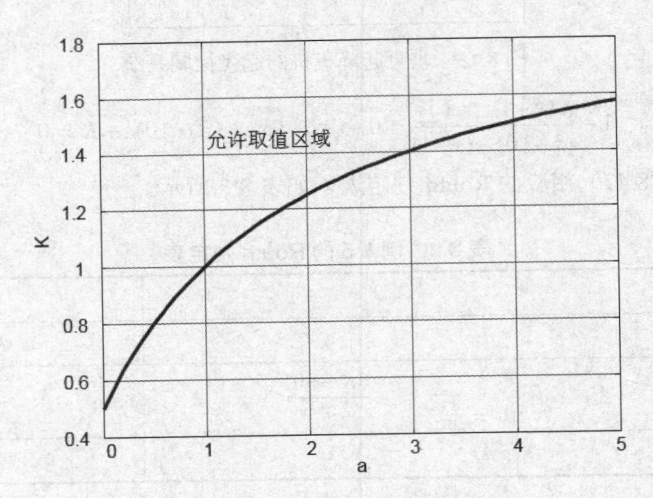

图 8.15　二参数的允许取值区域

值得指出，尽管应用 Routh-Hurwitz 判据可以给出系统参数的允许取值范围，但是对应于这个范围内的不同参数，系统特征根在 s 平面上的位置是不同的。由于特征根的位置分布对控制系统的性能（比如稳定性、瞬态性能等）有着非常重要的影响，因此掌握 s 平面上的特征根位置随参数变化的规律是很有用的。为此，下面引入根轨迹法。

8.4　基于根轨迹的稳定性分析

8.4.1　根轨迹的概念

根轨迹法是由 W.R.Evans 在 1948 年最先提出的，它是一种当系统的某个参数变化时，绘制系统特征根在 s 平面上的位置变化轨迹的图解方法。为了使读者对根轨迹的概念有一个初步认识，这里先举一个简单的例子。

例 8.7　二阶系统的根轨迹示例　一个二阶系统，如图 8.16 所示。

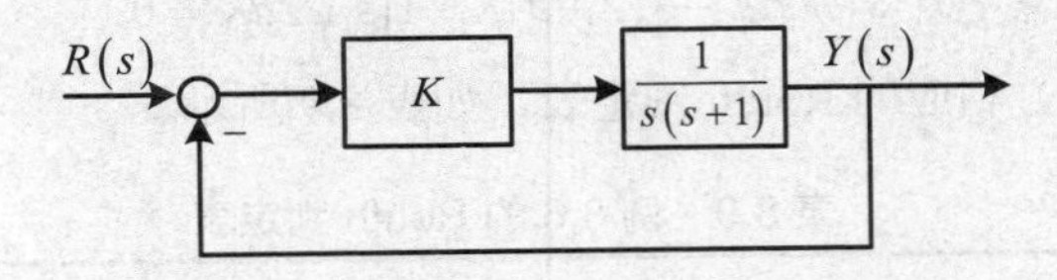

图 8.16　二阶系统

该系统的特征方程为：

$$1+K\frac{1}{s(s+1)}=0 \rightarrow s^2+s+K=0 \tag{8.50}$$

式（8.50）中的参数 K 为开环传递函数的增益。该系统的特征根为：

$$s_{1,2} = \frac{-1 \pm \sqrt{1-4K}}{2} \tag{8.51}$$

由式（8.51）可知：当 $0 \leqslant K < \dfrac{1}{4}$ 时，$s_{1,2}$ 为两个负实根；当 $K = \dfrac{1}{4}$ 时，$s_{1,2} = -\dfrac{1}{2}$；当 $K > \dfrac{1}{4}$ 时；$s_{1,2}$ 为一对具有负实部的共轭复根。于是，根据以上分析，可在 s 平面上画出该系统的根轨迹，如图 8.17 所示。

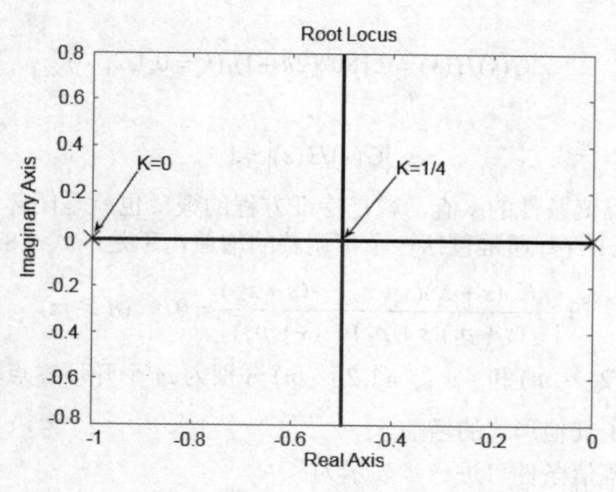

图 8.17　二阶系统的根轨迹示例

可见，所谓的根轨迹，**就是当系统某一参数**（注意：这个系统参数通常是指开环传递函数的增益）**从零到无穷大变化时，闭环特征方程的根在 s 平面上的位置变化轨迹**。坦白地说，图 8.17 是借用 Matlab 控制系统工具箱中的 rlocus 命令来绘制的。但是，这应该不妨碍读者从式（8.51）的分析来理解根轨迹概念。而且，它能够使读者在接触根轨迹之初，就熟悉 Matlab 的这种表现形式。应该说，Matlab 的强大功能和普遍应用，已经把我们从繁琐的根轨迹手工绘制中解放出来了。因此，这里将不介绍传统的根轨迹绘制规则，而侧重于根轨迹的基本性质，以使读者能够把注意力集中在用根轨迹法分析系统上。

此外，由于本章的主题是控制系统的稳定性，所以本节将在介绍根轨迹的基本概念和性质的基础上，把重点主要落在如何应用根轨迹来分析系统稳定性方面，至于如何用根轨迹来分析系统的其他性能乃至进行控制系统设计，将在后续相关章节中介绍。

8.4.2　根轨迹的幅角条件和幅值条件

考虑一般的闭环系统，如图 8.18 所示。

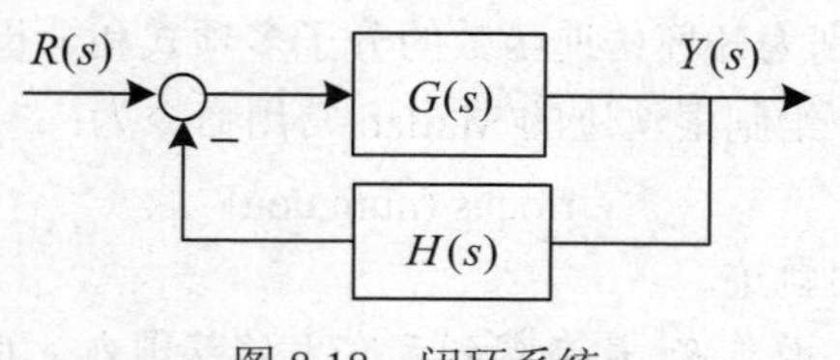

图 8.18　闭环系统

它的闭环传递函数为：

$$\frac{Y(s)}{R(s)}=\frac{G(s)}{1+G(s)H(s)} \tag{8.52}$$

令式（8.52）右边的分母等于零，可以得到闭环系统的特征方程，即：

$$1+G(s)H(s)=0 \to G(s)H(s)=-1 \tag{8.53}$$

因为 $G(s)H(s)$ 为复数，根据式（8.53）等号两边的幅角和幅值应分别相等的条件，可将式（8.53）分成如下两个方程，即：

（1）幅角条件：

$$\angle G(s)H(s)=\pm 180°(2k+1),(k=0,1,2,\cdots) \tag{8.54}$$

（2）幅值条件：

$$|G(s)H(s)|=1 \tag{8.55}$$

显然，满足幅角条件和幅值条件的 s 值，就是特征方程的根，也就是闭环极点。

在许多情况下，$G(s)H(s)$ 通常包括一个可调整的增益，于是，式（8.53）可写成：

$$1+\frac{K^*(s+z_1)(s+z_2)\cdots(s+z_m)}{(s+p_1)(s+p_2)\cdots(s+p_n)}=0 \quad (n \geqslant m) \tag{8.56}$$

式（8.56）中，$-z_i(i=1,2,\cdots,m)$ 和 $-p_j(j=1,2,\cdots,n)$ 分别为 m 个开环零点和 n 个开环极点，K^* 称为根轨迹增益，以区别于其他形式的增益。

于是，幅角条件和幅值条件可进一步表示为：

$$\sum_{i=1}^{m}\angle(s+z_i)-\sum_{j=1}^{n}\angle(s+p_j)=\pm 180°(2k+1),(k=0,1,2,\cdots) \tag{8.57}$$

$$K^*=\frac{\prod_{j=1}^{n}|s+p_j|}{\prod_{i=1}^{m}|s+z_i|} \tag{8.58}$$

所以，当根轨迹增益 K^* 从零到无穷大变化时，s 平面上满足幅角条件（式（8.57））的所有点构成的图形，就是根轨迹。在根轨迹上的任意点（特征根或闭环极点）将与一定的增益值 K^* 相对应，K^* 可由幅值条件（式（8.58））确定。

8.4.3 根轨迹的 Matlab 绘制、举例及解释

1．根轨迹绘制的 Matlab 命令

在用 Matlab 绘制根轨迹中，我们常将式（8.56）写成如下形式：

$$1+K^*\frac{\text{num}}{\text{den}}=0 \tag{8.59}$$

式（8.59）中，num 和 den 分别为开环传递函数的分子多项式和分母多项式，它们的具体表示方法详见 2.8 节。针对式（8.59），绘制根轨迹的 Matlab 常用命令为：

```
rlocus (num,den)
```

用此命令可以很快地绘制出根轨迹。

注意：在调用此命令时，增益 K^* 是在零到无穷大的范围内，由小到大自动给定的。

2. 举例及解释

例 8.8　三阶系统的根轨迹举例及解释　一个三阶系统，如图 8.19 所示。

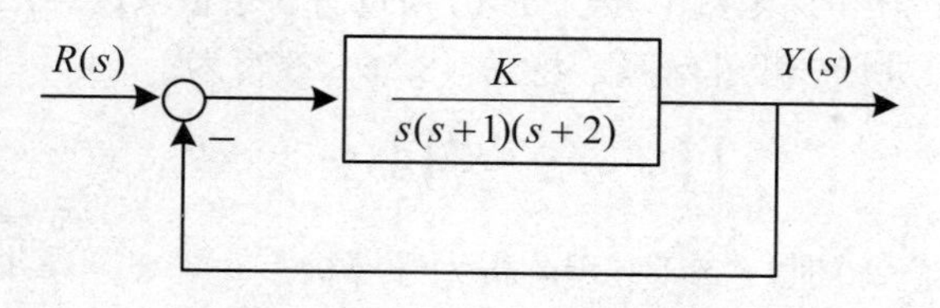

图 8.19　三阶系统

该系统的特征方程为：

$$1+\frac{K}{s(s+1)(s+2)}=0 \rightarrow 1+K\frac{1}{s^3+3s^2+2s}=0 \tag{8.60}$$

利用式（8.60）和 rlocus 命令，可形成如下 M 文件：

```
%Example 8.8
num=[1];
den=[1 3 2 0];
rlocus(num,den);
```

在 Matlab 软件环境下，运行此 M 文件可得该三阶系统的根轨迹，如图 8.20 所示。该图中包含了丰富的需要解释的信息，特别是对于初学者来说更是如此。为了便于以后根轨迹的使用，下面就一一道来。

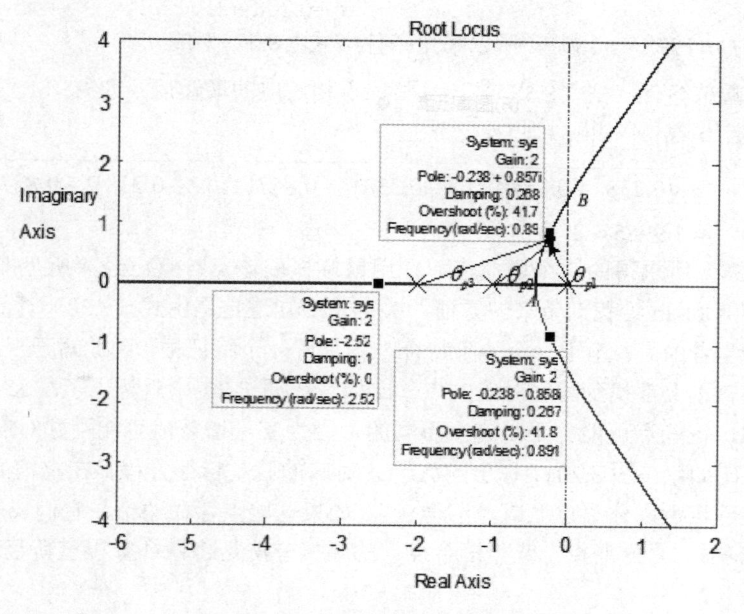

图 8.20　三阶系统的根轨迹

（1）当增益 K^* 从零到无穷大变化时，特征方程的根轨迹从开环极点（用“×”表示）出发，到开环零点（用“○”表示）终止。大部分开环传递函数的极点个数多于零点个数，因此根轨迹的分支等于开环极点的个数。若极点个数和零点个数分别为 n 和 m，则会有 $n-m$ 条根轨迹终止于 $n-m$ 个无穷远处的开环零点。

由于该三阶系统的开环传递函数中 n=3，m=0，所以有 3 条根轨迹终止于无穷远处的开环零点。对此可以依据式（8.56）进行一般性解释。将式（8.56）改写为：

$$\prod_{j=1}^{n}(s+p_j)+K^*\prod_{i=1}^{m}(s+z_i)=0 \tag{8.61}$$

由式（8.61）可见：当 $K^*=0$ 时，特征方程的根为开环极点；当 $K^*\to\infty$ 时，特征方程的根为开环零点。而且由式（8.58）可得：

$$K^*=\lim_{s\to\infty}\frac{\prod_{j=1}^{n}\left|s+p_j\right|}{\prod_{i=1}^{m}\left|s+z_i\right|}\approx\lim_{s\to\infty}\left|s\right|^{n-m}=\infty \tag{8.62}$$

所以当 $n>m$ 时，有 $n-m$ 条根轨迹终止于 $n-m$ 个无穷远处的开环零点。

（2）根轨迹上的任意点都满足幅角条件和幅值条件。

若在图 8.20 中的根轨迹上任取一点①，例如 $s_1=-0.238+0.857\text{i}$，则其与三个开环极点（$p_1=0$，$p_2=-1$，$p_3=-2$）所构成的三个幅角分别为：

$$\theta_{p1}=\angle s_1=180°-\arctan\frac{0.857}{0.238}=105.2°$$

$$\theta_{p2}=\angle(s_1+1)=\arctan\frac{0.857}{-0.238+1}=48.4°$$

$$\theta_{p3}=\angle(s_1+2)=\arctan\frac{0.857}{-0.238+2}=26°$$

由于 $\theta_{p1}+\theta_{p2}+\theta_{p3}=179.6°\approx180°$，所以幅角条件（式（8.57））成立。

另外，可用幅值条件（式（8.58））计算与该点相对应的增益值，即有：

$$\begin{aligned}K^*&=\left|s_1\right|\left|s_1+1\right|\left|s_1+2\right|\\&=\sqrt{0.238^2+0.857^2}\cdot\sqrt{(1-0.238)^2+0.857^2}\cdot\sqrt{(2-0.238)^2+0.857^2}\\&=1.9985\approx2\end{aligned}$$

其实，由式（8.58）所求得的这个增益值，在用鼠标抓取该点时就已经“所见即所得”了（即：gain=2），这就是 Matlab 给我们带来的方便，关键是要知道它是由式（8.58）计算来的。

值得提醒初学者的是：由于一个 n 阶特征方程具有 n 个特征根，因此对于一个确定的增益值，一定能在每条根轨迹上都找到与之对应的点，比如，在图 8.20 中就标出了与 $K=2$ 所对应的三个不同的点。当然，这些点可能并不是完全不同的，因为某一增益值可能刚好对应于两条或多条根轨迹的相交点，比如，在图 8.20 中标出的 A 点，对应的就是特征方程存在重根的情形。在根轨迹分析中，常称这种点为“分离点”或“汇合点”，如果这些点存在的话，它们一般位于实轴上。

（3）确定实轴上“分离点”或“汇合点”的直接方法是将特征方程重新整理成 $K^*=p(s)$，

---

① 可以在 Matlab 所绘制的根轨迹上用鼠标进行方便的任意抓取，方框内显示了“抓取点”所对应的信息，它们包括：Gain——增益；Pole——闭环极点坐标；Damping——阻尼系数；Overshoot——超调量；Frequency(rad/sec)——频率（弧度/秒）。本章只用方框内前两项信息，至于后三项信息将在后续其他章节中使用。

并求解方程 $\dfrac{\mathrm{d}K^*}{\mathrm{d}s}=\dfrac{\mathrm{d}p(s)}{\mathrm{d}s}=0$ 。

例如，为了求解图8.20中的 A 点位置，可将本例的特征方程（式（8.60））重新整理为：

$$K^*=-(s^3+3s^2+2s) \tag{8.63}$$

对上式取导数并令其等于0，即有：

$$\frac{\mathrm{d}K^*}{\mathrm{d}s}=-3s^2-6s-2=0 \tag{8.64}$$

求解式（8.64）的根，可得：$s_1=-0.4226, s_2=-1.5774$ 。由于在图8.20中的实轴段 $(-2,-1)$ 并不存在根轨迹，因此 $s_2=-1.5774$ 被省去，即 A 点位置为 -0.4226 。

（4）确定实轴上根轨迹的一般方法是：若实轴上某一段右边的开环零点和开环极点的个数之和为奇数，则该实轴段为根轨迹段。

这个结论可用幅角条件（式（8.57））加以验证。例如，在图8.20中的实轴段 $[-1,0]$ 上任取一点 s，由于 s 点与它右边的开环极点（ $p_1=0$ ）的幅角 $\angle s=180°$ ，并且与它左边的其他两个开环极点（ $p_2=-1$， $p_3=-2$ ）的幅角 $\angle(s+1)=\angle(s+2)=0°$ ，这显然是满足幅角条件的，因此，该实轴段为根轨迹段。同样，用这种方法也可以确定实轴段 $[-\infty,-2]$ 为根轨迹段。

（5）根轨迹必然是关于实轴对称的。

这个结论是由于复根必须以共轭形式成对出现。例如，在图8.20中，当 $K^*=2$ 时，就存在一对共轭复根：$-0.238+0.857\mathrm{i},-0.238-0.857\mathrm{i}$ 。

（6）确定根轨迹与虚轴的交点，可以令特征方程中的 $s=\mathrm{j}\omega$ ，然后再分别使其实部和虚部等于零，求出 ω 和 K^* 来。这时求得的 ω 值，就是根轨迹与虚轴的交点，而 K^* 值则相应于临界稳定增益。

例如，为了确定图8.20中的 B 点位置及其所对应的 K^* 值，可令本例特征方程中的 $s=\mathrm{j}\omega$ ，即有：

$$K^*-3\omega^2+\left(2\omega-\omega^3\right)\mathrm{j}=0 \tag{8.65}$$

显然，要使式（8.65）成立，必有：

$$\begin{aligned}K^*-3\omega^2&=0\\2\omega-\omega^3&=0\end{aligned} \tag{8.66}$$

求解式（8.66），可得：$\omega=\pm\sqrt{2}, K^*=6$ 。显然，当 K^* 的取值大于6时，根轨迹进入 s 平面的右半部分，亦即存在具有正实部的闭环特征根，这必将导致闭环系统不稳定。为了对这种方法作进一步的说明，以下通过举例来介绍几种特殊情况的稳定性分析。

8.4.4　几种特殊情况的稳定性分析举例

例8.9　条件稳定系统　所谓条件稳定系统，是指只有当开环增益 $K_1<K^*<K_2$ 时，系统才稳定的系统。例如，假设某单环负反馈系统的开环传递函数为：

$$G(s)H(s)=\frac{K^*(s^2+2s+4)}{s(s+4)(s+6)(s^2+1.4s+1)} \tag{8.67}$$

为了使用前面介绍的Matlab命令，将式（8.67）改写成如下形式：

$$G(s)H(s)=\frac{K^*(s^2+2s+4)}{s^5+11.4s^4+39s^3+43.6s^2+24s}$$

于是，可形成如下绘制系统根轨迹的M文件：

```
    %Example 8.9
num=[1 2 4];
den=[1 11.4 39 43.6 24 0];
rlocus(num,den);
```

在Matlab软件环境下，运行此M文件可得该系统的根轨迹，如图8.21所示。

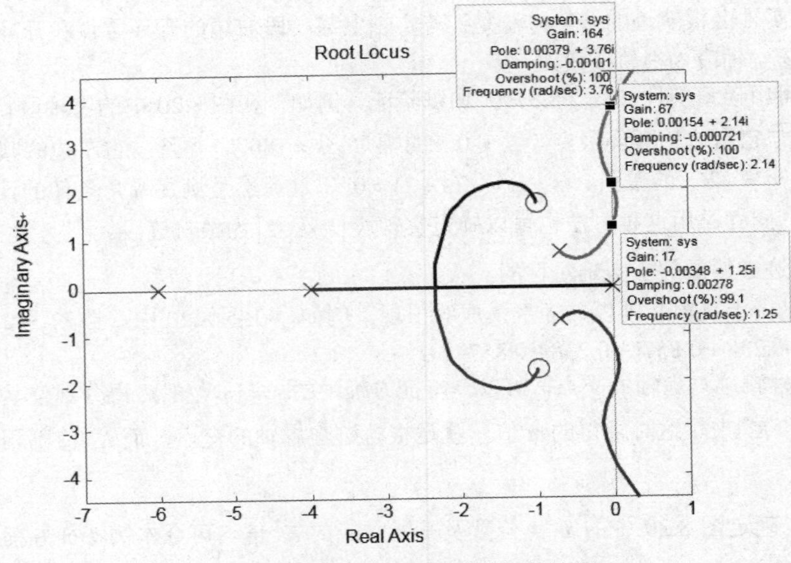

图8.21　条件稳定系统的根轨迹

由图 8.21 可以看出，这个系统仅在一定的K^*值范围内，即$0<K^*<17$和$67<K^*<164$时，才是稳定的。而在$17<K^*<67$和$164<K^*$时，系统是不稳定的。在实践中，条件稳定是不能令人满意的。因为在这类系统中，如果由于某种原因使增益下降到临界增益以下时，系统会变成不稳定。应当指出，在系统设计中，通过增加适当的校正装置，可以消除条件稳定问题。对此，我们将在本书的设计篇再进行详细论述。

例 8.10　增加一个开环零点对系统稳定性的影响　例如，假设某单环负反馈系统的开环传递函数为：

$$G(s)H(s)=\frac{K}{s(s-1)}\tag{8.68}$$

由式（8.68），可形成如下绘制该系统根轨迹的M文件：

```
    %Example 8.10
num=1;
den=[1 -1 0];
rlocus(num,den);
```

在Matlab软件环境下，运行此M文件可得该系统的根轨迹，如图8.22（a）所示。若在式（8.68）

中增加一个位于负实轴上的开环零点 $z=-1$，即：

$$G(s)H(s)=\frac{K(s+1)}{s(s-1)} \tag{8.69}$$

由式（8.69），可形成如下新的绘制系统根轨迹的 M 文件：

```
%Example 8.10
num=[1 1];
den=[1 -1 0];
rlocus(num,den);
```

同样，运行此 M 文件可得新系统的根轨迹，如图 8.22（b）所示。

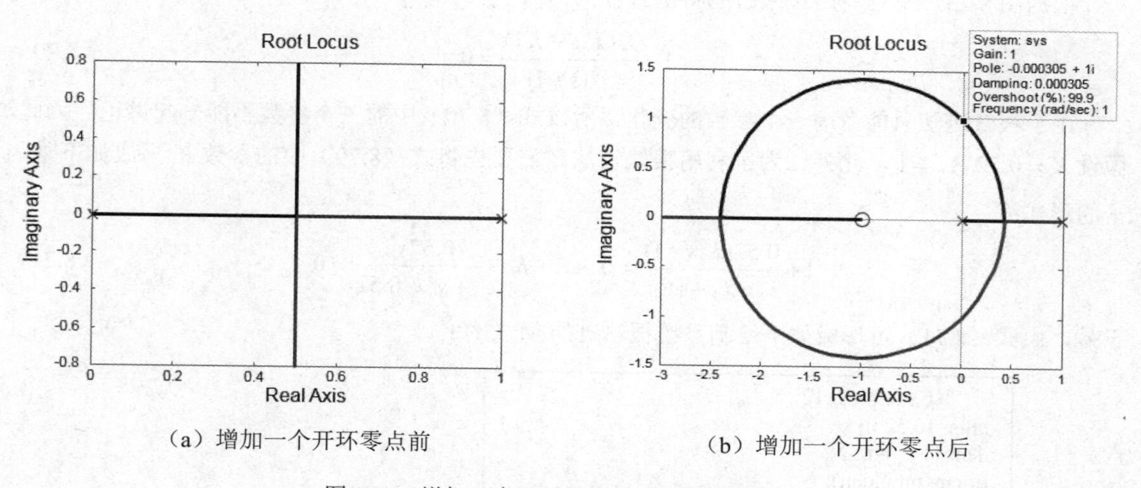

（a）增加一个开环零点前　　（b）增加一个开环零点后

图 8.22　增加一个开环零点前后的系统根轨迹

比较图 8.22（a）、（b）可知：在增加一个开环零点前，该系统对于任意的增益值都是不稳定的。但是增加一个开环零点后，当 K 的取值大于 1 时，系统稳定。由此，可得到一个一般性的结论：**增加一个负实部的开环零点可以使根轨迹向左弯曲，从而有利于改善系统的稳定性。**

例 8.11　增加一个开环极点对系统稳定性的影响　由例 8.7 中二阶系统的根轨迹可知，该系统对于任意的增益值总是稳定的。但是，若在该系统的开环传递函数中增加一个位于负实轴上的开环极点 $p=-2$，则该二阶系统将变成例 8.8 所示的三阶系统。由图 8.20 可知，当 K 的取值大于 6 时，系统不稳定。由此，也可得到一个一般性的结论：**增加一个开环极点将使根轨迹向右弯曲，从而不利于改善系统的稳定性。**

例 8.12　非增益参数的系统稳定性分析　在许多系统设计问题中，常常需要研究除增益外，其他系统参数变化对闭环极点的影响。这些参数的影响，也可以利用根轨迹法来进行研究。为此，这里介绍一个飞机姿态控制系统的应用实例。飞机的姿态通常是由其外部的升降舵、方向舵及副翼 3 个装置进行控制。操纵这些装置，飞行员可以按预期的航线飞行。本例考虑的自动驾驶仪是一个通过调节副翼表面来控制滚动角的自动控制系统。由于副翼表面的空气压差，当偏转角为 θ 时，副翼将产生 1 个力矩，从而引起飞机的滚动运动。副翼由传递函数为 $1/s$ 的液压驱动器控制。实际测量的滚动角度 ϕ 与预期的滚动角 ϕ_d 相比较，并用偏差信号来驱动液压驱动器，进而调整副翼表面的偏转角。假定滚动运动与其他运动独立，则滚动运动的简化框图模型如图 8.23 所示。

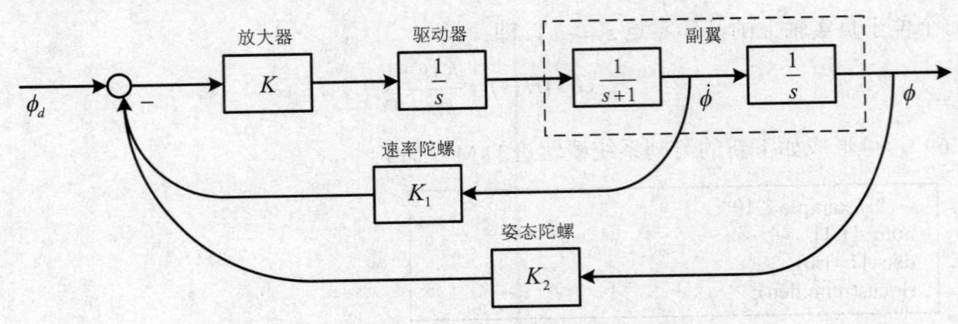

图 8.23　飞机滚动运动控制系统框图

依据图 8.23，不难写出该系统的特征方程为：

$$1+\frac{K(K_1 s+K_2)}{s^2(s+1)}=0 \tag{8.70}$$

由于根轨迹法只能考虑一个参数的变化，所以式（8.70）中的三个参数不能一起讨论。为此，假设 $K=0.52, K_2=1$。此外，为了利用根轨迹法，需要先将式（8.70）中的参数 K_1 写成如下乘因子的形式：

$$1+\frac{0.52(K_1 s+1)}{s^2(s+1)}=0 \rightarrow 1+K_1\frac{0.52s}{s^3+s^2+0.52}=0 \tag{8.71}$$

于是，由式（8.71）可形成如下绘制系统根轨迹的 M 文件：

```
    %Example 8.12
num=[0.52 0];
den=[1 1 0 0.52];
rlocus(num,den);
```

同样，运行此 M 文件可得该系统的根轨迹，如图 8.24 所示。

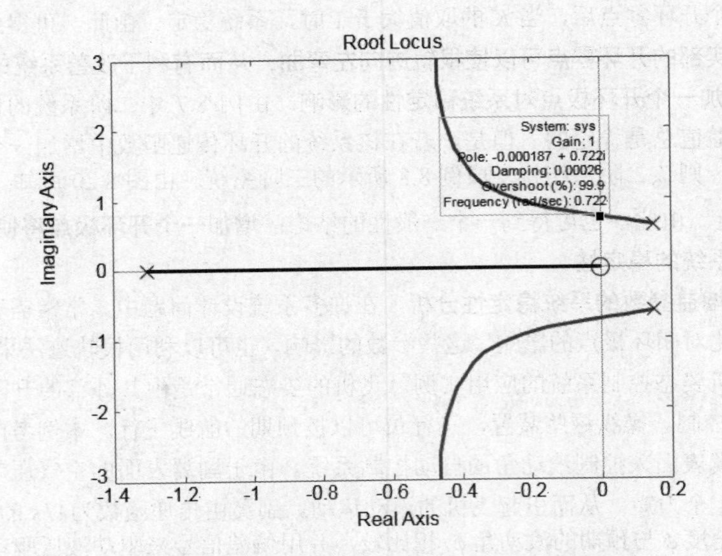

图 8.24　飞机滚动运动控制系统的参数 K_1 根轨迹

由图 8.24 可见，当 K_1 的取值大于 1 时，系统稳定。

8.5　Nyquist 稳定性判据

可以说，前面所介绍的 Routh-Hurwitz 代数判据和根轨迹法，都是基于复变量 s 的复频域分析方法。本节则要在实频率域中，用著名的 Nyquist 判据来研究系统的稳定性。这种判别方法是利用系统的开环频率特性来判断闭环系统的稳定性，它由 H.Nyquist 于 1932 年首先提出，故命名为 Nyquist 稳定性判据。

上述三种系统稳定性判别方法的区别在于：代数判据只适用于特征方程已知且为多项式形式的系统，对于工程上常见的时滞系统则无能为力；根轨迹法对于简单的二、三阶系统很适用，但对于四阶以上的系统手工绘制根轨迹会有相当的难度，而且如果有时滞环节就会更困难；Nyquist 判据并不要求系统的数学模型已知，而是可以通过实验手段获取系统的开环频率特性曲线，这对于难以建模的复杂系统是很有意义的，而且该判据不仅能够回答闭环系统是否稳定以及稳定的程度，同时能够提示改善系统特性的方法。

由于 Nyquist 稳定性判据需要用到复变函数理论中的 Cauchy 定理（幅角原理），因此下面先简要介绍 Cauchy 定理的内容。

8.5.1　围线映射与 Cauchy 定理（幅角原理）

1. 围线映射

所谓围线映射，是指利用函数 $F(s)$ 将 s 平面闭合曲线上的每个点都唯一地映射到另一个平面上。由于 $s=\sigma+\mathrm{j}\omega$ 是复变量，所以函数 $F(s)$本身也是复变量。将 $F(s)$写成 $F(s)=u+\mathrm{j}v$，就可以用坐标(u,v)在另一个平面上（权且称为 F 平面）来表示围线映射的结果。为了能直观地理解围线映射的含义，这里举一个简单的例子。假设函数 $F(s)=2s+1$，s 平面上的单位正方形闭合曲线如图 8.25（a）所示，通过函数 $F(s)$将该闭合曲线映射到 F 平面上，则有：

$$u+\mathrm{j}v=F(s)=2s+1=2(\sigma+\mathrm{j}\omega)+1=2\sigma+1+\mathrm{j}2\omega \tag{8.72}$$

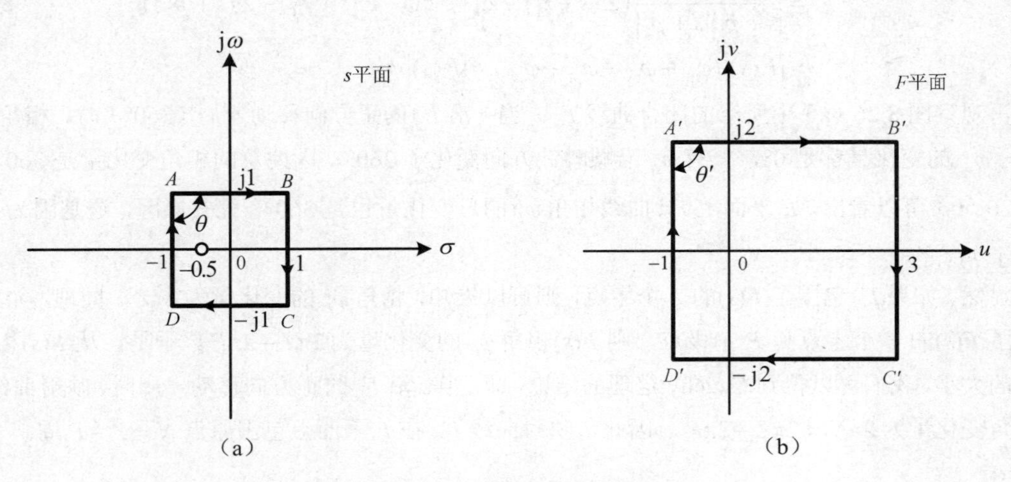

图 8.25　围线映射示例

显然，式（8.72）中，$u = 2\sigma + 1$ 和 $v = 2\omega$ 。由此可知，映射到 F 平面上的曲线仍然是一个正方形闭合曲线，其中心移动了一个单位，边长是原来的 2 倍，如图 8.25（b）所示。

由图 8.25 可见，s 平面上单位正方形的 A、B、C、D 4 个点分别映射成了 F 平面上的 A'、B'、C'、D' 4 个点，且它们在两个平面上沿曲线变化的方向也相同（如图中各条边上的箭头所示）。研究闭合曲线映射时，应该事先约定闭合曲线的运动方向。按照控制工程的惯例，本书将**顺时针方向**定义为闭合曲线的正方向，并将闭合曲线正方向右侧的区域称为**曲线包围区域**。这可以形象地记为：当你沿顺时针方向在一个闭合的路径上行走时，右侧的区域就相当于曲线包围的区域，即所谓**"顺时针，向右看"**。要注意的是，关于复平面上闭合曲线的运动方向，控制理论与复变函数理论采用了恰恰相反的约定，但这并不会带来本质的差异。

2. Cauchy 定理（幅角原理）

Cauchy 定理考察了 s 平面上闭合曲线包围 $F(s)$零、极点的情况，同时也考察了映射到 F 平面上的曲线包围原点的情况，并建立了它们之间的联系。鉴于 Cauchy 定理一般是为大家所熟悉的，因此，这里将不经数学证明地给出其结论[19]：

如果闭合曲线 Γ_s 以顺时针方向为正方向，在 s 平面上包围了 $F(s)$的 Z 个零点和 P 个极点，但不经过任何一个零点和极点，那么，对应的映射曲线 Γ_F 也以顺时针方向为正方向，在 F 平面上包围原点 $N = Z - P$ 周。若 N 为负值，则表示映射曲线 Γ_F 是沿逆时针方向包围原点 N 周。

重新观察图 8.25（a）（b）可以发现，s 平面上的单位正方形闭合曲线沿正方向包围了 $F(s) = 2s + 1$ 仅有的零点 $z = -0.5$ ，而其在 F 平面上的映射曲线沿正方向包围 F 平面原点一周，这正好与 Cauchy 定理相吻合（ $N = Z - P = 1$）。为了更好地理解 Cauchy 定理，考虑映射函数为：

$$F(s) = \frac{(s+z_1)(s+z_2)}{(s+p_1)(s+p_2)} \tag{8.73}$$

于是，式（8.73）可以改写成：

$$\begin{aligned} F(s) &= |F(s)|\angle F(s) \\ &= \frac{|s+z_1||s+z_2|}{|s+p_1||s+p_2|}\left(\angle(s+z_1)+\angle(s+z_2)-\angle(s+p_1)-\angle(s+p_2)\right) \\ &= |F(s)|(\varphi_{z_1}+\varphi_{z_2}-\varphi_{p_1}-\varphi_{p_2}) = |F(s)|\varphi_F \end{aligned} \tag{8.74}$$

再观察图 8.26（a）中所给的闭合曲线 Γ_s 。当 s 沿 Γ_s 的正方向移动一周（360°）时，相角 φ_{p_1} 、φ_{p_2} 与 φ_{z_2} 的变化量都是 0°，只有 φ_{z_1} 沿顺时针方向变化了 360°，因此总的相角变化量是 360°。从图 8.26（b）可以看出，F 平面上 Γ_F 曲线相角 φ_F 的总变化量也是 360°。究其原因，这是因为 Γ_s 只包围了 $F(s)$的一个零点。

显然，如果 Γ_s 包围了 $F(s)$的 Z 个零点，则可以推知，相角 φ_F 的变化量为 $2\pi Z$ 。同理，如果 Γ_s 包围了 $F(s)$的 Z 个零点和 P 个极点，则 $F(s)$相角 φ_F 的变化量为 $2\pi Z - 2\pi P$ 。于是，从 $F(s)$相角变化量的大小，我们可以得到 Cauchy 定理的结论，即：当 s 沿 Γ_s 的正方向移动一周时，映射曲线 Γ_F 的相角变化量为 $2\pi N = 2\pi Z - 2\pi P$ 。因此，映射曲线 Γ_F 在 F 平面上包围原点 $N = Z - P$ 周。

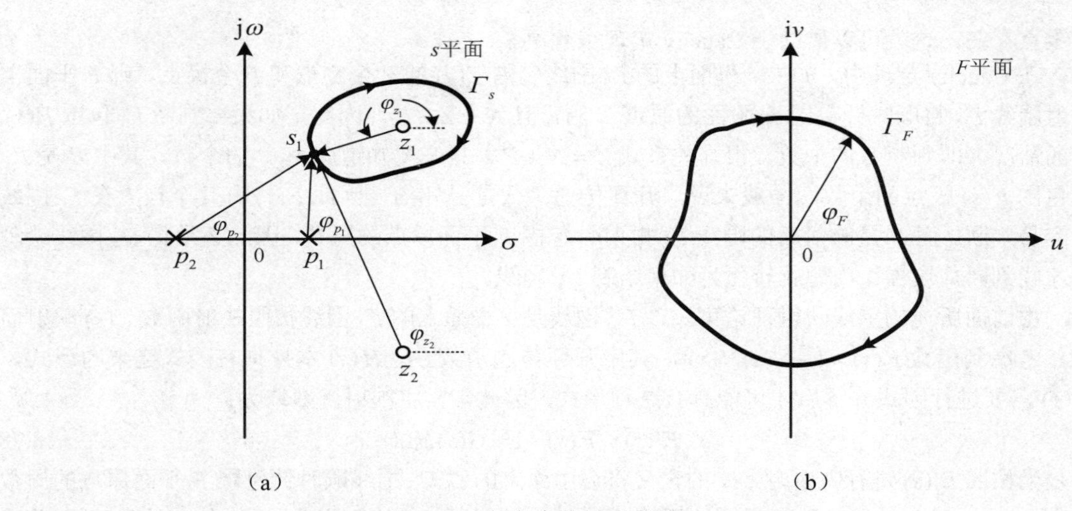

图 8.26　相角变化量示意图

8.5.2　Nyquist 稳定性判据及其理解

从根本上来讲，闭环控制系统稳定的充要条件是所有的闭环特征根均位于 s 平面的左半面。而闭环特征方程一般可以表示为：

$$F(s) = 1 + L(s) = 1 + G(s)H(s) = 0 \tag{8.75}$$

其中 $L(s) = G(s)H(s)$ 表示系统的开环传递函数，其一般形式为：

$$G(s)H(s) = \frac{k\prod_{i=1}^{m}(s+z_i)}{s^v\prod_{j=1}^{n}(s+p_j)} \tag{8.76}$$

这样就有如下的一组关系：

$F(s)$ 的零点即为闭环系统的极点；

$F(s)$ 的极点即为开环系统的极点。

因此，所有的闭环特征根均位于 s 平面的左半面，等价于 $F(s)$ 的所有零点位于 s 平面的左半面。然而，要求出 $F(s)$ 的所有零点，必须求解如下方程：

$$s^v\prod_{j=1}^{n}(s+p_j) + k\prod_{i=1}^{m}(s+z_i) = 0 \tag{8.77}$$

对于高阶系统而言求上述方程的根是十分困难的，而且我们只需要判断根在 s 平面的左半面还是右半面，没有必要求出确切的解。Nyquist 提出了利用前面介绍的 Cauchy 定理来确定闭环特征根位于 s 平面的右半面的个数，依此来判断闭环系统是否稳定。下面阐述 Nyquist 稳定性判据的思路。

首先 Nyquist 将 s 平面上的闭合曲线 Γ_s 取成了包围整个 s 右半平面的曲线，这样一来，如果闭环特征根也就是 $F(s)$ 的零点在 s 右半平面的话，就会被 Γ_s 包围，从而闭环系统就不稳定。反之，如果 Γ_s 中没有 $F(s)$ 的零点，则闭环就稳定。因此，问题就演化成能否判断出围线 Γ_s 中有没有 $F(s)$

的零点存在，这就可以借助于 Cauchy 定理来解决。

在 Cauchy 定理中，如果 s 平面上的 Γ_s 围线包围 $F(s)$ 的 Z 个零点和 P 个极点，则 F 平面上的映射围线 Γ_F 将顺时针包围 F 平面的原点 N 周，且 $N=Z-P$。因此，如果要判断 Γ_s 包围 $F(s)$ 零点的情况，即判断 Z 的个数，根据关系式 $Z=N+P$，只需要知道 N 和 P 的个数，其中 P 是 Γ_s 围线包围 $F(s)$ 极点的个数。一般来说，开环传递函数是已知的，因此 $F(s)$ 有几个极点在 Γ_s 围线中很容易判断。而 N 是映射后的围线 Γ_F 顺时针包围 F 平面原点的周数，因此必须将 Γ_F 围线绘制出来才能判断。这样，问题就转化为如何绘制 Γ_F 围线。

由前面所述的围线映射理论可知，Γ_F 围线是 s 平面上的 Γ_s 围线按照映射函数 $F(s)$ 映射而成的。考虑到函数 $F(s)=1+G(s)H(s)$，其中开环传递函数 $G(s)H(s)$ 本身具有因式连乘的形式，而 $F(s)$ 需要进行因式分解后才可能具有这种形式，因此常常将映射函数取为：

$$F'(s)=F(s)-1=G(s)H(s) \tag{8.78}$$

只是当按照 $F'(s)$ 进行映射时，N 的含义将会由原来的“Γ_F 围线顺时针包围 F 平面原点的周数”演变为“由 $G(s)H(s)$ 函数映射出的围线 Γ_{GH} 顺时针包围 GH 平面上 $(-1,\mathrm{j}0)$ 点的周数”。因此，需要首先绘制出映射围线 Γ_{GH}。

Γ_{GH} 的绘制是从包围整个 s 右半平面的 Γ_s 围线出发，按照 $G(s)H(s)$ 函数进行逐点映射。一般来说，Γ_s 围线由三段构成，如图 8.27 所示，包括从 s 平面原点到 $+\mathrm{j}\infty$ 的虚轴正半轴、半径为无穷大即 $r\to+\infty$ 的半圆周，以及从 $-\mathrm{j}\infty$ 回到 s 平面原点的虚轴负半轴。

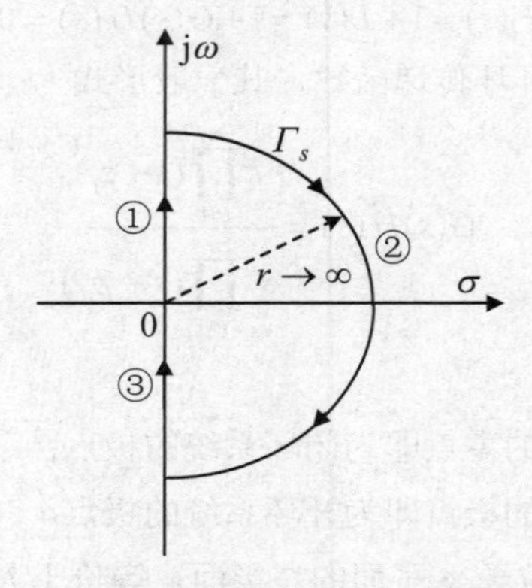

图 8.27　s 平面上的 Γ_s 围线

其中第一段为从 s 平面原点到 $+\mathrm{j}\infty$ 的虚轴正半轴，可以表示为 $s=\mathrm{j}\omega,\omega:0\to+\infty$。若将该段上的每一个点都按照式（8.78）即开环传递函数 $G(s)H(s)$ 做映射，将得到 $G(\mathrm{j}\omega)H(\mathrm{j}\omega),\omega:0\to+\infty$。对照第 4 章 4.4 节可知，映射得到的曲线正是开环极坐标图的正频率部分。

第二段是半径为无穷大的半圆周，可以表示为 $s=r\cdot\mathrm{e}^{\mathrm{j}\varphi},r\to\infty,\varphi:90°\to-90°$。代入到 $G(s)H(s)$ 的表达式中，由于开环传递函数中分母多项式的最高阶次一般都比分子多项式的最高阶次要高，因此可知半径无穷大的半圆周映射后将收缩为 GH 平面上的原点。

第三段是 s 平面上从 $-\mathrm{j}\infty$ 回到原点的虚轴负半轴，即 $s=\mathrm{j}\omega,\omega:-\infty\to0$。可以知道，该段按照 $G(s)H(s)$ 做映射后得到的将是开环极坐标图的负频率部分。

综合上述三段的分析可知，GH 平面上的映射围线 Γ_{GH} 是由开环极坐标图的正频率部分、GH 平面的原点以及开环极坐标图的负频率部分围成的闭合曲线。有了这条围线就可以判断出“Γ_{GH} 顺

时针包围 GH 平面上 $(-1, \mathrm{j}0)$ 点的周数”，即 N。再由关系式 $Z = N + P$，可以知道 Z 的个数，也就是 $F(s)$ 的零点（等同于闭环特征方程的极点）位于 s 平面右半面的个数，借此可以判断闭环系统稳定与否。

可见，Nyquist 稳定性判据的本质是根据开环传递函数及其极坐标图来判断闭环极点有没有位于 s 平面的右半面。该判据可以分以下两种情况描述：

（1）若开环系统在 s 平面的右半面不存在极点，则闭环系统稳定的充要条件是围线 Γ_{GH} 不包围 GH 平面上的 $(-1, \mathrm{j}0)$ 点。

（2）若开环系统在 s 平面的右半面存在 P 个极点，则闭环系统稳定的充要条件是围线 Γ_{GH} 逆时针包围 GH 平面上的 $(-1, \mathrm{j}0)$ 点 P 周。

因此，总的原则是要保证 $Z = N + P = 0$，闭环系统就稳定。

8.5.3　Nyquist 稳定性判据的应用

下面举例说明 Nyquist 稳定性判据的应用，以加深对该判据的理解。在下面所有的例子中，都认为系统采用的是负反馈控制，即闭环特征方程均为 $F(s) = 1 + G(s)H(s) = 0$。

例 8.13　开环有 2 个实极点的系统　若某负反馈回路系统的开环传递函数为：

$$G(s)H(s) = \frac{K}{(\tau_1 s + 1)(\tau_2 s + 1)} \tag{8.79}$$

其中 K, τ_1, τ_2 均大于 0。试用 Nyquist 稳定性判据判断闭环系统的稳定性。

根据 Nyquist 稳定性判据，需要分别求出 N 和 P 的个数，才能根据 $Z = N + P$，求出 Z 的个数，进而说明闭环系统稳定与否。

由式（8.79）可知，开环极点分别为 $-\frac{1}{\tau_1}, -\frac{1}{\tau_2}$，两个极点均位于 s 平面的左半面，因此 $P = 0$。

要判断 N 的个数，则必须首先绘制出映射围线 Γ_{GH}。s 平面上的原始围线仍然取为如图 8.27 所示的 Γ_s，其中每一段都要按照函数 $G(s)H(s)$ 做映射。第①段将映射为开环极坐标图，表 8.10 给出了当 τ_1=1，τ_2=1/10，K=100 时，开环频率特性 $GH(\mathrm{j}\omega)$ 在若干频率点上的幅值和相角，据此可以得到开环极坐标图的正频率部分，如图 8.28（b）中的第①部分即实线部分。Γ_s 的第②段将映射为 GH 平面的原点。Γ_s 的第③段将映射为开环极坐标图的负频率部分，如图 8.28（b）中的第③部分即虚线部分。

表 8.10　$GH(\mathrm{j}\omega)$ 的幅值与相角

ω	0	0.1	0.76	1	2	10	20	100	∞
$\lvert GH(\mathrm{j}\omega)\rvert$	100	96	79.6	70.7	50.2	6.8	2.24	0.10	0
$\angle GH(\mathrm{j}\omega)$（度）	0	−5.7	−41.5	−50.7	−74.4	−129.3	−150.5	−173.7	−180

观察图 8.28（b）中的围线与 GH 平面上的 $(-1, \mathrm{j}0)$ 点的关系可知，该围线并不包围 $(-1, \mathrm{j}0)$ 点，因此 $N = 0$。

结合前面分析得到的 $P = 0$ 可知，$Z = N + P = 0$，从而闭环系统没有位于 Γ_s 围线中，也就是 s 平面右半面的极点。可以断定，无论 K 取何值闭环系统总是稳定的。

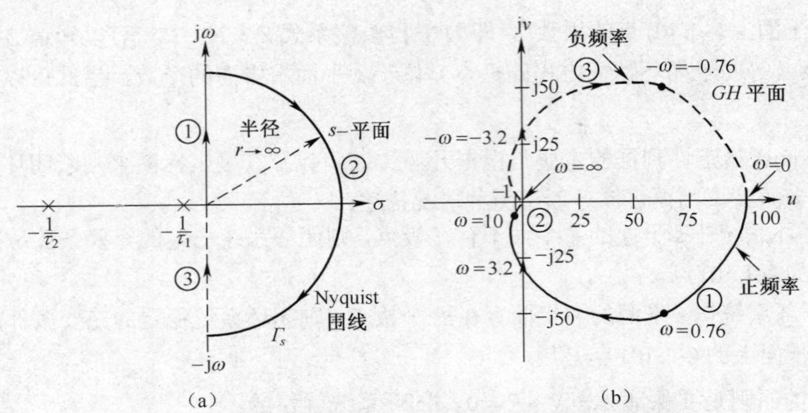

（a）　　（b）

图 8.28　s 平面上的原始围线 Γ_s 和 GH 平面上的映射围线 Γ_{GH}

例 8.14　开环在原点处有 1 个极点的系统　若负反馈回路系统的开环传递函数为：

$$G(s)H(s)=\frac{K}{s(\tau s+1)} \tag{8.80}$$

其中 $K>0,\tau>0$。试用 Nyquist 稳定性判据判断闭环系统的稳定性。

由式（8.80）可知，开环极点为 $0,-\frac{1}{\tau}$。根据 Cauchy 定理的要求，s 平面上的原始围线 Γ_s 不能经过映射函数的任何一个零点和极点，因此 Γ_s 围线必须将位于原点处的开环极点避开，一般是采用半径为 ε 且 $\varepsilon\to0$ 的半圆周来绕过该点，所得到的围线 Γ_s 如图 8.29（a）所示，此时 Γ_s 由 4 段构成。这样开环系统的两个极点均位于 Γ_s 围线以外，因此 $P=0$。

再来绘制映射围线 Γ_{GH}。与例 8.1 相同的是，原始围线 Γ_s 的第①段将映射为开环极坐标图的正频率部分，如图 8.29（b）中的第①部分。Γ_s 的第②段将映射为 GH 平面的原点。Γ_s 的第③段将映射为开环极坐标图的负频率部分，与第①部分关于横轴对称。

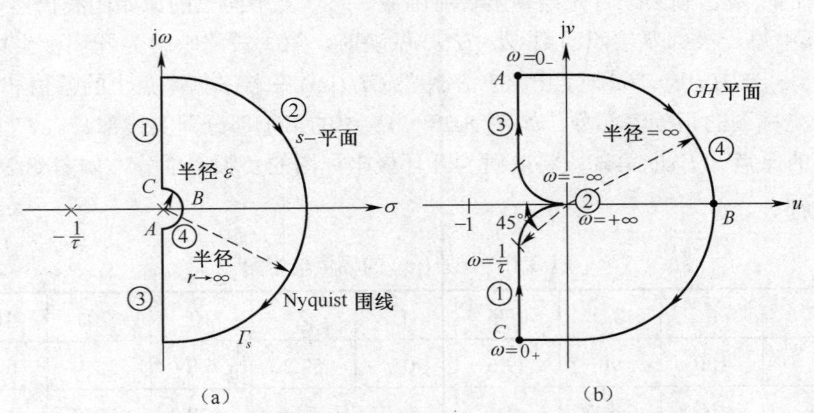

（a）　　（b）

图 8.29　s 平面上的原始围线 Γ_s 和 GH 平面上的映射围线 Γ_{GH}

Γ_s 的第④段是半径为无穷小的半圆周，可以表示为 $s=\varepsilon\cdot e^{j\theta},\varepsilon\to0,\theta:-90^\circ\to90^\circ$。代入到开环传递函数 $G(s)H(s)$ 中，可得

$$\lim_{\varepsilon\to0}\frac{K}{\varepsilon\cdot e^{j\theta}}=\lim_{\varepsilon\to0}\frac{K}{\varepsilon}\cdot e^{-j\theta} \tag{8.81}$$

可见，映射曲线的相角将从 $\omega=0^-$ 处的 90°变到 $\omega=0$ 处的 0°，再变到 $\omega=0^+$ 处的–90°，而幅值半径则为无穷大。如图 8.29（b）中的第④段曲线，即半径为无穷大的半圆周，图 8.29（a）中的 *A*、*B* 和 *C* 点分别映射成了图 8.29（b）中的 *A*、*B* 和 *C* 点。

绘制出映射围线 Γ_{GH} 后，就可以考察这个二阶系统的稳定性。由图 8.29（b）可知，只要 $K>0,\tau>0$，围线 Γ_{GH} 都不会包围 $(-1,\mathrm{j}0)$ 点，因此 $N=0$。

结合前面分析得到的 $P=0$ 可知，$Z=N+P=0$，说明闭环系统没有位于 Γ_s 围线中，也就是 *s* 平面右半面的极点。可以断定，只要 $K>0,\tau>0$，闭环系统总是稳定的。

例 8.15　开环有 3 个实极点的系统　若负反馈回路系统的开环传递函数为：

$$G(s)H(s)=\frac{K}{s(\tau_1 s+1)(\tau_2 s+1)} \tag{8.82}$$

其中 K,τ_1,τ_2 均大于 0。试用 Nyquist 稳定性判据判断闭环系统的稳定性。

由于开环传递函数仍然有一个纯积分环节，因此 *s* 平面上的原始围线如图 8.29（a）中所示，即由 4 段构成。与例 8.2 类似的是，*s* 平面上原点处半径为无穷小的半圆周，将被映射成 *GH* 平面上半径为无穷大的半圆周；而 *s* 平面上半径为无穷大的半圆周将被映射成 *GH* 平面的原点。与例 8.2 不同的是开环极坐标图的形状，其画法可以参照第 4 章 4.4 节中 I 型系统极坐标图的绘制，或采用下面的解析方法进行分析。

如果将 $s=\mathrm{j}\omega$ 代入开环传递函数，可得：

$$\begin{aligned}GH(\mathrm{j}\omega)&=\frac{K}{\mathrm{j}\omega(\mathrm{j}\omega\tau_1+1)(\mathrm{j}\omega\tau_2+1)}\\&=\frac{K}{[\omega^4(\tau_1+\tau_2)^2+\omega^2(1-\omega^2\tau_1\tau_2)^2]^{1/2}}\\&\quad\times\angle-\arctan(\omega\tau_1)-\arctan(\omega\tau_2)-(\pi/2)\end{aligned} \tag{8.83}$$

由于第①段和第③段的映射曲线是关于实轴对称的，因此只需要讨论极坐标图的正频率部分，即 $\omega:0^+\to+\infty$。由式（8.82）可知，当 $\omega=0^+$ 时，$GH(\mathrm{j}\omega)$ 的幅值为无穷大，相角为–90°；当 $\omega\to+\infty$ 时，式（8.83）变为：

$$\begin{aligned}\lim_{\omega\to\infty}GH(\mathrm{j}\omega)&=\lim_{\omega\to\infty}\left|\frac{1}{\omega^3\tau_1\tau_2}\right|\angle-\arctan(\omega\tau_1)-\arctan(\omega\tau_2)-(\pi/2)\\&=\lim_{\omega\to\infty}\left|\frac{1}{\omega^3\tau_1\tau_2}\right|\angle-(3\pi/2)\end{aligned} \tag{8.84}$$

因此，$GH(\mathrm{j}\omega)$ 的幅值趋近于零而相角趋近于–270°。要实现极坐标图的相角由–90°变成–270°，相应的曲线必须要穿过 *GH* 平面的负实轴 *u*，因而有可能包围 $(-1,\mathrm{j}0)$ 点，如图 8.30 所示。图中的实线部分即为开环极坐标图的正频率部分，负频率部分与其完全对称。因此完整的 Γ_{GH} 围线是否包围 $(-1,\mathrm{j}0)$ 点，取决于极坐标图穿越负实轴的点和 $(-1,\mathrm{j}0)$ 点的相对位置。如果穿越点在 $(-1,\mathrm{j}0)$ 点的左侧，则 Γ_{GH} 顺时针包围 $(-1,\mathrm{j}0)$ 点 2 周，$N=2$，由于本例中 $P=0$，因此 $Z=N+P=2$，闭环系统不稳定；如果穿越点在 $(-1,\mathrm{j}0)$ 点的右侧，则 Γ_{GH} 不包围 $(-1,\mathrm{j}0)$ 点，$N=0$，此时 $Z=N+P=0$，闭环系统稳定；如果穿越点正好在 $(-1,\mathrm{j}0)$ 点上，则闭环系统为临界稳定。下面讨论穿越点的位置与参数K,τ_1,τ_2的关系。

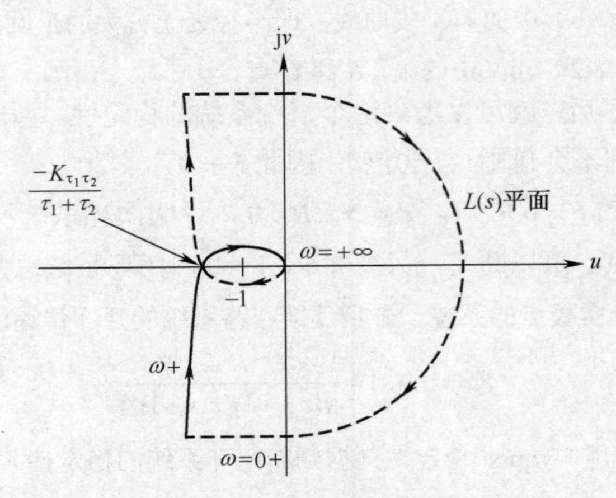

图 8.30　GH 平面上的映射围线Γ_{GH}

考虑到穿越点的虚部正好为 0，即：

$$v=\frac{-K(1/\omega)(1-\omega^2\tau_1\tau_2)}{1+\omega^2({\tau_1}^2+{\tau_2}^2)+\omega^4{\tau_1}^2{\tau_2}^2}=0 \tag{8.85}$$

故有$1-\omega^2\tau_1\tau_2=0$，则$\omega=1\big/\sqrt{\tau_1\tau_2}$。在该频率处，$G(\mathrm{j}\omega)H(\mathrm{j}\omega)$的实部为：

$$\begin{aligned}u&=\left.\frac{-K(\tau_1+\tau_2)}{1+\omega^2({\tau_1}^2+{\tau_2}^2)+\omega^4{\tau_1}^2{\tau_2}^2}\right|_{\omega^2=1/\tau_1\tau_2}\\&=\frac{-K(\tau_1+\tau_2)\tau_1\tau_2}{2\tau_1\tau_2+({\tau_1}^2+{\tau_2}^2)}\\&=\frac{-K\tau_1\tau_2}{\tau_1+\tau_2}\end{aligned} \tag{8.86}$$

如图 8.30 所示，该点与$(-1,\mathrm{j}0)$点的相对位置决定了闭环系统是否稳定。如果$\dfrac{-K\tau_1\tau_2}{\tau_1+\tau_2}<-1$，即图 8.30 中所示的位置，则映射围线顺时针包围$(-1,\mathrm{j}0)$点两周，即$N=2$，从而$Z=N+P=2$，闭环系统不稳定，此时三个参数K,τ_1,τ_2之间的关系为$K>\dfrac{\tau_1+\tau_2}{\tau_1\tau_2}$。反之，若$K<\dfrac{\tau_1+\tau_2}{\tau_1\tau_2}$，则闭环系统稳定；$K=\dfrac{\tau_1+\tau_2}{\tau_1\tau_2}$时，闭环系统临界稳定。

考虑$\tau_1=\tau_2=1$时的特例，此时的开环传递函数为$G(s)H(s)=\dfrac{K}{s(s+1)^2}$。由上面的分析可知，当$K<2$时，闭环系统才稳定。图 8.31 给出了当$K$取 3 个不同的值时，所对应的映射围线以及闭环系统的稳定性。

例 8.16　开环在原点处有双重极点的系统　若负反馈回路系统的开环传递函数为

$$G(s)H(s)=\frac{K}{s^2(\tau s+1)} \tag{8.87}$$

其中$K,\tau>0$。试用 Nyquist 稳定性判据判断闭环系统的稳定性。

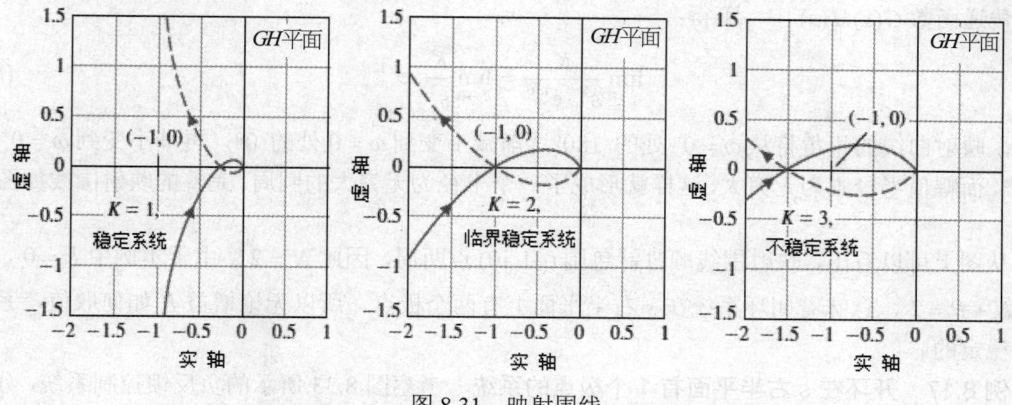

图 8.31　映射围线

与前面的例子类似，必须正确绘制出开环极坐标图，进而形成闭合的映射围线，才能判断闭环系统的稳定性。因此首先讨论开环极坐标图的画法。

将 $s = \mathrm{j}\omega$ 代入开环传递函数，可得：

$$GH(\mathrm{j}\omega) = \frac{K}{-\omega^2(\mathrm{j}\omega\tau + 1)} = \frac{K}{\sqrt{\omega^4 + \tau^2\omega^6}} \angle -\pi - \arctan(\omega\tau) \tag{8.88}$$

注意到当 $\omega: 0^+ \to +\infty$ 时，$GH(\mathrm{j}\omega)$ 的相角始终小于或等于$-180°$，因此可以断言，正频率部分的极坐标图将始终位于实轴 u 的上方。并且当 $\omega = 0^+$ 时，有：

$$\lim_{\omega \to 0^+} GH(\mathrm{j}\omega) = \lim_{\omega \to 0^+} \frac{K}{\omega^2} \angle -\pi \tag{8.89}$$

当 $\omega \to +\infty$ 时，有：

$$\lim_{\omega \to +\infty} GH(\mathrm{j}\omega) = \lim_{\omega \to +\infty} \frac{K}{\omega^3} \angle -3\pi/2 \tag{8.90}$$

可以绘制出正频率部分的极坐标图，如图 8.32 实轴上方的实线所示。而负频率部分的极坐标图可以完全对称地绘制出来。

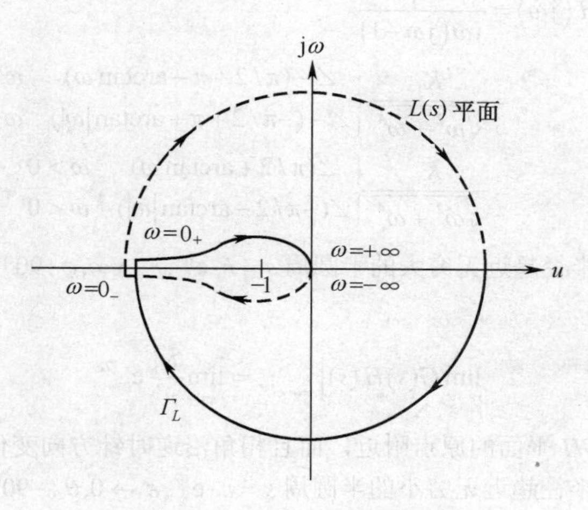

图 8.32　GH 平面上的映射围线 Γ_{GH}

再来考察 s 平面原点附近小半圆周的映射。由于此时 $s = \varepsilon \cdot \mathrm{e}^{\mathrm{j}\theta}, \varepsilon \to 0, \theta: -90° \to 90°$，代入到

开环传递函数 $G(s)H(s)$ 中，可得：

$$\lim_{\varepsilon\to 0}\frac{K}{\varepsilon^2\cdot \mathrm{e}^{\mathrm{j}2\theta}}=\lim_{\varepsilon\to 0}\frac{K}{\varepsilon^2}\cdot \mathrm{e}^{-\mathrm{j}2\theta} \tag{8.91}$$

可见，映射曲线的相角将从 $\omega=0^-$ 处的 180°逐渐减小变到 $\omega=0$ 处的 0°，再减小变到 $\omega=0^+$ 处的 –180°，而幅值半径则为无穷大，这样就形成了一个半径为无穷大的圆周。完整的映射围线如图 8.32 所示。

从图上可以看出，映射围线顺时针包围 $(-1,\mathrm{j}0)$ 点两周，因此 $N=2$。由于本例中 $P=0$，因此 $Z=N+P=2$，意味着闭环系统在 s 右半平面上有两个极点。所以无论增益 K 如何取值，系统总是不稳定的。

例 8.17　开环在 s 右半平面有 1 个极点的系统　考察图 8.33 所示的负反馈控制系统，分别讨论当 $K_2=0$ 与 $K_2>0$ 时闭环系统的稳定性。

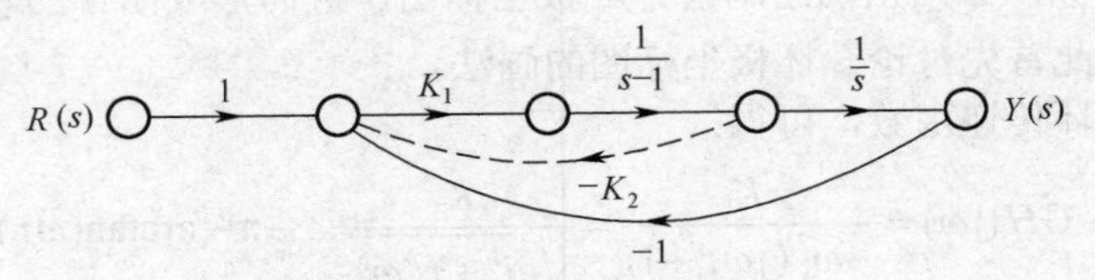

图 8.33　负反馈控制系统

首先，暂时不考虑用虚线表示的反馈回路，即 $K_2=0$。此时，系统的开环传递函数为：

$$G(s)H(s)=\frac{K_1}{s(s-1)} \tag{8.92}$$

可见开环系统在 s 右半平面内有 1 个极点，因而有 $P=1$。此时，要使闭环系统稳定，就必须有 $N=-P=-1$，这要求映射围线 $\varGamma_{GH}$ 按逆时针方向包围 $(-1,\mathrm{j}0)$ 点一周。下面讨论 $\varGamma_{GH}$ 的绘制。

s 平面上的原始围线 $\varGamma_s$ 仍与例 8.2 中相同，由 4 段构成。其中第①段和第③段的表达式均为 $s=\mathrm{j}\omega$，只是 ω 的取值范围不同，代入到开环传递函数中，有：

$$\begin{aligned}GH(\mathrm{j}\omega)&=\frac{K_1}{\mathrm{j}\omega(\mathrm{j}\omega-1)}\\&=\frac{K_1}{\sqrt{\omega^2+\omega^4}}\begin{cases}\angle-(\pi/2+\pi-\arctan\omega) & \omega>0\\ \angle-(-\pi/2+\pi+\arctan|\omega|) & \omega<0\end{cases}\\&=\frac{K_1}{\sqrt{\omega^2+\omega^4}}\begin{cases}\angle(\pi/2+\arctan\omega) & \omega>0\\ \angle(-\pi/2-\arctan|\omega|) & \omega<0\end{cases}\end{aligned} \tag{8.93}$$

$\varGamma_s$ 围线的第②段是半径趋近无穷大的半圆周 $s=r\cdot \mathrm{e}^{\mathrm{j}\varphi}, r\to\infty, \varphi:90°\to -90°$，代入到开环传递函数中，有：

$$\lim_{r\to\infty}G(s)H(s)\Big|_{s=r\cdot \mathrm{e}^{\mathrm{j}\varphi}}=\lim_{r\to\infty}\frac{K_1}{r^2}\mathrm{e}^{-\mathrm{j}2\varphi} \tag{8.94}$$

可见该段映射围线是在 GH 平面的原点附近，而且相角沿逆时针方向变化了 2π。

$\varGamma_s$ 围线的第④段是半径趋近无穷小的半圆周 $s=\varepsilon\cdot \mathrm{e}^{\mathrm{j}\theta}, \varepsilon\to 0, \theta:-90°\to 90°$，代入到开环传递函数中，有：

$$\begin{aligned}\lim_{\varepsilon\to 0}G(s)H(s)\Big|_{s=\varepsilon\cdot e^{j\theta}} &= \lim_{\varepsilon\to 0}\frac{K_1}{-(\varepsilon\cdot e^{j\theta})} \\ &= \left[\lim_{\varepsilon\to 0}\frac{K_1}{\varepsilon}\right]\angle(-\pi-\theta)\end{aligned} \tag{8.95}$$

可见该段映射围线是 GH 平面的左半面上半径为无穷大的半圆周，相角的变化是 $-90°\to-180°\to-270°$。

综合上述 4 段映射围线，可绘制出如图 8.34 所示的完整围线 $\varGamma_{GH}$。

从图 8.34 可以看出，映射围线按顺时针方向包围了 $(-1, j0)$ 点一周，因此有 $N=1$。又由于 $P=1$，于是 $Z=N+P=2$，说明闭环系统在 s 平面的右半面上有 2 个极点。这样，无论增益 K_1 如何取值，系统总是不稳定的。

接下来，再来考察当 $K_2\neq 0$ 时的情况。此时，系统的开环传递函数是：

$$G(s)H(s)=\frac{K_1(1+K_2 s)}{s(s-1)} \tag{8.96}$$

与式（8.92）相比较，只是多出了一个位于 s 平面左半面的零点。

仍然考察 s 平面上原始围线 $\varGamma_s$ 各段的映射情况。其中第①段和第③段的映射分别是开环极坐标图的正频率和负频率部分，由于多出一个零点，因此与图 8.34 相比较，高频部分当 $\omega\to+\infty$ 时，相角将多出 90°；而 $\omega\to-\infty$ 时，相角将减少 90°。但低频部分即 $\omega=0^+$ 或 0^- 时，与图 8.34 相同，这样可以得到映射后的两段极坐标图，如图 8.35 中①、③所示。

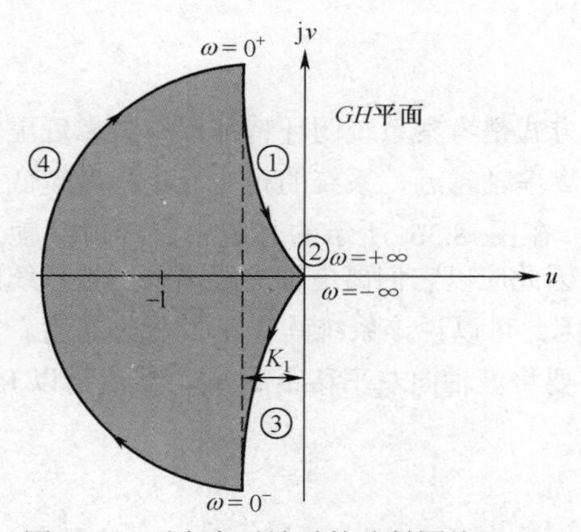

图 8.34　不含内反馈时的映射围线 $\varGamma_{GH}$

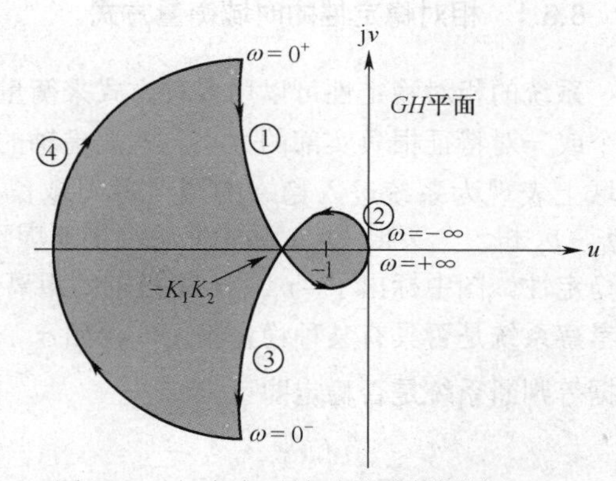

图 8.35　包含内反馈时的映射围线 $\varGamma_{GH}$

$\varGamma_s$ 中的第②段即半径趋近无穷大的半圆周仍将映射成 GH 平面的原点，而第④段半径趋近无穷小的半圆周将映射成 GH 平面上半径为无穷大的半圆周，读者可自行分析。整个映射围线 $\varGamma_{GH}$ 如图 8.35 所示。

由于该例中 $P=1$，如果 $\varGamma_{GH}$ 如图 8.35 中所示，即极坐标图穿越负实轴的点在 $(-1, j0)$ 点的左侧，则 $\varGamma_{GH}$ 逆时针包围 $(-1, j0)$ 点 1 周，即 $N=-1$，于是 $Z=N+P=0$，闭环系统稳定；否则，如果极坐标图的穿越点在 $(-1, j0)$ 点的右侧，则 $\varGamma_{GH}$ 顺时针包围 $(-1, j0)$ 点 1 周，即 $N=1$，$Z=N+P=2$，闭环系统不稳定。可见闭环系统的稳定性取决于穿越点的位置，下面讨论该位置与参数 K_1, K_2 的关系。

先将 $GH(j\omega)$ 分解成实部和虚部的形式：

$$GH(\mathrm{j}\omega)=\frac{K_1(1+K_2\mathrm{j}\omega)}{-\omega^2-\mathrm{j}\omega}=\frac{-K_1(\omega^2+\omega^2K_2)+\mathrm{j}(\omega-K_2\omega^3)K_1}{\omega^2+\omega^4} \tag{8.97}$$

令上式中的虚部为 0，可得 $\omega^2=1/K_2$，将其代入到式（8.97）的实部中，可得：

$$\left.\frac{-K_1(\omega^2+\omega^2K_2)}{\omega^2+\omega^4}\right|_{\omega^2=1/K_2}=-K_1K_2 \tag{8.98}$$

可见，如果 $K_1K_2>1$，则穿越点位于 $(-1,\mathrm{j}0)$ 点左侧，此时闭环系统稳定；如果 $K_1K_2<1$，则闭环系统不稳定；如果 $K_1K_2=1$，则闭环系统临界稳定。

8.6　相对稳定性

无论是 Routh-Hurwitz 判据、Nyquist 判据还是前面介绍的根轨迹分析，都只是部分回答了稳定性问题，即系统的绝对稳定性。而在处理工程实际问题时，这往往是不够的，因为实际系统不可避免地存在着许多不确定性因素，例如元件参数实际值与标称值的偏差，运行条件的改变而引起的系统特性和参数的变化，测量的误差，以及为了简化系统的数学模型而特别地忽略了某些次要因素，或者做了某些近似处理等，都会使得系统的数学模型（无论是传递函数、频率特性还是状态空间模型）不可能完全精确，这样就给稳定性的判断带来误差。考虑这些因素的影响，我们不仅希望知道系统是否稳定，而且希望知道系统距离稳定边界还有多少余量，这就是相对稳定性或稳定裕度的问题。

8.6.1　相对稳定性的时域衡量方式

系统的相对稳定性可以用多种方式来衡量，一种方式是考察系统闭环特征根中最靠近虚轴的一个或一对特征根负实部的大小，即离虚轴的远近。离虚轴越近，系统的相对稳定程度越低，在时域上表现为系统进入稳态的调节时间越长。例如，在图 8.36 所示的系统中有一对共轭复根 $-p_1,-p_2$ 和一个实根 $-p_3$，其中共轭复根离虚轴更近，因此应以它们离虚轴的距离来衡量系统的相对稳定性。图中标出了 $-p_1,-p_2$ 离虚轴的距离是 σ_1，因此可以说该系统具有 σ_1 的稳定裕度。如果要考察系统是否具有某种稳定裕度，比如 σ_2，则只需要将虚轴向左平移距离 σ_2，然后再以 Routh 判据等判断系统是否稳定即可。

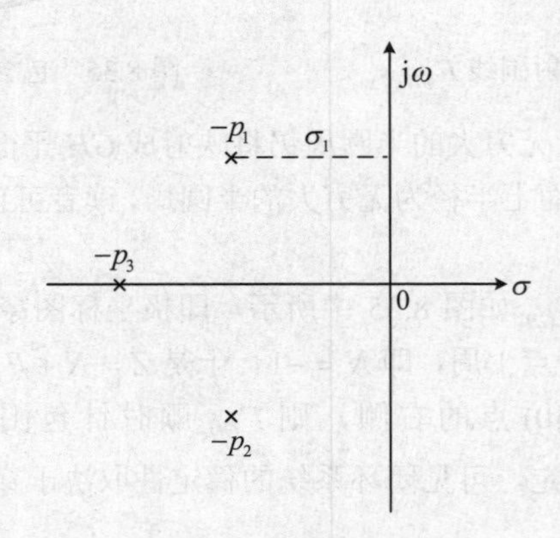

图 8.36　系统的相对稳定性

例 8.18　系统的闭环特征方程式为：

$$s^3 + 5s^2 + 8s + 6 = 0$$

试考察系统是否具有 $\sigma = 1$ 的稳定裕度。

根据系统的闭环特征多项式列写出 Routh 表，如表 8.11 所示：

表 8.11　系统 Routh 判定表

s^3	1	8
s^2	5	6
s^1	$\dfrac{34}{5}$	0
s^0	6	

可以看到，第一列元素均为正，没有变号，因此系统是稳定的。下面判断系统是否具有 $\sigma = 1$ 的稳定裕度。

假设将虚轴向左平移一个单位长度后形成的新平面为 s_1 平面，则存在关系式 $s = s_1 - 1$，将其代入原特征方程中，可得：

$$(s_1 - 1)^3 + 5(s_1 - 1)^2 + 8(s_1 - 1) + 6 = 0$$

整理后得到：

$${s_1}^3 + 2{s_1}^2 + s_1 + 2 = 0$$

据此列出新的 Routh 表如表 8.12 所示：

表 8.12　新的系统 Routh 判定表

s^3	1	1
s^2	2	2
s^1	$0(\approx \varepsilon)$	0
s^0	2	

其中 ε 为正的无穷小数。可以看到 Routh 表的第一列各元素虽然全部为正，但 s^1 所在行的元素均为 0，因此存在 0 行，可以判断此时系统是临界稳定的，可以说原系统刚好具有 $\sigma = 1$ 的稳定裕度。

8.6.2　相对稳定性的频域衡量方式

上述稳定裕度的衡量方式较为简单，但是必须要求出系统的所有闭环特征根才能得到。下面介绍在频率域中衡量系统相对稳定性的方式，这种方式只需要绘制出系统的幅相曲线（极坐标图）或 Bode 图，而且是建立在 Nyquist 稳定性判据基础上的。

在 Nyquist 稳定性判据中，关注的焦点是开环传递函数的极坐标图与 GH 平面中 $(-1, \mathrm{j}0)$ 点的位置关系。显然，可以用开环极坐标图与这个临界稳定特征点的接近程度来衡量闭环系统的相对稳定性。例如，考虑开环频率特性函数：

$$GH(\mathrm{j}\omega) = \frac{K}{\mathrm{j}\omega(\mathrm{j}\omega\tau_1 + 1)(\mathrm{j}\omega\tau_2 + 1)} \tag{8.99}$$

其映射围线已在例 8.3 中给出，而且已经求出当 $K=\dfrac{\tau_1+\tau_2}{\tau_1\tau_2}$ 时，开环极坐标图正好穿越 $(-1,\mathrm{j}0)$ 点，闭环系统临界稳定。图 8.37 给出了在几个不同 K 值下的开环极坐标图。当 K 较小，例如 $K_1<\dfrac{\tau_1+\tau_2}{\tau_1\tau_2}$ 时，$GH(\mathrm{j}\omega)$ 曲线与负实轴的交点位于 $(-1,\mathrm{j}0)$ 点的右侧，完整的映射围线将不包围 $(-1,\mathrm{j}0)$ 点，闭环系统稳定；当 K 增大到 $K_2=\dfrac{\tau_1+\tau_2}{\tau_1\tau_2}$ 时，$GH(\mathrm{j}\omega)$ 曲线正好穿越 $(-1,\mathrm{j}0)$ 点，闭环系统临界稳定；当 K 进一步增大，例如 $K_3>\dfrac{\tau_1+\tau_2}{\tau_1\tau_2}$ 时，$GH(\mathrm{j}\omega)$ 曲线与负实轴的交点位于 $(-1,\mathrm{j}0)$ 点的左侧，完整的映射围线包围 $(-1,\mathrm{j}0)$ 点两周，闭环系统不稳定。因此，随着开环增益 K 的增大，系统的稳定裕度越来越小，直至当 K 大于某一值后系统便失去稳定性。这种现象在最小相位系统（指的是系统在 s 右半平面既没有零点也没有极点，也没有延迟环节）中具有普遍意义。

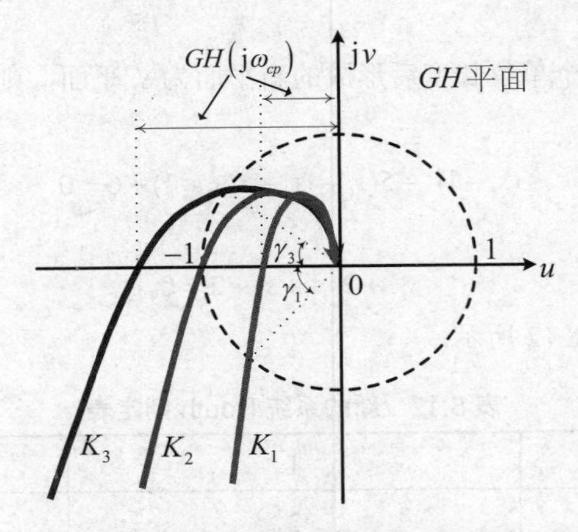

图 8.37　对应于不同 K 值的 $GH(\mathrm{j}\omega)$ 极坐标图

由上面的例子可知，在稳定的基础上，$GH(\mathrm{j}\omega)$ 曲线与临界点 $(-1,\mathrm{j}0)$ 的接近程度可以用来表征闭环系统稳定的程度，二者越接近，系统的稳定程度越低。而复平面上的 $(-1,\mathrm{j}0)$ 点，在极坐标图上可以表示为 $1\angle-180^\circ$，即其模为 1，相角为 -180°；在 Bode 图上可以表示为，幅值为 0dB，相角为 -180°。如果开环极坐标图远离该临界点，则当其幅值为 1（Bode 图上其增益为 0dB）时，其相角必远大于 -180°；当相角为 -180° 时，其幅值必远小于 1（Bode 图上增益小于 0dB）。因此工程上通常把控制系统的稳定裕度表示为相角裕度和增益裕度两部分，下面分别介绍二者的定义以及物理含义。

1. 相角裕度

当开环频率特性的幅值等于 1 时，其相角与 -180° 之差称为系统的相角裕度，即：

$$\gamma=\angle GH(\mathrm{j}\omega_{cm})-(-180^\circ)=180^\circ+\varphi(\omega_{cm}) \tag{8.100}$$

式中，γ 为系统的相角裕度（以度数为单位），ω_{cm} 为开环频率特性的幅值 $|GH(\mathrm{j}\omega)|=1$ 或 Bode 图上增益为 0dB 时的频率，称为幅值穿越频率，$\varphi(\omega_{cm})=\angle GH(\mathrm{j}\omega_{cm})$ 为开环相频特性在 ω_{cm} 处的相角值。

相角裕度的物理意义是：当幅值 $|GH(\mathrm{j}\omega)|=1$ 时，使系统达到临界稳定所需附加的相角滞后

量。最小相位系统稳定时其相角裕度必为正值，即$\gamma>0$，而且γ越大，其在相角上的稳定裕度越大。若$\gamma<0$，则闭环系统不稳定，但γ提示了相角需要超前多少度就可以使系统达到临界稳定状态。

2. 增益裕度

当开环相角$\angle GH(\mathrm{j}\omega)=-180°$时，开环频率特性幅值的倒数称为系统的增益裕度，即：

$$K_g=\frac{1}{\left|GH(\mathrm{j}\omega_{cp})\right|} \tag{8.101}$$

在工程上增益裕度通常用分贝表示为：

$$K_g=20\lg\frac{1}{\left|GH(\mathrm{j}\omega_{cp})\right|}=-20\lg\left|GH(\mathrm{j}\omega_{cp})\right|=-L(\omega_{cp}) \tag{8.102}$$

式中，ω_{cp}为开环频率特性的相角$\angle GH(\mathrm{j}\omega)=-180°$时的频率，称为相角穿越频率。$L(\omega_{cp})$为$\omega_{cp}$处开环 Bode 图上的增益值。

增益裕度的物理意义是：当开环频率特性的相角达到$-180°$时，使系统达到临界稳定可以扩大的增益倍数。最小相位系统稳定时其增益裕度$K_g>1$或$K_g>0\,\mathrm{dB}$，而且K_g越大，其在增益上的稳定裕度越大。若$K_g<1$或$K_g<0\,\mathrm{dB}$，则闭环系统不稳定，但K_g可以提示增益需要减小多少就能使系统达到临界稳定状态。

相角裕度和增益裕度在极坐标图上很容易表示出来，如图 8.37 所示，分别标出了最小相位系统稳定和不稳定时的相角裕度γ以及ω_{cp}处的开环幅频特性值$\left|GH(\mathrm{j}\omega_{cp})\right|$。在 Bode 图上也可以很清晰地表示出两个稳定裕度，如图 8.38 所示，在开环对数幅频曲线穿越 0dB 线的频率ω_{cm}处，开环对数相频曲线高出$-180°$相位线的角度就是稳定系统的相角裕度值，而低于$-180°$相位线的角度就是不稳定系统的相角裕度值；在对数相频曲线穿越$-180°$相位线的频率ω_{cp}处，开环对数幅频曲线低于 0dB 线的距离就是稳定系统的增益裕度值，而高于 0dB 线的距离就是不稳定系统的增益裕度值。图 8.38 表示的是最小相位系统稳定时的相角裕度和增益裕度。

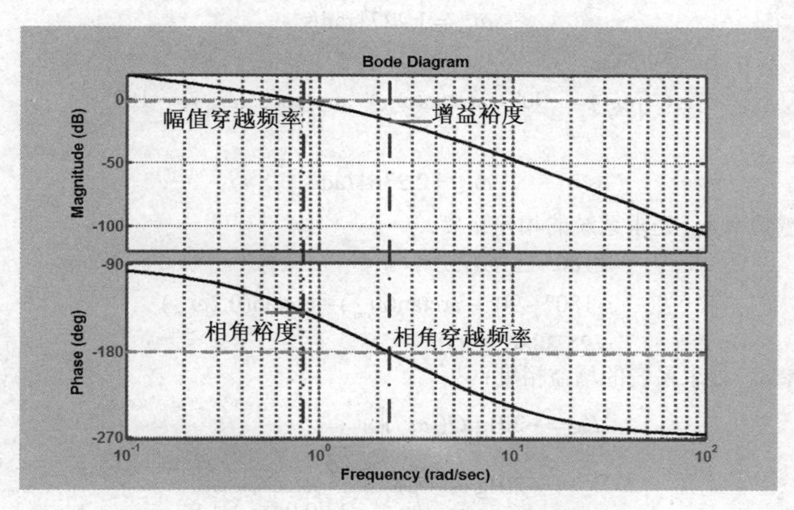

图 8.38　Bode 图上表示的相角裕度和增益裕度

8.6.3 相角/增益裕度的 Matlab 求解

利用 Matlab 可以方便地求出系统的相角裕度和增益裕度。一种方式是直接在开环 Bode 图上查找，如图 8.38 所示，在幅值穿越频率处，从相频特性曲线与 $-180°$ 线的距离上可以找出相角裕度；在相角穿越频率处，从幅频特性曲线与 0dB 线的距离上可以找出增益裕度。

另一种方式是直接调用 margin()函数，该函数的调用形式为：

```
[Gm,Pm,wcp,wcg] = margin(sys)
```

或者

```
[Gm,Pm,wcp,wcg] = margin(num,den)
```

其中返回参数中 Gm 是系统的增益裕度，Pm 是系统的相角裕度，wcp 是相角穿越频率，wcg 是幅值穿越频率。输入参数中 sys 是对应的开环系统，num 是开环传递函数中分子多项式的系数，den 是开环传递函数中分母多项式的系数。

或者不使用返回参数而直接输入命令 margin(sys)或 margin(num,den)，此时将给出开环系统的 Bode 图，而且在图的上方给出系统的相角裕度、增益裕度以及两个穿越频率。具体可参见下面的例子。

例 8.19 设某单位负反馈控制系统的开环传递函数为：

$$G(s)=\frac{K}{s(s+1)(0.2s+1)}$$

当 $K=2$ 和 20 时，试通过计算和 Matlab 两种方法求系统的相角裕度和增益裕度。

（1）计算方法

当 $K=2$ 时，先求出开环系统的幅值穿越频率 ω_{cm} 和相角穿越频率 ω_{cp}。令：

$$|G(\mathrm{j}\omega_{cm})|=\left|\frac{2}{\mathrm{j}\omega_{cm}(\mathrm{j}\omega_{cm}+1)(0.2\,\mathrm{j}\omega_{cm}+1)}\right|=\frac{2}{\omega_{cm}\sqrt{\omega_{cm}{}^2+1}\sqrt{0.04\omega_{cm}{}^2+1}}=1$$

可得：

$$\omega_{cm}=1.2271\,\mathrm{rad/s}$$

令：

$$\angle G(\mathrm{j}\omega_{cp})=-90°-\arctan(\omega_{cp})-\arctan(0.2\omega_{cp})=-180°$$

可得：

$$\omega_{cp}=2.2361\,\mathrm{rad/s}$$

然后在幅值穿越频率 ω_{cm} 处求系统的相角裕度：

$$\begin{aligned}\gamma&=180°+\angle G(\mathrm{j}\omega_{cm})\\&=180°-90°-\arctan(\omega_{cm})-\arctan(0.2\omega_{cm})\\&=25.3886°\end{aligned}$$

在相角穿越频率 ω_{cp} 处求系统的增益裕度：

$$\begin{aligned}Kg&=-20\lg|G(\mathrm{j}\omega_{cp})|\\&=-20\lg\frac{2}{\omega_{cp}\sqrt{\omega_{cp}{}^2+1}\sqrt{0.04\omega_{cp}{}^2+1}}\\&=9.5427\,\mathrm{dB}\end{aligned}$$

同理可以计算出当 $K=20$ 时，系统的相角裕度和增益裕度分别为：

$$\gamma' = -23.6506°$$

$$Kg' = -10.4573\,\text{dB}$$

（2）Matlab 方法

当 $K=2$ 时，使用如下命令可以求出系统的相角裕度和增益裕度。

```
% Example 8.7
num1 = [2];
den1 = conv([1 1 0],[0.2 1]);
[Gm,Pm,wcp,wcm] = margin(num1,den1)
```

运行结果为：

Gm = 3，Pm = 25.3898，wcp = 2.2361，wcm = 1.2271

其中 Gm=3 是以倍数表示的增益裕度，换算成以分贝为单位则 Gm=9.5424dB，与前面计算结果一致。

当 $K=20$ 时，使用如下命令求系统的相角裕度和增益裕度。

```
% Example 8.7
num1 = [20];
den1 = conv([1 1 0],[0.2 1]);
[Gm,Pm,wcp,wcm] = margin(num1,den1)
```

运行结果为：

Gm = 0.3，Pm = 25.3898，wcp = 2.2361，wcm = 1.2271

其中 Gm=0.3 换算成以分贝为单位则 Gm= −10.4576dB，与前面计算结果一致。

还可以直接调用 margin()函数绘制开环 Bode 图，同时给出两个稳定裕度值，如图 8.39 为 $K=2$ 时的 Bode 图及稳定裕度，图 8.40 为 $K=20$ 时的 Bode 图及稳定裕度。

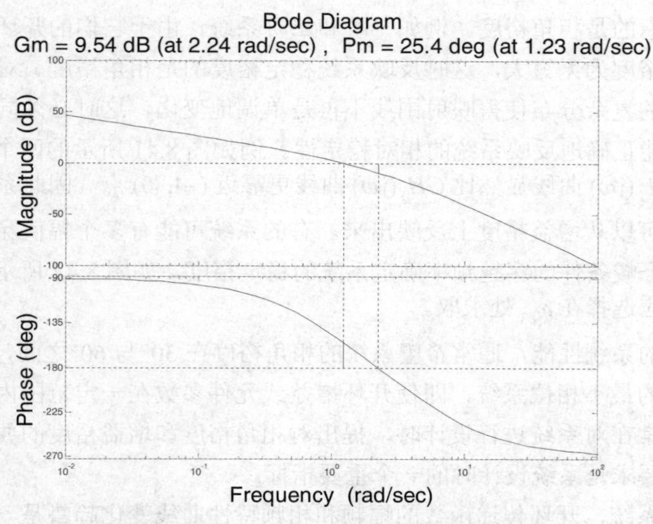

图 8.39　$K=2$ 时的 Bode 图及稳定裕度

从求出的稳定裕度数值可以看出，当 $K=2$ 时系统的两个稳定裕度均大于 0，说明此时闭环系统是稳定的，而 $K=20$ 时系统的两个稳定裕度均小于 0，说明此时闭环系统是不稳定的。

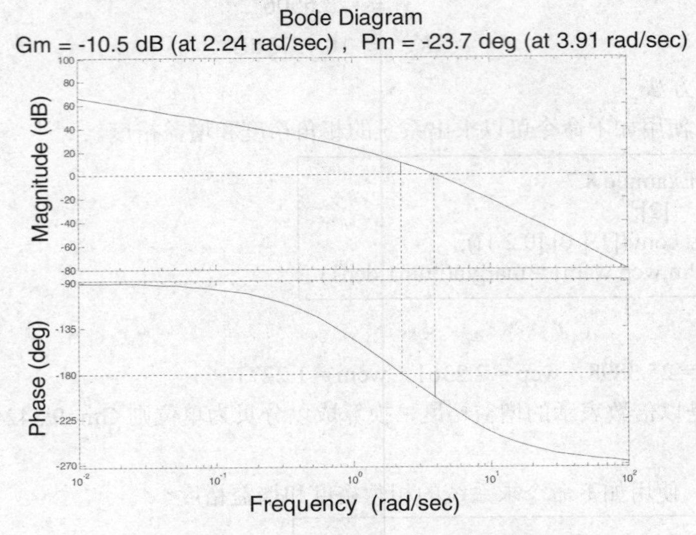

图 8.40　$K=20$ 时的 Bode 图及稳定裕度

8.6.4　关于相角裕度和增益裕度的几点说明

以上稳定裕度的讨论都是针对工程上常见的最小相位系统进行的，这些结论不能照搬到非最小相位系统，而应该从 Nyquist 稳定性判据出发，恰当地应用相角裕度和增益裕度的概念，才能正确分析非最小相位系统的稳定裕度。例如，对于具有不稳定开环极点的非最小相位系统，除非 GH 平面的映射围线包围临界点 $(-1, \mathrm{j}0)$，否则不能满足闭环稳定性条件，而且稳定的非最小相位系统将具有负的相角和增益裕度。

工程上大多数系统的开环对数幅频曲线与零分贝线只有一个交点，其增益裕度通常可以满足要求，因而主要考虑的是相角裕度。例如一阶和二阶系统，由于它们的开环极坐标图与负实轴不相交，因此其增益裕度为无穷大，这时反映系统稳定裕度的是相角裕度。对于复杂的最小相位系统，由于其零极点的复杂分布使得映射围线不再是单调地变化，这时必须同时考虑相角裕度和增益裕度两个指标才能正确地反映系统的相对稳定性。例如图 8.41 所示的两个系统，它们具有相同的相角裕度，但 $GH_2(\mathrm{j}\omega)$ 曲线显然比 $GH_1(\mathrm{j}\omega)$ 曲线更靠近 $(-1, \mathrm{j}0)$ 点，因此系统Ⅱ的相对稳定程度比系统Ⅰ的要低，可以从增益裕度上反映出来。有的系统可能有多个幅值穿越频率或相角穿越频率，应选择其中最严峻条件的穿越频率确定系统的稳定裕度，如图 8.42 所示的系统有多个幅值穿越频率，相角裕度应选择在 ω_{c3} 处求取。

为了获得满意的系统性能，通常希望系统的相角裕度在 30°与 60°之间，增益裕度大于 6dB。对于具有上述裕度的最小相位系统，即使开环增益或元件参数在一定范围内变化，也能保证系统的稳定性，因此常常在对系统进行设计时，提出对相角裕度和增益裕度的要求作为设计指标，特别是对相角裕度的要求是系统设计时的一个重要指标。

对于最小相位系统，开环传递函数的幅频和相频特性曲线变化趋势是一致的，且有着一定的对应关系。例如，要求相角裕度在 30°到 60°之间时，对数幅频特性曲线在幅值穿越频率处的斜率应大于–40dB/dec，且保持一定的频带宽度。在大多数实际情况中，为了保证系统稳定，要求幅值穿越频率处的斜率为–20dB/dec。如果斜率为–60dB/dec，或者更陡，则系统多半是不稳定的。

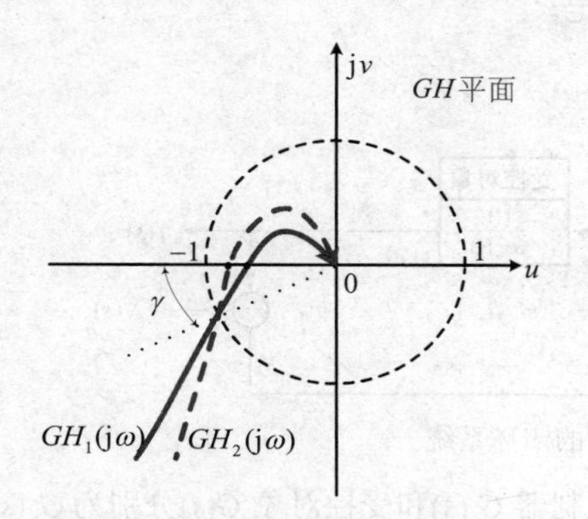

图 8.41 相对稳定性比较

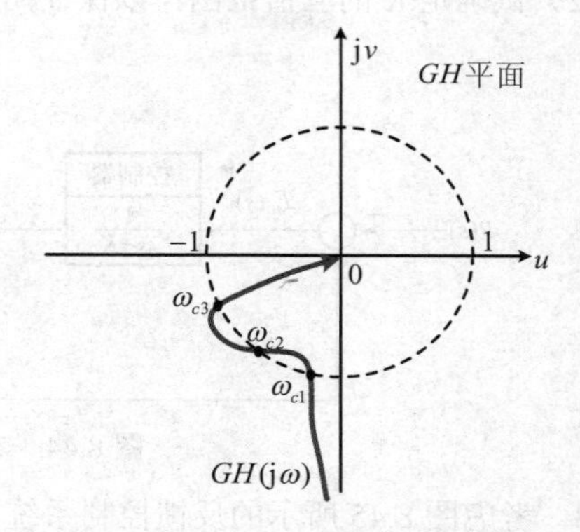

图 8.42 幅值穿越频率选择

习题八

8.1 某系统的特征方程为 $s^3+3Ks^2+(2+K)s+5=0$，试确定 K 的取值范围，以保证该系统稳定。

8.2 某系统的特征方程为 $s^3+9s^2+2s+24=0$，试利用 Routh-Hurwitz 判据证明，该系统是稳定的。

8.3 某控制系统的框图如图 8.43 所示，试确定会导致该系统失稳的增益 K 的取值范围。

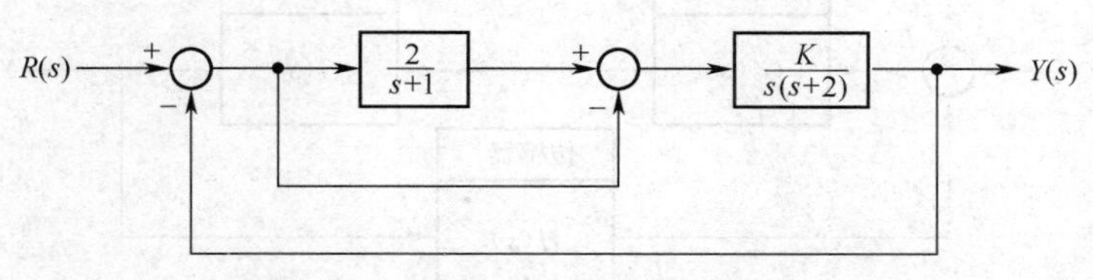

图 8.43 前馈系统

8.4 某负反馈控制系统的开环传递函数为：

$$GH(s)=\frac{K}{(s+1)(s+3)(s+6)}$$

若系统有 2 个闭环特征根在虚轴上，试确定 K 的取值，并求出与此对应的 3 个特征根。

8.5 某系统的闭环特征方程为：

$$q(s)=s^6+9s^5+31.25s^4+61.25s^3+67.75s^2+14.75s+15=0$$

（1）利用 Routh-Hurwitz 判据判断该系统是否稳定。

（2）求特征方程的根。

8.6 某系统的特征方程为：

$$q(s)=s^3+10s^2+29s+K=0$$

若将虚轴向左平移 2 个单位，即令 $s=s_n-2$，试确定增益 K 的取值，使得原方程有共轭复根 $s=-2\pm \mathrm{j}$。

8.7 考虑图 8.44 所示的闭环系统，其中，受控对象 $G(s)$和控制器 $G_c(s)$分别为：

$$G(s)=\frac{10}{s-10}\text{，}G_c(s)=\frac{1}{2s+K}$$

（1）试求闭环系统的特征方程。

（2）试确定 K 的取值范围，以保证闭环系统稳定。

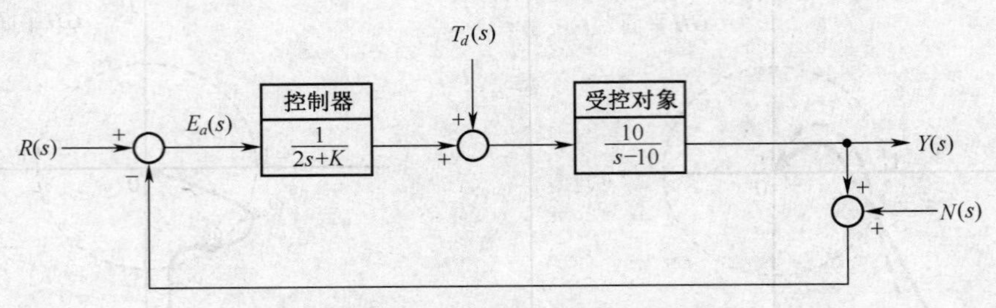

图 8.44　参数 K 可调的闭环系统

8.8　考虑图 8.45 所示的反馈控制系统，其中，控制器 $G_c(s)$和受控对象 $G(s)$分别为 $G_c(s)=K$，$G(s)=\dfrac{s+40}{s(s+10)}$，反馈回路的传递函数为 $H(s)=\dfrac{1}{s+20}$。

（1）确定 K 的取值范围，以保证系统稳定。

（2）确定 K 的取值，使得系统临界稳定，并计算系统的虚根。

（3）当增益 K 取（2）所得结果的 1/2 时，分别利用下面的两种方法计算系统的相对稳定性：①移动虚轴和 Routh-Hurwitz 稳定性判据；②绘制系统的根轨迹。

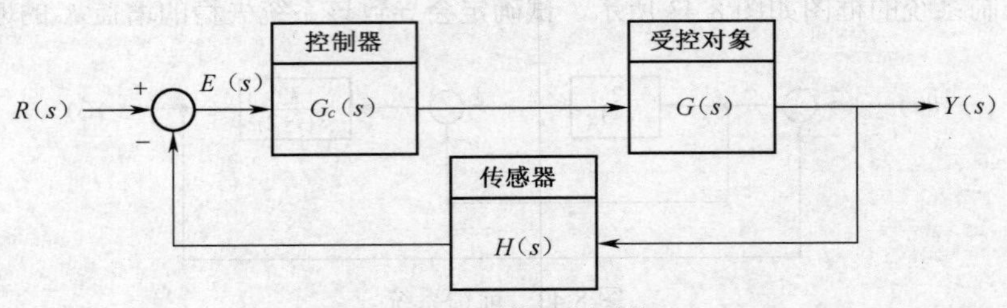

图 8.45　反馈控制系统

8.9　某反馈控制系统的特征方程为：

$$s^3+(1+K)s^2+10s+(5+15K)=0$$

其中 $K>0$。试确定系统失稳之前 K 的最大取值，当取该最大值时，系统会出现持续振荡，试求系统的振荡频率。

8.10　某型飞机的高度控制系统如图 8.46 所示。

（1）当 $K=6$ 时，判断系统是否稳定。

（2）确定 K 的取值范围，以便保证系统稳定。

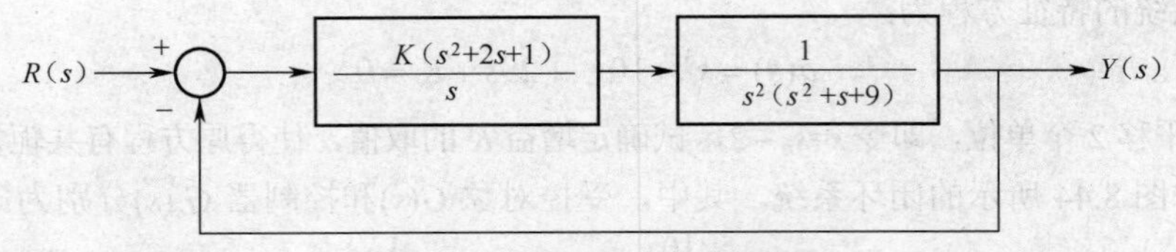

图 8.46　飞机高度控制系统

8.11　绘制负反馈闭环系统的根轨迹，其开环传递函数分别为：

（1）$GH(s)=\dfrac{K}{s(s+1)^2}$

（2）$GH(s)=\dfrac{K}{(s^2+2s+2)(s+2)}$

（3）$GH(s)=\dfrac{K(s+5)}{s(s+1)(s+4)}$

（4）$GH(s)=\dfrac{K(s^2+4s+8)}{s^2(s+4)}$

（5）$GH(s)=\dfrac{K(s+1)(s+3)}{s^3}$

8.12　某负反馈系统的闭环特征方程为：

$$1+\frac{Ks(s+4)}{s^2+2s+2}=0$$

（1）绘制以 K 为参数的根轨迹。

（2）当闭环特征根相等时，求出系统增益 K 的取值。

（3）求出彼此相等的这 2 个特征根。

8.13　考虑某负反馈系统，其开环传递函数为：

$$GH(s)=\frac{K}{(s+1)(s+3)(s+6)}$$

（1）求实轴上的分离点。

（2）绘制以 K 为参数的根轨迹。

8.14　单位负反馈控制系统的开环传递函数为：

$$G(s)=\frac{K(s+1)}{s^2(s+9)}$$

试绘制闭环系统的根轨迹。当 3 个特征根均为实数且彼此相等时，求增益 K 的取值和闭环特征根。

8.15　考虑图 8.47 所示的单位负反馈系统，系统的开环传递函数分别为：

（1）$G_c(s)G(s)=\dfrac{65+33s}{s^2(s+9)}$

（2）$G_c(s)G(s)=\dfrac{24}{s(s^3+10s^2+35s+50)}$

（3）$G_c(s)G(s)=\dfrac{3(s+4)(s+8)}{s(s+5)^2}$

试通过绘制 s 平面上的根轨迹，确定闭环系统的相对稳定性。

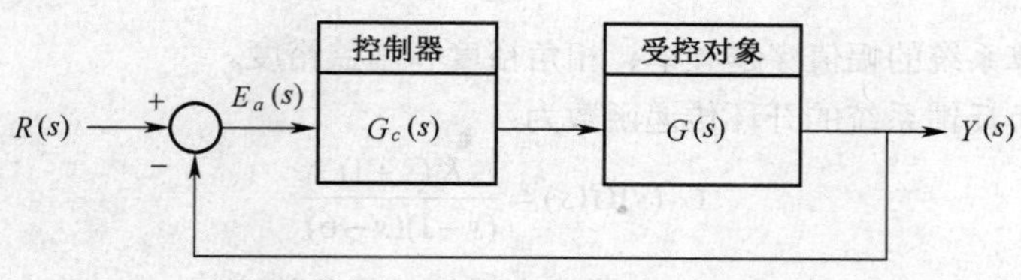

图 8.47　单位负反馈系统

8.16 考虑图 8.48 所示的反馈控制系统，该系统包括内环和外环，要求内环必须稳定，且响应速度尽可能得快。

（1）首先考虑系统的内环，试确定能保证系统内环稳定的 K_1 的取值范围。

（2）在（1）所得的取值范围内，选择 K_1 的合适取值，使得内环响应速度尽可能快。

（3）在（2）所得 K_1 的基础上，确定 K_2 的取值范围，使得整个闭环系统 $T(s)=Y(s)/R(s)$稳定。

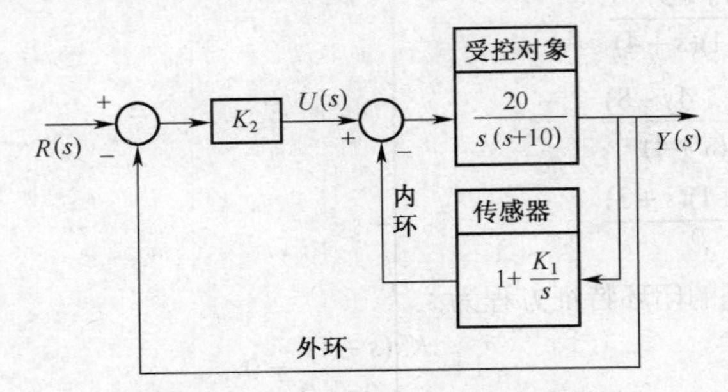

图 8.48 含内环和外环的反馈系统

8.17 某控制系统如图 8.49 所示，其中，被控对象为：

$$G(s)=\frac{1}{s(s-1)}$$

（1）当 $G_c(s)=K$ 时，利用根轨迹图说明系统总是不稳定的。

（2）当 $G_c(s)=\dfrac{K(s+2)}{s+20}$ 时，绘制根轨迹图，并确定使系统稳定的 K 的取值范围。

（3）确定 K 的取值，使系统有 2 个特征根位于虚轴之上，并计算此时的纯虚根。

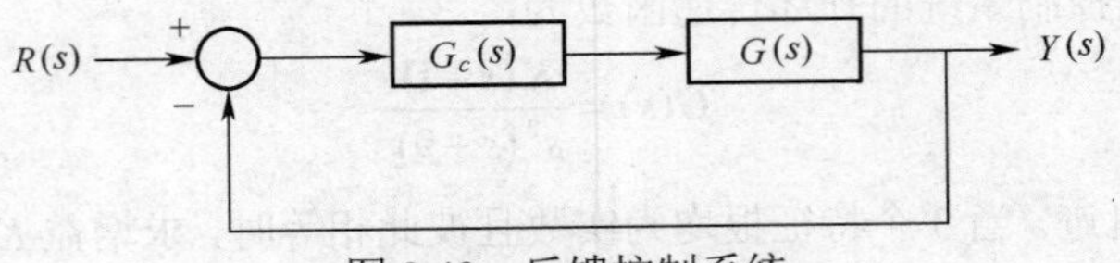

图 8.49 反馈控制系统

8.18 某单位负反馈系统的传递函数为：

$$G_c(s)G(s)=\frac{K}{s(s+1)(s+2)}$$

（1）当 K=4 时，验证系统的增益裕度为 3.5dB。

（2）如果希望增益裕度为 16dB，请求出对应的 K 值。

8.19 某单位负反馈控制系统的开环传递函数为：

$$G_c(s)G(s)=\frac{K}{s(s+2)(s+50)}$$

当 K=1300 时，计算系统的幅值穿越频率、相角裕度和增益裕度。

8.20 某单位负反馈系统的开环传递函数为：

$$G_c(s)G(s)=\frac{K(s+1)}{(s-1)(s-6)}$$

（1）令 K=8，利用 $G_c(s)G(s)$的 Bode 图求出系统的相角裕度。

（2）确定 K 的取值，使得相角裕度不小于 45°。

8.21　某单位负反馈系统的开环传递函数为：

$$G_c(s)G(s)=\frac{11.7}{s(1+0.05s)(1+0.1s)}$$

试估算系统的幅值穿越频率和相角裕度。

8.22　考虑下面的两个开环传递函数，画出其极坐标略图，并用 Nyquist 判据判断闭环系统的稳定性。如果系统稳定，再通过考察极坐标图与实轴的交点，确定 K 的最大取值。

（1）$G_c(s)G(s)=\dfrac{K}{s(s^2+s+4)}$。

（2）$G_c(s)G(s)=\dfrac{K(s+2)}{s^2(s+4)}$。

8.23　某条件稳定系统的开环极坐标图如图 8.50 所示。

（1）已知系统的开环传递函数 $G_c(s)G(s)$在 s 右半平面上无极点，试判断系统是否稳定，并确定闭环系统在 s 右半平面上的极点数目（如果有的话）。

（2）当图中黑点表示-1 点时，请判断系统是否稳定。

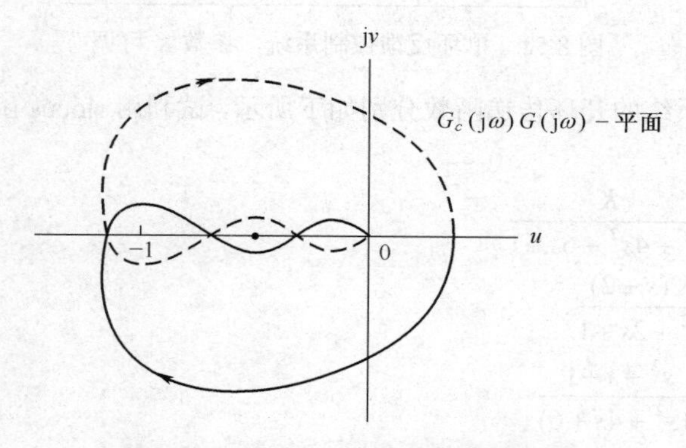

图 8.50　某条件稳定系统的极坐标图

8.24　单位负反馈系统的开环传递函数为：

$$G_c(s)G(s)=\frac{K}{s(s+1)(s+4)}$$

（1）当 K=4 时，绘制系统的开环 Bode 图。

（2）估算系统的增益裕度。

（3）确定 K 的取值，使增益裕度达到 12dB。

8.25　某单位负反馈系统的开环传递函数为：

$$G_c(s)G(s)=\frac{K(s+20)}{s^2}$$

（1）确定增益 K 的取值，使相角裕度达到 45°。

（2）计算此时的增益裕度。

8.26　为改善某被控设备的稳定性能，设计了如图 8.51 所示的控制器，试确定增益 K 的取值，使闭环系统的相角裕度取得最大值。

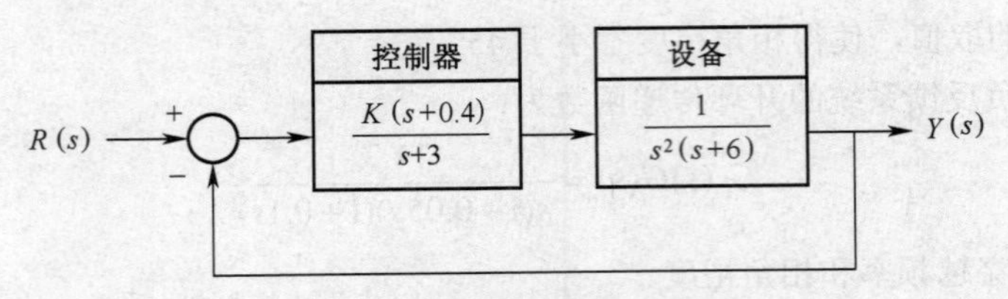

图 8.51　含有控制器的被控设备

8.27　考虑图 8.52 所示的反馈控制系统，

（1）编写 Matlab 脚本文件，计算当 $0\leqslant K\leqslant 5$ 时闭环系统传递函数的极点，并绘制极点随 K 变化的运动轨迹。注意：请采用“×”表示 s 平面上的极点。

（2）利用 Routh-Hurwitz 稳定性判据，确定 K 的取值范围，以保证系统稳定。

（3）当 K 在（2）所得的取值范围中取最小值时，求系统特征方程的根。

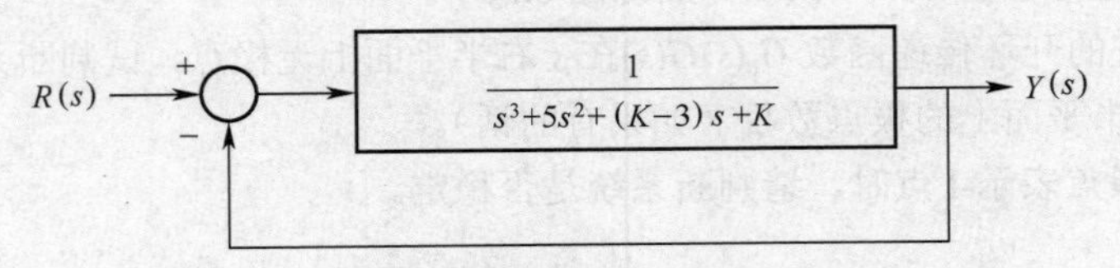

图 8.52　单环反馈控制系统，参数 K 可调

8.28　负反馈控制系统的开环传递函数分别如下所示，试利用 rlocus 函数，绘制各系统的根轨迹图。

（1）$G(s)H(s)=\dfrac{K}{s^3+4s^2+6s+1}$

（2）$G(s)H(s)=\dfrac{K(s+2)}{s^2+2s+1}$

（3）$G(s)H(s)=\dfrac{s^2+s+1}{s(s^2+4s+6)}$

8.29　某单位负反馈控制系统的受控对象为：

$$G(s)=\frac{K(s^2+2s+3.25)}{s^2(s+1)(s+10)(s+20)}$$

试利用 rlocus 函数绘制系统的根轨迹图，并找出 K=100,200,300 时系统的闭环特征根。

8.30　某单位负反馈系统的开环传递函数为：

$$G(s)=\frac{40(1+0.4s)}{s(1+2s)(1+0.24s+0.04s^2)}$$

（1）用 Matlab 绘制开环 Bode 图，并找出系统的相角裕度和增益裕度。

（2）用 margin()函数直接找出系统的相角裕度和增益裕度。

第 9 章

控制系统的瞬态性能分析

自动控制系统受到干扰或者人为要求给定值改变后，由于系统的自动调节作用，被控量从初始时刻恢复到原来的稳定值或稳定到一个新的给定值，称为控制系统的瞬态（动态）过程。自动控制系统除了满足稳定性这一基本要求外，还应该满足瞬态过程的性能要求。本章主要介绍控制系统瞬态性能指标分析的两种方法：时间响应分析法和频域法。推导了一阶和二阶系统的性能指标计算公式，并讨论了高阶系统时间响应分析和频域分析的基本思路。最后介绍采用 Matlab 分析瞬态性能指标的相关函数及举例。

9.1 控制系统的时域瞬态性能分析

9.1.1 引言

为了更好地完成控制任务，控制系统仅仅满足稳定性要求是不够的，还必须对其过渡过程的形式和快慢（一般称为瞬态或动态性能）提出要求。例如，对于稳定的高炮方位角和射角随动系统，虽然炮管最终能追踪目标的位置，但如果目标变动迅速，而炮管跟踪目标所需过渡过程时间过长，就不可能击中目标；又如对于稳定工作的飞机自动驾驶系统，当飞机受阵风扰动而偏离预定航线时，具有自动使飞机恢复预定航线的能力，但在恢复过程中，如果机身摇晃幅度过大，或者恢复速度过快，就会使乘员感到不适；函数记录仪记录输入电压时，如果记录笔移动很慢或摆动幅度过大，不仅使记录曲线失真，而且过大的摆动会使电器元件承受过大电流，甚至损坏记录笔。因此，对控制系统过渡过程的时间（即快速性）和最大振荡幅度（即平稳性）一般都有具体要求。一个优秀的控制系统应该具备良好的动态品质，即要求控制系统的输出能够在保证一定平稳性的前提下，尽可能快速地控制到期望位置。

9.1.2 时域瞬态性能指标的定义

定义控制系统性能指标的前提是对控制系统的输入进行典型化处理，以使得不同的控制系统能在同一类型的输入信号条件下比较其性能的优劣。控制系统中常用的典型输入信号有：单位阶跃信号、单位斜坡（速度）信号、单位加速度（抛物线）信号、单位脉冲信号和正弦信号等，这些信号的数学表达式及代表性系统如表 9.1 所示。

表 9.1 控制系统的典型输入信号

名称	时域表达式	复域表达式	典型应用
单位阶跃信号	$1(t), t \geqslant 0$	$\frac{1}{s}$	工业过程
单位斜坡信号	$t, t \geqslant 0$	$\frac{1}{s^2}$	雷达天线
单位加速度信号	$\frac{1}{2}t^2, t \geqslant 0$	$\frac{1}{s^3}$	宇宙飞船
单位脉冲信号	$\delta(t), t = 0$	1	突变过程
正弦信号	$A\sin\omega t$	$\frac{A\omega}{s^2+\omega^2}$	电子通信

控制系统一般采用单位阶跃输入信号作用下的系统响应来分析系统的动态性能。这是因为单位阶跃输入信号形式简单，容易产生。同时阶跃输入是一种剧烈的扰动，如果一个控制系统能够有效地克服阶跃扰动，则对于其他比较缓和的扰动一般也能满足指标要求。

控制系统在特定输入信号作用下，所产生的系统输出响应，称为系统的时间响应 $y(t)$ 。为了便于分析和比较，一般假定系统位于零初始条件下。按照控制系统输出首次进入并不再超出稳态值容许误差范围（ ±2% 或 ±5% ）的时刻为分界点。控制系统的时间响应通常分为两部分：动态分量和稳态分量。动态分量，又称为瞬态或瞬态响应，是指控制系统进入稳态状态前的一段时间内，输出信号随时间增长而逐渐趋向稳态值的那部分响应。稳态分量，又称为静态响应，是指系统进入稳态后，时间趋于无穷大时的响应。控制系统的动态性能指标则是通过系统在单位阶跃输入作用下动态响应曲线的一些特征点或时刻来定义的。

稳定控制系统的单位阶跃响应具有衰减振荡和单调变化两种情况（下一节将具体分析），如图 9.1 所示。针对两种不同的动态响应曲线，可定义如下瞬态性能指标：

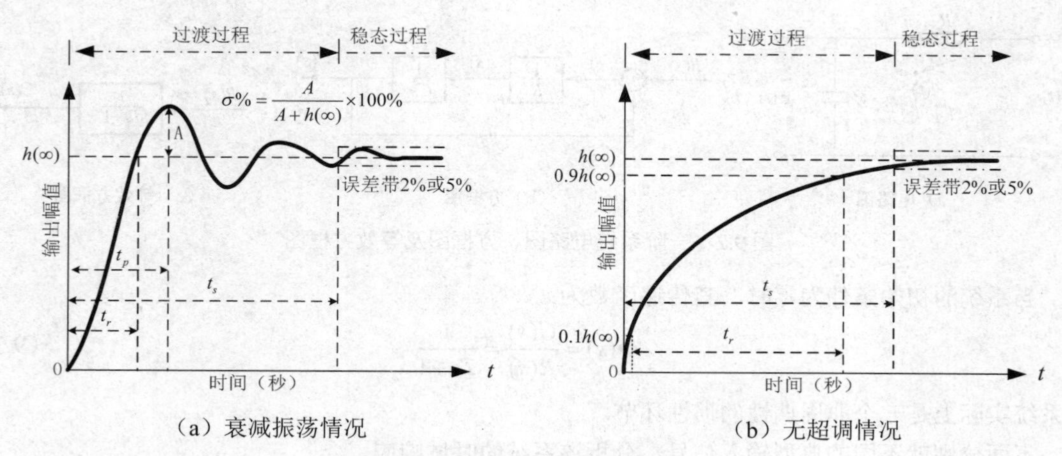

（a）衰减振荡情况　　　　（b）无超调情况

图 9.1　控制系统的阶跃响应曲线

延迟时间 t_d　指响应曲线第一次达到其终值一半所需的时间。

上升时间 t_r　指响应从终值 10%上升到终值 90%所需的时间；对于有振荡的系统，则定义上升时间为响应从零第一次上升到终值所需的时间。上升时间反映了系统的响应速度，上升时间越短的系统，其输出对输入信号的响应速度越快。

峰值时间 t_p　指响应超过其终值到达第一个峰值所需的时间。

调节时间 t_s　指响应从零时刻开始到达系统稳态所需的最短时间，反映了系统过渡过程时间的长短。

超调量 $\sigma\%$　指响应的最大偏移量 $h(t_p)$ 与终值 $h(\infty)$ 的差与终值 $h(\infty)$ 比的百分数，即：

$$\sigma\% = \frac{h(t_p) - h(\infty)}{h(\infty)} \times 100\% \tag{9.1}$$

对于无振荡的系统，其响应无超调。超调量又称为最大超调量，或百分比超调量，反映了系统过渡过程中其动态响应的平稳性。

振荡次数 N　在调节时间以内，响应曲线穿越其稳态值的次数的一半。

上述瞬态性能指标，基本上能够描述控制系统动态过程的运行特征。其中，t_r, t_p 和 t_s 表示控制系统响应的快速性，而 $\sigma\%$ 和 N 反映系统动态过程的平稳性，即系统的阻尼程度。其中，t_s 和 $\sigma\%$ 是最重要的 2 个瞬态性能指标。

需要注意的是，控制系统动态过程的平稳性和快速性指标之间往往存在相互制约的关系。例如，要想系统响应速度更快（即上升时间更短），则往往引起系统的超调量加大；相反，如果需要系统保持小幅度的超调，通常也会延长系统的过渡时间。在保证系统不出现大的超调量的前提下，尽量提高系统的响应速度，正是控制系统设计的主要目标之一。

9.1.3 一阶系统的时间响应分析

能够用一阶微分方程描述的控制系统称为一阶系统。如图 9.2 所示的 RC 电路，其微分方程为：

$$RC\frac{\mathrm{d}u_c}{\mathrm{d}t}+U_c=r(t) \text{ 或 } T\dot{c}(t)+c(t)=r(t) \tag{9.2}$$

其中，$c(t)$ 为电路输出电压，$r(t)$ 为电路输入电压，$T=RC$ 为时间常数。

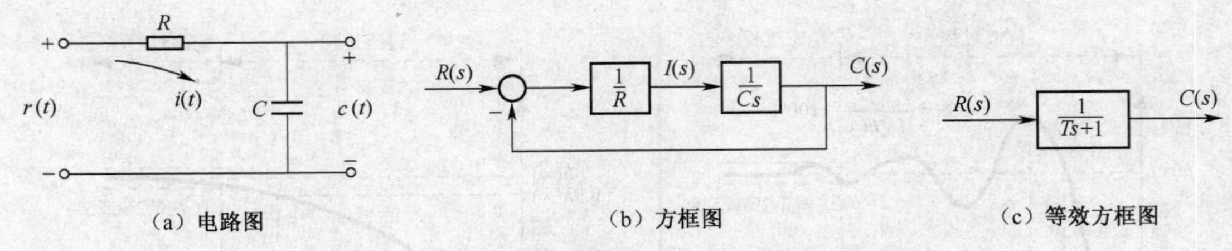

图 9.2 一阶系统电路图、方框图及等效方框图

当系统的初始条件为零时，其传递函数为：

$$\Phi(s)=\frac{C(s)}{R(s)}=\frac{1}{Ts+1} \tag{9.3}$$

该系统实际上是一个非周期性的惯性环节。

下面分别就不同的典型输入信号，分析该系统的时域响应。

（1）单位阶跃响应

由于单位阶跃函数的 Laplace 变换为 $R(s)=\frac{1}{s}$，则由式（9.3），可得一阶系统的单位阶跃响应为：

$$C(s)=\Phi(s)R(s)=\frac{1}{Ts+1}\cdot\frac{1}{s}=\frac{1}{s}-\frac{1}{Ts+1} \tag{9.4}$$

对上式取 Laplace 反变换，得：

$$c(t)=1-\mathrm{e}^{-\frac{t}{T}} \qquad t\geqslant 0 \tag{9.5}$$

可见，一阶系统的单位阶跃响应是一条初始条件为零，以指数规律上升到终值 $h(\infty)=1$ 的曲线，如图 9.3 所示。其动态曲线符合图 9.1（b）无超调的情况。

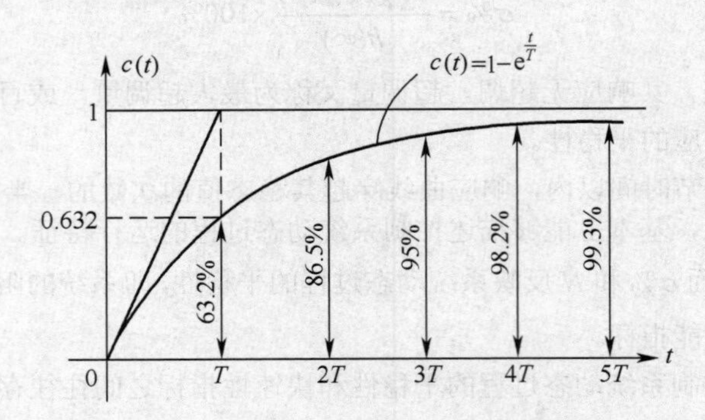

图 9.3 一阶系统的单位阶跃响应曲线

从图 9.3 可以看出，一阶系统的单位阶跃响应具有如下重要特点：

首先，我们看到当$t=T$时，$c(T)=0.632$；而当t分别等于$2T,3T$和$4T$时，$c(t)$将分别等于终值的86.5%，95%和98.2%。这一规律为我们提供了一种用实验测定一阶系统时间参数的方法，也可以用来判定所测系统是否属于一阶系统。

其次，可以看到响应曲线$c(t)$的斜率初始值为$1/T$，并随时间的推移而下降。这也常被用来确定一阶系统的时间常数T。

最后，根据控制系统动态性能指标的定义，一阶系统的动态性能指标为：

$$t_d=0.69T\text{，}\ t_r=2.20T\text{，}\ t_s=3T\quad\text{（误差带}\ \Delta=5\%\text{）}$$

由于一阶系统不存在超调，故峰值时间t_p和超调量$\sigma\%$都不存在。

从一阶系统的动态性能指标来看，时间常数T反映了控制系统的惯性。即一阶系统的时间常数越大，其惯性也越大，系统响应越慢；反之，惯性越小，响应越快。

（2）单位脉冲响应

当输入信号为理想单位脉冲函数时，$R(s)=1$，输入量的 Laplace 变换与系统的传递函数相同，即：

$$C(s)=\frac{1}{Ts+1} \tag{9.6}$$

这时系统的输出称为脉冲响应，记作$g(t)$，因为$g(t)=L^{-1}[G(s)]$，其表达式为：

$$c(t)=\frac{1}{T}\mathrm{e}^{-\frac{t}{T}}\qquad t\geqslant 0 \tag{9.7}$$

由式（9.7）可知，一阶系统的脉冲响应为单调下降的指数曲线（如图9.4所示）。若定义该指数曲线衰减到其初始的5%所需的时间为脉冲响应调节时间，则仍然可以定义其调节时间$t_s=3T$。另外，响应曲线在$t=0$时刻的斜率为$-\dfrac{1}{T^2}$，该规律可用来对一阶系统时间常数进行时间测定。

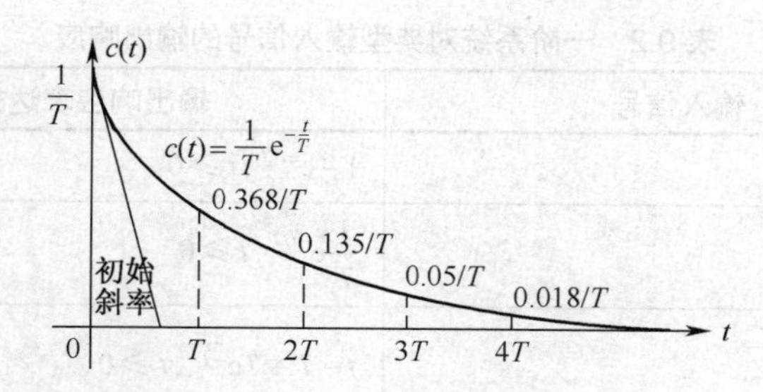

图9.4　一阶系统的单位脉冲响应曲线

另外，在系统初始条件为零的情况下，线性控制系统的闭环传递函数与脉冲响应函数具有相同的动态过程。因此工程上可以用单位脉冲输入信号作用于系统，根据被测定系统的单位脉冲响应曲线，测定系统的闭环传递函数。值得注意的是，理想单位脉冲函数在工程上难以实现，因此通常采用一定脉宽和有限幅度的矩形脉动信号来近似。且为了获得较为理想的近似效果，一般要求脉宽$b<0.1T$。

（3）单位斜坡响应

设系统的输入信号为单位斜坡信号，即$R(s)=\dfrac{1}{s^2}$，则由式（9.4）可计算一阶系统的单位斜坡响应为：

$$C(s)=\Phi(s)R(s)=\frac{1}{Ts+1}\cdot\frac{1}{s^2}=\frac{1}{s^2}-\frac{T}{s}+\frac{T^2}{1+Ts}$$

对上式求 Laplace 反变换，得：

$$c(t)=t-T(1-\mathrm{e}^{-\frac{1}{T}t})=t-T+T\mathrm{e}^{-\frac{1}{T}t} \tag{9.8}$$

式中：$(t-T)$ ——稳态分量；$T\mathrm{e}^{-t/T}$ ——动态（瞬态）分量。

根据式（9.8）可绘制一阶系统的单位斜坡响应曲线（如图 9.5 所示）。可见，一阶系统的单位斜坡响应的动态分量为衰减非周期函数。

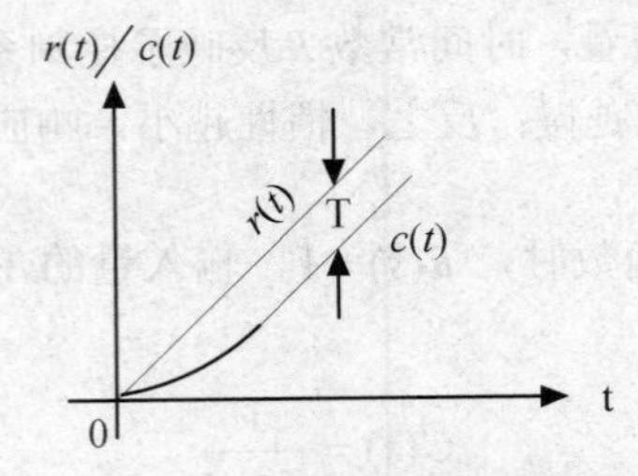

图 9.5　一阶系统的单位斜坡响应曲线

按照同样方法，我们还可以计算一阶系统的单位加速度响应。表 9.2 总结了一阶系统对上述典型输入信号的响应。此表反映了这样一个规律：系统对输入信号导数的响应，等于系统对该输入信号响应的导数；换句话说，系统对输入信号积分的响应，等于系统对该输入信号响应的积分，而积分常数由零输出初始条件确定，这是线性定常系统的一个重要特性。这样，研究线性定常系统的时间响应，通常选择某种典型输入形式（如单位阶跃信号）来研究，然后通过简单的微分或积分等运算，就可以测定其他典型输入的响应形式。

表 9.2　一阶系统对典型输入信号的输出响应

输入信号	输出响应表达式
$1(t), t\geqslant 0$	$1-\mathrm{e}^{-t/T}, t\geqslant 0$
$\delta(t)$	$\frac{1}{T}\mathrm{e}^{-t/T}, t\geqslant 0$
$t, t\geqslant 0$	$t-T+T\mathrm{e}^{-\frac{1}{T}t}, t\geqslant 0$
$\frac{1}{2}t^2, t\geqslant 0$	$\frac{1}{2}t^2-Tt+T^2(1-\mathrm{e}^{-t/T}),\ t\geqslant 0$

9.1.4　二阶系统的时间响应分析

对二阶系统的分析研究是经典控制理论当中的一个重要内容。这不仅因为二阶系统的响应形式具有典型性，更重要的是在实际工程中许多高阶系统常常可简化为二阶系统来进行分析和设计。例如，本书中贯穿全书的典型实例——火炮方位角随动系统就可以简化为一个典型的二阶系统。

图 9.6 显示了二阶系统的典型框图。二阶系统的开环和闭环传递函数的规范形式一般描述为：

$$G(s)=\frac{\omega_n^2}{s(s+2\zeta\omega_n)} \tag{9.9}$$

$$\Phi(s)=\frac{Y(s)}{R(s)}=\frac{\omega_n^2}{s^2+2\zeta\omega_n s+\omega_n^2} \tag{9.10}$$

上式中，ω_n 称为二阶系统的无阻尼自然振荡频率；ζ 称为二阶系统的阻尼比。二阶系统的动态运动特征将由这两个参数完全确定。

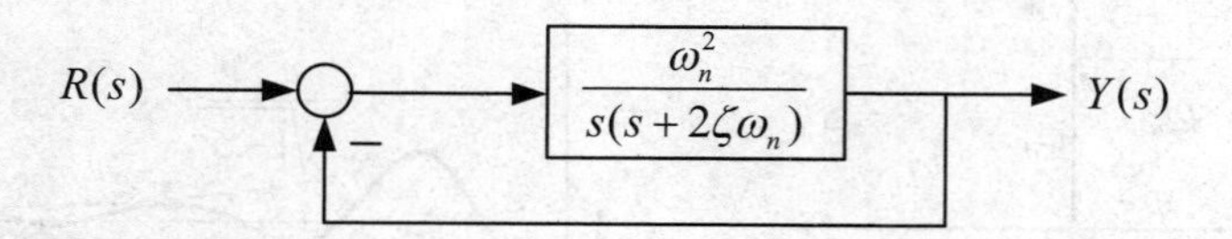

图 9.6　二阶系统的典型框图

下面分析二阶系统的单位阶跃响应特点，进而计算其瞬态性能指标。

当输入信号为单位阶跃函数时，由式（9.10）可得，二阶系统的单位阶跃响应应为：

$$Y(s)=\Phi(s)R(s)=\frac{\omega_n^2}{s^2+2\zeta\omega_n s+\omega_n^2}\cdot\frac{1}{s}=\frac{\omega_n^2}{s(s^2+2\zeta\omega_n s+\omega_n^2)} \tag{9.11}$$

由上式可得二阶系统的特征方程 $\Delta(s)=s^2+2\zeta\omega_n s+\omega_n^2=0$。于是可求得闭环系统极点为：

$$p_{1,2}=\begin{cases}-\zeta\omega_n\pm\omega_n\sqrt{\zeta^2-1}\,, & |\zeta|\geqslant 1\\ -\zeta\omega_n\pm \mathrm{j}\omega_n\sqrt{1-\zeta^2}\,, & |\zeta|<1\end{cases}$$

讨论系统响应特性的前提是系统保持稳定。因此阻尼比只能满足 $\zeta\geqslant 0$，此时，系统极点在 s 左半平面的分布可分为如下四种情况：

（1）$\zeta=0$：系统极点为一对共轭纯虚根，称为无阻尼状态。

（2）$0<\zeta<1$：系统极点为一对共轭复根，称为欠阻尼状态。

（3）$\zeta=1$：系统极点为一对重实根，分布在负实轴上，称为临界阻尼状态。

（4）$\zeta>1$：系统极点为两个分布在负实轴上的相异实根，称为过阻尼状态。

下面分别就这四种典型工作状态，讨论二阶规范系统的瞬态响应。

（1）欠阻尼情况

当阻尼比 $0<\zeta<1$ 时，系统工作在欠阻尼状态。此时闭环极点为一对共轭复根：

$$p_{1,2}=-\zeta\omega_n\pm \mathrm{j}\omega_n\sqrt{1-\zeta^2}=-\zeta\omega_n\pm \mathrm{j}\omega_d \tag{9.12}$$

对式（9.12）进行部分分式展开，并取 Laplace 反变换，可得到欠阻尼二阶系统的单位阶跃响应为：

$$Y(s)=\frac{{\omega_n}^2}{s(s^2+2\zeta\omega_n s+{\omega_n}^2)}=\frac{1}{s}-\frac{s+\zeta\omega_n}{(s+\zeta\omega_n)^2+{\omega_n}^2(1-\zeta^2)}-\frac{\zeta\omega_n}{(s+\zeta\omega_n)^2+{\omega_n}^2(1-\zeta^2)} \tag{9.13}$$

或

$$\begin{aligned}y(t)=L^{-1}[Y(s)]&=1-\mathrm{e}^{-\zeta\omega_n t}\left(\cos\omega_n\sqrt{1-\zeta^2}t+\frac{\zeta}{\sqrt{1-\zeta^2}}\sin\omega_n\sqrt{1-\zeta^2}t\right)\\&=1-\frac{\mathrm{e}^{-\zeta\omega_n t}}{\sqrt{1-\zeta^2}}\sin(\omega_d t+\varphi)\qquad t\geqslant 0\end{aligned} \tag{9.14}$$

式中：$\varphi=\arctan\sqrt{1-\zeta^2}/\zeta=\arccos\zeta$ ——阻尼角；$\omega_d=\omega_n\sqrt{1-\zeta^2}$ ——阻尼振荡频率；$\zeta\omega_n$ ——衰减系数（或阻尼系数）。

欠阻尼二阶系统的瞬态响应特性与其闭环极点的分布有着明确的相互关系（如图 9.7 所示），

其单位阶跃响应为按指数规律衰减的简谐振荡。振荡的频率取决于极点的虚部 ω_d，衰减的速度取决于极点的负实部 $\zeta\omega_n$ 。系统极点离虚轴越近，$\zeta\omega_n$ 便越小，衰减的速度就越慢；反之，极点离虚轴越远，$\zeta\omega_n$ 便越大，衰减的速度就越快。

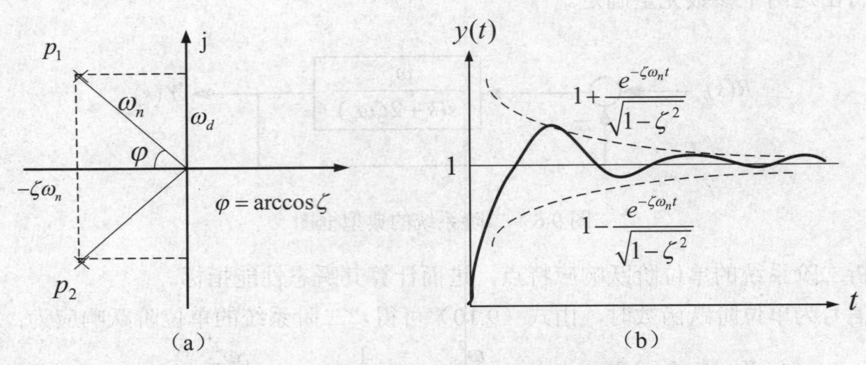

图 9.7　二阶欠阻尼系统的闭环极点分布（a）与对应的单位阶跃响应曲线（b）

（2）无阻尼情况

无阻尼系统响应可视为欠阻尼系统响应当 ζ=0 时的一种特殊情况，如图 9.8 所示。此时系统极点为一对纯虚根 $p_{1,2} = \pm\,\mathrm{j}\omega_n$ 。对式（9.11）令阻尼比 $\zeta = 0$ 并应用部分分式展开法进行 Laplace 反变换，可得无阻尼系统的单位阶跃响应为：

$$Y(s) = \frac{{\omega_n}^2}{s(s^2 + {\omega_n}^2)} = \frac{1}{s} - \frac{s}{s^2 + {\omega_n}^2} \tag{9.15}$$

或

$$y(t) = L^{-1}[Y(s)] = 1 - \cos\omega_n t \quad t \geqslant 0 \tag{9.16}$$

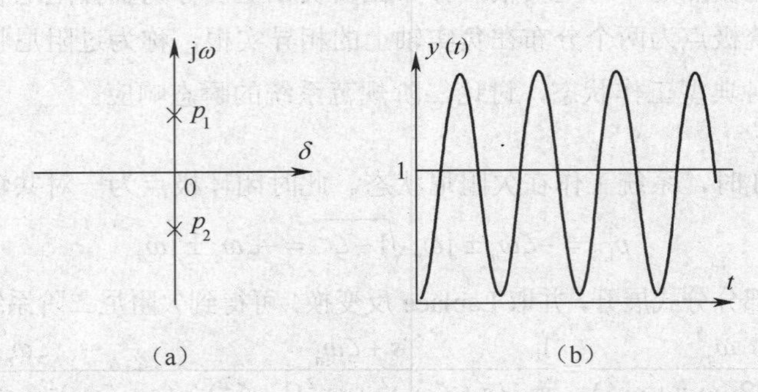

图 9.8　无阻尼二阶系统的闭环极点分布（a）以及对应的单位阶跃响应曲线（b）

（3）临界阻尼情况

当阻尼比 ζ=1，系统极点为一对负实重根 $p_{1,2} = -\mathrm{j}\omega_n$，临界阻尼二阶系统的单位阶跃响应为：

$$Y(s) = \frac{{\omega_n}^2}{s(s+\omega_n)^2} = \frac{1}{s} - \frac{1}{s+\omega_n} - \frac{\omega_n}{(s+\omega_n)^2} \tag{9.17}$$

或

$$y(t) = L^{-1}[Y(s)] = 1 - \mathrm{e}^{-\omega_n\tau(1+\omega_n t)} \quad t \geqslant 0$$

图 9.9 显示了临界二阶系统的闭环根的分布。与一对负实根重极点相对应的系统瞬态响应为

单调变化的非周期响应，变化的速度取决于系统极点在实轴上的分布，系统极点离虚轴越远，瞬态响应变化的速度就越慢。

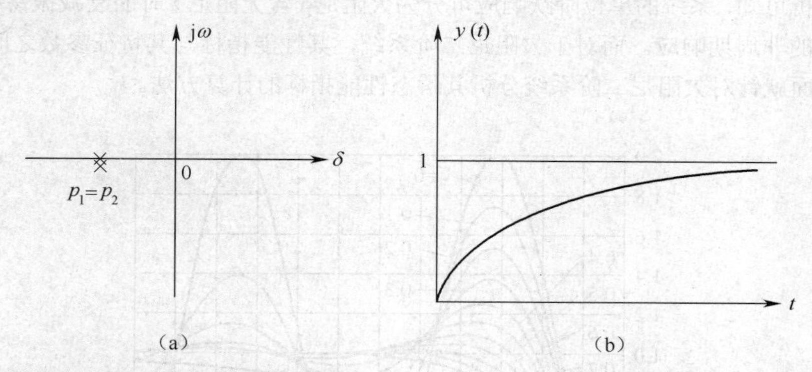

图9.9　临界阻尼二阶系统的闭环极点分布（a）以及极点的单位阶跃响应曲线（b）

（4）过阻尼情况

阻尼比$\zeta>1$时，系统极点有两个相异的负实根$p_{1,2}=-\zeta\omega_n\pm\omega_n\sqrt{\zeta^2-1}$，推导过阻尼二阶系统的单位阶跃响应为：

$$Y(s)=\frac{{\omega_n}^2}{s(s-p_1)(s-p_2)}=\frac{1}{s}+\frac{\omega_n}{2\sqrt{\zeta^2-1}}\left(\frac{\frac{1}{p_1}}{s-p_1}-\frac{\frac{1}{p_2}}{s-p_2}\right) \tag{9.18}$$

或

$$y(t)=L^{-1}[Y(s)]=1+\frac{\omega_n}{2\sqrt{\zeta^2-1}}\left(\frac{1}{p_1}\mathrm{e}^{p_1t}-\frac{1}{p_2}\mathrm{e}^{p_2t}\right)\quad t>0 \tag{9.19}$$

过阻尼和临界阻尼时系统极点均分布在负实轴上（图9.10（a）），因此它们的瞬态响应都是非周期的，但在相同的ω_n下，过阻尼系统有一极点p_1较临界阻尼系统更加靠近虚轴，故与临界阻尼系统相比较，过阻尼系统惯性较大，响应过程相对更为迟缓。

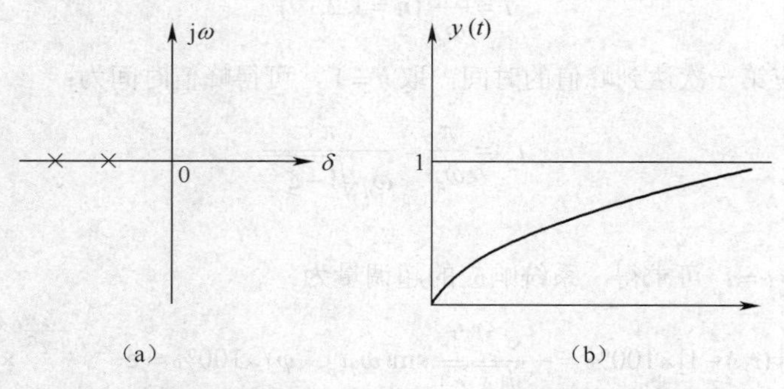

图9.10　过阻尼二阶系统的闭环极点分布（a）与对应的单位阶跃响应曲线（b）

二阶系统在不同阻尼时的单位阶跃响应曲线，如图9.11所示。由图可知，当$\zeta\geqslant1$时，系统工作在临界阻尼或过阻尼状态，瞬态过程进行缓慢。并且ζ值越大（阻尼比较大），系统响应就越迟缓。而对于欠阻尼系统，当ζ值在0.4～0.8之间时，系统响应的快速性和平稳性都能得到较好的满足，因此大多数工程系统通常都工作在欠阻尼状态。只有当系统不允许出现超调或对象本身惯性很大（如大型加热炉）时，才采用过阻尼工作状态。

由以上分析可知，系统的单位阶跃响应可分为欠阻尼（含无阻尼）时的衰减振荡和过阻尼（含临界阻尼）时的非周期响应。而对于欠阻尼二阶系统，其性能指标与其特征参数之间有着明确的定量关系。下面就针对欠阻尼二阶系统分析其瞬态性能指标的计算方法。

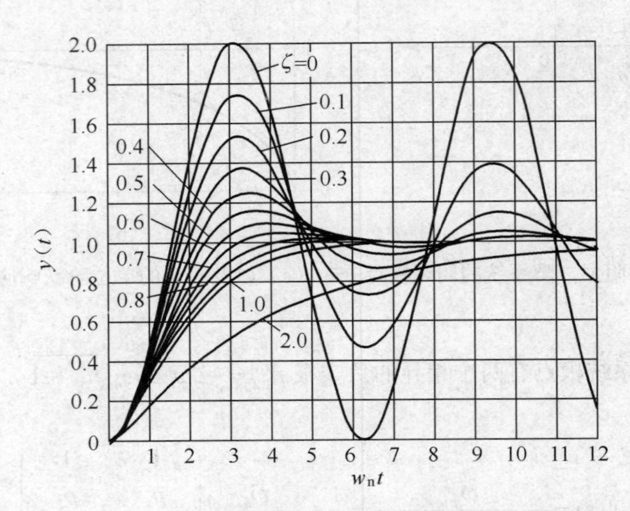

图 9.11　标准二阶系统在不同阻尼比条件下的系统阶跃响应曲线

（1）峰值时间 t_p

响应曲线的峰值出现在单位阶跃响应曲线第一次达到波峰处。令输出响应的导数等于零，即对式（9.14）求导，可得：

$$\frac{\mathrm{d}y(t)}{\mathrm{d}x}=\frac{\omega_n}{\sqrt{1-\zeta^2}}\mathrm{e}^{-\zeta\omega_n t}\sin\omega_d t=0 \tag{9.20}$$

由于 $t>0$ 时 $\omega_n\mathrm{e}^{-\zeta\omega_n t}/\sqrt{1-\zeta^2}>0$，则 $\sin\omega_n t=0$，即：

$$t=\frac{n\pi}{\omega_d}\ (n=1,2,\cdots) \tag{9.21}$$

考虑到 t_p 定义为响应第一次达到峰值的时间，取 $n=1$，可得峰值时间为：

$$t_p=\frac{\pi}{\omega_d}=\frac{\pi}{\omega_n\sqrt{1-\zeta^2}} \tag{9.22}$$

（2）超调量 δ_p

由式（9.14）令 $t=t_p$ 可求得，系统响应的超调量为：

$$\delta_p=[y(t_p)-1]\times 100\%=-\frac{\mathrm{e}^{-\zeta\omega_n t_p}}{\sqrt{1-\zeta^2}}\sin(\omega_d t_p+\varphi)\times 100\%=\mathrm{e}^{-\pi\zeta/\sqrt{1-\zeta^2}}\times 100\% \tag{9.23}$$

式（9.23）表明：超调量只是阻尼比 ζ 的函数，其关系曲线如图 9.12 所示。故阻尼比可作为对超调量或瞬态响应平稳性的一个很好的度量，也是系统设计时根据平稳性要求优先设计的特征参数，对于通常的系统，一般取阻尼比 $\zeta=0.4\sim0.8$，对应的超调量为 $\sigma_p=25.4\%\sim1.5\%$。

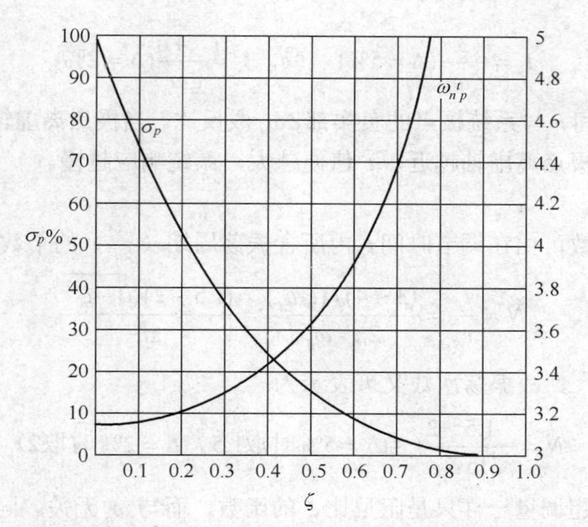

图 9.12　标准欠阻尼二阶系统的超调量和峰值时间与阻尼比的关系曲线

（3）上升时间 t_r

当 $t=t_r$ 时 $y(t)\big|_{t=t_r}=1$，于是由式（9.14）可得 $\dfrac{e^{-\zeta\omega_n t_r}}{\sqrt{1-\zeta^2}}\sin(\omega_d t_r+\varphi)=0$，而 $e^{-\zeta\omega_n t_r}/\sqrt{1-\zeta^2}\neq 0$，则必有 $\sin(\omega_d t_r+\varphi)=0$，即 $\omega_d t_r+\varphi=\pi$。因此，系统响应的上升时间为：

$$t_r=\frac{\pi-\varphi}{\omega_d}=\frac{\pi-\varphi}{\omega_n\sqrt{1-\zeta^2}} \tag{9.24}$$

式（9.24）表明，上升时间与极点的虚部近似成反比。通常用上升时间来表征系统响应的初始速度（或响应的灵敏度），t_r 越短，表明系统响应初速越快。

（4）延迟时间 t_d

当 $t=t_d$ 时，$y(t_d)=0.5$，则由式（9.14）可得 t_d 的隐函数表达式：

$$\omega_n t_d=\frac{1}{\zeta}\ln\frac{2\sin(\omega_d t_d+\varphi)}{\sqrt{1-\zeta^2}} \tag{9.25}$$

工程上，一般用下式来近似求解 t_d：

$$t_d\approx\frac{1+0.6\zeta+0.2\zeta^2}{\omega_n} \tag{9.26}$$

延迟时间 t_d 一般用于表征系统响应的延迟特性，t_d 越大系统响应的延迟就越严重。

（5）调节时间 t_s

根据调节时间的定义，当 $t\geqslant t_s$ 时 $|y(t)-y(\infty)|\leqslant\Delta$。根据式（9.14）可得：

$$\left|\frac{e^{-\zeta\omega_n t_s}}{\sqrt{1-\zeta^2}}\sin(\omega_d t_s+\varphi)\right|=\Delta \tag{9.27}$$

由于 $|\sin(\omega_d t+\varphi)|\leqslant 1$，要求式（9.27）成立，则要求 $\dfrac{e^{-\zeta\omega_n t_s}}{\sqrt{1-\zeta^2}}=\Delta$，两边取对数，可得 $t_s=\dfrac{1}{\zeta\omega_n}\ln\dfrac{1}{\Delta\sqrt{1-\zeta^2}}$。一般可采用下列的近似式来计算调节时间 t_s：

$$t_s = \frac{3}{\zeta\omega_n}(\Delta = 5\%) \quad 或 \quad t_s = \frac{4}{\zeta\omega_n}(\Delta = 2\%) \tag{9.28}$$

上式表明，调节时间 t_s 与系统极点的负实部 $\zeta\omega_n$ 成反比。当极点离虚轴越远，t_s 值便越小，系统响应越快；反之，当极点离虚轴越近，t_s 值便越大，系统响应越慢。

（6）振荡次数 N

系统响应的振荡次数可由在调节时间 t_s 内所含振荡周期（τ_d）的个数计算得到，即：

$$N = \frac{t_s}{\tau_d} = \frac{(3\sim4)/(\zeta\omega_n)}{2\pi/\omega_d} = \frac{(1.5\sim2)\sqrt{1-\zeta^2}}{\pi\zeta} \tag{9.29}$$

由于 $\ln\delta_p = -\pi\zeta/\sqrt{1-\zeta^2}$，故振荡次数又可表示为：

$$N = -\frac{1.5\sim2}{\ln\delta_p}（当\Delta = 5\%时取1.5，\Delta = 2\%时取2） \tag{9.30}$$

可见，振荡次数和超调量一样只是阻尼比 ζ 的函数，而与 ω_n 无关。同时，振荡次数与超调量之间是密切相关的。超调量越大，振荡次数也越多。

例 9.1　已知单位负反馈系统的开环传递函数为：

$$G(s) = \frac{sK_A}{s(s+34.5)}$$

设系统的输入为单位阶跃函数，试计算放大器增益 $K_A = 200$ 时，系统输出响应的动态性能指标。当 K_A 增大到 1500，或减小到 13.5 时，系统动态性能指标如何变化？

系统的闭环传递函数为：

$$\Phi(s) = \frac{G(s)}{1+G(s)} = \frac{5K_A}{s^2+34.5s+5K_A}$$

（1）当 $K_A = 200$ 时，由 $\Phi(s) = \dfrac{{\omega_n}^2}{s^2+2\xi\omega_n s+{\omega_n}^2} = \dfrac{1000}{s^2+34.5s+1000}$ 可得：

$$ {\omega_n}^2 = 1000,\ 2\zeta\omega_n = 34.5$$

即：

$$\omega_n = 31.6\text{rad/s},\ \zeta = \frac{34.5}{2\omega_n} = 0.545$$

根据欠阻尼二阶系统动态性能指标的计算公式，可求得：

$$t_p = \frac{\pi}{\omega_n\sqrt{1-\zeta^2}} = 0.12（秒）$$

$$t_s \approx \frac{3}{\zeta\omega_n} = 0.174\ (\Delta = 5\%)（秒）$$

$$\delta_p = \mathrm{e}^{-\pi\zeta/\sqrt{1-\zeta^2}} \times 100\% = 13\%$$

$$N = \frac{t_s}{2\pi/\omega_d} = \frac{t_s\omega_n\sqrt{1-\zeta^2}}{2\pi} = 0.72（次）$$

（2）当 $K_A = 1500$ 时，可得 $\omega_n = 86.2(\text{rad/s}), \zeta = 0.2$。

可计算各项动态性能指标为：

$$t_p = 0.037秒，t_s = 0.174秒，\delta_p = 52.7\%，N = 2.34次$$

由此可见，K_A 越大，阻尼比 ζ 越小，ω_n 越大，从而导致 t_p 越小，δ_p 越大，但调节时间 t_s 无大的变化。

（3）当 $K_A = 13.5$ 时，可得 $\omega_n = 8.22\ \text{rad/s},\ \zeta = 2.1$。

此时系统工作在过阻尼状态，峰值时间、超调量和振荡次数不存在，而调节时间可将二阶系统近似为大时间常数 T 的一阶系统来估计（参考下一节主导极点的概念），即 $t_s \approx 3T_1 = 1.46\ \text{s}$，其中 $T_1 = \omega_n(\zeta - \sqrt{\zeta^2 - 1})$。此时，调节时间比前两种情况大很多，虽然响应已无超调，但过渡过程缓慢。系统在不同增益 K_A 条件下的响应曲线如图 9.13 所示。

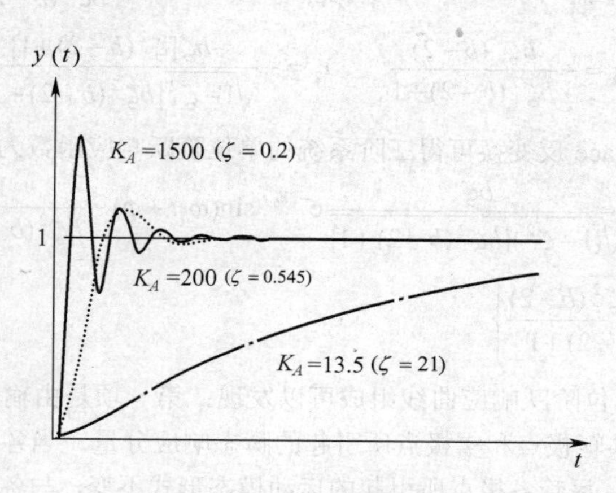

图 9.13　不同 K_A 值下的系统响应曲线

图 9.13 表明：增大系统增益，可以减小上升时间和峰值时间，从而提高系统响应的快速性，但会加剧系统响应的振荡，使超调量随之增加，减小系统增益，虽然有效提高了系统动态响应的平稳性，但却使系统响应变缓。因此仅靠调节放大器的增益难以兼顾系统动态响应的快速性和平稳性。在构建实际系统时，往往既要求提高瞬态响应的快速性又要求保证响应过程中一定的平稳性，使系统不会产生过大的振荡，此时可以采用比例一微分控制或速度反馈控制，即通过对系统加入校正环节的方式对系统性能进行改善。我们将在“设计篇”中进一步讨论这些问题。

9.1.5 高阶系统的时间响应分析

实际工程中遇到的控制系统通常属于阶次大于 2 的高阶系统。这类系统通常采用高阶微分方程进行描述，由于其零极点数目较多、传递函数较复杂，很难像低阶系统那样对其动态响应进行解析分析，其瞬态性能指标与系统零极点位置之间的关系也变得复杂。工程上对于三阶以上的高阶系统通常采用闭环主导极点的概念进行近似分析，或直接采用 Matlab 软件进行分析计算。

下面以三阶系统为例，研究系统的时间响应特性与系统零极点之间的关系，并进而推导出采用主导极点方法分析高阶系统瞬态性能的基本思想。

在二阶系统的基础上添加一个闭环极点（设其常数为 T），则构成如下三阶系统的闭环传递函数：

$$\Phi(s) = \frac{\omega_n^2}{(1+Ts)(s^2 + 2\zeta\omega_n s + \omega_n^2)},\quad 0 < \zeta < 1 \tag{9.31}$$

该系统有一对共轭复极点 $p_{1,2} = -\zeta\omega_n \pm \mathrm{j}\omega_d$ 和一个负实极点 $p_3 = -1/T$。定义实极点与共轭复

极点的实部之比为$b=-p_3/\zeta\omega_n$。计算式（9.31）的单位阶跃响应函数为：

$$Y(s)=\Phi(s)\cdot\frac{1}{s}=\frac{\omega_n^2}{s(s^2+2\zeta\omega_n s+\omega_n^2)}\cdot\frac{1}{1+Ts}=\frac{-\omega_n^2 p_3}{s(s^2+2\zeta\omega_n s+\omega_n^2)(s-p_3)}$$
$$=\frac{r_0}{s}+\frac{r_1}{s+\zeta\omega_n-\mathrm{j}\omega_d}+\frac{r_2}{s+\zeta\omega_n+\mathrm{j}\omega_d}+\frac{r_3}{s-p_3} \tag{9.32}$$

其中，系数r_0,r_1,r_2和r_3为$Y(s)$在极点处的留数。

$$r_0=\lim_{s\to 0}sY(s)=1 \qquad r_3=\lim_{s\to p_3}(s-p_3)Y(s)=-\frac{1}{b\zeta^2(b-2)+1}$$

$$r_1=-\frac{b\zeta^2(b-2)}{b\zeta^2(b-2)+1} \qquad r_2=-\frac{-b\zeta[\zeta^2(b-2)+1]}{\sqrt{1-\zeta^2}[b\zeta^2(b-2)+1]}$$

对式（9.32）取Laplace反变换可得三阶系统的单位阶跃响应函数为：

$$y(t)=1-\frac{b\zeta}{\sqrt{(1-\zeta^2)[b\zeta^2(b-2)+1]}}\mathrm{e}^{-\zeta\omega_n t}\sin(\omega_d t+\varphi)-\frac{1}{b\zeta^2(b-2)+1}\mathrm{e}^{-t/T} \tag{9.33}$$

其中，$\varphi=\arctan\left\{\dfrac{\zeta\sqrt{1-\zeta^2}(b-2)}{\zeta^2(b-2)+1}\right\}$。

分析式（9.33）的单位阶跃响应曲线组成可以发现：第一项是由输入信号所引起的稳态响应分量，后两项是由系统共轭极点和实极点所引起的瞬态响应分量。当各极点的实轴相对位置发生改变时（即b发生变化），尽管各极点所引起的运动模态形式不变，与各极点对应的瞬态响应项的系数（各项对应的留数r_i）却不一样。这表明，闭环系统3个极点在s平面上的分布不同，其对系统瞬态特性所起的作用也不一样。

图9.14显示了不同b值条件下的三阶系统极点分布和单位阶跃响应曲线（取$\zeta=0.3$和$\omega_n=1$）。下面分两种情况讨论参数b对单位阶跃响应的影响。

（1）当$b>1$时，实极点分布在共轭复极点的左侧，如图9.14（a）所示。此时与实极点对应的指数项，其时间常数$T=-1/p_3$较小、衰减较快，同时其系数$|r_3|$相对$|r_1|$和$|r_2|$也较小，因而该分量对瞬态响应的影响较小。相反，与共轭复极点相对应的衰减振荡分量衰减相对较慢，其系数$2|r_1|$也较大，该分量在系统的瞬态响应中起到主导作用。

因此，当$b>1$时系统的瞬态特性主要取决于共轭复极点$p_{1,2}$，即共轭复极点为三阶系统的主导极点。此时，实极点p_3的作用相当于串联一个惯性环节，使得系统响应延缓、振荡超调量减小。b值越大，实极点p_3相对于$p_{1,2}$离虚轴越远，它所对应的瞬态响应项衰减越快，实极点对系统瞬态特性的影响就越弱。当b值足够大（工程上通常认为$b\geqslant 4$～6）时，实极点的影响可忽略不计，从而可将系统降阶为一个和主导共轭复极点所对应的二阶系统来处理，并可用二阶系统的性能指标公式来估算系统的瞬态性能。

（2）当$b<1$时，实极点分布在复极点的右侧，如图9.14（b）所示。由于实极点紧靠虚轴，相应的时间常数较大、衰减较慢，而且其系数$|r_3|$相对$|r_1|$和$|r_2|$也较大，因而与实极点相对应的指数项在系统瞬态响应中将起主要的作用；而与共轭复极点相对应的衰减振荡分量，由于复极点相对于实极点远离虚轴，因而该瞬态分量的影响较小。在这种条件下，实极点p_3成为主导极点，系统瞬态响应的基本特性为非周期性。

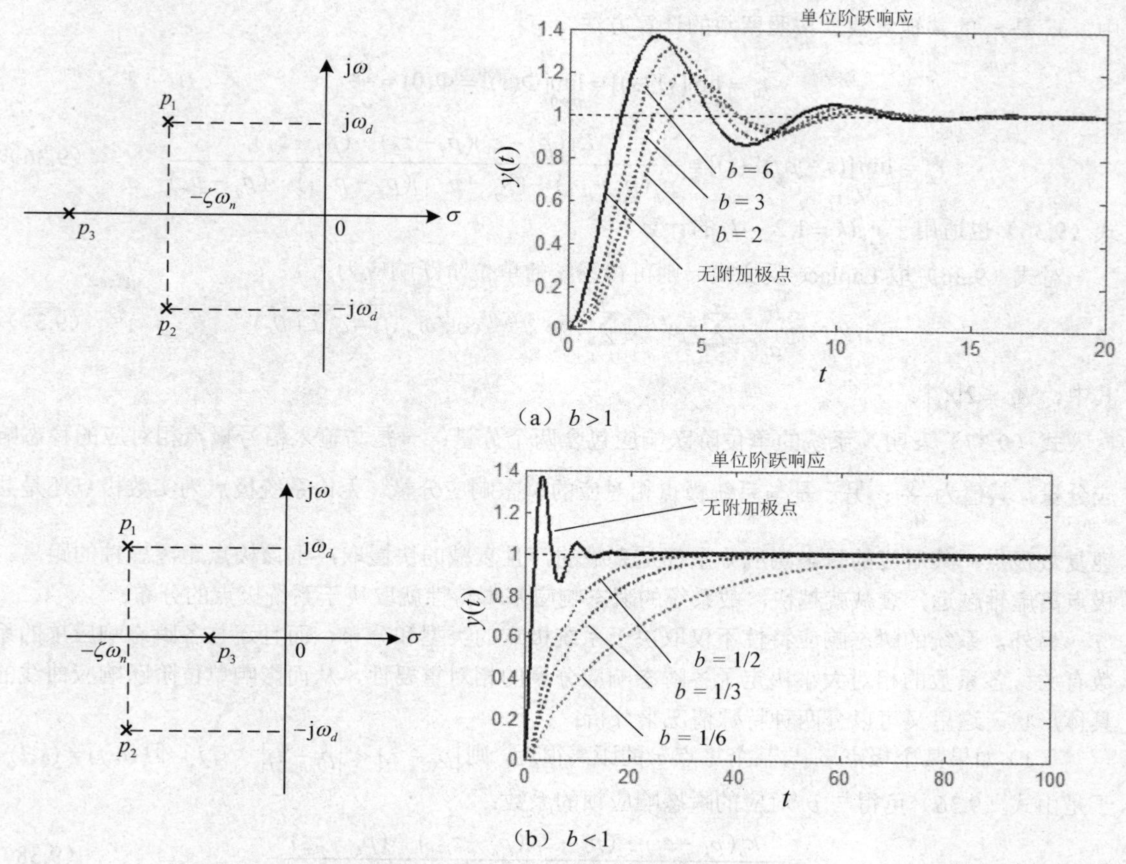

图 9.14 三阶系统极点分布图

当b足够小（工程上通常认为$b\leqslant 1/5$）时共轭复极点的影响可忽略不计，从而可将该系统降阶为主导实极点所对应的一阶系统来处理，并用一阶系统的性能指标公式来估算该系统的瞬态性能。

对式（9.31）的讨论可以推广到一般高阶系统。稳定的高阶系统的传递函数一般可以表示为：

$$\Phi(s)=\frac{Y(s)}{R(s)}=\frac{b_m s^m+b_{m-1}s^{m-1}+\cdots+b_0}{s^n+a_{n-1}s^{n-1}+\cdots+a_0}=\frac{K_b\prod_{i=1}^{m}(s-z_i)}{\prod_{j=1}^{q}(s-p_j)\prod_{k=1}^{l}(s^2+2\zeta_k\omega_{nk}s+\omega_{nk}^2)}\ (m\leqslant n) \tag{9.34}$$

其中，$q+2l=n$，$\omega_{dk}=\omega_{nk}\sqrt{1-\zeta_k^2}\,(k=1,2,\cdots,l)$为阻尼振荡频率。应用部分分式展开法，将系统的单位阶跃响应函数展开为：

$$\begin{aligned}Y(s)&=\frac{K_b\prod_{i=1}^{m}(s-z_i)}{\prod_{j=1}^{q}(s-p_j)\prod_{k=1}^{l}(s^2+2\zeta_k\omega_{nk}s+\omega_{nk}^2)}\cdot\frac{1}{s}\\&=\frac{r_0}{s}+\sum_{j=1}^{q}\frac{r_j}{s-p_j}+\sum_{k=1}^{l}\left[\frac{r_{1k}}{s+\zeta_k\omega_{nk}-j\omega_{dk}}+\frac{r_{1k}^*}{s+\zeta_k\omega_{nk}+j\omega_{dk}}\right]\end{aligned} \tag{9.35}$$

系数r_0,r_j,r_{1k}和r_{1k}^*分别为极点$s=0$，系统实极点p_j和共轭复极点$-\zeta_k\omega_{nk}\pm j\omega_{dk}$处的留数。其

中，r_{1k}^* 是 r_{1k} 的共轭复数。按照留数的计算方法，有：

$$r_0 = \lim_{s\to 0}[sY(s)] = \lim_{s\to 0}[\Phi(s)] = \Phi(0) = \frac{b_0}{a_0}$$

$$r_j = \lim_{s\to p_j}[(s-p_j)Y(s)] = \frac{K_b(p_j-z_1)(p_j-z_2)\cdots(p_j-z_m)}{p_j(p_j-p_1)\cdots(p_j-p_{j-1})(p_j-p_{j+1})\cdots(p_j-p_n)} \tag{9.36}$$

式（9.36）也适用于 $r_{1k}(k=1,2,\cdots l)$ 的计算。

对式（9.36）取 Laplace 反变换，则可得系统的单位阶跃响应为：

$$y(t) = \frac{b_0}{a_0} + \sum_{j=1}^{q} r_j \mathrm{e}^{p_j t} + \sum_{k=1}^{l} A_k \mathrm{e}^{-\zeta_k \omega_{nk} t}\cos(\omega_{nk}\sqrt{1-\zeta_k^2}\,t + \theta_k) \tag{9.37}$$

其中，$A_k = 2|r_{1k}|$。

式（9.37）表明，系统的单位阶跃响应包含两个分量：一是与输入信号极点相对应的稳态响应分量，其值为 $\frac{b_0}{a_0}$；另一是与系统极点相对应的瞬态响应分量。无论系统极点为实数极点还是共轭复数极点，其对应的瞬态响应分量都是衰减的，且衰减的快慢取决于该极点距离虚轴的距离。极点离虚轴越远，衰减就越快，故系统的瞬态响应基本特性就取决于系统极点的分布。

另外，系统的瞬态响应特性不仅取决于系统极点的类型和分布，而且还与各瞬态响应项的系数有关。各系数的相对大小决定了各瞬态响应分量的相对重要性，从而影响单位阶跃响应曲线的具体形状。这里又可以分两种特殊情况来分析：

（1）如果某个极点 p_k 与某个零点 z_l 的距离很近，则 $|p_k - z_l| \ll |p_i - z_j| \ \forall i,j$，但 $(i,j)\neq(k,l)$，于是由式（9.36）可得与 p_k 对应的瞬态响应项的系数：

$$r_k = \frac{k_b(p_k-z_1)\cdots(p_k-z_l)(p_k-z_{l+1})\cdots(p_k-z_m)}{p_k(p_k-p_1)\cdots(p_k-p_{k-1})(p_k-p_{k+1})\cdots(p_k-p_n)} \tag{9.38}$$

由于其分子含有绝对值很小的因子 $(p_k - z_l)$，故 $|r_k|$ 必将很小。在极端情况下 p_k 与 z_l 重合将导致 $r_k = 0$。故可以认为与该极点对应的瞬态响应分量在系统的单位阶跃响应中所占比重很小，对整个系统瞬态响应的影响可忽略不计。换句话说，可以认为这对靠得很近的极点与零点将近似对消。工程上通常将这样一对靠得很近的极点和零点称为偶极子。但十分靠近原点的偶极子对系统特性的影响则通常需要考虑。例如，在控制系统设计中，有时会有意地引入一对紧靠原点的偶极子，以改善系统的特性（参考 13.4.2 节）。

（2）如果某个极点 p_k 相对其他极点距离虚轴很远，由式（9.36）可得，与 p_k 对应的瞬态响应项的系数为：

$$r_k = \lim_{s\to p_k}[(s-p_k)Y(s)] = \frac{k_b}{p_k}\frac{(p_k-z_1)(p_k-z_2)\cdots(p_k-z_m)}{(p_k-p_1)\cdots(p_k-p_{k-1})(p_k-p_{k+1})\cdots(p_k-p_n)} \tag{9.39}$$

此时，由于分子和分母中各因子的模都较大，通常 $n > m$，因而 $|r_k|$ 也比较小。故远离虚轴的系统极点对瞬态特性的影响也可忽略不计。工程上通常认为只要该极点与虚轴的距离是其他零极点与虚轴距离的 4～5 倍以上则可认为是“远离”的。

上面的分析表明，高阶系统的零极点对系统瞬态特性的影响取决于其在 s 平面上的分布。其中远离虚轴的极点以及靠得很近的一对极点和零点，它们的影响很小可以忽略不计；而距离虚轴最近而且附近又没有零点的系统极点（非偶极子），其对应的等效时间常数最大，对应的瞬态分量衰减最慢，而且其系数也较大，从而对系统的瞬态响应特性起主导的作用，称这样的系统极点为主导极点。工程中，通常利用主导极点对控制系统瞬态性能影响的主导作用，将高阶系统降阶为主导极点所对应的低阶系统来处理，并可用低阶系统的性能指标计算公式来估算高阶系统的瞬态性能。主导极点的主导性越强，非主导极点和零点的影响便越弱，估算造成的误差就越小。但需要注意的是，降阶过程中不能改变整个系统的增益大小，以免影响系统的稳态精度（下一章讨论）。

例 9.2　设某单位负反馈系统的开环传递函数为：

$$G(s)=\frac{10}{s(s+4.28)(s+2.22)}$$

试分析：

（1）系统极点的分布并判断系统是否存在主导极点。

（2）按主导极点估算系统的瞬态性能。

（3）计算系统的单位阶跃响应，并分析降阶处理后所造成的误差。

解答：（1）系统的闭环传递函数为

$$\Phi(s)=\frac{G(s)}{1+G(s)}=\frac{10}{s(s+4.28)(s+2.22)+10}=\frac{10}{(s+5)(s^2+1.5s+2)}$$

可求得系统极点为 $p_1=-5$， $p_{2,3}=-0.75\pm \mathrm{j}1.2$ 。相应的系统极点分布，如图 9.15（a）所示。由图可见： p_1 远离虚轴，与另一对共轭极点的实部之比为：

$$\frac{\mathrm{Re}(p_1)}{\mathrm{Re}(p_{2,3})}=\frac{5}{0.75}=6.67$$

故 p_1 的影响可忽略不计，而共轭复极点 $p_{2,3}$ 可视为系统的闭环主导极点。

（2）忽略非主导极点 p_1 的影响，将系统降阶为主导极点所对应的二阶系统来处理，于是有：

$$\Phi(s)=\frac{10}{5(0.2s+1)(s^2+1.5s+2)}\approx\frac{2}{s^2+1.5s+2}=\frac{{\omega_n}^2}{s^2+2\zeta\omega_n s+{\omega_n}^2}=\Phi^1(s)$$

其中 $\omega_n=\sqrt{2}=1.414\mathrm{rad/s}$ ， $\zeta=1.5/(2\omega_n)=0.53$ 。根据二阶规范系统性能指标表达式可估算系统的瞬态性能为：

$$\delta_p=\mathrm{e}^{-\zeta\pi/\sqrt{1-\zeta^2}}\times 100\%=14\%,\quad t_p=\frac{\pi}{\omega_n\sqrt{1-\zeta^2}}=2.62s,\ t_s=\frac{3}{\zeta\omega_n}=4s(\Delta=5\%)$$

（3）系统的单位阶跃响应为：

$$y(t)=r_0+r_1\mathrm{e}^{-5t}+A\mathrm{e}^{-0.75t}\cos(1.2t+\theta)$$

其中：

$$r_0=\lim_{s\to 0}s\Phi(s)\cdot\frac{1}{s}=1;\ r_1=\lim_{s\to -5}(s+5)\Phi(s)\cdot\frac{1}{s}=0.1;$$

$$A=2\lim_{s\to -0.75+\mathrm{j}1.2}\left|(s+0.75-\mathrm{j}1.2)\Phi(s)\cdot\frac{1}{s}\right|=1.33;\ \theta=\angle[(s+0.75-\mathrm{j}1.2)\Phi(s)\frac{1}{s}]\Big|_{s=-0.75+\mathrm{j}1.2}=-227.8^\circ$$

而降阶以后的近似单位阶跃响应为：

$$Y^1(s)=\Phi^1(s)R(s)=\frac{2}{s(s^2+1.5s+2)}$$

$$y'(t)=L^{-1}[Y(s)]=1-1.18\mathrm{e}^{-0.75t}\sin(1.2t+58^\circ)$$

图 9.15（b）为降阶前后系统的单位阶跃响应曲线。其中响应曲线 1 对应于原系统单位阶跃响应曲线 $y(t)$，而响应曲线 2 对应降阶处理后近似的单位阶跃响应曲线 $y'(t)$。原系统的瞬态性能为 $\delta_p = 13.35\%$，$t_p = 2.87$ 秒，$t_s = 3.9$ 秒。可见，瞬态性能的估算值与实际值相当接近。

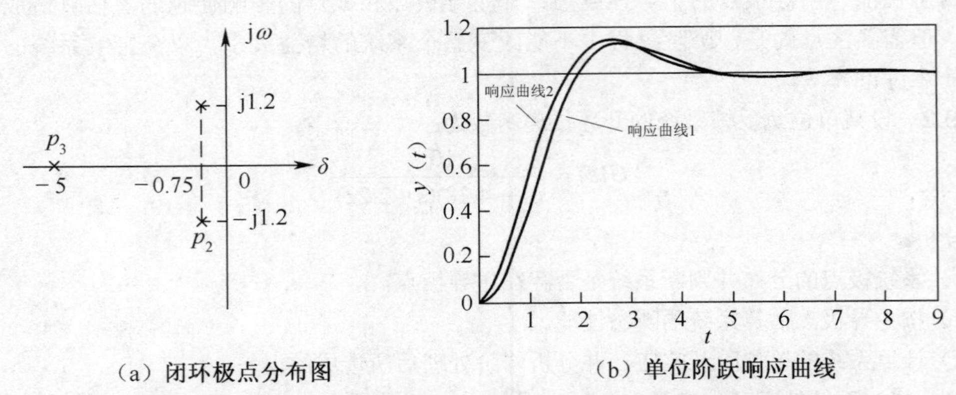

（a）闭环极点分布图　　（b）单位阶跃响应曲线

图 9.15　系统的闭环极点分布以及降阶处理前后的单位阶跃响应曲线

图 9.15（b）表明，相对降阶系统，实际系统多出来的一个极点 p_1 尽管对系统瞬态特性影响很小，但该极点相当于在二阶近似系统中添加一个由极点 p_1 所决定的惯性环节，结果使得系统的实际单位阶跃响应略为迟缓。

9.2　控制系统的频域瞬态性能分析

9.2.1　频域瞬态性能指标的定义

前面已经介绍如何利用控制系统的时间响应特性进行系统的动态性能分析。这一节将进一步讨论：如何利用控制系统的频率特性模型的特征量（即频域性能指标）来分析控制系统的瞬态性能问题。

经典控制理论当中的线性单变量控制系统存在两种基本研究方法：基于微分方程（或传递函数）模型的时域法和基于频率响应模型的频域法。如此，在对系统瞬态性能的分析上，与两种分析方法相对应，工程上常用的有两套瞬态性能指标：时域瞬态性能指标（见 9.1.2 节）和频域瞬态性能指标。

频域响应分析法的优点在于：可以使用控制系统的开环频率特性来分析研究闭环系统的特性，而开环频率特性则可以相对容易地由实验测定获得。这在实际工程中具有非常实用的价值。用于衡量控制系统瞬态响应性能的频域性能指标一般包括：定义在闭环频率特性上的带宽频率 ω_b、谐振频率 ω_r 和谐振峰值 M_r，以及定义在开环频率特性上的幅穿频率 ω_c。

（1）带宽频率与带宽

控制系统的闭环幅频特性曲线的典型形状如图 9.16 所示。其中，中频段的形状对系统瞬态特性的影响很大。控制系统的闭环频率特性一般具有低通滤波器的特点。而描述低通滤波器特性的一个重要特征量，是它的频带宽度（简称带宽）。我们把闭环幅频特性的幅值下降到零频幅值的 0.707 倍（对应闭环幅频特性的增益下降到零频增益值以下 3dB）时对应的频率 ω_b 称为带宽频率，如图 9.16 所示；0 至 ω_b 的频率范围称为系统的带宽。

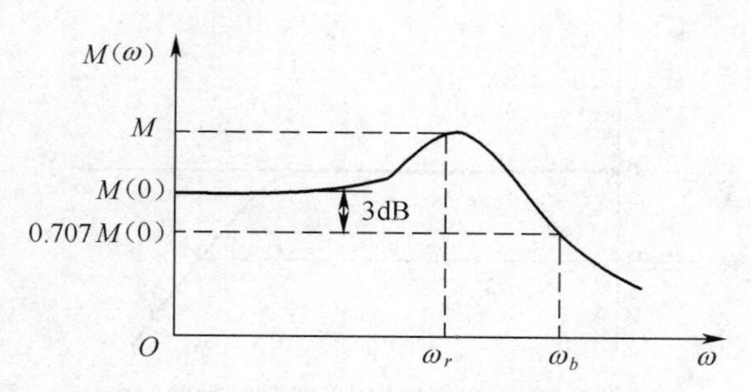

图 9.16　控制系统的典型闭环幅频特性曲线

带宽是系统的一项重要频域性能指标。系统的带宽越大（即 ω_b 越高）就越能准确地复现输入信号，但由于受到元器件物理性质的限制和抑制高频噪声性能的要求，一般系统的带宽很难而且也不宜设计得过宽。

控制系统的带宽与瞬态响应的速度之间具有密切的关系。一般而言，系统的带宽越大，瞬态响应的速度就越快。对于一、二阶系统，它们之间还具有确定的函数关系。一阶系统的闭环传递函数表示为 $\dfrac{1}{Ts+1}$，响应的对数频率特性如图 4.11 所示。由图可见，一阶系统的带宽频率等于其转折频率，即 $\omega_b=\dfrac{1}{T}$。因此，一阶系统的带宽越大，即带宽频率 ω_b 越高，响应的时间常数 T 便越小，系统极点 $p=-\dfrac{1}{T}=-\omega_b$ 离虚轴越远，系统响应的速度就越快。

对于二阶系统，其闭环传递函数的标准形式为：

$$\Phi(s)=\frac{{\omega_n}^2}{s^2+2\zeta\omega_n s+{\omega_n}^2}$$

于是系统的闭环幅频特性为：

$$M(\omega)=\left|\Phi(\mathrm{j}\omega)\right|=\frac{1}{\sqrt{[1-(\omega/\omega_n)^2]^2+4\zeta^2(\omega/\omega_n)^2}}$$

当 $\omega=0$ 时其幅值 $M(0)=1$。根据定义，$M(\omega_b)=0.707M(0)=\dfrac{1}{\sqrt{2}}$，则有二阶系统的带宽频率为：

$$\omega_b=\omega_n\sqrt{(1-2\zeta^2)+\sqrt{(1-2\zeta^2)^2+1}} \tag{9.40}$$

上式表明，在一定的阻尼比下，二阶规范系统的带宽频率 ω_b 越高，t_r,t_s 越小，系统的响应速度就越快。

对于高阶系统，同样也可得到类似的结论。即带宽可作为系统瞬态响应速度的度量。系统的带宽越大，即 ω_b 越高，瞬态响应的速度就越快，闭环系统对输入信号的复现也越好。

例 9.3　已知某台笔录仪的传递函数为 $\Phi(s)=\dfrac{1}{Ts+1}$，其闭环幅频特性曲线如图 9.17 所示。要求在 5Hz 以内，记录仪的振幅误差不大于被测信号的 10%，试确定记录仪应有的带宽 ω_b 为多少？

根据题意，当 $\omega=5\times2\pi=10\pi(\mathrm{rad/s})$ 时，要求：

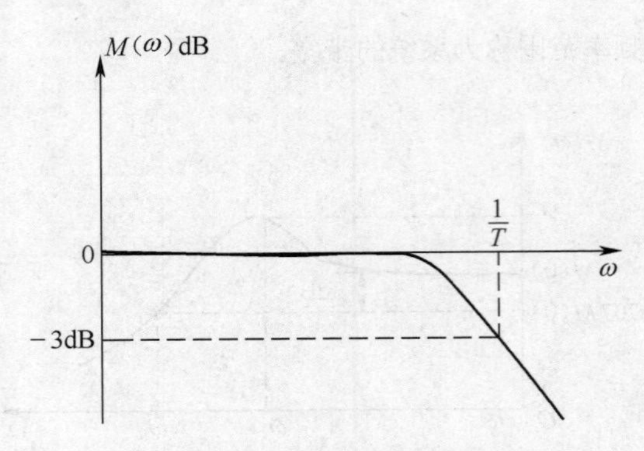

图 9.17　笔录仪的闭环幅频特性曲线

$$\left|\frac{1}{1+\mathrm{j}T\omega}\right|=\frac{1}{\sqrt{1+T^2\omega^2}}\geqslant 0.9$$

即：

$$1+T^2\omega^2\leqslant\frac{1}{0.9^2}$$

可得：

$$T\leqslant\frac{1}{\omega}\sqrt{\frac{1}{0.9^2}-1}\bigg|_{\omega=10\pi}=0.0154\mathrm{s}$$

根据系统的带宽定义，该一阶系统的带宽为：

$$\omega_b=\frac{1}{T}\geqslant\frac{1}{0.0154}=64.833\mathrm{rad/s}$$

（2）谐振峰值与谐振频率

对于二阶系统，式（4.35）与式（4.36）已求出其谐振峰值 M_r 和谐振频率 ω_r 与阻尼比 ζ 的关系，即 $M_r=\dfrac{1}{2\zeta\sqrt{1-\zeta^2}}$，$\omega_r=\omega_n\sqrt{1-2\zeta^2}$ $(0\leqslant\zeta<0.707)$。

谐振峰值 M_r 与超调量 $\sigma\%$ 一样，都是 ζ 的单值函数。M_r 越大，ζ 便越小，$\sigma\%$ 就越大。对于高阶系统，M_r 与 $\sigma\%$ 的上述定性关系仍然成立。一般可按下列经验公式进行换算：

$$\sigma\%=0.16+0.4(M_r-1)\quad(1\leqslant M_r\leqslant 1.8)\tag{9.41}$$

因此谐振峰值 M_r 与超调量 $\sigma\%$ 一样，可用来表征系统瞬态响应的平稳性。M_r 越大，瞬态响应的振荡倾向便越明显。对工程上常见的随动系统，其谐振峰值一般为 $M_r=1.1\sim1.6$。另外，谐振频率 ω_r 一般很接近带宽频率。故与 ω_b 相类似，可用 ω_r 来表征系统瞬态响应的速度。一般而言，谐振频率越高，系统瞬态响应的速度越快。

（3）幅穿频率 ω_c

在开环频率特性中，常用幅穿频率 ω_c 来控制系统瞬态响应的快速性。ω_c 定义为开环频率特性的幅值 $|G(\mathrm{j}\omega)|=1$（或增益为 0dB）时的频率，称为增益穿越频率或幅值穿越频率，简称幅穿频率。

通过幅穿频率 ω_c 可以定义系统的相角裕度（见 8.6 节）。一般而言，幅穿频率越大，其相角裕度将越小，系统的响应快速性将提高，但同时其相对稳定性也会被削弱。

9.2.2　应用频率特性计算二阶欠阻尼系统的瞬态性能指标

通过前面的讨论我们已经知道，二阶欠阻尼系统时间响应的基本特性取决于系统极点的分布，即取决于阻尼比 ζ 和无阻尼自然振荡频率 ω_n 这两个特征参数。工程上常用超调量 $\sigma\%$ 来描述系统瞬态响应的平稳性，用调节时间 t_s 来表征瞬态响应的快速性。下面将进一步讨论：二阶欠阻尼系统的频域瞬态性能指标与时域瞬态性能指标之间的对应关系。从而说明：频率响应分析法也是分析二阶欠阻尼系统瞬态性能的一种有效方法。

（1）二阶欠阻尼系统的闭环频率特性与瞬态性能的对应关系

按照前面的讨论，二阶系统的频率性能指标与时域瞬态性能指标之间具有明确的对应关系，即：

$$M_r = \frac{1}{2\zeta\sqrt{1-\zeta^2}} \quad (0 \leqslant \zeta \leqslant 0.707) \tag{9.42}$$

$$\omega_r = \omega_n\sqrt{1-\zeta^2} \quad (0 \leqslant \zeta \leqslant 0.707) \tag{9.43}$$

$$\omega_b = \omega_n\sqrt{(1-\zeta^2)+\sqrt{(1-\zeta^2)^2+1}} \tag{9.44}$$

其中谐振峰值 M_r 以及谐振频率 ω_r 可由实验方法测定，是实际中常用的两个闭环频域性能指标。将式（9.43）或式（9.44）代入式（9.28）可以求出二阶系统调节时间与 ω_r 或 ω_b 的关系为：

$$t_s = \frac{3\sim 4}{\omega_r}\cdot\frac{\sqrt{1-2\zeta^2}}{\zeta} \tag{9.45}$$

或

$$t_s = \frac{3\sim 4}{\omega_b}\cdot\frac{\sqrt{1-2\zeta^2+\sqrt{(1-2\zeta^2)^2+1}}}{\zeta} \tag{9.46}$$

上式表明，闭环频域指标中谐振峰值 M_r 与瞬态响应的平稳性指标即超调量 $\sigma\%$ 之间具有单值的对应关系，故谐振峰值 M_r 与超调量 $\sigma\%$ 一样，均可以用来表征系统瞬态响应的平稳性（或相对平稳性）。另外，谐振频率 ω_r（或带宽频率 ω_b）与瞬态响应的快速性指标调节时间 t_s 也具有确定的对应关系。因此，频域上可以用谐振频率 ω_r 或带宽频率 ω_b 来表征系统瞬态响应的快速性。

（2）二阶欠阻尼系统的开环频率特性与瞬态性能的对应关系

我们知道，二阶系统的开环频率特性为：

$$G(\mathrm{j}\omega) = \frac{{\omega_n}^2}{s(s+2\zeta\omega_n)}\bigg|_{s=\mathrm{j}\omega} = \frac{{\omega_n}^2}{\omega\sqrt{\omega^2+4\zeta^2{\omega_n}^2}}\angle G(\mathrm{j}\omega) = A(\omega)\mathrm{e}^{\mathrm{j}\varphi(\omega)}$$

其中，开环相频特性为 $\varphi(\omega) = -90^\circ - \arctan\dfrac{\omega}{2\zeta\omega_n}$。在幅穿频率 ω_c 处：

$$A(\omega_c) = \frac{{\omega_n}^2}{\omega_c\sqrt{{\omega_c}^2+4\zeta{\omega_n}^2}} = 1 \tag{9.47}$$

可解得二阶系统的幅穿频率为：

$$\omega_c = \omega_n\sqrt{-2\zeta^2+\sqrt{4\zeta^2+1}} \tag{9.48}$$

将式（9.48）代入相角裕度计算公式：

$$\gamma = 180° + \varphi(\omega_c) = 180° - 90° - \arctan\frac{\omega}{2\zeta\omega_n} = \arctan\frac{2\zeta\omega_n}{\omega_c}$$
$$= \arctan\frac{2\zeta}{\sqrt{-2\zeta^2 + \sqrt{4\zeta^2 + 1}}} \tag{9.49}$$

式（9.49）表明，二阶系统的相角裕度也是阻尼比的单值函数，其关系曲线如图 9.18 所示。图中虚线显示，相角裕度与阻尼比之间的关系，在$0 \leqslant \zeta \leqslant 0.707$范围内，可近似地线性化为：

$$\zeta = 0.01\gamma \tag{9.50}$$

其中γ单位为度。例如对于相角裕度$\gamma = 60°$时，相应的阻尼比约为$\zeta = 0.6$。

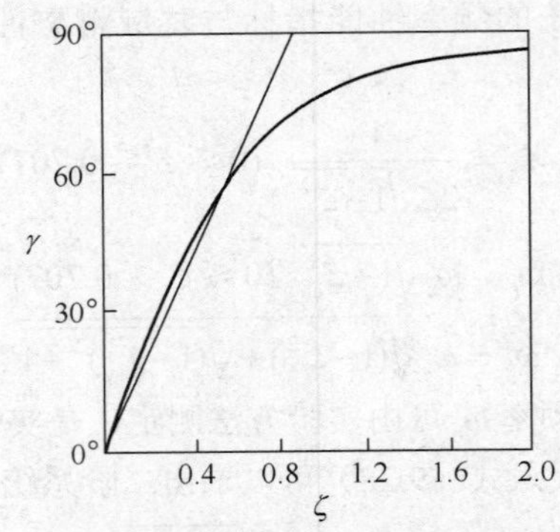

图 9.18　二阶系统的相角裕度γ与阻尼比ζ的关系曲线

将式（9.48）和式（9.49）代入式（9.28），可以得到二阶系统单位阶跃响应的调节时间与幅穿频率之间的关系为：

$$t_s = \frac{3 \sim 4}{\zeta\omega_n} = \frac{3 \sim 4}{\omega_c} \cdot \frac{\sqrt{-2\zeta^2 + \sqrt{4\zeta^2 + 1}}}{\zeta} = \frac{6 \sim 8}{\omega_c} \cdot \frac{1}{\tan\gamma} \tag{9.51}$$

上式表明，开环频域指标中的幅穿频率与瞬态响应的快速性指标调节时间之间具有确定的对应关系。如果两个系统具有类似的相对稳定性，则瞬态响应的调节时间t_s与幅穿频率ω_c成反比。故可以用幅穿频率来表征系统瞬态响应的快速性。

综上所述，应用开环频率特性的频率响应法，是分析计算闭环二阶系统时域瞬态性能的一种有效方法。

9.2.3　应用频率特性分析高阶系统的瞬态性能指标

上一小节的讨论表明：二阶系统的频域性能指标与时域瞬态性能指标之间具有确定的对应关系，因此可以应用频率响应法准确地计算低阶系统的瞬态响应特性。然而，对于高阶系统，其频域性能指标与时域瞬态性能指标之间的关系较为复杂，无法建立它们之间的解析关系，因此只能应用频率响应法对实际控制系统的瞬态性能进行估算。工程上不少学者做了大量的分析研究和仿真实验，总结归纳出一些检验公式或近似关系式。在工程上常被用于实际高阶系统的瞬态性能估算。这里，我们将介绍其中一些常用的经验公式，分析它们的基本特点和适用条件。

（1）M_r与$\sigma\%$，ω_c与t_s的近似关系式

对于实际高阶控制系统，其频域性能指标与时域瞬态性能指标之间常用以下估算公式：

$$\sigma\% = 0.16 + 0.4(M_r - 1) \quad (1 \leqslant M_r \leqslant 1.8) \tag{9.52}$$

或

$$\sigma\% = \begin{cases} M_r - 1 & (1 \leqslant M_r \leqslant 1.25) \\ 0.5\sqrt{M_r - 1} & (1.25 \leqslant M_r \leqslant 5) \end{cases} \tag{9.53}$$

$$t_s = \frac{\pi}{\omega_c}[2 + 1.5(M_r - 1) + 2.5(M_r - 1)^2] \quad (1 \leqslant \mathrm{M}_r \leqslant 1.8) \tag{9.54}$$

式（9.52）与式（9.53）表明，控制系统超调量随着谐振峰值的增大而增大。而式（9.54）表明，控制系统的调节时间 t_s 通常随着 M_r 的增大而拉长，并与幅穿频率 ω_c 成反比。

（2）M_r 与 γ 的近似关系式

如果系统的谐振频率 ω_r 与幅穿频率 ω_c 比较接近，且开环相频特性在 ω_c 附近的变化比较缓慢，则单位反馈系统的谐振峰值与相角裕度之间具有下列近似关系：

$$M_r = \frac{1}{\sin\cdot\gamma} \tag{9.55}$$

式（9.55）表明，若系统的相角裕度 γ 较小，则谐振峰值 M_r 较大，系统就容易产生振荡。

需要指出的是，开环频率指标中的相角裕度 γ 只是反映了系统的开环频率特性于幅穿频率 ω_c 附近处相角的某种条件。对于实际高阶系统而言，由于其复杂的零极点分布，相角裕度 γ 大的系统，其相对稳定性不一定就很好，此时应该同时考虑相角裕度和幅值裕度才能得出正确的结论。

（3）γ 与 $\sigma\%$、ω_c 与 t_s 的近似关系式

将式（9.55）代入式（9.52）及式（9.54），可以得到开环频域性能指标与时域瞬态性能指标之间的近似关系式：

$$\sigma\% = 0.16 + 0.4\left(\frac{1}{\sin\cdot\gamma} - 1\right) \quad (35° \leqslant \gamma \leqslant 90°) \tag{9.56}$$

$$t_s = \frac{\pi}{\omega_c}\left[2 + 1.5\left(\frac{1}{\sin\cdot\gamma} - 1\right) + 2.5\left(\frac{1}{\sin\cdot\gamma} - 1\right)^2\right] \quad (35° \leqslant \gamma \leqslant 90°) \tag{9.57}$$

或

$$t_s = \frac{4 \sim 9}{\omega_c} \tag{9.58}$$

上述公式表明，高阶系统的频域性能指标与时域瞬态性能指标之间的定性关系和变化趋势，与二阶系统是相类似的。但在使用这些近似公式进行性能指标估算时，应注意各个公式的适用条件。

9.3　利用 Matlab 分析瞬态性能指标

9.3.1　时间响应分析

利用 Matlab 软件可以方便地计算式（9.34）所示高阶控制系统的单位阶跃响应。首先建立其高阶系统模型，再直接调用 step 命令。一般命令语句如下：

```
sys=tf（[b0 b1 b2 b3  …  bm],[a0 a1 a2 a3  …  an]）;     %建立控制系统模型
step（sys）;                                              %绘制单位阶跃响应
```

例 9.4　哈勃太空望远镜的指向控制　哈勃太空望远镜是目前人类建造的最为灵敏的太空观测望远镜。该仪器于 1990 年 4 月 11 日发射至离地球 380 英里的太空轨道。望远镜的 2.4m 镜头拥有非常光滑的表面，其定向系统能在 400 英里以外将视场聚集在一枚硬币上。哈勃太空望远镜指

向系统模型如图 9.19（a）所示，经简化后的结构图如图 9.19（b）所示。试用 Matlab 分析该指向系统在单位阶跃输入和单位阶跃扰动下的响应曲线，其中参数 $K_a=10$； $K_1=12$ 。

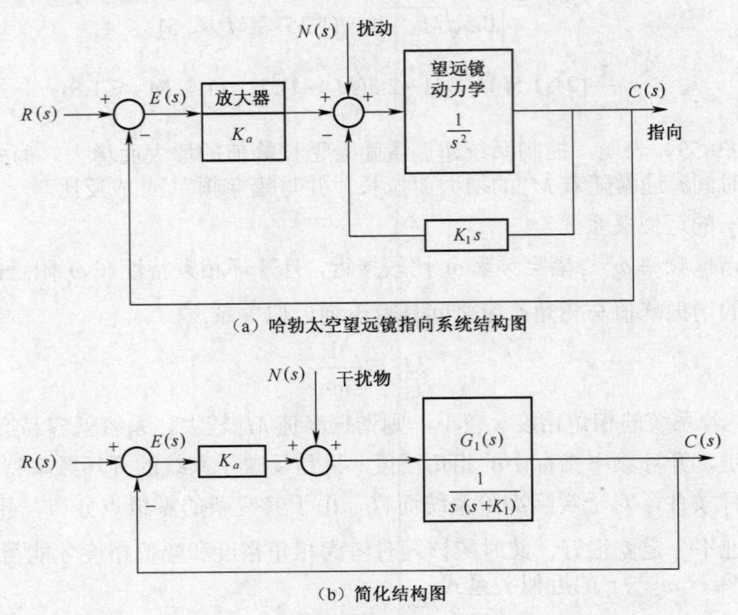

（a）哈勃太空望远镜指向系统结构图

（b）简化结构图

图 9.19　哈勃太空望远镜指向系统

所编制的 Matlab 脚本程序如下：

```
% Example 9.4
Ka=10;  K1=12;
G1=zpk([],[0 -K1],1);
sys=feedback(Ka*G1,1);          %输入端到输出端闭环传递函数
sysn=feedback(G1, Ka);          %扰动端到输出端闭环传递函数
t=0:0.01:10;
step(sys,t,'y-');hold on;       %单位阶跃输入响应曲线
step(sysn,t,'y-.');grid;        %单位阶跃扰动响应曲线
hold off;
```

程序运行后绘制的图形如图 9.20 所示。

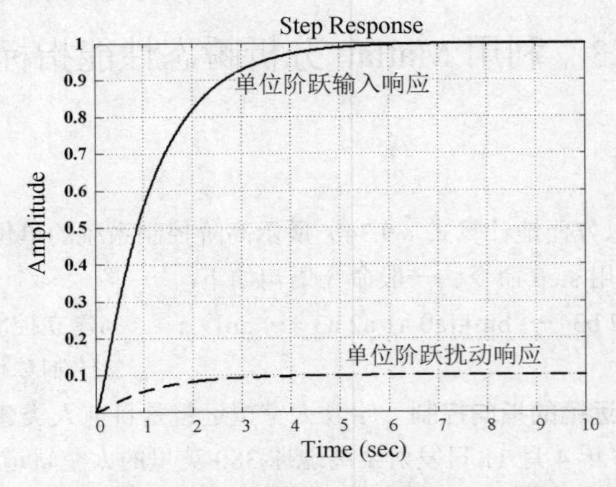

图 9.20　哈勃太空望远镜的输入和扰动响应曲线

9.3.2　频域性能分析

用 Matlab 绘制控制系统频率响应的主要函数为 bode 函数和 logspace 函数。其中 bode 函数用于回执 Bode 图，logspace 函数用于生成频率点数据向量，这些频率点数据是按照频率对数的相等间隔生成的。bode 函数的调用格式为：

[mag,phase,w] = bode(num,den,w)

如果缺省了左边的参数说明，bode 函数将自动生成完整的 Bode 图；否则，将只计算幅值和相角，并将结果分别存放在向量 mag 和 phase 中，然后可以通过调用 plot 函数和向量 mag、phase，才能绘制出 Bode 图。

数据向量 w 给出的是参与运算的频率点数据（以 rad/s 为单位）。在没有事先给出 w 时，Matlab 将自动选取参与运算的频率点，并能在频率响应变化较快时，自动加大频率点的选取密度。如果需要事先指定 w，则可以采用 logspace 函数来生成所需的数据向量。logspace 函数的调用格式为：

w = logspace(a,b,n)

其中，a、b 分别表示频率范围 $10^a \sim 10^b$ Hz，n 为该频率范围内需要采样的点数，w 为生成的频率点数据向量。例如，下面的代码将产生 0.1 到 1000 之间的 200 个频率点，并绘制以 dB 为单位的幅频特性曲线。

```
w=logspace(-1,3,200);
[mag,phase,w]=bode(num,den,w);
Semilogx(w,20*log10(mag));grid;
xlabel('Frequency[rad/sec]');
ylabel('20*log10(mag)[dB]');
```

9.2.2 节已经讨论了二阶系统时域指标与频域指标的相互关系。我们利用下面的 Matlab 文本，可以绘制出阻尼比 ζ 与谐振频率 ω_r、谐振峰值 M_r 之间的关系曲线，如图 9.21 所示。

```
Zeta=[0.15:0.01:0.7];
wr_over_wn=sqrt(ones(1,length(zeta))-2*zeta.^2);          %阻尼比范围为0.15～0.70
Mp=(2*zeta.* sqrt(ones(1,length(zeta))-zeta.^2)).^(-1);
Subplot(2,1,1); plot(zeta,Mp);grid;
xlabel('zeta');ylabel('Mpw');
subplot(2,1,2);plot(zeta,wr_over_wn);grid;
xlabel('zeta');ylabel('wr/wn');
```

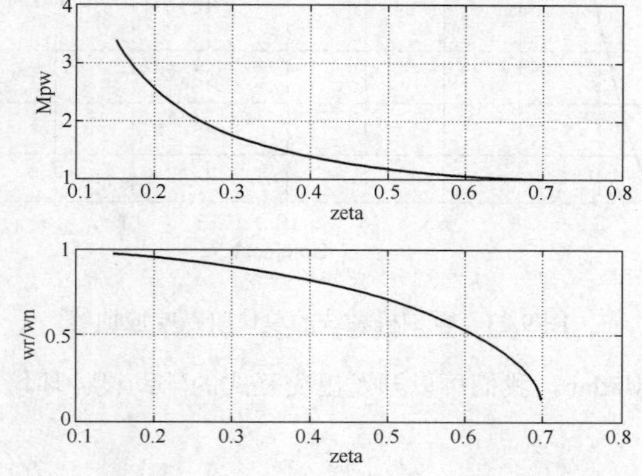

图 9.21　二阶系统 M_r、ω_r 与阻尼比 ζ 之间的关系曲线

例 9.5 考虑图 9.22 所示的雕刻机位置控制系统，试设计合理的增益 K，使得闭环系统阶跃响应的各项瞬态性能指标保持在允许的范围内。

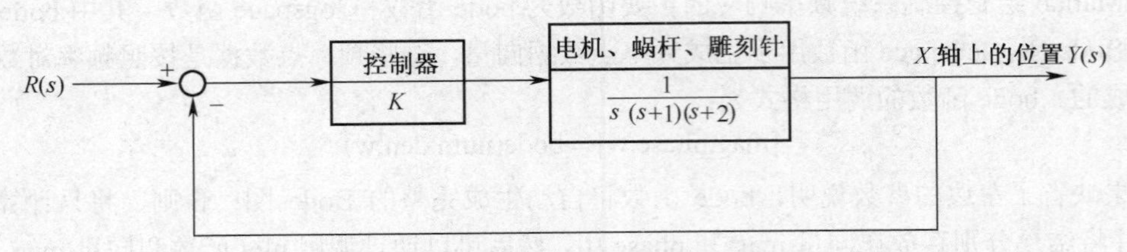

图 9.22 雕刻机 X 轴位置控制系统框图

采用 Matlab 进行增益设计的基本思路为：首先取定增益 K 的初始值（如 K=2），然后用 Matlab 程序分析系统的闭环 Bode 图，并估计出 M_r 和 ω_r 的取值；再根据频域与时域瞬态性能指标的相互关系，估计出阻尼系数 ζ 和固有频率 ω_n 的取值；最后可以估算出调节时间和超调量的大小。若所得系统不能满足性能要求，就需要更新 K 的取值，重复上述设计过程，直到满足设计要求。

以下为系统频域瞬态性能指标的 Matlab 分析程序：

```
% Example 9.5
K=2;Num=[K]; den=[1 3 2 K];                          %闭环传递函数
w=logspace(-1,1,400);
[meg,phase,w]=bode(num,den,w);                       %计算闭环Bode图
[Mp,r]=max(meg); wr=w(r);                            %计算谐振频率与谐振峰值
zeta=0.29;wn=0.88;                                   %估算阻尼比和固有频率
Ts=4/zeta/wn;                                        %计算调节时间ts
Po=100*exp(-zeta*pi/sqrt(1-zeta^2));                 %计算超调量大小
```

当 K=2 时，运行上述代码，可以得到该系统超调量大约为 37%，调节时间为 15.7 秒。与图 9.23 所示的实际单位阶跃响应曲线进行比较，可见采用二阶系统时域和频域瞬态性能指标关系进行性能估算是合理的。

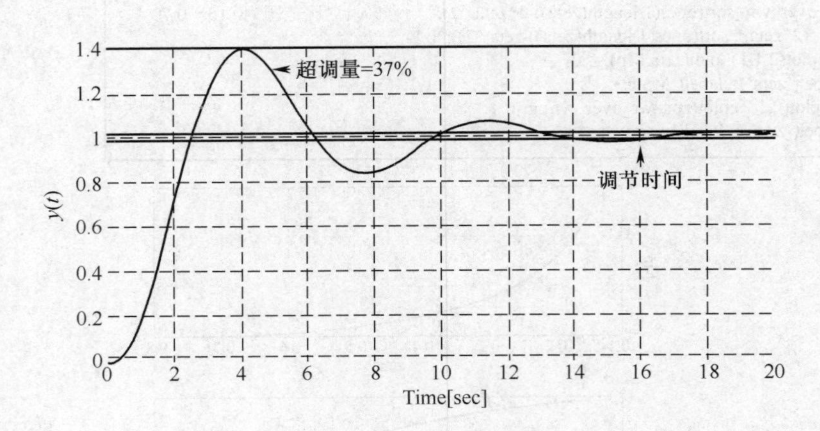

图 9.23 雕刻机系统的单位阶跃响应曲线

例 9.5 说明，借助 Matlab，我们可以开发出交互式的辅助设计环境，从而减轻控制系统设计过程中的人工计算负担。

习题九

9.1　某小功率位置随动系统的结构如图 9.24 所示，要求系统具有下列频域性能指标：谐振峰值 $M_r = 1.04$，谐振频率 $\omega_r = 11.55$ rad/s。试求：系统参数 K 和 T_m 的取值，以及此时系统的时域性能（超调量 $\sigma\%$ 与调节时间 t_s）和频域性能（γ, K_g, ω_c 和 ω_b）。

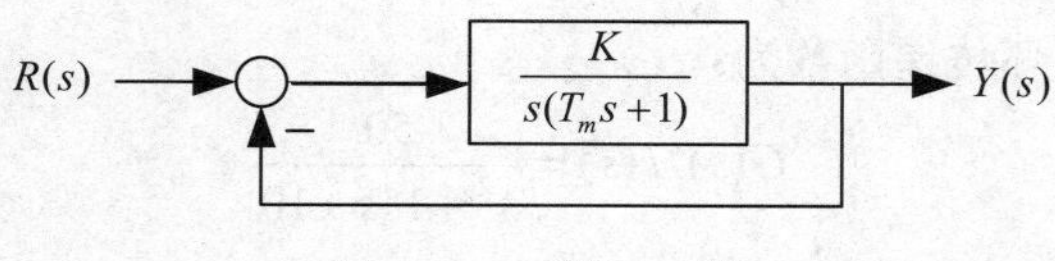

图 9.24　习题 9.1 图

9.2　单位反馈系统的受控对象为：

$$G(s) = \frac{K}{s(s+\sqrt{2K})}$$

试确定：

（1）系统单位阶跃响应的超调量和调节时间。

（2）当调节时间小于 1 秒，增益 K 的取值范围。

9.3　某二阶系统的闭环传递函数为 $T(s) = Y(s)/R(s)$，系统阶跃响应的设计要求如下：

（1）超调量 $\sigma\% \leqslant 5\%$。

（2）调节时间小于 4 秒（按 2%准则）。

（3）峰值时间 t_p 小于 1 秒。

试确定 $T(s)$ 的极点配置的区域，以便获得预期的响应特性。

9.4　某闭环控制系统的闭环传递函数 $T(s)$ 为：

$$\frac{Y(s)}{R(s)} = T(s) = \frac{500}{(s+10)(s^2+10s+50)}$$

请用下面两种方法，计算系统对单位阶跃输入 $R(s) = 1/s$ 的响应 $y(t)$，并画出相应的响应曲线，比较所得的结果。

（1）利用实际的传递函数 $T(s)$。

（2）利用主导复极点近似方法。

9.5　欲设计一个三阶闭环控制系统，使得系统对阶跃输入的响应具有欠阻尼特性，且满足下面的设计要求：10%< $\sigma\%$ <20%；调节时间小于 0.6 秒。

（1）试确定系统主导极点的配置区域。

（2）如果系统的主导极点为共轭复极点，试确定第 3 个实极点 r_3 的最小值。

（3）如果系统具有单位反馈增益，按 2%准则的调节时间为 0.6 秒，超调量为 20%时，试确定系统的前向传递函数 $G(s) = Y(s)/E(s)$。

9.6　机械臂关节控制系统的开环传递函数为：

$$G(s) = \frac{300(s+100)}{s(s+10)(s+40)}$$

试证明，当 $G(\mathrm{j}\omega)$ 的相移为 $-180°$ 时，对应的频率为 $\omega = 28.3\,\mathrm{rad/s}$。并计算此时 $G(\mathrm{j}\omega)$ 的幅值。

9.7　某系统的传递函数为：

$$T(s) = \frac{Y(s)}{R(s)} = \frac{4}{(s^2+s+1)(s^2+0.4s+4)}$$

设该系统对阶跃输入无稳态误差，要求：

（1）绘制频率响应图，注意幅频响应有两个峰值。

（2）估算系统的阶跃响应时间，注意系统有 4 个极点，不能用二阶系统代替。

（3）绘制单位阶跃的系统响应图。

9.8　某反馈系统的开环传递函数为：

$$G(s)H(s) = \frac{50}{s^2+11s+10}$$

（1）确定 Bode 图上的幅穿频率。

（2）确定每个高频和低频段渐近线的斜率。

（3）画出幅频特性曲线。

9.9　用 Matlab 绘制 $T(s) = \dfrac{25}{s^2+s+25}$ 的 Bode 图，并验证其谐振频率为 $5\,\mathrm{rad/s}$，谐振峰值为 14dB。

第 10 章

控制系统的稳态性能分析

现代控制系统往往对系统的控制准确性提出很高的要求，例如为完成天文观测任务，太空望远镜在发射到太空后，其指向控制系统的精度可能要求达到0.01′。本章将对线性控制系统的控制准确性加以分析。首先介绍衡量准确性的性能指标——稳态误差的概念，然后介绍稳态误差的多种分析计算方法，包括系统的型别和稳态误差系数方法、根轨迹分析方法、频率响应分析方法等；还进一步介绍了减小稳态误差的途径以及如何利用 Matlab 语言求系统的稳态误差。

10.1 稳态性能指标

10.1.1 稳态性能指标

稳定的线性控制系统在有界输入信号的作用下，其输出响应一般会经历一段瞬态过渡过程，然后进入一个与初始条件无关而仅由输入信号决定的稳态过程。控制系统最终控制的准确性如何，往往是由稳态过程的**稳态误差**决定的，这是系统的一项重要性能指标。稳态误差越小，控制的准确性越高。例如，点位式数控机床要求稳态定位误差达到几微米，速度跟踪误差约低于定位误差的一半；火炮随动控制系统要求稳态瞄准误差小于 1 密位，等速瞄准误差小于 2 密位；精确制导炸弹要求炸弹最终能准确击中目标，其控制精度往往用圆概率偏差[①]（CEP）来衡量，例如陆射战斧导弹的 CEP 要求是 10 米左右。

控制系统最理想的情况是，系统输出量的实际值等于它的期望值，使稳态误差等于零从而实现精确的控制。然而实际上这是很难实现的，严格地说控制系统的稳态误差总是难以避免的。影响系统稳态误差的因素很多，大致可以分为两类：一类是由元器件的非线性因素（如静摩擦、间隙、不灵敏区等）以及产品质量（如放大器的零点漂移、元件的老化）等引起的稳态误差，通常称为随机性稳态误差；另一类是由控制系统本身的结构、元器件参数以及输入信号的形式和大小等引起的稳态误差，通常称为系统性稳态误差。本章所要讨论的稳态误差仅限于系统性稳态误差。

控制系统的输入信号有两种类型：参考输入信号和扰动信号。相应地，系统的稳态误差也可以分为跟踪稳态误差和扰动稳态误差两部分。其中跟踪稳态误差是指不考虑扰动信号的作用，仅由参考输入信号引起的稳态误差，通常用于衡量随动系统的输出量跟踪参考输入信号的稳态性能。而扰动稳态误差是指不考虑参考输入信号，仅由扰动信号引起的稳态误差，通常用于衡量控制系统的抗干扰能力。作用于实际系统的输入信号往往既有参考输入信号，又有扰动信号，对于线性控制系统，只要应用叠加原理将分别求得的两部分误差叠加，就可以得到整个系统的稳态误差。

10.1.2 误差和稳态误差的定义

误差有两种定义方法，可分别从系统的输入端和输出端定义。在图 10.1 所示的负反馈控制系统中，如果反馈回路的传递函数 $H(s)=1$，说明输出信号在被反馈到输入端时，无需进行转换；如果 $H(s)\neq 1$，则输出信号需进行数值或量纲的转换后才被反馈到输入端。例如，直流电动机的参考输入信号是控制电压，而实际输出信号是电机轴转动的角度，必须将其转换成相应的电压信号后才能反馈到输入端和参考输入信号相比较。与图 10.1 等效的单位负反馈控制系统方框图如图 10.2 所示。

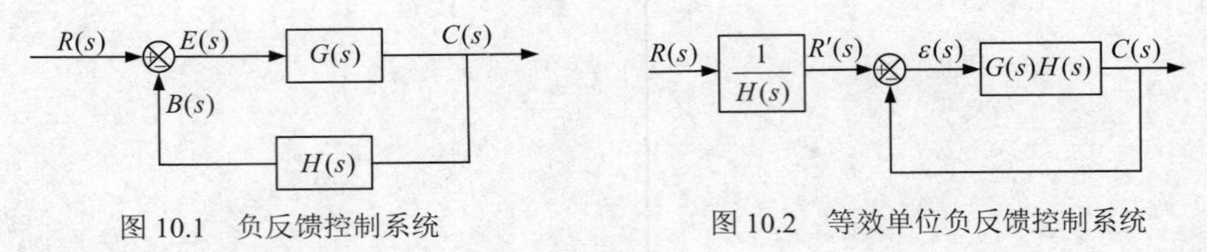

图 10.1 负反馈控制系统　　图 10.2 等效单位负反馈控制系统

① 圆概率偏差的定义为以瞄准点为中心，弹着概率为 50%的圆域或半径，单位为米。

（1）从输入端定义，误差 $E(s)$ 等于系统的输入信号 $R(s)$ 与反馈信号 $B(s)$ 之差，即：

$$E(s)=R(s)-B(s)=R(s)-H(s)C(s) \tag{10.1}$$

（2）从输出端定义，误差 $\varepsilon(s)$ 等于系统输出量的期望值 $R'(s)$ 与实际值 $C(s)$ 之差，即：

$$\varepsilon(s)=\frac{1}{H(s)}R(s)-C(s) \tag{10.2}$$

比较这两种定义可知，输入端定义的误差在框图中表现直观，便于理论分析，在实际系统中可以测量。而输出端定义的误差物理意义更明确，因此在系统的性能指标中更容易得到体现，但在实际中有时无法真正测量。

从式（10.1）和式（10.2）不难得到两种误差之间的关系：

$$E(s)=H(s)\varepsilon(s) \tag{10.3}$$

可见，两种误差间可以方便地进行转换。对于单位反馈系统，由于 $H(s)=1$，因此期望输出就是输入信号，两种误差定义是一致的。在下面的讨论中，主要涉及输入端误差。

时域误差信号 $e(t)$ 可以通过 Laplace 反变换由 $E(s)$ 求出。将信号 $e(t)$ 分解，可以得到其中的瞬态分量，即随着时间 $t\to\infty$ 将消失掉的部分；还可以得到其中的稳态分量，即当 $t\to\infty$ 时仍然保留的部分。其中第二部分称为稳态误差，也就是说，稳态误差是误差信号 $e(t)$ 中的稳态分量，一般记为 e_{ss}（Steady-state Error），即：

$$e_{ss}=\lim_{t\to\infty}e(t) \tag{10.4}$$

如果 $e(t)$ 的终值为常值，且 $sE(s)$ 的极点都分布在 s 平面的左半面时，则可以用 Laplace 变换的终值定理求出稳态误差 e_{ss}，即：

$$e_{ss}=\lim_{s\to 0}s\cdot E(s) \tag{10.5}$$

在图 10.1 中，$E(s)$ 可以表示为：

$$E(s)=R(s)\cdot\Phi_e(s)=R(s)\cdot\frac{1}{1+G(s)H(s)} \tag{10.6}$$

其中 $\Phi_e(s)$ 表示系统的误差传递函数，$G(s)H(s)$ 为系统的开环传递函数。式（10.6）表明，稳态误差 e_{ss} 取决于输入 $R(s)$ 和系统的结构 $G(s)H(s)$。

10.2　稳态误差系数

考虑系统的输入是一些典型的多项式信号，如阶跃信号、速度信号、加速度信号，或者是它们的线性组合，则这些信号均可用关于时间 t 的多项式表示为：

$$r(t)=\left(a_0+a_1t+\frac{a_2}{2!}t^2+\cdots+\frac{a_p}{p!}t^p\right)u(t) \tag{10.7}$$

其中 $a_0,a_1,\cdots,a_p$ 为常数。可见阶跃信号是仅含 $a_0u(t)$ 一项的信号，可以认为是关于 t 的 0 次多项式；速度信号是含有 $a_1t\cdot u(t)$ 项的信号，可以认为是关于 t 的 1 次多项式；其余依此类推。

当输入信号是上述线性多项式信号时，不同的开环传递函数对应的负反馈系统稳态误差的大小，可以通过系统的型别和稳态误差系数进行快速判断。

首先介绍系统型别的概念。负反馈控制系统的开环传递函数可以表示为如下时间常数形式：

$$G(s)H(s)=\frac{k\prod_{i=1}^{m_1}(\tau_i s+1)\prod_{k=1}^{m_2}(\tau_k^2 s^2+2\zeta_k\tau_k s+1)}{s^v\cdot\prod_{j=1}^{n_1}(T_j s+1)\prod_{l=1}^{n_2}(T_l^2 s^2+2\zeta_l T_l s+1)} \tag{10.8}$$

其中 k 表示系统的开环增益，v 表示开环时串联的纯积分环节的个数，也称为系统的型别。根据 v 的取值，可以将系统区分为 0 型、Ⅰ型、Ⅱ型……。高于Ⅱ型的系统实际中很少遇到，因此不作为讨论的重点。下面分析对于不同的典型输入信号，型别不同的系统稳态误差的大小。

（1）阶跃信号 $r(t)=A\cdot u(t)$

此时 $R(s)=\dfrac{A}{s}$，其中 A 表示阶跃信号的幅度。代入式（10.5）和式（10.6），可得：

$$\begin{aligned} e_{ss}&=\lim_{s\to 0}s\cdot\frac{A}{s}\cdot\frac{1}{1+G(s)H(s)}\\ &=\lim_{s\to 0}\frac{A}{1+G(s)H(s)}\\ &=\frac{A}{1+\lim\limits_{s\to 0}G(s)H(s)} \end{aligned} \tag{10.9}$$

考虑到在式（10.8）的开环传递函数中，除了 $\dfrac{k}{s^v}$ 外，其他各项在 $s\to 0$ 时均趋于 0，因此：

$$\lim_{s\to 0}G(s)H(s)=\lim_{s\to 0}\frac{k}{s^v} \tag{10.10}$$

引入符号 $K_p=\lim\limits_{s\to 0}G(s)H(s)$，称其为系统的位置误差系数，意味着当系统输入是阶跃一类的位置信号时，其稳态误差仅仅取决于阶跃信号的幅值 A 和 K_p 的大小，即：

$$e_{ss}=\frac{A}{1+K_p} \tag{10.11}$$

下面讨论不同型别系统在阶跃信号输入下的稳态误差大小。

对于 0 型系统，即 $v=0$，有：

$$e_{ss}=\frac{A}{1+k} \tag{10.12}$$

此时，位置误差系数 $K_p=k$ 为有限值，稳态误差也为有限值，其大小取决于阶跃信号的幅值和开环增益。幅值 A 越小，开环增益 k 越大，稳态误差就越小。

对于Ⅰ型系统，即 $v=1$，有：

$$e_{ss}=\frac{A}{1+\lim\limits_{s\to 0}\dfrac{k}{s}} \tag{10.13}$$

此时，位置误差系数 K_p 为无穷大，稳态误差趋于 0。

同样地，对于Ⅱ型系统，即 $v=2$，有：

$$e_{ss}=\frac{A}{1+\lim\limits_{s\to 0}\dfrac{k}{s^2}} \tag{10.14}$$

此时，位置误差系数 K_p 仍为无穷大，稳态误差趋于 0。对于更高型别的系统，其稳态误差均趋于 0。

可见，对于 0 次多项式输入信号，以 0 型系统跟踪时将具有有限的稳态误差，其余更高型别系统的稳态误差均为 0。因此，常常称 0 型系统为位置有差系统或 0 阶有差系统。

（2）速度信号 $r(t) = A \cdot t$

此时 $R(s) = \frac{A}{s^2}$，其中 A 表示速度信号的斜率。代入式（10.5）和式（10.6），可得：

$$\begin{aligned} e_{ss} &= \lim_{s \to 0} s \cdot \frac{A}{s^2} \cdot \frac{1}{1+G(s)H(s)} \\ &= \lim_{s \to 0} \frac{A}{s + s \cdot G(s)H(s)} \\ &= \frac{A}{\lim\limits_{s \to 0} s \cdot G(s)H(s)} \end{aligned} \tag{10.15}$$

其中：

$$\lim_{s \to 0} s \cdot G(s)H(s) = \lim_{s \to 0} \frac{k}{s^{v-1}} \tag{10.16}$$

引入符号 $K_v = \lim\limits_{s \to 0} s \cdot G(s)H(s)$，称其为系统的速度误差系数，意味着当系统输入是速度一类的信号时，其稳态误差仅仅取决于速度信号的斜率 A 和 K_v 的大小。A 越小，K_v 越大，稳态误差就越小。

仍然讨论不同型别系统在速度信号输入下的稳态误差大小。

对于 0 型系统，即 $v = 0$，有：

$$e_{ss} = \frac{A}{K_v} \tag{10.17}$$

此时，速度误差系数 $K_v = 0$，稳态误差为无穷大。

对于 I 型系统，即 $v = 1$，有：

$$e_{ss} = \frac{A}{1 + \lim\limits_{s \to 0} s \cdot \frac{k}{s}} \tag{10.18}$$

此时，速度误差系数 $K_v = k$ 为有限值，稳态误差也为有限值。

对于 II 型系统，即 $v = 2$，有：

$$e_{ss} = \frac{A}{1 + \lim\limits_{s \to 0} s \cdot \frac{k}{s^2}} \tag{10.19}$$

此时，速度误差系数 K_v 为无穷大，稳态误差趋于 0。对于更高型别的系统，其稳态误差均趋于 0。

可见，对于 1 次多项式输入信号，以 0 型系统跟踪时将具有无限大的稳态误差，I 型系统跟踪时稳态误差为有限值，更高型别系统跟踪时稳态误差均为 0。因此，常常称 I 型系统为速度有差系统或 1 阶有差系统。

（3）加速度信号 $r(t) = \frac{1}{2} A \cdot t^2$

此时 $R(s) = \frac{A}{s^3}$，其中 A 表示加速度信号上升的陡峭程度。代入式（10.5）和式（10.6），可得

$$
\begin{aligned}
e_{ss} &= \lim_{s\to 0} s\cdot\frac{A}{s^3}\cdot\frac{1}{1+G(s)H(s)} \\
&= \lim_{s\to 0}\frac{A}{s^2+s^2\cdot G(s)H(s)} \\
&= \frac{A}{\lim\limits_{s\to 0} s^2\cdot G(s)H(s)}
\end{aligned} \tag{10.20}
$$

记 $K_a=\lim\limits_{s\to 0} s^2\cdot G(s)H(s)$，称其为系统的加速度误差系数，意味着当系统输入是加速度一类的信号时，其稳态误差仅仅取决于加速度信号的陡峭程度 A 和 K_a 的大小。

对于 0 型系统，即 $v=0$，加速度误差系数 $K_a=\lim\limits_{s\to 0} s^2\cdot k\to 0$，$e_{ss}=\dfrac{A}{K_a}\to\infty$。

对于 I 型系统，即 $v=1$，加速度误差系数 $K_a=\lim\limits_{s\to 0} s\cdot k\to 0$，$e_{ss}=\dfrac{A}{K_a}\to\infty$。

对于II型系统，即 $v=2$，加速度误差系数 $K_a=\lim\limits_{s\to 0} s^2\cdot\dfrac{k}{s^2}\to k$，

$$
e_{ss}=\frac{A}{K_a} \tag{10.21}
$$

此时稳态误差为有限值，且 A 越小，K_a 越大，稳态误差就越小。因此，对于加速度这一类二阶多项式输入信号，II型系统具有有限的稳态误差，III型及III型以上的系统稳态误差为 0。因此II型系统通常称为加速度有差系统或二阶有差系统。

以上分析结果可以总结在表 10.1 中。

表 10.1　典型输入下不同型别系统的稳态误差与稳态误差系数

系统型别	稳态误差系数			典型输入下的稳态误差		
	K_p	K_v	K_a	阶跃信号	速度信号	加速度信号
0	k	0	0	$\dfrac{A}{1+k}$	∞	∞
I	∞	k	0	0	$\dfrac{A}{k}$	∞
II	∞	∞	k	0	0	$\dfrac{A}{k}$
III	∞	∞	∞	0	0	0

可以看出，当系统输入是多项式类信号时，稳态误差与系统的型别和开环增益有关。型别越高，可以跟踪的信号类型就越多；开环增益越大，稳态误差就越小，但这二者都可能会带来系统不稳定以及过渡过程不平稳的问题。型别越高，开环系统中串联的纯积分环节个数越多，系统越有可能不稳定；开环增益越大，系统也可能出现不稳定的情况，这些都可以在根轨迹分析稳态误差时看到。

事实上，型别高的控制系统之所以能够跟踪更复杂的信号，其根本原因就在于系统内部的模型即开环传递函数中含有外部输入信号的信息，从而误差传递函数 $\Phi_e(s)$ 中位于坐标原点处的 v 阶零点，可以和输入信号中的极点相消从而使系统无稳态误差。

这里再对稳态误差系数 K_p、K_v、K_a 名称中的“位置”“速度”“加速度”等叫法加以说明。由于 20 世纪 50 年代前后控制工程涉及较多的是机电控制系统，如火炮随动跟踪系统、雷达天线随动跟踪系统等，系统的输出量往往是位置信号（角位置或线位置）。因此当输入分别是速度信号、加速度信号时，其稳态误差并不是指系统稳态输出与输入之间在速度、加速度上的误差，而是指它们在位置上的误差。所以 K_p、K_v、K_a 名称中的“位置”“速度”“加速度”只是表明输入信号的不同类型。

上述关于稳态误差的讨论，仅限于输入是多项式类信号，求出的稳态误差值或是零，或是常值，或是无穷大。如果输入是其他关于时间变化的函数，用稳态误差系数法就无法表示稳态误差随时间变化的规律了。因此，还有动态误差系数的概念，利用它，可以研究输入信号为任意时间函数时系统进入稳态后的误差，动态误差系数又称为广义误差系数。关于这一概念，可以查阅相关参考文献，这里不再赘述。

10.3　干扰稳态误差

前面几节讨论的稳态误差均是由参考输入信号引起的，可以称之为跟踪稳态误差。事实上，系统的输入量还应该包括各种干扰或扰动信号，如负载的变化、电源电压和频率的波动以及环境温度的变化等。本节将主要讨论控制系统在外部干扰作用下稳态误差的变化规律及其计算方法。

含有干扰作用的控制系统方框图如图 10.3 所示，其中 $D(s)$ 表示外部干扰，其作用点可能视具体的系统而变化。干扰误差定义为在干扰作用下，系统输出的希望值与实际值之差。而在仅有干扰作用的情况下，人们总是希望系统产生的输出为零，因此这里的希望值可以认为是零。这样干扰误差可以表示为：

$$e_d(t) = 0 - c_d(t) \tag{10.22}$$

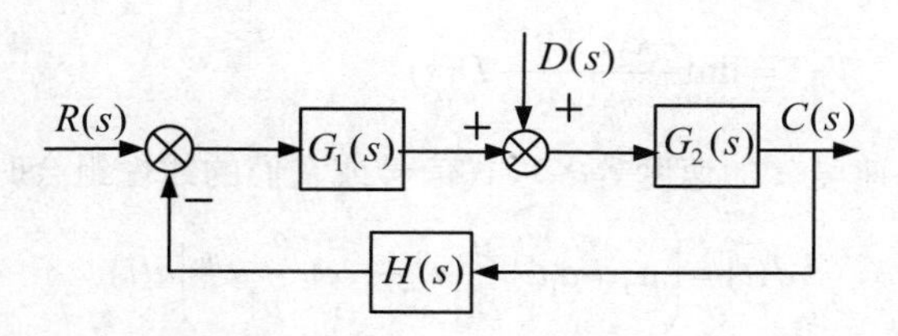

图 10.3　含有干扰的控制系统

一般情况下，我们总是希望任意形式的干扰造成的稳态误差均为零，从而在稳态时系统的输出能够始终保持与输入一致，而不受干扰的影响，即系统具有很强的抗干扰能力。然而实际的系统可能很难做到，因此要用干扰稳态误差来衡量系统的抗干扰能力。

虽然干扰信号和参考输入信号都是系统的输入量，但由于它们对系统作用的性质不同，作用于系统的位置也不同，因此二者引起的稳态误差的特性也有所不同。即使系统对于某种形式的参考输入信号的稳态误差为零，但对于同一形式的干扰作用其稳态误差却未必为零。计算干扰稳态误差的大小仍然可以采用基于 Laplace 变换终值定理的方法。

对于图 10.3 所示的控制系统框图，可得系统的干扰误差为：

$$E_d(s) = -C_d(s) = -\frac{G_2(s)}{1+G_1(s)G_2(s)H(s)}D(s) = \Phi_{ed}(s)D(s) \tag{10.23}$$

其中 $\Phi_{ed}(s) = -\dfrac{G_2(s)}{1+G_1(s)G_2(s)H(s)}$ 为系统的干扰误差传递函数。

若记系统的开环传递函数为 $G_o(s) = G_1(s)G_2(s)H(s)$，则按照式（10.8），其一般表达式为：

$$G_o(s) = \frac{k\prod_{i=1}^{m_1}(\tau_i s+1)\prod_{k=1}^{m_2}(\tau_k^2 s^2 + 2\zeta_k\tau_k s+1)}{s^v \cdot \prod_{j=1}^{n_1}(T_j s+1)\prod_{l=1}^{n_2}(T_l^2 s^2 + 2\zeta_l T_l s+1)} \stackrel{\Delta}{=} \frac{k}{s^v}\cdot\frac{N_0(s)}{M_0(s)} \tag{10.24}$$

其中 k 为系统的开环增益。同样地，可以设：

$$G_1(s) = \frac{k_1}{s^{v_1}}\cdot\frac{N_{01}(s)}{M_{01}(s)}, \quad G_2(s) = \frac{k_2}{s^{v_2}}\cdot\frac{N_{02}(s)}{M_{02}(s)}, \quad H(s) = \frac{k_3}{s^{v_3}}\cdot\frac{N_{03}(s)}{M_{03}(s)}$$

则：

$$k = k_1 + k_2 + k_3, \quad v = v_1 + v_2 + v_3,$$

$$N_0(s) = N_{01}(s)\cdot N_{02}(s)\cdot N_{03}(s), \quad M_0(s) = M_{01}(s)\cdot M_{02}(s)\cdot M_{03}(s)$$

而干扰误差传递函数：

$$\Phi_{ed}(s) = -\frac{G_2(s)}{1+G_o(s)} = -\frac{k_2 s^{v_1+v_3} N_{02}(s)M_{01}(s)M_{03}(s)}{s^v M_0(s) + kN_0(s)} \tag{10.25}$$

可见，干扰传递函数中有 v_1+v_3 个位于 s 平面原点处的零点，其中 v_1 为干扰作用点之前的前向通道所含纯积分环节的个数，v_3 为系统的反馈回路所含纯积分环节的个数。

当函数 $E_d(s)$ 的所有极点均位于 s 平面的左半平面时，可用终值定理求干扰误差的稳态值，即：

$$\begin{aligned} e_{ssd} &= \lim_{t\to\infty} e_d(t) = \lim_{s\to 0} s\Phi_{ed}(s)D(s) \\ &= \lim_{s\to 0} s\frac{-k_2 s^{v_1+v_3}N_{02}(s)M_{01}(s)M_{03}(s)}{s^v M_0(s)+kN_0(s)}D(s) \\ &= \lim_{s\to 0}\frac{-k_2 s^{v_1+v_3+1}}{s^v+k}D(s) \end{aligned} \tag{10.26}$$

当干扰信号是阶跃、速度、加速度等多项式信号或它们的线性组合时，如：

$$d(t) = \left(a_0 + a_1 t + \frac{a_2}{2!}t^2 + \cdots + \frac{a_p}{p!}t^p\right)u(t) \tag{10.27}$$

则：

$$D(s) = \frac{a_0}{s} + \frac{a_1}{s^2} + \frac{a_2}{s^3} + \cdots + \frac{a_p}{s^{p+1}} = \frac{D_1(s)}{s^{p+1}} \tag{10.28}$$

可见，干扰稳态误差为零、有限值还是无穷大，取决于 v_1+v_3+1 和 $p+1$ 的相对大小。若干扰信号多项式的阶数 p 等于 $\Phi_{ed}(s)$ 在坐标原点处零点的个数 v_1+v_3，则系统的干扰稳态误差为有限值；若 $p < v_1+v_3$，则干扰稳态误差为零；若 $p > v_1+v_3$，则干扰稳态误差为无穷大。因此，可定义系统在干扰信号作用下的型别为：闭环系统的干扰稳态误差为有限值时所容许的多项式干扰信号的最高阶次。这里的型别只与干扰作用点前的前向通道中所含纯积分环节的个数 v_1，以及反馈回路中所含纯积分环节的个数 v_3 有关，而与干扰作用点之后的前向通道中所含纯积分环节的个数 v_2 无关。型别越高，系统可以容许的干扰信号越复杂，抗干扰能力越强。因此为了减小干扰稳态误差，提高系统的抗干扰能力，可以在干扰作用点前的前向通道中或是反馈回路中增加纯积分环节。但要注意的是，这同样可能会带来系统不稳定的问题。

例 10.1　在图 10.3 所示的控制系统中，受控对象的传递函数为 $G_2(s)=\dfrac{1}{s(2s+1)}$，反馈回路的传递函数为 $H(s)=1$，参考输入信号和干扰信号均为速度信号，即 $r(t)=d(t)=t\cdot u(t)$。

试求：（1）若控制器的传递函数为 $G_1(s)=\dfrac{8}{0.05s+1}$，此时系统的稳态误差。

（2）若控制器中加入一个纯积分环节，即传递函数变为 $G_1'(s)=\dfrac{8}{s(0.05s+1)}$，此时系统的稳态误差有何变化。

解答：（1）首先由劳斯判据或根轨迹方法，可以判断当控制器的传递函数为 $G_1(s)=\dfrac{8}{0.05s+1}$ 时，闭环系统是稳定的，因而存在稳态误差。系统总的稳态误差应该是由两部分叠加而成：参考输入信号和干扰信号分别引起的稳态误差。

当考虑参考输入信号引起的稳态误差时，要写出系统的开环传递函数：

$$G_1(s)G_2(s)H(s)=\frac{8}{s(2s+1)(0.05s+1)} \tag{10.29}$$

因此系统是 I 型的，且开环增益为 8。对于速度输入信号，其稳态误差为有限值，其大小为：

$$e_{ssr}=\frac{1}{k_v}=\frac{1}{k}=0.125 \tag{10.30}$$

当考虑干扰信号引起的稳态误差时，其干扰误差传递函数 $\Phi_{ed}(s)$ 为：

$$\begin{aligned}\Phi_{ed}(s)&=-\frac{G_2(s)}{1+G_1(s)G_2(s)H(s)}\\&=-\frac{0.05s+1}{0.1s^3+2.05s^2+s+8}\end{aligned} \tag{10.31}$$

可见，对于干扰信号而言，该系统是 0 型系统，当干扰信号是速度信号的时候，其稳态误差是无穷大。因此系统总的稳态误差是无穷大。

（2）表面上看，当控制器的传递函数变为 $G_1'(s)=\dfrac{8}{s(0.05s+1)}$ 时，相当于在干扰作用点前的前向通路中增加了一个纯积分环节，因此可以提高系统的型别，从而减小稳态误差。例如对于参考输入信号，稳态误差可能会由原来的有限值变为 0；而对于干扰信号，稳态误差可能会由原来的无穷大变为有限值。但是前面已经指出，提高系统型别虽然有利于改善系统的稳态性能，但也存在使系统稳定性恶化甚至不稳定的情况。而讨论稳态误差的前提是，系统必须稳定。

在本例中，由于开环传递函数变为：

$$G_1'(s)G_2(s)H(s)=\frac{8}{s^2(2s+1)(0.05s+1)} \tag{10.32}$$

系统的根轨迹如图 10.4 所示。

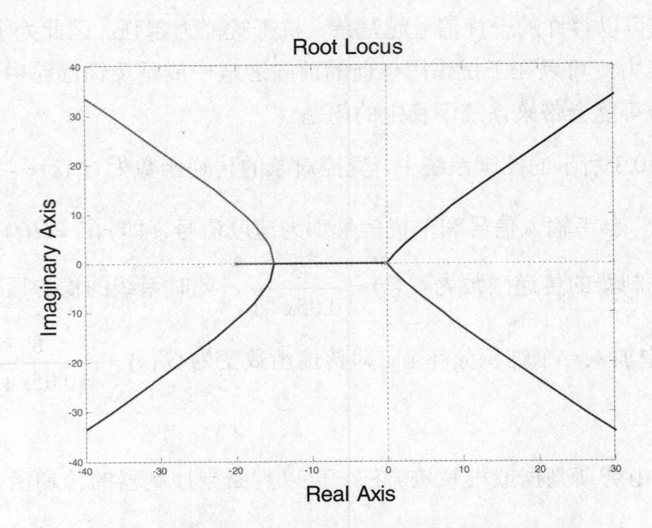

图 10.4　控制器中含有纯积分环节时系统的根轨迹

从根轨迹图可以看出，闭环系统在 s 右半平面有一对闭环极点，因此闭环是不稳定的，更谈不上稳态误差大小的问题。

10.4　根轨迹方法分析稳态误差

在 8.4 节中已经介绍过，根轨迹是指当系统的某一参数从零到无穷大变化时，闭环特征根在 s 平面上变化的轨迹。绘制根轨迹一般是从系统的开环传递函数出发，根据开环零极点的位置，遵循一些基本规则，手工绘制出根轨迹略图。其中的变化参数一般选为根轨迹增益 K^*。

注意到在式（8.56）中，根轨迹增益 K^* 是将开环传递函数表示成零极点形式得到的，而讨论稳态误差时常用的开环增益 k 则是将开环传递函数表示成时间常数形式得到的，如式（10.8）所示。比较这两种开环传递函数的表示形式，可以得到两种增益间的关系为：

$$K^* \frac{\prod_{i=1}^{m} z_i}{\prod_{j=1}^{n} p_j} = k \tag{10.33}$$

其中 $z_i, i=1,2,\cdots,m$，$p_j, j=1,2,\cdots,n$ 分别为系统的开环零、极点的相反数。因此，一旦开环零极点确定，则两种增益间只是相差一个比例系数。

通过 10.2 节、10.3 节的分析可知，控制系统的稳态误差与系统的型别、开环增益大小有关。系统的型别越高，能够跟踪的多项式类信号的阶次越高，稳态误差越小。然而，从根轨迹上可以看到，系统的型别越高，意味着开环极点在 s 平面原点的个数越多，因此从原点出发的根轨迹分支数也越多，这样必然会有一些分支延伸至 s 平面的右半面，从而导致闭环系统不稳定。

例如，对于开环传递函数分别为（1）$\frac{K^*}{s+2}$、（2）$\frac{K^*}{s(s+2)}$、（3）$\frac{K^*}{s^2(s+2)}$、（4）$\frac{K^*}{s^3(s+2)}$ 的系统而言，其根轨迹分别如图 10.5（a）（b）（c）（d）所示。

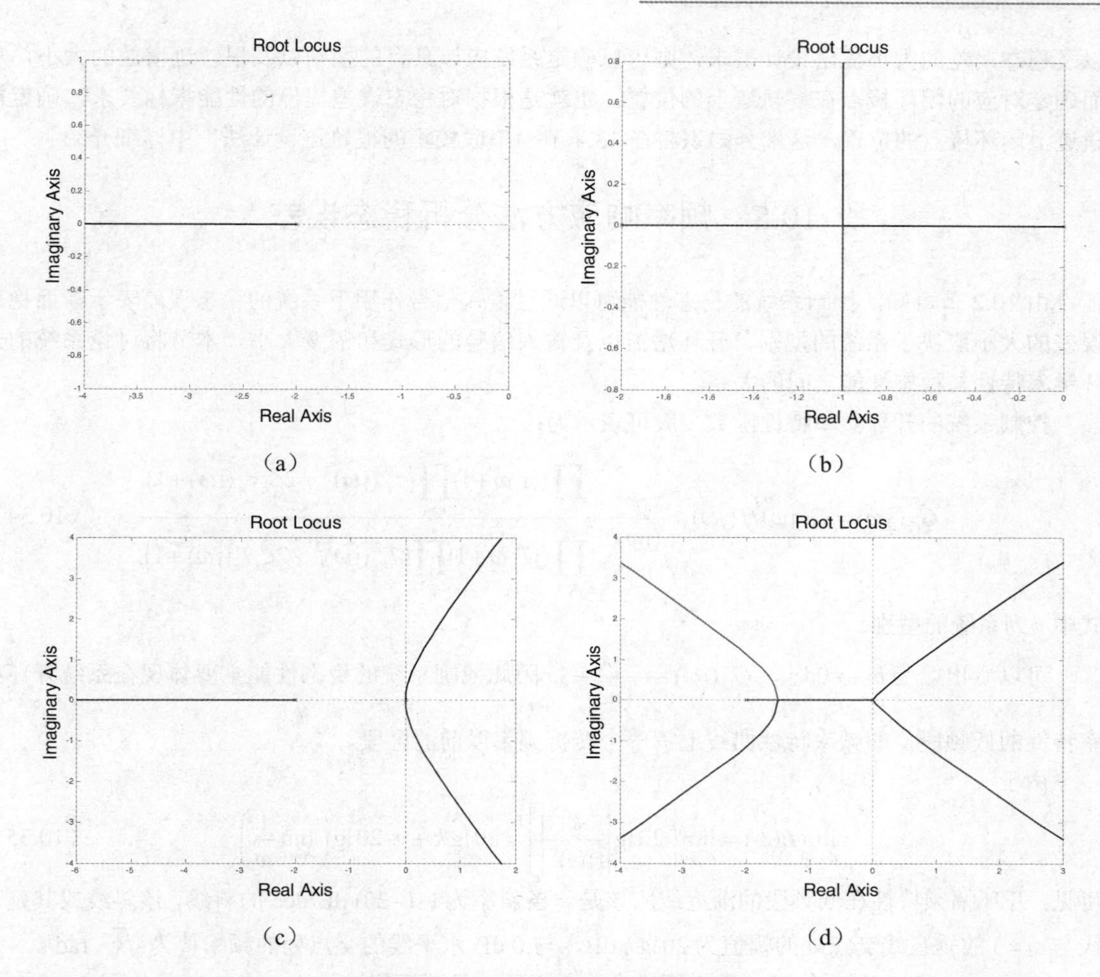

图 10.5 不同型别系统对应的根轨迹

可以看出，系统（1）为 0 型系统，闭环是稳定的，但只能跟踪阶跃输入信号，且具有有限的稳态误差。在其根轨迹图上，随着根轨迹向左延伸，根轨迹增益越来越大，开环增益也就越来越大，稳态误差则越来越小。

系统（2）为 I 型系统，闭环仍是稳定的，且阶跃信号输入时稳态误差为零，速度信号输入时稳态误差为有限值，其大小与根轨迹增益有关。在根轨迹图上，沿着两条分支延伸的方向，根轨迹增益将越来越大，开环增益随之增大，稳态误差则减小。但是当根轨迹由实轴进入到 s 平面后，系统阶跃响应的瞬态过渡过程将由无超调的缓慢上升模式转变为超调量越来越大的二阶振荡模式。

系统（3）为Ⅱ型系统，由图 10.5（c）可知，由于根轨迹有两条分支均在 s 平面的右半面，因此无论 K^* 取何值，闭环系统都是不稳定的，也就无法讨论系统的稳态误差问题。

系统（4）为Ⅲ型系统，由图 10.5（d）可知，根轨迹仍有两条分支分布在 s 平面的右半面，因此闭环系统也是不稳定的，稳态误差也就无从谈起。

综合上面的分析可知，由根轨迹图中位于原点的开环极点的个数，可以了解系统的型别，从而推测系统跟踪输入信号的能力；从闭环极点在根轨迹上的位置，可以求出对应的根轨迹增益，从而计算跟踪特定输入信号时，有限稳态误差的大小。反过来，如果对系统跟踪输入信号的能力以及稳态误差的大小提出设计要求，则可以确定系统应该具有的型别以及根轨迹增益的大小，从而确定对应的闭环极点在根轨迹上的位置。也就是根据对稳态误差提出的性能指标要求，确定根轨迹上闭环极点的位置，这部分知识将在 13.4 节“串联校正的根轨迹设计法”中详细介绍。

10.5 频率响应方法分析稳态误差

由 10.2 节可知，控制系统的稳态性能可以通过输入信号作用下系统的稳态误差表示，而稳态误差的大小取决于系统的型别、开环增益以及输入信号的形式和幅度大小。本节将讨论系统的开环频率特性与稳态性能之间的关系。

控制系统的开环频率特性函数一般可表示为：

$$G_O(\mathrm{j}\omega)=G(\mathrm{j}\omega)H(\mathrm{j}\omega)=\frac{k}{(\mathrm{j}\omega)^{v}}\cdot\frac{\prod\limits_{i=1}^{m_1}(\mathrm{j}\tau_i\omega+1)\prod\limits_{k=1}^{m_2}\left(\tau_k^2(\mathrm{j}\omega)^2+2\zeta_k\tau_k(\mathrm{j}\omega)+1\right)}{\prod\limits_{p=1}^{n_1}(\mathrm{j}T_p\omega+1)\prod\limits_{l=1}^{n_2}\left(T_l^2(\mathrm{j}\omega)^2+2\zeta_l T_l(\mathrm{j}\omega)+1\right)} \tag{10.34}$$

式中 v 为系统的型别。

可以看出，当 $\omega\to 0$ 时，$G_O(\mathrm{j}\omega)\to\frac{k}{(\mathrm{j}\omega)^{v}}$，因此控制系统的稳态性能主要体现在系统开环频率特性的低频段，即频率特性曲线上第一个转折频率以前的区段。

由于

$$\lim_{\omega\to 0}L(\omega)=\lim_{\omega\to 0}\left[20\lg\left|\frac{k}{(\mathrm{j}\omega)^{v}}\right|\right]=20\lg k+v\cdot 20\lg\left(\lim_{\omega\to 0}\frac{1}{\omega}\right) \tag{10.35}$$

可见，开环幅频特性在低频段的渐近线应该是一条斜率为 $v\cdot(-20)$ dB/dec 的斜线，该斜线或其延长线与 $\omega=1$ 的垂直线交点处的幅值为 $20\lg k$ dB，与 0 dB 水平线的交点处的频率值为 $\sqrt[v]{k}$ rad/s。

当 $v=0$，即 0 型系统时，其低频段为一水平线，且其幅值大小为 $20\lg k$ dB，如图 10.6（a）所示；$v=1$，即Ⅰ型系统时，其低频段幅频特性渐近线为一斜率为 -20 dB/dec 的斜线，在 $\omega=1$ 处的幅值为 $20\lg k$ dB，如图 10.6（b）所示；$v=2$，即Ⅱ型系统时，其低频段幅频特性渐近线为一斜率为 -40 dB/dec 的斜线，该斜线或其延长线在 $\omega=1$ 处的幅值仍为 $20\lg k$ dB，如图 10.6（c）所示；型别更高系统的幅频特性以此类推。

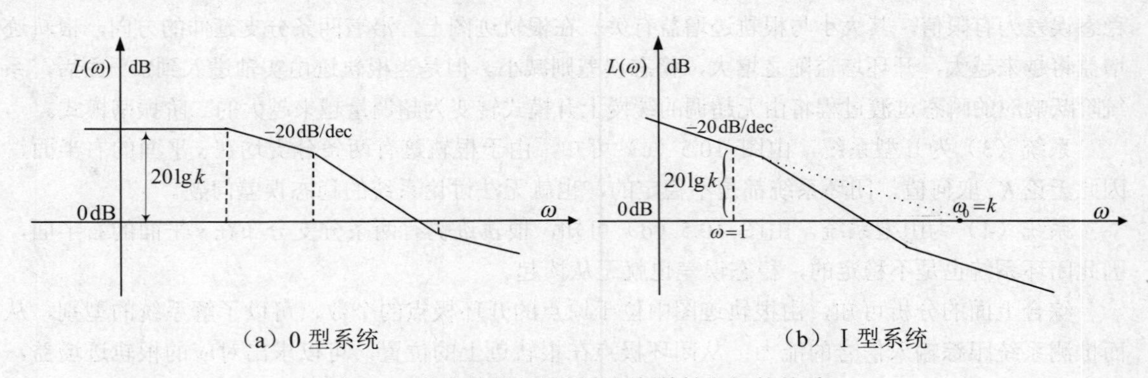

（a）0 型系统　　（b）Ⅰ型系统

图 10.6　稳态性能与低频段幅频特性之间的关系

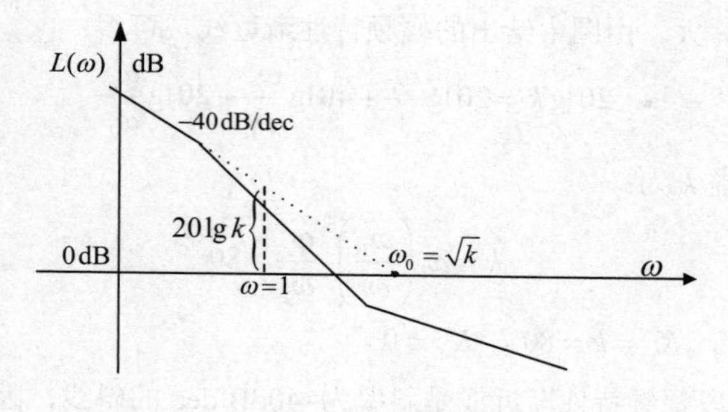

（c）Ⅱ型系统

图 10.6　稳态性能与低频段幅频特性之间的关系（续图）

可见，在典型输入信号（阶跃、速度、加速度信号或是它们的组合）作用下，闭环系统的稳态性能取决于开环幅频特性曲线低频段的形状和位置。从其渐近线的斜率可以找出系统的型别，从 $\omega=1$ 处渐近线的幅值，或者渐近线与 0 dB 水平线交点处的频率值，可以求出系统的开环增益。

例 10.2　已知系统的开环对数幅频特性如图 10.7 所示。其中低频段有三种形状，如图中 a,b,c 所示，它们的斜率分别为 0、−20、−40dB/dec，而 $\omega_1=2$ rad/s，$\omega_2=8$ rad/s，$\omega_3=50$ rad/s，$\omega_c=20$ rad/s。试分别对每种形状确定系统的开环增益 k 以及 K_p、K_v、K_a 的值，并分析闭环系统的稳态误差与转折频率和 ω_c 的关系。

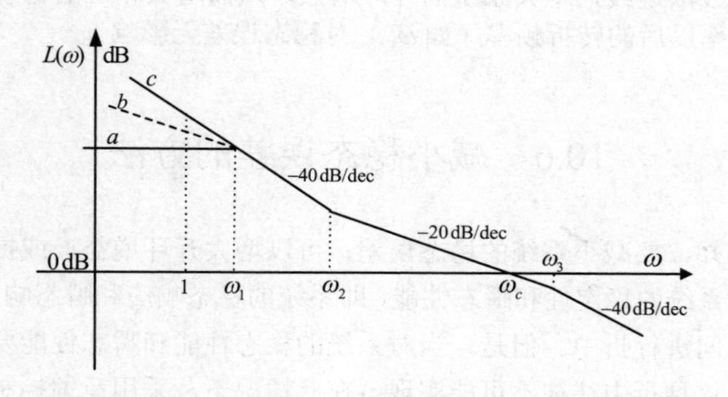

图 10.7　例 10.2 中系统的开环对数幅频特性

（1）形状 a　由于其低频段幅频特性为一水平线，因此系统的型别 $v=0$。对于阶跃输入信号，其稳态误差为有限值；对于速度或加速度输入信号，其稳态误差为无穷大。由图中给出的幅频特性渐近线，可得：

$$20\lg k = 40\lg\frac{\omega_2}{\omega_1} + 20\lg\frac{\omega_c}{\omega_2} \tag{10.36}$$

从而求出系统的开环增益 k 为：

$$k = \left(\frac{\omega_2}{\omega_1}\right)^2 \frac{\omega_c}{\omega_2} = 40 \tag{10.37}$$

而稳态误差系数 $K_p = k = 40$，$K_v = K_a = 0$。

（2）形状 b　低频段幅频特性渐近线是斜率为−20dB/dec 的斜线，因此系统的型别 $v=1$。对于阶跃输入信号，其稳态误差为零；对于速度输入信号，其稳态误差为有限值；对于加速度输入信号，其稳态误差为无穷大。由图中给出的幅频特性渐近线，可得：

$$20\lg k = 20\lg\frac{\omega_1}{1} + 40\lg\frac{\omega_2}{\omega_1} + 20\lg\frac{\omega_c}{\omega_2} \tag{10.38}$$

从而求出系统的开环增益 k 为：

$$k = \omega_1\left(\frac{\omega_2}{\omega_1}\right)^2\frac{\omega_c}{\omega_2} = 80 \tag{10.39}$$

而稳态误差系数 $K_p = \infty$，$K_v = k = 80$，$K_a = 0$。

（3）形状 c　低频段幅频特性渐近线是斜率为–40dB/dec 的斜线，因此系统的型别 $v = 2$。对于阶跃和速度输入信号，其稳态误差均为零；对于加速度输入信号，其稳态误差为有限值。由图中给出的幅频特性渐近线，可得：

$$20\lg k = 40\lg\frac{\omega_2}{1} + 20\lg\frac{\omega_c}{\omega_2} \tag{10.40}$$

从而求出系统的开环增益 k 为：

$$k = (\omega_2)^2\frac{\omega_c}{\omega_2} = 160 \tag{10.41}$$

而稳态误差系数 $K_p = K_v = \infty$，$K_a = 160$。

从以上分析可以看出，提高幅值穿越频率 ω_c 和转折频率 ω_2，或者降低转折频率 ω_1，都可以抬高开环对数幅频曲线渐近线，增大系统的开环增益，从而增大相应的稳态误差系数，减小稳态误差。但幅值穿越频率以后的转折频率（如 ω_3）对稳态误差无影响。

10.6　减小稳态误差的方法

由前面的分析可知，要减小系统的稳态误差，可以增大开环增益，或提高系统的型别。但是这两种方法都将影响系统的稳定性和瞬态性能，即系统的稳态响应和瞬态响应性能之间是矛盾的。因此常需要在它们之间进行折中。但是，当对系统的稳态性能和瞬态性能要求都很高，或者系统存在很强的干扰时，这种折中往往不可能实现。在此情况下，采用反馈控制加前馈控制的复合控制是解决这类矛盾的有效措施。

复合控制是一种按不变性原理控制的方式，它又可以分为按输入补偿和按扰动补偿两种方式。输入补偿的复合控制系统如图 10.8 所示，它是在原反馈控制的基础上增加对输入信号的前馈控制形成的，其中 $G_r(s)$ 是输入前馈控制器的传递函数。

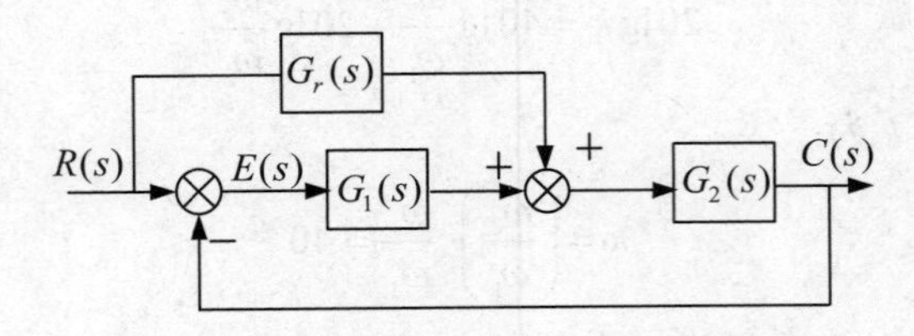

图 10.8　含输入补偿的控制系统

含有输入前馈补偿的控制系统，由输入引起的误差为：

$$E_r(s)=\frac{1-G_r(s)G_2(s)}{1+G_1(s)G_2(s)}R(s) \tag{10.42}$$

若输入前馈传递函数取：

$$G_r(s)=\frac{1}{G_2(s)} \tag{10.43}$$

则系统补偿后的误差为零，此时 $R(s)=C(s)$，输出量完全复现了输入量。这种对误差完全补偿的作用称为全补偿，式（10.43）称为对输入信号误差的完全补偿条件。

干扰补偿的复合控制系统如图 10.9 所示。它是在原反馈控制的基础上增加对干扰输入的前反馈控制构成的，其中 $G_n(s)$ 是干扰前馈控制器的传递函数。

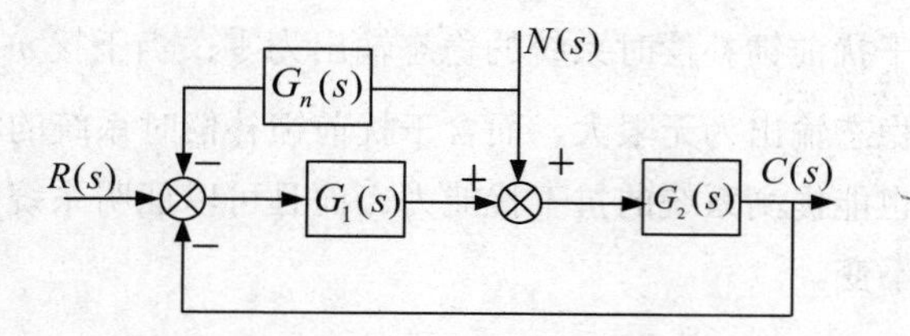

图 10.9　含干扰补偿的控制系统

含有干扰前馈补偿的控制系统，由干扰引起的输出端误差为：

$$E_n(s)=\frac{\left[1-G_n(s)G_1(s)\right]G_2(s)}{1+G_1(s)G_2(s)}N(s) \tag{10.44}$$

若干扰前馈传递函数取：

$$G_n(s)=\frac{1}{G_1(s)} \tag{10.45}$$

则系统补偿后可以完全消除可测量干扰 $n(t)$ 对系统输出的影响。式（10.45）称为对干扰误差的完全补偿条件。

需要指出的是，工程实践中实现上述的全补偿是很困难的。例如，若 $G_1(s)=\dfrac{k_1}{T_1s+1}$，则 $G_n(s)=\dfrac{1}{k_1}(T_1s+1)$，其中的微分环节是很难准确地做到物理实现的，只能采用近似的方法。因此常常在满足系统控制精度要求的条件下，采用近似全补偿或部分补偿措施。例如若给定图 10.9 中的传递函数 $G_1(s)$ 和 $G_2(s)$，如图 10.10 所示。

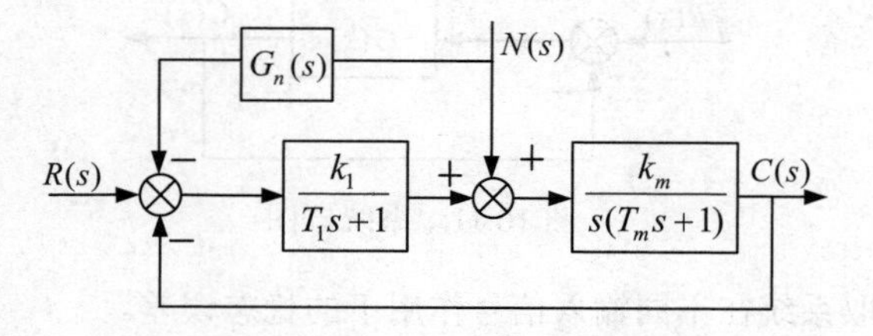

图 10.10　给定控制系统的干扰补偿

则不含干扰前馈补偿时，由干扰引起的系统输出为：

$$C(s)=\frac{k_m(T_1s+1)}{s(T_1s+1)(T_ms+1)+k_1k_m}N(s) \tag{10.46}$$

含有干扰补偿时，即使干扰补偿传递函数只取 $G_n(s)=\frac{1}{k_1}$，此时干扰引起的系统输出为：

$$C(s)=\frac{\left(1-\frac{1}{T_1s+1}\right)\frac{k_m}{s(T_ms+1)}}{1+\frac{k_1k_m}{s(T_ms+1)(T_1s+1)}}=\frac{k_mT_1s}{s(T_1s+1)(T_ms+1)+k_1k_m}N(s) \tag{10.47}$$

比较式（10.46）和式（10.47）可知，当干扰 $n(t)$ 是阶跃类信号时，不含干扰前馈补偿时系统的稳态输出为有限值，而含干扰前馈补偿时系统的稳态输出为零；当干扰 $n(t)$ 是速度类信号时，不含干扰前馈补偿时系统的稳态输出为无限大，而含干扰前馈补偿时系统的稳态输出为有限值。因此即使是采取部分补偿，也能提高系统的抗干扰能力。而且可以证明系统的特征方程并没有改变，因此系统的稳定性保持不变。

10.7 Matlab 分析稳态误差

Matlab 中没有可以直接用于分析控制系统稳态误差的函数，但可以通过绘制系统的响应曲线或者调用 dcgain()函数来间接地求出。dcgain()函数主要用于求取稳定的 LTI 系统的稳态值或直流增益，其调用格式为：

```
k = dcgain(sys)
```

或

```
k = dcgain(num,den)
```

其中 sys 表示系统的传递函数，num 表示系统传递函数的分子多项式系数，den 表示系统传递函数的分母多项式系数。

例 10.3 试计算如图 10.11 所示系统分别在典型输入信号 $r(t)=u(t),t,\frac{1}{2}t^2$ 下的稳态误差，已知 $G(s)=\frac{7(s+1)}{s(s+3)(s^2+4s+5)}$。

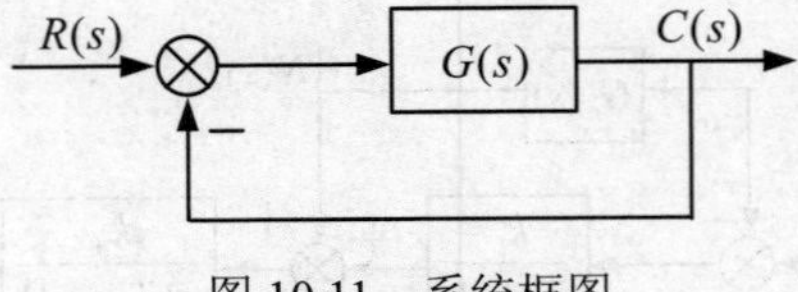

图 10.11 系统框图

下面用两种方法求取系统在不同输入信号作用下的稳态误差。

（1）用 Matlab 画出系统的响应曲线，并与输入信号曲线相比较，从图中找出稳态误差。

首先需要求出系统的闭环传递函数，可以通过以下语句实现：

```
% Example 10.3
num1 = [7 7];
den1 = conv ([1 3 0],[1 4 5]);
Gs = tf (num1,den1);
Cs = feedback (Gs,1,-1)
```

运行结果为：

Transfer function:

7 s + 7

----

s^4 + 7 s^3 + 17 s^2 + 22 s + 7

绘制系统的单位阶跃响应曲线，并与输入的单位阶跃信号相比较，可以运用下列语句：

```
% Step response
step(Cs);        ← 绘制单位阶跃响应曲线
axis([0 15 0 1.1]);  ← 定义坐标轴范围
hold on;
t = 0:0.01:15;
r = ones(1501);
plot(t,r);       ← 绘制输入信号
grid;
```

运行程序后得到图 10.12（a），可以看出系统的单位阶跃响应曲线和输入信号最终将趋于重合，因此稳态误差为零。

同样地，可以用下列语句绘制系统的单位速度响应曲线，并与输入的单位速度信号相比较。

```
% Velocity response
figure(2);
t = 0:0.01:15;
lsim(Cs,t,t)
grid;
```

运行程序后得到图 10.12（b），可以看出系统的单位速度响应曲线和输入的单位速度信号之间的误差将趋于稳态值 2.11，因此稳态误差为有限值，只是从图上直接查找稳态值可能会存在读数上的误差。

用下列语句可以绘制系统的加速度响应曲线，并与输入的加速度信号相比较。

```
% Acceleration response
figure(3);
t = 0:0.01:20;
lsim(Cs,0.5.*t.^2,t);   ← 绘制加速度响应曲线，
                          以及输入信号曲线
axis([0 20 0 200]);
grid;
```

运行程序后得到图 10.12（c），可以看出系统的加速度响应曲线和输入的加速度信号之间的误差越来越大，没有稳态值。

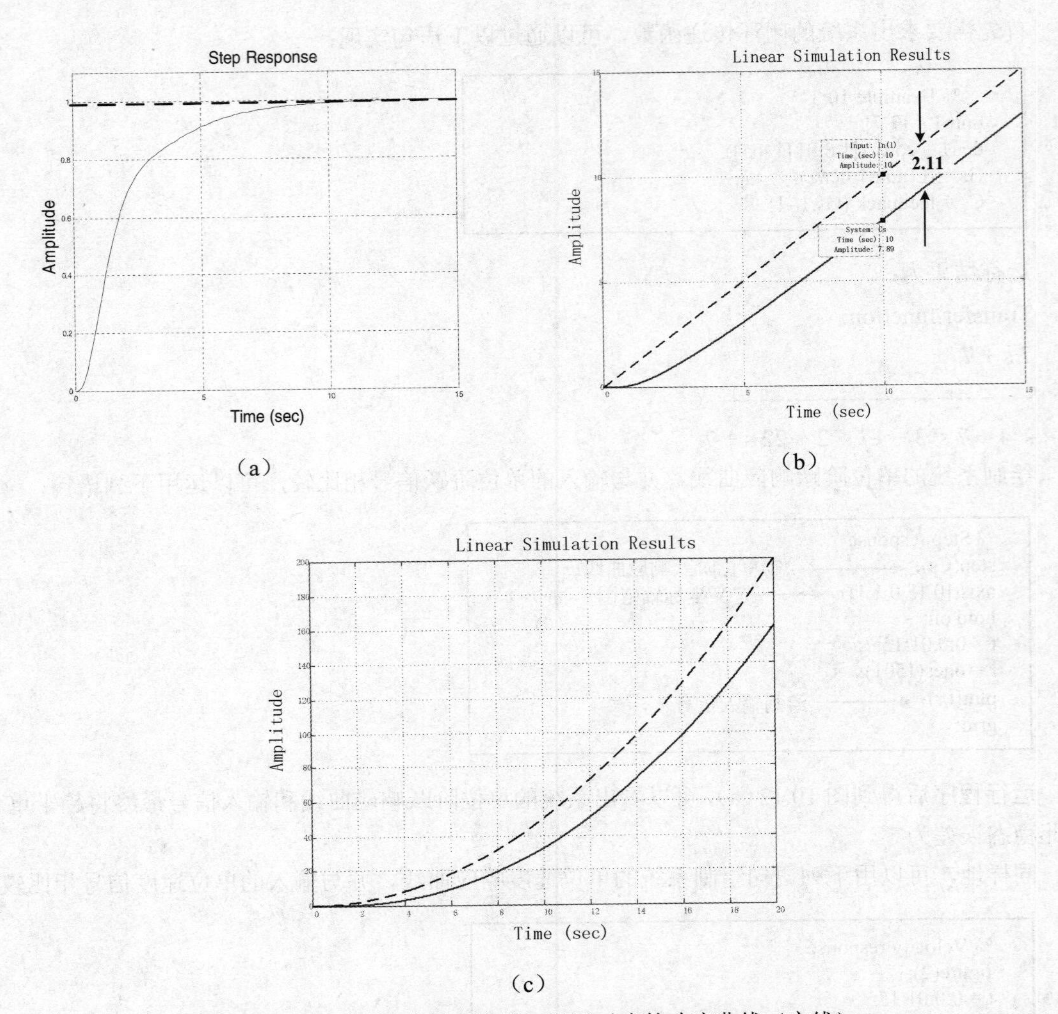

（a）　　　　　　　　　　（b）

（c）

图 10.12　不同输入信号（虚线）以及对应的响应曲线（实线）

（2）调用 dcgain()函数求取系统的稳态误差。由于 dcgain()函数求取的是系统稳态值，而稳态误差其实是误差信号的稳态值。如果利用 Laplace 变换的终值定理求取稳态误差，即：

$$
\begin{aligned}
e_{ss} &= \lim_{s\to 0} s\cdot E(s) = \lim_{s\to 0} s\cdot \Phi_e(s)\cdot R(s) \\
&= \lim_{s\to 0} s\cdot \frac{1}{1+G(s)}\cdot R(s)
\end{aligned} \tag{10.48}
$$

若令 $G(s)=\dfrac{\text{Num1}(s)}{\text{Den1}(s)}$，则

$$
e_{ss} = \lim_{s\to 0} s\cdot \frac{\text{Den1}(s)}{\text{Den1}(s)+\text{Num1}(s)}\cdot R(s) \tag{10.49}
$$

因此，在运用 dcgain()函数之前，必须先求出表达式 $s\cdot \dfrac{\text{Den1}(s)}{\text{Den1}(s)+\text{Num1}(s)}\cdot R(s)$ 。可以运行下列程序实现稳态误差的求取。

```
% example 10.3
num1 = [0 0 0 7 7];
den1 = conv([1 3 0],[1 4 5]);

% r(t)=u(t),R(s)=1/s  ←—— 输入阶跃信号时
num = den1;
den = num1+den1;
ess1 = dcgain(num,den);

% r(t)=t,R(s)=1/s^2  ←—— 输入速度信号时
num = den1;
den = conv(num1+den1,[1 0]);
ess2 = dcgain(num,den);

% r(t)=1/2t^2,R(s)=1/s^3  ←—— 输入加速度信号时
num = den1;
den = conv(num1+den1,[1 0 0]);
ess3 = dcgain(num,den);
```

运行结果为：

ess1 =　0

ess2 =　2.1429

ess3 =　Inf

运行结果与前面作图方法的结果一致，只是当输入为速度信号时，从响应曲线和输入曲线的差别上判断稳态误差的大小，读数上会存在不太准确的问题。

习题十

10.1　计算机磁盘驱动器上装配有电机驱动的定位控制系统，该系统能够减小干扰或参数变化对磁头位置的影响，从而减小磁头定位的稳态误差。磁头的定位控制系统如图 10.13 所示，其中 $H(s)=1$。

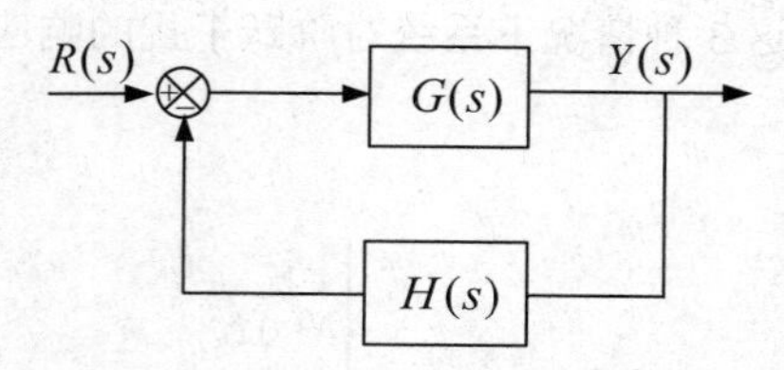

图 10.13　磁头定位控制系统

（1）如果要求定位稳态误差为零，系统应该是几型系统？（或包含几个纯积分环节？）

（2）如果输入为斜坡信号，并要求系统的稳态跟踪误差为零，系统又应是几型系统？

10.2　单位负反馈系统的受控对象为：

$$G(s)=\frac{2(s+8)}{s(s+4)}$$

（1）确定系统的闭环传递函数。

（2）当输入为单位阶跃信号时，求系统的输出信号表达式，并用 Laplace 变换的终值定理确

定输出的稳态值。

10.3　单位负反馈系统如图 10.14 所示，受控对象分别为：

（1）$G(s)=\dfrac{10(s+4)}{s(s+1)(s+2)(s+5)}$

（2）$G(s)=\dfrac{10}{s^2+14s+50}$

试分别确定系统阶跃响应和斜坡响应的稳态误差。

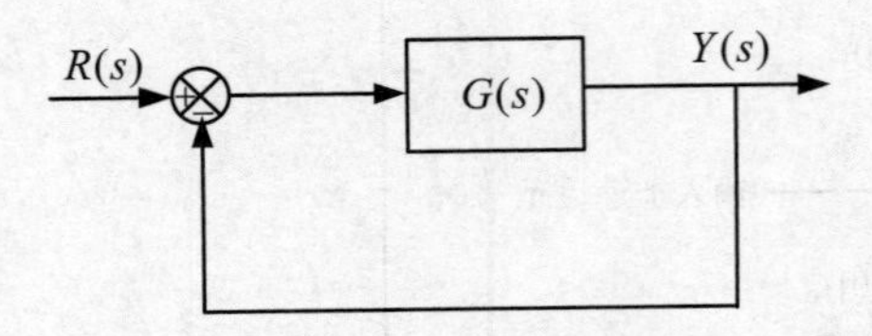

图 10.14　单位反馈系统

10.4　带有前置增益的负反馈系统如图 10.15 所示。

（1）当输入信号为单位阶跃信号时，确定系统在输出端的稳态误差 $E(s)$，其中 K 和 K_1 为可变参数。

（2）选择 K 的取值，使阶跃输入时系统在输出端的稳态误差为零。

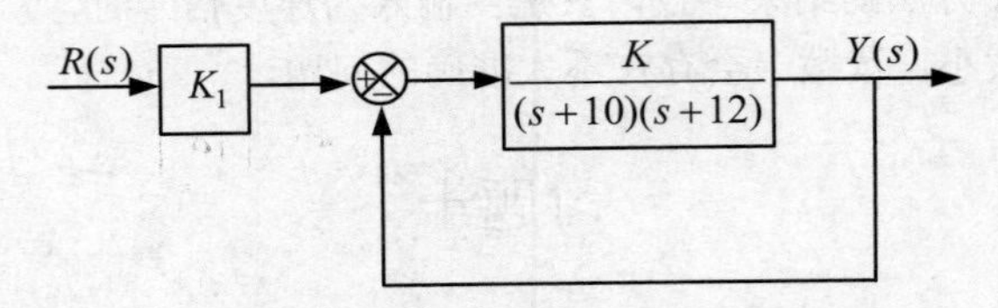

图 10.15　带有前置增益的单位反馈系统

10.5　某闭环控制系统如图 10.16 所示，其控制器的零点可变。

（1）分别计算 $\alpha=0$ 和 $\alpha\neq 0$ 时系统对阶跃输入信号的稳态误差。

（2）画出 $\alpha=0$,10 和 100 这 3 种情况下系统对阶跃干扰的响应曲线，并在此基础上，比较 α 的哪个取值比较好？

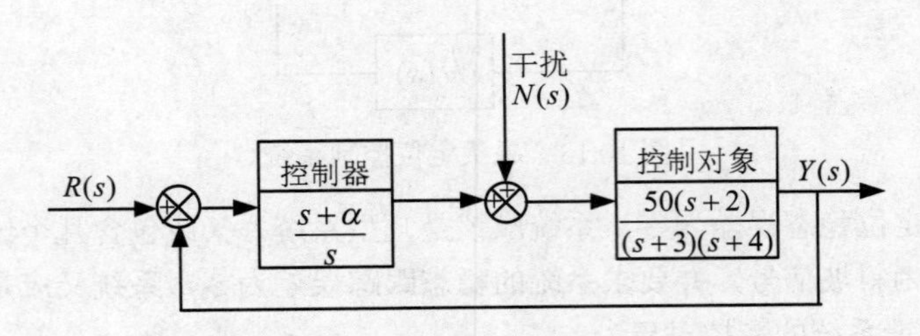

图 10.16　含控制参数 α 的反馈系统

10.6　电枢控制式直流电机的框图如图 10.17 所示。

（1）确定系统对斜坡输入 $r(t)=t, t\geqslant 0$ 的稳态误差表达式，其中 K, K_m, K_b 为待定参数。

（2）若 $K_m=10, K_b=0.05$，选择 K 的取值，使（1）中的稳态误差等于 1。

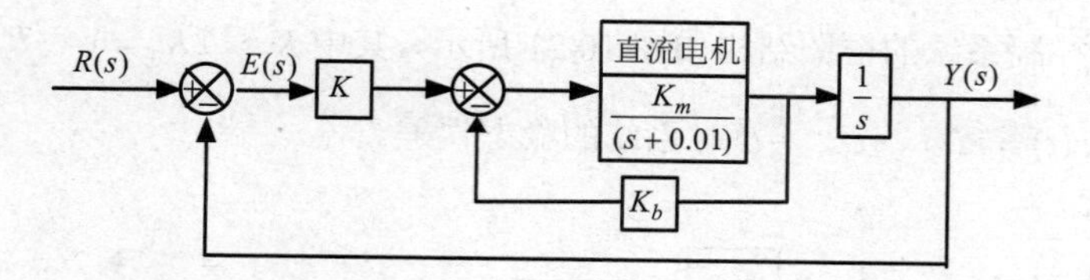

图 10.17　电枢控制式直流电机

10.7　某卫星指向控制系统的框图如图 10.18 所示，试绘制系统的根轨迹图。若要求系统对阶跃输入的超调量小于 15%，稳态误差小于 12%，试在根轨迹图上确定增益 K 的取值。

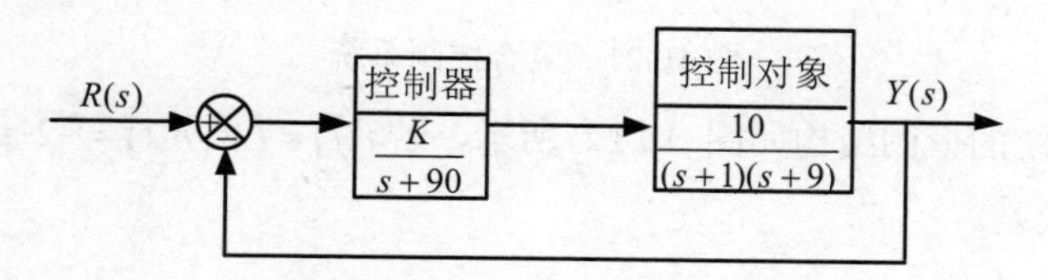

图 10.18　卫星指向控制系统

10.8　如图 10.19 所示系统，图中的 $G(s)$ 为被控对象的传递函数，$G_c(s)$ 为控制器的传递函数。如果被控对象为 $G(s)=\dfrac{K_g}{(T_1 s+1)(T_2 s+1)}$，$T_1>T_2$，系统要求的指标为：位置稳态误差为零，调节时间最短，超调量不大于 4.3%，试在根轨迹图上确定下述哪一种控制器能满足上述指标？其参数应具备什么条件？三种控制器分别为：

（1）$G_c(s)=K_p$。

（2）$G_c(s)=K_p\dfrac{(\tau s+1)}{s}$。

（3）$G_c(s)=K_p\dfrac{(\tau_1 s+1)}{(\tau_2 s+1)}$。

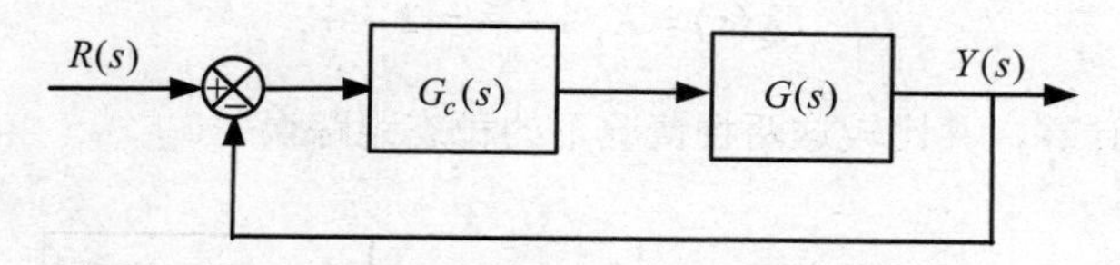

图 10.19　含有控制器的控制系统

10.9　某含有干扰作用的控制系统框图结构如图 10.20 所示，若干扰量分别以 $N(s)=\dfrac{1}{s}$、$\dfrac{1}{s^2}$ 作用于系统，求系统的干扰稳态误差。

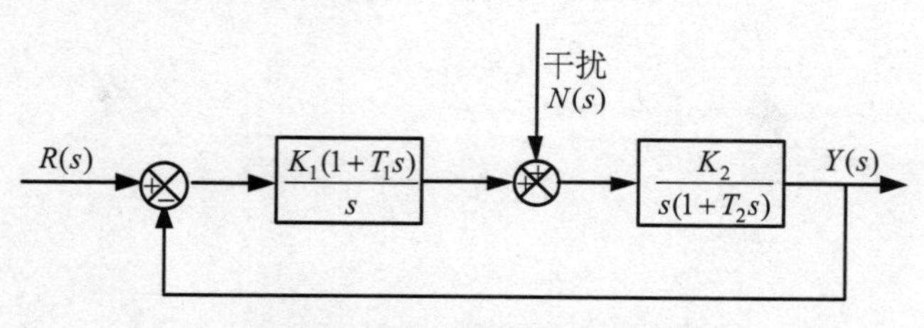

图 10.20　含有干扰的控制系统

10.10　一复合控制系统的框图结构如图 10.21 所示，其中 $K_1 = 2K_3 = 1$，$T_2 = 0.25\,\text{s}$，$K_2 = 2$，试求输入量分别为 $r(t) = u(t)$、t、$\frac{1}{2}t^2$ 时系统的稳态误差。

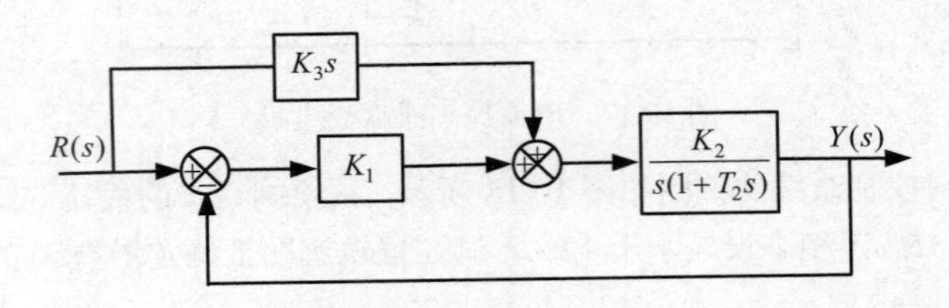

图 10.21　复合控制系统

10.11　某控制系统的框图结构如图 10.22 所示，若 $r(t) = t$，$n(t) = -2 \cdot u(t)$，试求当 $K = 1$ 和 $K = 5$ 时系统的稳态误差。

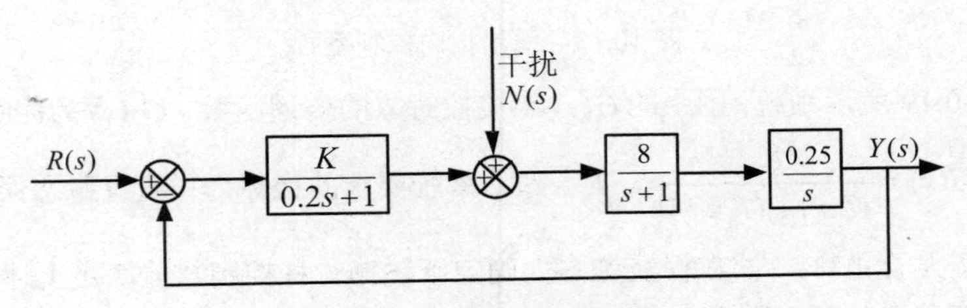

图 10.22　控制系统框图

10.12　如图 10.23 所示的飞机自动驾驶仪旨在控制飞机的垂直和水平飞行。

（1）假设框图中的控制器是固定增益的比例控制器 $G_c(s) = 2$，输入为斜坡信号 $\theta(t) = at$，其中 $a = 0.5°/\text{s}$，试利用函数 lsim()绘制系统的斜坡响应曲线，在此基础上，求出 10 秒后的航向角误差。

（2）为了减小稳态跟踪误差，可以采用相对复杂的比例积分控制器 PI，即：

$$G_c(s) = K_1 + \frac{K_2}{s} = 2 + \frac{1}{s}$$

试重复（1）中的仿真计算，并比较这两种情况下的稳态跟踪误差。

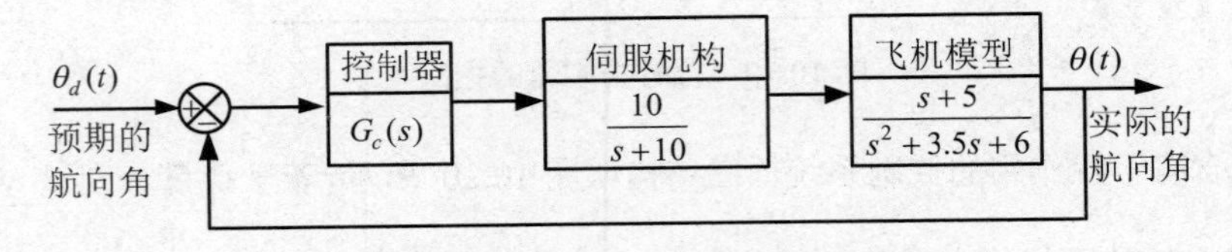

图 10.23　飞机自动驾驶仪框图

第 11 章

离散控制系统的性能分析

第 5 章已经介绍了离散控制系统的结构、差分方程模型和脉冲传递函数模型。可以看到，离散控制系统往往采用以数字计算机为主构成的数字控制器，而且在现代控制技术中，数字控制基本取代了模拟控制，使控制器的功能更为强大。

本章将在第 5 章建立的脉冲传递函数基础上，分析离散控制系统在稳定性、瞬态响应和稳态响应三方面的性能，以及 Matlab 软件在离散控制系统性能分析中的应用。

11.1 离散控制系统的稳定性分析

和连续控制系统一样，离散控制系统的性能分析也包括三个方面：系统稳定性、稳态性能和瞬态性能。本节首先对稳定性进行分析，注意和连续系统相比较，便于理解和记忆。

11.1.1 稳定性的定义

离散系统的稳定性定义为：若离散系统在有界输入序列作用下，其输出序列也是有界的，则称该离散系统是稳定的。

应当指出，对于离散系统进行稳定性分析只限于对采样值的分析，只要输出采样值处于稳定范围内，系统就是稳定的。然而，如果采样周期 T 选的较大，采样间隔中隐藏的振荡可能反映不出来，如图 11.1（a）所示，连续信号为等幅振荡，而从采样值看却是平稳信号。而图 11.1（b）中，虽然连续信号与离散信号的稳定性分析相一致，但暂态变化规律却不相同，这种不一致来源于采样周期选择的不恰当。因此，离散控制系统的稳定性与系统参数及采样参数均有关。

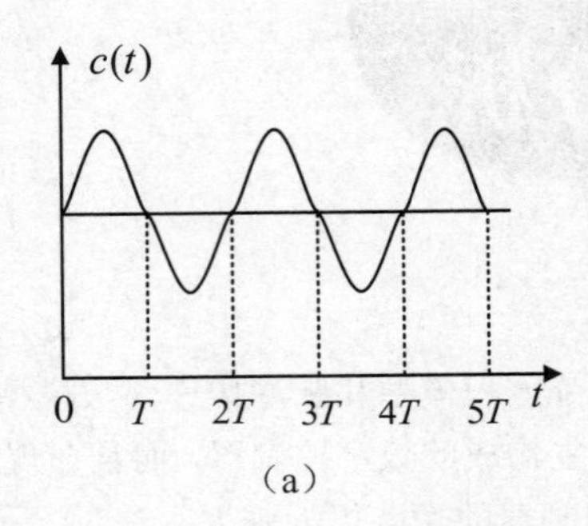

（a）

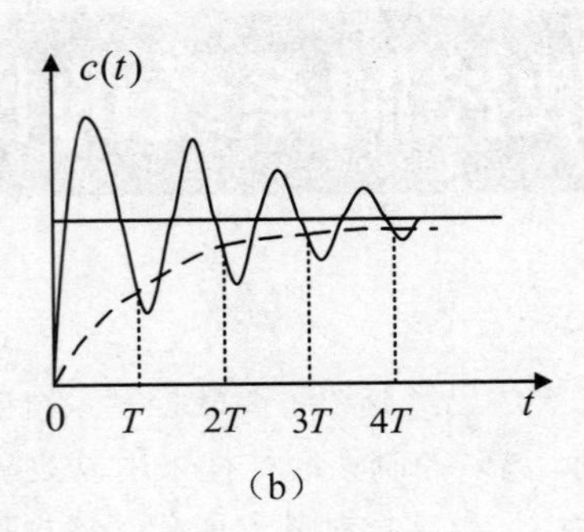

（b）

图 11.1　控制系统实际信号与采样信号

正如第 3 章所述，线性连续系统稳定的充要条件是系统的极点均在 s 平面左半部，s 平面的虚轴是稳定区域的边界。对于离散系统，由于其 Laplace 变换中含有 e^{-kTs} 项，不便于分析系统的极点分布，而经过 z 变换后，可以消掉超越函数 e^{-kTs}。为了在 z 平面上分析系统稳定性，需要把 s 平面系统稳定的结论移植到 z 平面上，这里先分析 s 平面与 z 平面的映射关系。

11.1.2 s 平面与 z 平面的映射关系

由 z 变换的定义可知 $z=\mathrm{e}^{sT}$，其中 $s=\sigma+\mathrm{j}\omega$，映射到 z 域成为 $z=\mathrm{e}^{\sigma T}\cdot\mathrm{e}^{\mathrm{j}\omega T}$，即 $|z|=\mathrm{e}^{\sigma T}$，$\angle z=\omega T$，也就是 s 的实部只影响 z 的模，而 s 的虚部只影响 z 的相角，因此可得到 s 平面与 z 平面的映射关系为：

在 s 平面内	在 z 平面内
$\sigma>0$，右半平面	$\lvert z\rvert>1$，单位圆外
$\sigma=0$，虚轴	$\lvert z\rvert=1$，单位圆上
$\sigma<0$，左半平面	$\lvert z\rvert<1$，单位圆内

从这种映射关系可以分析，s 平面上的左半平面稳定区域对应于 z 平面上的单位圆内，也就是

说，对于离散系统，当且仅当其特征方程的全部特征根均处于单位圆内时，系统才是稳定的，即单位圆是稳定区域和不稳定区域的分界线，圆内为稳定区域，圆外为不稳定区域。

这里还要说明一下主要带和次要带的概念，如图 11.2 所示。

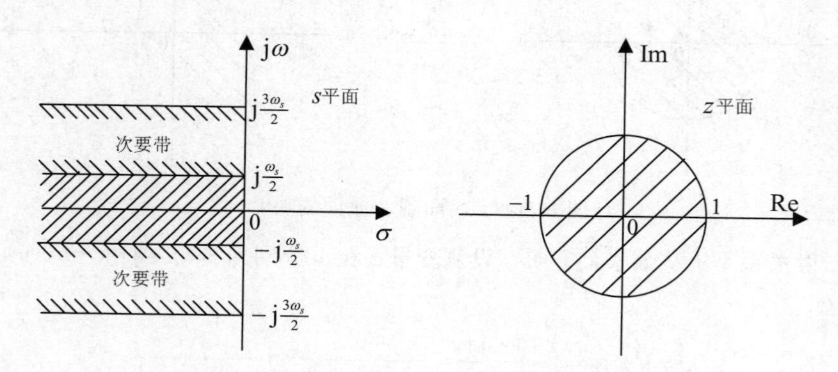

图 11.2 s 平面与 z 平面的映射

令 $\sigma=0$，ω 从 $-\frac{\omega_s}{2}$ 变化到 $\frac{\omega_s}{2}$，相当于 z 平面上沿单位圆从 $-\pi$ 逆时针变化到 π。而当 $\sigma=0$，ω 从 $-\infty$ 变化到 ∞，则相当于 z 平面上沿单位圆逆时针转过了无穷多圈。因此我们把 z 平面上沿单位圆从 $-\pi$ 逆时针变化到 π，所对应的 s 平面上的频率范围 $-\frac{\omega_s}{2}\to\frac{\omega_s}{2}$ 称为主频区，随后每隔 ω_s 将重复一圈，这些重复的频区称为次频区。这样，可以把 s 平面用平行于实轴的频带来划分，每一频带对应一个频区，对应主频区的称为主要带，其余的周期带称为次要带。对于 s 左半平面每一条频带，均重复映射在 z 平面单位圆范围内。

在实际采样系统中，根据 Shannon 采样定理选择的采样角频率总是远高于有用信号频带的两倍。因此，实际信号的频率范围均落在主频带内。

11.1.3 离散控制系统稳定的代数判据

上面论述了离散系统稳定的 z 域充要条件，是通过求特征方程的根来判断，但是当系统阶数较高时，直接求特征根比较困难。因此，在对离散系统进行稳定性分析时，引入了和连续系统中 Routh-Hurwitz 判据类似的方法。

回顾连续系统稳定的 Routh-Hurwitz 判据，是根据特征方程的系数关系判断其根是否在 s 左半平面。在离散系统中，可以通过使用 ω 变换（双线性变换），将 z 域单位圆内的部分映射到 ω 域的左半平面，从而使采用 Routh-Hurwitz 判据成为可能。

根据复变函数双线性变换公式，令：

$$z=\frac{\omega+1}{\omega-1} \tag{11.1}$$

从而：

$$\omega=\frac{z+1}{z-1} \tag{11.2}$$

由此双线性变换公式所确定的 z 平面到 ω 平面的映射关系如图 11.3 所示。

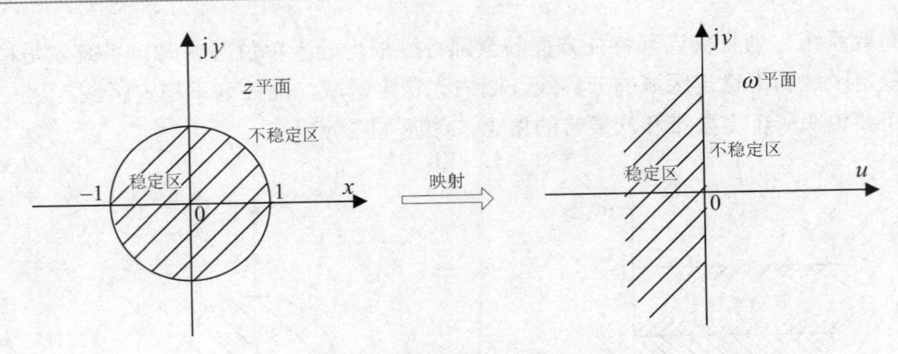

图 11.3　z 平面到 ω 平面的映射

图中的映射关系不难从数学上证明。设复变量 z 和 ω 分别为 $z=x+\mathrm{j}y$，$\omega=u+\mathrm{j}v$，均代入式（11.2），有：

$$\omega=u+\mathrm{j}v=\frac{x+1+\mathrm{j}y}{x-1+\mathrm{j}y}=\frac{x^2+y^2-1}{(x-1)^2+y^2}-\mathrm{j}\frac{2y}{(x-1)^2+y^2}$$

即 $u=\dfrac{x^2+y^2-1}{(x-1)^2+y^2}$，$v=\dfrac{2y}{(x-1)^2+y^2}$。当 $u=0$ 时，对应于 ω 平面虚轴，有 $x^2+y^2-1=0$，即：

$$x^2+y^2=1 \tag{11.3}$$

上式为 z 平面中单位圆，表明 ω 平面的虚轴对应于 z 平面的单位圆上。当 $u<0$ 时，即 ω 平面左半平面，有 $x^2+y^2<1$，对应于 z 平面的单位圆内。而 $u>0$ 时，即 ω 平面右半平面，有 $x^2+y^2>1$，对应于 z 平面的单位圆外，正如图 11.3 所示。

特别指出，ω 变换是线性变换，映射关系是一一对应的。以 z 为变量的特征方程经过 ω 变换之后，变成以 ω 为变量的特征方程，仍然是代数方程，可以用 Routh-Hurwitz 判据来判断离散控制系统的稳定性。下面举例说明。

例 11.1　设离散系统 z 域的特征方程为 $D(z)=z^3+2z^2+1.9z+0.8$，使用双线性变换，用 Routh-Hurwitz 判据确定其稳定性。

对 $D(z)$ 作双线性变换，即将 $z=\dfrac{\omega+1}{\omega-1}$ 代入 $D(z)$，得：

$$\left(\frac{\omega+1}{\omega-1}\right)^3+2\left(\frac{\omega+1}{\omega-1}\right)^2+1.9\left(\frac{\omega+1}{\omega-1}\right)+0.8=0$$

整理，可得 ω 域特征方程为：

$$5.7\omega^3+0.7\omega^2+1.5\omega+0.1=0$$

构造 Routh 表如表 11.1 所示：

表 11.1　Routh 表

ω^3	5.7	1.5
ω^2	0.7	0.1
ω^1	0.69	0
ω^0	0.1	

由 Routh 表第一列系数可以看出，没有符号变化，表明系统是稳定的。

如果该表中第一列有符号变化，则变化的数目和 ω 域上处于右半平面的极点个数相同，也和 z 域上单位圆外特征根的个数相同。

例 11.2　带有零阶保持器的二阶线性离散系统的框图如图 11.4 所示，试分析当采样周期 $T=0.5$ 秒和 $T=1$ 秒时增益 k 的取值范围。

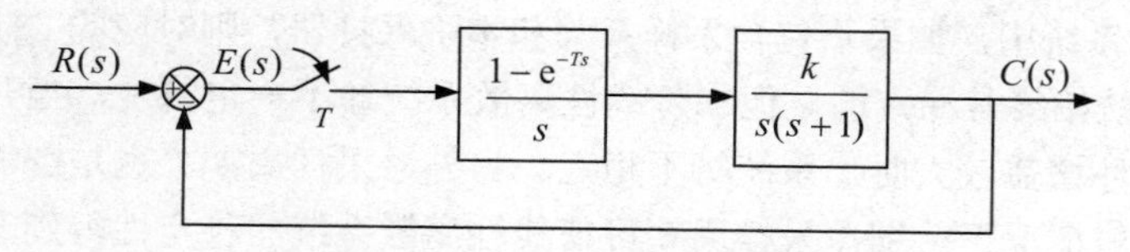

图 11.4　二阶线性离散系统

系统的闭环脉冲传递函数在例 5.6 中已求出，其特征方程为：

$$D(z)=z^2+[k(T-1+\mathrm{e}^{-T})-(1+\mathrm{e}^{-T})]z+[k(1-\mathrm{e}^{-T}-T\,\mathrm{e}^{-T})+\mathrm{e}^{-T}]=0$$

① 当采样周期 $T=0.5$ 秒时：

$$D(z)=z^2+(0.107k-1.607)z+(0.09k+0.607)=0$$

经过 ω 变换可得到以 ω 为变量的特征方程：

$$D(\omega)=0.197k\omega^2+(0.786-0.18k)\omega+(3.214-0.017k)=0$$

构造 Routh 表如表 11.2 所示。

表 11.2　Routh 表

ω^2	$0.197k$	$3.214\text{-}0.017k$
ω^1	$0.786\text{-}0.18k$	
ω^0	$3.214\text{-}0.017k$	

因此，当 $T=0.5$ 秒时，系统稳定的条件为：

$$\begin{cases}k>0\\0.786-0.18k>0\\3.214-0.017k>0\end{cases}$$

即增益 k 的取值范围为 $0<k<4.37$。

② 当采样周期 $T=1$ 秒时：

$$D(z)=z^2+(0.368k-1.368)z+(0.264k+0.368)=0$$

经过 ω 变换可得到以 ω 为变量的特征方程：

$$D(\omega)=0.632k\omega^2+(1.264-0.528k)\omega+(2.763-0.104k)=0$$

构造 Routh 表如表 11.3 所示。

表 11.3　Routh 表

ω^2	$0.632\,k$	$2.736\text{-}0.104k$
ω^1	$1.264\text{-}0.528\,k$	
ω^0	$2.736\text{-}0.104k$	

因此，当 $T=1$ 秒时，系统稳定的条件为：

$$\begin{cases} k > 0 \\ 0.264 - 0.528k > 0 \\ 2.736 - 0.104k > 0 \end{cases}$$

得到增益 k 的取值范围为 $0 < k < 2.39$。

在图 11.4 所示系统中，如果不包含采样开关和零阶保持器，则对应的二阶线性连续系统对于任何增益 k 值，系统始终是稳定的。但二阶线性离散系统却不一定稳定，当开环增益较小时，系统可能稳定，当开环增益较大时，系统将不稳定。另外，采样周期 T 也是影响离散系统稳定性的一个重要参数。一般情况下，缩短采样周期可使线性离散系统的稳定性得到改善，而增大采样周期对稳定性不利，其原因是，缩短采样周期可以增加离散控制系统获取的信息量，使其在特性上更接近相应的连续系统。

11.2 离散控制系统的瞬态性能分析

前面介绍了离散控制系统稳定的充要条件及判定方法，但工程上不仅要求系统是稳定的，而且还希望它具有良好的动态品质。通常，如果已知离散控制系统的数学模型（差分方程、脉冲传递函数等），通过递推运算及 z 变换法，不难求出典型输入作用下的系统输出信号的脉冲序列 $c^*(t)$，从而可以很方便地分析系统的动态性能。

11.2.1 离散控制系统的时间响应及性能指标

由离散系统的时域解求性能指标的步骤如下：

（1）由闭环脉冲传递函数 $G(z)$，求出输出量的 z 变换函数 $C(z) = G(z)R(z)$；

（2）用长除法将 $C(z)$ 展开成幂级数，通过 z 反变换求得 $c^*(t)$；

（3）由 $c^*(t)$ 给出的各采样时刻的值，直接得出 σ_p，t_r，t_p，t_s 等性能指标。

其中，σ_p 为最高采样值对应的超调量，t_r 为第一次等于或接近稳态值时所对应的采样时刻，t_p 为最高采样值所对应的采样时刻，t_s 为进入允许误差范围时所对应的采样时刻。

例 11.3 设有零阶保持器的离散系统如图 11.5 所示，其中 $r(t) = 1(t)$，$T = 1$ 秒，$k = 1$，试分析系统的动态性能。

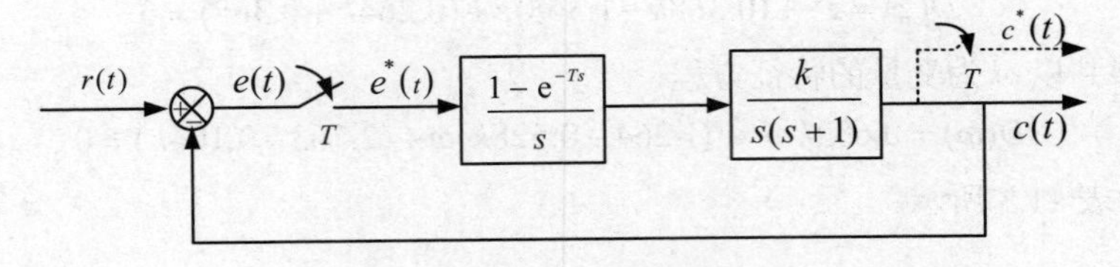

图 11.5 离散系统结构图

该例中的系统结构图同例 11.2，已求出系统的开环脉冲传递函数为：

$$G(z) = \frac{k[(T - 1 + e^{-T})z + (1 - e^{-T} - T\,e^{-T})]}{(z-1)(z - e^{-T})} = \frac{0.368z + 0.264}{(z-1)(z-0.368)}$$

进一步求出系统的闭环脉冲传递函数为：

$$G_B(z)=\frac{G(z)}{1+G(z)}=\frac{0.368z+0.264}{z^2-z+0.632}$$

将 $R(z)=\dfrac{z}{z-1}$ 代入，求出系统单位阶跃响应的 z 变换：

$$C(z)=G_B(z)R(z)=\frac{0.368z^{-1}+0.264z^{-2}}{1-2z^{-1}+1.632z^{-2}-0.632z^{-3}}$$

利用长除法，将 $C(z)$ 展开成无穷幂级数：

$$C(z)=0.368z^{-1}+z^{-2}+1.4z^{-3}+1.4z^{-4}+1.147z^{-5}+0.895z^{-6}+0.802z^{-7}+0.868z^{-8}$$
$$+0.999z^{-9}+1.077z^{-10}+1.081z^{-11}+1.032z^{-12}+0.981z^{-13}+\cdots$$

由 z 变换定义，可得到单位阶跃响应序列 $c(nT)$，并绘出单位阶跃响应曲线 $c^*(t)$，如图 11.6 所示。由图 11.6 可以求出系统的性能指标：上升时间 $t_r=2\text{s}$，峰值时间 $t_p=4\text{s}$，调节时间 $t_s=12\text{s}$，超调量 $\sigma_p=40\%$。

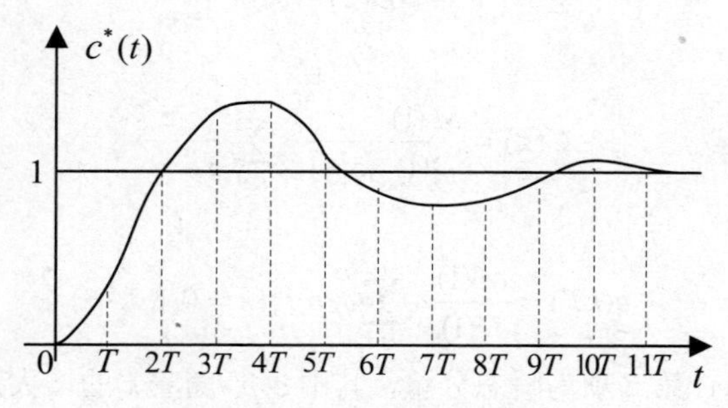

图 11.6　系统的单位阶跃响应

应当指出，离散系统的时域性能指标只能按采样周期整数倍的时间和对应采样值来计算，因此是近似的，另外，相对于连续系统，采样器和保持器的引入，虽然不改变开环脉冲传递函数的极点，但影响开环脉冲传递函数的零点，势必引起闭环脉冲传递函数极点的改变。因此，采样器和保持器会影响离散系统的动态性能，使系统的稳定性下降。

由该例还可看出，通过求解系统的单位阶跃响应序列 $c^*(t)$，可以定量地分析系统的动态性能。但有时需要对系统动态性能作定性的分析，此时就需要考察离散系统的闭环极点在 z 平面上的分布与系统动态性能之间的关系。

11.2.2　闭环极点与系统动态响应的关系

与连续系统类似，离散系统的结构参数决定了闭环零极点的分布，而闭环脉冲传递函数的极点在 z 平面上单位圆内的分布，对系统的动态响应有重要的影响，下面讨论闭环极点与动态响应之间的关系。

设系统的闭环脉冲传递函数为：

$$G_B(z)=\frac{M(z)}{D(z)}=\frac{b_0z^m+b_1z^{m-1}+\cdots+b_{m-1}z+b_m}{a_0z^n+a_1z^{n-1}+\cdots+a_{n-1}z+a_n}=\frac{b_0}{a_0}\frac{\prod_{i=1}^{m}(z-z_i)}{\prod_{r=1}^{n}(z-p_r)}\tag{11.4}$$

其中，$z_i(i=1,2,\cdots,m)$，$p_r(r=1,2,\cdots,n)$ 分别为 $G_B(z)$ 的零点和极点，且 $n\geqslant m$。为了讨论方便，

假设 $G_B(z)$ 无重极点。

当输入信号 $r(t)=1(t)$ 时，有：

$$C(z)=G_B(z)R(z)=\frac{M(z)}{D(z)}\cdot\frac{z}{z-1} \tag{11.5}$$

将 $\frac{C(z)}{z}$ 展开成部分分式，有：

$$\frac{C(z)}{z}=\frac{c_0}{z-1}+\sum_{r=1}^{n}\frac{c_r}{z-p_r} \tag{11.6}$$

式中的系数：

$$c_0=\frac{M(z)}{(z-1)D(z)}(z-1)\bigg|_{z=1}=\frac{M(1)}{D(1)}$$

$$c_r=\frac{M(z)}{(z-1)D(z)}(z-p_r)\bigg|_{z=p_r}$$

进一步：

$$C(z)=\frac{M(1)}{D(1)}\cdot\frac{z}{z-1}+\sum_{r=1}^{n}\frac{c_r z}{z-p_r} \tag{11.7}$$

取 z 反变换，得：

$$c(kT)=\frac{M(1)}{D(1)}+\sum_{r=1}^{n}c_r {p_r}^k,(k=0,1,2,\cdots) \tag{11.8}$$

式中，第一项为稳态分量；第二项为瞬态分量，其中 $c_r p_r^k$ 随着 k 的增大是收敛，还是发散或振荡，完全取决于极点 p_r 在 z 平面上的分布。下面分几种情况讨论，如图 11.7 所示。

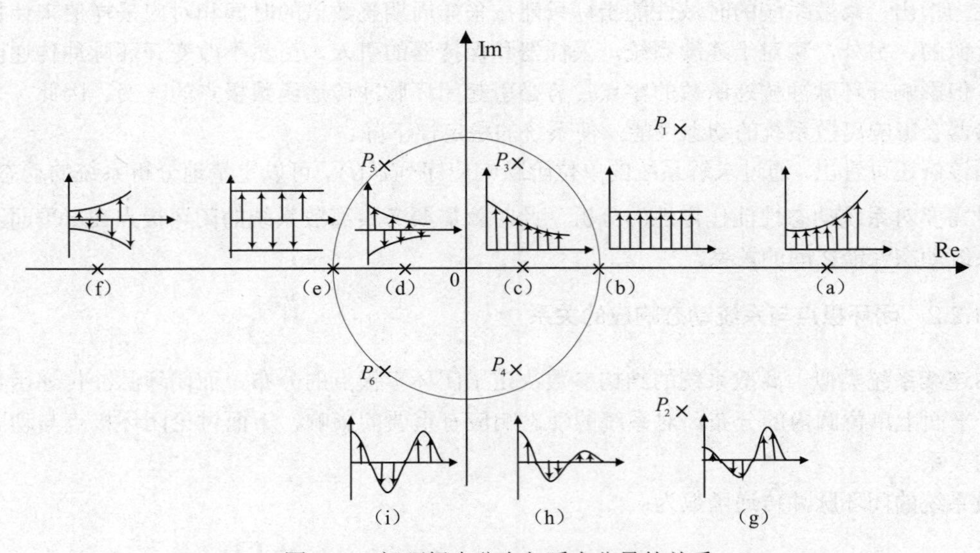

图 11.7　闭环极点分布与瞬态分量的关系

（1）p_r 位于正实轴上

当 $p_r>1$ 时，极点位于单位圆外的正实轴上，响应 $c_r p_r^k$ 为单调发散，且 p_r 值越大，发散越快，见图 11.7（a）；

当 $p_r = 1$ 时，极点位于单位圆上的正实轴上，响应 $c_r p_r^k = c_r$ 为一常数，是一串等幅脉冲序列，见图 11.7（b）；

当 $0 < p_r < 1$ 时，极点位于单位圆内的正实轴上，响应 $c_r p_r^k$ 为单调收敛，且 p_r 越靠近原点，收敛越快，见图 11.7（c）。

（2）p_r 位于负实轴上

当 $-1 < p_r < 0$ 时，极点位于单位圆内的负实轴上，且当 k 为偶数时，响应 $c_r p_r^k$ 为正值，当 k 为奇数时，响应 $c_r p_r^k$ 为负值，因此系统的瞬态分量为正、负交替的收敛脉冲序列，或称振荡收敛，且 p_r 越靠近原点，收敛越快。每个振荡周期包含两个采样周期 T，故振荡周期为 $2T$，见图 11.7（d）；

当 $p_r = -1$ 时，极点位于单位圆上的负实轴上，响应 $c_r p_r^k = (-1)^k c_r$ 为正负交替的等幅脉冲序列，见图 11.7（e）；

当 $p_r < -1$ 时，极点位于单位圆外的负实轴上，响应 $c_r p_r^k$ 为振荡发散的脉冲序列，见图 11.7（f）。

（3）p_r 为 z 平面上的共轭复数极点

共轭复数极点可以表示为：

$$p_r, \overline{p}_r = |p_r| \mathrm{e}^{\pm \mathrm{j}\theta_r} \tag{11.9}$$

式中，θ_r 为共轭复数极点 p_r 的相角。由式（11.8）可知，该对共轭复数极点所对应的瞬态分量为：

$$c_r p_r^k + c_{r+1} \overline{p}_r^k = c_r p_r^k + \overline{c}_r \overline{p}_r^k \tag{11.10}$$

由于传递函数 $G_B(z)$ 的系数均为实数，可以证明系数 c_r，c_{r+1} 也为共轭。令：

$$c_r = |c_r| \mathrm{e}^{\mathrm{j}\varphi_r}, \quad \overline{c}_r = |c_r| \mathrm{e}^{-\mathrm{j}\varphi_r} \tag{11.11}$$

将式（11.9）、式（11.11）代入式（11.10），可得：

$$\begin{aligned} c_r p_r^k + c_{r+1} \overline{p}_r^k &= |c_r| \mathrm{e}^{\mathrm{j}\varphi_r} |p_r|^k \mathrm{e}^{\mathrm{j}k\theta_r} + |c_r| \mathrm{e}^{-\mathrm{j}\varphi_r} |p_r|^k \mathrm{e}^{-\mathrm{j}k\theta_r} \\ &= |c_r||p_r|^k \left[\mathrm{e}^{\mathrm{j}(k\theta_r + \varphi_r)} + \mathrm{e}^{-\mathrm{j}(k\theta_r + \varphi_r)} \right] \\ &= 2|c_r||p_r|^k \cos(k\theta_r + \varphi_r) \end{aligned} \tag{11.12}$$

可见，共轭复数极点对应的瞬态分量是以余弦规律振荡的，且极点的位置将影响振荡的幅度。

当 $|p_r| > 1$ 时，共轭复数极点位于单位圆外，对应的瞬态分量振荡发散，见图 11.7（g）；

当 $|p_r| < 1$ 时，共轭复数极点位于单位圆内，瞬态分量振荡衰减，且 $|p_r|$ 越小，振荡衰减得越快，见图 11.7（h）；

当 $|p_r| = 1$ 时，共轭复数极点位于单位圆周上，瞬态分量为等幅振荡的脉冲序列，见图 11.7（i）。

以余弦规律振荡的瞬态分量，其振荡角频率 ω 与共轭复极点的幅角 θ_r 有关（实际上可以证明 $\omega = \dfrac{\theta_r}{T}$），$\theta_r$ 越大，振荡频率越高，当 $\theta_r = \pi$ 时，即极点位于负实轴上，对应离散系统中频率最高的振荡，这种高频振荡即使是收敛的，也会使执行机构频繁动作，加剧磨损。所以在设计离散系统时应避免极点位于单位圆内负实轴，或者是极点与正实轴夹角接近 π 弧度的情况。

综上所述，当闭环脉冲传递函数极点在单位圆内时，对应的瞬态分量是收敛的，系统是稳定的。而闭环极点位于单位圆上或单位圆外时，对应的瞬态分量均不收敛，产生持续等幅脉冲或发散脉冲，因此系统不稳定。为了使离散系统具有较好的动态过程，极点应尽量避免在左半圆内，尤其不要靠近负实轴。闭环极点最好分布在单位圆的右半部，尤为理想的是分布在靠近原点的地方，这样系统反应迅速，过渡过程较快。

11.3 离散控制系统的稳态性能分析

稳态误差是离散控制系统稳态性能分析时的一个重要指标，而用离散系统理论分析的稳态误差仍然是指采样时刻的值。与连续系统相类似，离散系统的稳态误差可由 z 域终值定理得到，也可以从系统的类型划分和典型输入信号两个方面分析。

11.3.1 由终值定理计算稳态误差

应该明确，只有稳定的系统才存在稳态误差，即要求离散系统的脉冲传递函数的极点全部严格位于 z 平面单位圆内，这时可用 z 变换的终值定理求出采样瞬时的终值误差。这种基本方法，对各种系统结构及各种输入信号均适用，应用上并无更多限制。

设单位反馈系统如图 11.8 所示。

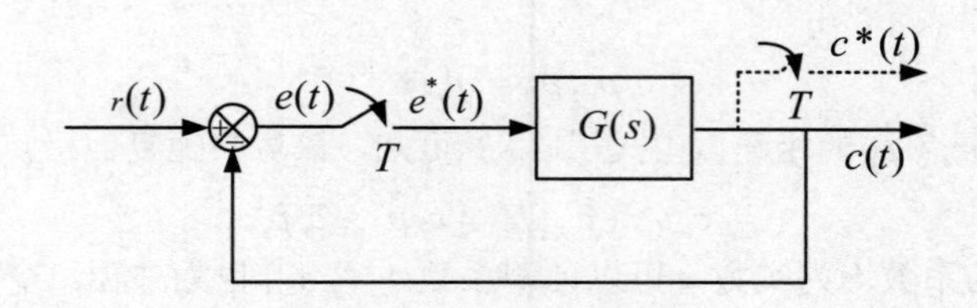

图 11.8 单位反馈离散系统

其中脉冲序列 $e^*(t)$ 为系统误差采样信号，反映出采样时刻系统希望输出与实际输出之差。$e^*(t)$ 是一个随时间变化的信号，当 $t\to\infty$ 时，可以求取离散系统在采样点上的稳态误差终值 $e^*(\infty)$：

$$e^*(\infty)=\lim_{t\to\infty}e^*(t)$$

先写出 $e^*(t)$ 的 z 变换式为：

$$E(z)=R(z)-C(z)=R(z)-G(z)E(z)$$

所以：

$$E(z)=\frac{1}{1+G(z)}R(z)=\phi_e(z)R(z) \tag{11.13}$$

其中，$\phi_e(z)$ 为系统误差脉冲传递函数。若系统是稳定的，则 $\phi_e(z)$ 的全部极点均在 z 平面单位圆内，由 z 变换的终值定理可以求出离散系统在采样点上的稳态误差终值 $e^*(\infty)$：

$$e^*(\infty)=\lim_{z\to1}(z-1)E(z)=\lim_{z\to1}(z-1)\frac{1}{1+G(z)}R(z) \tag{11.14}$$

可见，线性离散系统的稳态误差，不但与系统本身的结构参数有关，而且与输入信号 $r(t)$ 的形式及幅值有关。另外，由于 $G(z)$ 还与采样器的配置及采样周期有关，因此采样器与采样周期也是影响离散系统稳态误差的因素。

例 11.4 设线性离散系统如图 11.8 所示，其中 $G(s)=\dfrac{1}{s(0.1s+1)}$，$T=0.1$ 秒，输入连续信号 $r(t)$

分别为$1(t)$和t，试求离散系统相应的稳态误差。

系统的开环脉冲传递函数为

$$G(z)=Z\left[\frac{1}{s(0.1s+1)}\right]=\frac{z(1-e^{-1})}{(z-1)(z-e^{-1})}$$

误差脉冲传递函数为：

$$\phi_e(z)=\frac{1}{1+G(z)}=\frac{(z-1)(z-0.368)}{z^2-0.736z+0.368}$$

由此可以求出两个闭环极点为：

$$z_{1,2}=0.368\pm j0.482$$

可见一对共轭复数极点位于z平面单位圆内，故可采用终值定理求出稳态误差终值：

$$e^*(\infty)=\lim_{z\to 1}(z-1)\phi_e(z)R(z)$$

当$r(t)=1(t)$时，有$R(z)=\dfrac{z}{z-1}$，故：

$$e^*(\infty)=\lim_{z\to 1}\frac{z(z-1)(z-0.368)}{z^2-0.736z+0.368}=0$$

当$r(t)=t$时，有$R(z)=\dfrac{Tz}{(z-1)^2}$，故：

$$e^*(\infty)=\lim_{z\to 1}\frac{Tz(z-0.368)}{z^2-0.736z+0.368}=T=0.1$$

z变换的终值定理是计算离散系统终值误差的基本公式，只要写出误差的z变换函数$E(z)$，在离散系统稳定的前提下，就可以直接用公式计算。$E(z)$可以是给定输入下的误差，也可以是扰动输入下的误差，或者是两种输入同时作用的总误差。

11.3.2　以静态误差系数求稳态误差

在连续系统分析中，影响系统稳态误差的两大因素是系统的开环结构与输入信号。按照开环传递函数$G(s)$所含积分环节的数量，把系统分为0型、Ⅰ型、Ⅱ型等不同型别，然后根据不同的典型输入信号定义了相应的静态误差系数。在离散系统中，由于z变换之后系统的阶次并没有改变，而且$G(s)$与$G(z)$之间极点一一对应，采样器和零阶保持器对系统开环极点并无影响，因此开环结构与输入信号依然是影响稳态误差的主要原因。考虑到$G(s)$中$s=0$的极点将映射到$G(z)$中$z=1$的极点，因此可以把离散系统中开环脉冲传递函数$G(z)$具有$z=1$的极点个数υ作为划分离散系统型别的标准。

下面讨论如图 11.8 所示结构，不同型别的单位反馈离散系统在典型输入信号作用下的稳态误差终值，并定义相应的静态误差系数。

（1）单位阶跃输入下的稳态误差终值

当系统的输入信号为单位阶跃$r(t)=1(t)$时，对应离散时间信号的z变换为$R(z)=\dfrac{z}{z-1}$，由式（11.14）可知，相应的稳态误差终值为：

$$
\begin{aligned}
e^*(\infty) &= \lim_{z\to 1}(z-1)\cdot\frac{1}{1+G(z)}\cdot\frac{z}{z-1} = \lim_{z\to 1}\frac{z}{1+G(z)} \\
&= \frac{1}{1+\lim\limits_{z\to 1}G(z)} = \frac{1}{1+K_p}
\end{aligned}
\tag{11.15}
$$

上式中定义 $K_p = \lim\limits_{z\to 1}G(z)$，$K_p$ 称为静态位置误差系数。

若 $G(z)$ 没有 $z=1$ 的极点，则 K_p 为一个有限值，从而 $e^*(\infty)$ 也是有限值，这样的系统称为 0 型离散系统；若 $G(z)$ 有一个或一个以上 $z=1$ 的极点，则 $K_p=\infty$，从而 $e^*(\infty)=0$，这样的系统称为Ⅰ型或Ⅰ型以上系统。因此，在阶跃信号作用下，0 型离散系统的稳态误差终值为有限值，Ⅰ型或Ⅰ型以上系统在采样点上稳态误差终值为 0。

（2）单位斜坡输入下的稳态误差终值

当系统的输入为单位斜坡函数 $r(t)=t$ 时，对应离散时间信号的 z 变换为 $R(z)=\dfrac{Tz}{(z-1)^2}$，从而系统的稳态误差终值为

$$
\begin{aligned}
e^*(\infty) &= \lim_{z\to 1}(z-1)\cdot\frac{1}{1+G(z)}\cdot\frac{Tz}{(z-1)^2} \\
&= \lim_{z\to 1}\frac{T}{(z-1)\left[1+G(z)\right]} \\
&= \lim_{z\to 1}\frac{T}{(z-1)G(z)} = \frac{T}{K_v}
\end{aligned}
\tag{11.16}
$$

上式中定义 $K_v = \lim\limits_{z\to 1}(z-1)G(z)$，$K_v$ 称为静态速度误差系数。

0 型离散系统的 $K_v=0$，Ⅰ型离散系统的 K_v 是一个有限值，Ⅱ型及Ⅱ型以上系统的 $K_v=\infty$。因此，在斜坡输入信号作用下，当 $t\to\infty$ 时，0 型离散系统的稳态误差为无穷大，Ⅰ型离散系统的稳态误差是有限值，而Ⅱ型及Ⅱ型以上离散系统在采样点上的稳态误差为 0。

（3）单位加速度输入下的稳态误差终值

当系统的输入为单位加速度函数 $r(t)=\dfrac{1}{2}t^2$ 时，对应离散时间信号的 z 变换为 $R(z)=\dfrac{T^2z(z+1)}{2(z-1)^3}$，相应的稳态误差终值为：

$$
\begin{aligned}
e^*(\infty) &= \lim_{z\to 1}(z-1)\cdot\frac{1}{1+G(z)}\cdot\frac{T^2z(z+1)}{2(z-1)^3} \\
&= \lim_{z\to 1}\frac{T^2z(z+1)}{2[(z-1)^2+(z-1)^2G(z)]} \\
&= \lim_{z\to 1}\frac{T^2}{(z-1)^2G(z)} = \frac{T^2}{K_a}
\end{aligned}
\tag{11.17}
$$

上式中定义 $K_a = \lim\limits_{z\to 1}(z-1)^2G(z)$，$K_a$ 称为静态加速度误差系数。

0 型及Ⅰ型离散系统的 $K_a=0$，Ⅱ型离散系统的 K_a 为常值。因此，在加速度输入信号作用下，当 $t\to\infty$ 时，0 型和Ⅰ型离散系统的稳态误差为无穷大，Ⅱ型离散系统在采样点上的稳态误差是有限值。

表 11.4 总结出在三种典型输入信号作用下，0 型、Ⅰ型、Ⅱ型单位反馈离散系统在 $t\to\infty$ 时

的稳态误差。可以看出，采样时刻的稳态误差与采样周期 T 有关，缩短采样周期，提高采样频率将降低稳态误差终值。

表 11.4　单位反馈离散系统的终值稳态误差

系统型别＼输入信号	$r(t)=1(t)$	$r(t)=t$	$r(t)=\frac{1}{2}t^2$
0 型	$\frac{1}{1+K_p}$	∞	∞
Ⅰ型	0	$\frac{T}{K_v}$	∞
Ⅱ型	0	0	$\frac{T^2}{K_a}$

11.3.3　以动态误差系数求稳态误差

对于一个稳定的线性离散系统，应用静态误差系数或终值定理，只能求出当时间 $t\to\infty$ 时系统的稳态误差终值，而不能提供误差随时间变化的规律。在离散系统的分析和设计中，重要的是过渡过程结束后，在有限时间内系统稳态误差变化的规律。通过动态误差系数，可以获得稳态误差变化的信息。

若系统的误差脉冲传递函数为 $\phi_e(z)$，则 $\phi_e(z)=\dfrac{E(z)}{R(z)}$，其中 $E(z)$ 和 $R(z)$ 分别为误差信号 $e^*(t)$ 和输入信号 $r(t)$ 的 z 变换。

根据 z 变换的定义，将 $z=e^{sT}$ 代入 $\phi_e(z)$，得到以 s 为变量的误差脉冲传递函数 $\phi_e^*(s)$，即：

$$\phi_e^*(s)=\phi_e(z)\big|_{z=e^{sT}}$$

将 $\phi_e^*(s)$ 在 $s=0$ 的邻域内展开成 Taylor 级数形式：

$$\phi_e^*(s)=c_0+c_1s+\frac{1}{2!}c_2s^2+\cdots+\frac{1}{m!}c_ms^m+\cdots \tag{11.18}$$

其中 $c_m=\left.\dfrac{\mathrm{d}^m\phi_e^*(s)}{\mathrm{d}s^m}\right|_{s=0}$，$m=0,1,2,\cdots$，定义 $\dfrac{1}{m!}c_m$（$m=0,1,2,\cdots$）为动态误差系数，则过渡过程结束后，系统在采样时刻的稳态误差为：

$$e_{ss}(kT)=c_0r(kT)+c_1\dot{r}(kT)+\frac{1}{2!}c_2\ddot{r}(kT)+\cdots+\frac{1}{m!}c_mr^{(m)}(kT)+\cdots \quad (kT>t_s)$$

这种方法与连续系统以动态误差系数计算稳态误差的方法相似。

11.4　应用 Matlab 分析离散控制系统的性能

利用 Matlab 软件，可以加快离散控制系统的分析进程。与可用于连续系统的函数相对应，Matlab 提供了用于离散系统分析的函数，下面分别进行介绍。

1．ddamp 函数

功能：求离散系统的特征值、幅值、等效衰减因子、等效 s 域自然频率。

格式：

[MAG,Wn,Z] = ddamp(den,Ts)

说明：ddamp(den,Ts)返回以 den 为特征方程的系统的特征值、等效 z 域幅值、等效衰减因子和等效 s 域自然频率，Ts 为采样频率。

举例：对离散系统 $G(z)=\dfrac{2z^2-3.4z+1.5}{z^2-1.6z+0.8}$，求其特征值、幅值、等效衰减因子、等效自然频率，可输入：

```
num=[2  -3.4  1.5];
den=[1   -1.6  0.8];
ddamp(den,0.1);
```

执行后得：

```
    Eigenvalue          Magnitude       Equiv.Damping       Equiv.Freq
0.80000+0.4000i          0.8944           0.2340             4.7688
0.80000- 0.4000i         0.8944           0.2340             4.7688
```

2. dstep，dimpulse，dlsim 函数

功能：分别求离散系统的单位阶跃响应、单位脉冲响应以及任意输入信号的响应，格式及用法相似，以 dstep 函数来说明。

格式：

[y,x] =dstep(num,den)

[y,x] =dstep(num,den,n)

说明：dstep(num,den)函数可绘制出以多项式传递函数 $G(z)=\text{num}(z)/\text{den}(z)$ 表示的系统阶跃响应曲线。

dstep(num,den,n)可利用用户指定的取样点数来绘制系统的单位阶跃响应曲线。

当带输出变量引用函数时，可得到系统阶跃响应的输出数据，而不直接绘制出曲线。

举例：对离散系统 $G(z)=\dfrac{2z^2-3.4z+1.5}{z^2-1.6z+0.8}$，求其阶跃响应，可输入：

```
num=[2  -3.4  1.5];
den=[1   -1.6  0.8];
dstep(num,den);
```

执行后得到如图 11.9 所示的阶跃响应曲线。

3. dbode，dnyquist，dnichols 函数

功能：分别求离散系统的 Bode 图、Nyquist 图和 Nichols 图，格式及用法相似，以 dbode 函数来说明。

格式：

[mag,phase,w] = dbode(num,den,Ts)

[mag,phase,w] = dbode(num,den,Ts,w)

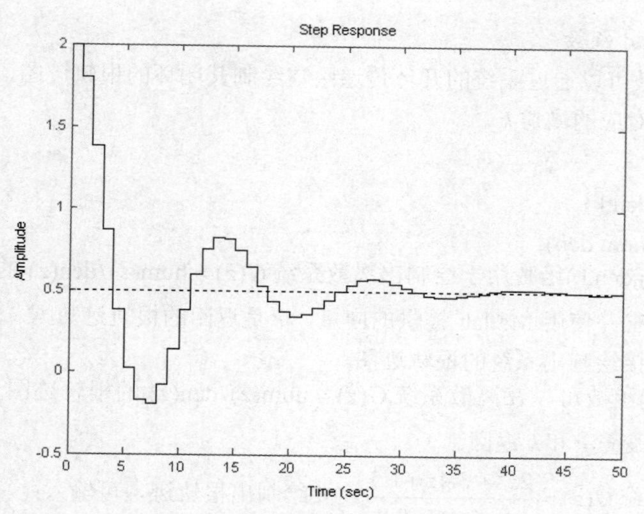

图 11.9　离散系统的阶跃响应曲线

说明：dbode(num,den,Ts)函数用于计算离散系统 $G(z)=\mathrm{num}(z)/\mathrm{den}(z)$ 的幅频和相频响应，当不带输出变量引用函数时，可以在当前图形窗口中直接绘制出系统的 Bode 图。

dbode(num,den,Ts,w)可利用用户指定的频率范围 w 来绘制系统的 Bode 图。

当带输出变量引用函数时，可得到系统 Bode 图的数据，而不直接绘制出 Bode 图。

举例：对离散系统 $G(z)=\dfrac{2z^2-3.4z+1.5}{z^2-1.6z+0.8}$，要求绘制出 Bode 图（设 $T_s=0.1$ 秒），可输入：

```
num=[2  -3.4  1.5];
den=[1   -1.6  0.8];
dbode(num,den,0.1);
title('Discrete Bode Plot')
```

执行后得到如图 11.10 所示的 Bode 图。

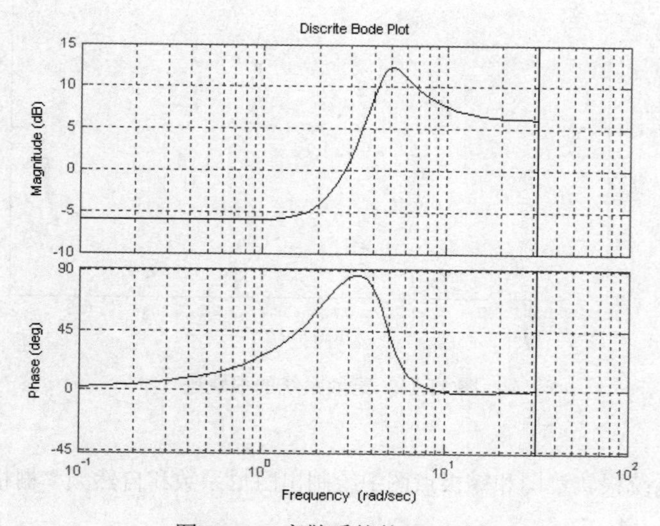

图 11.10　离散系统的 Bode 图

4．rlocus，rlocfind 函数

功能：rlocus 函数可以通过系统的开环传递函数绘制其闭环的根轨迹图，rlocfind 函数可以用来计算与指定特征根对应的增益 k。

格式：

```
r= rlocus(num,den,k)
[k,r]= rlocfind(num,den)
```

说明：rlocus(num,den,k)函数用于绘制出离散系统 $G(z)=\text{num}(z)/\text{den}(z)$ 的根轨迹图，其中 k 是系统增益，也可以缺省并使用 Matlab 提供的向量，r 是返回的根轨迹数据。如果不设返回值，则在当前图形窗口中直接绘制出系统的根轨迹图。

rlocfind(num,den)函数可以在离散系统 $G(z)=\text{num}(z)/\text{den}(z)$ 的根轨迹图上交互式选择特征根对应的增益，分别以变量 r 和 k 返回。

举例：对离散系统 $G(z)=\dfrac{2z^2-3.4z+1.5}{z^2-1.6z+0.8}$，要绘制出根轨迹，可输入：

```
num=[2 -3.4 1.5];
den=[1  -1.6  0.8];
k=0:1:200;
rlocus (num,den,k);
[k,r]=rlocfind (num,den);
```

执行后得到如图 11.11 所示的根轨迹，十字光标处的增益 $k=0.2462$，极点坐标为 r=0.8165＋0.3418i，0.8165–0.3418i。

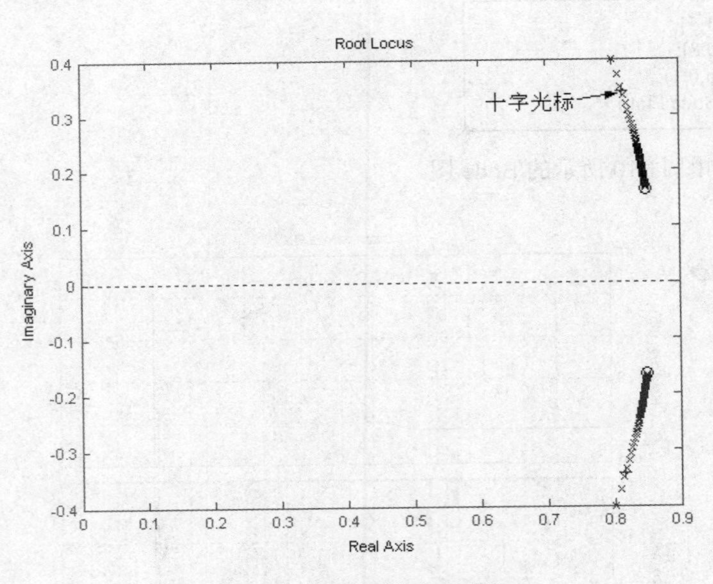

图 11.11　离散系统的根轨迹

5．zgrid 函数

功能：在离散系统根轨迹图和零极点图中绘制出阻尼系数和自然频率栅格线。

格式：

zgrid;

zgrid('new');

zgrid(z,Wn);

zgrid(z,Wn, 'new');

说明：zgrid 函数可在离散系统的根轨迹图或零极点图上绘制出栅格线，栅格线由等阻尼系数和自然频率线构成，阻尼系数线以步长 0.1 从 $\xi = 0$ 到 $\xi = 1$ 绘出，自然频率线以步长 π/10 从 10 到 π 绘出。

zgrid('new')函数先清除图形屏幕，然后绘制出栅格线，并设置成 hold on，使后续绘图命令能绘制在栅格上。

zgrid(z,Wn)可指定阻尼系数 z 和自然频率 Wn。非归一化频率的等频率线可采用 zgrid(z,Wn/Ts)绘制，其中 Ts 为采样时间。

zgrid(z,Wn, 'new')可指定阻尼系数 z 和自然频率 Wn，并在绘制栅格线之前清除图形屏幕窗口。

zgrid([ ],[ ])可绘制出单位圆。

举例：对离散系统 $G(z) = \dfrac{2z^2 - 3.4z + 1.5}{z^2 - 1.6z + 0.8}$，可输入：

```
num=[2  -3.4  1.5];
den=[1  -1.6  0.8];
axis('square');
zgrid('new');
rlocus(num,den);
title('Root  Locus')
```

执行后得到如图 11.12 所示的带栅格线的系统根轨迹。

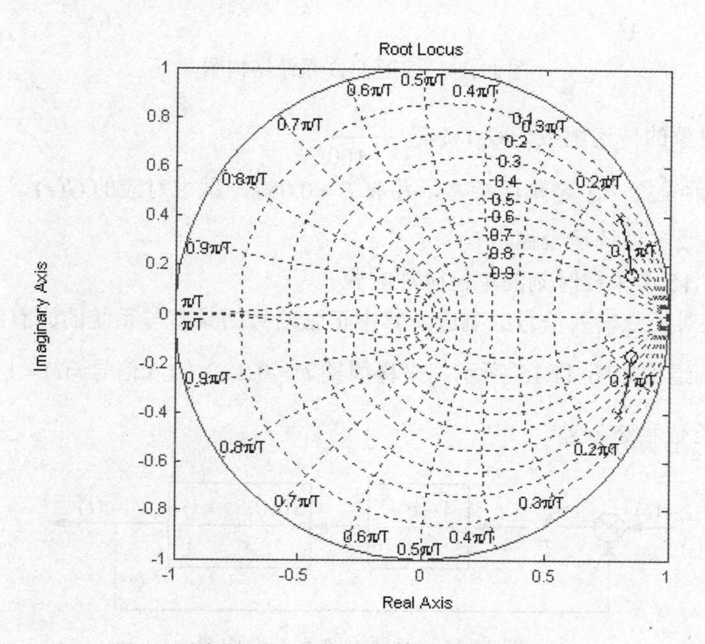

图 11.12　带栅格线的系统根轨迹

习题十一

11.1　试用 Z 变换法求解差分方程 $C(k+2)-3C(k+1)+2C(k)=R(k)$，已知 $R(k)=\delta(k)$ 及当 $k\leqslant 0$ 时，$C(k)=0$。

11.2　设有如图 11.13（a）（b）所示系统，分别求它们的脉冲传递函数 $\phi(z)=\dfrac{C(z)}{R(z)}$，假设所有采样器都是同步的，采样周期为 T。

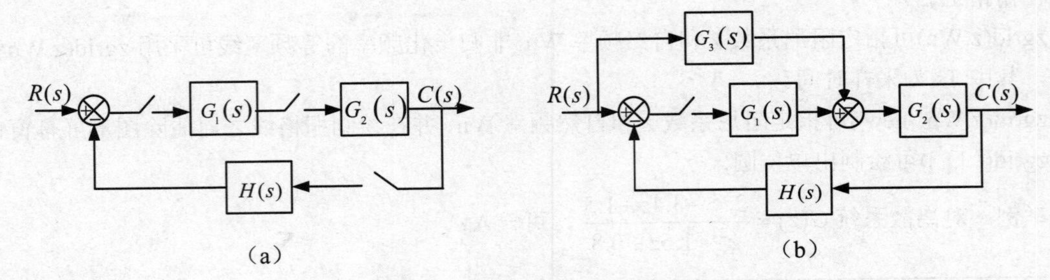

图 11.13　习题 11.2 系统结构图

11.3　试判断如图 11.14（a）（b）所示系统的稳定性。

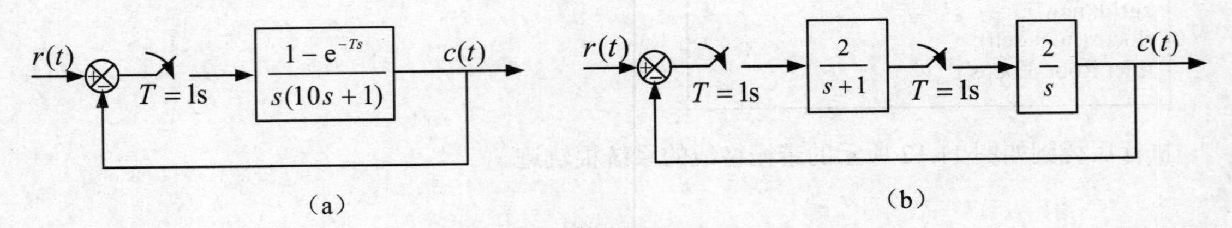

图 11.14　习题 11.3 系统结构图

11.4　若受控对象的传递函数为 $G_p(s)=\dfrac{100}{s^2+100}$

（1）在 $G_p(s)$ 前设置一个零阶保持器，并取 $T=0.05$ s，试求对应的 $G(z)$。

（2）试判断该数字系统是否稳定？

（3）画出在前 15 个采样时刻的单位脉冲响应。

（4）画出系统对正弦输入信号的响应，其中正弦信号的频率与系统的固有频率相同。

11.5　已知系统结构如图 11.15 所示，采样周期 $T=0.2$ s，输入信号 $r(t)=1+t+\dfrac{1}{2}t^2$，试求该系统在 $t\to\infty$ 时的终值稳态误差。

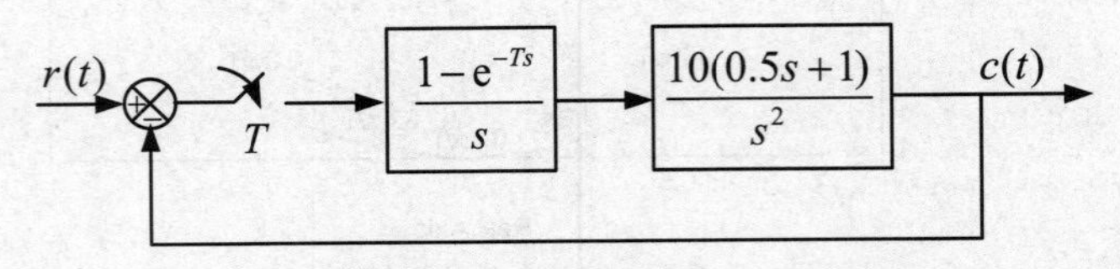

图 11.15　习题 11.5 系统结构图

11.6　已知系统结构图如图 11.16 所示，其中 $k=1$，$T=0.1$ 秒，$r(t)=1(t)+t$，试用静态误差系数法计算系统的稳态误差。

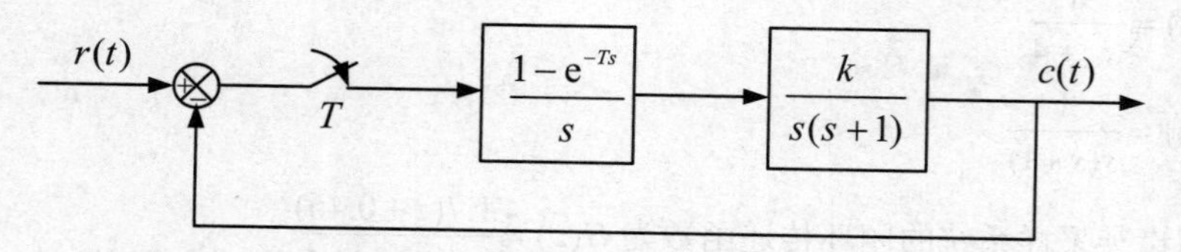

图 11.16　习题 11.6 系统结构图

11.7　已知系统的结构图如图 11.17 所示，其中 ZOH 为零阶保持器，采样周期 $T=0.25$ 秒。

（1）求使系统稳定的 k 值范围。

（2）当 $r(t)=2+t$ 时，欲使系统稳态误差小于 0.1，试求 k 值。

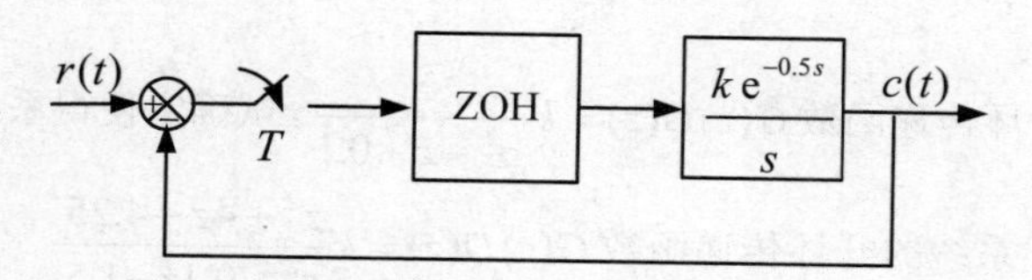

图 11.17　习题 11.7 系统结构图

11.8　采样系统的结构图如图 11.18 所示，图中采样周期 $T=0.1$ 秒。试确定在输入信号 $r(t)=t$ 作用下系统稳态误差 $e(\infty)=0.05$ 时的 k 值。

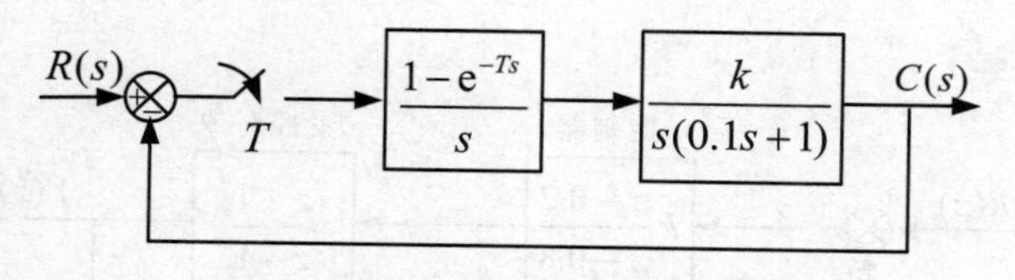

图 11.18　习题 11.8 系统结构图

11.9　对于图 11.19 所示的系统绘出其 z 域根轨迹，并确定使系统临界稳定的增益 k 值，其中 $T=0.5$ 秒。

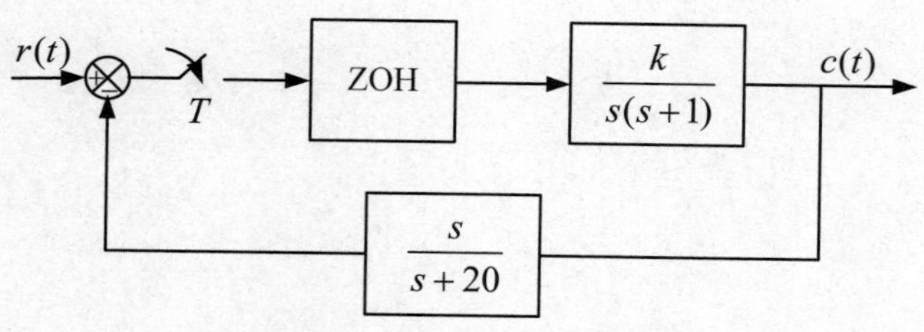

图 11.19　习题 11.9 系统结构图

11.10　给定系统 $G(z)=\dfrac{0.2145z+0.1609}{z^2-0.75z+0.125}$，用 Matlab 画出该系统的单位阶跃响应曲线，并验证响应的稳态值为 1。

11.11　试用 c2d 函数将下面各连续系统模型变换成离散系统模型。

（1）$G(s)=\dfrac{s+5}{s+4}$

（2）$G(s)=\dfrac{s}{s^2+4}$

（3）$G(s)=\dfrac{1}{s(s+1)}$

11.12　假设某采样系统的闭环传递函数为$G(z)=\dfrac{1.7(z+0.46)}{z^2+z+0.5}$

（1）分别用 dstep，dimpulse 函数确定系统的单位阶跃响应、单位脉冲响应。

（2）用 dlsim 函数确定系统在斜坡输入$r(t)=t$作用下的响应。

（3）若采样周期$T=0.1$秒，试用 d2cm 函数确定与$G(z)$等价的连续系统。

（4）分别用 step 函数、impulse 函数计算连续系统的单位阶跃响应、单位脉冲响应，并和（1）中的结果作比较。

11.13　某系统的开环传递函数$G(z)D(z)=k\dfrac{z}{z^2-z+0.1}$，试确定使得系统稳定的$k$的取值范围。

11.14　考虑某采样系统的开环传递函数$G(z)D(z)=k\dfrac{z^2+4z+4.25}{z^2-0.1z-1.5}$

（1）利用 rlocus 函数绘制系统的根轨迹。

（2）利用 rlocfind 函数确定使系统稳定的k的取值范围。

11.15　考虑如图 11.20 所示的单位负反馈数字系统，试绘制该系统的根轨迹，并确定使系统稳定的k的取值范围。

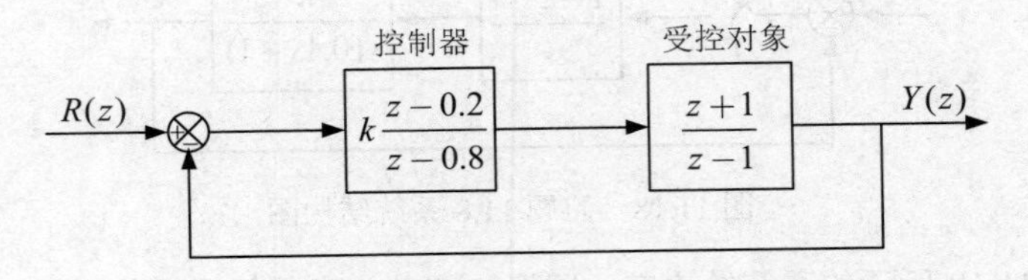

图 11.20　单位负反馈数字控制系统

第 12 章

高炮随动控制系统的性能分析

在第 7 章的分析中已经得到了高炮随动控制系统在多种情况下的开环和闭环传递函数，包括只有角位置反馈时、角位置和角速度同时反馈时、角位置和角速度以及角加速度三者同时反馈时。基于传递函数模型，可以分析系统的各种性能，包括稳定性、瞬态性能以及稳态性能。本章将采取多种分析方法对高炮随动控制系统的性能进行分析，也是第 8、9、10 章内容的综合应用。

12.1　高炮随动控制系统的稳定性分析

按照第 8 章的介绍，稳定性分析可以采用多种手段进行，例如 Routh-Hurwitz 判据、根轨迹分析以及频率响应分析等，本节将对各种反馈情况下高炮随动控制系统的稳定性采用多种方法进行分析。

12.1.1　Routh-Hurwitz 判据分析系统稳定性

根据 7.2.2 节中得到的只有角位置反馈时的闭环传递函数：

$$\Phi_1(s)=\frac{K_G K_e C_m}{T_m s^2+s+K_G K_e C_m} \tag{12.1}$$

可知此时闭环系统为典型的二阶系统。考虑参数 T_m, K_G, K_e, C_m 的实际物理意义，其取值皆应为大于零的实数。依据 Routh-Hurwitz 判据，无需列 Routh 表，即可知道该闭环系统一定是稳定的二阶系统。

当含有角位置和角速度两种反馈时，闭环传递函数为：

$$\Phi_2(s)=\frac{K_G K_e C_m}{T_m s^2+(1+K_G K_e C_m K_v)s+K_G K_e C_m} \tag{12.2}$$

此时闭环系统仍为典型的二阶系统，而且特征方程中各项的系数也均为正数，因此，该闭环系统也是稳定的二阶系统。

当同时含有角位置、角速度和角加速度三种反馈时，闭环传递函数为：

$$\Phi_3(s)=\frac{K_G K_e C_m K_m}{(K_m T_m+K_a J K_G K_e C_m)s^2+(K_m+K_{va} K_G K_e C_m)s+K_G K_e C_m K_m} \tag{12.3}$$

同样可以得出闭环稳定的结论。

12.1.2　根轨迹分析系统稳定性

上述闭环系统的稳定性结论还可以通过根轨迹分析得出。例如，当只有角位置反馈时，其开环传递函数为：

$$G_1(s)=\frac{K_G K_e C_m}{s(T_m s+1)} \tag{12.4}$$

可以绘制出其根轨迹图的大致形状如图 12.1 所示，其中两个开环极点分别为 0、$-\dfrac{1}{T_m}$，当增益为 $K_1^*=K_G K_e C_m$ 时，其对应的阻尼角为 β_1。由于此时系统的根轨迹分布在 s 平面的左半面，因此闭环系统一定是稳定的。

同样地，当含有角位置和角速度两种反馈时，系统的开环传递函数为：

$$G_2(s)=\frac{K_G K_e C_m}{s(T_m s+1+K_G K_e C_m K_v)} \tag{12.5}$$

对应的根轨迹如图 12.2 所示。可见此时根轨迹仍然分布在 s 平面的左半面，闭环系统也是稳定的。只是此时开环极点为 0 和 $-\dfrac{1+K_G K_e C_m K_v}{T_m}$，其中第二个极点相比图 12.1 中更远离虚轴，因此根轨迹的分离点也更远离虚轴，导致系统的相对稳定性比图 12.1 对应的系统更高些。

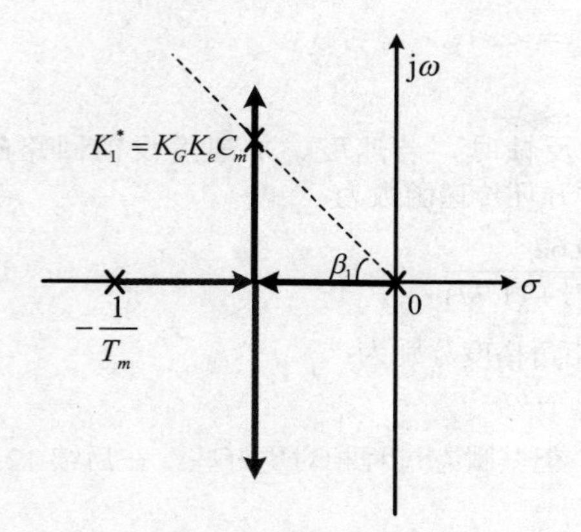

图 12.1　只有角位置反馈时的根轨迹

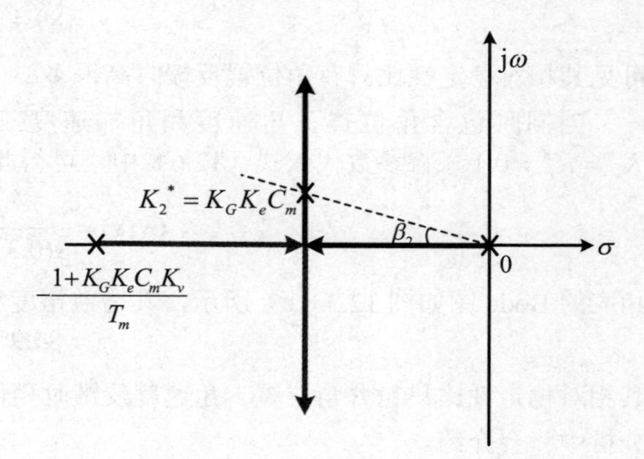

图 12.2　含有角位置、角速度反馈时的根轨迹

对于含有角位置、角速度以及角加速度三种反馈时的系统，其开环传递函数为：

$$G_3(s) = \frac{K_G K_e C_m K_m}{s[(K_m T_m + K_a J K_G K_e C_m)s + (K_m + K_{va} K_G K_e C_m)]} \tag{12.6}$$

可以确定根轨迹的形状与前两种情况完全相同，只是由于其中包含更多参数，不太容易确定其分离点的具体位置，因此其相对稳定性难以确定。但是另一方面，设计人员也可以根据对系统性能的要求，灵活地调整多个参数，从而达到性能指标的要求。

12.1.3　频率响应分析系统稳定性

根据 12.1.2 节中多种情况下的开环传递函数式（12.4）（12.5）（12.6），可以分别绘制出对应的极坐标图或 Bode 图，从而可以确定相应闭环系统的稳定性以及相对稳定程度。

假设所采用的直流电动机的转矩系数 $K_m = 0.1379\text{N}\cdot\text{m/A}$，电机转子、减速器、负载的转动惯量折算后的等效转动惯量 $J = 10.91\times10^{-3}\text{N}\cdot\text{m}\cdot\text{s}^2/\text{rad}$，等效摩擦系数 $b = 0.268\text{N}\cdot\text{m}\cdot\text{s/rad}$，反电势系数 $K_b = 0.838\text{V}\cdot\text{s/rad}$，电枢回路电阻 $R_a = 1.36\Omega$，电子管和交磁放大电机的放大系数 $K_G K_e = 1000$。利用上述参数可以分别求出直流电动机的传递系数 C_m 和时间常数 T_m：

$$C_m = \frac{K_m}{bR_a + K_b K_m} = 0.2873 \tag{12.7}$$

$$T_m = \frac{R_a J}{bR_a + K_b K_m} = 0.0309 \tag{12.8}$$

因此，只有角位置反馈时的开环传递函数为：

$$G_1(s) = \frac{287.3}{s(0.0309s + 1)} \tag{12.9}$$

据此可以绘制相应的 Bode 图，如图 12.3（a）所示。从图上可以看出，其增益裕度和相角裕度均大于零，因此闭环系统一定是稳定的，而且可以得到两个裕度指标分别为：

$$\gamma = 19°, K_g = \infty$$

当同时包含角位置和角速度反馈时，若速度反馈回路的增益 $K_v = 0.1$，则开环传递函数为：

$$G_1(s) = \frac{287.3}{s(0.0309s + 29.73)} \tag{12.10}$$

相应的 Bode 图如图 12.3（b）所示，其增益裕度和相角裕度分别为：

$$\gamma = 89.4°, K_g = \infty$$

可见其相对稳定性比只有角位置反馈时高得多。

当同时包含角位置、角速度和角加速度三种反馈时，若速度、加速度反馈回路的增益$K_v = K_a = 0.1$，将参数代入式（12.6）中，可得此时开环传递函数为：

$$G_3(s) = \frac{39.62}{s(0.3177s + 11.77)} \tag{12.11}$$

相应的 Bode 图如图 12.3（c）所示，其增益裕度和相角裕度分别为：

$$\gamma = 84.9°, K_g = \infty$$

其相对稳定性比只包含角位置、角速度反馈时稍低，但其瞬态过程相对更好些，在后续 12.2 节的分析中将会介绍。

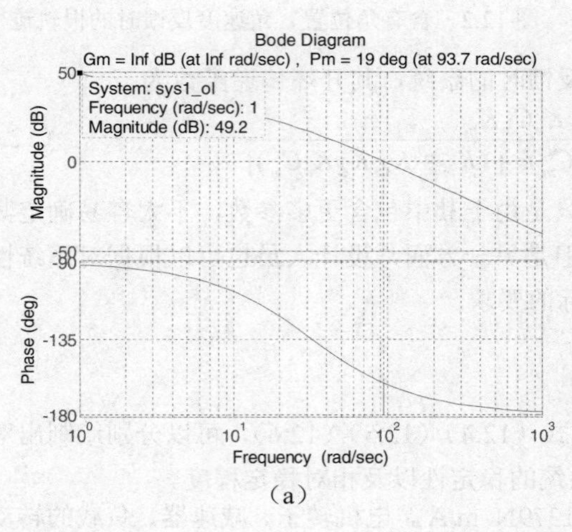

（a）

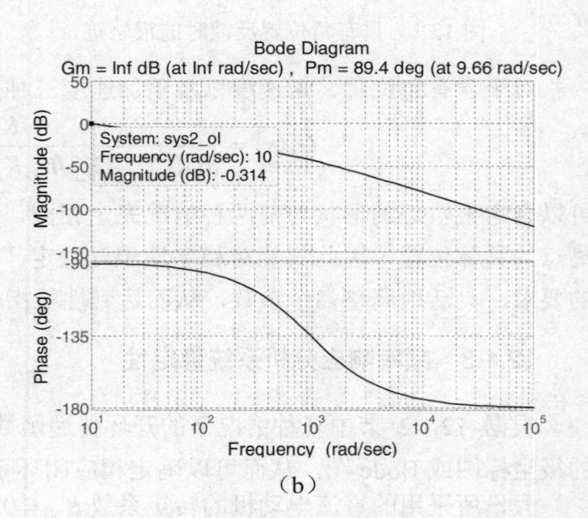

（b）

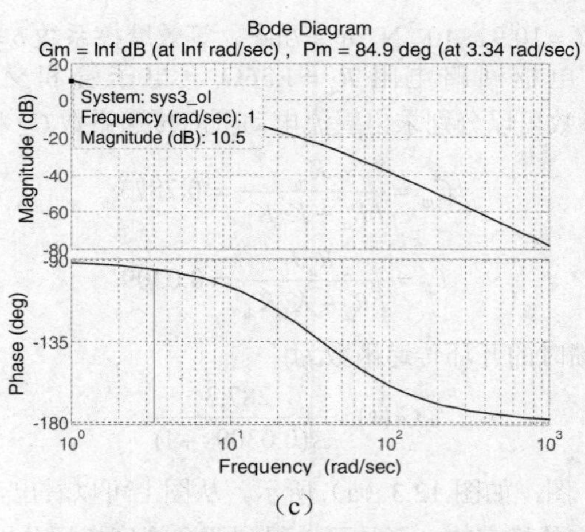

（c）

图 12.3　三种情况下系统的开环 Bode 图

12.2　高炮随动控制系统的瞬态性能

第 9 章中曾介绍了用多种方法分析系统的瞬态性能，例如时域响应分析、根轨迹分析以及频率响应分析，本节将应用这些方法对各种情况下高炮随动控制系统的瞬态性能进行分析。

12.2.1　时域响应分析系统瞬态性能

前面式（12.9）已经给出了只有角位置反馈时的开环传递函数，相应的闭环传递函数为：

$$\Phi_1(s)=\frac{287.3}{0.0309s^2+s+287.3} \tag{12.12}$$

式（12.10）给出了采用角位置、角速度反馈时的开环传递函数，相应的闭环传递函数为：

$$\Phi_2(s)=\frac{287.3}{0.0309s^2+29.73s+287.3} \tag{12.13}$$

式（12.11）给出了同时含有角位置、角速度、角加速度反馈时的开环传递函数，相应的闭环传递函数为：

$$\Phi_3(s)=\frac{39.62}{0.3177s^2+11.77s+39.62} \tag{12.14}$$

由上述三个闭环传递函数，可以将它们的单位阶跃响应曲线绘制在同一张图中，如图 12.4 所示，从而比较它们的性能。

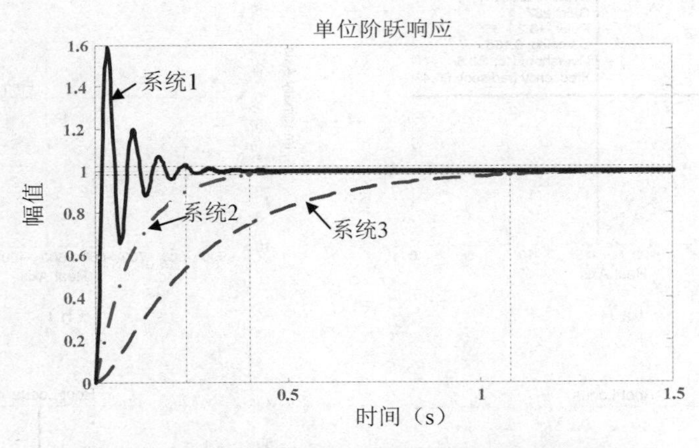

图 12.4　三种情况下闭环系统的单位阶跃响应曲线

只有角位置反馈时，系统的阻尼比较小，由式（12.12）可以求出 $\zeta_1=0.1678$，相应的超调量较大，可以求出为 $\sigma_1\%=58.58\%$。在图 12.4 中，实线表示了此时系统的单位阶跃响应情况，可以看到阶跃响应速度很快，但在 0.24 秒的时间内就有 3 次振荡，而且振荡幅度很大，这样的响应对于高炮随动控制系统来说是不可接受的。

当采用角位置、角速度同时反馈时，由式（12.13）可以求出系统的阻尼比 $\zeta_2=4.9891$，此时系统为过阻尼二阶系统。在图 12.4 中，点划线表示此时系统的单位阶跃响应情况，可以看到阶跃响应中没有超调，也没有振荡，2%准则下的调节时间为 0.402 秒，这样的响应对于高炮随动控制系统来说显得有些过于快速。

当同时采用角位置、角速度、角加速度三种反馈时，由式（12.14）可以求出系统的阻尼比 $\zeta_3=1.6573$，此时系统仍为过阻尼二阶系统。在图 12.4 中，虚线表示此时系统的单位阶跃响应情况，可以看到阶跃响应中仍然没有超调和振荡，2%准则下的调节时间为 1.08 秒，这样的响应对于高炮随动控制系统来说应该比较合适。

12.2.2 根轨迹分析系统瞬态性能

根据 12.1.3 节给出的三种情况下的开环传递函数，可以绘制各自的根轨迹图，例如，由式(12.9)可以绘制出只有角位置反馈时的根轨迹，如图 12.5（a）所示，其中标出了当根轨迹增益达到 287 时，一个闭环极点所在的位置以及对应的阻尼比、超调量和固有频率。此时的闭环极点分布在 s 平面上，因此是典型的欠阻尼二阶系统，与前面时域响应分析的结论一致。

由式（12.10）可以绘制出含有角位置、角速度两种反馈时的根轨迹，如图 12.5（b）所示，同样标出了当根轨迹增益接近 287 时一个闭环极点所在的位置，可以看到此时闭环极点位于实轴上，因此是典型的过阻尼二阶系统，不存在超调量和振荡。图 12.5（b′）为图 12.5（b）的局部放大图，可以更方便地找出根轨迹增益为 287 时闭环极点的位置，此时闭环极点位于实轴上–9.76 处，可以求出 2%准则下的系统调节时间大约为 $\dfrac{4}{9.76}=0.4098$ 秒，与前面的分析结论相同。

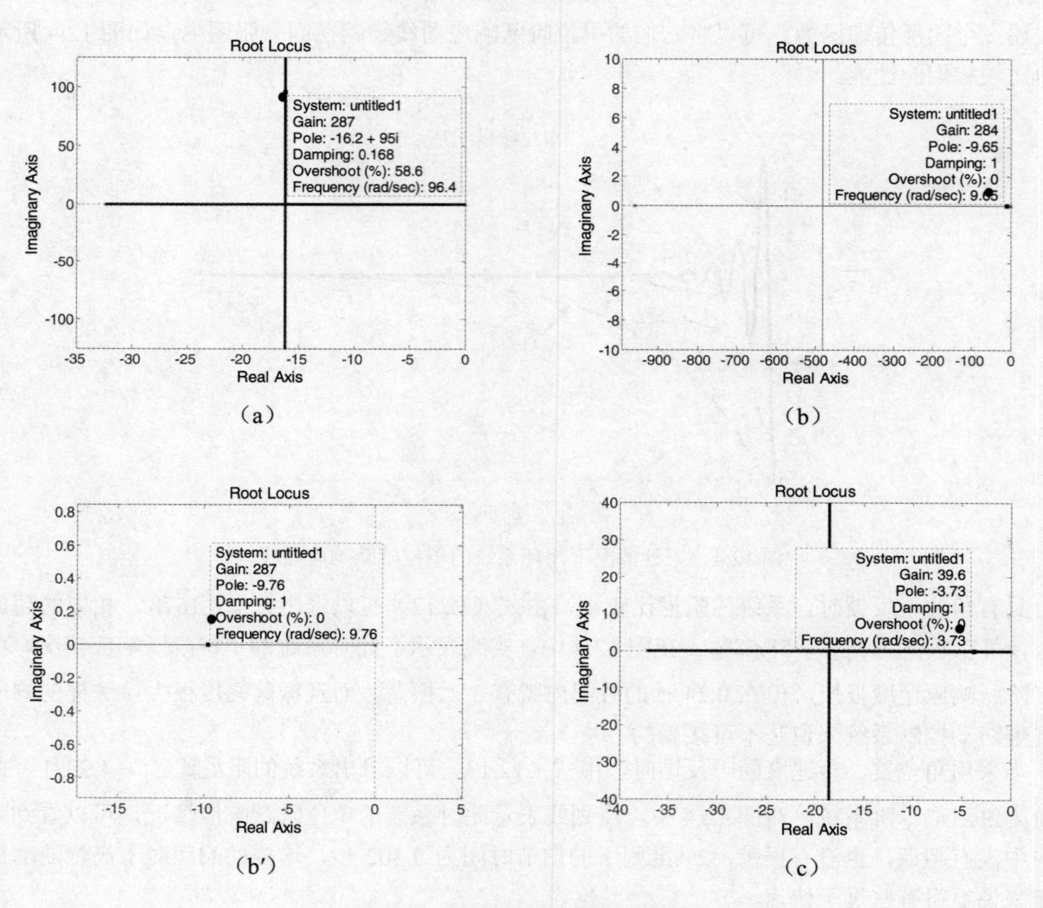

图 12.5 三种情况下的根轨迹图

由式（12.11）可以绘制出含有角位置、角速度、角加速度三种反馈时的根轨迹，如图 12.5（c）所示，其中标出了当根轨迹增益为 39.6 时闭环极点所在的位置，此时闭环极点仍位于实轴上，因此也是典型的过阻尼二阶系统，不存在超调量和振荡。由于闭环极点位于–3.73 附近，可以求出

2%准则下的系统调节时间大约为 $\frac{4}{3.73}=1.07$ 秒。

12.2.3　频率响应分析系统瞬态性能

图 12.3（a）（b）（c）已经给出了三种情况下的开环 Bode 图，从中可以找出各系统的开环幅值穿越频率分别为 $\omega_{c1}=93.7\text{rad/s}$，$\omega_{c2}=9.66\text{rad/s}$，$\omega_{c3}=3.34\text{rad/s}$。开环幅值穿越频率也可以反映系统时域响应的速度，该频率值越高，系统响应越快，因此只有角位置反馈时系统的响应是最快的，但由于相角裕度小，此时系统的瞬态过渡过程也是最不平稳的。这与前面的时域响应分析的结论是一致的。

系统的瞬态性能还可以从闭环频率特性曲线上进行分析。由式（12.12）、式（12.13）、式（12.14）可以分别绘制出三种情况下系统的闭环 Bode 图，如图 12.6（a）（b）（c）所示。

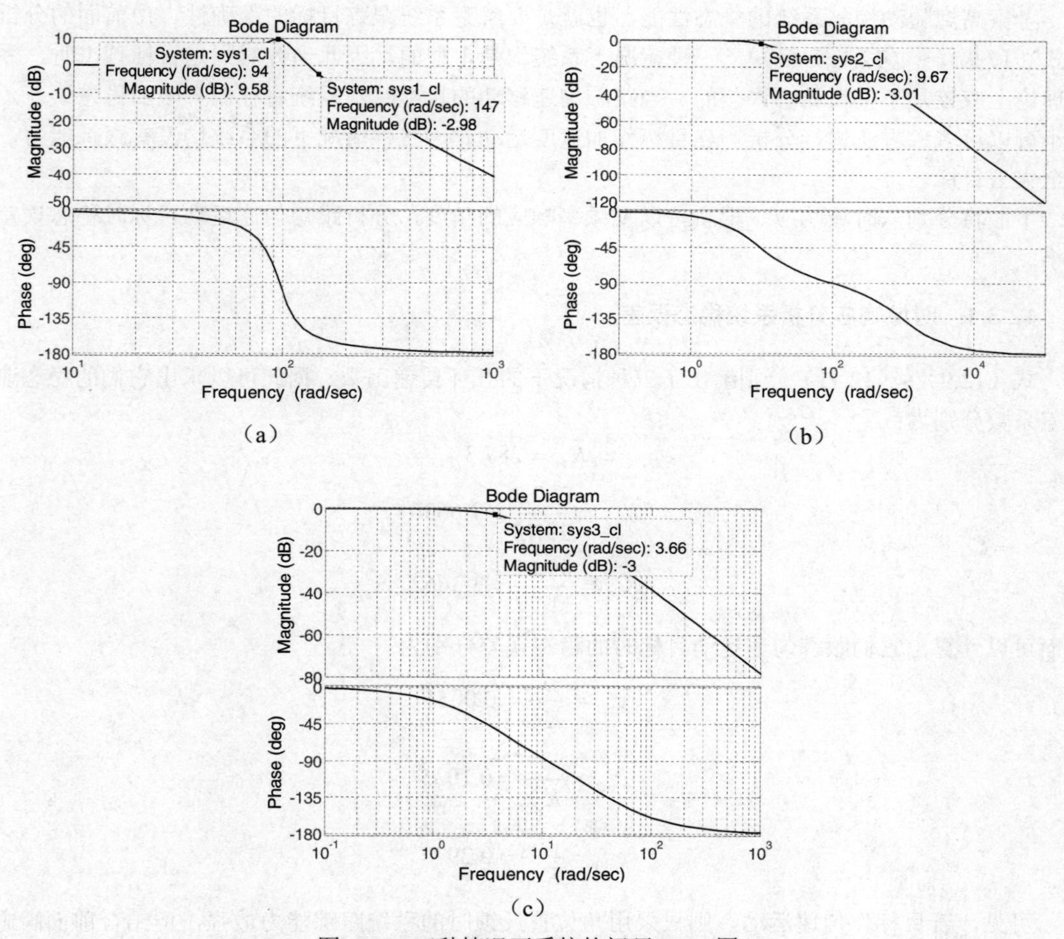

图 12.6　三种情况下系统的闭环 Bode 图

由图 12.6（a）可知，只有角位置反馈时，系统的幅频特性曲线将出现谐振频率和谐振峰值，说明此时系统的阻尼比是小于 1 的。而且由图中给出的谐振峰值的数值 $M_r=9.58\,\text{dB}$，按照下面的公式可以推算出系统阻尼比的大小：

$$20\lg\frac{1}{2\zeta\sqrt{1-\zeta^2}}=9.58 \tag{12.15}$$

求出阻尼比$\zeta=0.1682$，与12.2.1节求出的非常接近。

而图12.6（b）（c）给出的闭环幅频特性曲线均没有谐振峰值出现，说明后两种情况下的闭环系统均为过阻尼二阶系统。三种情况下系统的区别还在于它们的带宽不同，即幅频特性曲线从0下降到3dB时对应的频率不同，从图12.6中可以找出分别是$\omega_{B1}=147\,\text{rad/s}$、$\omega_{B2}=9.67\,\text{rad/s}$、$\omega_{B3}=3.66\,\text{rad/s}$。带宽越宽，时域响应的速度越快，即只有角位置反馈时的闭环系统响应最快，而三种反馈同时应用时的闭环系统响应最慢。

12.3 高炮随动控制系统的稳态性能

考察高炮随动控制系统的稳态性能，也就是要考察系统跟踪目标的准确性。由前面的分析及公式（12.9）～（12.11）可知，三种情况下系统均是Ⅰ型的，因此当针对固定目标打击时，系统在理论上应该是不存在稳态误差的。当跟踪匀速移动的目标时，系统将存在有限的稳态误差，其大小可以用多种方法进行分析。当目标作加速度运动时，三种情况下的系统均没有跟踪能力，即完全失去目标。

下面将分别从时域响应、根轨迹以及频率响应的角度，分析跟踪匀速运动目标时稳态误差的大小。

12.3.1 时域响应分析系统稳态误差

式（12.9）～（12.11）分别给出了三种情况下的开环传递函数，据此可以求出它们的稳态速度误差系数分别为：

$$K_{v1}=287.3$$

$$K_{v2}=\frac{287.3}{29.73}=9.6636$$

$$K_{v3}=\frac{39.62}{11.77}=3.3662$$

从而可以计算出它们跟踪匀速运动目标时的稳态误差分别为：

$$e_{ss1}=\frac{1}{K_{v1}}=0.0035$$

$$e_{ss2}=\frac{1}{K_{v2}}=0.1035$$

$$e_{ss3}=\frac{1}{K_{v3}}=0.2979$$

可见，若目标作匀速运动，则只采用角位置反馈时的系统跟踪能力最强，但结合前面瞬态性能的分析可知，系统在跟踪过程中会出现较剧烈的振荡，因此对系统的结构、强度及减振设计提出了较高要求。同时采用三种反馈形式的系统稳态误差最大，但整个跟踪过程过渡较为平稳。图12.7（a）给出了三种情况下系统跟踪单位速度信号时的时域响应曲线，图12.7（b）为跟踪起始阶段的局部放大图，可以更清楚地看到只有角位置反馈时系统响应的振荡情况。

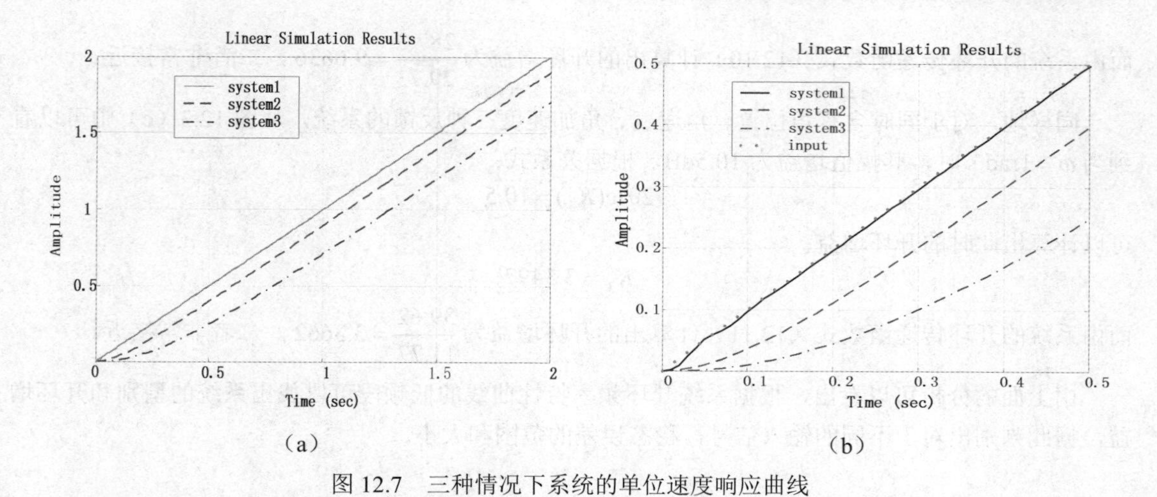

图 12.7　三种情况下系统的单位速度响应曲线

12.3.2　根轨迹分析系统稳态误差

由图 12.5 可知，三种情况下系统在 s 平面原点处均存在一个开环极点，因此系统都是Ⅰ型的，当跟踪匀速运动目标时将存在有限的稳态误差。然而其稳态误差的大小并不能直接在根轨迹图上比较出来，因为根轨迹图上标出的是各闭环极点处的根轨迹增益，依据式（10.33），与开环增益之间相差一个由开环零极点构成的比例系数，因此必须进行换算后才能求出相应的稳态误差系数，最终求出稳态误差的大小。这里不再进行赘述，读者可以参照 10.4 节自行分析。

12.3.3　频率响应分析系统稳态误差

通过频率响应方法分析系统的稳态误差，主要是从系统开环频率特性曲线的低频段得到系统的型别、开环增益大小等信息。而三种情况下的系统开环频率特性曲线已在图 12.3（a）（b）（c）中分别给出，可以看到低频段幅频特性曲线的斜率均为–20dB/dec，而且相频特性曲线在低频段均为–90°，因此可以断定三种系统均为Ⅰ型系统，当跟踪匀速运动的目标时将存在有限的稳态误差。而稳态误差的大小可以从低频段幅频特性曲线上求出开环增益（即稳态速度误差系数）后再得到。

对于只有角位置反馈的系统，从图 12.3（a）中可以看到当 $\omega = 1\text{rad/s}$ 时，其幅值增益为 49.2dB，根据关系式：

$$20\lg K_1 = 49.2$$

可以计算出此时的开环增益：

$$K_1 = 288.4$$

与系统的开环传递函数式（12.9）中分子上的 287.3 非常接近。

对于含有角位置、角速度反馈的系统，从图 12.3（b）中可以看到当 $\omega = 10\text{rad/s}$ 时，其幅值增益为–0.314dB，根据关系式：

$$20\lg\left(\frac{K_2}{10}\right) = 49.2$$

可以计算出此时的开环增益：

$$K_2 = 9.645$$

而由系统的开环传递函数式（12.10）计算出的开环增益为$\dfrac{287.3}{29.73}=9.6636$，二者非常接近。

同样地，对于同时含有角位置、角速度、角加速度三种反馈的系统，从图 12.3（c）中可以看到当$\omega=1\text{rad/s}$时，其幅值增益为 10.5dB，根据关系式：

$$20\lg(K_3)=10.5$$

可以计算出此时的开环增益：

$$K_3=3.3497$$

而由系统的开环传递函数式（12.11）计算出的开环增益为$\dfrac{39.62}{11.77}=3.3662$，二者非常接近。

由上面的分析可以看出，根据系统开环频率特性曲线的低频段可以找出系统的型别和开环增益，据此判别出对于不同的输入信号，稳态误差的范围和大小。

习题十二

12.1　本章给出了用多种方法分析高炮随动控制系统的稳定性、瞬态性能、稳态性能的结果，试利用 Matlab 自行实现这些分析过程，并绘制出分析结果。

12.2　在本章的分析中没有考虑负载变化对系统性能的影响，试在习题 7.2 的基础上，分析各种反馈情况下负载变化对系统的影响，并比较这种影响受抑制的程度。

12.3　如果在高炮随动控制系统的各反馈回路中，不是采用简单的比例控制，而是采用更复杂的比例/微分、比例/积分甚至比例/微分/积分控制，整个控制系统的性能如何变化？调整控制器的参数对系统性能有何影响？

设 计 篇

控制系统的设计，包括任务分析、指标确定、方案选择、原理设计和工程实现等方面的工作。设计过程中，不仅要考虑技术上的要求，还要兼顾经济性、可靠性以及使用维护的方便性等工程方面的要求。本篇主要讨论其中的原理设计，通常也称为系统综合，即根据给定的性能指标和受控系统的固有特性，设计出一个能满足性能指标要求的控制系统。

需要强调，本篇所讨论的系统设计指的是：在控制系统中引入适当的校正装置，对原系统的性能缺陷进行校正使之满足性能指标的要求。这里所说的“原系统”是指未加校正装置之前的控制系统，包括受控对象、相应的执行机构、功率放大器以及检测装置等。并且总是假定在加入新的校正装置之前，已经对原系统的性能进行了充分的调试、优化，仍不能达到期望的性能指标要求。而在校正装置的设计过程中，通常认为原系统的结构、参数已经固化且不再改变，因此有时又称原系统为整个系统的“固有部分”。

另外，性能指标是系统设计的出发点和归宿点，要求其既能反映生产工艺过程或设计任务对控制系统的技术要求，又要切合实际，因此并不是性能指标提的越高越好。性能指标过高将可能导致系统结构变得复杂，可靠性降低，成本提高，甚至系统无法实现。

整体而言，校正装置接入控制系统有三种基本方式：串联、反馈以及前馈；校正装置的设计也有三种基本方法：基于根轨迹的零极点配置法、基于 Bode 图的频率域设计法、基于状态空间的零极点配置法。本篇将在全面讨论上述内容之外，将知识扩展到离散控制系统的设计、PID 控制、鲁棒控制、最优控制等前沿控制理论内容。最后，还将对全书的循序渐进案例——高炮随动控制系统进行校正装置的设计。

第 13 章

控制系统的校正设计

仅仅通过改变控制系统开环增益，实现对系统性能的改善，其效果往往是有限的。如果需要系统在保持平稳性的前提下，又要实现良好的快速性，就需要引入外部校正装置对系统性能的缺陷进行校正，串联校正是其中最常见的控制系统校正方式，也是经典控制理论中有关控制系统设计的主要方法之一。本章将介绍超前校正装置和滞后校正装置两种常见的串联校正方式，分析校正装置的特性及作用原理。然后分别介绍采用频率响应法和根轨迹法设计串联校正参数的原理和一般步骤。

13.1　校正的基本方式

在前面的分析篇里，我们主要研究系统结构和参数已知的条件下，系统的运动规律以及系统特性与系统结构和参数之间的关系。从这一章开始，我们将讨论系统的设计问题，即根据生产工艺过程或某项任务对控制系统的要求，设计一个能满足技术要求，同时具备经济性和实用性的控制系统，这个问题通常又称为系统的综合。

系统综合的常用手段有两种：一是通过调节放大器增益来实现，二是改变系统的结构，有意引入改善系统特性的附加装置来对系统的性能进行改善和调节，通常称这类装置为校正装置。

对于第一种调节系统性能的方法，即改变控制系统开环增益，对系统性能的改善是有限的。提高系统增益，虽然能够降低控制系统稳态误差，但同时会引起超调增大，相对稳定性变差，甚至直接导致控制系统失稳。即便是在稳定范围内，系统暂态性能当中的平衡性（超调量）和响应的快速性（上升时间与峰值时间）的要求往往是矛盾的，如例 9.1 曾说明，对于二阶系统而言，增大开环增益，可以提高系统响应的快速性，但却加剧了系统的振荡。反之，如果减小开环增益，虽然可以提高系统运行的平稳性，但会使得系统响应变慢。如果需要系统在保证平稳性的前提下，又实现良好的快速性，就需要引入校正装置对系统特性缺陷进行校正。

根据校正装置接入系统的特点，反馈控制系统校正的基本方式有两种：串联校正和局部反馈校正。

1. 串联校正

如果校正装置 $G_c(s)$ 与受控对象 $G(s)$ 相串联，如图 13.1（a）所示，则称这种校正方式为串联校正。串联校正的特点是：校正装置通常串接在前向通道中能量较低的部分，便于对信号进行变换、运算以及参数调节；校正装置设计相对简单且易于实现。其不足之处在于：抗干扰能力只能依靠反馈回路来保证，而校正装置本身对受控系统因扰动和不确定性因素作用而造成的特性或参数的变化缺少抑制的能力。

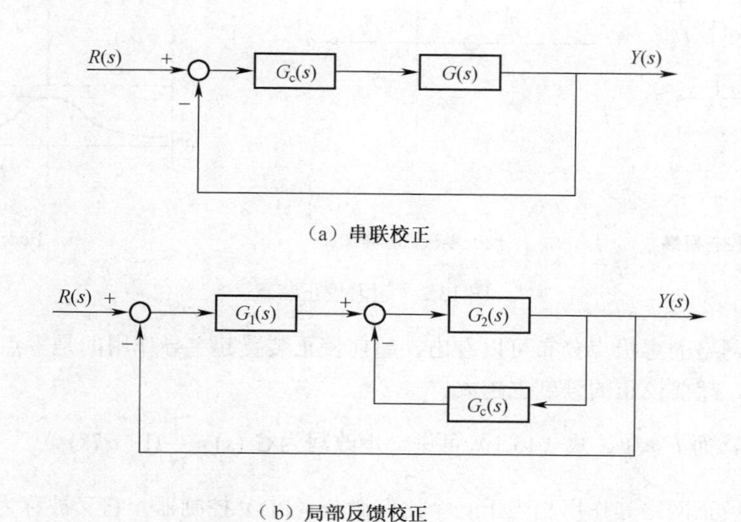

图 13.1　校正的基本方式

2. 局部反馈校正

如果校正装置与受控系统（或其部分环节）构成一个局部反馈回路，而校正装置设置在反馈通道上，如图 13.1（b）所示，则称这种校正方式为局部反馈校正（或简称反馈校正）。与串联校正相比较，局部反馈校正能够构成一个局部反馈回路，能够有效抑制作用于被局部反馈环包围的受控系统（或其部分环节）上的扰动和不确定性因素的影响。在特性要求较高的控制系统中，往往同时使用串联校正与局部反馈校正。如在图 13.1（b）中，$G_1(s)$ 可以表示为包含串联校正装置与受控系统部分环节的传递函数。

13.2 常用的串联校正网络及其性质

在工程上常用的串联校正装置包括超前校正网络和滞后校正网络。经过精心设计的串联校正网络，可以按照要求改变闭环系统的根轨迹或频率响应。

13.2.1 超前校正网络的频率特性及其特点

下面以图 13.2（a）所示的电气无源超前校正网络为例，讨论超前校正网络的特点和响应特性。采用复阻抗法，可以得到该网络的传递函数为：

$$G_c(s)=\frac{1}{\alpha}\frac{1+\alpha Ts}{1+Ts} \tag{13.1}$$

其中，$\alpha=\dfrac{R_1+R_2}{R_2}>1$；$T=\dfrac{R_1R_2C}{R_1+R_2}$。相应的超前校正网络的零极点分布如图 13.2（b）所示。

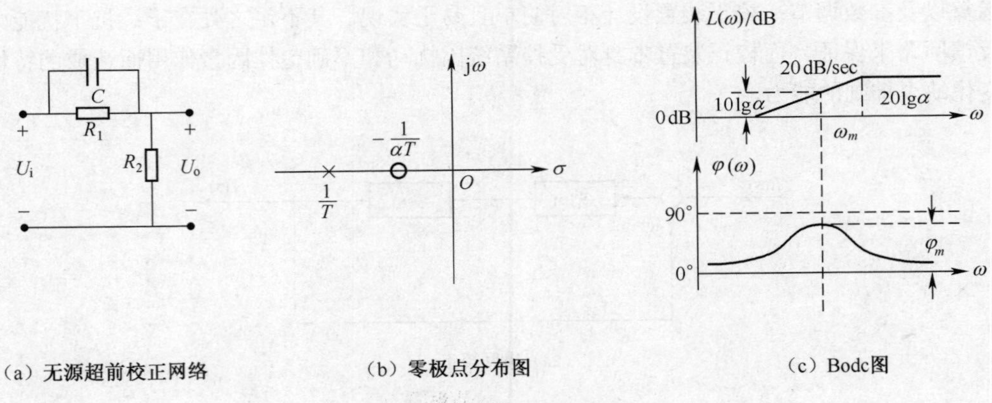

图 13.2 超前校正装置

从超前校正网络的零极点分布可以看出，超前校正装置起主导作用的是零点，α 越大零点的主导作用便越强，超前校正的强度也越大。

如果 α 较大，而 $T\ll 1$，式（13.1）可进一步改写为 $G_c(s)\approx\dfrac{1}{\alpha}(1+\alpha Ts)$。

因此，超前校正网络其作用相当于一个比例微分（PD）控制器，它又被称为微分型的串联校正网络。

超前校正网络的对数频率特性如图 13.2（c）所示。其中相频特性为：

$$\varphi(\omega)=\tan^{-1}\alpha T\omega-\tan^{-1}T\omega=\tan^{-1}\frac{(\alpha-1)T\omega}{1+\alpha T^2\omega^2}>0 \tag{13.2}$$

式（13.2）表明，超前校正装置能够产生一个超前相角（即 $\varphi(\omega)>0$），该装置因此得名。将式（13.2）对频率 ω 求导，并令 $\mathrm{d}\varphi(\omega)/\mathrm{d}\omega=0$，可求得该网络产生最大超前相角时对应的频率为：

$$\omega_m=\frac{1}{T\sqrt{\alpha}}=\sqrt{ZP} \tag{13.3}$$

其中 $Z=-\frac{1}{\alpha T}$，$P=-\frac{1}{T}$ 分别为超前校正网络的零点和极点。

式（13.3）表明，最大超前相角 φ_m 仅与 α 有关。图 13.3 显示，当 $\alpha>14$（即 $\varphi_m>60°$）时，增大 α 所能获得 φ_m 的提高是很有限的。此时，可以将多个 1 阶校正网络串联在一起，构成高阶校正网络，以获得较大的超前相角。

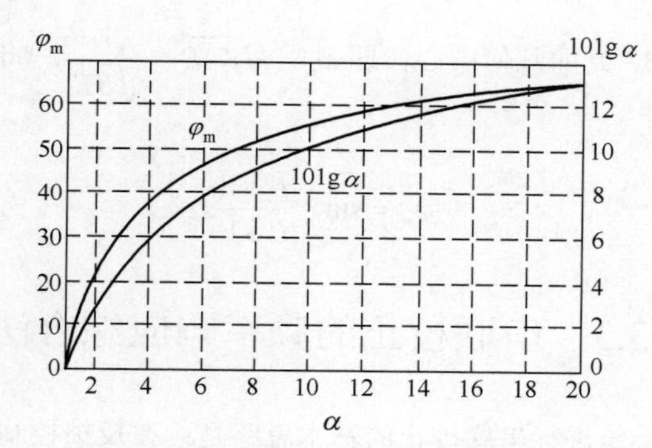

图 13.3　不同 α 取值对超前校正网络性能的影响

13.2.2　滞后校正网络的频率特性及其特点

图 13.4（a）所示为工程上常见的电气无源滞后校正网络。该网络的传递函数可表示为：

$$G_c(s)=\frac{1+\beta Ts}{1+Ts} \tag{13.4}$$

式中 $T=(R_1+R_2)C$；$\beta=\frac{R_2}{R_1+R_2}<1$。滞后校正网络的零极点分布如图 13.4（b）所示。由于 $\beta<1$，故极点 p_i 总是位于零点 z_i 的右侧。当 β 很小，且 $T\gg 1$ 时，式（13.4）可改写为：

$$G_c(s)\approx\frac{1+\beta Ts}{1+Ts}=\beta+\frac{1}{Ts} \tag{13.5}$$

式（13.5）表明，滞后校正网络相当于一个比例积分（PI）控制器。

由式（13.4）可绘制滞后校正装置的对数频率特性曲线，如图 13.4（c）所示。其中相频特性为：

$$\varphi(\omega)=\mathrm{tg}^{-1}\beta\omega T-\mathrm{tg}^{-1}\omega T \tag{13.6}$$

滞后校正装置具有高频幅值衰减特性，且 β 越小，高频幅值衰减就越厉害。由于 $\varphi(\omega)<0$，即校正装置的稳态输出在相位上滞后于输入，故此类装置称为滞后校正装置。

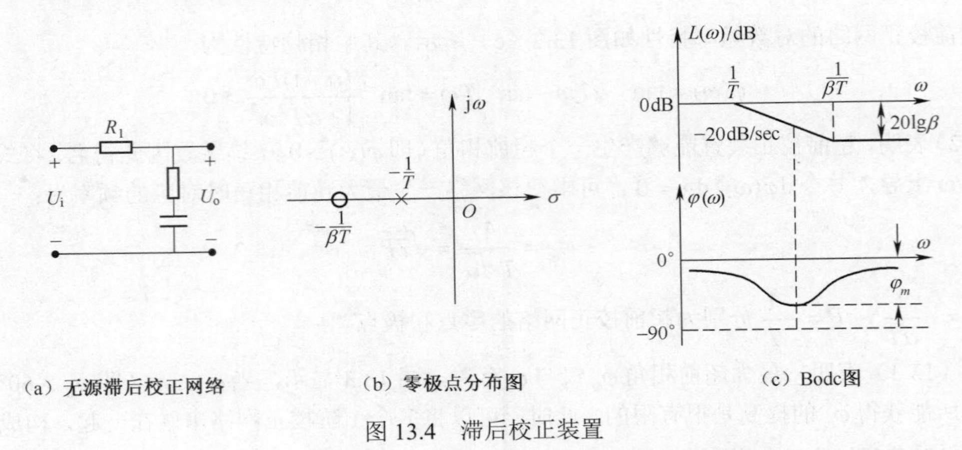

（a）无源滞后校正网络　　（b）零极点分布图　　（c）Bodc图

图 13.4　滞后校正装置

与超前校正装置进行类似的推导可得，产生最大迟后相角的频率 ω_m 正好位于迟后校正装置的两个转折频率（$1/T$ 和 $1/\beta T$）的几何中心，即 $\omega_m=\sqrt{Z\cdot P}=\dfrac{1}{\sqrt{\beta T}}$。将其代入式（13.6）可得最大滞后相角：

$$\varphi_m=\sin^{-1}\frac{\beta-1}{\beta+1} \tag{13.7}$$

13.3　串联校正的频率响应综合法

应用开环频率特性对系统进行串联校正的基本思路是：在反馈控制系统的前向通道上引入适当的校正装置来调整转折频率的分布和开环增益的大小，从而使得校正后系统的开环频率特性满足性能指标所要求的形状；从而使得校正后系统具有满意的性能。而对于最小相位系统，其幅频特性与相频特性具有等值的对应关系，故只需要应用开环幅频特性即可对闭环系统进行综合。根据性能指标的要求，可以确定所期望的开环对数幅频曲线。

（1）开环对数幅频曲线的低频段决定系统的稳态性能指标

对于一个 I 型系统，其开环对数幅频曲线的低频渐近线，斜率为 -20dB/dec，当 $\omega=1$ 时，低频渐近线（或其延长线）的高度为 20lg*K*。因此，根据稳态性能指标的要求，可以确定希望的开环对数幅频曲线低频渐近线的形状与位置。

（2）由暂态性能指标要求可确定希望开环对数幅频曲线的中频段

由系统的频域性能指标可知，稳定性、稳定裕度和暂态性能主要取决于开环频率特性的中频段。因此，一般根据系统的暂态性能指标，确定希望开环对数幅频曲线中频段的形状和位置。开环对数幅频曲线与 0dB 线交点的频率，即幅穿频率 ω_c，决定了中频段的位置。ω_c 的值表征系统响应的快速性，可根据对调节时间 t_s 的要求来加以确定。同时，为了保证系统稳定并具有期望的稳定裕度，开环对数渐近幅频曲线中频段的基本形状应当是：在 ω_c 处以斜率 -20dB/dec 穿过零分贝线，并在相当宽的频率范围内保持这一斜率。

（3）由抗干扰性能确定希望开环对数幅频曲线的高频段

开环对数幅频曲线的高频段是指：比幅穿频率 ω_c 高很多倍从而对系统的稳定性已无明显影响的频率段。在高频段一般有 $|G(\text{j}\omega)|<1$，因此高频段频率特性主要影响系统的抗干扰性能和暂态响应过程

的起始段特性。一般而言，开环幅频曲线高频段衰减得越快，系统对高频噪声信号的抑制能力便越强。

综上所述，一个具有良好性能指标的控制系统，其希望的开环频率特性曲线应当设计为：调整开环增益，使得在低频段其幅值较高，以获得良好的稳态精度；在中频段应调整幅穿频率及相角裕度，以获得良好的稳态性能；在高频段应使幅频特性曲线尽可能快地衰减，以便使闭环传递函数的幅值变小，从而抑制高频噪声的影响。这种通过调整回路增益以满足各项性能指标要求的综合方法，称为回路整形法。整形是应用开环频率特性进行校正设计的基本思路。

13.3.1　串联超前校正的 Bode 设计方法

采用 Bode 法进行超前校正综合的主要思路是：利用超前校正装置所提供的超前相角来补偿原系统在幅穿频率附近的相位滞后，以满足相角裕度的要求；同时校正装置的幅频特性将抬高校正后系统的开环对数幅频曲线的中、高频段，这样能使幅穿频率提高，从而增加系统的带宽和提高响应的快速性。但缺点是降低了对高频噪声的抑制能力。且 α 越大，开环对数幅频曲线的高频段抬得越高，系统的信噪比便越低。因此，在实际应用中，单个超前校正装置的 α 值不宜过大，一般要求 $\alpha<15$ 为宜。

另外，在参数设计中，为了最大程度地利用超前校正所提供的超前相角，应选择校正装置的最大超前相角 ω_m 位于系统的幅穿频率处。

应用 Bode 图法进行超前校正装置设计的一般步骤为：

（1）首先根据稳态指标要求确定系统的开环增益，并按此增益值绘制出校正系统的开环增益对数频率特性曲线。

（2）利用已确定的开环增益 K_c，计算出未校正系统的相角裕度 γ_0。

（3）确定系统需要增加的相角裕度：

$$\varphi_m=\gamma-\gamma_0+\varepsilon \tag{13.8}$$

其中 γ 为期望的相角裕度指标要求。ε 为预留量，用来补偿经校正后幅穿频率提高所造成的滞后相角增加量。一般取 $\varepsilon=5°\sim10°$。

（4）利用最大超前相角的计算公式：

$$\sin(\varphi_m)=\frac{\alpha-1}{\alpha+1} \tag{13.9}$$

确定超前校正装置中的参数 α（$\alpha>1$）。

（5）在最大超前相角频率处，超前校正装置将未校正系统幅频曲线抬高 $10\lg a$，因此，在新的幅穿频率处，有下面的关系成立：

$$L_0(\omega_c')+10\lg\alpha=0 \tag{13.10}$$

据此可确定校正后系统新的幅穿频率 ω_c'，且 $\omega_m=\omega_c'$。

（6）利用公式：

$$\omega_m=\frac{1}{T\sqrt{\alpha}} \tag{13.11}$$

即由新的幅穿频率 ω_c' 确定超前校正装置中的另一参数 T。

（7）由下式确定超前校正装置的转折频率：

$$\omega_1=\frac{1}{\alpha T}\qquad\qquad \omega_2=\frac{1}{T} \tag{13.12}$$

（8）最后引进一增益为α的放大器，或者将现有放大器增益增加α倍，以补偿加入超前校正网络后引起的系统增益的衰减。

上述设计过程可以整理成图 13.5 所示的设计流程图。

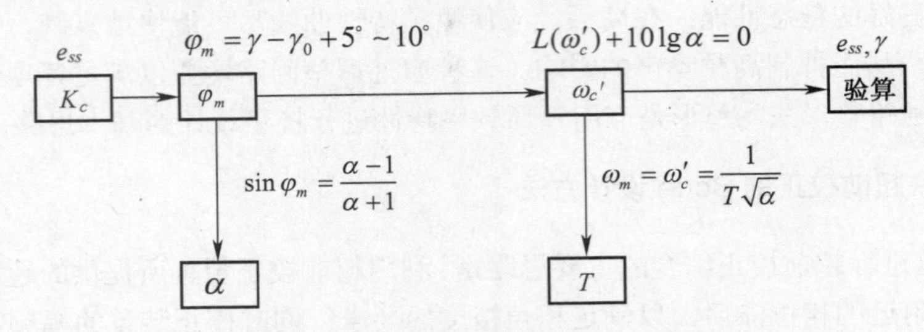

图 13.5　超前校正装置设计的一般步骤

例 13.1　考虑二阶反馈控制系统，其开环传递函数为：

$$G(s)H(s)=\frac{K}{s(s+2)}$$

要求设计合理的超前校正装置，使得校正后系统满足：系统的相角裕度不小于 45°，系统斜坡响应的稳态误差为 5%。

第一步　确定开环增益K_c

由稳态误差的设计要求可知，系统的速度误差系数应为$K_v=\frac{A}{e_{ss}}=\frac{A}{0.05A}=20$，故：

$$K=2K_c=40$$

可得此增益下未校正系统的开环频率特性函数为：

$$G(\mathrm{j}\omega)H(\mathrm{j}\omega)=\frac{K_v}{\mathrm{j}\omega(0.5\mathrm{j}\omega+1)}=\frac{20}{\mathrm{j}\omega(0.5\mathrm{j}\omega+1)}$$

由$|G(\mathrm{j}\omega)H(\mathrm{j}\omega)|=1$可以确定未校正系统的幅穿频率$\omega_c=6.2\ \mathrm{rad/s}$，再根据相角裕度计算公式，可得未校正系统的相角裕度公式：

$$\gamma_0=180^\circ+\angle G(\mathrm{j}\omega)H(\mathrm{j}\omega)=-90^\circ-\mathrm{tg}^{-1}(0.5\omega_c)=18^\circ<\gamma=45^\circ$$

第二步　确定超前校正网络提供的最大超前相角φ_m

为了将系统的相角裕度提高到 45°，所需的超前相角至少应为$45^\circ-18^\circ=27^\circ$，再考虑到幅穿频率增大带来的相角裕度的损失，需要将超前相角的设计增加一定的余量，这是不妨多考虑3°，即要求校正网络提供$\varphi_m=30^\circ$的超前相角，即$\frac{\alpha-1}{\alpha+1}=\sin(30^\circ)=0.5$，可得超前校正网络参数$\alpha=3$。

第三步　确定新的幅穿频率ω_c'

由于$10\lg\alpha=4.8\ \mathrm{dB}$，在$G(\mathrm{j}\omega)H(\mathrm{j}\omega)$的幅频曲线上，需要确定与–4.8dB 对应的频率，即$20\lg G(\mathrm{j}\omega_c')H(\mathrm{j}\omega_c')+10\lg\alpha=0$，可得$\omega_c'=\omega_m=8.4\ \mathrm{rad/s}$。

第四步　确定超前校正网络的传递函数

由$\omega_c'=\omega_m=\frac{1}{T\sqrt{\alpha}}$，可确定超前校正网络的零点和极点，$Z=4.8$和$P=\alpha Z=14.4$，可得超前校正网络的传递函数为：

$$G_c(s)=\frac{1}{3}\frac{1+\frac{1}{4.8}s}{1+\frac{1}{14.4}s}$$

第五步　验证校正后系统的性能指标

补偿掉超前校正网络带来的衰减（$\frac{1}{\alpha}=\frac{1}{3}$）后，校正后系统的传递函数为：

$$G_c(s)G(s)H(s)=\frac{20\left(\frac{s}{4.8}+1\right)}{s(0.5s+1)\left(\frac{s}{14.4}+1\right)}$$

为了验证校正后的相角裕度是否满足设计要求，$\omega=\omega_c=8.4$ rad/s 时 $G_c(\mathrm{j}\omega)G(\mathrm{j}\omega)H(\mathrm{j}\omega)$ 的相角：

$$\phi(\omega_c)=-90°-\mathrm{tg}^{-1}0.5\omega_c-\mathrm{tg}^{-1}\frac{\omega_c}{14.4}+\mathrm{tg}^{-1}\frac{\omega_c}{4.8}=-90°-76.5°-30.0°+60.2°=-136.3°$$

由此可知，校正后的相角裕度为 43.7°，基本满足要求，图 13.6 显示了系统校正前后的开环频率 Bode 图对比。若要完全满足设计要求，则应在设计超前校正网络的超前相角时，多考虑一些余量，如要求 $\varphi_m=45°-18°+10°=37°$，然后重复上述设计过程，即可完全满足相角裕度的要求。

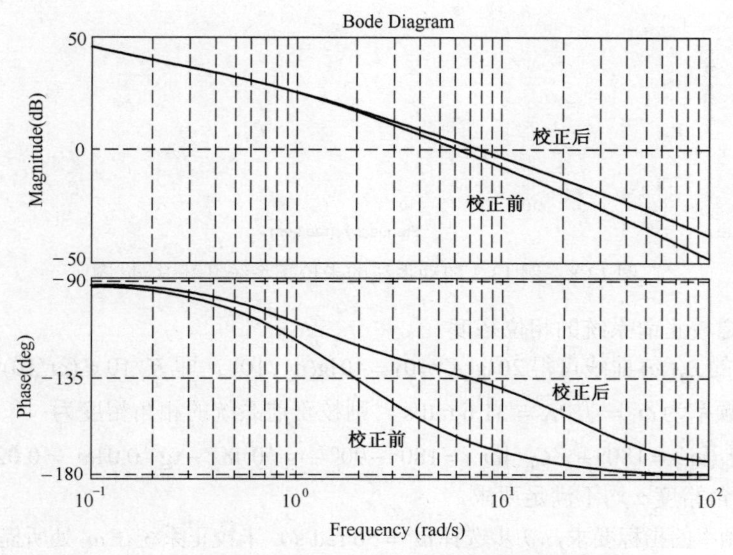

图 13.6　例 13.1 系统校正前后的频率特性比较

前面讨论了超前校正装置设计的一般步骤。有时设计需要考虑暂态响应的快速性指标，从而对校正后的幅穿频率 ω_c' 作出设计要求。此时，应该在第一步之后先考虑预选幅穿频率 ω_c'，并计算校正前系统在 ω_c' 处的相角裕度值 $\gamma_0(\omega_c')$。相应的应由超前校正装置提供的超前相角为 $\varphi_m=\gamma-\gamma_0(\omega_c')+\varepsilon$。下面举例说明这一设计过程。

例 13.2　设某随动系统的框图结构如图 13.7 所示，试设计合理的超前校正网络，使得校正后系统满足下列性能指标要求：

（1）相角裕度 $\gamma'\geqslant 30°$。

（2）幅穿频率 $\omega_c'\geqslant 45$ rad/s。

（3）速度误差系数 $K_v \geqslant 100\text{s}^{-1}$。

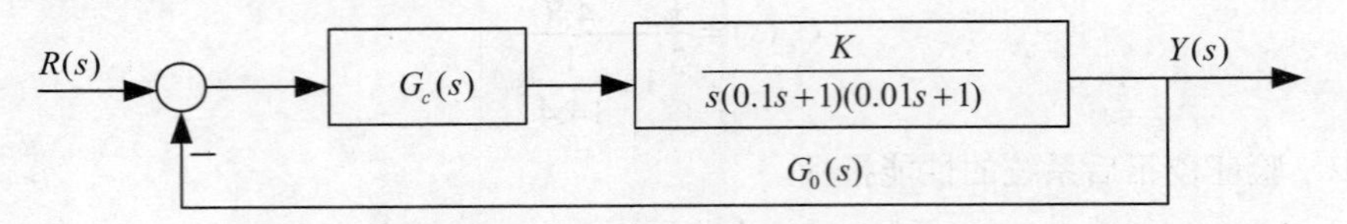

图 13.7　例 13.2 随动系统的结构图

第一步　根据稳态指标要求确定开环增益 $K = K_v = 100s^{-1}$，按照此 K 值绘制未校正系统的开环对数渐近幅频曲线，如图 13.8 所示。

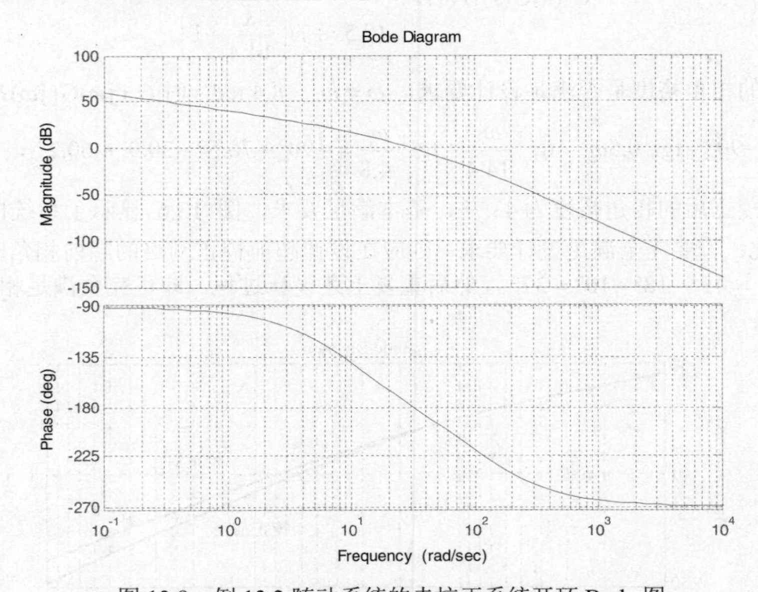

图 13.8　例 13.2 随动系统的未校正系统开环 Bode 图

第二步　确定校正前系统的相位裕度

根据图 13.8 的 $L_0(\omega)$ 曲线可得 $20\lg(K/10) = 40\lg(\omega_c/10)$，即 $K/10 = (\omega/10)^2$。于是可求得校正前系统的幅穿频率为 $\omega_c = \sqrt{10K} = 31.6$ rad/s，则校正前系统的相角裕度为：

$$\gamma_0(\omega_c) = 180° + \angle G_0(\mathrm{j}\omega_c) = 180° - 90° - \mathrm{tg}^{-1}0.1\omega_c - \mathrm{tg}^{-1}0.01\omega_c = 0.02°$$

幅穿频率 ω_c 及相角裕度 γ 均不满足要求。

根据对幅穿频率的指标要求，初步选择 $\omega_c' = 50$ rad/s，未校正系统在 ω_c' 处所提供的相角裕度为：

$$\gamma_0(\omega_c') = 180° + \angle G_0(\mathrm{j}\omega_c') = 90° - \mathrm{tg}^{-1}0.1\omega_c' - \mathrm{tg}^{-1}0.01\omega_c' = -15.26°$$

为了满足相角裕度的指标要求值 γ，则需要超前校正装置在 ω_c' 处提供的超前相角为：

$$\varphi_m = \gamma - \gamma_0(\omega_c') + \varepsilon = 30° + 15.26° + 9.74° = 55°$$

第三步　根据超前相角要求，确定超前校正装置的参数

令 $\omega_m = \omega_c' = 50$ rad/s，$\varphi_m = 55°$，于是 $\alpha = \dfrac{1+\sin(\varphi_m)}{1-\sin(\varphi_m)} = \dfrac{1+\sin(55°)}{1-\sin(55°)} = 10.05$

可得校正装置的两个转折频率为：

$$\frac{1}{\alpha T} = |Z| = \omega_c' / \sqrt{\alpha} = 15.77\,\text{rad/s}$$

$$\frac{1}{T}=|P|=\sqrt{\alpha}\omega_c'=158.51\,\text{rad/s}$$

可得校正装置的另一个参数 $T=\dfrac{1}{P}=0.0063$

故超前校正装置的传递函数为：

$$G_c(s)=K_c\frac{1+\dfrac{s}{15.77}}{1+\dfrac{s}{158.77}}$$

第四步　检验校正后系统的实际幅穿频率 ω_c''

根据幅频曲线的渐近线，有下列的关系式：$L_o(\omega_c'')+L_c(\omega_c'')=0$ 即：

$$20\lg\frac{100}{\omega_c\times 0.1\omega_c}+20\lg\frac{\omega_c}{|Z|}=0$$

或

$$\frac{100}{0.1\omega_c^{\ 2}}\cdot\frac{\omega_c}{15.77}=1$$

可得校正后系统的实际幅穿频率为：

$$\omega_c=\frac{100}{0.1\times 15.77}\,\text{rad/s}=63.4\,\text{rad/s}$$

第五步　校正效果校验

采用超前校正装置进行串联校正后的开环传递函数为：

$$G(s)=G_c(s)G_0(s)=\frac{K\left(1+\dfrac{s}{15.77}\right)}{s(1+0.1s)(1+0.01s)(1+s/158.51)}$$

式中 $K=K_cK_0=100$。

通过 Matlab 仿真计算（程序如下），校正后系统的相角裕度为 37°（如图 13.9 所示），满足设计要求。

```
%计算例 13.2 校正后系统相角裕度
GK=zpk([-15.77],[0;-10;-100;-158.51],1005136.34);
Margin(GK)
```

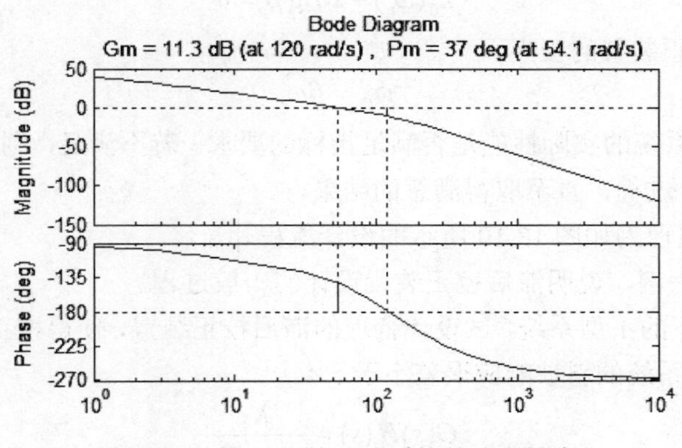

图 13.9　例 13.2 校正后系统的稳定裕度

13.3.2 串联滞后校正的 Bode 设计方法

应用滞后校正装置对系统进行串联校正，利用的是滞后校正装置的高频幅值衰减特性。通常将其两个转折频率设置在系统开环频率特性的低频段，则它对系统开环频率特性具有中、高频幅值衰减作用。这样，串联滞后校正可以在维持开环幅频特性低频段增益，即保持原有满意的稳态性能的同时，使校正后系统开环幅频特性的中、高频段的增益降低，从而获得较大的稳定裕度，以改善暂态响应的相对稳定性；另一方面，串联滞后校正也可以在维持开环幅频特性中频段增益的同时提升低频段增益，即在保持原系统较满意的暂态性能的同时，提高校正后系统的开环增益，以改善系统的稳态性能。滞后校正的缺点是：由于 ω_c 的下降，使得系统暂态响应的快速性受到一定的限制。因此滞后校正适用于对稳定精度或暂态响应平稳性要求较高的系统。

与超前校正装置不同，设计滞后校正装置时，发挥作用的主要是幅值增益的衰减，而不是滞后相角。因此，通常将校正装置的两个转折频率配置在远离 ω_c 的低频端。显然，最大转折频率 $\dfrac{1}{\beta T}$ 离 ω_c 越远，它在 ω_c 处的相角滞后量 $\varphi(\omega_c)$ 及其对相角裕度的影响就越小。通常将新的幅穿频率配置在比零点频率大 10 倍频程处，在保证衰减达到 $20\lg\beta<0$ 的同时，也减小了附加的相角损失（一般为 5°～12°）。

应用开环 Bode 图对系统进行串联滞后校正的步骤可概括为：

（1）根据稳态指标要求确定系统的开环增益，并按此增益值绘制校正前系统的开环对数幅频曲线。

（2）计算未校正系统的相角裕度，若不满足设计要求，则继续下面的设计步骤。

（3）按照相角裕度、幅穿频率的设计要求，计算期望的幅穿频率 ω_c'，使得 ω_c' 处的未校正系统能提供的相角 $\angle GH_o(\mathrm{j}\omega_c')$ 满足 $180°+\angle GH_0(\mathrm{j}\omega_c')=\gamma+\varepsilon$。这里的 ε 代表校正后滞后校正网络可能引起的附加滞后相角。在通常情况下，该滞后相角的预留值可取为 5°～10°。

（4）配置滞后校正网络的零点，为了确保附加滞后相角不超过 5°，滞后校正网络的零点频率 $\omega_Z=\dfrac{1}{\beta T}$ 应比期望幅穿频率 ω_c' 小 10 倍频程。

（5）根据期望幅穿频率 ω_c'，未校正系统的幅值增益曲线，按下式确定校正装置参数，保证提供需要的增益衰减（过 0dB 线）。

$$L_0(\omega_c')+20\lg\beta=0 \tag{13.13}$$

（6）计算滞后校正装置的极点。

$$\omega_P=\beta\omega_Z \tag{13.14}$$

（7）检验校正后系统的实际性能是否满足指标的要求。若不满足，则应修改校正装置的参数或结构并重复以上综合过程，直至取得满意的结果。

上述设计过程可整理为如图 13.10 所示的设计流程。

下面仍以例 13.1 为例，说明滞后校正装置设计的一般过程。

例 13.3 对于如下的Ⅰ型系统，试设计合理的滞后校正装置，使得校正后系统性能指标满足：相角裕度不小于 45°，系统的斜坡响应误差小于 5%。

$$G(s)H(s)=\frac{K}{s(s+2)}$$

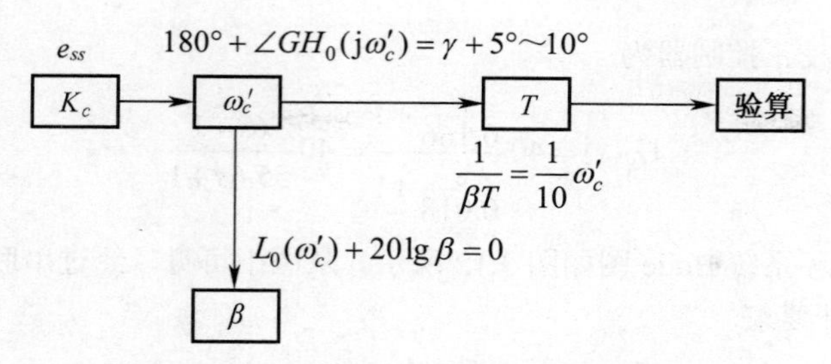

图 13.10　滞后校正装置设计的一般过程

（1）首先由稳态性能指标确定 K 值。系统的斜坡响应误差小于 5%，所以：

$$e_{ss} = \frac{1}{K_v} = 5\% \quad K_v = \frac{K}{2}$$

故 $K = 40$。

（2）设计要求：相角裕度不小于 45°，即 $\gamma = 45°$。

（3）绘制未校正系统的 Bode 图，并据此进行控制设计。从图 13.11 上可以看出，未校正系统的幅值裕度（K 的自由度大，取值适中）足够大，相角裕度为 $\gamma_0 = 180° - 162° = 18°$，不满足要求。

（4）在未校正系统幅频曲线上选择能够提供足够相位裕度的频率点，作为校正后系统的期望幅穿频率 ω_c'。考虑到滞后校正网络引起的滞后相角影响，未校正系统在 ω_c' 频率处相角的绝对值应不大于 $180° - (\gamma + 5°) = 130°$。由图 13.11 可见，取 $\omega_c' = 1.66$ rad/s 可满足上述要求。

$$T(s) = \frac{5(s+0.1)}{(s+0.1036)(s^2+1.9s+4.83)}$$
$$\omega_c = 1.66 \text{ rad/s}$$
$$L_o(\omega_c) = 19.3 \text{ dB}$$

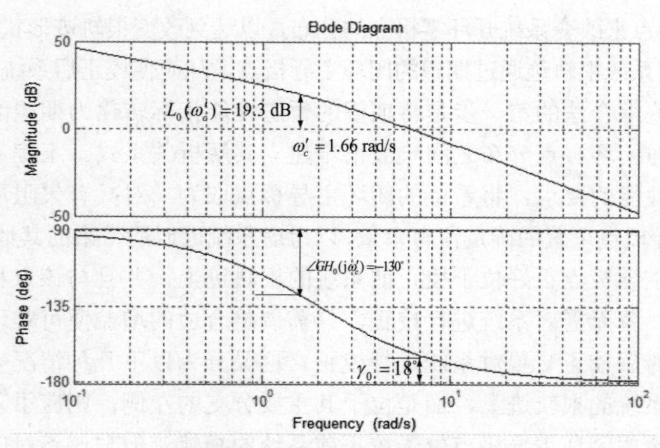

图 13.11　未校正的 Bode 图

（5）设计滞后校正控制器，为了使 $\omega_c' = 1.66$ rad/s 成为校正后系统的幅穿频率，这需要滞后校正网络带来的幅值衰减满足 $L_o(\omega_c') = 19.3\text{ dB} = -20\lg\beta \Rightarrow \beta = 10^{-19.3/20} = 1/9.23$。

（6）网络零点频率配置在小于剪切频率 10 倍频处，滞后校正控制器产生约为 5°的滞后相角。

$$Z = \frac{\omega_c'}{10} = 0.166, P = \beta Z = 0.018$$

（7）完整的滞后校正控制器为：

$$G_c(s)=40\frac{\frac{s}{0.166}+1}{\frac{s}{0.018}+1}=40\frac{6s+1}{55.6s+1}$$

（8）校正后的开环系统 Bode 图如图 3.12 所示。从图中可见，经过串联滞后校正后的系统相角裕度已基本满足设计要求。

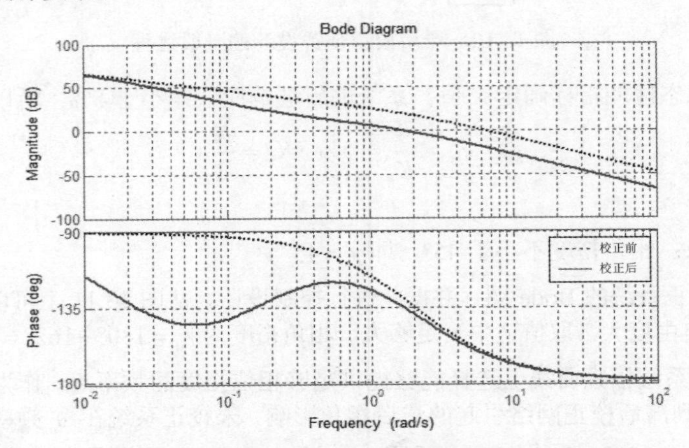

图 13.12　例 13.3 校正后系统的开环 Bode 图

13.4　串联校正的根轨迹设计法

应用根轨迹法对系统进行串联校正的基本思路是：在反馈控制系统的前向通道上引入超前或滞后校正装置，利用其零极点来改变系统开环零极点的分布，以达到改变根轨迹形状的目的，以便在适当的开环增益情况下，使系统根轨迹通过期望的闭环主导极点，从而使校正后系统满足期望的性能。

串联校正的根轨迹综合法的第一步是将期望的暂态性能指标转化为期望的闭环极点分布。但高阶系统的性能指标与闭环极点分布之间一般很难建立其解析关系式。工程上一般采用主导极点法，根据对系统暂态性能的要求，将希望的闭环主导极点取为一对具有欠阻尼的共轭复根，并在设计过程中对闭环主导极点位置的确定留有余量，以考虑系统近似所带来的其他闭环零极点的影响。

如果希望的闭环主导极点正好位于校正前系统的根轨迹上，并且与该点相对应的开环增益能够满足稳态指标要求，就无需对系统进行校正，只需调整合适的增益便可实现希望的性能要求，否则就需引入超前或滞后校正装置对系统进行校正。这又分为以下几种情况来考虑：若希望闭环主导极点不在校正前系统的根轨迹上，而是位于其主要分支的左侧，则应引入超前校正装置对系统进行超前校正；若希望闭环主导极点位于校正前系统的根轨迹但与该点对应的增益小于稳态指标的要求值，则应引入滞后校正装置对系统进行滞后校正；若希望闭环主导极点位于根轨迹主分支的左侧而且稳态性能要求较高，且单纯引入超前校正无法提供所需的开环增益值，则应考虑引入滞后—超前校正装置对系统进行滞后—超前校正。

13.4.1　串联超前校正的根轨迹设计方法

采用串联超前校正的控制系统，将产生根轨迹向左移动的效果。因此，若期望的闭环主导极点位于其根轨迹主分支的左侧，则可以设计合理的超前校正装置对系统进行超前校正。

采用根轨迹法设计超前校正网络的一般步骤为：

（1）根据系统暂态性能指标要求，确定期望闭环主导极点的位置（或位置范围）。

（2）绘制未校正系统的根轨迹，验证未校正系统能否具有预期的闭环主导极点。

（3）如果需要校正原有系统，先将超前校正网络的零点直接配置在预期的主导极点正下方（或配置在前 2 个开环实极点的左侧旁）。

（4）由根轨迹的相角条件可知，为了使校正后的根轨迹通过预期主导极点，在预期主导极点处，从开环零、极点出发的各个向量的相角和应为$180°+k\cdot 360°$（$k=0,\pm1,\pm2...$），据此可确定超前校正网络的极点。

（5）确定系统的总增益，并计算系统的稳态误差系数。若稳态性能指标不能满足指标要求，则重复上述过程。

例 13.4　针对图 13.13 所示的Ⅱ型系统进行超前校正网络设计。设计要求：闭环系统调节时间 $t_s \leqslant 4$ 秒，超调量≤35%。

$$G(s)=\frac{K}{s^2},\qquad H(s)=1$$

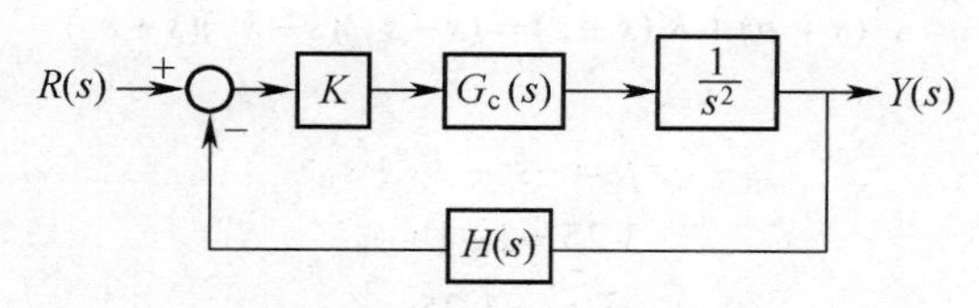

图 13.13　Ⅱ型系统结构图

（1）校正后为 3 阶系统。首先由闭环性能指标确定闭环系统期望的主导极点位置为：

$$s_d=-\zeta\omega_n\pm \mathrm{j}\omega_n\sqrt{1-\zeta^2}$$

调节时间约束为$t_s=\dfrac{4}{\zeta\omega_n}\leqslant 4\Rightarrow \zeta\omega_n\geqslant 1$

超调量约束为$\sigma\%\leqslant 30\%$，意味着：主导极点实部、虚部比例约为 1:3。

$$\zeta=0.32\Leftrightarrow \sigma\%=34.6\%<35\%$$

$$\zeta=0.32\Rightarrow \sqrt{1-\zeta^2}=0.95\approx 0.96=3\times 0.32$$

所以闭环期望主导极点位置为：$s_d=-1\pm \mathrm{j}3$

（2）s_d 应该满足校正后的根轨迹方程：

$$1+K\frac{s_d+z}{s_d+p}\frac{1}{{s_d}^2}=0$$

一般把零点 z 放在主导极点的正下方，即 $z=1$，且有：

$$z=1\Rightarrow \angle(s_d+z)=\frac{\pi}{2}$$

（3）根轨迹的相角方程为：

$$\angle(s_d+z)-\angle(s_d+p)-2\angle s_d=-\pi$$

$$\frac{\pi}{2}-\theta-2[\pi-\tan^{-1}3]=-\pi$$

$$\Rightarrow \frac{\pi}{2}+\theta = 2\tan^{-1}3$$

$$\Rightarrow -\frac{1}{\tan\theta}=\frac{2\times 3}{1-9}\Rightarrow \tan\theta=\frac{4}{3}$$

$$\tan\theta=\frac{4}{3}=\frac{3}{p-1}$$

$$\Rightarrow p = 1+\frac{9}{4}=\frac{13}{4}=3.25$$

（4）由幅值方程求取对应的 K 值：

$$K=\frac{|s_d|^2|s_d+p|}{|s_d+z|}=\frac{(1+3^2)\sqrt{2.25^2+3^2}}{3}=12.5$$

（5）完整的控制器为：

$$G_c(s)=12.5\frac{s+1}{s+3.25}$$

（6）校正后的根轨迹如图 13.14 所示。

（7）求取闭环系统第 3 个极点。闭环特征方程为：

$$s^2(s+p)+K(s+z)=(s-s_d)(s-\overline{s}_d)(s+s_3)$$

比较 s^2 的系数有：

$$\begin{aligned}&p=-s_d-\overline{s}_d+s_3\\&3.25=1+1+s_3\\&\Rightarrow s_3=1.25\end{aligned}$$

（8）完整的闭环传递函数为：

$$T(s)=\frac{12.5(s+1)}{(s+1-3\mathrm{j})(s+1+3\mathrm{j})(s+1.25)}$$

显然第 3 个闭环极点、零点离闭环主导极点太近。需要引入前置滤波器 $F(s)$来消除第 3 个闭环极点和零点的影响：

$$F(s)=\frac{1}{1.25}\frac{s+1.25}{s+1}$$

（9）完整的控制系统结构如图 13.15 所示。

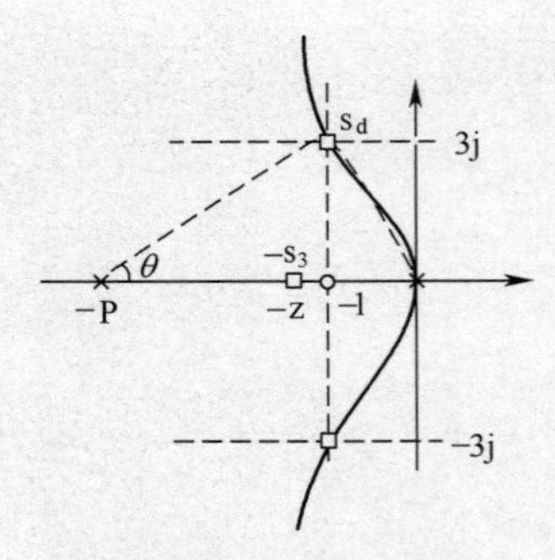

图 13.14　校正后的根轨迹

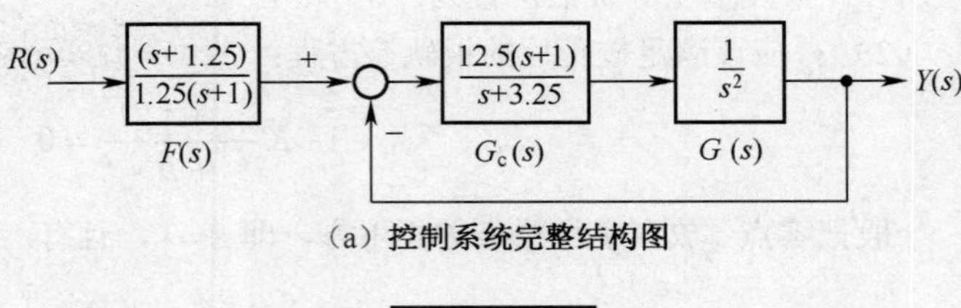

（a）控制系统完整结构图

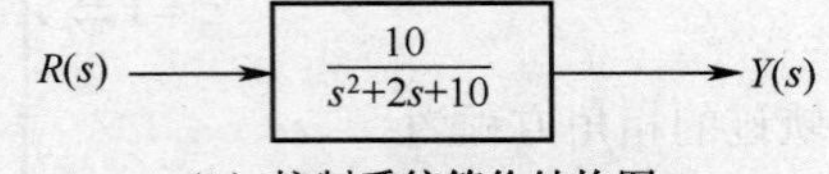

（b）控制系统等价结构图

图 13.15　控制系统结构图

13.4.2　串联滞后校正的根轨迹设计方法

如果预期的闭环主导极点已位于原系统的根轨迹上，但与该点相对应的开环增益值不能满足稳态指标的要求，则可引入滞后校正装置对系统进行滞后校正。

滞后校正设计的基本思路是：引入一对靠近原点的开环偶极子 z 和 p 作为滞后校正装置的零极点，且 $b = P_i / Z_i < 1$。这样可使主导极点附近的根轨迹主分支的形状以及主导极点处的开环根轨迹增益值，在校正前后基本保持不变，但可使校正后系统的开环增益提高到原系统的约 $\frac{1}{b}$ 倍（$b<1$），且 b 值越小，提高的幅度越大。因此，滞后校正可以在维持原有较满意的暂态性能的同时，有效地提高开环增益以改善系统的稳态特性。

值得注意的是，虽然滞后校正装置的零极点是一对紧挨在一起的开环偶极子，但是其极点位于零点的右侧，仍然要产生一个较小的滞后相角，使得校正后系统根轨迹的主分支略向右移，相应的开环根轨迹增益也略有变化。

采用根轨迹设计滞后校正网络的一般步骤为：

（1）绘制未校正系统的根轨迹（K 暂时不定）。

（2）根据瞬态性能设计要求，确定预期主导极点位置。

（3）确定在预期主导极点处，未校正系统对应的误差系数。

（4）根据稳态误差设计要求，确定误差系数应提升的倍数 $\frac{1}{b}$，这是滞后校正网络的零、极点之比。

（5）按照网络零、极点应靠近原点，与主导极点有足够距离，形成偶极子效应等原则，利用 b 来确定网络参数。

例 13.5　用根轨迹法设计例 13.3 所需的滞后校正网络。设计要求：相角裕度不小于 45°，系统的斜坡响应误差小于 5%。

$$G(s) = \frac{K}{s(s+2)},\quad H(s) = 1$$

（1）原系统根轨迹为：[–2，0]线段及其垂直平分线。

（2）与 $\zeta = 0.45$ 的交点即为闭环主导极点。

（3）对应 K 值为：$K = |s_d||s_d + 2| = 5$。

（4）校正前，配置预期极点时的速度误差系数为：$K_v = sG(s)|_{s=0} = \frac{K}{2} = \frac{5}{2} = 2.5$，稳态性能指标要求为 $e_{ss} = \frac{1}{K_v} < 5\% \Rightarrow K_{vd} > 20$，因此需要提升幅值 $\frac{1}{b} = \frac{20}{2.5} = 8$ 倍。

（5）取滞后校正控制器参数为：

$$z = \text{Re}(s_d)/10 = 0.1$$
$$p = b \cdot z = 0.0125$$

完整的滞后校正控制器为：

$$G_c(s) = 5\frac{s+0.1}{s+0.0125}$$

（6）校正后，开环传递函数为：

$$G_c(s)G(s) = 5\frac{s+0.1}{s+0.0125}\frac{1}{s(s+2)}$$

速度误差系数为：

$$K_v = sG_c(s)G(s)_{s=0}\Big| = 5\frac{0.1}{0.0125}\frac{1}{2} = 20 \Rightarrow e_{ss} = \frac{1}{K_v} = 5\%$$

（7）实际的闭环传递函数为：

$$T(s) = \frac{5(s+0.1)}{(s+0.1036)(s^2+1.9s+4.83)}$$

引入前置滤波器 $F(s)$ 以消除第 3 个极点 $p_3 = -0.1036$ 及闭环零点 $z = -0.1$ 的影响：

$$F(s) = 0.965\frac{s+0.1036}{s+0.1}$$

（8）校正后系统的时域性能指标近似为：

$$\omega_{\mathrm{n}} = \sqrt{4.83} = 2.2$$

$$\zeta = \frac{1.9}{2\omega_{\mathrm{n}}} = 0.43 \Rightarrow \mathrm{PO} = 22.2\%$$

$$t_s = \frac{4}{\zeta\omega_{\mathrm{n}}} = 4.2\ \mathrm{s}$$

13.5 利用 Matlab 进行系统串联校正设计

本节借助 Matlab 软件，进一步讨论控制系统串联校正网络的设计问题，采用的仍然是频率响应法和 s 平面上的根轨迹方法。讨论将以例 13.6 作为设计实例，展示如何用 Matlab 脚本来进行超前校正和滞后校正两种校正网络的计算机辅助设计，以获得满意的系统性能。

例 13.6 转子绕线机控制系统的结构如图 13.16 所示，系统的设计目标是：使绕线机系统对斜坡输入有很高的稳态精度。

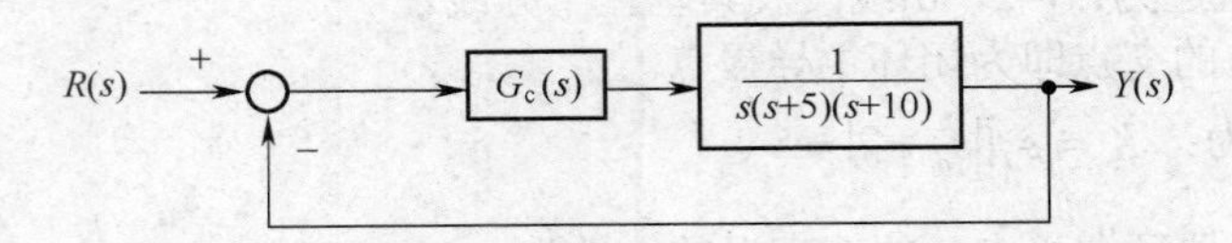

图 13.16 转子绕线机结构图

系统对单位斜坡输入 $R(s) = 1/s^2$ 的稳态误差为：$e_{ss} = \dfrac{1}{K_v}$

其中：

$$K_v = \lim_{s\to 0}\frac{G_c(s)}{50}$$

设计绕线机控制系统时，我们在考虑稳态误差的同时，还应兼顾超调量和调节时间等性能指标，因此简单的增益放大器无法满足实际需要。在这种情况下，我们将采用超前校正网络或滞后校正网络来校正系统。此外，为了充分说明采用 Matlab 的辅助设计过程，我们将用 Bode 图的方法来设计超前校正网络，同时又用 s 平面的根轨迹方法来设计滞后校正网络。

首先考虑简单的增益放大器 $G_c(s)$，此时有：

$$G_c(s) = K$$

系统的稳态误差为：

$$e_{ss} = \frac{50}{K}$$

由此可见，K 的取值越大，稳态误差 e_{ss} 越小，但增加 K 的取值将对系统的瞬态响应产生不利的影响。图 13.17 给出了不同 K 值下的系统响应，从中可以看出，当 K=500 时，系统对斜坡输入的稳态误差为 10%，而系统对阶跃输入的超调量则高达 70%，调节时间长达 8 秒。这样的系统根本不能满足实际要求，因此，必须为系统引入较为复杂的校正网络，即超前校正网络或滞后校正网络。

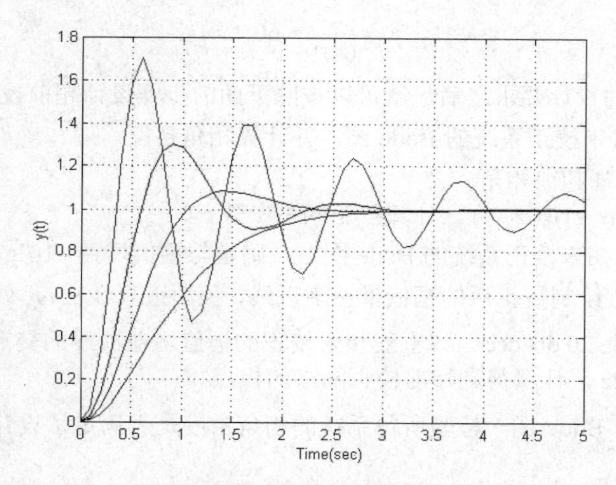

（a）简单增益控制器的瞬态响应

```
% Example 13.6
K=[50 100 200 500];
%针对增益 K 的 4 个不同取值，分别计算系统的阶跃响应
numg=[1];deng=[1 15 50 0];
t=[0:0.1:5];
for i=1:4
[nums,dens]=series(K(i),1,numg,deng);
[num,den]=cloop(nums,dens);
%闭环传递函数
[y,x]=step(num,den,t);
Ys(:,i)=y;
end
%保存阶跃响应的计算结果
plot(t,Ys(:,1),'-',t,Ys(:,2),'-',t,Ys(:,3),'-',t,Ys(:,4),'-');
xlabel('Time(sec)'),ylabel('y(t)')
```

（b）Matlab 文本

图 13.17　简单增益控制器的瞬态响应

超前校正网络能够改善系统的暂态性能响应，因此，我们首先尝试采用它来校正系统，并采用 Bode 图方法进行校正网络设计。超前校正网络的传递函数为：

$$G_c(s)=\frac{K(s+z)}{(s+p)}$$

其中$|z|<|p|$。给定的系统设计要求是：

（1）系统对斜坡输入响应的稳态误差小于 10%。

（2）系统对阶跃输入的超调量小于 10%。

（3）按 2%准则的调节时间不超过 3 秒。

根据给定的设计要求，有关的近似公式可以写成：

$$\sigma\%=\mathrm{e}^{-\zeta\pi/\sqrt{1-\zeta^2}}\times 100\% \qquad t_s=\frac{4}{\zeta\omega_n}=3$$

求解上述方程可得：$\zeta=0.59$，$\omega_n=2.26$。由此可以推知，系统的相角裕度应为：

$$\gamma=\frac{\zeta}{0.01}\approx 60°$$

在明确了频率域内的设计要求之后，就可以按照下面的步骤设计超前校正网络：

（1）绘制 K=500 时未校正系统的 Bode 图，并计算相角裕度。

（2）确定所需的附加超前相角。

（3）根据$\sin\varphi_m=(\alpha-1)/(\alpha+1)$，计算校正网络参数$\alpha$。

（4）计算$10\lg\alpha$，在未校正系统的 Bode 图上，确定与幅值增益$-10\lg\alpha$对应的频率ω_m。

（5）在频率ω_m附近绘制校正后的幅值增益渐近线，该渐近直线在ω_m处与 0dB 线相交，斜率等于未校正时的斜率加上 20 dB/dec。该直线和未校正的幅值增益曲线的交点，确定了超前校正网络的零点。再根据$p=\alpha z$，计算得到超前校正网络的极点。

（6）绘制校正后的 Bode 图，检验所得系统的相角裕度是否满足了设计要求。如不满足，重复前面的各设计步骤。

（7）增大系统增益，补偿由超前校正网络带来的增益衰减（$1/\alpha$）。

（8）仿真计算系统的阶跃响应，验证最后的设计结果。如果设计结果不能满足实际需要，再重复前面的各设计步骤。

在使用 Matlab 实现上述设计步骤时，我们使用了 3 个程序文本，分别如图 13.18 至图 13.20 所示。它们分别用来产生未校正系统的 Bode 图、校正后系统的 Bode 图和校正后系统的实际阶跃响应。通过运行这些文本，可以得到本例所需的超前校正网络，其参数取值分别为$z=3.5$，$p=25$以及$K=1800$。于是有：

$$G_c(s)=\frac{1800(s+3.5)}{(s+25)}$$

引入超前校正网络后，校正后的系统能满足对调节时间和超调量的设计要求，但不能满足对稳态误差的设计要求（即$K_v=5$），系统斜坡响应的稳态误差将高达 20%。尽管闭环系统的稳态误差仍然超标，但已有的结果表明，超前校正网络已经明显地增加了系统的相角裕度，改善了系统的瞬态性能。如果继续重复上面的设计过程，有望进一步改进已有的设计结果。

为了减少系统的稳态误差，我们再来尝试用根轨迹方法设计滞后校正网络。滞后校正网络的传递函数为：

$$G_c(s)=\frac{K(s+z)}{(s+p)}$$

其中$|p|<|z|$。根据已知条件，可推知$\zeta=0.59$，$\omega_n=2.26$，由此可以得到预期的闭环主导极点。

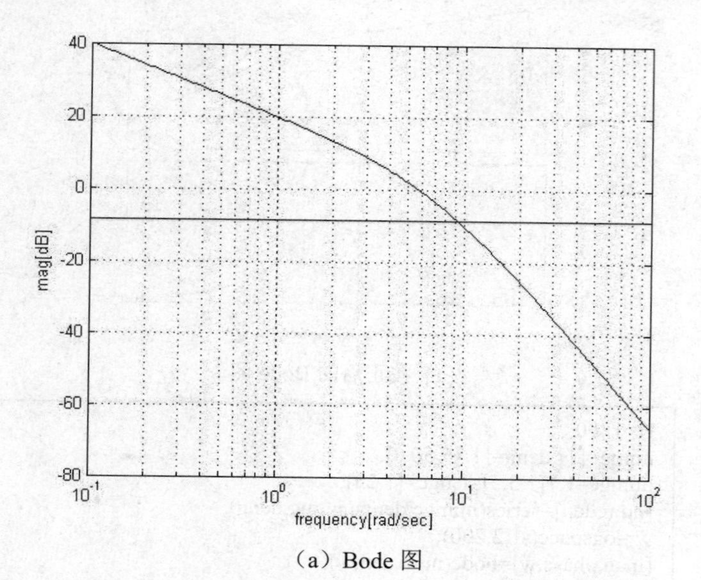

（a）Bode 图

```
K=500;numg=[1];deng=[1 15 50 0];
[num,den]=series(K,1,numg,deng);
w=logspace(-1,2,200);
[mag,phase,w]=bode(num,den,w);
[Gm,Pm,Wcg,Wcp]=margin(mag,phase,w);
%计算已有相角裕度
Phi=(60-Pm)*pi/180;
%计算所需的附加超前相角
alpha=(1+sin(Phi))/(1-sin(Phi));
%计算 a
M=-10*log10(alpha)*ones(length(w),1);
[mag,phase,w]=bode(num,den,w);
semilogx(w,20*log10(mag),w,M),grid;
xlabel('frequency[rad/sec]'),ylabel('mag[dB]')
```

（b）MATLAB 文本

图 13.18　未校正系统的 Bode 图

滞后校正网络的设计步骤可以归纳为：

（1）绘制未校正系统的根轨迹。

（2）根据$\zeta=0.59$和$\omega_n=2.26$，确定预期主导极点的允许区域，并进一步在未校正系统的根轨迹上确定校正后的预期主导极点。

（3）计算与预期主导极点对应的速度误差系统K_{vd}和未校正系统的速度误差系数。

（4）计算$a=K_{vd}/K_v$。在本例中，我们有$K_{vd}=10$。

（5）根据求得的a，确定滞后校正网络的极点和零点，使得校正后的根轨迹经过预期的主导极点。

（6）仿真计算系统的实际响应，检验设计结果。如果需要，就重复前面的设计步骤。

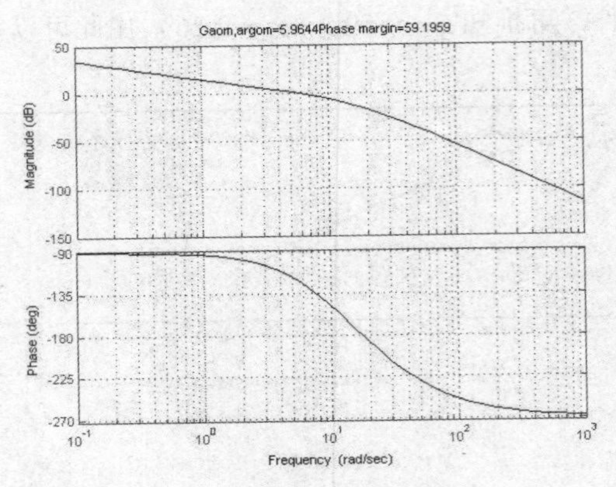

（a）校正后的 Bode 图

```
K=1800;
numg=[1];deng=[1 15 50 0];
numgc=K*[1 3.5];dengc=[1 25];
[num,den]=series(numgc,dengc,numg,deng);
w=logspace(-1,2,200);
[mag,phase,w]=bode(num,den,w);
[Gm,Pm,Wcg,Wcp]=margin(mag,phase,w);
bode(num,den);
title(['Gaom,argom=',num2str(Gm),'Phase margin=',num2str(Pm)])
```

（b）Matlab 文本

图 13.19　校正后系统的 Bode 图

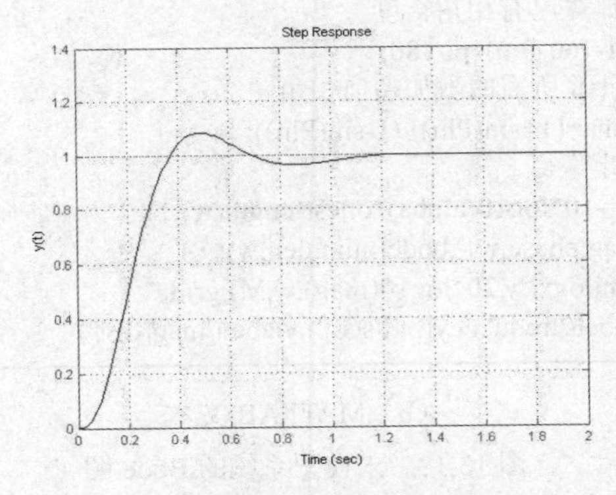

（a）校正后的系统阶跃响应

```
K=1800;
numg=[1];deng=[1 15 50 0];
numgc=K*[1 3.5];dengc=[1 25];
[nums,dens]=series(numgc,dengc,numg,deng);
[num,den]=cloop(nums,dens);
t=[0:0.01:2];
step(num,den,t);
ylabel('y(t)')
```

（b）Matlab 文本

图 13.20　校正后系统的实际阶跃响应

图 13.21 至图 13.23 中分别给出了设计过程中使用的 3 个 Matlab 文本及其画出的相应图形曲线。在本例的设计过程中，根据选定的预期主导极点，我们用 rlocfind 函数计算了增益 K 的对应取值，于是得到了 K=100，即 $K_v = 100/50 = 2$；为了满足对开环增益的设计要求，又计算了 a 的合适取值，从而得到了 $a = K_{vd} / K_v = 10/2 = 5$；在配置滞后校正网络的零点和极点时，我们将零点和极点分别取为 $z = -0.1$ 和 $p = -0.02$，它们都非常接近 s 平面的原点，因而避免了明显改变未校正系统的根轨迹。至此，我们得到了所需要的滞后校正网络为：

$$G_c(s) = \frac{100(s+0.1)}{s+0.02}$$

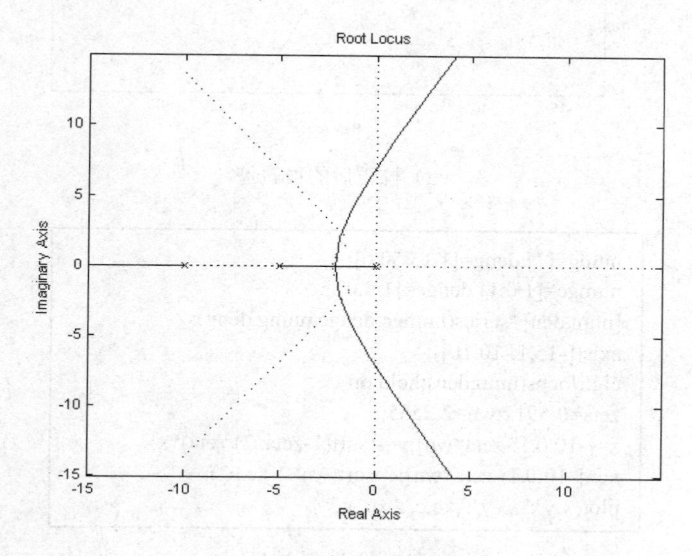

（a）校正前的根轨迹

```
numg=[1];deng=[1 15 50 0];
axis([-15,1,-10,10]);
clg;rlocus(numg,deng);hold on
zeta=0.5912;wn=2.2555;
x=[-10:0.1:-zeta*wn];y=-(sqrt(1-zeta^2))/zeta*x;
xc=[-10:0.1:-zeta*wn];c=sqrt(wn^2-xc.^2);
plot(x,y,':',x,-y,':',xc,c,':',xc,-c,':')
```

（b）Matlab 文本

图 13.21　校正前的根轨迹

经过验证后可知，校正后的系统基本满足了对调节时间和超调量的设计要求（图 13.23），而系统的速度误差系数也达到了 $K_v = 10$，同样满足设计要求。重复上述设计过程，还可以进一步改进已有的设计结果。

最后，我们将本节得到的三种设计结果归纳于表 13.1 中。

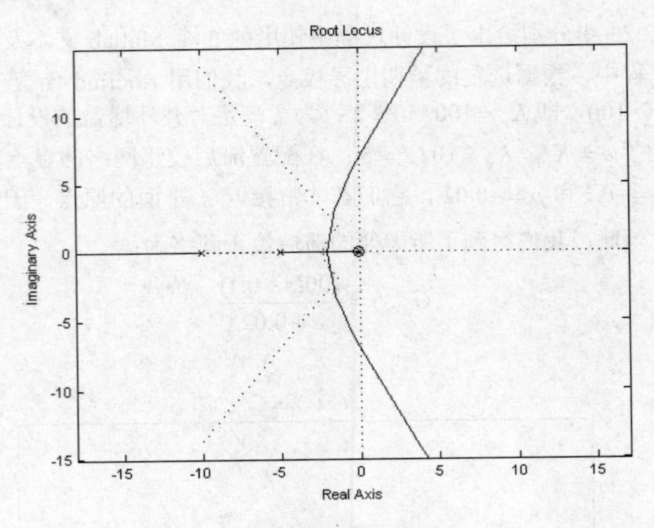

（a）校正后的根轨迹

```
numg=[1];deng=[1 15 50 0];
numgc=[1 0.1];dengc=[1 0.02];
[num,den]=series(numgc,dengc,numg,deng);
axis([-15,1,-10,10]);
clg;rlocus(num,den);hold on
zeta=0.5912;wn=2.2555;
x=[-10:0.1:-zeta*wn];y=-(sqrt(1-zeta^2)/zeta)*x;
xc=[-10:0.1:-zeta*wn];c=sqrt(wn^2-xc.^2);
plot(x,y,':',x,-y,':',xc,c,':',xc,-c,':')
```

（b）Matlab 文本

图 13.22　校正后的根轨迹

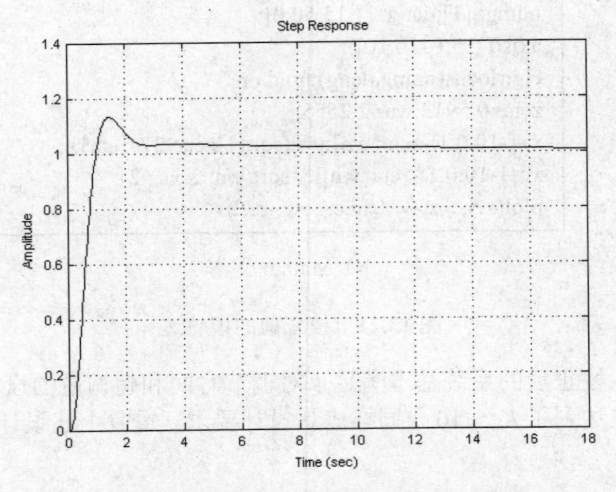

（a）校正后系统的单位阶跃响应

图 13.23　校正后系统的阶跃响应

```
K=100;
numg=[1];deng=[1 15 50 0];
numgc=K*[1 0.1];dengc=[1 0.02];
[nums,dens]=series(numgc,dengc,numg,deng);
[num,den]=cloop(nums,dens);
step(num,den)
```

（b）Matlab 文本

图 13.23　校正后系统的阶跃响应（续图）

表 13.1　采用 Matlab 得到的校正设计结果

校正方案	增益放大器 K	超前校正网络	滞后校正网络
阶跃响应超调量	70%	8%	13%
调节时间（s）	8	1	4
斜坡输入的稳态误差	10%	20%	10%
K_v	10	5	10

习题十三

13.1　考虑一个单位负反馈控制系统，其开环传递函数为：

$$G(s)=\frac{as+1}{s^2}$$

为了使系统的相位裕度为 45°，试确定必要的 a 值。

13.2　考虑一个单位负反馈控制系统，其开环传递函数为：

$$G(s)=\frac{K}{s(s^2+s+0.5)}$$

如果要求其频率响应中的谐振峰值为 2 dB，即 $M_r=2\text{ dB}$，试确定增益 K 的值。

13.3　考虑如图 13.24 所示的闭环控制系统。试设计一个超前校正装置 $G_c(s)$，使得校正后系统相角裕度为 45°，幅值裕度不小于 8 dB，静态速度误差常数 K_v 为 4.0 s^{-1}。并利用 Matlab 绘制出校正前后系统的单位阶跃和单位斜波响应曲线。

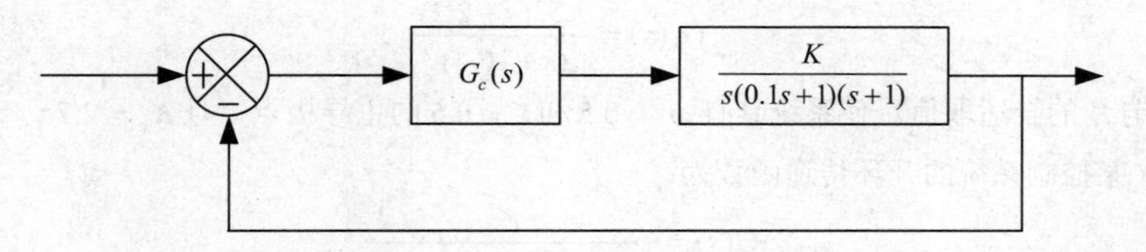

图 13.24　题 13.3 控制系统框图

13.4　考虑图 13.25 所示的闭环控制系统，试采用 Matlab 绘制出开环传递函数 $G(s)$ 的 Bode 图，并确定系统的相位裕度和幅值裕度。

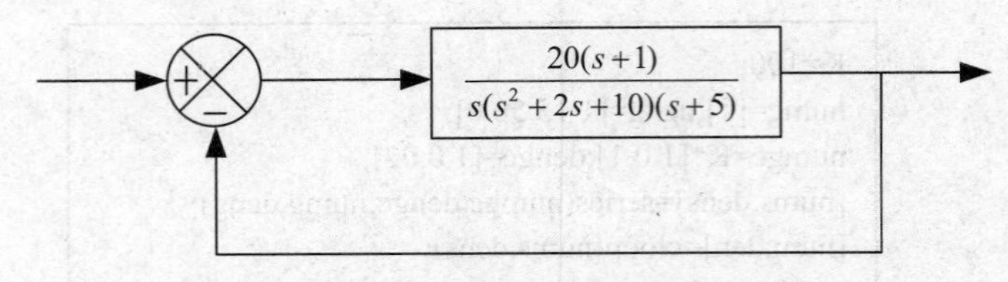

图 13.25　题 13.4 的系统控制框图

13.5　某单位负反馈控制系统的开环传递函数为：

$$G(s)=\frac{K}{s+3}$$

若校正装置为：

$$G_c(s)=\frac{s+a}{s}$$

试确定 a 和 K 的值，使得系统阶跃响应的稳态误差为零，超调量约为 5%，调节时间为 1 秒（按 2%准则）。

13.6　某单位负反馈控制系统的开环传递函数为：

$$G(s)=\frac{400}{s(s+40)}$$

校正装置取为比例积分控制器，即：

$$G_c(s)=K_1+\frac{K_2}{s}$$

若校正后系统的斜坡响应的稳态误差为零。

（1）当 $K_2=1$ 时，确定 K_1 的合适取值，使阶跃响应的超调量为 20%。

（2）计算经过校正后系统的调节时间。

13.7　NASA 将使用机器人来建造永久性月球站，机器人手爪的位置控制系统开环传递函数为：

$$G(s)=\frac{3}{s(s+1)(0.5s+1)}$$

试设计一个滞后校正网络 $G_c(s)$，使系统的相角裕度达到 45°。

13.8　某单位负反馈系统的开环传递函数为：

$$G(s)=\frac{K}{s(s+2)(s+4)}$$

若引入的校正装置为：

$$G_c(s)=\frac{7.53(s+2.2)}{(s+16.4)}$$

试确定 K 的合适取值，使系统具有 $\omega_n=0.5$ 和 $\zeta=0.5$ 的主导极点，且 $K_v=2.7$。

13.9　某控制系统的开环传递函数为：

$$G(s)=\frac{K}{s(0.001s+1)(0.1s+1)}$$

要求该系统具有如下性能指标：

（1）斜坡响应稳态误差不大于 1%。

（2）幅值穿越频率 $\omega_c=165\ \text{rad/s}$。

（3）相角裕度 $\gamma = 45°$ 。

（4）幅值裕度不小于 15 dB 。

试应用频率响应法确定串联超前校正网络参数。

13.10　作为计算机的快速输出设备，打印机应在快速走纸过程中保持较高的定位精度。打印机系统可以近似为单位负反馈系统，其电机与功放的传递函数为：

$$G(s) = \frac{0.15}{s(s+1)(5s+1)}$$

试设计一个 $\alpha = 10$ 的超前校正网络，使系统带宽为 0.75 rad/s ，相角裕度为 30° 。

13.11　某种具有自适应能力的悬浮车辆，采用了人类腿部的运动原理来实现机动行走。腿的控制可简化为单位反馈系统，其开环传递函数为：

$$G(s) = \frac{K}{s(s+10)(s+14)}$$

试设计一个合适的滞后校正网络，使系统的单位斜坡响应的稳态误差为 10%，主导极点的阻尼系数为 0.708。此外，还请计算系统的实际调节时间和超调量。

第 14 章 状态反馈控制器设计

本章介绍如何通过极点配置方法设计线性系统的状态反馈控制器。具体包括采用极点配置方法设计线性系统的状态反馈控制器，全维状态观测器的概念及设计方法，运用分离原理设计具有状态观测器的系统状态反馈控制器等。最后结合具体实例介绍利用 Matlab 进行系统状态反馈控制器设计的一些基本操作。本章也对控制系统的能控能观性的概念和判定方法进行了简要介绍。掌握能控性和能观性的系统结构是进行状态反馈控制器设计的前提和基础。

14.1　引言

前面几章我们讨论了如何采用根轨迹法和频域法设计系统的反馈控制器。这些方法都是建立在系统传递函数模型基础上的，反馈信号均由系统输出端引出，因此称为系统的输出反馈控制器。线性系统的反馈控制器设计的基本出发点是，系统的动态性能取决于闭环传递函数的零、极点在 s 平面的位置，其中闭环极点或系统特征值的分布起着决定性的作用。然而，为了使系统的闭环极点能在 s 平面上任意配置而获得理想的动态性能，仅用输出反馈是难以实现的，必须采用状态反馈。下面以一个简单系统为例来具体阐述这个问题。

首先来看一下图 14.1 显示的一个简单的输出反馈闭环系统。反馈回路包含传感器传递函数 $H(s)$，而控制器部分只由简单的增益环节 K_c 组成，r_d 是闭环系统期望的响应或参考点。

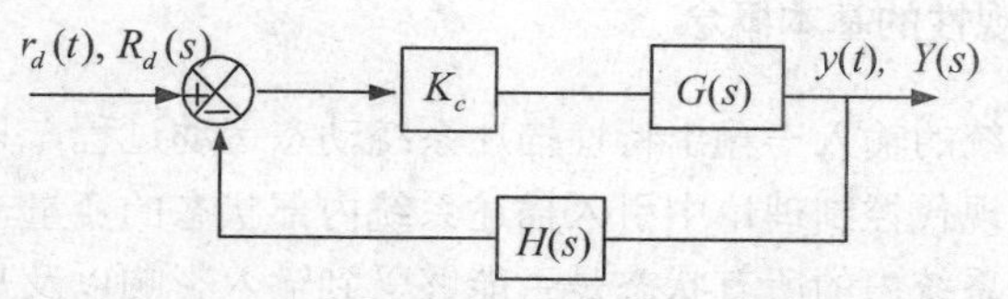

图 14.1　单输入单输出系统的经典比例控制框图

图 14.1 所示闭环系统的输出响应可以写成：

$$Y(s)=\frac{K_cG(s)}{1+K_cG(s)H(s)}R_d(s)=G_c(s)R_d(s) \tag{14.1}$$

其中，$G_c(s)$ 为闭环传递函数，K_c 是比例增益。对于单位反馈情况有 $H(s)=1$，$G_c(s)$ 可以简化为：

$$G_c(s)=\frac{K_cG(s)}{1+K_cG(s)} \tag{14.2}$$

下面是标量输入函数的时域表示：

$$u(t)=K_c(r_d(t)-y(t))=K_c(r_d(t)-C\boldsymbol{x}(t)) \tag{14.3}$$

将上式代入状态空间模型形式：

$$\begin{aligned}\dot{\boldsymbol{x}}&=A\boldsymbol{x}+Bu\\ y&=C\boldsymbol{x}+Du\end{aligned} \tag{14.4}$$

得到：

$$\dot{\boldsymbol{x}}=A\boldsymbol{x}+K_cBr_d-K_cBC^T\boldsymbol{x}=(A-K_cBC)\boldsymbol{x}+K_cBr_d \tag{14.5}$$

这里参考输入 r_d 成为系统的一个独立输入变量。

控制器只有唯一的参数 K_c 需要确定，因此该系统的控制器设计比较简单。闭环系统的暂态响应由状态方程系数矩阵的特征值或者整个系统的极点确定。我们可以在时域中通过选择合适的控制参数 K_c，使得 $(A-K_cBC)$ 的特征值产生期望的暂态响应（上升时间、最大超调量等）。与此类似，也可以在传递函数中通过选择合适的控制参数 K_c 来设计式（14.2）的极点位置。这两种设计方法是等价的。我们知道 $G_c(s)$ 的极点是 $1+K_cG(s)$ 的根，因此可以将极点配置方程看作控制增益 K_c 的闭环根轨迹方程，运用根轨迹方法可以确定满足设计要求的控制参数。

上述经典输出反馈控制器的主要不足是系统仅有唯一的控制参数 K_c 可供调整，而对于 n 维控制系统，系统开环矩阵具有 n 个特征值或者开环传递函数具有 n 个极点，即：

$$\det(A-\lambda I)=0 \quad 或 \quad \det(sI-A)=0 \tag{14.6}$$

要想将所有这些系统根极点调整到需要的位置，控制器至少需要 n 个独立变量，因此上述仅仅将系统输出信号进行反馈将很难满足控制器设计的要求。一个自然的想法就是将系统的所有状态变量 x 都进行反馈，这就产生了状态反馈控制器。

14.2　控制系统的能控性与能观性

设计状态反馈控制器，首先需要了解控制系统的能控性与能观性。能控性与能观性，是 Kalman 于 20 世纪 60 年代首先提出来的，是用状态空间描述系统引申出来的新概念，在现代控制理论中具有重要的作用。本节我们将简要介绍控制系统能控性与能观性的定义以及线性连续定常系统能控性与能观性的判定方法。这些概念将是后续进行状态反馈控制器设计的基础。

14.2.1　能控性与能观性的基本概念

经典控制理论中用系统的输入一输出特性描述系统动态运动过程，只要系统是因果系统且稳定，输出量便是受控的。现代控制理论中引入描述系统内部状态的变量，通过状态方程和输出方程描述系统，这就出现了系统内的所有状态是否能够受到输入影响以及是否可以由输出观测到内部状态的问题，这称为控制系统的能控性和能观性问题。简单地说，如果系统所有状态变量的运动均可以受到输入的控制而由任意的初态达到原点，则称系统是状态能控的。否则，则称系统是不完全能控，或简称系统不能控。如果系统所有状态变量的运动均可由输出完全反映，则称系统是状态能观测的，简称系统能观。反之，则称系统是不完全能观测的，或简称系统不能观。

下面，通过几个例子来介绍能控性、能观性的基本概念。

例 14.1　考虑图 14.2 所示的电桥电路。如果选取电感电流 i_L 和电容两端的电压 u_c 为状态变量，即 $x_1=i_L$， $x_2=u_c$。u 为网络输入，输出量 $y=u_c$。

当电桥平衡时，如果 $x_2(t_0)=0$，则不论 u 如何选取，对于所有 $t\geqslant t_0$， $x_2(t)\equiv 0$，u 只能控制 x_1 的变化，而不能控制 x_2 的变化，即 x_2 不能控。由于 $y=u_c\equiv 0$，因此也不能由输出 y 来反映状态变量 x_1 的变化，故 x_1 不能观测。此系统不能控也不能观测。

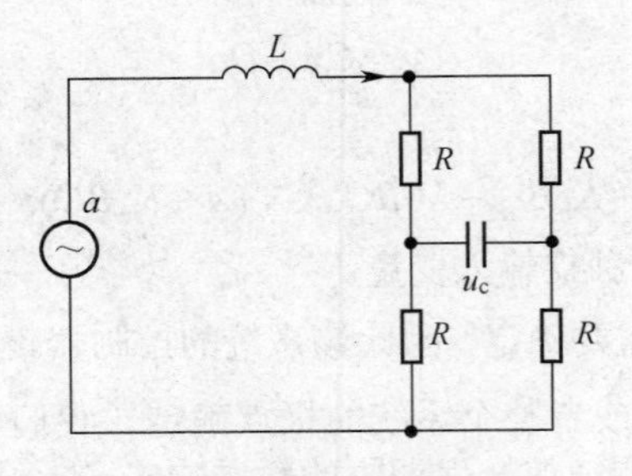

图 14.2　例 14.1 的电桥电路

例 14.2　如图 14.3 所示的电路，设 $x_1=u_{C_1}$， $x_2=u_{C2}$，输出 $y=x_2$。当 $R_1=R_2$， $C_1=C_2$ 且初始状态 $x_1(t_0)=x_2(t_0)$ 时，不论输入 u 采用何种形式，对于 $t\geqslant t_0$，均有 $x_1\equiv x_2$。换句话说，输入 u 只能将 x_1 和 x_1 控制到 $x_1=x_2$ 的轨线上，但不能将它们分别转移到不同的目标值。这表明该电路是状态不完全能控的。但由于 $y=x_1=x_2$，该电路是状态能观测的。

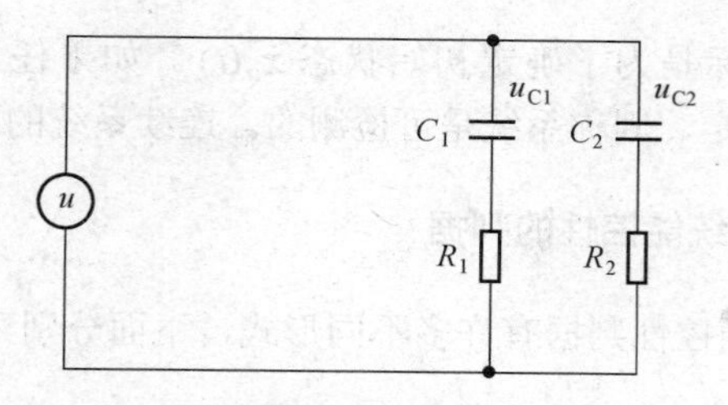

图 14.3　例 14.2 的电路

例 14.3　给定系统的状态空间模型为：

$$\begin{bmatrix}\dot{x}_1\\ \dot{x}_2\end{bmatrix}=\begin{bmatrix}4 & 0\\ 0 & -5\end{bmatrix}\begin{bmatrix}x_1\\ x_2\end{bmatrix}+\begin{bmatrix}1\\ 2\end{bmatrix}u$$

$$y=\begin{bmatrix}0 & -6\end{bmatrix}\begin{bmatrix}x_1\\ x_2\end{bmatrix}$$

将其写成线性方程组形式，有：

$$\dot{x}_1=4x_1+u$$
$$\dot{x}_2=-5x_2+u$$
$$y=-6x_2$$

这表明状态变量 x_1 和 x_2 均受到输入 u 的作用，能够在合适的控制量 u 的作用下由初始点回到原点，因而系统状态完全能控。然而，输出 y 只反映了状态变量 x_2，而与状态变量 x_1 既无直接关系也无间接关系（通过状态方程），所以系统状态不完全能观。

下面给出线性定常连续系统的能控性和能观性定义。

能控性　设线性定常连续系统的状态方程 $\Sigma(A,B)$ 为：

$$\dot{\boldsymbol{x}}=A\boldsymbol{x}+B\boldsymbol{u} \tag{14.7}$$

给定系统一个初始状态 $\boldsymbol{x}(t_0)$，如果在 $t_1>t_0$ 的有限时间区间 $[t_0,t_1]$ 内，存在容许控制 $\boldsymbol{u}(t)$，使得 $\boldsymbol{x}(t_1)=0$，则称系统状态在 t_0 时刻是能控的；如果系统对任意一个初始状态都能控，则称系统是状态完全能控的。

上述定义中的初始状态可以是状态空间中的任意非零有限点，控制的目标是状态空间的坐标原点。如果控制目标不是坐标原点，则可以通过坐标平移，使其在新的坐标系下是坐标原点。可以证明，满足式（14.8）的初始状态，必定是能控状态。

$$\boldsymbol{x}(0)=-\int_0^{t_1}\mathrm{e}^{-A\tau}B\boldsymbol{u}(\tau)\mathrm{d}\tau \tag{14.8}$$

控制系统的能控性概念必须与状态的能达性区别开来。如果在有限时间区间 $[t_0,t_1]$ 内，存在容许控制 $u(t)$，使得系统从状态空间坐标原点移动到预先指定的状态 $\boldsymbol{x}(t_1)$，则称系统是状态能达的。但对于连续定常系统，由于其状态转移矩阵是非奇异的，因此此时系统的能控性和能达性是等价的。

能观性　考虑线性定常连续系统状态空间模型 $\Sigma(A,C)$ 为

$$\begin{aligned}\dot{\boldsymbol{x}}&=A\boldsymbol{x}+B\boldsymbol{u}\\ \boldsymbol{y}&=C\boldsymbol{x}\end{aligned} \tag{14.9}$$

如果在有限时间区间 $[t_0,t_1]$ 内，通过观测 $y(t)$，能够唯一地确定系统的初始状态 $\boldsymbol{x}(t_0)$，则称系统状态在 t_0 是能观的。如果对任意的初始状态都能观，则称系统是状态完全能观的。

上述定义中，观测的目标是为了确定初始状态 $\boldsymbol{x}_0(t)$。如果任意指定状态 $\boldsymbol{x}_1(t)$ 都可以根据 $[t_0,t_1]$ 内的输出 $\boldsymbol{y}(t)$ 唯一地确定，则称系统是可检测的。连续系统的能观性和能检测性等价。

14.2.2 线性定常连续系统能控性的判据

线性定常连续系统状态能控性判据有许多不同形式，下面分别讨论常用的两种判据：代数判据和模态判据。

1. 代数判据

定理 14.1 （线性定常连续系统能控性判据）线性定常系统式（14.7）状态完全能控的充分必要条件为下述条件成立：

如下定义的能控性矩阵：

$$Q_c = \begin{bmatrix} B & AB & \cdots & A^{n-1}B \end{bmatrix} \tag{14.10}$$

行满秩，即：

$$\operatorname{rank}Q_c = \operatorname{rank}\begin{bmatrix} B & AB & \cdots & A^{n-1}B \end{bmatrix} = n \tag{14.11}$$

例 14.4 试判定如下系统的状态能控性：

$$\dot{\boldsymbol{x}} = \begin{bmatrix} 0 & 1 & 0 \\ 0 & 0 & 1 \\ -a_3 & -a_2 & -a_1 \end{bmatrix}\boldsymbol{x} + \begin{bmatrix} 0 \\ 0 \\ 1 \end{bmatrix}u$$

由状态能控性的代数判据有：

$$\boldsymbol{b} = \begin{bmatrix} 0 \\ 0 \\ 1 \end{bmatrix} \quad A\boldsymbol{b} = \begin{bmatrix} 0 \\ 1 \\ -a_1 \end{bmatrix} \quad A^2\boldsymbol{b} = \begin{bmatrix} 1 \\ -a_1 \\ -a_2 + a_1^2 \end{bmatrix}$$

故：

$$\operatorname{rank}Q_c = \operatorname{rank}\begin{bmatrix} \boldsymbol{b} & A\boldsymbol{b} & A^2\boldsymbol{b} \end{bmatrix} = \operatorname{rank}\begin{bmatrix} 0 & 0 & 1 \\ 0 & 1 & -a_1 \\ 1 & -a_1 & -a_2 + a_1^2 \end{bmatrix} = 3 = n$$

因此，该系统状态完全能控。实际上，形如例 14.4 的状态空间模型又称为控制系统的能控标准形。

例 14.5 试判断如下系统的状态能控性：

$$\dot{\boldsymbol{x}} = \begin{bmatrix} 1 & 3 & 2 \\ 0 & 2 & 0 \\ 0 & 1 & 3 \end{bmatrix}\boldsymbol{x} + \begin{bmatrix} 2 & 1 \\ 1 & 1 \\ -1 & -1 \end{bmatrix}u$$

由状态能控性的代数判据有：

$$[B \quad AB \quad A^2B] = \begin{bmatrix} 2 & 1 & 3 & 2 & 5 & 4 \\ 1 & 1 & 2 & 2 & 4 & 4 \\ -1 & -1 & -2 & -2 & -4 & -4 \end{bmatrix}$$

将上述矩阵的第 2 行加到第 3 行中去，则可得矩阵：

$$\begin{bmatrix} 2 & 1 & 3 & 2 & 5 & 4 \\ 1 & 1 & 2 & 2 & 4 & 4 \\ 0 & 0 & 0 & 0 & 0 & 0 \end{bmatrix}$$

显然其秩为 2，而系统的状态变量维数 $n=3$，所以状态不完全能控。

2. 模态判据

在给出线性定常连续系统状态能控性模态判据之前，先讨论状态能控性的如下性质：

线性定常系统经线性变换后状态能控性保持不变。

下面对该结论做简单证明：

设线性变换阵 P，则系统 $\Sigma(A,B)$ 经线性变换 $\boldsymbol{x}=P\bar{\boldsymbol{x}}$ 后为 $\bar{\Sigma}(\bar{A},\bar{B})$，并有：

$$\bar{A}=P^{-1}AP \qquad \bar{B}=P^{-1}B$$

由于：

$$\begin{aligned}\text{rank}\begin{bmatrix}\bar{B} & \bar{A}\bar{B} & \cdots & \bar{A}^{n-1}\bar{B}\end{bmatrix} &= \text{rank}\begin{bmatrix}P^{-1}B & P^{-1}APP^{-1}B & \cdots & (P^{-1}AP)^{n-1}P^{-1}B\end{bmatrix}\\ &= \text{rank}\begin{bmatrix}P^{-1}B & P^{-1}AB & \cdots & P^{-1}A^{n-1}B\end{bmatrix}\\ &= \text{rank}(P^{-1}\begin{bmatrix}B & AB & \cdots & A^{n-1}B\end{bmatrix})\\ &= \text{rank}\begin{bmatrix}B & AB & \cdots & A^{n-1}B\end{bmatrix}\end{aligned}$$

因此系统 $\bar{\Sigma}(\bar{A},\bar{B})$ 的状态能控性等价于 $\Sigma(A,B)$ 的状态能控性，即线性变换不改变状态能控性。

基于上述结论，可利用线性变换将一般状态空间模型变换成约当规范形，通过分析约当规范形（对角线规范形视为其特例）的能控性来分析原状态空间模型的能控性。

下面讨论线性定常连续系统约当规范形的状态能控性模态判据。

定理 14.2　对表示为约当规范形的线性定常连续系统 $\Sigma(A,B)$，有：

（1）若 A 为每个特征值都只有一个约当块的约当矩阵，则系统能控的充要条件为：对应 A 的每个约当块的 B 的分块的最后一行都不全为零。

（2）若 A 为某个特征值有多于一个约当块的约当矩阵，则系统能控的充要条件为：对应 A 的每个特征值的所有约当块的 B 的分块的最后一行线性无关。

例 14.6　试判断如下系统的状态能控性。

（1）$\dot{\boldsymbol{x}}=\begin{bmatrix}-7 & 0\\ 0 & -5\end{bmatrix}\boldsymbol{x}+\begin{bmatrix}2\\ 5\end{bmatrix}u$　　（2）$\dot{\boldsymbol{x}}=\begin{bmatrix}-4 & 1 & 0\\ 0 & -4 & 0\\ 0 & 0 & -3\end{bmatrix}\boldsymbol{x}+\begin{bmatrix}0 & 0\\ 0 & 0\\ 1 & 1\end{bmatrix}u$

（3）$\dot{\boldsymbol{x}}=\begin{bmatrix}-4 & 1 & 0 & 0\\ 0 & -4 & 0 & 0\\ 0 & 0 & -3 & 0\\ 0 & 0 & 0 & -4\end{bmatrix}\boldsymbol{x}+\begin{bmatrix}0 & 0\\ 0 & 1\\ 2 & 0\\ 2 & 1\end{bmatrix}u$　　（4）$\dot{\boldsymbol{x}}=\begin{bmatrix}-4 & 1 & 0 & 0\\ 0 & -4 & 0 & 0\\ 0 & 0 & -3 & 0\\ 0 & 0 & 0 & -4\end{bmatrix}\boldsymbol{x}+\begin{bmatrix}0\\ 1\\ 2\\ 3\end{bmatrix}u$

（1）由定理 14.2 可知，A 为特征值互异的对角线矩阵，且 B 中各行不全为零，故系统状态完全能控。

（2）A 的每个特征值都只有一个约当块，但对应于特征值 -4 的约当块的 B 的分块的最后一行全为零，故状态 x_1 和 x_2 不能控，则系统状态不完全能控。

（3）由于 A 中特征值 -4 的两个约当块所对应的 B 的分块的最后一行线性无关，且 A 中特征值 -3 的约当块所对应的 B 的分块的最后一行不全为零，故系统状态完全能控。

（4）由于 A 中特征值 -4 的两个约当块所对应的 B 的分块的最后一行线性相关，故该系统的状态 x_1、x_2 和 x_4 不完全能控，则系统状态不完全能控。

由定理 14.2 的结论及例 14.6 的（4）可知，对单输入系统的状态能控性，有如下推论：

推论 14.1 若单输入线性定常连续系统 $\Sigma(A,B)$ 的约当规范形的系统矩阵为某个特征值有多于一个约当块的约当矩阵，则该系统状态不完全能控。

定理 14.2 所给出的状态能控性的模态判据在应用时需将一般的状态空间模型变换成约当规范形，属于一种间接方法。下面给出另一种形式的状态能控性模态判据，称为 PBH 秩判据。该判据属于一种直接法。

定理 14.3 线性定常连续系统 $\Sigma(A,B)$ 状态完全能控的充分必要条件为：

对于 A 的所有特征值 λ，下式成立：

$$\operatorname{rank}\begin{bmatrix}\lambda I - A & B\end{bmatrix} = n \tag{14.12}$$

例 14.7 试判断如下系统的状态能控性。

$$\dot{\boldsymbol{x}} = \begin{bmatrix}1 & 3 & 2\\ 0 & 2 & 0\\ 0 & 1 & 3\end{bmatrix}\boldsymbol{x} + \begin{bmatrix}2 & 1\\ 1 & 1\\ -1 & -1\end{bmatrix}u$$

由方程 $|\lambda I - A| = 0$，可解得矩阵 A 的特征值分别为 1，2 和 3。

对特征值 $\lambda_1 = 1$，有：

$$\operatorname{rank}\begin{bmatrix}\lambda_1 I - A & B\end{bmatrix} = \operatorname{rank}\begin{bmatrix}0 & -3 & -2 & 2 & 1\\ 0 & -1 & 0 & 1 & 1\\ 0 & -1 & -2 & -1 & -1\end{bmatrix} = 3 = n$$

对特征值 $\lambda_2 = 2$，有：

$$\operatorname{rank}\begin{bmatrix}\lambda_2 I - A & B\end{bmatrix} = \operatorname{rank}\begin{bmatrix}0 & -3 & -2 & 2 & 1\\ 0 & 0 & 0 & 1 & 1\\ 0 & -1 & -1 & -1 & -1\end{bmatrix} = 3 = n$$

对特征值 $\lambda_3 = 3$，有：

$$\operatorname{rank}\begin{bmatrix}\lambda_3 I - A & B\end{bmatrix} = \operatorname{rank}\begin{bmatrix}2 & -3 & -2 & 2 & 1\\ 0 & 1 & 0 & 1 & 1\\ 0 & -1 & 0 & -1 & -1\end{bmatrix} = 2 < n$$

由定理 14.3 可知，由于对应于特征值 3，定理 14.3 的条件不成立，故该系统状态不完全能控。

表 14.1 对上述几种线性定常连续控制系统能控性判据的特点进行了小结。

表 14.1 能控性判据小结

判据	判定方法	特点
代数判据	能控性矩阵 Q_c 行满秩	1．计算简单可行 2．缺点为不知道哪些状态变量能控
模态判据 1	约当标准形中同一特征值对应的 B 矩阵分块的最后一行线性无关	1．易于分析具体哪些状态变量能控 2．缺点为需首先变换成约当标准形
模态判据 2	对于所有特征值，$\begin{bmatrix}\lambda I - A & B\end{bmatrix}$ 的秩为 n	1．易于分析哪些状态变量能控 2．需要求解系统的特征值

14.2.3　线性定常连续系统能观性的判据

与能控性类似，下面分别讨论线性定常连续系统常用的两种能观性判据：代数判据和模态判据。

1. 代数判据

定理 14.4（线性定常连续系统能观性判据）　线性定常系统式（14.9）状态完全能观的充分必要条件为下述条件成立：

如下定义的能观性矩阵：

$$Q_o = \begin{bmatrix} C \\ CA \\ \cdots \\ CA^{n-1} \end{bmatrix} \tag{14.13}$$

列满秩，即

$$\mathrm{rank}Q_o = n \tag{14.14}$$

例 14.8　试判断如下系统的状态能观性。

$$\dot{\boldsymbol{x}}=\begin{bmatrix} -4 & 5 \\ 1 & 0 \end{bmatrix}\boldsymbol{x}$$

$$y=\begin{bmatrix} 1 & -1 \end{bmatrix}x$$

由状态能观性的代数判据有：

$$\mathrm{rank}Q_o = \mathrm{rank}\begin{bmatrix} C \\ CA \end{bmatrix} = \mathrm{rank}\begin{bmatrix} 1 & -1 \\ -5 & 5 \end{bmatrix} = 1$$

而系统的状态变量的维数 $n=2$，因此系统状态不完全能观。

2. 模态判据

在给出线性定常连续系统的状态能观性模态判据之前，先讨论状态能观性的如下性质：线性定常系统经过线性变换后状态能观性保持不变。

下面对该结论做简单证明。

设线性变换阵为 P，则系统 $\Sigma(A,C)$ 经线性变换 $\boldsymbol{x}=P\overline{\boldsymbol{x}}$ 后为 $\overline{\Sigma}(\overline{A},\overline{C})$，并且有：

$$\mathrm{rank}\begin{bmatrix} \overline{C} \\ \overline{CA} \\ \cdots \\ \overline{CA}^{n-1} \end{bmatrix} = \mathrm{rank}\begin{bmatrix} CP \\ CPP^{-1}AP \\ \cdots \\ CP(P^{-1}AP)^{n-1} \end{bmatrix} = \mathrm{rank}\left\{\begin{bmatrix} C \\ CA \\ \cdots \\ CA^{n-1} \end{bmatrix} P\right\} = \mathrm{rank}\begin{bmatrix} C \\ CA \\ \cdots \\ CA^{n-1} \end{bmatrix}$$

因此，系统 $\overline{\Sigma}(\overline{A},\overline{C})$ 的状态能观性等价于 $\Sigma(A,C)$ 的状态能观性，即线性变换不改变系统的状态能观性。

基于上述结论，可利用线性变换将一般状态空间模型变换成约当规范形（对角线规范形为其特例），通过分析约当规范形的能观性来分析原状态空间模型的能观性。

下面讨论线性定常连续系统约当规范形的状态能观性模态判据。

定理 14.5　对于表示成约当规范形的线性定常连续系统 $\Sigma(A,C)$，有：

（1）若 A 为每个特征值都只有一个约当块的约当矩阵，则系统能观的充要条件为：对应 A 的每个约当块的 C 的分块的第一列都不全为零。

（2）若 A 的某个特征值有多于一个约当块的约当矩阵，则系统能观的充要条件为：对应 A 的每个特征值的所有约当块的 C 的分块的第一列线性无关。

如果系统的状态空间模型不是约当规范形，则可以根据线性变换不改变状态能观性的性质，先将状态空间模型变换成约当规范形，然后再利用定理 14.5 来判别状态能观性。

定理 14.5 不仅可判别出状态能观性，而且更进一步地指出是系统的哪个模态（特征值或极点）和哪一状态变量不能观测。这对于后续介绍的状态观测器和反馈校正非常有用。

例 14.9 试判断如下系统的状态能观性。

（1）
$$\dot{\boldsymbol{x}}=\begin{bmatrix}-7 & 0\\ 0 & -5\end{bmatrix}\boldsymbol{x}$$
$$y=\begin{bmatrix}3 & 0\end{bmatrix}\boldsymbol{x}$$

（2）
$$\dot{\boldsymbol{x}}=\left[\begin{array}{ccc}-4 & 1 & 0\\ 0 & -4 & 0\\ \hdashline 0 & 0 & -3\end{array}\right]\boldsymbol{x}$$
$$y=\begin{bmatrix}-1 & 2 & 1\end{bmatrix}\boldsymbol{x}$$

（3）
$$\dot{\boldsymbol{x}}=\left[\begin{array}{cc:c:c}-4 & 1 & 0 & 0\\ 0 & -4 & 0 & 0\\ \hdashline 0 & 0 & -3 & 0\\ \hdashline 0 & 0 & 0 & -4\end{array}\right]\boldsymbol{x}$$
$$y=\left[\begin{array}{cc:c:c}1 & 1 & 0 & -2\end{array}\right]\boldsymbol{x}$$

（1）由定理 14.5 可知，A 为特征值互异的对角形矩阵，但 C 中的第 2 列全为零，故该系统的状态 x_2 不能观。

（2）由于 A 的每个特征值都只有一个约当块，且对应于各约当块的 C 的分块的第一列都不全为零，故系统状态完全能观。

（3）由于 A 中特征值 -4 的两个约当块所对应的 C 的分块的第一列线性相关，该系统的状态 x_1、x_2 和 x_4 不完全能观，则系统状态不完全能观。

类似于推论 14.1，对于单输出系统的状态能观性，有如下推论：

推论 14.2 若单输出线性定常连续系统 $\Sigma(A,C)$ 的约当规范形的系统矩阵为某个特征值有多于一个约当块的约当矩阵，则该系统状态不完全能观。

定理 14.5 所给出的状态能观性的模态判据在应用时需将一般的状态空间模型变换成约当规范形，属于一种间接方法。下面给出一种无需线性变换，直接判定能观性的模态判据——PBH 秩判据。

定理 14.6 线性定常连续系统 $\Sigma(A,C)$ 状态完全能观的充要条件为：对于所有的特征值 λ，下式成立：

$$\operatorname{rank}\begin{bmatrix}\lambda I-A\\ C\end{bmatrix}=n \tag{14.15}$$

例 14.10 试判断如下系统的状态能观性。

$$\dot{\boldsymbol{x}}=\begin{bmatrix}0 & 1 & 0\\ 0 & 0 & 1\\ -6 & -11 & -6\end{bmatrix}\boldsymbol{x}$$
$$y=\begin{bmatrix}4 & 5 & 1\end{bmatrix}\boldsymbol{x}$$

由方程 $|\lambda I-A|=0$，可解得矩阵 A 的特征值分别为–1、–2 和–3。对于特征值 $\lambda_1=-1$，有：

$$\operatorname{rank}\begin{bmatrix}\lambda_1 I-A\\ C\end{bmatrix}=\operatorname{rank}\begin{bmatrix}-1 & -1 & 0\\ 0 & -1 & -1\\ 6 & 11 & 5\\ 4 & 5 & 1\end{bmatrix}=2<n$$

由定理 14.6 可知，对应于特征值–1，定理 14.6 的条件不成立，故该系统状态不完全能观。

表 14.2 对上述几种线性定常连续控制系统能观性判据的特点进行了小结。

表 14.2　能观性判据小结

判据	判定方法	特点
代数判据	能观性矩阵 Q_o 列满秩	1. 计算简单可行 2. 缺点为不知道哪些状态变量能观
模态判据 1	约当标准形中同一特征值对应的 C 矩阵分块的第一列线性无关	1. 易于分析具体哪些状态变量能观 2. 缺点为需首先变换成约当标准形
模态判据 2	对于所有特征值，$\operatorname{rank}\begin{bmatrix}\lambda I-A^T & C^T\end{bmatrix}=n$	1. 易于分析哪些状态变量能观 2. 需要求解系统的特征值

14.3　状态反馈控制器

对于状态完全能控的线性系统，可以通过状态反馈实现闭环极点位置的任意配置，从而让闭环系统实现期望的性能指标。

对于线性定常系统式（14.4），设计具有状态反馈的控制律：

$$\boldsymbol{u}(t)=\boldsymbol{r}_d(t)-K\boldsymbol{x}(t) \tag{14.16}$$

其中，$\boldsymbol{K}\in R^{1\times n}$ 称为系统的反馈系数矩阵。

将式（14.16）代入式（14.4），得到闭环系统的状态方程

$$\dot{\boldsymbol{x}}=A\boldsymbol{x}+B\boldsymbol{r}_d-BK\boldsymbol{x}=(A-BK)\boldsymbol{x}+B\boldsymbol{r}_d \tag{14.17}$$

状态反馈闭环系统的框图如图 14.4 所示。

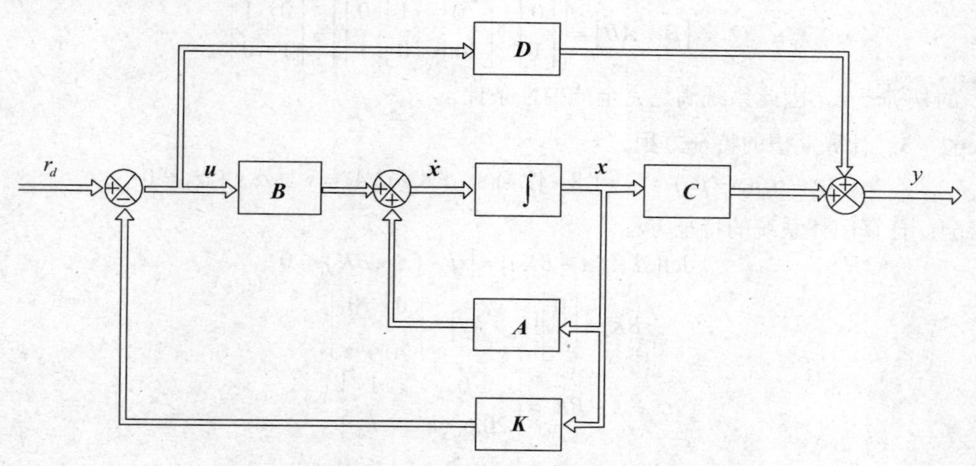

图 14.4　状态反馈闭环系统框图

设计状态反馈控制器的关键在于确定合适的状态反馈系数矩阵 K，使闭环系统满足设计的要求。通常采用极点配置的方法设计状态反馈系数矩阵，其基本思想是：首先确定闭环系统 n 个根极点的期望位置，然后设计适当的反馈增益，从而将系统的极点调整到期望的位置。如果系统是完全能控的，则这一过程完全可以表示成包含 n 个未知参数的 n 个方程组的求解。所需要设计的状态反馈增益就是该方程组的解。系统实现任意极点配置的充要条件是系统完全能控。

采用极点配置方法设计状态反馈控制器的基本步骤为：

（1）检查系统的能控性矩阵是否满秩。

（2）确定闭环系统的期望极点 $\mu_1,\mu_2,\cdots,\mu_n$。

（3）确定希望配置的极点位置后，可以建立期望的闭环系统特征方程。

$$(s-\mu_1)(s-\mu_2)\cdots(s-\mu_n)=s^n+\alpha_1 s^{n-1}+\cdots+\alpha_n=0 \tag{14.18}$$

（4）最后建立闭环系统的特征方程，即 $[sI-(A-BK)]=0$，将（3）（4）步建立的方程联立，由于它们的多项式的系数相等，由此可以建立 n 个位置参数的 n 个方程组，从而可以唯一地确定系统的反馈增益向量 K。

例 14.11　设线性定常连续系统的状态方程为：

$$\dot{\boldsymbol{x}}=A\boldsymbol{x}+Bu \qquad A=\begin{bmatrix}0 & 1\\ 20.6 & 0\end{bmatrix} \qquad B=\begin{bmatrix}0\\ 1\end{bmatrix}$$

闭环系统的期望极点为 $\mu_{1,2}=-1.8\pm 2.4\mathrm{j}$，试设计确定系统状态反馈的增益矩阵。

首先观察开环系统的极点：

$$|sI-A|=\begin{vmatrix}s & -1\\ -20.6 & s\end{vmatrix}=s^2-20.6=0$$

可以看出，系统开环极点为 $s_{1,2}=\pm 4.539$，系统是不稳定的。

闭环系统的期望极点是由期望的系统暂态响应特性（上升时间、最大超调量等）决定的。读者可以验证，$\mu_{1,2}=-1.8\pm 2.4\mathrm{j}$ 的闭环极点将产生较好的动态特性（大约 10%的最大超调量和大约 0.6 秒的上升时间）。期望的闭环系统极点是不唯一的。

下面在已经确定期望闭环系统极点的情况下来设计系统的状态反馈增益矩阵。

Step1：验证系统的能控性。

$$Q_C=\begin{bmatrix}B & AB\end{bmatrix}=\begin{bmatrix}\begin{bmatrix}0\\ 1\end{bmatrix} & \begin{bmatrix}0 & 1\\ 20.6 & 0\end{bmatrix}\begin{bmatrix}0\\ 1\end{bmatrix}\end{bmatrix}=\begin{bmatrix}0 & 1\\ 1 & 0\end{bmatrix}$$

矩阵 Q_C 的秩等于 n，因此系统满足完全能控性条件。

Step2～3：计算期望的特征方程。

$$(s-\mu_1)(s-\mu_2)=(s+1.8-\mathrm{j}2.4)(s+1.8+\mathrm{j}2.4)=s^2+\alpha_1 s+\alpha_2=0$$

Step4：计算闭环系统的特征方程。

$$\det[sI-(A-BK)]=|sI-(A-BK)|=0$$

$$BK=\begin{bmatrix}0\\ 1\end{bmatrix}\begin{bmatrix}k_1 & k_2\end{bmatrix}=\begin{bmatrix}0 & 0\\ k_1 & k_2\end{bmatrix}$$

$$A-BK=\begin{bmatrix}0 & 1\\ 20.6-k_1 & -k_2\end{bmatrix}$$

因此：

$$|sI-(A-BK)|=\begin{vmatrix} s & -1 \\ -20.6+k_1 & s+k_2 \end{vmatrix}=s^2+k_2s-20.6+k_1=0$$

最后根据两个特征多项式的系数相同，得到反馈增益系数为 $k_1=29.6$，$k_2=3.6$，因此反馈增益矩阵就是 $K=\begin{bmatrix}29.6 & 3.6\end{bmatrix}$。

对于高阶系统的状态反馈系数矩阵 K，也可用 Ackermann 公式求解：

$$K=e_nQ_c^{-1}\lambda(A) \tag{14.19}$$

其中，$e_n=\begin{bmatrix}0\,0\cdots 1\end{bmatrix}$，$Q_c=\begin{bmatrix}B\ AB\ A^2B\cdots A^{n-1}B\end{bmatrix}$，$\lambda(s)=s^n+\alpha_1s^{n-1}+\cdots+\alpha_n$ 为期望特征方程：$\lambda(A)=A^n+\alpha_1A^{n-1}+\cdots+\alpha_n$

例 14.12　设系统的状态方程为：

$$\dot{\boldsymbol{x}}=A\boldsymbol{x}+Bu \qquad A=\begin{bmatrix}1 & -1\\ 0 & 1\end{bmatrix},\quad B=\begin{bmatrix}0\\1\end{bmatrix}$$

按极点配置法设计反馈控制系统，使期望极点为 $\mu_1=0.4$，$\mu_2=0.6$。

用 Ackermann 公式求解：

$$Q_c=[B\ AB\ ]=\begin{bmatrix}0 & -1\\ 1 & 1\end{bmatrix},\quad Q_c^{-1}=\begin{bmatrix}0 & -1\\ 1 & 1\end{bmatrix}^{-1}=\begin{bmatrix}1 & 1\\ -1 & 0\end{bmatrix}$$

期望特征方程 $\lambda(s)=s^2-s+0.24=0$

$$\lambda(A)=A^2-A+0.24I=\begin{bmatrix}0.24 & -1\\ 0 & 0.24\end{bmatrix}$$

$$K=e_nQ_c^{-1}\lambda(A)=\begin{bmatrix}0 & 1\end{bmatrix}\begin{bmatrix}1 & 1\\ -1 & 0\end{bmatrix}\begin{bmatrix}0.24 & -1\\ 0 & 0.24\end{bmatrix}=\begin{bmatrix}-0.24 & 1\end{bmatrix}$$

下面讨论状态反馈对系统能控能观性的影响。控制系统引入状态反馈后，对于其能控能观性的变化，有如下的结论：

如果原系统 $\Sigma(A,B,C)$ 能控，则状态反馈系统 $\Sigma_k(A+BK,B,C)$ 必能控；反之，如果原系统 $\Sigma(A,B,C)$ 不能控，则状态反馈系统 $\Sigma_k(A+BK,B,C)$ 也不能控。也就是说，状态反馈不改变系统的能控性。

上述结论通过其能控性矩阵容易证明。对于原系统 $\Sigma(A,B,C)$，其能控性矩阵为：

$$Q_C=\begin{bmatrix}B & AB & \cdots & A^{n-1}B\end{bmatrix} \tag{14.20}$$

而状态反馈系统的 $\Sigma_k(A+BK,B,C)$ 的能控性矩阵为：

$$Q_{CK}=\begin{bmatrix}B & (A+BK)B & \cdots & (A+BK)^{n-1}B\end{bmatrix} \tag{14.21}$$

由于：

$$(A+BK)B=AB+B\underline{KB}$$

$$(A+BK)^2B=A^2B+AB\underline{KB}+B(\underline{KAB})+B(\underline{KBKB})$$

$$\cdots$$

其中，$KB,KAB,KBKB$ 均为标量，因此，式（14.21）中矩阵 Q_{CK} 的各元素恰是矩阵 Q_C 各元素的线性组合。从而得到：

$$\operatorname{rank}(Q_C)=\operatorname{rank}(Q_{CK}) \tag{14.22}$$

值得说明的是，虽然状态反馈可以保持系统的能控性不变，但却不能保证系统的能观性不变。原因是引入状态反馈后可能产生系统的零点和极点对消，使系统能观性发生改变。

14.4　引入状态观测器的状态反馈系统

14.4.1　全维状态观测器

设计状态反馈控制器的主要问题是要求系统的所有状态变量都是可测量的。然而对于一个实际系统而言，有些状态的信号值很难测量甚至不可能直接通过传感器进行测量，或者虽然可以进行直接测量，但在经济上却要增加相应的成本。这样，如果不能得到系统的全状态向量，前面讲述的状态反馈控制就不可能实现。

解决以上问题的方法是利用系统某种数学形式的仿真来估计不能测量的状态值，这种方法称为系统的状态观测器设计。

设系统动态方程为：

$$\begin{aligned}\dot{\boldsymbol{x}} &= \boldsymbol{A}\boldsymbol{x}+\boldsymbol{B}\boldsymbol{u}\\ \boldsymbol{y} &= \boldsymbol{C}\boldsymbol{x}\end{aligned} \tag{14.23}$$

可构造一个结构与之相同，但由电路模拟的系统：

$$\begin{aligned}\dot{\hat{\boldsymbol{x}}} &= \boldsymbol{A}\hat{\boldsymbol{x}}+\boldsymbol{B}\boldsymbol{u}\\ \hat{\boldsymbol{y}} &= \boldsymbol{C}\hat{\boldsymbol{x}}\end{aligned} \tag{14.24}$$

式中，$\hat{\boldsymbol{x}},\hat{\boldsymbol{y}}$ 分别为模拟系统的状态向量及输出向量。当模拟系统与受控对象的初始状态相同时，有 $\hat{\boldsymbol{x}}=\boldsymbol{x}$，于是可用 $\hat{\boldsymbol{x}}$ 作为状态反馈信息。但是，受控对象的初始状态一般不可能知道，模拟系统状态初值只能预估值，因而两个系统的初始状态总有差异，即使两个系统的 $\boldsymbol{A}$、$\boldsymbol{B}$、$\boldsymbol{C}$ 矩阵完全一样，估计状态与实际状态也必然存在误差，用 $\hat{\boldsymbol{x}}$ 代替 $\boldsymbol{x}$，难以实现真正的状态反馈。但是 $\hat{\boldsymbol{x}}-\boldsymbol{x}$ 的存在必导致 $\hat{\boldsymbol{y}}-\boldsymbol{y}$ 的存在，如果利用 $\hat{\boldsymbol{y}}-\boldsymbol{y}$，并负反馈至 $\dot{\hat{\boldsymbol{x}}}$ 处，控制 $\hat{\boldsymbol{y}}-\boldsymbol{y}$ 尽快衰减至零，从而使 $\hat{\boldsymbol{x}}-\boldsymbol{x}$ 也尽快衰减至零，便可以利用 $\hat{\boldsymbol{x}}$ 来形成状态反馈。按以上原理构成的状态观测器并实现状态反馈的方案如图 14.5 所示。状态观测器有两个输入即 $\boldsymbol{u}$ 和 $\boldsymbol{y}$，其输出为 $\hat{\boldsymbol{x}}$，含 n 个积分器并对全部状态变量作出估计。H 为观测器反馈系数矩阵，目的是配置观测器极点，提高其动态性能，使 $\hat{\boldsymbol{x}}-\boldsymbol{x}$ 尽快逼近于零。

由图 14.5，可得全维状态观测器动态方程为：

$$\begin{aligned}\dot{\hat{\boldsymbol{x}}} &= \boldsymbol{A}\hat{\boldsymbol{x}}+\boldsymbol{B}\boldsymbol{u}-\boldsymbol{H}(\hat{\boldsymbol{y}}-\boldsymbol{y})\\ \hat{\boldsymbol{y}} &= \boldsymbol{C}\hat{\boldsymbol{x}}\end{aligned} \tag{14.25}$$

故：

$$\begin{aligned}\dot{\hat{\boldsymbol{x}}} &= A\hat{\boldsymbol{x}}+B\boldsymbol{u}-HC(\hat{\boldsymbol{x}}-\boldsymbol{x})\\ &= (A-HC)\hat{\boldsymbol{x}}+B\boldsymbol{u}+H\boldsymbol{y}\end{aligned} \tag{14.26}$$

式中，$(A-HC)$ 称为观测器系统矩阵，H 为 $n\times q$ 维矩阵。为了保证状态反馈系统正常工作，重构的状态在任何 $\hat{\boldsymbol{x}}(t_0)$ 与 $\boldsymbol{x}(t_0)$ 的初始条件下，都必须满足：

$$\lim_{t\to\infty}(\hat{\boldsymbol{x}}-\boldsymbol{x})=0 \tag{14.27}$$

状态误差 $\hat{\boldsymbol{x}}-\boldsymbol{x}$ 的状态方程为：

$$\dot{\boldsymbol{x}}-\dot{\hat{\boldsymbol{x}}}=(A-HC)(\boldsymbol{x}-\hat{\boldsymbol{x}}) \tag{14.28}$$

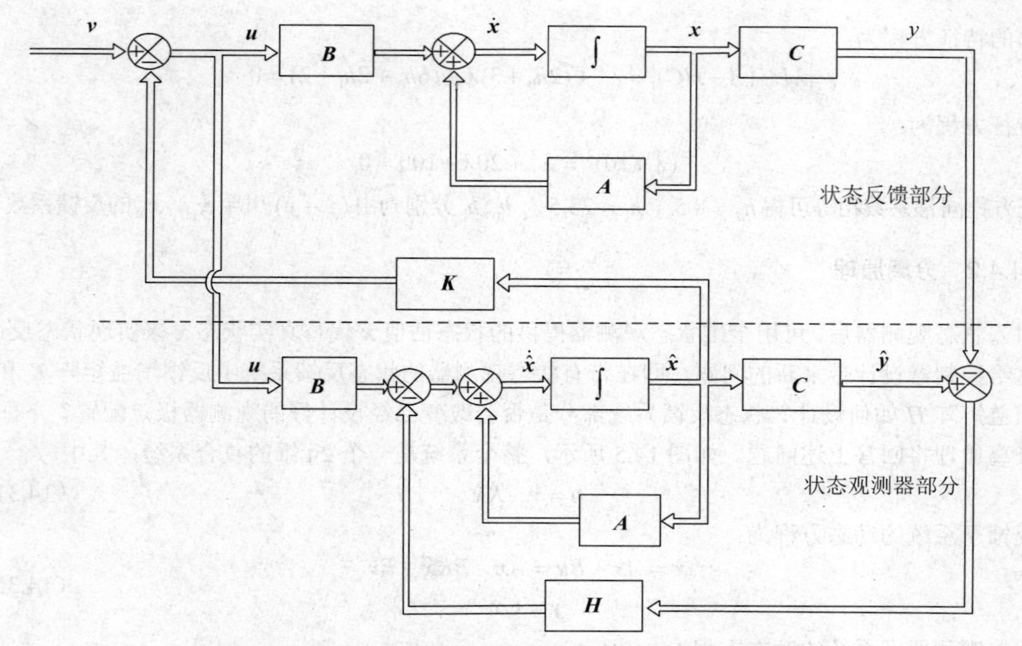

图 14.5　用全维状态观测器实现状态反馈原理

解为:

$$\boldsymbol{x}-\hat{\boldsymbol{x}}=\mathrm{e}^{(A-HC)(t-t_0)}[\boldsymbol{x}(t_0)-\hat{\boldsymbol{x}}(t_0)] \tag{14.29}$$

当 $\hat{\boldsymbol{x}}(t_0)=\boldsymbol{x}(t_0)$ 时，恒有 $\hat{x}(t)=x(t)$，输出反馈不起作用；当 $\hat{x}(t_0)\neq x(t_0)$ 时，有 $\hat{x}(t)\neq x(t)$，输出反馈便起作用，这时只要观测器的极点具有负实部，状态误差向量总会按指数规律衰减，衰减速率取决于观测器的极点配置。

若系统 $\Sigma(A,B,C)$ 能观，则可设计全维观测器:

$$\dot{\hat{\boldsymbol{x}}}=(A-HC)\hat{\boldsymbol{x}}+B\boldsymbol{u}+H\boldsymbol{y} \tag{14.30}$$

来给出状态估计值，观测器系数矩阵 H 可按极点配置的需要来设计，以决定状态估计误差衰减的速率。

实际选择 H 矩阵参数时，既要防止状态反馈失真，又要防止数值过大导致饱和效应和噪声加剧等。通常希望观测器的响应速度比状态反馈系统的响应速度快 3～10 倍为好，因此选择的观测器期望极点实部大小应该是控制器期望极点实部大小的 5～8 倍以上。

例 14.13　设受控对象传递函数为 $\dfrac{Y(s)}{U(s)}=\dfrac{2}{(s+1)(s+2)}$，试设计全维状态观测器，将其极点配置在(–10,–10)。

该单输入－单输出系统传递函数无零极点对消，故系统能控能观测。写出该系统的一种状态空间实现为:

$$\boldsymbol{A}=\begin{bmatrix}0 & 1\\ -2 & -3\end{bmatrix},\boldsymbol{b}=\begin{bmatrix}0\\ 1\end{bmatrix},\boldsymbol{c}=\begin{bmatrix}2 & 0\end{bmatrix}$$

由于 $n=2,q=1$，输出反馈 H 为 2×1 维。全维观测器的系统矩阵为:

$$A-HC=\begin{bmatrix}0 & 1\\ -2 & -3\end{bmatrix}-\begin{bmatrix}h_0\\ h_1\end{bmatrix}\begin{bmatrix}2 & 0\end{bmatrix}=\begin{bmatrix}-2h_0 & 1\\ -2-2h_1 & -3\end{bmatrix}$$

观测器的特征方程为：

$$\left|\lambda I-(A-HC)\right|=\lambda^2+(2h_0+3)\lambda+(6h_0+2h_1+2)=0$$

期望特征方程为：

$$(\lambda+10)^2=\lambda^2+20\lambda+100=0$$

由特征方程同幂系数相等可得 $h_0=8.5,\quad h_1=23.5$。h_0,h_1 分别为由 $(\hat{\boldsymbol{y}}-\boldsymbol{y})$ 引至 $\dot{\hat{x}}_1$、$\dot{\hat{x}}_2$ 的反馈系数。

14.4.2 分离原理

引入状态观测器后，可用全维状态观测器提供的状态估值 $\hat{\boldsymbol{x}}$ 代替真实状态 $\boldsymbol{x}$ 来实现状态反馈，然而这给控制器设计带来新的问题，即在带有状态观测器的状态反馈系统中反馈增益矩阵 K 和观测器增益矩阵 H 如何设计？状态反馈系统部分是否会改变已经设计好的观测器极点配置？下面介绍的分离原理将回答上述问题。如图 14.5 所示，整个系统是一个 2n 维的复合系统，其中：

$$\boldsymbol{u}=\boldsymbol{v}-K\hat{\boldsymbol{x}} \tag{14.31}$$

状态反馈子系统的动态方程为：

$$\begin{aligned}\dot{\boldsymbol{x}}&=A\boldsymbol{x}+B\boldsymbol{u}=A\boldsymbol{x}-BK\hat{\boldsymbol{x}}+B\boldsymbol{v}\\ \boldsymbol{y}&=C\boldsymbol{x}\end{aligned} \tag{14.32}$$

全维状态观测器子系统的动态方程为：

$$\dot{\hat{\boldsymbol{x}}}=A\hat{\boldsymbol{x}}+B\boldsymbol{u}-H(\hat{\boldsymbol{y}}-\boldsymbol{y})=(A-BK-HC)\hat{\boldsymbol{x}}+HC\boldsymbol{x}+B\boldsymbol{v} \tag{14.33}$$

故复合系统动态方程为：

$$\begin{aligned}\begin{bmatrix}\dot{\boldsymbol{x}}\\ \dot{\hat{\boldsymbol{x}}}\end{bmatrix}&=\begin{bmatrix}A & -BK\\ HC & A-BK-HC\end{bmatrix}\begin{bmatrix}\boldsymbol{x}\\ \hat{\boldsymbol{x}}\end{bmatrix}+\begin{bmatrix}B\\ B\end{bmatrix}\boldsymbol{v}\\ \boldsymbol{y}&=\begin{bmatrix}C & 0\end{bmatrix}\begin{bmatrix}\boldsymbol{x}\\ \hat{\boldsymbol{x}}\end{bmatrix}\end{aligned} \tag{14.34}$$

由于：

$$\dot{\boldsymbol{x}}-\dot{\hat{\boldsymbol{x}}}=(A-HC)(\boldsymbol{x}-\hat{\boldsymbol{x}}) \tag{14.35}$$

$$\dot{\boldsymbol{x}}=A\boldsymbol{x}-BK\hat{\boldsymbol{x}}+B\boldsymbol{v}=(A-BK)\boldsymbol{x}+BK(\boldsymbol{x}-\hat{\boldsymbol{x}})+B\boldsymbol{v} \tag{14.36}$$

可以得到复合系统的另外一种形式：

$$\begin{aligned}\begin{bmatrix}\dot{\boldsymbol{x}}\\ \dot{\boldsymbol{x}}-\dot{\hat{\boldsymbol{x}}}\end{bmatrix}&=\begin{bmatrix}A-BK & BK\\ 0 & A-HC\end{bmatrix}\begin{bmatrix}\boldsymbol{x}\\ \boldsymbol{x}-\hat{\boldsymbol{x}}\end{bmatrix}+\begin{bmatrix}B\\ 0\end{bmatrix}\boldsymbol{v}\\ \boldsymbol{y}&=\begin{bmatrix}C & 0\end{bmatrix}\begin{bmatrix}\boldsymbol{x}\\ \boldsymbol{x}-\hat{\boldsymbol{x}}\end{bmatrix}\end{aligned} \tag{14.37}$$

由式（14.37），可以导出复合系统传递函数矩阵为：

$$G(s)=\begin{bmatrix}C & 0\end{bmatrix}\begin{bmatrix}sI-(A-BK) & BK\\ 0 & sI-(A-HC)\end{bmatrix}^{-1}\begin{bmatrix}B\\ 0\end{bmatrix} \tag{14.38}$$

利用分块矩阵求逆公式：

$$\begin{bmatrix}R & S\\ 0 & T\end{bmatrix}^{-1}=\begin{bmatrix}R^{-1} & -R^{-1}ST^{-1}\\ 0 & T^{-1}\end{bmatrix} \tag{14.39}$$

则：

$$G(s)=C\left[sI-(A-BK)\right]^{-1}B \tag{14.40}$$

上式右端正是引入真实状态 $\boldsymbol{x}$ 作为反馈的状态反馈系统，即：

$$\begin{aligned}\dot{\boldsymbol{x}}&=A\boldsymbol{x}+B(\boldsymbol{v}-K\boldsymbol{x})=(A-BK)\boldsymbol{x}+B\boldsymbol{v}\\ \boldsymbol{y}&=C\boldsymbol{x}\end{aligned} \tag{14.41}$$

的传递函数矩阵。该式表明复合系统与状态反馈系统具有相同的传递特性，与观测器的部分无关，可用估值状态 $\hat{\boldsymbol{x}}$ 代替真实状态 $\boldsymbol{x}$ 作为反馈。从 $2n$ 维复合系统导出了 $(n\times n)$ 传递函数矩阵，这是由于 $(\boldsymbol{x}-\hat{\boldsymbol{x}})$ 不能控造成的。

复合系统的特征值多项式为：

$$\begin{bmatrix}sI-(A-BK) & BK\\ 0 & sI-(A-HC)\end{bmatrix}=\left|sI-(A-BK)\right|\cdot\left|sI-(A-HC)\right| \tag{14.42}$$

该式表明复合系统特征值是由状态反馈子系统和全维状态观测器的特征值组合而成的，且两部分特征值相互独立，彼此不受影响，因而状态反馈矩阵 K 和输出反馈矩阵 H 可根据各自的要求来独立进行设计，故有下列定理。

分离原理：若受控系统 $\Sigma(A,B,C)$ 能控能观，用状态观测器估值形成状态反馈时，其系统的极点配置和观测器设计可分别独立进行。即 K 与 H 的设计可分别独立进行。

例 14.14　设线性系统传递函数为：

$$G(s)=\frac{100}{s(s+5)}$$

试设计状态观测器实现状态反馈控制，要求闭环系统的特征值为 $\lambda_{1,2}{}^{*}=-7.07\pm \mathrm{j}7.07$。

（1）首先将传递函数模型转换为状态空间模型，由传递函数可得微分方程：

$$\ddot{y}+5\dot{y}=100u$$

令 $x_1=y,x_2=\dot{y}$，得 $\dot{x}_1=x_2,\dot{x}_2=-5x_1+100u$，写成状态空间模型形式：

$$\dot{\boldsymbol{x}}=\begin{bmatrix}0 & 1\\ 0 & -5\end{bmatrix}\boldsymbol{x}+\begin{bmatrix}0\\ 100\end{bmatrix}u$$

$$y=\begin{bmatrix}1 & 0\end{bmatrix}\boldsymbol{x}$$

由于传递函数不存在零极点对消，因此系统能控能观。

（2）依据分离原理，分别设计观测器增益 H 和状态反馈增益 K。设：

$$K=\begin{bmatrix}k_1 & k_2\end{bmatrix},\quad H=\begin{bmatrix}h_1 & h_2\end{bmatrix}^T$$

闭环系统特征多项式为：

$$\det[\lambda I-(A+bK)]=\lambda^2+(5-100k_2)\lambda-100k_1$$

期望闭环系统特征多项式：

$$(\lambda+7.07-\mathrm{j}7.07)(\lambda+7.07+\mathrm{j}7.07)=\lambda^2+14.14\lambda+100$$

比较同幂项系数，得：

$$K=\begin{bmatrix}k_1 & k_2\end{bmatrix}=\begin{bmatrix}-1 & -0.0914\end{bmatrix}$$

（3）确定观测器反馈增益。为了使得观测器快于闭环系统达到稳定，选择观测器期望极点

$$\lambda_{e1}{}^{*}=-50\text{，}\quad \lambda_{e1}{}^{*}=-50$$

它们距离虚轴的大小是闭环极点距离虚轴大小的 5～8 倍。

观测器特征多项式为：

$$\det[\lambda I-(A-HC)]=\lambda^2-(5+h_1)\lambda+5h_1+h_2$$

期望观测器多项式为：

$$(\lambda+50)^2=\lambda^2+100\lambda+2500$$

通过比较二者的同幂项系数，得到观测器的反馈增益向量：

$$H=[h_1 \quad h_2]^T=[95 \quad 2025]^T$$

请读者自行绘制整个系统的框图。

14.5 利用 Matlab 进行状态反馈控制器设计

Matlab 中设计系统状态反馈控制器的主要函数是 place。考虑如图 14.6 所示的跷跷板小球定位系统，该系统主要由放置在横梁上的小球和驱动转盘组成。随着转盘的转动，横梁的倾斜角度也随之变化，小球在重力的作用下将沿横梁自由滚动。控制的目的是使小球可以停留在横梁的任意位置上。

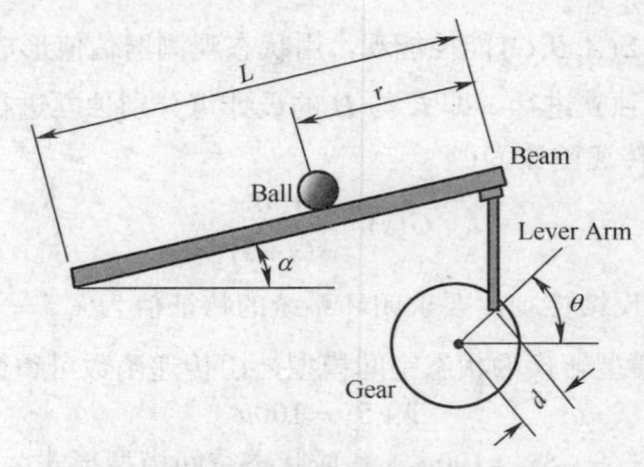

图 14.6 跷跷板小球定位系统的结构示意图

忽略横梁与小球之间的滚动摩擦，系统各部分的含义和取值分别为：

M	小球的质量	0.11 kg
R	小球的半径	0.015 m
d	杠杆臂的偏移	0.03 m
g	重力加速度	9.8 m/s^2
L	横梁的长度	1.0 m
J	小球的瞬时惯量	9.99e-6 kgm^2
r	小球的位置坐标	
α	横梁的倾斜角度	
θ	侍服齿轮的角度	

系统设计要求：

（1）稳定时间小于 3 秒。

（2）超调量不超过 5%。

针对小球的运动可以建立它的 Lagrange 动力学方程：

$$\left(\frac{J}{R^2}+m\right)\ddot{r}+mg\sin\alpha-mr(\dot{\alpha})^2=0 \tag{14.43}$$

将上式在$\alpha = 0$处线性化，得到小球的线性化运动方程：

$$\left(\frac{J}{R^2}+m\right)\ddot{r} = -mg\alpha \tag{14.44}$$

横梁的倾斜角度与伺服齿轮的角度具有如下的近似线性关系：

$$\alpha = \frac{d}{L}\theta \tag{14.45}$$

将上式代入式（14.44）得到：

$$\left(\frac{J}{R^2}+m\right)\ddot{r} = -mg\frac{d}{L\theta} \tag{14.46}$$

将小球的位置坐标（r）和小球运动的速度（$\dot{r}$）作为系统的状态变量，得到系统的状态空间模型：

$$\begin{bmatrix}\dot{r}\\ \ddot{r}\end{bmatrix} = \begin{bmatrix}0 & 1\\ 0 & 0\end{bmatrix}\begin{bmatrix}r\\ \dot{r}\end{bmatrix} + \begin{bmatrix}0\\ \dfrac{mgd}{L\left(\dfrac{J}{R^2}+m\right)}\end{bmatrix}\theta \tag{14.47}$$

我们将通过控制α的二阶导数而不是伺服齿轮的角度来达到控制小球位置的目的，从而得到如下的状态空间模型：

$$\begin{bmatrix}\dot{r}\\ \ddot{r}\\ \dot{\alpha}\\ \ddot{\alpha}\end{bmatrix} = \begin{bmatrix}0 & 1 & 0 & 0\\ 0 & 0 & \dfrac{-mg}{\left(\dfrac{J}{R^2}+m\right)} & 0\\ 0 & 0 & 0 & 0\\ 0 & 0 & 0 & 0\end{bmatrix}\begin{bmatrix}r\\ \ddot{r}\\ \alpha\\ \dot{\alpha}\end{bmatrix} + \begin{bmatrix}0\\ 0\\ 0\\ 1\end{bmatrix}u \tag{14.48}$$

$$y = \begin{bmatrix}1 & 0 & 0 & 0\end{bmatrix}\begin{bmatrix}r\\ \dot{r}\\ \alpha\\ \dot{\alpha}\end{bmatrix} \tag{14.49}$$

该模型通过安装在横梁中心的电机对横梁施加适当的力矩，来控制小球的位置，称为力矩控制模型。

下面我们为系统设计全状态反馈控制器。根据系统的设计要求，计算出期望的主导极点位置位于–2+2i 和–2–2i 处，其他的极点应该远离主导极点，我们假设它们分别位于–20 和–80 处。随后通过 Matlab 的 place 命令可以计算出控制器的增益矩阵。以下是相应的程序代码：

```
m = 0.111;R = 0.015;g = -9.8;J = 9.99e-6;H = -m*g/(J/(R^2)+m);
A = [0 1 0 0
     0 0 H 0
 0 0 0 1
     0 0 0 0];
B = [0;0;0;1]; C = [1 0 0 0]; D = [0];
p1=-2+2i; p2=-2-2i; p3=-20; p4=-80;
K=place(A,B,[p1,p2,p3,p4])
```

得到的计算结果为

```
place:   ndigits= 15
K =
    1.0e+03 *
    1.8286    1.0286    2.0080    0.1040
```

接下来我们可以仿真闭环系统在 0.25m 输入信号下的阶跃响应。在 m 文件后加入下面的指令：

```
T = 0:0.01:5;
U = 0.25*ones(size(T));
[Y,X] = lsim(A-B*K,B,C,D,U,T);
plot(T,Y)
xlabel('time(s)'),ylabel('Y')
```

运行 m 文件，得到的系统响应曲线如图 14.7 所示。

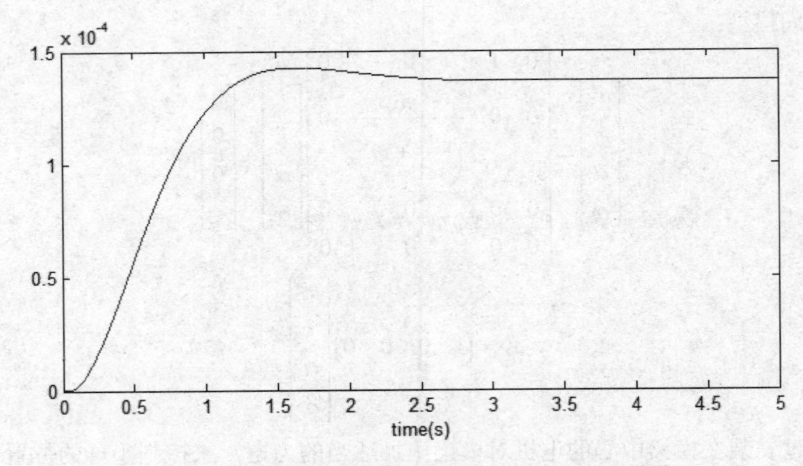

图 14.7 全状态反馈控制器作用下的阶跃响应曲线

从图中可以看到，系统的超调量和稳定时间均已满足要求，但系统具有较大的稳态误差。如果我们想进一步减小系统的超调量，可以将主导极点的虚部设置成比实部更小。如果要减小系统的稳定时间，可以进一步将主导极点向左半平面移动。读者可以改变系统的期望极点位置，观察系统主导极点对系统动态特性的影响。

下面我们采取措施来进一步减小系统的稳态误差。通常的方法是将系统的输出反馈到输入端，利用它与参考输入的误差来驱动控制器。由于这里采用的是状态反馈控制器，因此需要计算系统稳态时的状态值，并乘上选择的增益值 K，而系统新的参考输入可以通过乘上某个增益 $\bar{N}$ 来实现。图 14.8 反映了这种关系。

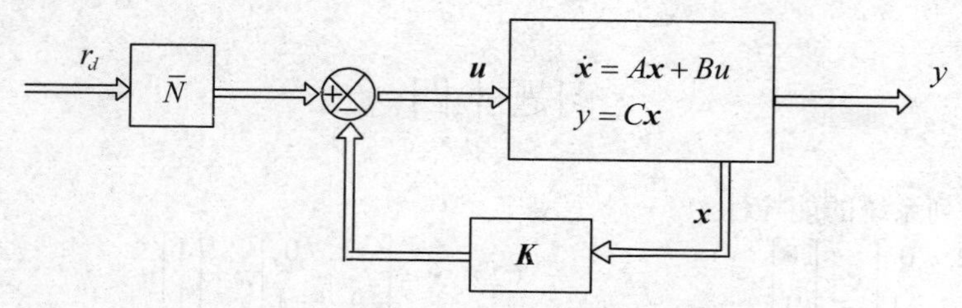

图 14.8　参考输入下的状态反馈控制框图

增益矩阵 $\bar{N}$ 通过自定义函数 rscale 计算得到。将下面的程序代码加入到前面的 m 文件中：

```
Nbar=rscale(A,B,C,D,K)
T = 0:0.01:5;
U = 0.25*ones(size(T));
[Y,X]=lsim(A-B*K,B*Nbar,C,D,U,T);
plot(T,Y)
xlabel('time(s)'),ylabel('Y')
```

rscale.m 文件代码为：

```
function[Nbar]=rscale(A,B,C,D,K)
s = size(A,1);
Z = [zeros([1,s]) 1];
N = inv([A,B;C,D])*Z';
Nx = N(1:s);
Nu = N(1+s);
Nbar=Nu + K*Nx;
```

得到的闭环系统响应曲线如图 14.9 所示。注意到此时的系统满足所有的设计要求。

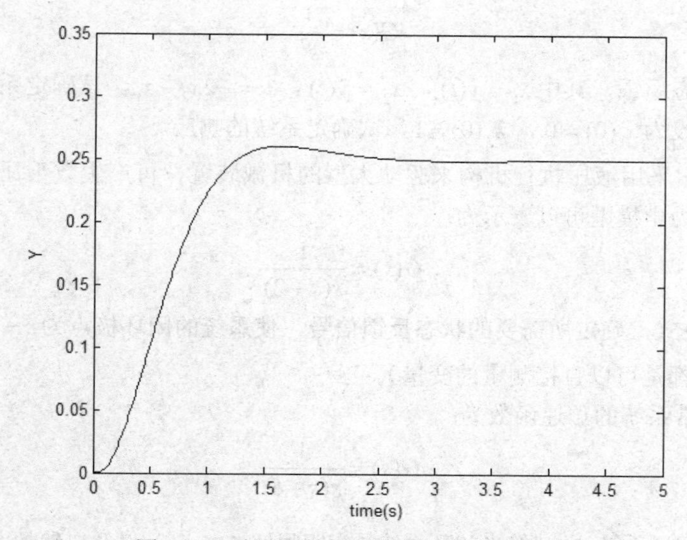

图 14.9　改进后的控制系统阶跃响应曲线

习题十四

14.1 判断下列系统的能控性。

（1）$\dot{\boldsymbol{x}}=\begin{bmatrix}-2 & 0\\ 0 & -1\end{bmatrix}\boldsymbol{x}+\begin{bmatrix}1\\0\end{bmatrix}u$

（2）$\dot{\boldsymbol{x}}=\begin{bmatrix}-2 & 0\\ 0 & -1\end{bmatrix}\boldsymbol{x}+\begin{bmatrix}1\\1\end{bmatrix}u$

（3）$\dot{\boldsymbol{x}}=\begin{bmatrix}-1 & 0\\ 0 & -1\end{bmatrix}\boldsymbol{x}+\begin{bmatrix}1\\1\end{bmatrix}u$

（4）$\dot{\boldsymbol{x}}=\begin{bmatrix}-3 & 1 & 0\\ 0 & -3 & 0\\ 0 & 0 & 1\end{bmatrix}\boldsymbol{x}+\begin{bmatrix}0 & 0\\ 2 & -1\\ 0 & 3\end{bmatrix}u$

（5）$\dot{\boldsymbol{x}}=\begin{bmatrix}-4 & 1 & 0\\ 0 & -4 & 0\\ 0 & 0 & -4\end{bmatrix}\boldsymbol{x}+\begin{bmatrix}0\\1\\2\end{bmatrix}u$

（6）$\dot{\boldsymbol{x}}=\begin{bmatrix}-1 & -2 & -2\\ 0 & -1 & 1\\ 1 & 0 & -1\end{bmatrix}\boldsymbol{x}+\begin{bmatrix}2\\0\\1\end{bmatrix}u$

14.2 判断下列系统的能观性。

（1）$\dot{\boldsymbol{x}}=\begin{bmatrix}-2 & 0\\ 0 & -5\end{bmatrix}\boldsymbol{x}+\begin{bmatrix}1\\2\end{bmatrix}u$，$y=\begin{bmatrix}0 & 1\end{bmatrix}\boldsymbol{x}$

（2）$\dot{\boldsymbol{x}}=\begin{bmatrix}-7 & 0 & 0\\ 0 & -5 & 0\\ 0 & 0 & -1\end{bmatrix}\boldsymbol{x}$，$y=\begin{bmatrix}0 & 4 & 5\end{bmatrix}\boldsymbol{x}$

（3）$\dot{\boldsymbol{x}}=\begin{bmatrix}-7 & 0 & 0\\ 0 & -5 & 0\\ 0 & 0 & -1\end{bmatrix}\boldsymbol{x}$，$y=\begin{bmatrix}3 & 2 & 0\\ 0 & 3 & 1\end{bmatrix}\boldsymbol{x}$

（4）$\dot{\boldsymbol{x}}=\begin{bmatrix}0 & 0 & 1\\ 1 & 0 & 0\\ 0 & 1 & 0\end{bmatrix}\boldsymbol{x}+\begin{bmatrix}1\\0\\0\end{bmatrix}u$，$y=\begin{bmatrix}0 & 0 & 1\end{bmatrix}\boldsymbol{x}$

14.3 试证明：系统实现任意极点配置的充要条件是系统完全能控。

14.4 火箭的简化动力学模型可以表示为：

$$G(s)=\frac{1}{s^2}$$

并且系统采用了状态反馈，其中$x_1=y(t)$，$x_2=\dot{y}(t)$，$u=-2x_2-x_1$。试确定系统的闭环特征根。若将系统初始条件设为$x_1(0)=0$，$x_2(0)=1$，试确定系统的响应。

14.5 人们常常采用液压执行机构来驱动大型的机械装置，可产生数千瓦的输出功率。设一大型液压装置的动力学模型可以表示为：

$$G(s)=\frac{1}{s(s+2)}$$

试用 Ackermann 公式，确定所需要的状态反馈信号，使系统的闭环极点为$s=-2\pm \mathrm{j}2$（假设机构运动的位置和速度都是可以直接测量的变量）。

14.6 线性定常系统的传递函数为：

$$G(s)=\frac{1}{s(s+6)}$$

试用状态反馈构成闭环系统，并计算当闭环系统具有阻尼比$\zeta=\frac{1}{\sqrt{2}}$，以及自然频率$\omega_n=35\sqrt{2}$ rad/s 时

的反馈矩阵 K 。

14.7　为下面的系统设计全维观测器：

$$\dot{\boldsymbol{x}} = \begin{bmatrix} -2 & 1 \\ 0 & -1 \end{bmatrix} \boldsymbol{x} + \begin{bmatrix} 0 \\ 1 \end{bmatrix} u$$

$$y = \begin{bmatrix} 1 & 0 \end{bmatrix} \boldsymbol{x}$$

要求观测器期望极点为 $s_1 = s_2 = -3$ 。

14.8　某倒立摆系统的状态空间模型为：

$$\dot{\boldsymbol{x}} = \begin{bmatrix} 0 & 1 & 0 & 0 \\ 0 & 0 & -1 & 0 \\ 0 & 0 & 0 & 1 \\ 0 & 0 & 5 & 0 \end{bmatrix} \boldsymbol{x} + \begin{bmatrix} 0 \\ 1 \\ 0 \\ -2 \end{bmatrix} u$$

$$y = [1 \quad 0 \quad 0 \quad 0] \boldsymbol{x}$$

指定其状态反馈系统的期望闭环极点为 $-1, -2, -1 \pm \mathrm{j}$，观测器的特征值为 $-3,\ -4,\ -3 \pm \mathrm{j}2$，试设计具有观测器的状态反馈控制系统，并画出系统的组成结构图。

第 15 章

离散控制系统的设计

在第 5 章建立脉冲传递函数的基础上，第 11 章对离散控制系统的稳定性、瞬态性能和稳态性能进行了分析，本章将介绍数字控制器的模拟化设计方法和数字化设计方法，以及 Matlab 软件在离散控制系统设计中的应用。

15.1　概述

要实现数字控制，首先遇到的是设计问题。针对被控对象设计出符合要求的控制系统，一般存在以下两种情况：

一种情况是对连续生产过程，例如石油化工、电站、造纸等工业生产过程，普遍采用模拟调节器，使用 PID 调节规律。然而电子计算机进入控制领域后，数字控制器逐步取代了模拟调节器的位置，完成相应的运算和控制功能。在这些工业部门中，因为有长期的运行经验，所以调节规律及整定参数的选取往往参考经验数据，或参考以实验为基础的通用性表格和经验公式，估算出粗略的数值，通过数字计算机和数字—模拟混合计算机的仿真，最后在运行现场经过调试而确定下来。

另一种情况是直接对各种各样的物理过程实现数字控制，例如人造卫星姿态控制、雷达跟踪天线方位控制、机器人控制等。各种物理过程的特性差别很大，运动速度和控制精度要求较高，对控制装置的体积、重量等的要求也各不相同，要按具体的情况设计专用的数字控制系统。计算机大量使用后，各种运算和控制动作都由计算机来完成，数字控制系统实际上演变为计算机控制系统。

众所周知，人们对控制系统提出的要求主要是控制精度和动态响应特性。在时域中就表现为被控变量的稳态误差，阶跃响应的上升时间、调节时间和超调量等。传统做法是先研究和设计系统的不可变部分，包括被控对象、执行机构等。在被控对象的动态特性和参数确定以后，再根据预期的系统性能指标设计控制器。

在介绍具体的设计方法之前，首先分析数字控制系统的特点。图 15.1 为数字控制系统的原理框图。

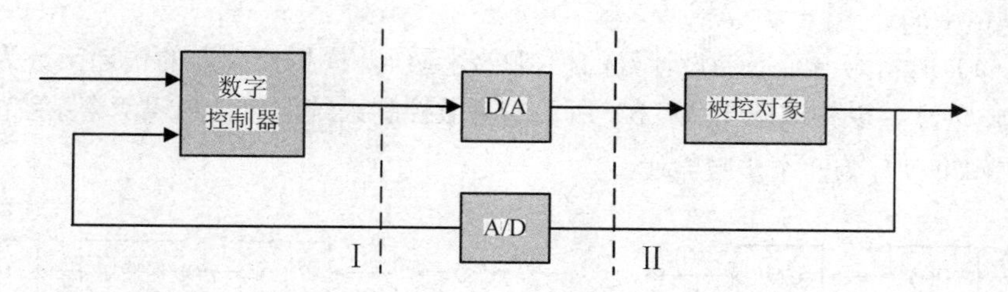

图 15.1　数字控制系统原理框图

由图可见，从虚线 I 向左看，数字控制器的输入和输出都是离散的数字量，因此这一系统具有离散系统的特性，可以用 Z 变换来分析。从虚线 II 向右看，被控对象的输入和输出都是模拟量，所以该系统是连续变化的模拟系统，可以用 Laplace 变换来分析。总地来看，数字控制系统实际上是一个混合系统，既可以在一定条件下近似地把它看成模拟系统，用模拟系统的分析工具进行动态分析和设计，再将设计结果转换成数字控制器；也可以把系统经过适当变换，变成纯粹的离散系统，用 Z 变换等工具进行分析设计，直接设计出控制算法。

其中按模拟系统进行设计的基本思想是，当采样频率足够高时，数字系统的特性接近于连续变化的模拟系统，此时忽略采样开关和保持器，可将整个系统看成是模拟系统，用 s 域方法设计校正装置 $D(s)$，再用 s 域到 z 域的离散化方法求得脉冲传递函数 $D(z)$。为了校验计算结果是否满足系统要求，求得 $D(z)$ 后可把整个系统闭合成离散的闭环系统，用 z 域分析法对系统的动态特性进行最终的检验。离散后的 $D(z)$ 对 $D(s)$ 的逼真度既取决于采样频率，也取决于所用的离散化方法。离散化方法有很多，但都有一个共同的特点：采样速率越低，$D(z)$ 的精度和逼真度越低，系统的动态特性与预期的要求相差越大。

按离散系统设计的基本思想是，在 z 域中用 z 域频率响应、z 域根轨迹等方法直接设计数字控制器 $D(z)$。这种方法直接在 z 域设计，不存在离散化问题，只要设计时系统是稳定的，即使采样频率再低，闭环系统仍是稳定的。

前一种设计方法的优点是，工程师们通常对 s 平面的了解比 z 平面清楚，设计方法也很成熟。缺点是对 $D(s)$ 进行离散化时，总会造成动态特性的恶化，从而有可能使设计结果不满足要求，有时不得不使用试凑法。后一种设计方法的优点是，如果设计者对 z 平面了解得足够清楚，就可以正确选择数字控制器的零点和极点位置，设计出满足要求的数字控制器，缺点是设计者不容易直接观察和想象到应当将零、极点设置在 z 平面的何处才能改进系统的特性，设计时要进行多次试算。两种方法各有特色，下面将分别予以介绍。

15.2 数字控制器的模拟化设计

按模拟系统设计时可直接引用模拟控制系统的设计经验，用根轨迹法或 Bode 图法设计出模拟控制器的传递函数，然后通过离散化将模拟控制器转换成数字控制器。模拟控制系统的设计方法十分成熟，这里不再重复。以下将假定模拟校正装置（控制器）已经设计好了，或者正在设计模拟校正装置。应该指出，用数字控制器来逼近模拟控制器将会引入附加的时间滞后，采样频率的高低也会影响系统的动态特性。为了使设计结果易于满足要求，我们在设计模拟控制系统时往往将设计要求提高一些，这样虽然模拟控制器离散化后系统的动态特性会恶化，但仍能使所设计的控制算法满足预定的要求。

图 15.2（a）所示为一个已经设计好的模拟控制系统，模拟控制器的传递函数为 $D(s)$。要求把 $D(s)$ 转换成 $D(z)$，以构成图 15.2（b）所示的离散控制系统，而且希望两个系统的性能尽可能接近。这些工作可以分为四个步骤完成：

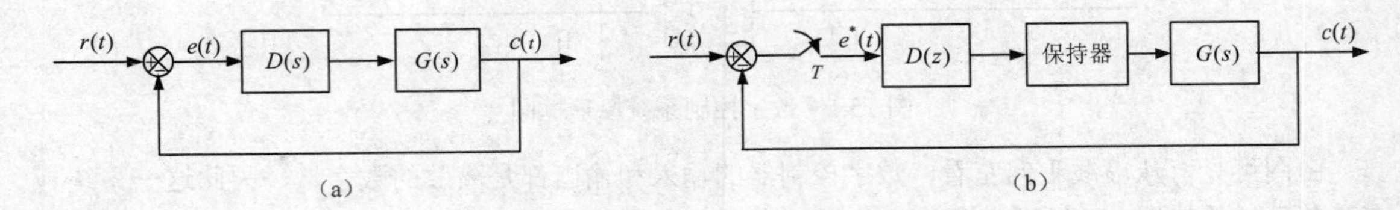

图 15.2 模拟控制器与离散控制器的转换

第一步 检查插入保持器后模拟控制系统的各种性能（保持器会引入延迟），如发现不合适，则修正 $D(s)$。保持器通常用零阶保持器，其传递函数可以展开成级数，近似表示式为：

$$\frac{1-\mathrm{e}^{-sT}}{s} \approx \frac{T}{1+\dfrac{sT}{2}} \tag{15.1}$$

第二步 选择适当的方法将 $D(s)$ 转变成 $D(z)$。

第三步 用求得的 $D(z)$ 构成离散系统，并分析闭环系统动态性能是否满足要求。

第四步　在数字计算机上用数字算法实现 $D(z)$。

上述四个设计步骤中，模拟校正装置的离散化方法很重要，这里主要介绍三种方法：双线性变换法、零极点匹配法和 Z 变换法。

15.2.1　双线性变换法

双线性变换法亦称做 TUSTIN 法或梯形积分法。

根据 Z 变换的定义 $z = \mathrm{e}^{sT}$，有 $\ln z = sT$，用 Taylor 级数将 $\ln z$ 展开，可得：

$$\ln z = 2\left[\frac{z-1}{z+1} + \frac{1}{3}\left(\frac{z-1}{z+1}\right)^3 + \frac{1}{5}\left(\frac{z-1}{z+1}\right)^5 + \cdots\right] \tag{15.2}$$

忽略高次项，可得 $sT = 2\dfrac{z-1}{z+1}$，即：

$$s = \frac{2}{T}\frac{z-1}{z+1} \tag{15.3}$$

或者

$$z = \frac{1+\dfrac{T}{2}s}{1-\dfrac{T}{2}s} \tag{15.4}$$

上两式即为双线性变换公式，于是可以进行 $D(s)$ 与 $D(z)$ 之间的转换：

$$D(z) = D(s)\Big|_{s=\frac{2(1-z^{-1})}{T(1+z^{-1})}} \tag{15.5}$$

式（15.3）和式（15.4）表示了 s 平面和 z 平面之间的映射关系。因为 $\mathrm{j}\omega$ 轴是 s 平面上系统稳定与不稳定的分界线，所以应研究 $\mathrm{j}\omega$ 轴在 z 平面内的映像。由式（15.4）可知，当 $s = \mathrm{j}\omega$ 时，z 的幅值为 1，相位随 ω 而变，即为单位圆。这种变换正好把 s 平面的左半平面映射到单位圆内，对于稳定的 $D(s)$，相应的 $D(z)$ 也是稳定的。

双线性变换的一个缺点是不能保持原有模拟控制器的单位脉冲响应和频率响应。这里以频率响应为例来分析 $D(s)$ 与 $D(z)$ 之间的区别。为了便于区分，连续系统用 ω，离散系统用 Ω 表示频率，连续系统的频率响应为 $D(\mathrm{j}\omega)$，离散系统的频率响应为 $D(\mathrm{e}^{\mathrm{j}\Omega})$。根据双线性变换公式可得：

$$\mathrm{j}\omega = \frac{2}{T}\frac{1-\mathrm{e}^{-\mathrm{j}\Omega}}{1+\mathrm{e}^{-\mathrm{j}\Omega}} \tag{15.6}$$

此式可化为：

$$\omega = (2/T)\tan(\Omega/2) \tag{15.7}$$

由式（15.7）可知，双线性变换使频率响应产生畸变，它将连续频率 $0<\omega<\infty$ 压缩到一个有限的范围 $0<\Omega<\pi$ 内。在设计校正装置时，当用数字控制器代替模拟控制器时，往往希望在指定的转折频率处两种幅频特性能够等效。为此，可把原始的 $D(s)$ 预先扭曲，经过双线性变换后再将上述扭曲消除，步骤如下：

第一步　在期望的零点和极点 $(s+a)$ 中用 a' 代替 a，即：

$$s+a \Rightarrow s+a'\Big|_{a'=(2/T)\tan(a/2)} \tag{15.8}$$

第二步　将 $D(s,a')$ 转换成 $D(z,a)$，令：

$$D(z,a)=D(s,a')\big|_{s=2(z-1)/T(z+1)} \tag{15.9}$$

在进行上述步骤时，幅值的比例关系将不会自动满足，必须分别加以考虑。如果希望低频传递函数即直流增益为 1，则需要当 $z=1$ 时让控制器的稳态增益为 1；如果考虑高频传递函数，则需要当 $z=-1$ 时控制器的稳态增益满足要求。

频率预扭曲的双线性变换的特性为：

（1）s 平面的左半平面映射至 z 平面的单位圆内。

（2）$D(s)$ 稳定，则 $D(z)$ 也稳定。

（3）模拟控制器和离散控制器在转折频率和零频率处的频率响应能互相匹配。

（4）脉冲响应和相位响应不能保持匹配。

15.2.2 零极点匹配法

时域的采样将 s 域函数的零极点按照公式 $z=\mathrm{e}^{sT}$ 映射到 z 域，其中 T 为采样间隔。通常，极点个数多于零点个数，可以把传递函数 $D(s)$ 看成具有在无穷远处的零点，映射到 z 平面时就在 $z=-1$ 处。因此，零极点匹配的转换规则为：

（1）通过因式分解，将模拟控制器的传递函数写为：

$$D(s)=\frac{k\prod_{i=1}^{m}(s+a_i)\prod_{i=1}^{n}[(s+a_i)^2+b_i^{\,2}]}{\prod_{j=1}^{r}(s+b_j)\prod_{i=1}^{s}[(s+c_j)^2+d_j^{\,2}]} \tag{15.10}$$

（2）将上式中的零极点映射到 z 平面，映射关系为：

$$\begin{gathered}(s+a_i)\rightarrow(z-\mathrm{e}^{-a_iT})\\(s+a_i\pm \mathrm{j}b_i)\rightarrow(z^2-2\,\mathrm{e}^{-a_iT}\cos b_iTz+\mathrm{e}^{-2a_iT})\end{gathered} \tag{15.11}$$

（3）在 $z=-1$ 处加上足够的零点，使极点数等于零点数。

（4）在某个转折频率处，使两种控制器的增益匹配。

例 15.1 已知模拟控制器的传递函数为 $D(s)=\dfrac{1}{s^2+0.2s+1}$，试用零极点匹配法将其转换成数字控制器的传递函数 $D(z)$。

模拟控制器的传递函数有两个极点，它们是：

$$s_{1,2}=-0.1\pm \mathrm{j}0.995$$

设采样间隔 $T=1\mathrm{s}$，按照转换规则可直接写出离散域传递函数为：

$$D(z)=\frac{k(z+1)^2}{z^2-2\,\mathrm{e}^{-0.1\times1}\cos(0.995\times1)\times z+\mathrm{e}^{-2\times0.1\times1}}=\frac{k(z+1)^2}{z^2-0.985z+0.819}$$

如果考虑低频传递函数不变，即：

$$D(z)\big|_{z=1}=D(s)\big|_{s=0}$$

可得到：

$$\frac{k\times4}{1-0.985+0.819}=1$$

从而：

$$k=0.209$$

最后得到：

$$D(z)=\frac{0.209(z+1)^2}{z^2-0.985z+0.819}$$

15.2.3　Z 变换法

Z 变换法能够保证模拟控制器单位脉冲响应的采样值与数字控制器的输出相同，因此也称为“脉冲响应不变法”。

将模拟控制器的传递函数 $D(s)$ 写成部分分式的形式：

$$D(s)=\frac{A_1}{s+a_1}+\frac{A_2}{s+a_2}+\cdots+\frac{A_n}{s+a_n} \tag{15.12}$$

则相应的数字控制器传递函数为：

$$D(z)=\frac{A_1}{1-\mathrm{e}^{-a_1T}z^{-1}}+\frac{A_2}{1-\mathrm{e}^{-a_2T}z^{-1}}+\cdots+\frac{A_n}{1-\mathrm{e}^{-a_nT}z^{-1}} \tag{15.13}$$

Z 变换法的特点是：

（1）$D(z)$ 与 $D(s)$ 的脉冲响应相同，但不能保持频率响应相同。

（2）如果 $D(s)$ 是稳定的，则 $D(z)$ 也稳定。

（3）$D(z)$ 将采样频率 ω_s 整数倍的频率信号，均变换为 z 平面上同一频率点，所以将出现频谱混迭现象。

Z 变换法初看起来很容易，但实际上存在问题，因为出现了高频分量的混迭现象。这种混迭的危害是，数字控制器的频率响应与所期望的模拟控制器的频率响应之间的近似性变差。为了解决这一问题，可以在 $D(s)$ 上串联一个低通滤波器 $H(s)$，从而使 $D(s)$ 转化为新的控制器

$$D_1(s)=H(s)\cdot D(s) \tag{15.14}$$

通常称 $H(s)$ 为保护滤波器。保护滤波器产生的时间滞后会使系统性能降低，有时要重新设计控制器回路。而且新的数字控制器比原来更为复杂，实现时所需确定的参数也更多了。因此，尽管 Z 变换法看起来是一个“严格”的方法，但由于使用条件的限制，较少用它来确定 $D(s)$ 所对应的离散化校正装置 $D(z)$。

下面再介绍带有零阶保持器的 Z 变换方法。这里的保持器是一个虚拟保持器，即保持器是本方法公式中的一个解析部分，而不是一个硬件模型，也就是在原线性系统的基础上串联一个虚拟的零阶保持器，再进行 Z 变换而得到 $D(s)$ 的离散化模型 $D(z)$：

$$D(z)=Z\left[\frac{1-\mathrm{e}^{-sT}}{s}D(s)\right] \tag{15.15}$$

加保持器的 Z 变换法可以保持 $D(s)$ 的稳定性，但不能保持 $D(s)$ 的脉冲响应和频率响应。

15.3　数字控制器的离散化设计

模拟化设计方法的主要缺点是把采样周期当作足够小，以至于忽略了它的影响。但是，采样周期的大小对系统的性能是很有影响的，因此，为了使离散控制系统的设计更为精确，可以直接采用离散的数字化设计方法。这种方法的主要特点是把保持器和被控对象所构成的连续部分首先

离散化，然后与数字控制器串联在一起，把整个系统当作完全的离散系统来设计。这时可以采用以脉冲传递函数为基础的频率法和根轨迹法，这两种方法从指标的提出到设计的指导思想，实际上还是经典连续系统综合设计方法的推广，这里不再多作介绍。

考虑到离散系统还有一些连续系统所没有的特点，例如对于连续系统，要将闭环极点配置在 s 平面左半面的无穷远处是不可能的（因为此时要求系统开环增益为无穷大），但对于数字系统，由于连续域中 s 平面左半面的无穷远对应 z 平面原点，因此是可以实现的。而且离散系统的校正装置可以用计算机通过相应程序实现，具有很大的灵活性和适应性，因此近年来出现了一些围绕离散系统这些独有特点的新的设计方法。下面要介绍的最少拍设计方法即为其中的一种。

在采样系统中，通常称一个采样周期为一拍。所谓最少拍系统，是指在典型输入（如单位阶跃、单位斜坡或单位加速度信号）作用下，系统具有最快的响应速度，能在有限拍内结束过渡过程，而且在采样时刻上无稳态误差的离散系统。最少拍系统是一种时间最优的控制系统。

15.3.1 最少拍设计的原理

典型的离散控制系统如图 15.3 所示，这是一个单位反馈控制系统，其中 $G(s)$ 为系统的模拟部分。误差信号 $e(t)$ 反映了系统输出对输入信号的偏离程度，通过分析 $e(t)$ 的变化情况，可以看出系统的动态误差和稳态误差。该系统的闭环脉冲传递函数为：

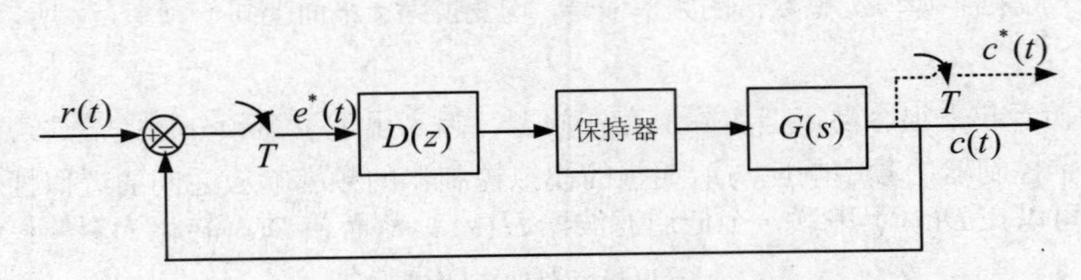

图 15.3 单位反馈离散控制系统

$$G_B(z)=\frac{C(z)}{R(z)}=\frac{D(z)G(z)}{1+D(z)G(z)} \tag{15.16}$$

误差传递函数为：

$$\phi_e(z)=\frac{E(z)}{R(z)}=1-G_B(z)=\frac{1}{1+D(z)G(z)} \tag{15.17}$$

从而 $E(z)=\phi_e(z)R(z)$，系统的稳态误差为：

$$e^*(\infty)=\lim_{z\to 1}\left[(1-z^{-1})\phi_e(z)R(z)\right] \tag{15.18}$$

显然，系统的稳态误差与误差传递函数以及输入信号有关。因此，必须针对不同的输入信号 $R(z)$ 选择合适的误差传递函数 $\phi_e(z)$，以保证稳态误差为零。

表 15.1 列出了三种典型信号即单位阶跃信号、单位斜坡信号、单位加速度信号的 Z 变换结果 $R(z)$。可以发现，这些信号变换后，都具有如下真分式形式：

$$R(z)=\frac{P(z)}{(1-z^{-1})^m} \tag{15.19}$$

其中 $P(z)$ 为 z^{-1} 的多项式，m 为正整数，例如阶跃信号对应 $m=1$，斜坡信号对应 $m=2$，加速度信号对应 $m=3$。

表 15.1　最少拍系统

输入信号		误差传递函数	闭环传递函数	校正装置	调整时间
$r(t)$	$R(z)$	$\phi_e(z)$	$G_B(z)$	$D(z)$	
$1(t)$	$\dfrac{1}{1-z^{-1}}$	$1-z^{-1}$	z^{-1}	$\dfrac{z^{-1}}{(1-z^{-1})G(z)}$	T
t	$\dfrac{Tz^{-1}}{(1-z^{-1})^2}$	$(1-z^{-1})^2$	$\dfrac{2z-1}{z^2}$	$\dfrac{z^{-1}(2-z^{-1})}{(1-z^{-1})^2G(z)}$	$2T$
$\dfrac{1}{2}t^2$	$\dfrac{T^2z^{-1}(1+z^{-1})}{2(1-z^{-1})^3}$	$(1-z^{-1})^3$	$\dfrac{3z^2-3z+1}{z^3}$	$\dfrac{z^{-1}(3-3z^{-1}+z^{-2})}{(1-z^{-1})^3G(z)}$	$3T$

将式（15.19）代入式（15.18）可得：

$$e^*(\infty)=\lim_{z\to 1}\left[(1-z^{-1})\frac{P(z)}{(1-z^{-1})^m}\phi_e(z)\right] \tag{15.20}$$

从上式可以看出，要使 $e^*(\infty)$ 等于零，$\phi_e(z)$ 必须含有 $(1-z^{-1})^m$，即 $\phi_e(z)$ 具有如下形式：

$$\phi_e(z)=(1-z^{-1})^n B(z) \qquad n\geq m \tag{15.21}$$

其中 $B(z)$ 为 z^{-1} 的多项式，不含因子 $(1-z^{-1})$。通常选取最简单的形式，取 $B(z)=1$，则：

$$\phi_e(z)=(1-z^{-1})^n \qquad n\geqslant m \tag{15.22}$$

又因为 $E(z)$ 可展开为级数：

$$E(z)=e(0)+e(T)z^{-1}+e(2T)z^{-2}+\cdots \tag{15.23}$$

若要在最少拍内使误差为零，应使 $E(z)$ 展开的项数尽量少。由表达式 $E(z)=R(z)\cdot(1-z^{-1})^n$ 可知，对于给定输入 $R(z)$，取 $n=m$ 可使得系统为最少拍系统。此时：

$$\phi_e(z)=(1-z^{-1})^m \tag{15.24}$$

再由式（15.17）可得校正装置 $D(z)$ 的表达式为：

$$D(z)=\frac{1-\phi_e(z)}{\phi_e(z)G(z)}=\frac{1-(1-z^{-1})^m}{(1-z^{-1})^m G(z)} \tag{15.25}$$

15.3.2　典型输入信号的最少拍设计

当输入信号为单位阶跃信号时，$r(t)=1(t)$，$m=1$，$\phi_e(z)=1-z^{-1}$，因此：

$$D(z)=\frac{z^{-1}}{(1-z^{-1})G(z)} \tag{15.26}$$

$$E(z)=R(z)\phi_e(z)=\frac{1}{1-z^{-1}}(1-z^{-1})=1 \tag{15.27}$$

$$C(z)=R(z)-E(z)=\frac{z^{-1}}{1-z^{-1}}=0+z^{-1}+z^{-2}+z^{-3}+\cdots \tag{15.28}$$

相应的 $c^*(t)$ 如图 15.4（a）所示，按式（15.25）设计校正装置，可使得系统只有一拍即达到稳态，在采样点上误差为零。

其他两种输入信号的传递特性以及校正装置 $D(z)$ 的形式参见表 15.1，相应的响应曲线参见图 15.4（b）和（c）。

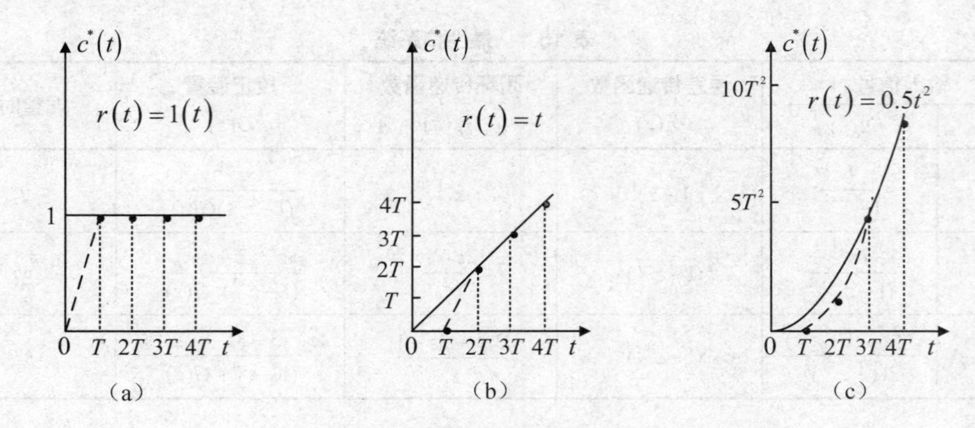

图 15.4　最少拍系统的三种响应曲线

例 15.2　某离散系统如图 15.3 所示，其中 $G(s)=\dfrac{1-\mathrm{e}^{-sT}}{s}\dfrac{10}{s(s+1)}$，采样周期 $T=1$ 秒。要求系统在输入为 $r(t)=t$ 时，实现最少拍、无稳态误差控制，求相应的数字校正装置。

由表 15.1 可知，要求数字校正装置 $D(z)$，只需先求出 $G(s)$ 的 Z 变换 $G(z)$。

$$G(z)=\frac{z-1}{z}Z\left[\frac{10}{s^2(s+1)}\right]=10\frac{(T+\mathrm{e}^{-T}-1)z-(T+1)\mathrm{e}^{-T}+1}{(z-1)(z-\mathrm{e}^{-T})}$$

$$=\frac{3.68z+2.64}{(z-1)(z-0.368)}=\frac{3.68z^{-1}(1+0.717z^{-1})}{(1-z^{-1})(1-0.368z^{-1})}$$

再代入表中的公式，可得：

$$D(z)=\frac{2z^{-1}(1-0.5z^{-1})}{(1-z^{-1})^2G(z)}=\frac{0.543(1-0.368z^{-1})(1-0.5z^{-1})}{(1-z^{-1})(1+0.717z^{-1})}$$

下面讨论最少拍设计法的缺陷：

（1）对不同的输入信号缺乏适应能力。用最少拍方法设计的数字校正装置可以使系统在减小过渡时间方面达到最优，同时使得系统稳态误差为零。但从最少拍系统的设计过程中不难发现，这种方法是针对输入信号而设计的，即设计时需先明确输入信号为何种信号，按照输入信号的特点确定校正装置，所以这样设计出来的 $D(z)$ 只适应于该输入信号。对于其他类型输入信号，系统一般不再是最少拍系统。因此，这种设计方法适应性较差。

（2）按最少拍方法设计出的系统，其实际输出存在纹波。由于这种方法只是保证了进入稳态后实际输出 $c(t)$ 与期望信号 $r(t)$ 在采样点上重合，没有保证在非采样点上二者也重合，也就是说，在非采样时刻，系统一般存在纹波。所以，最少拍系统实际上是有误差的系统，而且纹波的存在增加了系统的机械磨损，因此这种方法实用性较差。

15.3.3　无纹波最少拍系统的设计

鉴于最少拍设计法的两大缺陷，人们又提出了无纹波最少拍系统的设计方法。在介绍该方法之前，先来讨论一下最少拍系统产生纹波的原因。

回到例 15.2，根据设计结果：

$$D(z)=\frac{0.543(1-0.368z^{-1})(1-0.5z^{-1})}{(1-z^{-1})(1+0.717z^{-1})} \tag{15.29}$$

此时误差信号 $e^{*}(t)$ 的 Z 变换为：

$$E(z)=\phi_e(z)R(z)=(1-z^{-1})^2\frac{z^{-1}}{(1-z^{-1})^2}=z^{-1} \tag{15.30}$$

系统为最少拍实现，但经过校正装置后的控制信号为：

$$\begin{aligned}U(z)&=D(z)E(z)\\&=\frac{0.543z^{-1}-0.471z^{-2}+0.1z^{-3}}{1-0.283z^{-1}-0.717z^{-2}}\\&=0.543z^{-1}-0.317z^{-2}+0.4z^{-3}-0.114z^{-4}+0.255z^{-5}-0.01z^{-6}+0.18z^{-7}-\cdots\end{aligned} \tag{15.31}$$

该控制信号为一个无穷序列，且有衰减振荡，导致系统输出中纹波的产生。

为了消除纹波，应保证 $U(z)$ 也可以最少拍到达稳态值。设其传递函数为 $\phi_D(z)$，则有：

$$\phi_D(z)=\frac{U(z)}{R(z)}=\frac{D(z)}{1+D(z)G(z)}=\frac{G_B(z)}{G(z)} \tag{15.32}$$

其中 $G_B(z)$ 为最少拍系统的闭环脉冲传递函数，总具有如下形式：

$$G_B(z)=\frac{Q(z)}{z^m} \tag{15.33}$$

因此：

$$\phi_D(z)=\frac{Q(z)}{z^m G(z)} \tag{15.34}$$

由上式可分析出，只要 $Q(z)$ 包含 $G(z)$ 的所有零点，则 $\phi_D(z)$ 的 m 个极点全部在 z 平面原点，控制信号 $U(z)$ 能在最少拍达到稳态。

归纳可得设计无纹波最少拍系统的一般原则是：

（1）通过设计使得系统的闭环脉冲传递函数 $G_B(z)$ 包含 $G(z)$ 的全部零点。

（2）为了保证稳态误差为零，应使 $G_B(z)$ 满足：

$$1-G_B(z)=(1-z^{-1})^m B(z) \tag{15.35}$$

其中 $B(z)$ 为待定的 z^{-1} 多项式。

由上述两个原则可以确定 $G_B(z)$，并计算出 $D(z)$。下面举例说明。

例 15.3　假设离散系统同例 15.2，试对阶跃信号设计无纹波最少拍系统。

同例 15.2，$G(z)$ 表达式为：

$$G(z)=\frac{3.68z^{-1}(1+0.717z^{-1})}{(1-z^{-1})(1-0.368z^{-1})}$$

按照原则（1），选择系统的闭环脉冲传递函数为：

$$G_B(z)=az^{-1}(1+0.717z^{-1}) \tag{15.36}$$

按照原则（2），有：

$$1-G_B(z)=(1-z^{-1})B(z) \tag{15.37}$$

为了使式（15.36）与式（15.37）中 $G_B(z)$ 阶次一致，设 $B(z)$ 表达式为：

$$B(z)=1+bz^{-1}$$

则有：

$$1-G_B(z)=(1-z^{-1})(1+bz^{-1}) \tag{15.38}$$

联立式（15.36）与式（15.38），得：

$$1-a(z^{-1}+0.717z^{-2})=1+(b-1)z^{-1}-bz^{-2}$$

解得：

$$a=0.582\text{，}\quad b=0.418$$

从而有：

$$G_B(z)=0.582z^{-1}(1+0.717z^{-1})$$

$$D(z)=\frac{G_B(z)}{(1-G_B(z))G(z)}=\frac{0.158()1-0.368z^{-1}}{1+0.418z^{-1}}$$

校正后，系统对于单位阶跃信号的响应为：

$$C(z)=G_B(z)R(z)=\frac{0.582z^{-1}(1+0.717z^{-1})}{1-z^{-1}}$$

$$=0.582z^{-1}+z^{-2}+z^{-3}+\cdots$$

此时，数字控制信号$U(z)$为：

$$U(z)=\frac{G_B(z)R(z)}{G(z)}=0.518-0.058z^{-1}$$

显然，在阶跃输入作用下，系统在两拍内到达稳态，而且无纹波。和有纹波最少拍系统相比，暂态过程多了一拍，这是为了消除纹波而付出的代价。

15.4　应用 Matlab 进行离散控制系统的设计

利用 Matlab 软件，可以加快离散控制系统的设计进程。与可用于连续系统的函数相对应，Matlab 还提供了用于离散系统设计的函数，下面分别予以介绍。

离散控制系统的设计分为模拟化设计方法和离散化设计方法两种。对于模拟化设计方法，Matlab 提供了 c2d 函数可将连续时间控制器模型转换为离散时间控制器模型。具体用法如下。

格式：sysd = c2d(sysc,Ts,method)

说明：c2d 函数将 sysc 描述的连续时间控制系统模型，以 Ts 为采样周期转换为离散时间控制系统模型 sysd。参数 method 为转换的方法：

'zoh'为零阶保持法，也是函数的默认设置；

'imp'为脉冲响应不变法；

'tustin'为双线性变换法；

'prewrap'为频率预扭曲的双线性变换法，格式为 sysd = c2d(sysc,Ts,method,Wn)，参数 Wn 为指定的转折频率；

'matched'为零极点匹配法，仅限于 SISO 系统。

举例：对连续系统$G(s)=\dfrac{s}{s^2+2s+10}$进行模型转换，可输入如下指令：

```
num=[1 0];
den=[1 2 10];
sysc=tf(num,den);
sysd1=c2d(sysc,0.01,'tustin');
sysd2=c2d(sysc,0.01,'matched');
sysd3=c2d(sysc,0.1,'zoh');
sysd4=c2d(sysc,0.1,'imp');
```

若是采用离散化方法直接设计控制器，Matlab 提供了强大的绘图功能帮助设计（如前面给出的各种分析函数），控制器的各项性能指标可以方便地从图形中读出来，对照系统期望的各项指标，经过逐步试探、修正，最终可设计出满意的控制器。整个过程更加直观、便捷，具体的设计方法可结合实例进行。

习题十五

15.1　已知模拟控制器的传递函数为：

$$D(s)=\frac{(\tau_1 s+1)(\tau_2 s+1)}{(T_1 s+1)(T_2 s+1)}$$

试用不同的离散化方法将其离散化为数字控制器的脉冲传递函数 $D(z)$ 。

15.2　设在图 15.5 所示的离散控制系统中，连续受控对象的传递函数为：

$$G(s)=\frac{1}{s(s+2)}$$

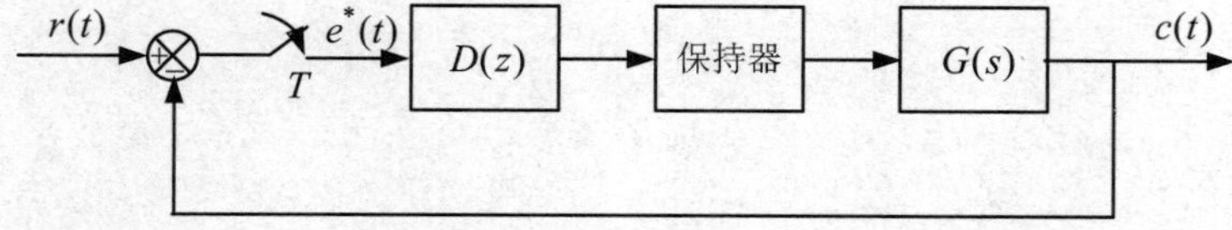

图 15.5　习题 15.2 系统结构图

试先采用模拟校正方法设计模拟控制器，使校正后系统的期望闭环主导极点具有阻尼比 $\zeta=0.5$，无阻尼固有振荡频率 $\omega_n=4\,\text{rad/s}$，以便使系统的性能满足超调量为 $\sigma\%\approx16.3\%$，调节时间 $t_s\approx2$ 秒（取误差带 $\Delta=2\%$）。再采用不同的离散化方法将模拟控制器转化为数字控制器，并验证数字控制系统能否达到同样的系统性能要求。

15.3　对于图 15.6 所示的采样控制系统，若 $r(t)=1(t)$，试按最少拍响应法设计数字控制器。

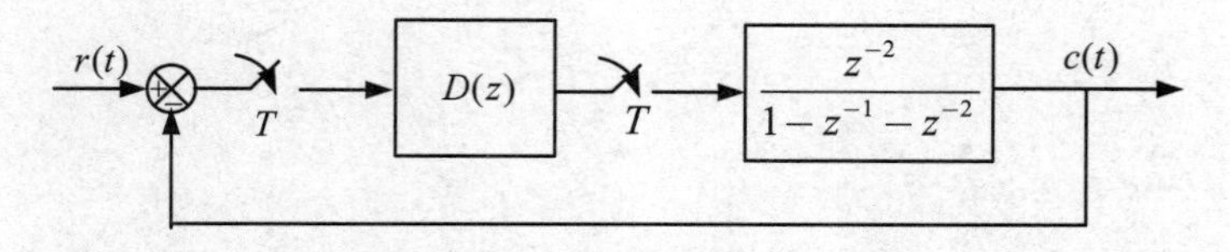

图 15.6　习题 15.3 系统结构图

15.4　某离散控制系统的结构如图 15.7 所示，采样周期 $T=1$ 秒。

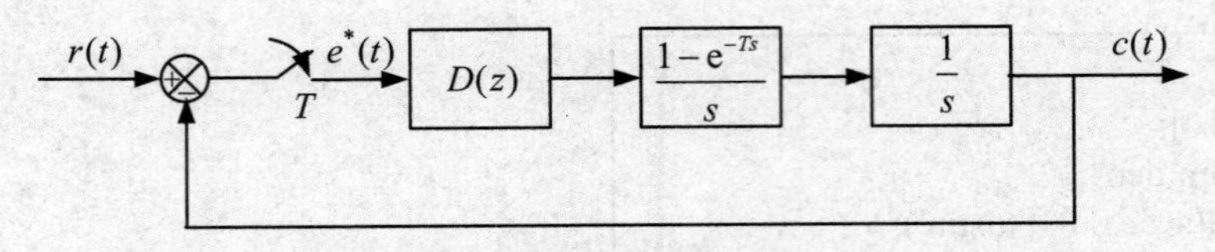

图 15.7　习题 15.4 系统结构图

（1）试求未校正系统的闭环极点，并判断其稳定性。

（2）$r(t)=t$ 时，按最少拍设计法求 $D(z)$ 的表达式。

15.5　某离散控制系统的结构如图 15.5 所示，其中连续受控对象的传递函数为：

$$G(s)=\frac{1}{s(s+1)}$$

采样周期 $T=1$ 秒。试设计串联数字控制器，使闭环系统在单位阶跃信号输入时能最快地达到稳态值，且无稳态误差，而且系统实际输出在采样时刻之间没有纹波。该系统对于单位斜坡输入信号的响应又如何？

15.6　试用 c2d 函数将下面各连续系统模型变换成离散系统模型。

（1）$G(s)=\dfrac{s+5}{s+4}$　　（2）$G(s)=\dfrac{s}{s^2+4}$　　（3）$G(s)=\dfrac{1}{s(s+1)}$

第 16 章

PID 控制与鲁棒控制

PID 控制是比例（Proportional）控制、积分（Integral）控制和微分（Differential）控制的简称，是最早发展起来的控制策略之一，被广泛地应用于过程控制和运动控制中。然而当被控过程具有非线性、时变性，并难以建立精确的数学模型时，常规的 PID 控制往往不能达到理想的控制效果，因此需要在考虑数学模型不确定性的情况下设计控制器，使整个闭环系统在模型误差的扰动下依然保持稳定，并使系统的品质保持在可接受的范围之内，这就是控制系统在模型误差扰动下的鲁棒性。本章将首先介绍 PID 控制器的工作原理，Ziegler-Nichols 参数整定公式，以及极点配置 PID 控制器的方法，最后讨论如何加强 PID 控制器的鲁棒性。

16.1 PID 控制

PID 控制由于算法简单、可靠性高，在机电、冶金、机械、化工等行业中获得了广泛应用，尤其适用于可建立精确模型的确定性系统。但实际工业生产过程却往往具有非线性、时变不确定性，难以建立精确的数学模型，因此，应用常规的 PID 控制器不能达到理想的控制效果，并且在实际的生产过程中，由于受到参数整定方法繁杂的困扰，常规的 PID 控制器往往参数整定不良，性能欠佳，对运行工况的适应性差。目前，基于 PID 控制发展起来的各类控制策略不下几十种，如经典的 Ziegler-Nichols 精调算法、最优 PID 算法、预测 PID 算法、控制 PID 算法、增益裕量/相位 PID 设计、极点配置 PID 算法、模糊 PID 算法、鲁棒 PID 算法等。

16.1.1 PID 控制的工作原理

1. 模拟 PID 控制

模拟 PID 控制器的结构如图 16.1 所示。

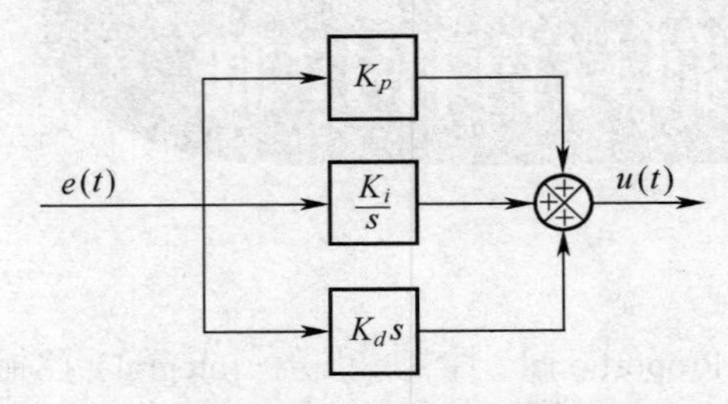

图 16.1 PID 控制器的结构

图 16.1 中，PID 控制器是通过对误差信号 $e(t)$ 进行比例、积分和微分运算，再对这些结果进行加权求和，最后得到 PID 控制器的输出信号 $u(t)$ 的。由图 16.1 有：

$$u(t)=K_p e(t)+K_i\int_0^t e(t)\,\mathrm{d}t+K_d\frac{\mathrm{d}e(t)}{\mathrm{d}t} \tag{16.1}$$

转化为传递函数形式：

$$U(s)=\left(K_p+\frac{K_i}{s}+K_d s\right)E(s) \tag{16.2}$$

式中，K_p 为比例系数，K_i 为积分系数，K_d 为微分系数。也可记为：

$$G(s)=K_p\left(1+\frac{1}{T_i s}+T_d s\right) \tag{16.3}$$

式中，T_i 为积分时间常数，$T_i=\frac{K_p}{K_i}$；T_d 为微分时间常数，$T_d=\frac{K_d}{K_p}$。

2. 数字 PID 控制

上述连续的 PID 控制算法不能直接应用到计算机控制系统中去，因为计算机控制是一种采样控制，它只能根据采样时刻的偏差来计算控制量，因此必须将上述算法离散化。换句话说，在计算机的 PID 控制中，使用的是数字 PID 控制。在本章后面的描述中，如果没有特别说明，涉及到的“PID 控制”均是指“数字 PID 控制”。

为了得到数字 PID 控制器的脉冲传递函数，可以将式（16.1）进行采样周期为T的离散化，并用梯形求和近似积分环节和两点之差近似微分环节，最终可得到 PID 控制器的脉冲传递函数为：

$$G(z)=K_P+\frac{K_I}{1-z^{-1}}+K_D(1-z^{-1}) \tag{16.4}$$

其中$K_P=K_p-\frac{K_pT}{2T_i}$称为数字 PID 控制器的比例增益，$K_I=\frac{K_pT}{T_i}$称为积分增益，$K_D=\frac{K_pT_d}{T}$称为微分增益。数字 PID 控制器的结构如图 16.2 所示。

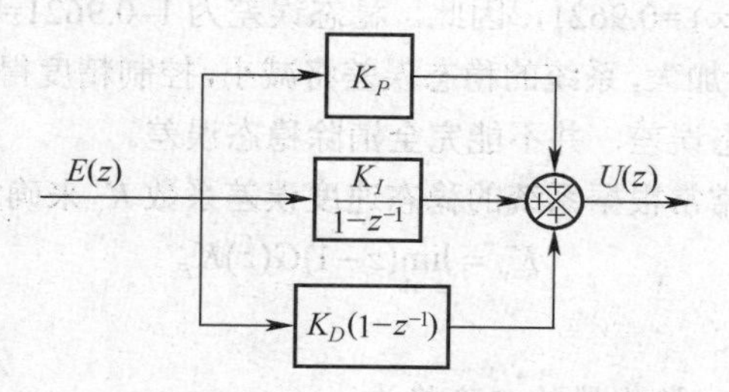

图 16.2　数字 PID 控制器的结构

3．比例控制

考察如图 16.3 所示的比例控制系统，采样周期$T=0.1$秒。

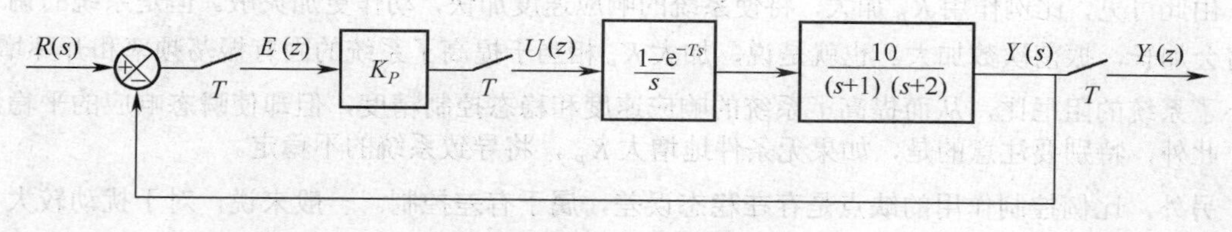

图 16.3　比例控制系统

图 16.3 中，系统广义对象的脉冲传递函数为：

$$\begin{aligned}G(z)&=z\left[\frac{1-e^{-sT}}{s}\frac{10}{(s+1)(s+2)}\right]\\&=z\left[(1-e^{-sT})\left[\frac{5}{s}-\frac{10}{(s+1)}+\frac{5}{s+2}\right]\right]\\&=\frac{0.0453(z+0.904)}{(z-0.905)(z-0.819)}\end{aligned} \tag{16.5}$$

系统的闭环脉冲传递函数为：

$$\begin{aligned}G_c(z)&=\frac{Y(z)}{R(z)}=\frac{K_PG(z)}{1+K_PG(z)}\\&=\frac{0.0453K_Pz+0.0409512K_P}{z^2+(0.0453K_P-1.724)z+(0.04095K_P+0.741)}\end{aligned} \tag{16.6}$$

首先考察系统的稳态误差情况。在单位阶跃信号输入时，系统的稳态输出为：

$$\begin{aligned}y(\infty)&=\lim_{Z\to1}(z-1)G_c(z)R(z)\\&=\lim_{Z\to1}\frac{0.0453K_Pz+0.0409512K_P}{z^2+(0.0453K_P-1.724)z+(0.04095K_P+0.741)}\\&=\frac{0.08625K_P}{0.017+0.08625K_P}\end{aligned} \tag{16.7}$$

讨论：

- 如果 $K_P=1$，则 $y(\infty)=0.8354$，因此，稳态误差为 1–0.8354=0.1646。
- 如果 $K_P=3$，则 $y(\infty)=0.9383$，因此，稳态误差为 1–0.9383=0.0617。
- 如果 $K_P=5$，则 $y(\infty)=0.9621$，因此，稳态误差为 1–0.9621=0.0379。

由此可见，比例作用 K_P 加大，系统的稳态误差将减小，控制精度得到提高。但是，根据式（16.7）可知，K_P 加大只是减小稳态误差，并不能完全消除稳态误差。

事实上，比例系数 K_P 常常根据系统的稳态速度误差系数 K_v 来确定：

$$K_v=\lim_{z\to1}(z-1)G(z)K_P \tag{16.8}$$

下面再考察系统的动态特性。

系统在单位阶跃输入时，输出量的 Z 变换为：

$$\begin{aligned}Y(z)&=G_c(z)R(z)\\&=\frac{0.0453K_Pz+0.0409512K_P}{z^2+(0.0453K_P-1.724)z+(0.04095K_P+0.741)}\cdot\frac{z}{z-1}\end{aligned} \tag{16.9}$$

由此可见，比例作用 K_P 加大，将使系统的响应速度加快，动作更加灵敏。但是系统的调节时间将会加长，振荡次数加大。也就是说，加大 K_P 相当于提高了系统的固有振荡频率和开环增益，减小了系统的阻尼比，从而提高了系统的响应速度和稳态控制精度，但却使瞬态响应的平稳性变差。此外，特别要注意的是，如果无条件地增大 K_P，将导致系统的不稳定。

另外，比例控制作用的缺点是存在稳态误差，属于有差控制。一般来说，对于扰动较大、惯性也较大的系统，如果只采用单纯的比例控制，很难兼顾动态和稳态性能。

4. 比例积分控制

考察如图 16.4 所示的比例积分控制系统，采样周期 $T=0.1$ 秒。

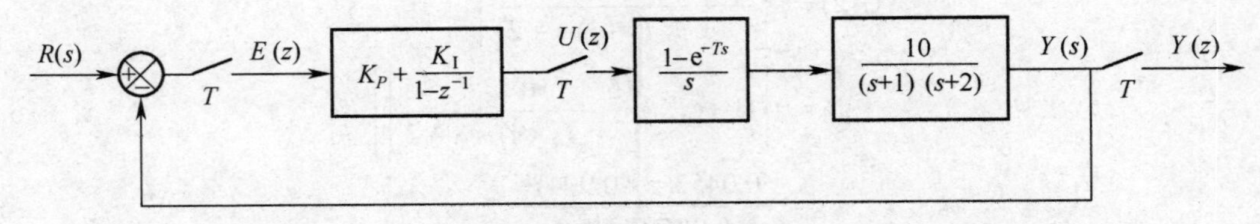

图 16.4 比例积分控制系统

图 16.4 中，系统广义对象的脉冲传递函数仍为：

$$G(z)=\frac{0.0453(z+0.904)}{(z-0.905)(z-0.819)} \tag{16.10}$$

系统的开环脉冲传递函数为：

$$G_o(z)=\left(K_P+\frac{K_I}{1-z^{-1}}\right)\frac{0.0453(z+0.904)}{(z-0.905)(z-0.819)}$$

$$=\frac{0.0453(z+0.904)(K_P+K_I)\left(z-\frac{K_P}{K_P+K_I}\right)}{(z-0.905)(z-0.819)(z-1)} \tag{16.11}$$

为了确定 K_I，不妨假设由于积分校正增加的零点 $(z-\frac{K_P}{K_P+K_I})$ 和极点 $(z-0.905)$ 相抵消，即：

$$\frac{K_P}{K_P+K_I}=0.905 \tag{16.12}$$

再假设取 $K_P=1$，则 K_I 约为 0.105。因此 PI 控制器的传递函数为：

$$D(z)=\frac{1.105(z-0.905)}{(z-1)} \tag{16.13}$$

系统的闭环脉冲传递函数为：

$$G_c(z)=\frac{Y(z)}{R(z)}=\frac{D(z)G(z)}{1+D(z)G(z)}$$

$$=\frac{0.05(z+0.904)}{(z-1)(z-0.819)+0.05(z+0.904)} \tag{16.14}$$

仍然首先考察系统的稳态误差情况。在单位阶跃信号输入时，系统的稳态输出为：

$$y(\infty)=\lim_{z\to1}(z-1)G_c(z)R(z)$$

$$=\lim_{z\to1}(z-1)\cdot\frac{0.05(z+0.904)}{(z-1)(z-0.819)+0.05(z+0.904)}\cdot\frac{z}{z-1}$$

$$=\lim_{z\to1}\frac{0.05(z+0.904)}{(z-1)(z-0.819)+0.05(z+0.904)} \tag{16.15}$$

$$=1$$

因此，稳态误差为 0。由此可见，积分作用 K_I 加入后，系统的稳态误差被完全消除了，控制精度大为提高。

下面再考察系统的动态特性。系统在单位阶跃输入时，输出量的 Z 变换为：

$$Y(z)=G_c(z)R(z)$$

$$=\frac{0.05(z+0.904)}{(z-1)(z-0.819)+0.05(z+0.904)}\cdot\frac{z}{z-1} \tag{16.16}$$

这里通过作图观察 PI 控制的作用，如图 16.5 中实线为仅采用比例控制且 $K_P=1$ 时系统的单位阶跃响应曲线，点划线为采用 PI 控制时根据式（16.16）绘制的单位阶跃响应曲线。可以看出，PI 控制使得系统的稳态响应达到 1，但同时超调量增加，调节时间变长，系统的稳定性下降。而且 K_I 越大，对应的积分时间常数 T_i 越小，积分速度越快，积分控制作用越强；相反地，K_I 越小，积分控制作用越弱，当 $K_I\to0$ 时，$T_i\to\infty$，积分作用消失。

事实上，由于积分控制作用的大小不仅取决于输入偏差信号当前时刻的值，而且还与其过去时刻的值有关，是输入偏差信号在当前时刻以及全部过去时间内积累的结果，因此只要有偏差，PI 控制器的输出就不断变化；偏差存在的时间越长，输出的变化量就越大；当输入偏差信号为零时，输出就不再变化而是维持在某一恒定值上，故积分控制作用的优点是力图消除稳态误差。但是由于这种作用是随时间逐步积累的，因此动作迟缓，对系统瞬态特性不利，甚至可能造成系统的不稳定。幸运的是 PI 控制器中有两个可调参数 K_P 和 K_I，适当地加以选择就有可能使系统稳定，而且具有较好的瞬态和稳态性能。

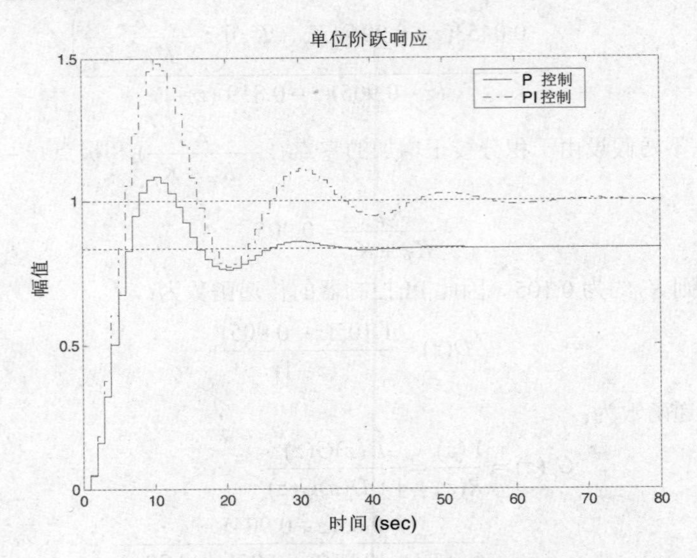

图 16.5　P 控制与 PI 控制作用下的单位阶跃响应

5. 比例微分控制

考察如图 16.6 所示的比例微分控制系统，采样周期 $T=0.1$ 秒。

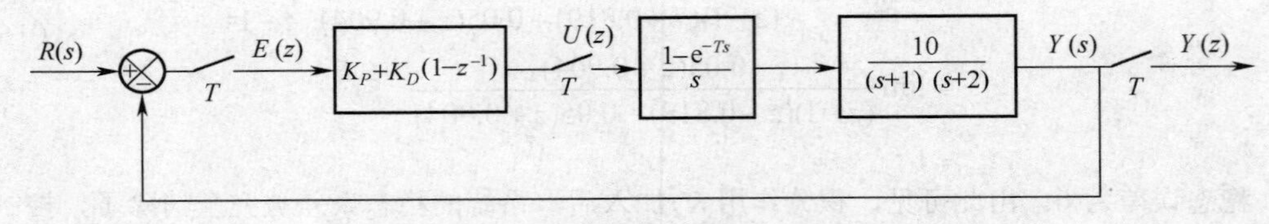

图 16.6　比例微分控制系统

图 16.6 中，系统广义对象的脉冲传递函数仍为：

$$G(z)=\frac{0.0453(z+0.904)}{(z-0.905)(z-0.819)} \tag{16.17}$$

系统的开环脉冲传递函数为：

$$\begin{aligned}G_o(z)&=[K_P+K_D(1-z^{-1})]\frac{0.0453(z+0.904)}{(z-0.905)(z-0.819)}\\&=\frac{0.0453(z+0.904)(K_P+K_D)\left(z-\dfrac{K_D}{K_P+K_D}\right)}{z(z-0.905)(z-0.819)}\end{aligned} \tag{16.18}$$

仍假设由于微分校正增加的零点（$z-\dfrac{K_D}{K_P+K_D}$）和极点（$z-0.905$）相抵消，则有：

$$\frac{K_D}{K_P+K_D}=0.905 \tag{16.19}$$

再假设取 $K_P=1$，则 $K_D=9.526$，因此，PD 控制器的脉冲传递函数为：

$$D(z)=\frac{10.526(z-0.905)}{z} \tag{16.20}$$

于是，系统的闭环脉冲传递函数为：

$$\begin{aligned}G_c(z)&=\frac{Y(z)}{R(z)}=\frac{D(z)G(z)}{1+D(z)G(z)}\\&=\frac{0.4768(z+0.904)}{z(z-0.819)+0.4768(z+0.904)}\end{aligned} \tag{16.21}$$

在单位阶跃信号输入时，系统的稳态输出为：

$$\begin{aligned}y(\infty)&=\lim_{z\to1}(z-1)G_c(z)R(z)\\&=\lim_{z\to1}(z-1)\cdot\frac{0.4768(z+0.904)}{z(z-0.819)+0.4768(z+0.904)}\cdot\frac{z}{z-1}\\&=\lim_{z\to1}\frac{0.4768(z+0.904)}{(z-0.819)+0.4768(z+0.904)}\\&=0.8338\end{aligned} \tag{16.22}$$

稳态误差为 1–0.8338=0.1662。可见，微分环节的引入并不能消除系统的稳态误差。

下面再考察系统在单位阶跃信号输入时的动态响应情况，此时输出量的 Z 变换为：

$$\begin{aligned}Y(z)&=G_c(z)R(z)\\&=\frac{0.4768(z+0.904)}{z(z-0.819)+0.4768(z+0.904)}\cdot\frac{z}{z-1}\end{aligned} \tag{16.23}$$

仍然通过作图观察 PD 控制的作用。由图 16.7 可以看到比例微分控制使得系统的响应速度大大加快，同时超调量并没有增大。这是由于微分控制能在偏差信号出现或变化的瞬间，立即根据变化的趋势产生超前的“预见”调节作用，从而加快系统的响应速度。例如，对于惯性较大的受控对象，当受到扰动作用后初始时刻偏差值很小，若只采用比例控制，则初始时刻控制作用很弱，只有等到偏差增大后控制作用才能增强，使得系统的控制过程缓慢，控制品质不佳；若引入微分控制就可以按照偏差信号的变化速度进行控制，在初始时刻偏差很小时能提前增强控制作用以加快系统的响应速度。然而由于微分环节在偏差存在但不变化时其本身的控制作用为零，因此微分环节不能单独使用，必须与比例控制或比例积分控制结合使用。

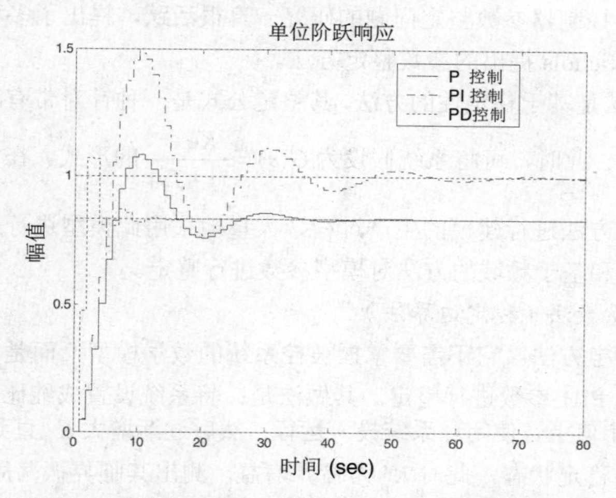

图 16.7 P 控制、PI 控制与 PD 控制下的单位阶跃响应

另外，微分控制对于噪声干扰信号较敏感，在噪声干扰显著的场合不宜单独使用比例微分控制。由于比例微分控制对突变信号的响应较强烈，它在系统中通常有两种应用方式：一是将比例微分设置在前向通道上，此时当参考输入信号发生阶跃变化时将引起控制信号产生强烈的冲激；另一种是将微分控制项设置在反馈回路上，此时系统的参考输入信号不会受到微分作用，因此即使输入信号发生突变仍可获得较为平稳的控制器输出信号。

6. 比例积分微分控制

根据前面的分析，可以得到如下的结论：比例环节能成比例地反映控制系统的偏差信号，偏差一旦产生，控制器就立即工作，产生控制作用，以减小偏差，它能调节系统的快速性，但与系统稳定性有矛盾，影响系统的稳态误差；积分环节的加入能消除稳态误差，提高系统的无差度，也就是提高系统的控制精度，而且积分作用的强弱取决于积分增益K_I，K_I越大，积分作用越强；微分环节反映偏差信号的变化速率，它能在偏差信号变得很大之前，在系统中引入一个有效的早期修正信号，从而加快系统的响应速度，减小调节时间，也就是说，它能提高快速性，改善系统的动态性能。

鉴于上述三种控制方法的特点，一般并不单独采用其中一种，往往是结合使用。比较常见的是比例积分控制、比例微分控制和比例积分微分控制。比例积分控制能消除稳态误差，但系统的稳定性有所下降；比例微分控制能提高系统响应的快速性；比例积分微分（PID）控制通过比例和微分作用，加强了控制的作用，再进行积分最终消除了稳态误差，从而使得系统的稳态和瞬态品质都得到了改善，因而，它在实际的控制系统中有着最为广泛的应用。

实际上，PID 控制器是一种有源的滞后－超前校正装置，当系统模型已知时，可直接采用滞后－超前校正方法进行设计。如果系统的模型不准确或者未知，则可用后面将要介绍的经验方法进行初步设计。

16.1.2 Ziegler-Nichols 整定公式

被控对象确定后，整个控制系统的性能指标取决于控制器中各个参数的具体选取，而选取的原则是要保证控制过程最佳。整定控制器参数的方法，可以通过理论计算，但这种方法计算工作量大，而且实际系统与理论模型有一定的差别，工程上通常根据不同系统的特点，采用工程整定法。多年来，对于 PID 控制器参数整定问题的研究一直很活跃，提出了多种工程整定方法，下面主要介绍由 Ziegler 和 Nichols 提出的参数整定方法。

Ziegler-Nichols 方法是基于稳定性的方法，其整定公式是一种针对带有时延环节的一阶系统而提出的实用型经验公式。此时，可将系统假设为$G(s)=\dfrac{K\mathrm{e}^{-\tau s}}{(1+Ts)}$的形式。在实际的控制系统中，尤其对于一些无法用机理方法进行建模的生产过程，大量地采用此模型进行近似，在此基础上，可分别用基于时域的方法和基于频域的方法对模型参数进行整定。

1. 扩充临界比例系数法（稳定边界法）

这是一种闭环的整定方法。它不需要掌握被控系统的数学模型，而是依据系统在临界稳定运行状态下的试验信息对 PID 参数进行整定。其做法是：将系统设置成纯比例控制的闭环系统，并将比例增益K_p放在较小值上，使闭环系统投入运行；然后逐渐增大K_p直到K_p'时，系统出现等幅振荡，即系统处于临界稳定状态，此时K_p'为临界增益，测出其临界振荡周期T'，再根据表 16.1 中的公式整定 PID 参数。

表 16.1　扩充临界比例系数法参数整定表

控制规律	K_p	T_i	T_d
P	$0.5\,K'_p$	∞	0
PI	$0.45\,K'_p$	$0.833\,T'$	0
PD	$0.56\,K'_p$	∞	$0.1\,T'$
PID	$0.6\,K'_p$	$0.5\,T'$	$0.125\,T'$

需要说明的是，在使用该方法时控制系统应工作在线性区，否则得到的持续振荡曲线可能是极限环，就不能根据此时的数据进行参数整定。另外，该方法需要根据系统的等幅振荡试验数据进行参数整定，这使得它的适用场合受到了一定限制，例如锅炉水位控制系统中不允许出现等幅振荡，而液位系统等惯性较大的系统，采用纯比例控制时根本不可能出现等幅振荡，均无法采用扩充临界比例系数法进行参数整定。

2. *扩充响应曲线法*

这是一种以受控系统的阶跃响应曲线为依据，并应用经验公式求取控制器参数的开环整定方法。保持系统处于开环状态，给被控对象施加阶跃信号，记录被控量的测量值随时间变化的曲线，即阶跃响应曲线，如图 16.8 所示。在阶跃响应曲线的拐点 b 处作一切线，与横轴和输出稳态值的水平线分别交于 a 点和 c 点，根据它们对应的时刻可以求得三个参数：等效滞后时间 τ 、等效时间常数 T 和受控系统的放大系数 K 。于是可将受控系统近似为带有纯滞后的一阶惯性环节来处理，即 $G(s)=\dfrac{K\mathrm{e}^{-\tau s}}{(1+Ts)}$ 。根据表征受控系统特性的三个参数 τ 、T 和 K ，首先由公式 $\alpha=\dfrac{K\cdot\tau}{T}$ 计算求得 α ，再查表 16.2 得到 PID 控制器的各参数值。

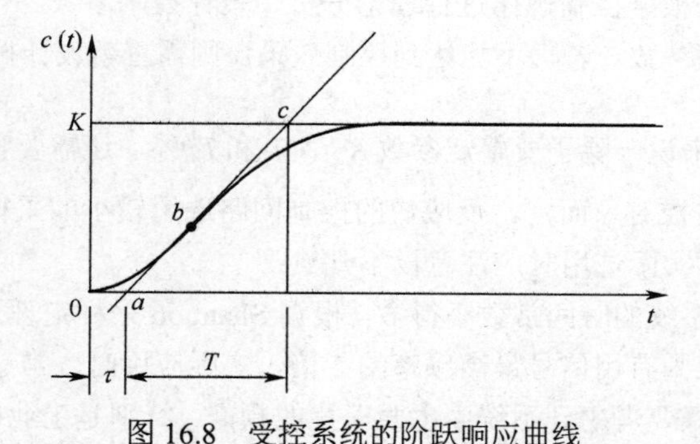

图 16.8　受控系统的阶跃响应曲线

表 16.2　扩充响应曲线法参数整定表

控制规律	K_p	T_i	T_d
P	$1/\alpha$	∞	0
PI	$0.9/\alpha$	3.3τ	0
PID	$1.2/\alpha$	2τ	0.5τ

扩充响应曲线法又称动态特性参数法，是通过测试受控对象的阶跃响应曲线并得到其数学模

型后再对控制器参数进行整定的方法。该方法的理论性较强，适应性较广，并为控制器参数的最佳整定提供了可能。但是对于某些不允许被控量长时间偏离设定值的生产过程，要测量其受控系统特性较为困难；有些生产过程存在的干扰因素较多，影响受控系统特性测试的准确性，这些都使扩充响应曲线法的应用受到一定的限制。

3. 频域法

前面两种方法都是基于时域分析的方法，事实上，也可在频域中进行参数的整定。如果能获取系统的频率响应曲线，则可得到对应的 Nyquist 图，从图中可得到系统的剪切频率ω_c和系统的极限增益K_c，令$T_c = 2\pi / \omega_c$，则可根据表 16.3 中的公式整定 PID 参数。

表 16.3　频域法参数整定表

控制规律	K_P	T_i	T_d
P	$0.5\,K_c$	∞	0
PI	$0.4\,K_c$	$0.8\,T_c$	0
PID	$0.6\,K_c$	$0.5\,T_c$	$0.12\,T_c$

实际上，PID 控制参数的整定除了标准的 Ziegler-Nichols 整定公式外，还有改进的 Ziegler-Nichols 整定公式、Cohen-Coon 整定方法、Chien-Hrones-Reswick 整定方法、幅值相位裕度设定方法、ISTE 最优整定方法、10:1 衰减曲线法等。而从用户的角度来看，总希望整定参数的工作越简单越好，最好是按一个开关或者触发一个按钮就能够进行 PID 参数的自动整定。这个自动整定的思想最初由瑞典的学者在 20 世纪 80 年代提出，很快得到了广泛的研究，随后出现了自动整定 PID 参数的方法，也形成了一些实际的产品，并在实际工业控制过程中得到了较好的应用。

对于非单回路控制系统整定，一般可先调整内回路，再调整外回路。对于复杂控制系统、时变及不确定性系统，首先根据控制规律进行理论分析、设计控制参数。再根据实际经验在理论控制参数的一定范围内调整参数。若仍不能达到控制效果，则需重新设计控制规律。

4. 采样周期的选择

对于数字 PID 控制来说，除了要整定参数K_p、T_i和T_d外，还需要整定采样周期T_s。采样周期的选择要根据具体的被控对象而定，反应快的控制回路选用较小的采样周期，反应慢的控制回路选用较大的采样周期。实际选用时应注意以下几点：

（1）采样周期要比系统的时间常数小得多。根据 Shannon 采样定理，为了不失真地复现信号的变化，采样频率至少应为有用信号最高频率的 2 倍，实际应用时，常选为 4～10 倍。

（2）采样周期的选择要考虑到系统中主要干扰的频谱，特别是工业电网的干扰。一般选取它们之间保持整数倍的关系，这对抑制测量中的干扰和利用计算机进行滤波大为有利。

（3）如果系统中纯滞后环节占主导地位，采样周期应考虑纯滞后时间的大小。一般按使纯滞后时间接近或等于采样周期的整数倍来选取。

（4）根据经验，可按系统响应时间确定采样周期，即$T_s = 0.1T_{\min}$，$T_{\min}$是系统中反应最快的闭环子系统的最小时间常数。

（5）根据经验，可参照系统开环剪切频率ω_c确定采样周期，即$T_s = \dfrac{1}{M\omega_c}, 30 \leqslant M \leqslant 50$，$\omega_c$为反应最快的小闭环系统的开环剪切频率。

16.1.3　应用 Matlab 进行 PID 控制器设计

例 16.1　设有一个四阶的伺服系统，其开环传递函数为 $\dfrac{1}{s(s+1)(s+5)}$，试设计 PID 控制器，使系统的稳态位置误差为零。

由于系统的开环传递函数存在积分环节，故采用 Ziegler-Nichols 整定公式的扩充临界比例系数法。

令 $T_i=\infty$，$T_d=0$，则系统的闭环传递函数为：

$$\Phi(s)=\frac{K_p}{(s^3+6s^2+5s+K_p)}$$

根据 Routh-Hurwitz 判据可知，当 $K_p'=30$ 时，闭环系统将产生等幅振荡。此时，振荡周期 $T'=\dfrac{2\pi}{\omega_c}=\dfrac{2\pi}{\sqrt{5}}=2.81$ 秒。

于是，可得到 PID 控制器的整定参数如下：

$$K_p=0.6K_p'=18，T_i=0.5T'=1.4\text{秒}，T_d=0.125T'=0.35\text{秒}。$$

即 PID 控制器的传递函数为：

$$G_c(s)=18\left(1+\frac{1}{1.4s}+0.35s\right)$$

因此，PID 校正后闭环系统的传递函数为：

$$\Phi'(s)=\frac{6.3(s+1.429)^2}{(s+4.139)(s+1.122)(s^2+0.739s+2.769)}$$

设计中使用的 Matlab 源程序如下：

```
g= tf(1,conv([1,0],conv([1,1],[1,5])));
step(g);
kp=18;
ti=1.4;
td=0.35;
gc=tf(kp*[ti*td,ti,1]/ti,[1,0]);
myg = feedback(gc*g,1);
zpk(myg);
step(myg);
```

程序分别绘制了开环系统和 PID 控制器校正后闭环系统的单位阶跃响应曲线，如图 16.9 中（a）（b）所示。

16.1.4　PID 控制算法的改进

实际应用中，为了改善系统的控制质量，可根据系统的不同要求，对 PID 控制器进行改进。

1．*积分分离 PID 控制*

系统中加入积分校正后，对于消除稳态误差，提高控制精度有极大的好处，但在过程的启动、结束或大幅度增减设定值时，短时间内系统的输出会有很大的偏差，会造成 PID 运算的积分积累，致使控制量超过执行机构可能允许的极限控制量，引起系统产生过大的超调量，甚至引起系统较大的振荡，这对某些生产过程是绝对不容许的。因此，希望既要保持积分作用，又要减小超调量，这样就产生了积分分离的 PID 控制思想。

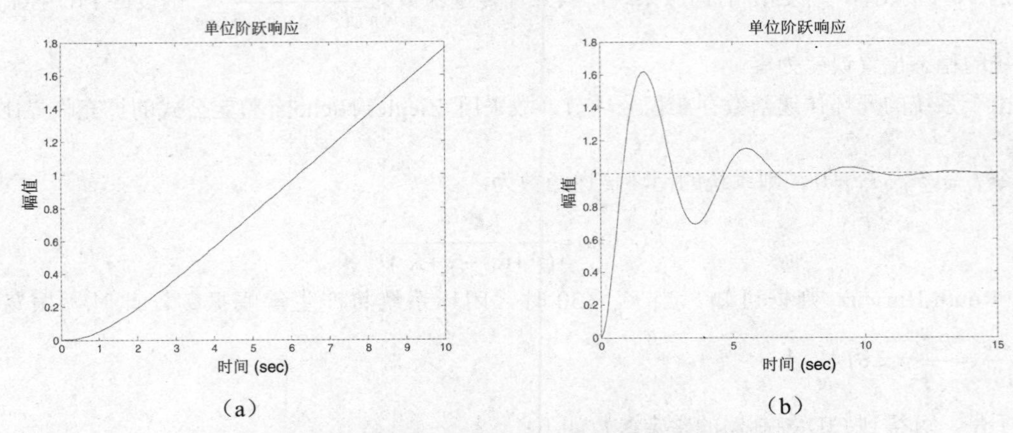

图 16.9 开环系统和 PID 校正后闭环系统的单位阶跃响应

积分分离控制的基本思想是，针对 PID 控制器设置一个分离阈值 E_0。只有当系统的误差小于此阈值 E_0，才采用 PID 控制，以消除稳态误差，保证系统的控制精度。否则，取消积分作用，以免积分作用使系统的稳定性降低，超调量增大，也就是只采用 PD 控制。这种分离的效果，有效地抑制了过大超调量的出现。

2. 不完全微分 PID 控制

微分作用在改善系统动态性能的同时，也容易引进高频干扰，特别是在误差信号突变时更凸显出微分作用的不足。因此，可在数字控制器中串接一个低通滤波器来抑制高频干扰。低通滤波器常采用如 $G_f = \dfrac{1}{(T_f s+1)}$ 的一阶惯性环节形式。

实践证明，不完全微分 PID 控制不仅可以抑制高频干扰，而且还克服了普通 PID 控制的微分只在第一个周期里起作用的缺点，它能在各个周期里按偏差变化的趋势均匀地输出，真正起到了微分的作用，大大改善了系统的性能。

3. 微分先行 PID 控制

微分先行就是把微分运算放在比较器的附近，它有两种结构，图 16.10 是输出量微分，图 16.11 是偏差微分。

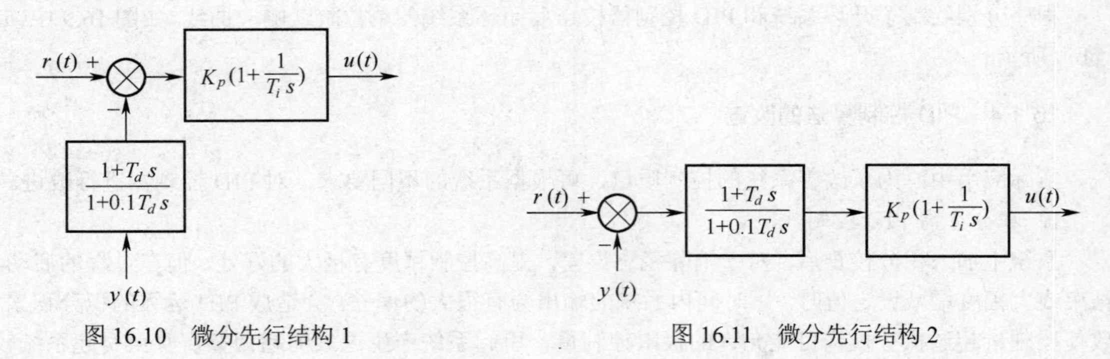

图 16.10 微分先行结构 1

图 16.11 微分先行结构 2

输出量微分不对给定值 $r(t)$ 微分，只对输出量 $y(t)$ 微分。这种结构适用于输入量频繁提升和降低的场合，它可以避免对变化剧烈的输入量进行微分所引起的超调量过大、阀门动作过分剧烈的振荡。

偏差微分是对偏差值微分，因此它对输入量和输出量都有微分作用。偏差微分适用于串联控制的副控回路，因为副控回路的给定值是由主控调节器给定的，也应该对其进行微分。

4. 带死区的 PID 控制

带死区的 PID 控制实际上是非线性控制系统，这种 PID 控制也需要设置一个阈值 E_0，当误差小于或等于 E_0 时，PID 控制器的输出为零，只有当误差大于 E_0 时，PID 控制器才有实际的输出。这种 PID 控制适用于控制作用变动少的场合。它避免了控制作用过于频繁，消除了由于频繁动作所引起的振荡。

5. 其他 PID 控制

事实上，上述改进均是最基本的，除此之外，还有基于前馈补偿的 PID 控制、步进式 PID 控制、抗积分饱和 PID 控制、梯形积分 PID 控制、变速积分 PID 控制、带滤波器的 PID 控制等。特别地，还涌现了许多新型的 PID 控制算法出现。它们包括自适应 PID 控制、专家 PID 控制、智能 PID 控制、模糊 PID 控制、神经网络 PID 控制、预测 PID 控制、基于遗传算法的 PID 控制、基于干扰观测器的 PID 控制、基于卡尔曼滤波器的 PID 控制、基于零相差前馈补偿的 PID 控制、基于重复控制补偿的高精度 PID 控制以及灰色 PID 控制等。

16.2　极点配置 PID 控制

对于给定的系统而言，如果希望其动态性能得到改善，可通过引入控制器将系统的闭环极点移动到指定的位置，这称为极点配置。一般来说，极点配置可通过状态反馈将可控系统的所有极点配置到任意指定的位置，从而得到理想的系统性能。Matlab 提供 acker()函数、bass_pp()函数以及 place()函数完成这一功能。其中，acker()函数是基于 Ackermann 算法实现的，它可以求解配置多重极点的问题，但却不能求解多变量问题；bass_pp()函数是基于 Bass-Gura 算法实现的；place()函数是基于鲁棒极点配置算法实现的，它可以求解多变量系统的极点配置问题，但却不能求解多重期望极点的问题。实际上，除了这些方法外，也可通过 PID 控制器将一些特定的系统进行极点配置处理。

当采用极点配置的思想进行 PID 控制器的设计时，对于被控对象是有一定要求的。或者说，这类方法只适用于一些特殊的被控对象。这是因为 PID 控制器只有三个可任意赋值的系数，因而只能对传递函数是一阶或二阶的系统进行极点的任意配置。对于一阶系统来说，只需采用局部的 PI 或 PD 校正即可实现任意的极点配置。下面以三种类型的被控对象为例，介绍基于极点配置的 PID 控制器设计方法。

16.2.1　带有两个实极点系统的极点配置 PID 控制

假设被控对象的传递函数为：

$$G(s)=\frac{k}{(T_1s+1)(T_2s+1)} \tag{16.24}$$

其中 T_1、T_2 均为实数。不妨将 PID 控制器表示为：

$$G_c(s)=K_p(1+\frac{1}{T_is}+T_ds)=\frac{K_p(1+T_is+T_iT_ds^2)}{T_is} \tag{16.25}$$

于是，得到闭环系统的特征方程为：

$$s^3+\left(\frac{1}{T_1}+\frac{1}{T_2}+\frac{kK_pT_d}{T_1T_2}\right)s^2+\left(\frac{1+kK_p}{T_1T_2}\right)s+\frac{kK_p}{T_1T_2T_i}=0 \tag{16.26}$$

根据对系统的要求可以选择一个合适的闭环传递函数，假设其分母多项式为：

$$(s+\alpha\omega_0)(s^2+2\zeta\omega_0s+\omega_0{}^2)=0 \tag{16.27}$$

令式（16.27）和式（16.26）相等，可以得到 PID 控制器的参数如下：

$$K_p=\frac{T_1T_2\omega_0{}^2(1+\alpha\zeta)-1}{k}$$

$$T_i=\frac{T_1T_2\omega_0{}^2(1+\alpha\zeta)-1}{T_1T_2\alpha\omega_0{}^3} \tag{16.28}$$

$$T_d=\frac{T_1T_2\omega_0(\alpha+2\zeta)-T_1-T_2}{T_1T_2\omega_0{}^2(1+2\alpha\zeta)-1}$$

16.2.2 一般二阶系统的极点配置 PID 控制

假设系统的二阶模型可近似表示为：

$$G(s)=\frac{b_1s+b_2}{s^2+a_1s+a_2} \tag{16.29}$$

其中模型的极点既可以是实数，也可以是复数。仍然将 PID 控制器表示为：

$$G_c(s)=K_p\left(1+\frac{1}{T_is}+T_ds\right)=K_p+\frac{K_i}{s}+K_ds \tag{16.30}$$

于是闭环系统的分母多项式为：

$$s(s^2+a_1s+a_2)+(b_1s+b_2)(K_ds^2+K_ps+K_i)=0 \tag{16.31}$$

令式（16.27）和式（16.31）相等，可以求得 PID 控制器的参数如下：

$$K_p=\frac{a_2b_2{}^2-a_2b_1b_2(\alpha+2\zeta)\omega_0-(b_2-a_1b_1)[b_2(1+2\alpha\zeta)\omega_0{}^2+\alpha b_1\omega_0{}^3]}{b_2{}^3-b_1b_2{}^2(\alpha+2\zeta)\omega_0+b_1{}^2b_2(1+2\alpha\zeta)\omega_0{}^2-\alpha b_1\omega_0{}^3}$$

$$K_i=\frac{(-a_1b_1b_2+a_2b_1{}^2+b_2{}^2)\alpha\omega_0{}^3}{b_2{}^3-b_1b_2{}^2(\alpha+2\zeta)\omega_0+b_1{}^2b_2(1+2\alpha\zeta)\omega_0{}^2-\alpha b_1\omega_0{}^3} \tag{16.32}$$

$$K_d=\frac{-a_1b_2{}^2+a_2b_1b_2+b_1{}^2(\alpha+2\zeta)\omega_0-b_1b_2(1+2\alpha\zeta)\omega_0{}^2+\alpha b_1{}^2\omega_0{}^3}{b_2{}^3-b_1b_2{}^2(\alpha+2\zeta)\omega_0+b_1{}^2b_2(1+2\alpha\zeta)\omega_0{}^2-\alpha b_1\omega_0{}^3}$$

16.2.3 高阶系统的极点配置 PID 控制

对于传递函数高于二阶的系统，PID 控制不可能作到对全部闭环极点进行任意配置，但可以控制部分极点，以使系统达到预期的性能指标。

根据相位裕度的定义，有：

$$G_c(\mathrm{j}\omega_c)G(\mathrm{j}\omega_c)=1\angle(-180°+\gamma) \tag{16.33}$$

于是，有：

$$|G_c(\mathrm{j}\omega_c)| = \frac{1}{|G(\mathrm{j}\omega_c)|} \tag{16.34}$$

$$\theta = \angle G_c(\mathrm{j}\omega_c) = -180° + \gamma - \angle G(\mathrm{j}\omega_c) \tag{16.35}$$

则 PID 控制器在剪切频率处的频率特性为：

$$K_p + \mathrm{j}(K_d\omega_c + \frac{K_i}{\omega_c}) = |G_c(\mathrm{j}\omega_c)|(\cos\theta + \mathrm{j}\sin\theta) \tag{16.36}$$

再结合式（16.34）和式（16.35），得：

$$K_p = \frac{\cos\theta}{|G(\mathrm{j}\omega_c)|} \tag{16.37}$$

$$K_d\omega_c - \frac{K_i}{\omega_c} = \frac{\sin\theta}{|G(\mathrm{j}\omega_c)|} \tag{16.38}$$

由式（16.37）可直接求 K_p，式（16.38）含有两个未知参数，不能唯一求解 K_d, K_i。如果采用局部 PI 或 PD 控制器，则可唯一求解 K_d 或 K_i。

假如需要采用完整的 PID 控制器，通常可根据稳态误差要求，通过开环放大倍数，先确定积分增益 K_i，再由式（16.38）计算得到 K_d。最后，可通过数学仿真，反复试探，确定 PID 参数 K_p、K_d 和 K_i。

值得说明的是，尽管上述三种方法能对一部分系统进行基于极点配置的 PID 控制器设计，但其应用范围还是有一定局限性的，特别是它不能直接应用于带有纯时间延迟的系统。

例 16.2 设有一个单位反馈的控制系统，其被控对象的传递函数为 $G(s) = \frac{4}{s(s+1)(s+2)}$，试设计一个 PID 控制器，实现系统的剪切频率 ω_c=1.7 rad/s，相角裕度 $\gamma = 50°$。

$$G(\mathrm{j}\omega_c) = 0.454\angle(-189.9°)$$

根据式（16.35），有：

$$\theta = \angle G_p(\mathrm{j}\omega_c) = -180° + 50° - (-189.9°) = 59.9°$$

根据式（16.37），得：

$$K_p = \frac{\cos 59.9°}{0.454} = 1.10$$

考虑到由输入引起的系统误差表达式为：

$$E(s) = \frac{s^2(s+1)(s+2)}{s^4 + 3s^3 + 2(2K_d + 1)s^2 + 4K_p s + 4K_i}R(s)$$

若令单位加速度输入时的稳态误差 e_{ss}=2.5，则可确定：

$$K_i = 0.2$$

再根据式（16.38），可求得：

$$K_d = \frac{\sin 59.9°}{1.7 \times 0.454} + \frac{0.2}{1.7^2} = 1.19$$

从而确定了参数 K_p、K_d、K_i 的值。

16.3 鲁棒PID控制

应该说，常规的PID参数整定的方法很多，在工业应用中也很有效。但是，参数整定的工作往往是在某个确定的常规工况下进行的。因此，在该工况条件下的控制性能是令人满意的。可是，一旦工况条件发生变化（原料的性质、设备的故障、环境的变化等），就会导致工艺过程模型的变化。这时，按常规工况整定的参数就往往不能满足变化了的生产条件的要求，导致控制的品质变坏，甚至出现振荡或者发散。这是工业生产过程绝对不能接受的。在这样的情况下，一般只能重新设计控制器的参数以适应新的情况。

事实上，我们更希望在上述情况下，整定出的控制器的参数依然可用。这就要求PID控制器具有更好的鲁棒性，对应的PID控制器称为鲁棒PID控制器。

16.3.1 鲁棒PID控制器的设计要点

鲁棒 PID 控制器的参数整定方法是为了解决过程模型在一定范围内变动的实际问题而设计的。该方法基于最小一最大原理，主要思路是寻找一组合理的PID参数，使控制器的性能对于模型的不确定性不敏感，并且在模型的一定变化范围内保证控制器有良好的控制性能。

鲁棒PID控制器的设计要点为：

（1）选定PID控制器的具体形式

不妨设为如下的形式：

$$G_c(s)=K_p\left(1+\frac{1}{T_i s}+T_d s\right)\left(\frac{1}{T_f+1}\right) \tag{16.39}$$

式中，T_f 为后置滤波常数，其他各变量的意义同前。增加滤波器的目的在于对控制器的输出作滤波处理，防止控制动作过大，给控制系统引入大的振荡。当然，滤波器的增加是否需要可根据具体的实际情况而定。

（2）选择一个合适的控制性能指标

在控制理论中，描述控制系统性能优劣的指标很多，例如时域中单位阶跃响应的超调量、调节时间、上升时间，频域响应中的幅值裕度、相角裕度、带宽等。而在现代控制理论中（如最优控制、自适应控制等），更多地采用优化型性能指标来衡量系统性能的好坏。所谓系统的优化型性能指标，是用一个能够描述系统性能优良度的标量函数作为系统的性能指标，并称此函数为系统的目标函数。其一般表达式为：

$$J=\int_0^{\infty} f(e(t),\dot{e}(t),r(t),\boldsymbol{x}(t),y(t),u(t),t)\,\mathrm{d}t$$

式中，$f(\cdot)$ 是误差、误差变化率、输入、状态、输出、控制、时间的函数。在设计时可以选择系统的待定参数和系统的控制量 $u(t)$，使得性能指标函数达到极值（极小值或极大值，通常是极小值），从而使系统实现最优化。相应的参数值和控制量 $u(t)$ 称为系统参数的最优值和系统的最优控制。更多关于最优控制的理论在第17章中详细介绍。

最根本地，系统控制的目的是使其输出的实际值趋于期望值，即它们之间的误差 $e(t)$ 越小越好。在控制工程中，常以单位阶跃信号作用下系统误差的某种函数或加权函数的积分值作为系统的性能指标函数，而这种函数有多种类型，例如：

$$\int_0^\infty e^2(t)\,\mathrm{d}t\,,\quad \int_0^\infty te^2(t)\,\mathrm{d}t\,,\quad \int_0^\infty |e(t)|\,\mathrm{d}t\,,\quad \int_0^\infty t|e(t)|\,\mathrm{d}t$$

它们分别被称为平方误差积分 ISE（Integral Squared Error）、时间乘平方误差积分 ITSE（Integral Time Squared Error）、绝对误差积分 IAE（Integral Average Error）、时间乘绝对误差积分 ITAE（Integral Time Average Error）等。不同的性能指标函数，考虑的系统性能的侧重点不同，导出的系统最优化结果也有所区别。但无论哪一种函数，都是其积分值越小系统的性能就越好。

（3）确定被控制对象的模型形式

为了简单，一般可假设被控制对象的模型为一阶惯性环节加纯滞后环节的形式，即：

$$G(s)=\frac{K}{Ts+1}\mathrm{e}^{-\tau s} \tag{16.40}$$

（4）确定目标函数的具体形式

例如可以选择平方误差积分函数作为目标函数，可以得到 PID 控制器设计的如下优化目标：

$$\min_{K_p,T_i,T_d,T_f}\ \max_{K,T,\tau}\mathrm{ISE}(K_p,T_i,T_d,T_f,K,T,\tau)$$

也就是说，鲁棒 PID 控制器试图在最坏的工况情况下寻找最佳的控制性能。

（5）求解上述目标函数，得到 K_p,T_i,T_d,T_f 的具体数值

16.3.2　应用 Matlab 进行鲁棒 PID 控制设计

例 16.3　设有一个压力系统，经过实际测量，其近似模型为 $G(s)=\dfrac{0.8}{1.07s+1}\mathrm{e}^{-2.1s}$，在不确定度为 40%的情况下，用鲁棒 PID 控制器的参数整定方法来整定控制器的参数。

（1）选定 PID 控制器的具体形式为：

$$G_c(s)=K_p\left(1+\frac{1}{T_is}+T_ds\right)\left(\frac{1}{T_f+1}\right)$$

（2）选取 ISE 作为控制系统的性能指标函数。

（3）确定目标函数的具体形式为：

$$\min_{K_p,T_i,T_d,T_f}\ \max_{K,T,\tau}\mathrm{ISE}(K_p,T_i,T_d,T_f,K,T,\tau)$$

约束条件为：

$$0.6K\leqslant K_0\leqslant 1.4K$$
$$0.6T\leqslant T_0\leqslant 1.4T$$
$$0.6\tau\leqslant \tau_0\leqslant 1.4\tau$$

（4）求解上述目标函数。

假设以单位阶跃信号作为输入，采样周期为 0.2 秒，总采样次数为 500。通过计算，可得到鲁棒 PID 控制器的参数为：

$$K_p=0.499;$$
$$T_i=1.38;$$
$$T_d=1.41;$$
$$T_f=0.246;$$

图 16.12（a）（b）分别绘制了系统在正常情况下（$K=0.8,T=1.07,\tau=2.1$）和最大不确定情

况下（$K=1.12, T=0.642, \tau=2.94$）的阶跃响应曲线。

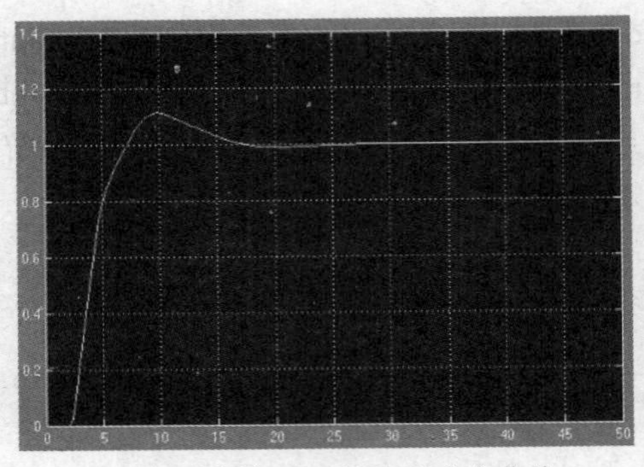

（a）正常情况下的阶跃响应曲线

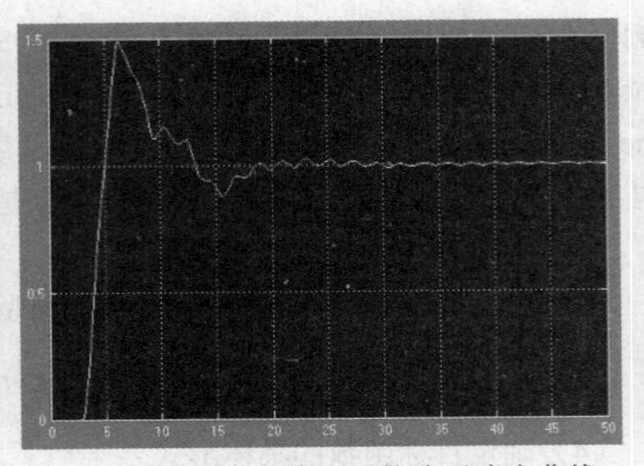

（b）最大不确定情况下的阶跃响应曲线

图 16.12　鲁棒 PID 控制器

16.3.3　非线性系统的鲁棒 PID 控制

Matlab 专门提供了一个用于非线性控制系统优化的工具箱（NCD，Nonlinear Control Design）Blockset，借助该工具可实现系统参数的优化设计。下面通过例子介绍基于 NCD 的非线性优化 PID 控制器设计。

例 16.4　设有三阶被控对象 $G(s)=\dfrac{1.5}{50s^3+a_2s^2+a_1s+1}$，$a_2$ 在 40～50 之间变化，a_1 在 1.5～6 之间变化，试设计 PID 控制器，使得：

（1）最大超调量不超过 20%。

（2）上升时间不大于 10 秒。

（3）调整时间不大于 30 秒。

（4）系统具有鲁棒性。

（1）建立如图 16.13 所示的 Simulink 仿真模型。

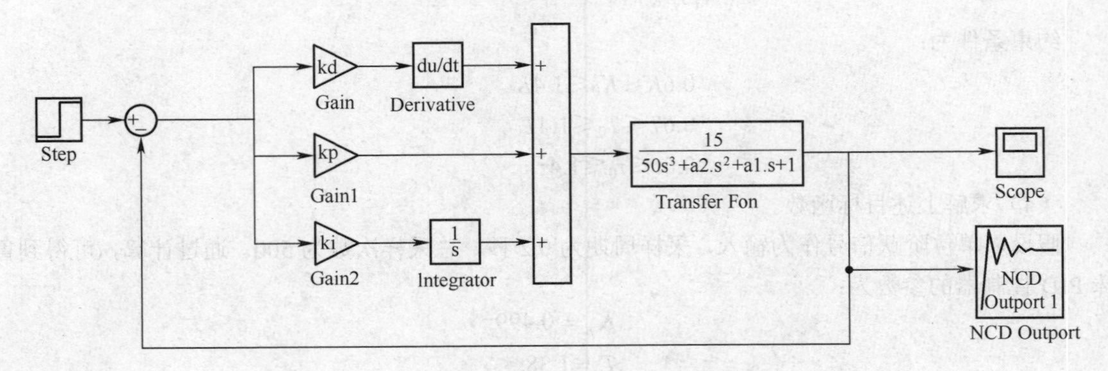

图 16.13　三阶系统的 Simulink 仿真模型

（2）运行如下的 Simulink 初始化程序。

```
clear all;
close all;
```

kp　=　0.63；
ki　=　0.0504；
kd　=　1.9688；
a2　=　43；
a1　=　3；

（3）双击 NCD 模块，弹出 NCD 约束窗口。

（4）点击 Option 菜单，选择 Step Response 菜单项，定义阶跃响应的性能指标。

依次设置如下内容：

Setting time（调整时间）：30

Rise time（上升时间）：10

Percent Setting（稳态误差百分比）：5

Percent Rise（上升量百分比）：90

Percent overshot（超调量百分比）：20

Percent undershot（振荡负幅值百分比）：1

Step time（启动时间）：0

Final time（终止时间）：100

Initial output（初始值）：0

Final output（最终值）：1

（5）选择 Option 菜单下的 Time Range 菜单项，设置优化时间。

Output Time Axis limits（输出时间限制）：[0 100]

（6）选择 Option 菜单下的 Y-Axis 菜单项，设置阶跃响应的范围。

Response Axis limits（输出响应限制）：[0 1.5]

（7）点击 Optimization 菜单，选择 Parameters 菜单项，定义调整变量及其有关参数。

依次设置如下内容：

Tunable variables（可调整变量）：kp,ki,kd

Lower bounds（下限）：kp/5,ki/5,kd/5

Upper bounds（上限）：5kp,5ki,5kd

Variables Tolerance（变量允许误差）：0.001

Constraint Tolerance（约束允许误差）：0.001

（8）选择 Optimization 菜单下的 Uncertainty 菜单项，定义不确定变量及其有关参数。

依次设置如下内容：

Uncertain variables（不确定变量）：a1,a2

Lower bounds（下限）：1.5,40

Upper bounds（上限）：6.0,50

（9）最后选择 Start 菜单项，得到如图 16.14 的阶跃响应曲线。

最终得到 PID 控制器的优化参数为：

$K_p = 0.6198$；

$K_i = 0.0788$；

$K_d = 2.3734$。

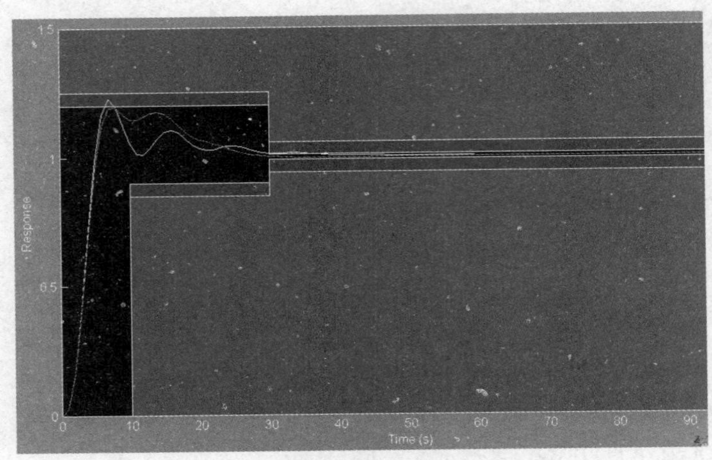

图 16.14　三阶系统的阶跃响应曲线

习题十六

16.1　在 PID 控制中，比例项、积分项、微分项各有什么作用？

16.2　在 PID 控制中，采样周期是怎样确定的？采样周期的大小对控制器的品质有何影响？

16.3　数字 PID 控制需要整定哪些参数？

16.4　数字 PID 控制参数整定的方法有哪些？它们各自的特点和适用范围如何？

16.5　简述三个 PID 参数对系统的动态特性和稳态特性的影响。

16.6　鲁棒 PID 控制器的参数整定的思想是什么？

16.7　考虑某个包含有受控对象和 PD 控制器的单位负反馈系统，其中受控对象为 $G(s)=\dfrac{15900}{s\left(\dfrac{s}{100}+1\right)\left(\dfrac{s}{200}+1\right)}$，PD 控制器为 $G_c(s)=K_p+K_i s$。试确定 K_p, K_i 的合适取值，使系统阶跃响应的超调量小于 20%，调节时间（2%准则）小于 60ms。

16.8　某单位负反馈控制系统的受控对象为 $G(s)=\dfrac{K}{s(s+1)(s+4)}$，其中 $K=1$，试设计合适的 PI 控制器，使得校正后的闭环主导极点位于 $s=10.365\pm \mathrm{j}0.514$。并且当 K 在 ±50% 的范围内波动时，估计最坏情形下的系统阶跃响应。

16.9　设有控制对象是一个四阶系统，其传递函数为 $\dfrac{10}{(s+1)(s+2)(s+3)(s+4)}$，试设计 PID 控制器，使其稳态位置误差为零。

16.10　设有控制系统 $\Sigma(A,B,C)$，$A=\begin{bmatrix}-1 & -2 & -2\\ 0 & -1 & 1\\ 1 & 0 & -1\end{bmatrix}$，$B=\begin{bmatrix}2\\0\\1\end{bmatrix}$，$C$=[1 1 0]，试设计 PID 控制器，将极点配置在–1、–2、–2 处。

16.11　设有一个单位反馈的实际系统，被控对象的传递函数为 $G(s)=\dfrac{100}{s(10s+1)}$，试设计一个

PID 控制器，使系统的闭环极点位于–5，–2–j1，–2+j1 处。

16.12　用 Matlab 画出系统 $\dfrac{10}{(s+1)(s+2)(s+3)(s+4)}$ 的 Nyquist 图，并采用 Matlab 工具，根据 Ziegler-Nichols 整定公式中的时域法设计 P、PI 和 PID 控制器。

16.13　试用 Matlab 工具，根据 Ziegler-Nichols 整定公式中的频域法来设计系统 $\dfrac{10}{(s+1)(s+2)(s+3)(s+4)}$ 的 P、PI 和 PID 控制器，并和上题的结果进行比较。

第 17 章

最优控制

最优控制就是要研究如何使一个系统在某种性能指标下达到最优的问题。本章从几个典型工程案例出发，首先引出最优控制问题的数学描述和常见求解方法，然后详细介绍两种最优控制问题的求解方法，包括控制变量无约束最优控制问题的极小值方法，以及具有二次型最优性能指标的最优控制方法，最后介绍如何用 Matlab 设计最优控制系统。

17.1　概述

人们在实践中，总是希望能以最小的代价来换取最大的收益，这就是原始的最优化思想。早在 1940 年，Wiener 就提出了相对于某个性能指标进行最优设计的思想。1950 年，Medonal 首先将 Wiener 的思想应用于一个实际的控制系统，即研究继电器系统在单位阶跃信号作用下的过渡时间最短的问题。1957 年，Draper 研究了内燃机燃料消耗最少的最优控制问题。之后，L.S.Pontryagin 和 R.Bellman 等根据航空、航天、航海及工业生产中大量的工程实际问题，概括总结了按某一给定的性能指标设计最优控制系统的理论，即极大值原理和动态规划。到了 60 年代，R.Kalman 等人又提出可控性和可观性的概念。同时，由于空间技术的迅猛发展和计算机的广泛应用，动态系统的优化理论得到了迅速的发展，形成了最优控制这一重要的学科分支，并在控制工程、经济管理与决策，以及人口控制等领域得到了成功的应用，取得了显著的效果。

17.1.1　问题提出

什么样的控制问题属于最优控制问题？它与前面研究的一般控制系统有什么区别？下面通过几个具体例子来说明这个问题。

例 17.1　连续搅拌槽的温度控制　如图 17.1 所示的连续搅拌槽，槽内开始存有 0℃的液体，在入口处以常速流入温度为 $T_1(t)$ 的液体，在出口处则流出等量的液体使槽内液面不变。槽内温度经搅拌后是均匀的，其值为 $T(t)$。要求在 t_f 时间内，使槽内温度由 0℃提高到 40℃，应如何选择 $T_1(t)$，使得槽内温度 $T(t)$ 和入口温度 $T_1(t)$，同 40℃的偏差尽可能小？

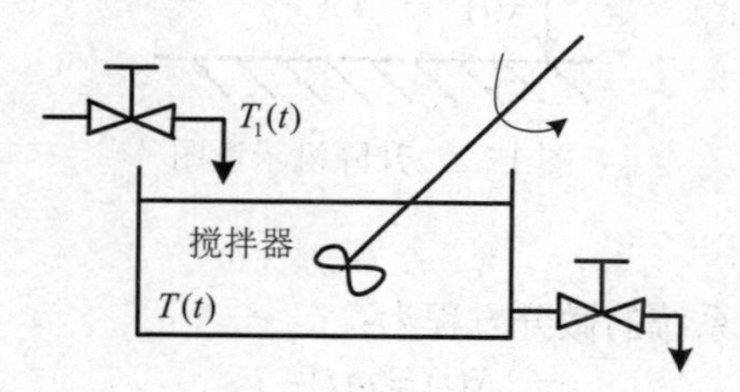

图 17.1　连续搅拌槽示意图

（1）首先可以写出系统的状态方程。

选择槽内温度与 40℃的偏差为状态变量，入口温度与 40℃的偏差为控制变量，即：

$$x = T(t) - 40$$

$$u = T_1(t) - 40$$

因为槽内温度变化的速度与温差 $[T_1(t) - T(t)]$ 成正比，因此可得状态方程：

$$\dot{x}(t) = K[u(t) - x(t)] \tag{17.1}$$

其中，K 为比例常数。

（2）然后讨论该控制系统的初始条件和终值条件。

设 $t = 0$ 时，槽内温度为零，即 $T(0) = 0$，则初始条件为：

$$x(0) = T(0) - 40 = -40$$

最终槽内温度与 40℃的偏差和入口温度与 40℃的偏差都为零，即终值条件为：

$$x(t_f) = u(t_f) = 0$$

（3）接下来需要确定该控制系统在何种性能指标下进行优化，即系统的指标函数。

控制系统希望槽内温度 $T(t)$ 和入口温度 $T_1(t)$ 都尽可能接近 40℃，就是希望 $x(t), u(t)$ 尽量接近零，因而可以提出指标函数：

$$J = \frac{1}{2}\int_0^{t_f} [x^2(t) + ru^2(t)]\mathrm{d}t \tag{17.2}$$

其中 r 是加权因子。

（4）最后确定控制系统设计的任务，即采用某种控制器设计方法，设计最优控制 $u(t)$ 曲线 $u^*(t)$，使得控制系统式（17.1）渐近稳定，同时使指标函数 J 为最小。

例 17.2　升降机的快速降落问题　设质量 $m = 1$ 的升降机受到重力 g 的作用，另外还受到控制力 $u(t)$ 的作用，如图 17.2 所示。由于受到电动机最大转矩的限制，实际控制力 $u(t)$ 是受限的，表示为：

$$|u(t)| \leqslant M，\ M > g$$

设在初始时刻 $t = t_0$，升降机离地面的高度为 $x(t_0)$，垂直运动的速度为 $\dot{x}(t_0)$。要求设计控制力 $u(t)$，使得升降机最快到达地面，并且到达地面时的速度为零，即所谓软着陆。

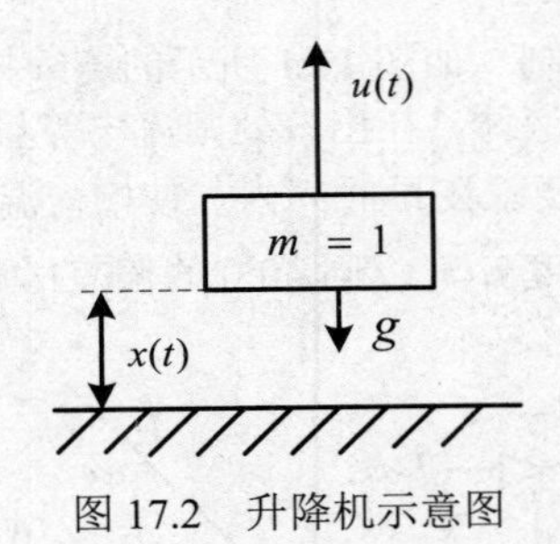

图 17.2　升降机示意图

（1）建立系统模型。

由牛顿第二运动定律可得系统的微分方程为：

$$\ddot{x}(t) = u(t) - g \tag{17.3}$$

令 $x_1(t) = x(t), x_2(t) = \dot{x}_1(t) = \dot{x}(t)$，则由上式可得系统状态方程：

$$\dot{x}_1 = x_2$$
$$\dot{x}_2 = u - g$$

（2）确定初始条件与终值条件。

初始条件：$x_1(t_0) = x_{10}, x_2(t_0) = x_{20}$

终值条件：$x_1(t_f) = 0, x_2(t_f) = 0$

（3）指标函数。

根据题意，系统要求在最短时间内，使得状态变量 $x(t)$ 由 $x(t_0) = [x_{10}, x_{20}]'$ 转移到 $x(t_f) = [0,0]'$，即：

$$J = \int_{t_0}^{t_f} \mathrm{d}t = t_f - t_0$$

（4）确定系统设计任务：这是输入受限时间最短最优控制问题，采用极大值原理，求出最优

控制输入 $u^*(t)$ 及最优轨线 $x^*(t)$。

上述两类控制器设计问题都属于典型的最优控制问题。概括地说，最优控制研究的主要问题是：根据已建立的被控对象的数学模型，选择一个容许的控制规律，使得被控对象按预定要求运行，并使给定的某一性能指标达到极小值（或极大值）。

17.1.2　最优控制的成功范例——阿波罗登月飞船

最优控制理论研究的问题往往来源于具体工程实践，其中最著名的范例是美国阿波罗登月飞船登月舱软着陆的实现。1969 年美国阿波罗 11 号实现了人类历史上的首次载人登月飞行。任务要求登月舱在月球表面实现软着陆，即登月舱到达月球表面时的速度为零，并在登月过程中，选择登月舱发动机推力的最优控制律，使燃料消耗最少。由于登月舱发动机的最大推力是有限的，因而这是一个控制变量有闭集约束的最小燃耗控制问题。

设登月舱软着陆示意图如图 17.3 所示。图中 $m(t)$ 为登月舱质量，$h(t)$ 为登月舱离月球的高度，$v(t)$ 为登月舱垂直速度，g_M 为月球重力加速度，$u(t)$ 为登月舱发动机推力。设登月舱不含燃料时的质量（即初始质量）为 m，登月舱所载燃料质量为 m_F，登月舱发动机的末端工作时刻为 t_f，发动机最大推力为 $u_{\max}$。已知登月舱登月时的初始高度为 h_0，初始垂直速度为 v_0，登月舱初始质量为 m_0，则控制有约束的最小燃耗控制问题描述为：

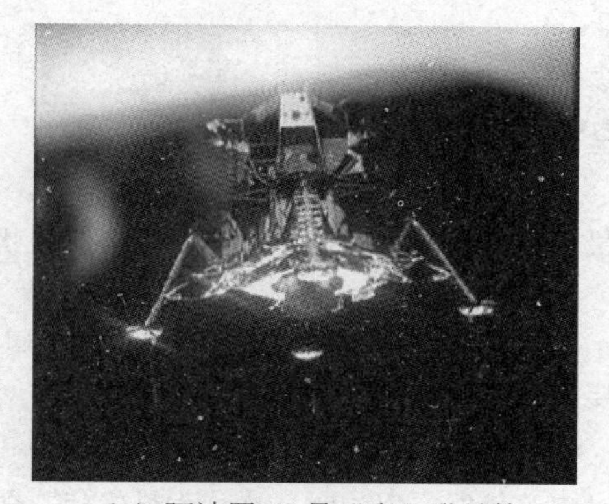

（a）阿波罗 11 号“鹰”登月舱

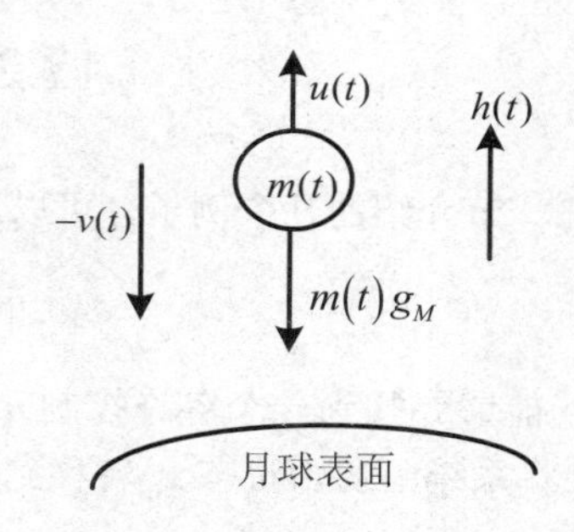

（b）登月舱软着陆示意图

图 17.3　阿波罗 11 号登月舱软着陆

（1）登月舱运动方程

$$\dot{h}(t)=v(t),\dot{v}(t)=\frac{u(t)}{m(t)}-g_M$$

$$\dot{m}(t)=-ku(t)\text{ ,}k\text{ 为常数}$$

（2）边界条件

初始条件：$h(0)=h_0,v(0)=v_0,m(0)=m_0=m+m_F$

末端条件：$h(t_f)=0,\ v(t_f)=0$

（3）控制约束

$$0\leqslant u(t)\leqslant u_{\max}$$

（4）性能指标

$$J=m(t_f)$$

（5）控制任务

在满足控制约束条件下，寻求发动机推力的最优变化律 $u^*(t)$，使登月舱由已知初始状态转移到指定的末态，并使指标函数 $J = m(t_f)$ 最大，从而使软着陆过程中燃料消耗最小。

17.1.3　实现最优控制的难点

从前面讨论的几个典型工程案例可以看出，最优控制与前几章讨论的控制方法有所不同，求解最优控制问题将会遇到许多新的问题。

首先，最优控制的性能指标的确定是一个比较困难的问题，需要一定的经验。前面介绍的几个例子比较简单，任务目标都比较明确。对于很多问题来说，构造一个合适的性能指标函数并不是一件容易的事情。

其次，指标函数 J 是 $x(t)$ 和 $u(t)$ 的函数，即“函数的函数”，这在数学上称为“泛函”，其极值的求解要采用泛函的变分法，计算过程是比较复杂的。

此外，在进行微分运算时，对于多变量情况，经常会出现向量对向量、矩阵对向量的微分运算，这需要运用“矩阵微分法”。

在最优控制问题中，针对具体问题，根据不同的控制对象、不同的系统要求，会有许多不同的处理问题的方式和方法。有些方法从理论上发展已经比较成熟，在工程实践中也得到成功运用。这些方法都是应该逐步掌握的。

17.2　最优控制问题

综合前一节介绍的几个例子，可以总结出如下最优控制问题的一般提法：在控制对象状态方程为：

$$\dot{\boldsymbol{x}} = f(\boldsymbol{x},\boldsymbol{u},t) \tag{17.4}$$

的约束下，能够寻找到一个容许控制 $\boldsymbol{u} = \boldsymbol{u}(t)$，它要满足对控制的约束条件 $\boldsymbol{u} \in U$；在时间区间 $[t_0, t_f]$ 上，将系统由初始状态 $\boldsymbol{x}_0$ 转移到最终状态 $\boldsymbol{x}_f$（或目标集 S），使性能指标 J 为极小（或极大）。所得的 $\boldsymbol{u}(t)$ 即为最优控制，表示为 $\boldsymbol{u}^*(t)$，而对应的状态方程的解 $\boldsymbol{x}(t)$ 称为最优状态轨迹，通常表示为 $\boldsymbol{x}^*(t)$。

从上面的定义可以看出，一个最优控制问题均包含以下四个方面。

17.2.1　系统数学模型

最优控制问题通常采用如下状态方程形式的数学模型：

$$\dot{\boldsymbol{x}}(t) = f(\boldsymbol{x}(t),\boldsymbol{u}(t),t) \qquad \boldsymbol{x}(t_0) = \boldsymbol{x}_0 \tag{17.5}$$

其中：$\boldsymbol{x}(t) \in R^n$ 表示 n 维状态向量；$\boldsymbol{u}(t) \in R^m$ 表示 m 维控制向量；$f(\cdot,\cdot,\cdot)$ 表示 n 维向量的函数。

17.2.2　边界条件与目标集

在最优控制问题中，初始时刻 t_0 和初始状态 $\boldsymbol{x}(t_0)$ 通常是已知的，但是末端时刻 t_f 和末端状态 $\boldsymbol{x}(t_f)$ 需要根据具体控制问题而确定。末端时刻 t_f 可以固定，也可以自由；末端状态 $\boldsymbol{x}(t_f)$ 可以固定，也可以自由，或者部分固定、部分自由。对于末端时刻 t_f 和末端状态 $\boldsymbol{x}(t_f)$ 这样的要求，通常可以用如下目标集加以概括：

$$\psi(\mathbf{x}(t_f),t_f)=0 \tag{17.6}$$

式中，$\psi(\cdot,\cdot)\in R^r$ 是一个 r 维向量函数，$0\leqslant r\leqslant n+1$。式（17.6）在状态空间中定义了一个超曲面，容许终态 $\boldsymbol{x}(t_f)$ 可以落在该超曲面的任意一点上。当然，这里的终态可以是部分约束的，也可以完全自由或完全受约束。终端时间 t_f 也可以存在两种情况，一种是固定的，另一种是自由的，对于末态时间自由情况，t_f 本身也需要参与优化。

17.2.3　容许控制集合

对于实际的最优控制问题，由于执行器物理条件的限制，控制输入 $\boldsymbol{u}(t)$ 往往不是任选的，而是约束在某个范围或集合中进行选择，例如控制电机受到最大输出力矩的限制，卫星轨控喷气装置受到最大喷速限制，飞机推进发动机具有最大推力约束等。控制输入 $\boldsymbol{u}(t)$ 所容许的取值范围称为容许控制集合 U。对于没有约束的情况，控制输入 $\boldsymbol{u}(t)$ 可以自由选取，此时 $U=R^m$。而对于有约束的情况，一般将容许控制集合 U 用一组不等式：

$$g\left[\boldsymbol{u}(t)\right]\leqslant 0 \tag{17.7}$$

进行描述。上式称为容许控制的不等式约束方程。

17.2.4　性能指标函数

最优控制系统中的"最优"都是相对某性能指标函数而言的。性能指标函数是评价控制器"控制效果"的准则，它可以反映控制系统某项性能指标，也可以体现多种性能指标的综合效果。性能指标函数从形式上一般有以下几种形式，它们所反映的系统关注点不同。

1. 积分型性能指标

$$J=\int_0^{t_f} L(\boldsymbol{x}(t),\boldsymbol{u}(t),t)\mathrm{d}t \tag{17.8}$$

其中的 J 可被看成是系统在整个运行过程中付出的总代价。这类性能指标反映了人们关心系统在整个运行过程中的行为，如燃料消耗、运行轨迹时间等，例如前面介绍的升降机问题就属于这类性能指标。

2. 终端型性能指标

$$J=\varphi(\boldsymbol{x}(t_f),t_f) \tag{17.9}$$

这类性能指标要求系统在终态时满足一定的要求，但不关心系统在运行过程中的具体行为，例如前面所讨论的登月飞船在月球表面软着陆的问题。

3. 复合型性能指标

有时人们既需要关注系统运行的具体过程，又对系统终态提出一定要求，这就需要将上述两类性能指标综合起来，构成复合型的性能指标：

$$J=\varphi(\boldsymbol{x}(t_f),t_f)+\int_0^{t_f} L(\boldsymbol{x}(t),\boldsymbol{u}(t),t)\mathrm{d}t \tag{17.10}$$

虽然最优控制问题的性能指标函数具有上述三类形式，但这几种形式并不是孤立的，借助变分法，以上三种性能指标可以相互转换。

17.2.5　最优控制问题的求解方法

为一个实际最优控制问题构造好系统模型、约束条件和性能指标后，接下来需要确定最优控制问题的求解方法。常见的求解最优控制问题的方法有三类：解析法、数值法和梯度法。表 17.1 对这三类方法的适用条件和用到的具体方法进行了简单归纳。

表 17.1　最优控制问题的常见求解方法

常见方法	适用条件	情况分类
1．解析法	性能指标函数及约束条件具有显式解析表达式，且计算相对简单	1．经典微分法或经典变分法，适用于控制变量无约束情况
		2．极小值原理或动态规划，适用于控制变量有约束情况
		3．状态调节器理论，适用于具有二次型性能指标函数的线性系统
2．数值法	性能指标比较复杂，或无法写成显式解析表达式	1．区间消去法（一维搜索法），适用于求解单变量极值问题，主要有黄金分割法、斐波那契法和多项式插值法等
		2．爬山法（多维搜索法），适用于求解多变量极值问题，主要有坐标轮换法、步长加速法和方向加速法等
3．梯度法	是一种解析和数值计算相结合的方法	1．无约束梯度法，如拟牛顿法、共轭梯度法和变尺度法等；
		2．有约束梯度法，如可行方向法和梯度投影法

其中解析法是最优控制理论的基础，本书将重点介绍解析法中的几种方法，数值法和梯度法则超出本书的内容范围方法，它们在优化理论中都有详细论述。

17.3　控制变量无约束的最优控制

实际系统中的最优控制都需要考虑控制对象的状态方程，该状态方程将约束最优轨迹的形式，因此实际的最优控制问题可以理解为有约束条件的泛函极值问题。

17.3.1　控制变量无约束的最优控制问题

考虑动态系统：

$$\dot{\boldsymbol{x}}(t)=f(\boldsymbol{x}(t),\boldsymbol{u}(t),t) \tag{17.11}$$

式中，$\boldsymbol{x}(t)$ 为 n 维状态向量，$\boldsymbol{u}(t)$ 为 m 维控制向量。

假定系统初始状态是固定的，即：

$$\boldsymbol{x}(t_0)=\boldsymbol{x}_0$$

性能指标泛函为：

$$J=\varphi(\boldsymbol{x}(t_f),t_f)+\int_0^{t_f}L(\boldsymbol{x}(t),\boldsymbol{u}(t),t)\mathrm{d}t \tag{17.12}$$

上式中的积分项反映了对状态 $\boldsymbol{x}(t)$ 过渡过程的限制和控制能量 $\boldsymbol{u}(t)$ 的变换的限制，而第一项则表明了对系统终端时间和终态的限制。其中末端时刻 t_f 可以固定，也可以自由；末端状态 $\boldsymbol{x}(t_f)$ 受到约束，其要求的目标集为：

$$\psi(\boldsymbol{x}(t_f),t_f)=0 \tag{17.13}$$

其中$\psi \in R^r, r \leqslant n$。

最优控制问题的描述是：确定最优控制$\boldsymbol{u}^*(t)$和最优轨迹$\boldsymbol{x}^*(t)$，使系统式（17.11）由已知初态$\mathbf{x}_0$转移到要求的目标集式（17.13），并使给定的性能指标泛函式（17.12）达到极值。

上述问题是一个有等式约束的泛函极值问题，可以采用 Lagrange 乘子法，从而将约束泛函极值问题转化为无约束泛函极值问题。

为此，构造 Hamilton 函数：

$$H(\boldsymbol{x},\boldsymbol{u},\lambda,t) = L(\boldsymbol{x},\boldsymbol{u},t) + \lambda^T(t) f(\boldsymbol{x},\boldsymbol{u},t) \tag{17.14}$$

其中，$\lambda \in R^n$为 Lagrange 乘子向量。则性能指标泛函成为：

$$J = \varphi(\boldsymbol{x}(t_f),t_f) + \int_{t_0}^{t_f} \left[H(\boldsymbol{x},\boldsymbol{u},\boldsymbol{\lambda},t) - \boldsymbol{\lambda}^T(t)\dot{\boldsymbol{x}} \right] \mathrm{d}t \tag{17.15}$$

为取极值，令其变分为零，即：

$$\delta J = 0$$

可得到最优解的必要条件。下面分几种情况分别讨论。

17.3.2　t_f 固定时的最优解

当t_f固定时，引入 Lagrange 乘子向量：$\boldsymbol{\lambda}(t) \in R^n, \boldsymbol{\gamma} \in R^r$，构造如下广义泛函：

$$\begin{aligned} J_a &= \varphi\left(\boldsymbol{x}(t_f)\right) + \boldsymbol{\gamma}^T \psi\left(\boldsymbol{x}(t_f)\right) + \int_{t_0}^{t_f} \left\{ L(\boldsymbol{x},\boldsymbol{u},t) + \boldsymbol{\lambda}^T(t)\left[f(\boldsymbol{x},\boldsymbol{u},t) - \boldsymbol{x}(t) \right] \right\} \mathrm{d}t \\ &= \varphi\left(\boldsymbol{x}(t_f)\right) + \boldsymbol{\gamma}^T \psi\left(\boldsymbol{x}(t_f)\right) + \int_{t_0}^{t_f} \left[H(\boldsymbol{x},\boldsymbol{u},\lambda,t) - \boldsymbol{\lambda}^T(t)\boldsymbol{x}(t) \right] \mathrm{d}t \end{aligned}$$

由分步积分：

$$-\int_{t_0}^{t_f} \boldsymbol{\lambda}^T(t)\dot{\boldsymbol{x}}(t)\mathrm{d}t = -\boldsymbol{\lambda}^T(t)\boldsymbol{x}(t)\Big|_{t_0}^{t_f} + \int_{t_0}^{t_f} \dot{\boldsymbol{\lambda}}^T(t)\boldsymbol{x}(t)\mathrm{d}t$$

故广义泛函可表示为：

$$J_a = \varphi(\boldsymbol{x}(t_f)) + \boldsymbol{\gamma}^T \psi(\boldsymbol{x}(t_f)) - \boldsymbol{\lambda}^T(t_f)\boldsymbol{x}(t_f) - \boldsymbol{\lambda}^T(t_0)\boldsymbol{x}(t_0) + \int_{t_0}^{t_f} \left[H(\boldsymbol{x},\boldsymbol{u},\boldsymbol{\lambda},t) + \boldsymbol{\lambda}^T(t)\dot{\boldsymbol{x}}(t) \right] \mathrm{d}t$$

对上式取变分，注意到 Lagrange 乘子向量$\boldsymbol{\lambda}(t)$和$\boldsymbol{\gamma}$不变分，以及$\delta\boldsymbol{x}(t_0)=0$，可得：

$$\delta J_a = \delta\boldsymbol{x}^T(t_f)\left[\frac{\partial\varphi}{\partial\boldsymbol{x}} + \frac{\partial\psi^T}{\partial\boldsymbol{x}}\boldsymbol{\gamma} - \boldsymbol{\lambda} \right]_{t=t_f} + \int_{t_0}^{t_f} \left[\left(\frac{\partial H}{\partial\boldsymbol{x}} + \dot{\boldsymbol{\lambda}} \right)^T \delta\boldsymbol{x} + \left(\frac{\partial H}{\partial\boldsymbol{u}} \right)^T \delta\boldsymbol{u} \right] \mathrm{d}t \tag{17.16}$$

上式表明，$\delta\boldsymbol{u}(t)$既可以以直接方式影响J_a，也可以间接地以$\delta\boldsymbol{x}(t)$方式影响性能指标J_a。可以借助待定乘子函数$\lambda(t)$，消除$\delta\boldsymbol{u}(t)$对J_a的间接影响。下面，按照不同的终端情况进行分析。

1. 终端自由情况

此时不存在目标集约束式（17.13），$\boldsymbol{x}(t_f)$自由，$\boldsymbol{\gamma}=0$，从而$\delta\boldsymbol{x}(t_f)$任意，由此可得到最优控制解的必要条件：

（1）Hamilton 正则方程

$$\frac{\partial H}{\partial\boldsymbol{\lambda}} = \dot{\boldsymbol{x}} = f(\boldsymbol{x},\boldsymbol{u},t) \tag{17.17}$$

$$\frac{\partial H}{\partial\boldsymbol{x}} = -\dot{\boldsymbol{\lambda}} \tag{17.18}$$

（2）极值条件

$$\frac{\partial H}{\partial \boldsymbol{u}} = 0 \tag{17.19}$$

（3）边界条件和横截条件

$$\boldsymbol{x}(t_0) = \boldsymbol{x}_0 \tag{17.20}$$

$$\lambda(t_f) = \frac{\partial \varphi(\boldsymbol{x}_f, t_f)}{\partial \boldsymbol{x}_f} \tag{17.21}$$

需要注意的是：

（1）Hamilton 函数中，式（17.17）和式（17.18）分别含有 n 个一阶微分方程，而极值条件式（17.19）则含有 m 个代数方程。通过这 $(2n+m)$ 个方程可以解出 $\boldsymbol{x}, \boldsymbol{\lambda}, \boldsymbol{u}$ 共 $(2n+m)$ 个未知参数。但求解 $2n$ 个一阶微分方程的过程中将出现 $2n$ 个待定参数，这可以通过 n 个边界条件式（17.20）和 n 个横截条件式（17.21）计算确定。

（2）只有当 $\delta \boldsymbol{u}$ 为任意时，极值条件式（17.19）才有意义。换言之，当对容许控制有限制时，$\frac{\partial H}{\partial \boldsymbol{u}} = 0$ 没有意义，这种情况将在下一节中讨论。

2. 终端固定情况

此时性能指标泛函中将不存在对终态的要求 $\varphi(\boldsymbol{x}(t_t), t_f)$，因此边界条件略有变化，而 Hamilton 正则方程和极值条件不变。其最优解必要条件总结如下：

（1）Hamilton 正则方程仍然有效

$$\frac{\partial H}{\partial \boldsymbol{\lambda}} = \dot{\boldsymbol{x}} = f(\boldsymbol{x}, \boldsymbol{u}, t)$$

$$\frac{\partial H}{\partial \boldsymbol{x}} = -\dot{\boldsymbol{\lambda}}$$

（2）极值条件不变

$$\frac{\partial H}{\partial \boldsymbol{u}} = 0$$

（3）边界条件和终值条件

$$\boldsymbol{x}(t_0) = \boldsymbol{x}_0$$

$$\boldsymbol{x}(t_f) = \boldsymbol{x}_f$$

3. 终端受约束情况

此时终态 $\boldsymbol{x}(t_f)$ 受到目标集条件式（17.13）的约束，这将导致终端横截条件的变化。

（1）Hamilton 正则方程仍然有效

$$\frac{\partial H}{\partial \boldsymbol{\lambda}} = \dot{\boldsymbol{x}} = f(\boldsymbol{x}, \boldsymbol{u}, t)$$

$$\frac{\partial H}{\partial \boldsymbol{x}} = -\dot{\boldsymbol{\lambda}}$$

（2）极值条件有效

$$\frac{\partial H}{\partial \boldsymbol{u}} = 0$$

（3）边界条件和终端横截条件

$$x(t_0)=x_0$$

$$\lambda_f=\frac{\partial\varphi}{\partial x}+\frac{\partial\psi^T}{\partial x}\gamma\Big|_{t=t_f} \tag{17.22}$$

可见，对于终端时间 t_f 固定时的最优控制解均满足正则方程和极值条件，所不同的是终端横截条件的变化。

例 17.3　设系统状态方程为：

$$\begin{bmatrix}\dot{x}_1\\ \dot{x}_2\end{bmatrix}=\begin{bmatrix}0&1\\0&0\end{bmatrix}\begin{bmatrix}x_1\\x_2\end{bmatrix}+\begin{bmatrix}0\\1\end{bmatrix}u$$

试计算从已知初态 $x_1(0)=0$ 和 $x_2(0)=0$ 出发，在末端时刻 $t_f=1$ 时能够转移到目标集 $x_1(t)+x_2(t)=1$，且使得性能指标泛函：

$$J=\frac{1}{2}\int_0^1 u^2(t)\mathrm{d}t$$

为最小的最优控制 $u^*(t)$ 和相应的最优轨迹 $x^*(t)$。

根据题意，本例属于末端时间固定，末端状态受约束，控制输入无限制的最优控制问题。构造 Hamilton 函数：

$$H=\frac{1}{2}u^2+\lambda_1x_2+\lambda_2u$$

由正则方程：

$$\dot{\lambda}_1=-\frac{\partial H}{\partial x_1}=0\Rightarrow\lambda_1(t)=c_1$$

$$\dot{\lambda}_2=-\frac{\partial H}{\partial x_2}=-\lambda_1\Rightarrow\lambda_2(t)=-c_1t+c_2$$

由极值条件：

$$\begin{aligned}\frac{\partial H}{\partial u}=u+\lambda_2=0\Rightarrow u(t)&=-\lambda_2(t)\\&=c_1(t)-c_2\end{aligned}$$

由状态方程：

$$\dot{x}_2=u=c_1t-c_2\Rightarrow x_2(t)=\frac{1}{2}c_1t^2-c_2t+c_3$$

$$\begin{aligned}\dot{x}_1=x_2=\frac{1}{2}c_1t^2-c_2t+c_3\Rightarrow x_1(t)\\=\frac{1}{6}c_1t^3-\frac{1}{2}c_2t^2+c_3t+c_4\end{aligned}$$

根据已知初态 $x_1(0)=x_2(0)=0$，可以求出 $c_3=c_4=0$，再由目标集条件 $x_1(t)+x_2(t)=1$，求得：

$$4c_1-9c_2=6$$

根据横截条件：

$$\lambda_1(1)=\frac{\partial\psi^T}{\partial x_1(1)}\gamma=\gamma\text{，}\quad\lambda_2(1)=\frac{\partial\psi^T}{\partial x_2(1)}\gamma=\gamma$$

得到$\lambda_1(1)=\lambda_2(1)$，故有$c_1=\frac{1}{2}c_2$，于是$c_1=-\frac{3}{7}$，$c_2=-\frac{6}{7}$，从而最优解为：

$$u^*(t)=-\frac{3}{7}(t-2)$$

$$x_1^*(t)=-\frac{1}{14}t^2(t-6)$$

$$x_2^*(t)=-\frac{3}{14}t(t-4)$$

17.3.3 t_f 自由时的最优解

当末端时刻t_f自由时，末端状态可分为自由、固定和受约束三种情况。下面讨论最复杂的一种情况，即采用复合型性能指标且末端受约束的最优控制问题，其余几种情况，将直接给出推广的结果。

对于如下最优控制问题：

$$\min_{u(t)} J=\varphi(\boldsymbol{x}(t_f),t_f)+\int_{t_0}^{t_f} L(\boldsymbol{x},\boldsymbol{u},t)\mathrm{d}t \tag{17.23}$$

其中系统状态空间方程为$\dot{\boldsymbol{x}}(t)=f(\boldsymbol{x},\boldsymbol{u},t)$，$\boldsymbol{x}(t_0)=\boldsymbol{x}_0$，末端状态约束方程为$\psi(\boldsymbol{x}(t_f),t_f)=0$末端时刻$t_f$自由。

上述最优控制问题最优解的必要条件为：

（1）$\boldsymbol{x}(t)$和$\boldsymbol{\lambda}(t)$满足正则方程

$$\dot{\boldsymbol{x}}(t)=\frac{\partial H}{\partial \lambda},\quad \dot{\boldsymbol{\lambda}}(t)=-\frac{\partial H}{\partial \boldsymbol{x}} \tag{17.24}$$

（2）极值条件

$$\frac{\partial H}{\partial \boldsymbol{u}}=0 \tag{17.25}$$

（3）边界条件及横截条件

$$\boldsymbol{x}(t_0)=\boldsymbol{x}_0,\quad \psi(\boldsymbol{x}(t_f),t_f)=0 \tag{17.26}$$

$$\boldsymbol{\lambda}(t_f)=\frac{\partial \varphi}{\partial \boldsymbol{x}}+\frac{\partial \psi^T}{\partial \boldsymbol{x}}\boldsymbol{\gamma}\Big|_{t=t_f} \tag{17.27}$$

（4）最优轨迹末端 Hamilton 函数变化率

$$\left[H+\frac{\partial \varphi}{\partial t_f}+\boldsymbol{\gamma}^T\frac{\partial \psi}{\partial t_f}\right]_{t=t_f^*}=0 \tag{17.28}$$

将上述结果与t_f固定的情况相比较，可以发现，最优解必要条件的前三项，即正则方程、边界条件与横截条件、极值条件是完全相同的，但是对于t_f自由的情况，其最优解必要条件多了一项确定最优终止时刻t_f^*的横截条件。因为在t_f未定的情况下，t_f本身也参与性能指标泛函的优化，而条件（4）则给出了确定t_f^*所需的方程。求解的顺序一般为，先从极值条件式（17.25）解出最优控制$\boldsymbol{u}^*$、从式（17.28）解出t_f^*之后，代入正则方程式（17.24），最后利用两点边值问题的数值方法计算最优轨迹$\boldsymbol{x}^*$和$\boldsymbol{\lambda}^*$，从而得到最优控制率$\boldsymbol{u}^*$。

上述结论可以推广到末态自由和末态固定的情况，如表 17.2 所示。

表 17.2　t_f 自由情况下的最优控制解

	正则方程	极值条件	边界条件与横截条件	H 变化率
末态约束	$\dot{\boldsymbol{\lambda}}(t)=-\dfrac{\partial H}{\partial \boldsymbol{x}}$	$\dfrac{\partial H}{\partial \boldsymbol{u}}=0$	$\boldsymbol{x}(t_0)=\boldsymbol{x}_0,\psi(\boldsymbol{x}(t_f),t_f)=0$ $\boldsymbol{\lambda}(t_f)=\dfrac{\partial \varphi}{\partial \boldsymbol{x}}+\dfrac{\partial \psi^T}{\partial \boldsymbol{x}}\boldsymbol{\gamma}\Big\vert_{t=t_f}$	$H(t_f)=-\dfrac{\partial \varphi}{\partial t_f}-\boldsymbol{\gamma}^T\dfrac{\partial \psi}{\partial t_f}$
末态自由			$\boldsymbol{x}(t_0)=\boldsymbol{x}_0$ $\boldsymbol{\lambda}(t_f)=\dfrac{\partial \varphi(\boldsymbol{x}_f,t_f)}{\partial \boldsymbol{x}}\Big\vert_{t=t_f}$	$H(t_f)=-\dfrac{\partial \varphi}{\partial t_f}$
末态固定			$\boldsymbol{x}(t_0)=\boldsymbol{x}_0$ $\boldsymbol{x}(t_f)=\boldsymbol{x}_f$	$H(t_f)=-\dfrac{\partial \varphi}{\partial t_f}$

例 17.4　设系统的状态方程为：

$$\dot{x}=-x+u$$

性能指标泛函为：

$$J=\int_0^{t_f}(2+u^2+x^2)\mathrm{d}t$$

初始条件 $x(0)=1$，终态约束方程 $x(t_f)=0$。试计算最优控制 $u^*(t)$。

根据题意，本例为终端时刻自由、末态固定且控制无约束的最优控制问题。

（1）构造 Hamilton 函数：

$$H=2+u^2+x^2+\lambda(-x+u)$$

（2）正则方程为：

$$\dot{x}=-x+u$$

$$\dot{\lambda}=-\frac{\partial H}{\partial x}=\lambda-2x$$

（3）极值条件为：

$$\frac{\partial H}{\partial u}=2u+\lambda=0\Rightarrow u=-\frac{1}{2}\lambda$$

将其代入正则方程得：

$$\dot{x}=-x-\frac{1}{2}\lambda，\ \dot{\lambda}=\lambda-2x$$

从而可以求得：

$$\begin{aligned}x&=c_1\mathrm{e}^{-\sqrt{2}t}+c_2\mathrm{e}^{\sqrt{2}t}\\ \lambda&=2(\sqrt{2}-1)c_1\mathrm{e}^{-\sqrt{2}t}-2(\sqrt{2}+1)c_2\mathrm{e}^{\sqrt{2}t}\end{aligned}\tag{17.29}$$

（4）将边界条件和横截条件 $x(0)=1$，$x(t_f)=0$ 代入式（17.40）得：

$$c_1+c_2=1\tag{17.30}$$

$$c_1\mathrm{e}^{-\sqrt{2}t_f{}^*}+c_2\mathrm{e}^{-\sqrt{2}t_f{}^*}=0\tag{17.31}$$

（5）再由 Hamilton 函数的变换律：

$$2+u^2(t_f^*)+x^2(t_f^*)+\lambda(t_f^*)\left[-x(t_f^*)+u(t_f^*)\right]=0\tag{17.32}$$

联立式（17.30）（17.31）（17.32）解得：

$$c_1=\frac{1}{2}(1+\sqrt{2}),\ c_2=\frac{1}{2}(1-\sqrt{2}),\ t_f^*=\frac{1}{\sqrt{2}}\ln(1+\sqrt{2})$$

最后求得最优控制 $u^*(t)$ 和最优轨迹 $x^*(t)$ 分别为：

$$u^*(t)=-\frac{1}{2}e^{-\sqrt{2}t}-e^{\sqrt{2}t}$$

$$x^*(t)=\frac{1}{2}(1+\sqrt{2})e^{-\sqrt{2}t}+\frac{1}{2}(1-\sqrt{2})e^{\sqrt{2}t}$$

17.4 二次型性能指标的最优控制

前已述及，最优控制问题中的性能指标泛函具有各种不同的形式，然而在实际工程中广泛采用具有二次型形式的性能指标泛函。一方面是因为二次型性能指标泛函具有比较明确的物理含义；另一方面二次型性能指标的计算过程相对简单，通过求解 Riccati 方程可以得到解析形式表达的线性反馈律，所采用的状态线性反馈的控制形式，易于工程实现。

17.4.1 问题描述

设线性时变系统的状态方程为：

$$\begin{aligned}\dot{\boldsymbol{x}}(t)&=A(t)\boldsymbol{x}(t)+B(t)\boldsymbol{u}(t)\\ \boldsymbol{y}(t)&=C(t)\boldsymbol{x}(t)\end{aligned}\tag{17.33}$$

并定义 p 维期望输出（参考输入）为 $\boldsymbol{r}(t)\in R^p$，则系统输出误差向量：

$$\boldsymbol{e}(t)=\boldsymbol{r}(t)-\boldsymbol{y}(t)\tag{17.34}$$

最优控制的目标是使下面二次型性能指标达到最小：

$$J=\frac{1}{2}\boldsymbol{e}^T(t_f)S\boldsymbol{e}(t_f)+\frac{1}{2}\int_{t_0}^{t_f}\left[\boldsymbol{e}^T(t)Q(t)\boldsymbol{e}(t)+\boldsymbol{u}^T(t)R(t)\boldsymbol{u}(t)\right]\mathrm{d}t\tag{17.35}$$

式中，S、$Q(t)$ 和 $R(t)$ 为加权矩阵，均为对称矩阵。其中 $S\in R^p$ 为正半定常数矩阵，$Q(t)\in R^p$ 为正半定阵，$R(t)\in R^m$ 为 m 维正定阵。

特别地，二次型性能指标式（17.35）具有明确的物理意义：

（1）被积函数中的第一项 $\frac{1}{2}\boldsymbol{e}^T(t)Q(t)\boldsymbol{e}(t)$ 反映了在整个控制区间内控制误差的累计。当 $Q(t)=1$，$\boldsymbol{e}(t)$ 为标量时，第一项变为 $\frac{1}{2}e^2(t)$，其积分 $\frac{1}{2}\int_{t_0}^{t_f}e^2(t)\mathrm{d}t$ 即为经典控制理论中误差平方积分判据。

（2）被积函数中的第二项 $\frac{1}{2}\boldsymbol{u}^T(t)R(t)\boldsymbol{u}(t)$ 表示在控制过程中对控制输入 $\boldsymbol{u}(t)$ 的度量，其积分反映了控制系统在 $[t_0,t_f]$ 区间中消耗的能量。

（3）性能指标泛函中的第一项 $\frac{1}{2}\boldsymbol{e}^T(t_f)S\boldsymbol{e}(t^f)$ 为终端代价函数，反映了在优化过程中对终端误差的要求。

系数矩阵 S，$Q(t)$ 和 $R(t)$ 作为加权矩阵，反映了优化过程中对性能指标的各种因素所占比重的衡量。总的来说，二次型性能指标泛函要求消耗尽量少的控制能量，使系统输出 $\boldsymbol{y}(t)$ 尽可能地

跟随期望输出 $\boldsymbol{r}(t)$ 的变化。

二次型最优控制问题又可以细分为以下几种情况：

1. 输出调节器问题

取 $\boldsymbol{r}(t)=0$，则 $\boldsymbol{e}(t)=-\boldsymbol{y}(t)$，此时性能指标泛函可表示成：

$$J=\frac{1}{2}\boldsymbol{y}^T(t_f)S\boldsymbol{y}(t_f)+\frac{1}{2}\int_{t_0}^{t_f}\left[\boldsymbol{y}^T(t)Q(t)\boldsymbol{y}(t)+\boldsymbol{u}^T(t)R(t)\boldsymbol{u}(t)\right]\mathrm{d}t$$

即消耗尽可能少的能量，使系统输出保持在零值附近。

2. 状态调节器问题

取 $\boldsymbol{r}(t)=0$，$\boldsymbol{y}(t)=\boldsymbol{x}(t)$，则 $\boldsymbol{e}(t)=-\boldsymbol{x}(t)$，此时性能指标泛函成为：

$$J=\frac{1}{2}\boldsymbol{y}^T(t_f)S\boldsymbol{y}(t_f)+\frac{1}{2}\int_{t_0}^{t_f}\left[\boldsymbol{x}^T(t)Q(t)\boldsymbol{x}(t)+\boldsymbol{u}^T(t)R(t)\boldsymbol{u}(t)\right]\mathrm{d}t$$

即消耗尽可能少的能量，使系统状态维持在零值附近。

3. 跟踪问题

取 $\boldsymbol{r}(t)=0$，则 $\boldsymbol{e}(t)=\boldsymbol{r}(t)-\boldsymbol{y}(t)$，性能指标泛函表示消耗尽可能少的能量，使系统输出 $\boldsymbol{y}(t)$ 跟踪 $\boldsymbol{r}(t)$ 的变化。

表面上看，线性二次型最优控制的描述中对控制输入没有不等式约束。但实际上，对控制输入的约束是隐含在性能指标泛函中的。通过调节加权系数矩阵 $Q(t)$ 和 $R(t)$，改变控制能量与输出误差之间的权衡，使得对控制变量幅值的限制通过调节 $Q(t)$ 和 $R(t)$ 来实现。

17.4.2　有限时间状态调节器

有限时间状态调节器（或简称状态调节器）是指采用状态反馈，使状态向量的各个分量在有限时间内迅速趋近于零，同时尽可能少地消耗能量。

设系统状态方程为：

$$\dot{\boldsymbol{x}}(t)=A(t)\boldsymbol{x}(t)+B(t)\boldsymbol{u}(t)\text{，}\quad \boldsymbol{x}(t_0)=\boldsymbol{x}_0 \tag{17.36}$$

其中 $\boldsymbol{x}\in R^n$，$\boldsymbol{u}\in R^m$。计算最优控制输入 $\boldsymbol{u}^*$，使性能指标泛函：

$$J=\frac{1}{2}\boldsymbol{x}_f^TF\boldsymbol{x}_f+\frac{1}{2}\int_{t_0}^{t_f}[\boldsymbol{x}^TQ(t)\boldsymbol{x}+\boldsymbol{u}^TR(t)\boldsymbol{u}]\mathrm{d}t \tag{17.37}$$

达到最小。可见，有限时间状态调节器问题属于 t_f 固定，终值 $\boldsymbol{x}_f$ 自由的泛函极值问题。

下面利用变分法进行求解。构造 Hamilton 函数：

$$H=\frac{1}{2}\boldsymbol{x}^TQ(t)\boldsymbol{x}+\frac{1}{2}\boldsymbol{u}^TR(t)\boldsymbol{u}+\boldsymbol{\lambda}^T\left[A(t)\boldsymbol{x}+B(t)\boldsymbol{u}\right]$$

正则方程：

$$\frac{\partial H}{\partial \boldsymbol{x}}=-\dot{\boldsymbol{\lambda}}=A^T(t)\boldsymbol{\lambda}+Q(t)\boldsymbol{x} \tag{17.38}$$

终值条件：

$$\boldsymbol{\lambda}(t_f)=\frac{\partial K}{\partial \boldsymbol{x}_f}=S\boldsymbol{x}_f \tag{17.39}$$

根据极值条件：

$$\frac{\partial H}{\partial \boldsymbol{u}}=R(t)\boldsymbol{u}+B^T(t)\boldsymbol{\lambda}=0$$

可以解得最优控制输入：

$$\boldsymbol{u}^* = -R^{-1}(t)B^T(t)\boldsymbol{\lambda} \tag{17.40}$$

从正则方程式（17.38）可以看出，$\lambda(t)$ 可表示成 $\mathbf{x}(t)$ 的线性方程，而终值条件式（17.39）表明，终值 $\lambda(t_f)$ 与 $\boldsymbol{x}(t_f)$ 呈线性比例关系，因此，可设：

$$\boldsymbol{\lambda}(t) = P(t)\boldsymbol{x}(t) \tag{17.41}$$

其中 $P(t) \in R^{n\times n}$ 为时变方阵。代入到式（17.40）中，可得：

$$\boldsymbol{u}^* = -R^{-1}(t)B^T(t)P(t)\boldsymbol{x}(t) \tag{17.42}$$

因此，状态调节器的最优控制具有状态线性反馈形式。

下面讨论 $P(t)$ 阵的计算过程。对式（17.41）求导，并利用式（17.36）和式（17.38）可得到：

$$\begin{aligned}\dot{\boldsymbol{\lambda}}(t) &= \dot{P}(t)\boldsymbol{x}(t) + P(t)\dot{\boldsymbol{x}}(t)\\ &= \left[\dot{P}(t) + P(t)A(t) - P(t)B(t)R^{-1}(t)B^T(t)P(t)\right]\boldsymbol{x}(t)\\ &= -\left[Q(t) + A^T(t)P(t)\right]\boldsymbol{x}(t)\end{aligned}$$

由此可见，$P(t)$ 阵必须满足：

$$\left[\dot{P}(t) + P(t)A(t) - P(t)B(t)R^{-1}(t)B^T(t)P(t) + Q(t) + A^T(t)P(t)\right]\boldsymbol{x}(t) = 0$$

上式对任意 $x(t)$ 均成立，因此 $P(t)$ 阵必须满足下列形式的矩阵微分方程：

$$\dot{P}(t) + P(t)A(t) - P(t)B(t)R^{-1}(t)B^T(t)P(t) + Q(t) + A^T(t)P(t) = 0 \tag{17.43}$$

边界条件为：

$$P(t_f) = S \tag{17.44}$$

上式即为著名的 Riccati 方程。这样，状态调节器问题的关键是通过求解 Riccati 方程确定 $P(t)$ 阵，一旦确定 $P(t)$ 阵，就可以得到状态调节器问题的状态反馈控制律：

$$\boldsymbol{u}^*(t) = K(t)\boldsymbol{x}(t) \tag{17.45}$$

其中，反馈增益矩阵：

$$K(t) = -R^{-1}(t)B^T(t)P(t) \tag{17.46}$$

上面讨论了状态调节器的求解计算过程，有以下几点需要注意：

（1）由式（17.45）表示的状态调节器问题的解，不仅是使性能指标式（17.37）取极小值的必要条件，也是其充分条件。并且采用这一状态反馈控制的闭环性能指标所达到的极小值为：

$$J^* = \frac{1}{2}\boldsymbol{x}(t_0)^T P(t_0)\boldsymbol{x}(t_0)$$

（2）根据微分方程解的存在性与唯一性定理，在区间 $[t_0, t_f]$ 上 Riccati 方程式（17.43）的解 $P(t)$ 存在且唯一。

（3）将式（17.43）和式（17.44）两边同时取转置，可见 $P(t)$ 和 $P^T(t)$ 是同一个 Riccati 方程的解，根据微分方程的唯一性，有 $P(t) = P^T(t)$，从而 $P(t)$ 为一对称矩阵。式（17.43）等价于 n^2 个一阶非线性微分方程构成的方程组。由于 $P(t)$ 阵的对称性，这些方程中只有 $\dfrac{n(n-1)}{2}$ 个是独立的，从而使求解过程得以简化。

（4）由于 S 、$Q(t)$ 的正半定性和 $R(t)$ 的正定性，可以推得 $P(t)$ 至少是半正定的，进一步地，若 $Q(t)$ 正定，则 $P(t)$ 正定。

（5）由于 Riccati 方程是一阶微分方程，因此即使系统是线性定常系统（A,B 均为定常矩阵），且 R,Q 都是定常阵，$P(t)$ 仍然是时变的，从而状态反馈律式（17.56）也是时变的。

状态调节器的最优控制结构如图 17.4 所示。

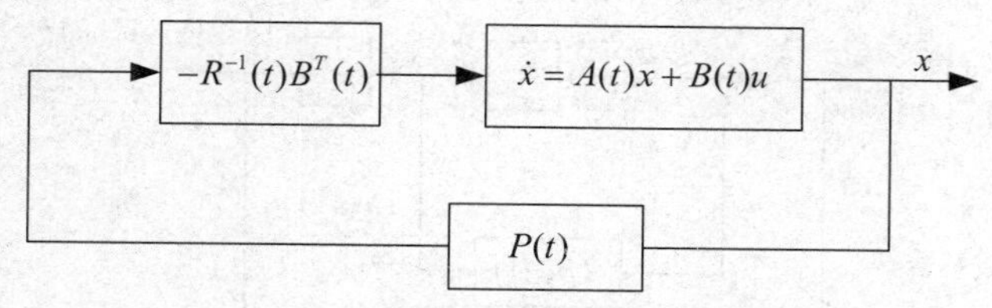

图 17.4　状态调节器控制结构图

例 17.5　设二次积分系统，其状态方程为：

$$\dot{x}_1=x_2$$
$$\dot{x}_2=u$$

性能指标为：

$$J=\frac{1}{2}\left[x_1^2(3)+2x_2^2(3)\right]+\frac{1}{2}\int_0^3\left[2x_1^2+4x_2^2+2x_1x_2+\frac{1}{2}u^2\right]\mathrm{d}t$$

求最优控制 u^*，使 J 为最小。

根据题意，列写出各加权系数矩阵：

$$A=\begin{bmatrix}0&1\\0&0\end{bmatrix},\ B=\begin{bmatrix}0\\1\end{bmatrix},\ F=\begin{bmatrix}1&0\\0&2\end{bmatrix},\ Q=\begin{bmatrix}2&1\\1&4\end{bmatrix},\ R=\frac{1}{2}$$

构造 Riccati 方程：

$$\begin{bmatrix}\dot{p}_{11}(t)&\dot{p}_{12}(t)\\\dot{p}_{12}(t)&\dot{p}_{22}(t)\end{bmatrix}+\begin{bmatrix}p_{11}(t)&p_{12}(t)\\p_{12}(t)&p_{22}(t)\end{bmatrix}\begin{bmatrix}0&1\\0&0\end{bmatrix}+\begin{bmatrix}0&0\\1&0\end{bmatrix}\begin{bmatrix}p_{11}(t)&p_{12}(t)\\p_{12}(t)&p_{22}(t)\end{bmatrix}$$
$$-\begin{bmatrix}p_{11}(t)&p_{12}(t)\\p_{12}(t)&p_{22}(t)\end{bmatrix}\begin{bmatrix}0\\1\end{bmatrix}\cdot 2\cdot\begin{bmatrix}0&1\end{bmatrix}\begin{bmatrix}p_{11}(t)&p_{12}(t)\\p_{12}(t)&p_{22}(t)\end{bmatrix}+\begin{bmatrix}2&1\\1&4\end{bmatrix}=0$$

边界条件为当 $t_f=3$ 时：

$$\begin{bmatrix}p_{11}(3)&p_{12}(3)\\p_{12}(3)&p_{22}(3)\end{bmatrix}=\begin{bmatrix}1&0\\0&2\end{bmatrix}$$

Riccati 方程可以分解为三个微分方程及相应的边界条件：

$$\dot{p}_{11}(t)=2p_{12}^2(t)-2,\quad p_{11}(3)=1$$
$$\dot{p}_{12}(t)=-p_{11}(t)+2p_{12}(t)p_{22}(t)-1,\quad p_{12}(3)=0$$
$$\dot{p}_{22}(t)=-2p_{12}(t)+2p_{22}^2(t)-4,\quad p_{22}(3)=2$$

解此微分方程组，得反馈增益阵：

$$P(t)=\begin{bmatrix}p_{11}(t)&p_{12}(t)\\p_{12}(t)&p_{22}(t)\end{bmatrix}$$

最终可得最优控制为：

$$u^*=-R^{-1}B^TP(t)\boldsymbol{x}=-2\begin{bmatrix}0&1\end{bmatrix}\begin{bmatrix}p_{11}(t)&p_{12}(t)\\p_{12}(t)&p_{22}(t)\end{bmatrix}\begin{bmatrix}x_1\\x_2\end{bmatrix}$$
$$=-2p_{12}(t)x_1-2p_{22}(t)x_2$$

控制系统框图如图 17.5 所示。由于微分方程组的非线性，很难得到 $P(t)$ 的解析解（一般对于单变量系统可计算其解析解），只能利用计算机计算其数值解。另外，还可以看到，尽管系统是定常线性系统，但最优控制的反馈增益仍然是时变的。

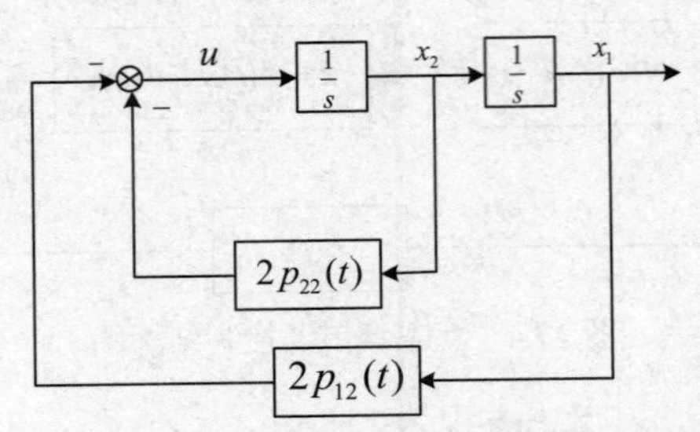

图 17.5　例 17.5 的最优调节系统结构图

17.4.3　定常状态调节器

上一节研究了有限时间状态调节器问题，即只考虑系统在有限时间内由任意初态恢复到平稳状态的行为。而在实际工程中，可能更关心系统在整个运行期间是否恢复到平衡位置的行为，此时需要在无限时间区间内，研究实际上有限时间区间内控制系统的行为，称为 $t_f=\infty$ 的无限时间状态调节器问题。

上面的讨论表明，线性系统二次型性能指标的最优控制是状态的线性反馈，但反馈增益是时变的，这给控制器的工程实现带来困难。但从例 17.5 来看，$P(t)$ 的时变部分仅出现在 t_f 附近，在此之前，$P(t)$ 基本保持不变。可以推断，若将 t_f 移到无穷远处，$P(t)$ 有可能变成常数，因此无限时间状态调节器又称为定常状态调节器问题。

可以证明定常状态调节器问题具有以下结论。

设线性时不变系统：

$$\dot{\boldsymbol{x}}(t)=A\boldsymbol{x}(t)+B\boldsymbol{u}(t)，\quad \boldsymbol{x}(0)=\boldsymbol{x}_0 \tag{17.47}$$

为完全可控，二次型性能指标为：

$$J=\frac{1}{2}\int_0^\infty[\boldsymbol{x}^T(t)Q\boldsymbol{x}(t)+\boldsymbol{u}^T(t)R\boldsymbol{u}(t)]\mathrm{d}t \tag{17.48}$$

其中，Q,R 均为正定定常矩阵，控制输入 $\boldsymbol{u}(t)$ 不受约束。则使 J 为最小的最优控制存在且唯一，最优控制输入：

$$\boldsymbol{u}^*(t)=-R^{-1}B^TP\boldsymbol{x}(t) \tag{17.49}$$

其中，定常方阵 $P\in R^n$ 是 Riccati 代数方程：

$$PA+A^TP-PBR^{-1}B^TP+Q=0 \tag{17.50}$$

的对称正定解。

因此定常状态调节器设计的关键在于 Riccati 代数方程的求解。

针对上述结论，需要注意以下几点：

（1）与有限时间状态调节器不同，定常状态调节器要求被控系统完全可控。这是因为如果系统存在不可控部分，则这部分不可控模态可能导致性能指标泛函无法比较大小，甚至趋近无穷大。

（2）注意到定常状态调节器的性能指标泛函中对系统终态没有考虑，这是因为人们通常所关注的总是系统在有限时间内的响应，其终端代价函数 $\lim_{t_f \to \infty} \frac{1}{2} \boldsymbol{x}^T(t_f) S \boldsymbol{x}(t_f)$ 没有实际意义。

（3）可以证明，采用最优控制律式（17.49）必定使闭环控制系统渐近稳定。证明如下：

将最优控制式（17.49）代入系统状态方程式（17.47）可得闭环系统方程：

$$\dot{\boldsymbol{x}}(t) = (A - BR^{-1}B^T P)\boldsymbol{x}(t) \tag{17.51}$$

再将最优控制式（17.49）代入性能指标泛函式（17.48）可得最优性能指标值：

$$J^* = \frac{1}{2}\int_0^\infty \dot{\boldsymbol{x}}^T(t)\left[Q + PBR^{-1}B^T P\right]\boldsymbol{x}(t)\mathrm{d}t \tag{17.52}$$

因为 Q 正定，P 和 R 也为正定，因此 $Q + PBR^{-1}B^T P$ 正定。若闭环系统不是渐近稳定的，则必有 $J^* \to \infty$。而另一方面，因为系统完全可控，因此它必可通过式（17.49）形式的状态反馈律而正定，使得相应的性能指标 J 为有限。这样与前面的结论矛盾，因此采用最优控制律式（17.49）所构成的闭环系统必定是渐近稳定的。

17.4.4　输出调节器

前已述及，若将系统输出视做系统状态（$C = I$），则状态调节器可以认为是输出调节器的特例。下面将论述的是，输出调节器问题实际上可以转化为等效的状态调节器问题，这样可将状态调节器的结论推广到输出调节器当中。

输出调节器问题的描述是：假设系统状态方程为：

$$\begin{cases} \dot{\boldsymbol{x}}(t) = A(t)\boldsymbol{x}(t) + B(t)\boldsymbol{u}(t) \quad \boldsymbol{x}(t_0) = \boldsymbol{x}_0 \\ \boldsymbol{y}(t) = C(t)\boldsymbol{x}(t) \end{cases} \tag{17.53}$$

设其控制 $\boldsymbol{u}(t)$ 不受约束，并且系统状态完全可观。寻找最优控制 $\boldsymbol{u}^*$，使下列性能指标最小：

$$J = \frac{1}{2}\boldsymbol{y}^T(t_f)S\boldsymbol{y}(t_f) + \frac{1}{2}\int_{t_0}^{t_f}[\boldsymbol{y}^T(t)Q(t)\boldsymbol{y}(t) + \boldsymbol{u}^T(t)R(t)\boldsymbol{u}(t)]\mathrm{d}t \tag{17.54}$$

其中，S 和 $Q(t)$ 矩阵半正定，$R(t)$ 正定，t_f 固定。

定义 $\tilde{S} = C^T(t_f)SC(t_f)$，$\tilde{Q}(t) = C^T(t)Q(t)C(t)$，因为 $Q(t)$ 对称，所以：

$$\tilde{Q}^T(t) = \left[C^T(t)Q(t)C(t)\right]^T = C^T(t)Q(t)C(t) \tag{17.55}$$

也是对称的，用类似方法可证 $\tilde{S}$ 也是对称的。

已知 $Q(t)$ 为半正定，因此：

$$\boldsymbol{y}^T(t)Q(t)\boldsymbol{y}(t) = \boldsymbol{x}^T(t)\tilde{Q}(t)\boldsymbol{x}(t) \geqslant 0 \tag{17.56}$$

由于系统状态完全可观，因而上式对于所有 $\boldsymbol{x}(t)$ 均成立，即 $\tilde{Q}$ 也是半正定的。

用类似方法可证，$S(t)$ 为半正定时，$\tilde{S}$ 也是半正定的。

上述结论表明，输出调节器可以转换为等效的状态调节器问题。利用状态调节器的结论可知，输出调节器的解存在且唯一，最优控制输入为：

$$\boldsymbol{u}^* = -R^{-1}(t)B^T(t)P(t)\boldsymbol{x}(t) \tag{17.57}$$

其中，$P(t)$ 矩阵通过求解下面的 Riccati 方程得到：

$$\dot{P}(t) = -P(t)A(t) - A^T(t)P(t) + P(t)B(t)R^{-1}(t)B^T(t)P(t) - C^T Q(t)C(t) \tag{17.58}$$

边界条件为：

$$P(t_f) = C^T(t_f)SC(t_f) \tag{17.59}$$

类似地，也可以得到线性定常系统无限时间输出调节器的结论：

对于线性时不变系统：

$$\begin{cases} \dot{\boldsymbol{x}}(t) = A(t)\boldsymbol{x}(t) + B(t)\boldsymbol{u}(t) \quad \boldsymbol{x}(t_0) = \boldsymbol{x}_0 \\ \boldsymbol{y}(t) = C(t)\boldsymbol{x}(t) \end{cases} \tag{17.60}$$

设系统完全可控和完全可观，若性能指标为：

$$J = \frac{1}{2}\int_0^\infty [\boldsymbol{y}^T(t)Q\boldsymbol{y}(t) + \boldsymbol{u}^T(t)R\boldsymbol{u}(t)]\mathrm{d}t \tag{17.61}$$

控制变量 $\boldsymbol{u}(t)$ 不受约束，Q, R 正定，则使性能指标泛函式（17.61）达到极小值的最优控制存在且唯一，具体反馈形式为：

$$\boldsymbol{u}^*(t) = -R^{-1}B^T P\boldsymbol{x}(t) \tag{17.62}$$

其中，P 为代数 Riccati 方程 $PA + A^T P - PBR^{-1}B^T P + C^T QC = 0$ 的正定解。

17.5 运用 Matlab 设计最优控制系统

Matlab 控制工具箱提供了 lqr、lqr2 和 lqry 等函数进行连续系统二次型最优控制器的设计，也提供了 dlqr 和 dlqry 等函数进行离散系统的线性二次型调节器的设计。

以 lqr、lqr2 和 lqry 函数为例，它们被用来求解连续系统二次型调节器问题及其相关的 Riccati 方程，其中 lqry 用于输出调节器的设计。调用的格式通常为：

```
[k,s,e]=lqr(a,b,Q,R)
[k,s,e]=lqr(a,b,Q,R,N)
[k,s]=lqr2(a,b,……)
[k,s,e]=lqry(a,b,c,d,Q,R)
```

而 dlqr 和 dlqry 函数用于离散系统二次型调节器的设计。调用的格式通常为：

```
[k,s,e]=dlqr(a,b,Q,R)
[k,s,e]=dlqr(a,b,Q,R,N)
[k,s,e]=dlqry(a,b,c,d,Q,R)
```

例 17.6 设系统的状态空间模型为：

$$\dot{\boldsymbol{x}} = \begin{bmatrix} 0 & 1 \\ 0 & -1 \end{bmatrix}\boldsymbol{x} + \begin{bmatrix} 0 \\ 1 \end{bmatrix}u$$

性能指标为：

$$J = \int_0^\infty (\boldsymbol{x}^T Q\boldsymbol{x} + u^T Ru)\mathrm{d}t$$

其中 $Q = \begin{bmatrix} 1 & 0 \\ 0 & 1 \end{bmatrix}$，$R = 1$。采用 Matlab 设计最优控制器，使性能指标 J 最小。

直接采用 Matlab 的 lqr 函数进行设计，脚本程序编制如下：

```
a=[0 1;0 -1];
b=[0;1];
q=[1 0;0 1];
```

```
r=[1];
disp(' The optimal feedback gain matrix k is');
k=lqr(a,b,q,r)
```

执行后得到反馈增益：

```
The optimal feedback gain matrix k is
k =
     1.0000      1.0000
```

例 17.7　设系统的状态空间模型为：

$$\begin{cases}\dot{\boldsymbol{x}} = a\boldsymbol{x} + bu \\ y = c\boldsymbol{x} + du\end{cases}$$

其中：

$$a = \begin{bmatrix}0 & 1 & 0 \\ 0 & 0 & 1 \\ 0 & -2 & -3\end{bmatrix}，\ b = \begin{bmatrix}0 \\ 0 \\ 1\end{bmatrix}，\ c = \begin{bmatrix}1 & 0 & 0\end{bmatrix}，\ d = [0]$$

采用 Matlab 设计最优控制器，使：

$$J = \int_0^{\infty} (\boldsymbol{x}^T Q\boldsymbol{x} + u^T Ru)\mathrm{d}t$$

最小，其中 $Q = \begin{bmatrix}100 & 0 & 0 \\ 0 & 1 & 0 \\ 0 & 0 & 1\end{bmatrix}$，$R = 0.01$。

Matlab 脚本程序编制如下：

```
a=[0 1 0;0 0 1;0 -2 -3]; b=[0;0;1]; c=[1 0 0]; d=[0];
q=[100 0 0;0 1 0;0 0 1]; r=[0.01];
[k,p,e]=lqr(a,b,q,r);
disp(' The optimal feedback gain matrix k is');
k
%%% Step response,The close-loop state system is denoted as(ac,bc,cc,dc)
k1=k(1);
ac=a-b*k; bc=b*k1; cc=c; dc=d;
figure(1);
step(ac,bc,cc,dc)
title('Step Response');
xlabel('Sec'); ylabel('Output y=x1')
figure(2);
[y,x,t]=step(ac,bc,cc,dc);
plot(t,x,'y');
title('Step Response Curves for x1,x2,x3');
xlabel('Sec'); ylabel('x1,x2,x3')
```

执行结果如图 17.6、图 17.7 所示：

```
The optimal feedback gain matrix k is
k =
   100.0000     53.1200     16.6711
```

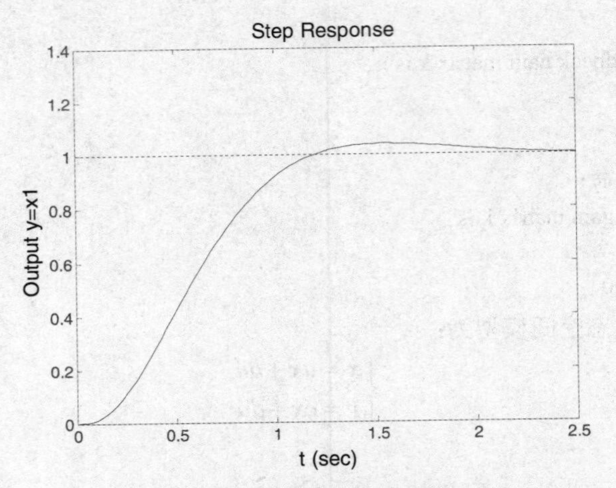

图 17.6　最优控制系统的单位阶跃响应

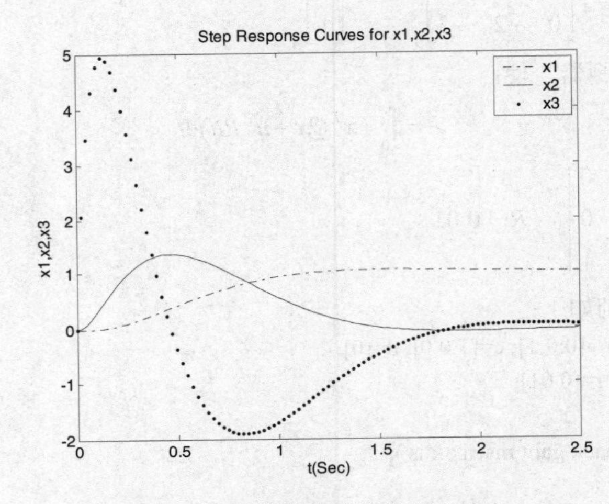

图 17.7　最优控制系统的状态输出

例 17.8　考虑系统：

$$\dot{\boldsymbol{x}}(t)=\begin{bmatrix}-0.2 & 0.5 & 0 & 0 & 0\\ 0 & -0.5 & 1.6 & 0 & 0\\ 0 & 0 & -14.3 & 85.8 & 0\\ 0 & 0 & 0 & -33.3 & 100\\ 0 & 0 & 0 & 0 & -10\end{bmatrix}\boldsymbol{x}(t)+\begin{bmatrix}0\\0\\0\\0\\30\end{bmatrix}u(t)$$

$$y(t)=\begin{bmatrix}1 & 1 & 1 & 1 & 1\end{bmatrix}\boldsymbol{x}(t)$$

试用 Matlab 设计最优输出反馈控制器，即 $u=-ky$，使性能指标：

$$J=\int_0^{\infty}(\boldsymbol{x}^T Q\boldsymbol{x}+u^T Ru)\mathrm{d}t$$

最小，其中 $Q=1$，$R=1$。

注意此处不能直接利用 lqry 函数进行设计，下面给出以 Matlab 基本函数求取最优输出反馈控制器的程序：

```
a=-diag([0.2 0.5 14.3 33.3 10])+diag([0.5 1.6 85.8 100],1);
b=[0 0 0 0 30]'; c=[1 0 4 3 2]; d=[0];
q=diag([1,1,1,1,1]); r=1;
% Design with basic functions of MATLAB
tol=1e-10;
k1=1;
I=eye(size(a));
while(1)
        a0=a-b*k1*c;
        p=lyap(a0',c'*k1*r*k1*c+q);
        z=lyap(a0,I);
        k0=inv(r)*b'*p*z*c'*inv(c*z*c');
        if(norm(k0-k1,1)>tol),k1=k0;
        else break;
        end
  end
  disp('The optimal feedback gain matrix is');
  k=k0
% Step Response, The close loop state system is denoted as(ac,bc,cc,dc)
  ac=a-b*k*c; bc=b; cc=c; dc=d;
  figure(1)
  step(ac,bc,cc,dc);
  title('Step Response of Quadratic Optimal Control System');
  xlabel('Sec'); ylabel('Output y(t)'); axis([0 0.3 0 1]);
```

程序执行结果如图 17.8 所示：

```
The optimal feedback gain matrix is
k =
1.6788
```

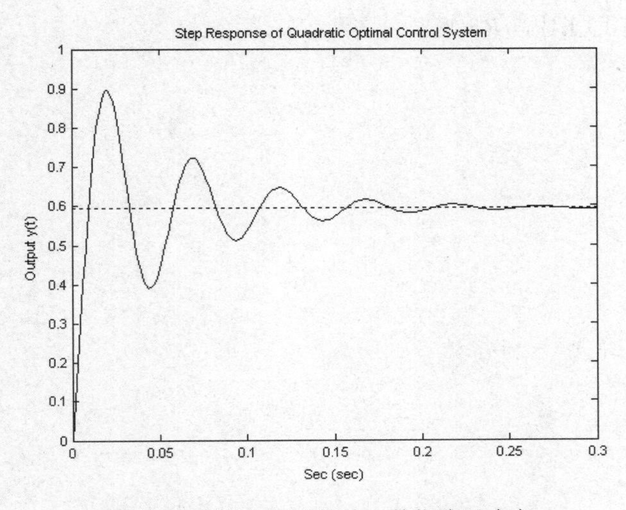

图 17.8　反馈闭环系统输出单位阶跃响应

习题十七

17.1　考虑系统：

$$\dot{\boldsymbol{x}} = a\boldsymbol{x} + bu$$

其中：

$$a = \begin{bmatrix} 0 & 1 & 0 \\ 0 & 0 & 1 \\ -35 & -27 & -7 \end{bmatrix},\quad b = \begin{bmatrix} 0 \\ 0 \\ 1 \end{bmatrix}$$

性能指标为：

$$J = \int_0^\infty (\boldsymbol{x}^T Q\boldsymbol{x} + u^T Ru)\mathrm{d}t$$

其中 $Q = \begin{bmatrix} 1 & 0 & 0 \\ 0 & 1 & 0 \\ 0 & 0 & 1 \end{bmatrix}$，$R = [1]$，试采用 Matlab 中的 lqr 函数设计最优控制器，并求出 Riccati 方程的解 p 及闭环系统 $a - bk$ 的极点。

17.2　考虑系统：

$$\dot{\boldsymbol{x}}(t) = \begin{bmatrix} -0.2 & 0.5 & 0 & 0 & 0 \\ 0 & -0.5 & 1.6 & 0 & 0 \\ 0 & 0 & -14.3 & 85.8 & 0 \\ 0 & 0 & 0 & -33.3 & 100 \\ 0 & 0 & 0 & 0 & -10 \end{bmatrix}\boldsymbol{x}(t) + \begin{bmatrix} 0 \\ 0 \\ 0 \\ 0 \\ 30 \end{bmatrix}u(t)$$

$$y(t) = \begin{bmatrix} 1 & 0 & 0 & 0 & 0 \end{bmatrix}\boldsymbol{x}(t)$$

试以 Matlab 设计最优控制器，使性能指标：

$$J = \int_0^\infty (\boldsymbol{x}^T Q\boldsymbol{x} + u^T Ru)\mathrm{d}t$$

最小，其中 $Q = \mathrm{diag}\{1,1,1,1,1\}$，$R = 1$。

第 18 章

高炮随动控制系统的改进

第 12 章已经对高炮随动控制系统在不同反馈情况下的性能进行了分析，在新型高炮的研制过程中，总会对随动跟踪系统的性能提出更高的要求，因此控制器的结构也在不断改进。本章将介绍增加了前馈控制和 PI 控制的随动控制系统，并分析这些改进所造成的影响。另外随着计算机、微处理技术广泛应用于自动控制领域，数字式高炮随动控制技术也越来越成熟，本章最后还将介绍数字式 PID 控制算法和平方根算法在随动控制系统中的应用。

18.1 新型高炮随动控制系统的改进

随着战争形势的改变和高新技术的不断发展，武器装备的各项性能指标处在不断改进中，高炮随动控制系统的性能也在朝着更快更稳更准的目标发展，具体体现在诸如最大调转速度、最大调转加速度、炮管振荡次数、超调量、稳态位置误差、稳态跟踪误差等指标的改进上。本节将介绍新型高炮随动控制系统在控制结构上所做的改进，以作为下节改进后性能分析的基础。

18.1.1 前馈校正

在新型的高炮随动控制系统中，一般都增加了前馈控制方式，即对前方的火控瞄准装置传来的角度信号 $\theta_r(t)$，通过前馈电路求取其变化率 $\dfrac{\mathrm{d}\theta_r(t)}{\mathrm{d}t}$，再与受信仪产生的角度误差信号综合，作为随动系统消除失调角的控制信号，以缩短炮管调转时间，提高跟踪精度。

方位前馈电路和高低前馈电路的原理和结构完全相同，均由自整角机数字转换器 SDC、低通滤波器和控温电路三部分组成。其输入是随动系统角位置输入信号 $\theta_r(t)$ 的精通道，由 SDC 模块转换获得角位置的变化率信号 $\dfrac{\mathrm{d}\theta_r(t)}{\mathrm{d}t}$ 后，再由高阶低通滤波器滤除高频噪声后，得到所需的前馈信号。

18.1.2 PI 校正

受信仪产生的概略误差信号和精确误差信号，在随动控制系统的位置调节电路板中经过概略、精确误差信号的选择以及相敏整流后，与前馈系统产生的角度变化率信号进行综合，并进行 PI 校正，即串联滞后校正，然后送入速度调节器。速度调节器连同以后的线路、测速发电机共同构成速度闭环控制。

图 18.1 为 PI 校正的电路图，其中 R26、R27 为前馈信号 Vqk 的输入电阻，R24、R25、C3 为火控系统传送的主控信号 Vb 的输入网络，C3 为滤波电容，RP10 为放大器 N3 的调零电位器。当 K1 触点闭合时，N3 为比例(P)放大器，R29 为反馈电阻，此时对主控信号和前馈信号只进行 P 校正，整个随动控制系统是一阶无差系统；当 K1 触点断开时，R29、C4 与放大器 N3 一起构成比例积分(PI)电路，此时对主控信号和前馈信号可以进行 PI 校正，整个随动控制系统是二阶无差系统。

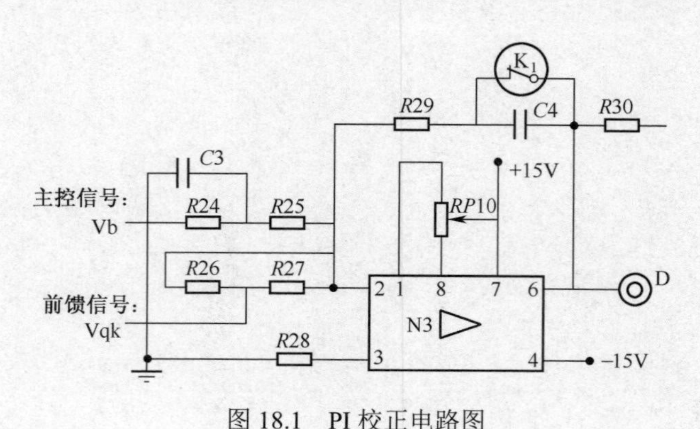

图 18.1 PI 校正电路图

18.2 改进后高炮随动控制系统的性能分析

18.2.1 附加前馈和 PI 校正后的系统框图

按照 18.1 节的改进方法，可以得到在原有角位置反馈、角速度反馈以及角加速度反馈基础上，附加了前馈校正和 PI 校正后系统的框图结构，如图 18.2 所示。其中 T_d 为前馈环节的比例系数，K_p、K_i 分别为 PI 校正中的比例系数和积分系数。

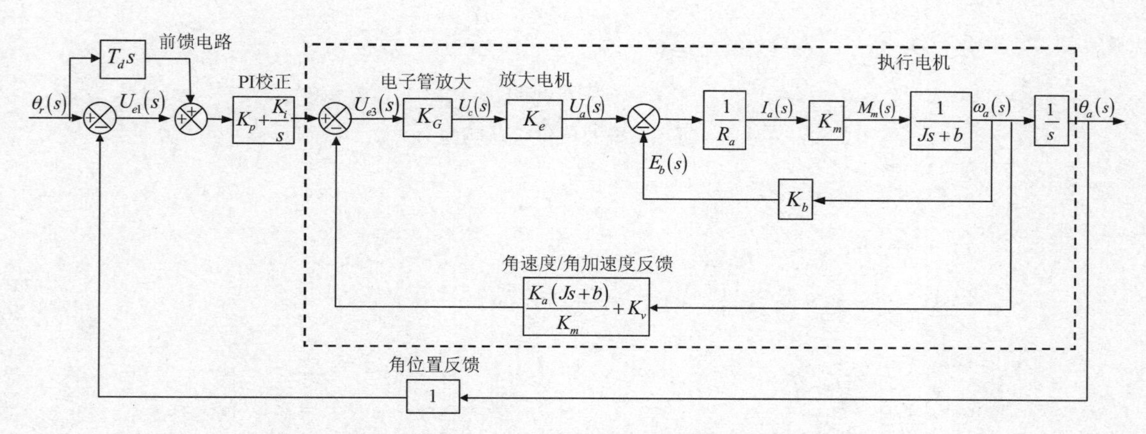

图 18.2 附加了前馈和 PI 校正后的系统框图

18.2.2 附加前馈校正时系统的性能分析

当只考虑附加前馈校正时，可以在 7.2.2 节的基础上，得到系统的传递函数。这里沿用 7.2.2 节中的记法，将图 18.2 中整个阴影部分的传递函数记为 $G_3(s)$，其表达式为：

$$G_3(s)=\frac{K_G K_e C_m K_m}{s[(K_m T_m+K_a J K_G K_e C_m)s+(K_m+K_{va}K_G K_e C_m)]} \tag{18.1}$$

则含有前馈校正的系统闭环传递函数为：

$$\Phi_{qk}(s)=\frac{(1+T_d s)G_3(s)}{1+G_3(s)} \tag{18.2}$$

可见附加前馈校正并不影响系统的闭环特征方程，而只是比原有控制系统的闭环传递函数多出一个零点。在二阶系统的基础上添加闭环零点，相当于减小系统的阻尼比，将使得系统的响应加快，振荡加剧，而且闭环零点越靠近虚轴，效果越明显。图 18.3（a）所示为当 T_d 分别取 0.1 和 0.2，以及不包含前馈校正时系统的单位阶跃响应，图 18.3（b）所示为三种情况下系统的单位速度响应。可以看出，T_d 越大，相当于添加的闭环零点越靠近虚轴，从而响应的快速性越好，但过渡的平稳性会变差。

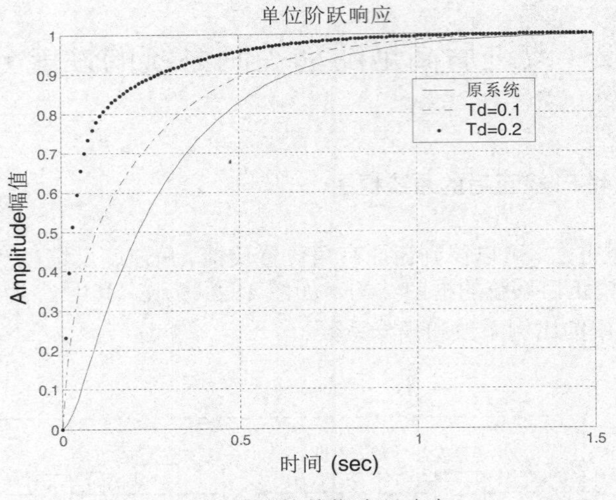

（a）系统的单位阶跃响应

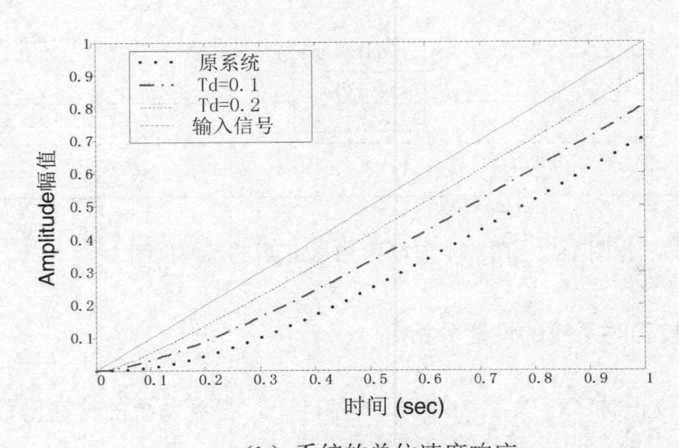

（b）系统的单位速度响应

图 18.3　附加前馈校正前后系统的响应曲线

18.2.3　附加 PI 校正时系统的性能分析

当只考虑附加 PI 校正时，系统的开环传递函数为：

$$G_{\mathrm{PI}}(s)=\left(K_p+\frac{K_i}{s}\right)G_3(s)=\frac{K_p s+K_i}{s}G_3(s) \tag{18.3}$$

可见此时开环传递函数将多出一个纯极点，从而系统的型别将从原来的Ⅰ型变成Ⅱ型，整个系统的跟踪能力将得到提高。例如原系统跟踪速度信号时始终存在有限的稳态误差，而附加 PI 校正后系统跟踪速度信号将不存在稳态误差。值得注意的是，增加的纯极点有可能影响到闭环系统的稳定性。

而系统的闭环传递函数为：

$$\Phi_{\mathrm{PI}}(s)=\frac{G_{\mathrm{PI}}(s)}{1+G_{\mathrm{PI}}(s)}=\frac{(K_p s+K_i)G_3(s)}{s+(K_p s+K_i)G_3(s)}$$
$$=\frac{(K_p s+K_i)K_G K_e C_m K_m}{s^2[(K_m T_m+K_a J K_G K_e C_m)s+(K_m+K_{va}K_G K_e C_m)]+(K_p s+K_i)K_G K_e C_m K_m} \tag{18.4}$$
$$=\frac{(K_p s+K_i)K_G K_e C_m K_m}{(K_m T_m+K_a J K_G K_e C_m)s^3+(K_m+K_{va}K_G K_e C_m)s^2+K_p K_G K_e C_m K_m s+K_i K_G K_e C_m K_m}$$

对照式（7.20）可知，闭环传递函数附加了一个闭环零点，同时，由原来的二阶系统变为三阶系统，保证系统稳定则需要闭环特征方程的系数满足 Routh-Hurwitz 判据，因此要精心选择参数 K_p、K_i。图 18.4（a）（b）分别为 K_p,K_i 均取 1 时，与不包含 PI 校正系统的单位阶跃和单位速度响应比较。设计人员可以根据对系统瞬态性能的不同要求，选择合适的 K_p、K_i 值。

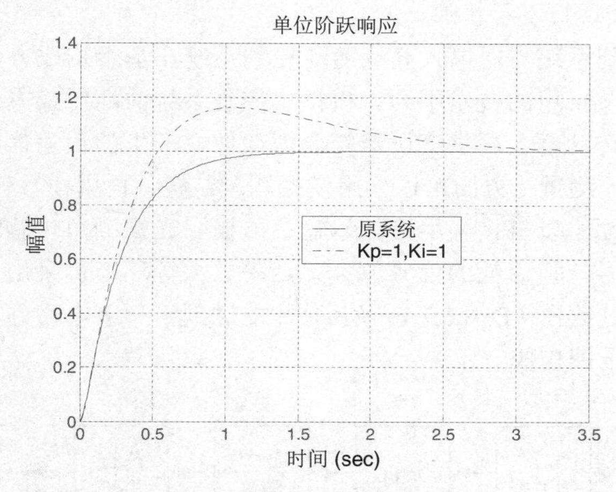

（a）系统的单位阶跃响应

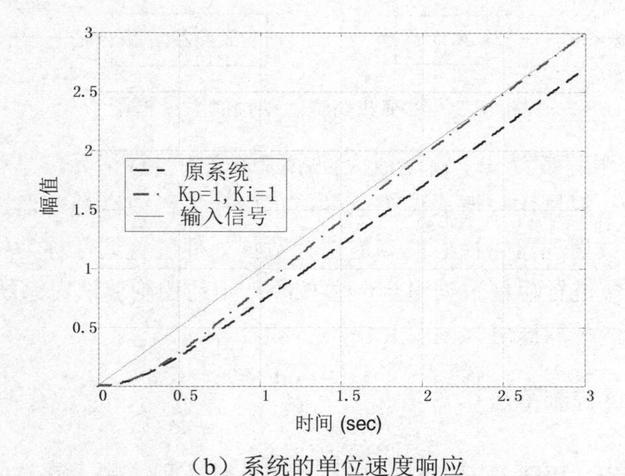

（b）系统的单位速度响应

图 18.4　附加 PI 校正前后系统的响应曲线

18.2.4　同时附加前馈和 PI 校正后的系统性能分析

同时考虑前馈和 PI 校正时，系统的闭环传递函数成为：

$$\Phi_{\text{qk-PI}}(s)=\frac{(1+T_d s)G_{\text{PI}}(s)}{1+G_{\text{PI}}(s)}$$
$$=\frac{(1+T_d s)(K_p s+K_i)K_G K_e C_m K_m}{(K_m T_m+K_a J K_G K_e C_m)s^3+(K_m+K_{va}K_G K_e C_m)s^2+K_p K_G K_e C_m K_m s+K_i K_G K_e C_m K_m} \tag{18.5}$$

可见此时系统仍为三阶系统，且有两个附加闭环零点，可调参数有 T_d、K_p、K_i 三个，因此有更大的改善系统瞬态性能的空间。

18.3 数字高炮随动控制系统工作原理

数字式高炮随动控制系统的出现，在一定意义上实现了高炮控制系统的更新换代，同时也为武器装备系统信息化的实现打下了基础。

数字式高炮随动控制系统与模拟式高炮随动控制系统在基本构成方面没有本质区别，只是在信号测量与处理等环节采用的技术不同。模拟式控制系统的高低或方位角测量均由受信仪和传信仪完成，包含机械传动器、同步变压器等模拟部件，产生的误差信号均是模拟电压信号。数字式控制系统的角误差测量一方面可以采用模拟测量装置，再用模数转换器（A/D C）转换成数字量的方式，另一方面可以直接采用诸如码盘、磁栅、光栅测角传感器等数字测量装置，产生的误差信号是数字信号。但后续的信号放大、功率放大等环节仍采用模拟放大方式，因此数字量的误差信号必须经过数模（D/A C）转换后，才能送到下一级电路进行放大。图 18.5 是数字式高炮随动控制系统的框图构成。

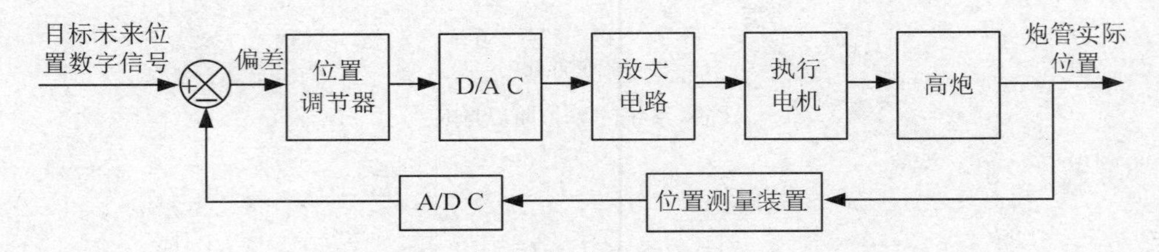

图 18.5 数字式高炮随动控制系统框图

在图 18.5 中，瞄准跟踪装置——雷达或火控系统送来的目标诸元信息和经过轴角测量装置反馈的炮管实际位置信息，经过比较形成偏差信号，再由计算机或微处理器进行综合处理形成系统的控制量。以计算机或微处理器为核心的高炮位置数据处理装置通常称为位置调节器。其主要完成的任务是：对偏差信号进行粗精数据组合，并按照一定的控制算法对系统进行数字 PID 控制或平方根控制等。下面对两种算法进行简要介绍。

18.3.1 数字式 PID 控制算法

在计算机控制系统中，PID 控制算法将由计算机软件实现。由于软件的灵活性，可以将算法设计得更加合理，而且参数的在线整定和修改更为方便。

模拟 PID 控制器的传递函数在第 16 章已由式（16.1）给出，即：

$$U(s)=\left(K_p+\frac{K_i}{s}+K_d s\right)E(s)$$

它表明，控制器的输出 $u(t)$ 是偏差信号 $e(t)$ 经比例、积分和微分运算的结果叠加，即：

$$u(t)=K_{p}e(t)+K_{i}\int_{0}^{t}e(t)\,\mathrm{d}t+K_{d}\frac{\mathrm{d}e(t)}{\mathrm{d}t} \tag{18.6}$$

接下来需要对式（18.6）进行数字化，以便导出数字 PID 的控制算法。

对于式（18.6）包含的微分运算，数学上常常采用后向差分法将其转换成差分运算。设采样周期为 T，则 $\frac{\mathrm{d}e(t)}{\mathrm{d}t}\approx\{e(kT)-e[(k-1)T]\}/T$。

对于积分运算 $\int_{0}^{t}e(t)\,\mathrm{d}t$，其在几何上表示为 $e(t)$ 曲线在时间区间 $[0,t]$ 上的面积，若采用矩形积分法近似处理，将区间 $[0,t]$ 以 T 为宽度分成 l 段，每段面积近似为 $e(kT)\cdot T$，于是 $\int_{0}^{t}e(t)\,\mathrm{d}t\approx\sum_{k=1}^{l}e(kT)\cdot T$。

将上述两种近似运算代入式（18.6），且将时间序列 kT 简记为 k，可以得到数字 PID 的差分方程为：

$$u(k)=K_{p}e(k)+K_{i}\cdot T\sum_{k=1}^{l}e(k)+\frac{K_{d}}{T}[e(k)-e(k-1)] \tag{18.7}$$

式中，K_p 为比例系数，K_i 为积分系数，K_d 为微分系数。

由于数字控制器的输出是用来控制执行电机的，$u(k)$ 的值与执行电机输出的位置相对应，因此式（18.7）所示的算法称为数字 PID 的位置式算法。这种算法的缺点是：控制器的每次输出都与过去全部状态有关，算法中要用到所有过去偏差的累积值，因此要占用较多的内存空间。而且 $u(k)$ 的值直接对应执行电机的实际位置，当 $u(k)$ 产生大幅度变化时，将会引起执行电机位置的剧烈变化，对整个随动系统的安全性带来影响。

增量式 PID 算法是对上述位置式算法的一种改进。将式（18.7）中的 k 替换为 $k-1$，可得：

$$u(k-1)=K_{p}e(k-1)+K_{i}\cdot T\sum_{k=1}^{l-1}e(k)+\frac{K_{d}}{T}[e(k-1)-e(k-2)] \tag{18.8}$$

将上式与式（18.7）相减，得到控制器输出的控制增量为：

$$\Delta u(k)=K_{p}[e(k)-e(k-1)]+K_{i}\cdot T\cdot e(l)+\frac{K_{d}}{T}[e(k)-2e(k-1)+e(k-2)] \tag{18.9}$$

式（18.9）表明，数字控制器的输出为控制信号的增量 $\Delta u(k)$，它对应执行电机位置的改变量，因此该算法较为安全，当控制器输出的控制增量为零时，执行电机仍保持前一步的位置不变，不会给受控对象带来较大扰动；而且该算法计算简单，不需做过去所有时刻偏差的累加，而只需保留现在和以前三个时刻偏差的采样值。

18.3.2　数字式平方根控制算法

在火控系统工作时，要求炮管进行大调转时位置控制系统的输出要快速且无超调。按照时间最优的控制思想，如果系统按最大加速度启动、最大速度运动、最大加速度制动，则可以在最短的时间内无超调地达到预期位置。

在一个设置了电流环的系统中，系统的启动、制动中有近似恒定的加速度特性，因此只要在系统大偏差时位置调节器输出饱和值（即 D/A 饱和输出），则位置控制系统的速度就将以最大加速度启动直至达到最大速度，此后将以该速度恒速运动。当系统偏差减小到适当值时，调节器按最大加速度作减速规律变化，控制系统以最大减速度制动，无超调地到达预期位置。

系统无超调地到达预期位置是指当系统偏差为零时速度也变为零。设系统制动阶段的加速度为最大加速度 $a_{\max}$，则制动阶段系统偏差 $e(t)$ 及速度 $\omega(t)$ 的变化规律为：

$$e(t)=\omega(t)(t_d-t)-\frac{1}{2}a_{\max}(t_d-t)^2 \tag{18.10}$$

式中 t_d 为到达预期位置所需的时间。

平方根控制算法中的数字控制量 $u(k)$ 为：

$$u(k)=\sqrt{2a_{\max}e(k)} \tag{18.11}$$

这是一种非线性控制方式，适用于数字式高炮的快速调转。

上述控制方法可以使系统快速消除大的偏差，但对系统稳定状态的控制是基于理想情况的，即假定系统以恒定的最大加速度制动，当速度减到零时恰好消除系统偏差。系统实际运行过程中，不可能按上述理想规律变化，因此系统在快速调转的同时可能难以保证控制精度。为此，可以采用平方根控制与 PID 控制结合的方式，即当系统存在大偏差时，采用平方根控制保证系统响应的快速性；当存在小偏差时，采用 PID 控制消除偏差直至实现准确定位，这种复合控制方式称为变结构控制。变结构控制集中了非线性控制和线性控制的优点，可以确保系统响应的快速性和准确性，也就保证了高炮的快速调转和准确定位。

习题十八

18.1　本章给出了对系统进行前馈控制和 PI 控制后，系统性能的变化情况，如果对系统实施更复杂的 PID 控制，定性地分析系统性能会有哪些方面的改善。

18.2　按照 12.1.3 节中各系统参数的取值，讨论对于本章的公式(18.5)，当可调参数 T_d、K_p、K_i 取不同的值时，系统的响应有何不同，能否找到一组合适的取值，使系统性能达到最优？

18.3　对于第 17 章中介绍的最优控制算法，思考能否应用在高炮随动控制系统中，如何运用？

附录 A

Laplace 变换

Laplace 变换是分析线性定常连续时间系统的常用数学工具。本附录将以“会使用”为目的，介绍 Laplace 变换的基本内容，主要包括：Laplace 变换的定义及重要性质，常用连续时间函数的 Laplace 变换，求 Laplace 反变换的方法，线性定常微分方程的 Laplace 变换解法，以及用 Matlab 求 Laplace 正反变换。

A.1 Laplace 变换的定义及性质

A.1.1 Laplace 变换的定义

法国天文学家、数学家 Laplace（1749～1827）针对 Fourier 变换的收敛条件，在数学上进行了推广，形成了 Laplace 变换，它可以不必要求被变换函数 $f(t)$ 随 t 增长而趋于零。假设 Fourier 变换：

$$F(\mathrm{j}\omega)=\int_{-\infty}^{\infty} f(t)\,\mathrm{e}^{-\mathrm{j}\omega t}\,\mathrm{d}t \tag{A.1}$$

对于某一特定的 $f(t)$ 不收敛。为了能进行积分，用衰减指数函数 $\mathrm{e}^{-\sigma|t|}(\sigma>0)$，去乘以 $f(t)$，使乘积 $f(t)\mathrm{e}^{-\sigma|t|}$ 随 t 绝对值的增长而趋于零。此外，由于大多数物理过程能够表达成从 t=0 时开始，并且 t<0 时 $f(t)$ 为零，因此可以从 $\mathrm{e}^{-\sigma|t|}(\sigma>0)$ 里去掉绝对值的符号。经过这些变更后，可将式（A.1）的 Fourier 变换变成：

$$F(\sigma+\mathrm{j}\omega)=\int_{0}^{\infty} f(t)\,\mathrm{e}^{-(\sigma+\mathrm{j}\omega)t}\,\mathrm{d}t \tag{A.2}$$

用复变量 $s=\sigma+\mathrm{j}\omega$ 代入式（A.2），可得 $f(t)$ 的 Laplace 变换：

$$F(s)=\int_{0}^{\infty} f(t)\,\mathrm{e}^{-st}\,\mathrm{d}t \tag{A.3}$$

通常将 Laplace 变换记为 $L[f(t)]$。式（A.3）表明 Laplace 变换是一个无穷积分，称之为 Laplace 积分，这个积分存在一个收敛性问题。可以证明：如果函数 $f(t)$ 在 $t>0$ 范围内的每一个有限区间上分段连续，并且当 t 趋于无穷大时，函数 $f(t)$ 是指数级的（即：存在一个正实数 σ，使得在 t 趋于无穷大时，$|f(t)|\mathrm{e}^{-\sigma t}$ 的函数值趋于零），则 Laplace 积分收敛，亦即函数 $f(t)$ 的 Laplace 变换存在。应当指出，物理可实现的信号通常总是可以进行 Laplace 变换的。

从 Laplace 变换 $F(s)$ 求函数 $f(t)$ 的反变换过程称为 Laplace 反变换。由以上推导过程可知，$f(t)$ 的 Laplace 变换 $F(s)$ 实际上是 $f(t)\mathrm{e}^{-\sigma t}$ 的 Fourier 变换，因此依据 Fourier 反变换的定义可得：

$$f(t)\,\mathrm{e}^{-\sigma t}=\frac{1}{2\pi}\int_{-\infty}^{\infty} F(s)\,\mathrm{e}^{\mathrm{j}\omega t}\,\mathrm{d}\omega \tag{A.4}$$

$$f(t)=\frac{1}{2\pi}\int_{-\infty}^{\infty} F(s)\,\mathrm{e}^{(\sigma+\mathrm{j}\omega)t}\,\mathrm{d}\omega \tag{A.5}$$

进行 $s=\sigma+\mathrm{j}\omega$ 的变量替换，且有 $\mathrm{d}s=\mathrm{j}\,\mathrm{d}\omega$。于是，可推导出 Laplace 反变换为：

$$f(t)=\frac{1}{2\pi\,\mathrm{j}}\int_{\sigma-\mathrm{j}\infty}^{\sigma+\mathrm{j}\infty} F(s)\,\mathrm{e}^{st}\,\mathrm{d}s \tag{A.6}$$

通常将 Laplace 反变换记为 $L^{-1}[F(s)]$。显然，要运用式（A.6）来进行 Laplace 反变换是比较复杂的，实际上我们很少采用这个积分去求函数 $f(t)$。本章将在 A.4 节中介绍求 Laplace 反变换的方法。

A.1.2 Laplace 变换的性质

Laplace 变换的重要性质主要包括：线性性质、时间移位性质、s 域移位性质、时间尺度变换性质、时域微分性质、s 域微分性质、时域积分性质、卷积性质、初值定理、终值定理。关于这些性质，有许多教材已作了详细的论述与证明，鉴于此，这里将仅给出它们的基本公式，如表 A.1 所示，以便于读者查阅与使用。

表 A.1 Laplace 变换的重要性质

序号	名称	基本公式
1	线性性质	$L[a_1 f_1(t)+a_2 f_2(t)]=a_1 F_1(s)+a_2 F_2(s)$
2	时间移位性质	$L[f(t-a)1(t-a)]=\mathrm{e}^{-as}F(s) \quad a\geqslant 0$
3	s 域移位性质	$L[\mathrm{e}^{-at}f(t)]=F(s+a)$
4	时间尺度变换性质	$L\left[f\left(\frac{t}{a}\right)\right]=aF(as)$
5	时域微分性质	$L\left[\frac{\mathrm{d}}{\mathrm{d}t}f(t)\right]=sF(s)-f(0)F$ $L\left[\frac{\mathrm{d}^2}{\mathrm{d}t^2}f(t)\right]=s^2F(s)-sf(0)-f^{(-1)}(0)$ $L\left[\frac{\mathrm{d}^n}{\mathrm{d}t^n}f(t)\right]=s^nF(s)-\sum_{k=1}^{n}s^{n-k}f^{(k-1)}(0)$ 式中，$f^{(k-1)}(0)=\left[\frac{\mathrm{d}^{k-1}}{\mathrm{d}t^{k-1}}f(t)\right]_{t=0}$
6	s 域微分性质	$L[tf(t)]=-\frac{\mathrm{d}F(s)}{\mathrm{d}s}$ $L[t^2f(t)]=\frac{\mathrm{d}^2}{\mathrm{d}s^2}F(s)$ $L[t^nf(t)]=(-1)^n\frac{\mathrm{d}^n}{\mathrm{d}s^n}F(s) \quad n=1,2,3,\cdots$
7	时域积分性质	$L\left[\int f(t)\mathrm{d}t\right]=\frac{F(s)}{s}+\frac{1}{s}\left[\int f(t)\mathrm{d}t\right]_{t=0}$ $L\left[\iint f(t)\mathrm{d}t\,\mathrm{d}t\right]=\frac{F(s)}{s^2}+\frac{1}{s^2}\left[\int f(t)\mathrm{d}t\right]_{t=0}+\frac{1}{s}\left[\iint f(t)\mathrm{d}t\,\mathrm{d}t\right]_{t=0}$ $L\left[\int\cdots\int f(t)(\mathrm{d}t)^n\right]=\frac{F(s)}{s^n}+\sum_{k=1}^{n}\frac{1}{s^{n-k+1}}\left[\int\cdots\int f(t)(\mathrm{d}t)^k\right]_{t=0}$
8	卷积性质	$L\left[\int_0^t f_1(t-\tau)f_2(\tau)\mathrm{d}\tau\right]=F_1(s)F_2(s)$
9	初值定理	$\lim_{t\to 0}f(t)=\lim_{s\to\infty}sF(s)$
10	终值定理	$\lim_{t\to\infty}f(t)=\lim_{s\to 0}sF(s)$，$\lim_{t\to\infty}f(t)$ 存在

A.2 重要的 Laplace 变换对

这里将给出一些重要的 Laplace 变换对，如表 A.2 所示，以便于读者查阅与使用。

表 A.2　重要的 Laplace 变换对

序号	$f(t)$	$F(s)$
1	单位脉冲 $\delta(t)$	1
2	单位阶跃 $1(t)$	$\frac{1}{s}$
3	单位斜坡 t	$\frac{1}{s^2}$
4	单位加速度 $\frac{1}{2}t^2$	$\frac{1}{s^3}$
5	$\sin\omega t$	$\frac{\omega}{s^2+\omega^2}$
6	$\cos\omega t$	$\frac{s}{s^2+\omega^2}$
7	$\mathrm{e}^{-at}\sin\omega t$	$\frac{\omega}{(s+a)^2+\omega^2}$
8	$\mathrm{e}^{-at}\cos\omega t$	$\frac{s+a}{(s+a)^2+\omega^2}$
9	$\frac{\omega_n}{\sqrt{1-\zeta^2}}\mathrm{e}^{-\zeta\omega_n t}\sin\omega_n\sqrt{1-\zeta^2}t$	$\frac{\omega_n^2}{s^2+2\zeta\omega_n s+\omega_n^2}$
10	$1-\frac{\omega_n}{\sqrt{1-\zeta^2}}\mathrm{e}^{-\zeta\omega_n t}\sin(\omega_n\sqrt{1-\zeta^2}t+\phi)$ $\phi=\tan^{-1}\frac{\sqrt{1-\zeta^2}}{\zeta}$	$\frac{\omega_n^2}{s^2+2\zeta\omega_n s+\omega_n^2}\cdot\frac{1}{s}$
11	$\frac{1}{b-a}(\mathrm{e}^{-at}-\mathrm{e}^{-bt})$	$\frac{1}{(s+a)(s+b)}$
12	$\frac{1}{ab}\left[1+\frac{1}{a-b}(b\mathrm{e}^{-at}-a\mathrm{e}^{-bt})\right]$	$\frac{1}{(s+a)(s+b)}\cdot\frac{1}{s}$

A.3　Laplace 反变换方法

A.3.1　查表法

正如上节所建议的那样，读者可通过查表来获得某些时间函数的 Laplace 变换。同样，如果已知某时间函数的 Laplace 变换，并且该 Laplace 变换在函数形式上与表中所给出的 $F(s)$ 保持一致，那么就可通过查表来进行 Laplace 反变换，即：写出与该 Laplace 变换所对应的时间函数。例如：如果已知某时间函数的 Laplace 变换 $F(s)$ 为：

$$F(s)=\frac{3}{s^2+3s+6}=\frac{2\sqrt{3}}{\sqrt{5}}\cdot\frac{\frac{\sqrt{15}}{2}}{(s+1.5)^2+\left(\frac{\sqrt{15}}{2}\right)^2} \tag{A.7}$$

通过查表A.2（表中的第7项），可得 $F(s)$ 的Laplace反变换 $f(t)$ 为：

$$f(t)=\frac{2\sqrt{3}}{\sqrt{5}}\mathrm{e}^{-1.5t}\sin\left(\frac{\sqrt{15}}{2}t\right) \tag{A.8}$$

但是由于表一般只提供一些常用的Laplace变换对，所以读者应掌握以下所介绍的部分分式展开法。

A.3.2 部分分式展开法

在分析线性定常控制系统问题时，$f(t)$ 的Laplace变换 $F(s)$ 常常以下列有理分式的形式出现：

$$F(s)=\frac{B(s)}{A(s)}=\frac{b_0s^m+b_1s^{m-1}+\cdots+b_{m-1}s+b_m}{a_0s^n+a_1s^{n-1}+\cdots+a_{n-1}s+b_n},m\leqslant n \tag{A.9}$$

将式（A.9）写成下列因式分解形式：

$$F(s)=\frac{B(s)}{A(s)}=\frac{K(s+z_1)(s+z_2)\cdots(s+z_m)}{(s+p_1)(s+p_2)\cdots(s+p_n)},m\leqslant n \tag{A.10}$$

式（A.10）中，K 等于 $\frac{a_0}{b_0}$；$-p_1,-p_2,\cdots,-p_n$ 和 $-z_1,-z_2,\cdots,-z_m$ 分别为 $F(s)$ 的极点和零点，它们或为实数或为复数。

如果 $F(s)$ 只有 n 个不同的极点，则 $F(s)$ 可以展开成下列简单的部分分式之和：

$$F(s)=\frac{B(s)}{A(s)}=\frac{a_1}{s+p_1}+\frac{a_2}{s+p_2}+\cdots+\frac{a_n}{s+p_n} \tag{A.11}$$

式（A.11）中，$a_k(k=1,2,\cdots,n)$ 为常数，称 a_k 为极点 $s=-p_k$ 上的留数。在这种情况下，留数 a_k 可以根据下式确定：

$$a_k=\left[(s+p_k)\frac{B(s)}{A(s)}\right]_{s=-p_k} \tag{A.12}$$

因为：

$$L^{-1}\left[\frac{a_k}{s+p_k}\right]=a_k\,\mathrm{e}^{-p_kt} \tag{A.13}$$

所以 $f(t)$ 可以求得如下：

$$f(t)=L^{-1}\left[F(s)\right]=a_1\,\mathrm{e}^{-p_1t}+a_2\,\mathrm{e}^{-p_2t}+\cdots+a_n\,\mathrm{e}^{-p_nt},\quad t\geqslant 0 \tag{A.14}$$

例A.1 求复变函数 $F(s)=\frac{s+3}{(s+1)(s+2)}$ 的Laplace反变换。

$F(s)$ 的部分分式展开为：

$$F(s)=\frac{s+3}{(s+1)(s+3)}=\frac{a_1}{s+1}+\frac{a_2}{s+2}$$

上式中的 a_1 和 a_2 可以利用式（A.12）求得：

$$a_1=\left[(s+1)\frac{s+3}{(s+1)(s+2)}\right]_{s=-1}=2$$

$$a_2=\left[(s+2)\frac{s+3}{(s+1)(s+2)}\right]_{s=-2}=-1$$

将a_1和a_2的值代入式（A.13）中，求Laplace反变换可得：

$$f(t)=L^{-1}\left[\frac{2}{s+1}\right]+L^{-1}\left[\frac{-1}{s+2}\right]=2\mathrm{e}^{-t}-\mathrm{e}^{-2t},\quad t\geqslant 0$$

如果$F(s)$包含多重极点，那么它的部分分式展开式一般会相对复杂些。为了简便起见，这里将不罗列与之相关的计算公式，而仅通过一个例子说明如何针对这种情况来求$F(s)$的部分分式展开式。

例 A.2 求复变函数$F(s)=\dfrac{s^2+2s+3}{(s+1)^3}$的Laplace反变换。

$F(s)$的部分分式展开为：

$$F(s)=\frac{s^2+2s+3}{(s+1)^3}=\frac{b_1}{(s+1)}+\frac{b_2}{(s+1)^2}+\frac{b_3}{(s+1)^3}\tag{A.15}$$

式（A.15）中的b_1,b_2,b_3可以按如下方法来确定。

首先，为了书写简便，令：

$$\frac{B(s)}{A(s)}=\frac{s^2+2s+3}{(s+1)^3}$$

于是，可将式（A.15）改写为：

$$F(s)=\frac{B(s)}{A(s)}=\frac{b_1}{(s+1)}+\frac{b_2}{(s+1)^2}+\frac{b_3}{(s+1)^3}\tag{A.16}$$

用$(s+1)^3$乘式（A.16）的两边，可得：

$$(s+1)^3\frac{B(s)}{A(s)}=b_1(s+1)^2+b_2(s+1)+b_3\tag{A.17}$$

令$s=-1$，可由式（A.17）直接求得b_3：

$$b_3=\left[(s+1)^3\frac{B(s)}{A(s)}\right]_{s=-1}=2$$

将式（A.17）两边对s求导，可得：

$$\frac{\mathrm{d}}{\mathrm{d}s}\left[(s+1)^3\frac{B(s)}{A(s)}\right]=b_2+2b_1(s+1)\tag{A.18}$$

又令$s=-1$，可由式（A.18）直接求得b_2：

$$b_2=\frac{\mathrm{d}}{\mathrm{d}s}\left[(s+1)^3\frac{B(s)}{A(s)}\right]_{s=-1}=0$$

再将式（A.18）两边对s求导，可得：

$$\frac{\mathrm{d}^2}{\mathrm{d}s^2}\left[(s+1)^3\frac{B(s)}{A(s)}\right]=2b_1\tag{A.19}$$

再令$s=-1$，可由式（A.19）直接求得b_1：

$$b_1=\frac{\mathrm{d}^2}{\mathrm{d}s^2}\left[(s+1)^3\frac{B(s)}{A(s)}\right]_{s=-1}=1$$

将 b_1, b_2, b_3 的值代入式（A.15）中，求 Laplace 反变换可得：

$$f(t) = L^{-1}\left[\frac{1}{s+1}\right] + L^{-1}\left[\frac{0}{(s+1)^2}\right] + L^{-1}\left[\frac{2}{(s+1)^3}\right] = (1+t^2)\mathrm{e}^{-t}, \quad t \geqslant 0$$

A.4 利用 Matlab 进行 Laplace 正反变换

在 Matlab 中，可以采用符号运算工具箱（Symbolic Math Toolbox）中所提供的函数进行 Laplace 正反变换。

A.4.1 利用 Matlab 进行 Laplace 正变换

Matlab 中可以采用函数 laplace 来进行 Laplace 正变换。该函数的一般调用格式如下：

Fs=laplace(ft, t, s)

其中，ft 表示一个时间函数；t 和 s 分别表示时间变量和复变量；Fs 表示 ft 的 Laplace 变换。

例 A.3 使用 Matlab 计算时间函数 $f(t) = 5\sin 2t - 3\cos 2t + \mathrm{e}^{-4t}\cos 4t$ 的 Laplace 变换。

编制的 Matlab 程序如下：

```
%Laplace Tansform example A.3
syms s t;          ← syms是符号变量设置函数
ft=5*sin(2*t)-3*cos(2*t)+exp(-4*t)*cos(4*t);
Fs=laplace(ft,t,s)
```

计算结果为 *Fs* =10/(*s*^2+4)-3**s*/(*s*^2+4)+1/16*(*s*+4)/(1/16*(*s*+4)^2+1)，整理后可得到：

$$Fs = \frac{10}{s^2+4} - \frac{3s}{s^2+4} + \frac{s+4}{(s+4)^2+16}$$

对于该时间函数，读者可通过查表 A.2 来验证上述计算结果的正确性。

A.4.2 利用 Matlab 进行 Laplace 反变换

在 Matlab 中，可以采用函数 ilaplace 来进行 Laplace 反变换。该函数的一般调用格式如下：

ft=ilaplace(Fs, s, t)

其中，ft 表示一个时间函数；s 和 t 分别表示复变量和时间变量；Fs 表示 ft 的 Laplace 变换。

例 A.4 使用 Matlab 计算复变函数 $F(s) = \frac{s+6}{(s^2+4s+3)(s+2)}$ 的 Laplace 反变换。

编制的 Matlab 程序如下：

```
%Inverse Laplace Tansform example A.4
syms s t;
Fs=(s+6)/((s^2+4*s+3)*(s+2));
ft=ilaplace(Fs,s,t)
```

计算结果为 *ft* =5/2*exp(-*t*)-4*exp(-2**t*)+3/2*exp(-3**t*)，整理后得到：

$$f(t) = \frac{5}{2}\mathrm{e}^{-t} - 4\mathrm{e}^{-2t} + \frac{3}{2}\mathrm{e}^{-3t}$$

A.4.3 利用 Matlab 进行部分分式展开

前已述及，对于如式（A.9）所表示的 $F(s)$ 的一般有理分式形式，可以通过部分分式展开法求得 $F(s)$ 的 Laplace 反变换，显然，部分分式展开是这种方法的关键所在。要进行部分分式展开，就必须先求出分母多项式的根，如果分母多项式是一个较高阶次的多项式，就会给人工计算带来困难，为此介绍利用 Matlab 进行部分分式展开的方法。

在 Matlab 中，一般用行向量 num 和 den 表示 $F(s)$ 的分子多项式和分母多项式的系数，即：num=$\begin{bmatrix} b_0 & b_1 & \cdots & b_m \end{bmatrix}$和 den=$\begin{bmatrix} a_0 & a_1 & \cdots & a_n \end{bmatrix}$；进行部分分式展开的命令格式为：

[r,p,k]=residue(num,den)

执行完该命令后，将把部分分式展开中的留数、极点及余项的计算结果分别保存在 r、p、k 三个向量中（其中，r、p 为列向量，k 为行向量）。

例 A.5 使用 Matlab 对复变函数 $F(s)=\dfrac{2s^3+5s^2+3s+6}{s^3+6s^2+11s+6}$ 进行部分分式展开。

编制的 Matlab 程序如下：

```
%Partial-Faction Expansion example A.5
num=[2 5 3 6];
den=[1 6 11 6];
[r,p,k]=residue(num,den)
```

计算结果为：

```
r = -6.0000        p = -3.0000        k = 2
    -4.0000            -2.0000
     3.0000            -1.0000
```

因此，$F(s)$ 的部分分式展开为：

$$F(s)=\frac{-6}{s+3}+\frac{-4}{s+2}+\frac{3}{s+1}+2$$

A.5 线性定常微分方程的 Laplace 变换解法

A.5.1 应用 Laplace 变换法求解线性定常微分方程

Laplace 变换方法可以用来求解线性定常微分方程。我们知道，求微分方程全解的古典方法需要根据初始条件计算积分常数，但是在应用 Laplace 变换法时，由于初始条件已经通过时域微分性质（见表 A.1）被包含在微分方程的 Laplace 变换中，所以就没有必要根据初始条件求积分常数了。通过 Laplace 变换法得到的解是线性定常微分方程的全解（可以分解为特解和齐次解，或者分解为稳态解和瞬态解），具体求解步骤如下：

（1）对微分方程中的每一项进行 Laplace 变换，将微分方程转变为复变量 s 的代数方程。

（2）针对感兴趣的变量求解代数方程，获得该变量的 Laplace 变换表达式。

（3）对该 Laplace 变换表达式进行部分分式展开，求得该变量的 Laplace 反变换，进而获得微分方程的全解。

下面通过例子说明以上步骤的实施过程。

例 A.6 求下列微分方程的解：

$$\frac{\mathrm{d}^2 y(t)}{\mathrm{d}t^2}+3\frac{\mathrm{d}y(t)}{\mathrm{d}t}+2y(t)=5u(t),\quad y(0)=-1,\quad \dot{y}(0)=2 \tag{A.20}$$

其中 $u(t)$ 为单位阶跃函数。

对式（A.20）两边进行 Laplace 变换可得：

$$s^2Y(s)-sy(0)-\dot{y}(0)+3sY(s)-3y(0)+2Y(s)=\frac{5}{s} \tag{A.21}$$

将初始条件 $y(0)=-1, \dot{y}(0)=2$ 代入式（A.21），整理可得 $Y(s)$ 为：

$$Y(s)=\frac{-s^2-s+5}{s(s^2+3s+2)}=\frac{-s^2-s+5}{s(s+1)(s+2)} \tag{A.22}$$

对式（A.22）进行部分分式展开可得：

$$Y(s)=\frac{5}{2s}-\frac{5}{s+1}+\frac{3}{2(s+2)} \tag{A.23}$$

对式（A.23）进行 Laplace 反变换，进而获得该微分方程的全解：

$$y(t)=\frac{5}{2}-5\mathrm{e}^{-t}+\frac{3}{2}\mathrm{e}^{-2t},\quad t\geqslant 0 \tag{A.24}$$

式（A.24）中，第一项为稳态解或特解；第二、三项为瞬态解或齐次解。

A.5.2 利用 Matlab 求解线性定常微分方程

求解线性定常微分方程的 Matlab 命令格式为：

s=dslove('a_1', 'a_2', ···, 'a_n')

其中，'a_1', 'a_2',···, 'a_n'用来表示不同的输入变量。输入变量一般包括三部分内容：微分方程、初始条件和指定的独立变量。其中，微分方程是必不可少的输入内容，其余视需要而定。以下仍针对例 A.6 所给出的微分方程来说明这种命令的用法。

编制的 Matlab 程序如下：

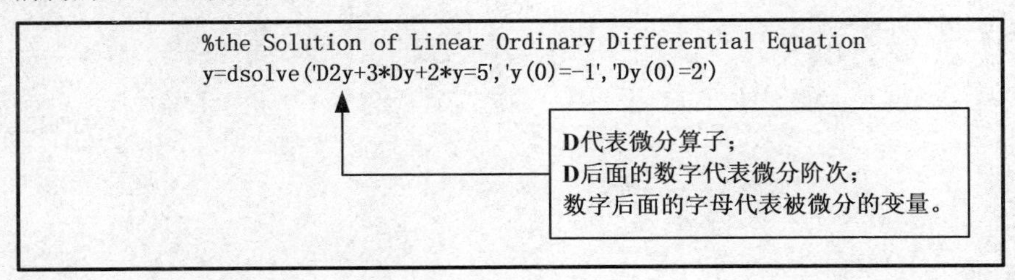
```
%the Solution of Linear Ordinary Differential Equation
y=dsolve('D2y+3*Dy+2*y=5','y(0)=-1','Dy(0)=2')
```


计算结果为：

y=5/2+3/2*exp(-2*t)-5*exp(-t)

可见，所得到的计算结果与式（A.24）相同。

附录 B

Z 变换

Z 变换是分析线性定常离散系统特性的常用数学工具。本章仍将以“会使用”为目的，介绍 Z 变换的基本内容，主要包括：Z 变换的定义及重要性质，Z 变换的求法，Z 反变换的求法，线性定常差分方程的 Z 变换解法。

B.1　Z 变换的定义及性质

Laplace 变换作为分析线性定常连续系统特性的数学工具，可以将系统的线性定常微分方程转换为代数方程；同样，在线性定常离散系统的分析中，Z 变换则将描述此类系统的线性定常差分方程转换为代数方程。连续系统的 Laplace 变换分析方法与离散系统的 Z 变换分析方法是完全并行的，它们之间只有很少的差别。事实上，Z 变换是从 Laplace 变换直接引申出来的一种变换方法，可以看做是离散时间信号 Laplace 变换的一种变形，因此也称为离散 Laplace 变换，更有趣的是，有人还将 Z 变换称作“乔装打扮”后的 Laplace 变换。

B.1.1　Z 变换的定义

设连续时间信号 $x(t)$（$0 \leqslant t < \infty$）可进行 Laplace 变换，其 Laplace 变换为：

$$X(s) = L\left[x(t)\right] = \int_0^\infty x(t)\mathrm{e}^{-st}\,\mathrm{d}t \tag{B.1}$$

而 Z 变换对应的是离散时间信号 $x^*(t)$，可以看作是连续信号 $x(t)$ 经过一系列采样周期为 T 的 δ -函数脉冲序列采样而得到的。δ -函数脉冲序列的数学表达式为：

$$\delta^*(t) = \sum_{k=0}^{\infty}\delta(t-kT) \tag{B.2}$$

则信号采样的过程为：

$$x^*(t) = \sum_{k=0}^{\infty}x(t)\delta(t-kT) \tag{B.3}$$

由于 $x(t)$ 实际上只有在 δ 函数的变量为零，即 $t = kT$ 时才起作用，因此式（B.3）可改写成：

$$x^*(t) = \sum_{k=0}^{\infty}x(kT)\delta(t-kT) \tag{B.4}$$

对式（B.4）表示的离散时间信号 $x^*(t)$ 进行 Laplace 变换，可得到：

$$X^*(s) = \sum_{k=0}^{\infty}x(kT)\cdot\mathrm{e}^{-kTs} \tag{B.5}$$

$X^*(s)$ 称为离散 Laplace 变换式。因为复变量 s 含在指数函数 e^{-kTs} 中不便计算，故引进一个新的复变量 z，即：

$$z = \mathrm{e}^{sT} \tag{B.6}$$

将式（B.6）代入式（B.5），便得到以 z 为变量的函数 $X(z)$，即：

$$X(z) = \sum_{k=0}^{\infty}x(kT)\cdot z^{-k} \tag{B.7}$$

$X(z)$ 称为离散时间信号 $x^*(t)$ 的 Z 变换，常记为 $X(z) = Z[x^*(t)]$。可见，离散信号的 Z 变换是复变量 z 的幂级数。

值得指出：在 Z 变换过程中，由于考虑的只是连续时间信号 $x(t)$ 经采样后得到的离散时间信号 $x^*(t)$，或者说，考虑的只是连续时间信号在采样时刻上的值，而不考虑任意两个采样时刻之间的值，所以式（B.7）表达的仅是连续时间信号在采样时刻上的信息，而不能反映任意两个采样时刻之间的信息。

B.1.2 Z 变换的性质

Z 变换的性质主要包括：线性性质、时间移位性质、初值定理、终值定理、卷积性质。利用这些性质，可以更方便地求出某些函数的 Z 变换。关于这些性质，许多教材已作了详细的论述与证明，这里将仅给出它们的基本公式，如表 B.1 所示，以便于读者查阅与使用。

表 B.1 Z 变换的性质

序号	名称	基本公式
1	线性性质	$Z\left[a_1 \cdot x_1^*(t) + a_2 \cdot x_2^*(t)\right] = a_1 \cdot X_1(z) + a_2 \cdot X_2(z)$， a_1 和 a_2 为常数
2	时间移位性质	$Z[x^*(t-kT)] = z^{-k} \cdot X(z)$ $Z[x^*(t+kT)] = z^k \cdot \left[X(z) - \sum_{n=0}^{k-1} x^*(nT) \cdot z^{-n}\right]$
3	初值定理	$x(0) = \lim_{t \to 0}\left[x^*(t)\right] = \lim_{z \to \infty} X(z)$，若 $\lim_{z \to \infty} X(z)$ 存在
4	终值定理	$x^*(\infty) = \lim_{k \to \infty}[x^*(kT)] = \lim_{z \to 1}(z-1)X(z)$ $(z-1)X(z)$ 的极点必须全部位于 Z 平面单位圆内
5	卷积性质	$Z\left[\sum_{m=0}^{\infty} x_1^*(mT) x_2^*(kT-mT)\right] = X_1(z) \cdot X_2(z)$

注：表中 $x^*(t)$ 的 Z 变换为 $X(z)$，$x_1^*(t)$ 和 $x_2^*(t)$ 的 Z 变换分别为 $X_1(z)$ 和 $X_2(z)$

B.2 Z 变换的求法

B.2.1 级数求和法

级数求和法实际上是按照 Z 变换的定义，将式（B.7）展开成无穷级数的形式，即：

$$X(z) = x(0) \cdot z^0 + x(T) \cdot z^{-1} + x(2T) \cdot z^{-2} + \cdots + x(kT) \cdot z^{-k} + \cdots \tag{B.8}$$

显然，只要知道连续时间信号在采样时刻 kT $(K = 0,1,2,\cdots)$ 上的采样值 $x(kT)$，便可以写出 Z 变换的级数展开式。这种级数展开式是开放式的且有无穷多项，为此，我们需要利用一定的数学方法和技巧，将之写成闭式，否则它是很难应用的。一些常用函数 Z 变换的级数形式可以写成闭式。

例 B.1 求单位阶跃信号 $1(t)$ 的 Z 变换。

单位阶跃信号 $1(t)$ 在所有采样时刻上的采样值皆为 1，即：

$$1(kT) = 1, \quad k = 0,1,2,\cdots$$

根据式（B.8）可得：

$$X(z) = Z[1(t)] = 1 + z^{-1} + z^{-2} + \cdots$$

这是一个等比级数。若 $|z| > 1$，则无穷级数收敛，可写成如下闭式：

$$X(z) = \frac{1}{1-z^{-1}} = \frac{z}{z-1}$$

注意：因为$|z| = |e^{sT}| = e^{\sigma T}$（$\sigma = \mathrm{Re}(s)$），所以条件$|z| > 1$意味着$\sigma > 0$。

例 B.2　求理想脉冲序列$\delta_T(t) = \sum_{k=0}^{\infty} \delta(t-kT)$的 Z 变换。

因为T为采样周期，所以：

$$x^*(t) = \delta_T(t) = \sum_{k=0}^{\infty} \delta(t-kT)$$

$$X(z) = Z(\delta_T(t)) = \sum_{k=0}^{\infty} z^{-k} = 1 + z^{-1} + z^{-2} + \cdots$$

若$|z| > 1$，则上式可写成闭式：

$$X(z) = \frac{1}{1-z^{-1}} = \frac{z}{z-1}$$

比较例 B.1 和例 B.2 可得到这样一个有意义的结论：由于 Z 变换只对采样点上信号起作用，因此如果两个不同的时间函数$x_1(t)$和$x_2(t)$在各采样时刻的采样值完全相等，则其 Z 变换也是一样的。

例 B.3　求衰减指数信号e^{-at} $(a > 0)$的 Z 变换。

衰减指数信号e^{-at} $(a > 0)$在各采样时刻上的采样值分别为 1，e^{-at}，e^{-2aT}，…。将它们代入式（B.8），可得：

$$X(z) = 1 + e^{-aT} \cdot z^{-1} + e^{-2aT} \cdot z^{-2} + \cdots + e^{-akT} \cdot z^{-k} + \cdots$$

这也是一个等比级数，若$|e^{aT} \cdot z| > 1$，则上式可写成闭式：

$$X(z) = \frac{1}{1-e^{-aT} z^{-1}} = \frac{z}{z-e^{-aT}}$$

B.2.2　部分分式法

利用部分分式法求 Z 变换时，先求出连续信号$x(t)$的 Laplace 变换$X(s)$。$X(s)$通常是s的有理分式，将其写成部分分式之和的形式，使每一部分分式对应简单的时间函数。然后分别求出每一项的 Z 变换。最后作通分简化运算，求得与$x(t)$采样序列所对应的 Z 变换$X(z)$。

例 B.4　已知连续信号$x(t)$的 Laplace 变换为$X(s) = \frac{a}{s(s+a)}$，试求$x(t)$采样序列的 Z 变换。

$$X(s) = \frac{a}{s(s+a)} = \frac{1}{s} - \frac{1}{s+a}$$

对上式进行 Laplace 反变换可得：

$$x(t) = 1(t) - e^{-at}$$

由例 B.1 和例 B.2 可知$Z[1(t)] = \frac{z}{z-1}$，$Z[e^{-at}] = \frac{z}{z-e^{-aT}}$，可得到$x(t)$的 Z 变换为：

$$X(z) = \frac{z}{z-1} - \frac{z}{z-e^{-aT}} = \frac{z(1-e^{-aT})}{(z-1)(z-e^{-aT})}$$

B.2.3 常用函数的 Z 变换表

这里将给出一些常用函数的 Z 变换，如表 B.2 所示，以便读者查阅和使用。

表 B.2 常用函数的 Z 变换

序号	拉氏变换 $X(s)$	时间函数 $x(t)$	Z 变换 $X(z)$
1	1	单位脉冲 $\delta(t)$	1
2	$\frac{1}{s}$	单位阶跃 $1(t)$	$\frac{z}{z-1}$
3	$\frac{1}{s^2}$	单位斜坡 t	$\frac{Tz}{(z-1)^2}$
4	$\frac{1}{s^3}$	单位加速度 $\frac{1}{2}t^2$	$\frac{T^2z(z+1)}{2(z-1)^3}$
5	$\frac{1}{(s+a)}$	e^{-at}	$\frac{z}{z-\mathrm{e}^{-aT}}$
6	$\frac{1}{(s+a)^2}$	$t\mathrm{e}^{-at}$	$\frac{Tz\mathrm{e}^{-aT}}{(z-\mathrm{e}^{-aT})^2}$
7	$\frac{a}{s(s+a)}$	$1-\mathrm{e}^{-at}$	$\frac{z(1-\mathrm{e}^{-aT})}{(z-1)(z-\mathrm{e}^{-aT})}$
8	$\frac{1}{(s+a)(s+b)}$	$\frac{1}{b-a}(\mathrm{e}^{-at}-\mathrm{e}^{-bt})$	$\frac{1}{b-a}\left(\frac{z}{z-\mathrm{e}^{-aT}}-\frac{z}{z-\mathrm{e}^{-bT}}\right)$
9	$\frac{\omega}{s^2+\omega^2}$	$\sin\omega t$	$\frac{z\sin\omega T}{z^2-2z\cos\omega T+1}$
10	$\frac{s}{s^2+\omega^2}$	$\cos\omega t$	$\frac{z(z-\cos\omega T)}{z^2-2z\cos\omega T+1}$
11	$\frac{\omega}{(s+a)^2+\omega^2}$	$\mathrm{e}^{-at}\sin\omega t$	$\frac{z\mathrm{e}^{-aT}\sin\omega T}{z^2-2z\mathrm{e}^{-aT}\cos\omega T+\mathrm{e}^{-2aT}}$
12	$\frac{s+a}{(s+a)^2+\omega^2}$	$\mathrm{e}^{-at}\cos\omega t$	$\frac{z(z-\mathrm{e}^{-aT}\cos\omega T)}{z^2-2z\mathrm{e}^{-aT}\cos\omega T+\mathrm{e}^{-2aT}}$

B.3 Z 反变换的求法

根据 $X(z)$ 求离散时间信号 $x(t)$ 或采样时刻的一般表达式 $x(kT)$ 的过程称为 Z 反变换，并记为 $Z^{-1}[X(z)]$。Z 反变换是 Z 变换的逆运算。

需要注意的是，由 Z 反变换得到的函数序列是单边的，即当 $k<0$ 时，$x(kT)=0$。而且 Z 反变换只能给出连续信号在采样时刻的值，不能提供非采样时刻连续信号的信息。

对于基本的函数可以直接查表 B.2 求其 Z 反变换，对于复杂的函数，获得 Z 反变换需要使用其他方法，这里介绍幂级数法和部分分式法。

B.3.1　幂级数法

又称长除法，通过对 Z 域函数 $X(z)$ 作综合除法，将 $X(z)$ 展开成按 z^{-1} 升幂排列的幂级数，即：

$$X(z)=x_0+x_1z^{-1}+x_2z^{-2}+\cdots \tag{B.9}$$

对照 Z 变换的定义式可得到 $x^*(t)$ 的脉冲序列表达式

$$x^*(t)=x_0\delta(t)+x_1\delta(t-T)+x_2\delta(t-2T)+\cdots \tag{B.10}$$

例 B.5　设 $X(z)=\dfrac{z}{z^2-3z+2}$，试用幂级数法求其 Z 反变换。

由于：

$$\begin{array}{r|l}
 & z^{-1}+3z^{-2}+7z^{-3}+15z^{-4}+31z^{-5}+\cdots \\
z^2-3z+2 & z \\
 & \underline{z-3+2z^{-1}} \\
 & 3-2z^{-1} \\
 & \underline{3-9z^{-1}+6z^{-2}} \\
 & 7z^{-1}-6z^{-2} \\
 & \underline{7z^{-1}-21z^{-2}+14z^{-3}} \\
 & 15z^{-2}-14z^{-3} \\
 & \underline{15z^{-2}-45z^{-3}+30z^{-4}} \\
 & \cdots\quad\cdots
\end{array}$$

可以得到：

$$X(z)=0+z^{-1}+3z^{-2}+7z^{-3}+15z^{-4}+31z^{-5}+63z^{-6}+\cdots$$

因此，Z 反变换为：

$$x^*(t)=0+\delta(t-T)+3\delta(t-2T)+7\delta(t-3T)+15\delta(t-4T)+31\delta(t-5T)+63\delta(t-6T)\cdots$$

此方法在实际中应用较为方便，通常计算有限几项就够了，但要得到 $x^*(t)$ 的通项表达式，一般比较困难。

B.3.2　部分分式法

这种方法主要是将 $X(z)$ 展开成若干个部分分式，每个分式都具有简单分式的形式，可以通过查表 B.2 找出相应的 $x^*(t)$ 或 $x(kT)$。考虑到 Z 变换表中，所有 Z 变换函数在其分子上都有因子 z，因此应将 $\dfrac{X(z)}{z}$ 展开为部分式，然后将所得结果的每一项都乘以 z，再去查 Z 变换表。

设函数 $X(z)$ 只有 n 个单极点 $z_1,z_2,\dots z_n$，则 $\dfrac{X(z)}{z}$ 的部分分式展开式为 $\dfrac{X(z)}{z}=\sum\limits_{i=1}^{n}\dfrac{A_i}{z-z_i}$，其中 A_i 为待定系数。

写出 $X(z)$ 的部分分式形式 $X(z)=\sum\limits_{i=1}^{n}\dfrac{A_i\cdot z}{z-z_i}$，然后逐项查 Z 变换表，得到：

$$x(kT)=\sum_{i=1}^{n}A_i\cdot {z_i}^k \tag{B.11}$$

对应的采样信号为：

$$x^*(t)=\sum_{k=0}^{\infty}x(kT)\cdot\delta(t-kT) \tag{B.12}$$

下面举例说明。

例 B.6 已知 $X(z)=\dfrac{z}{z^2-3z+2}$，求其 Z 反变换。

将 $\dfrac{X(z)}{z}$ 展开成：

$$\frac{X(z)}{z}=\frac{1}{z^2-3z+2}=\frac{-1}{z-1}+\frac{1}{z-2}$$

从而：

$$X(z)=\frac{-z}{z-1}+\frac{z}{z-2}$$

查表 B.2，得到：

$$x(kT)=-1+2^k$$

从而有：

$$x^*(t)=0+\delta(t-T)+3\delta(t-2T)+7\delta(t-3T)+15\delta(t-4T)+31\delta(t-5T)+\cdots$$

与例 B.5 中结果一致。离散函数 $x^*(t)$ 的图形如图 B.1 所示。

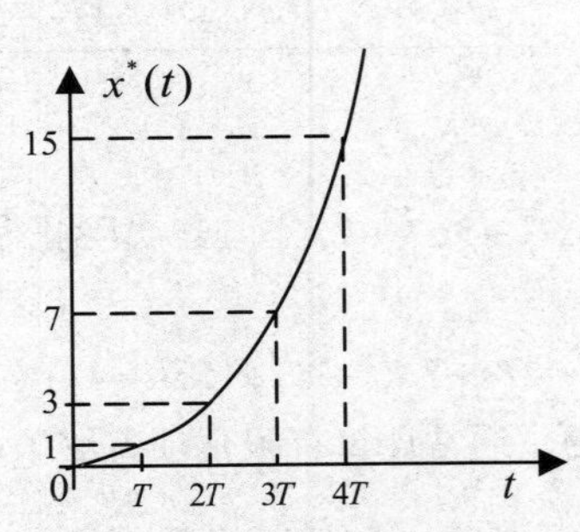

图 B.1　离散函数 $x^*(t)$ 的图形

B.4　利用 Matlab 进行 Z 正反变换

与 Laplace 变换类似，Matlab 的符号运算工具箱（Symbolic Math Toolbox）也提供了函数来进行 Z 正反变换。

B.4.1　利用 Matlab 进行 Z 正变换

Matlab 中可以用函数 ztrans 进行 Z 正变换，该函数的调用格式为：

Fz=ztrans(f, k,z)

其中，f 表示一个离散时间函数，其时间变量是离散值 k；返回值 Fz 为 f 函数的 Z 变换，以 z 作为符号变量。

例 B.7 用 Matlab 求函数 $x(t)=\dfrac{1}{2}t^2$ 的 Z 变换。

需先将连续时间函数离散化，取采样周期 $T=1\text{s}$ ，则对应的离散时间函数为 $x(k)=\frac{1}{2}k^2$ ，编制程序如下：

```
% Z transform for example B.7
syms k,z;
f=k^2/2;
Fz=ztrans(f,k,z)
```

计算结果为Fz=1/2*z*(z+1)/(z-1)^3，整理后可得到 $\mathrm{Fz}=\frac{\mathrm{z}(\mathrm{z}+1)}{2(\mathrm{z}-1)^3}$，与表B.2中的结果一致。

例 B.8　用 Matlab 求函数 $x(t)=\mathrm{e}^{-at}\sin\omega t$ 的 Z 变换。

先将连续时间函数离散化，取采样周期 $T=1\text{s}$ ，对应的离散时间函数为 $x(k)=\mathrm{e}^{-ak}\sin(\omega k)$ ，编制程序如下：

```
% Z transform for example B.8
syms a,w,k,z;
f=exp(-a*k)*sin(w*k);
Fz=ztrans(f,k,z)
```

计算结果为Fz=-z/exp(-a)*sin(w)/(-z^2/exp(-a)^2+2*z/exp(-a)*cos(w)-1)，化简后得到：

$$\mathrm{Fz}=\frac{\mathrm{z}\,\mathrm{e}^{-\mathrm{a}}\sin\omega}{\mathrm{z}^2-2\mathrm{z}\,\mathrm{e}^{-\mathrm{a}}\cos\omega+\mathrm{e}^{-2\mathrm{a}}}$$

与表B.2中的结果一致。

B.4.2　利用 Matlab 进行 Z 反变换

Matlab 的符号运算工具箱（Symbolic Math Toolbox）中提供了函数 iztrans 来进行 Z 反变换。该函数的一般调用格式为：

f=iztrans(Fz, k)

其中，Fz 表示一个 Z 域函数；k 表示离散时间变量；返回值 f 为 Fz 的 Z 反变换。

例 B.9　用 Matlab 求函数 $X(z)=\frac{z(z+1)}{2(z-1)^3}$ 的 Z 反变换。

编制的程序如下：

```
% inverse Z transform for example B.9
syms k,z;
Fz=z*(z+1)/2/(z-1)^3;
f=iztrans(Fz,k)
```

计算结果为f=1/2*k^2，即对应的离散时间序列为 $\frac{1}{2}\mathrm{k}^2$ 。

例 B.10 用 Matlab 求函数 $X(z)=\dfrac{z(1-\mathrm{e}^{-T})}{(z-1)(z-\mathrm{e}^{-T})}$ 的 Z 反变换。

仍取采样周期 $T=1$ 秒，编制的程序如下：

```
% inverse Z transform for example B.10
syms k,z;
Fz=z*(1-exp(-1))/(z-1)/(z-exp(-1));
f=iztrans(Fz,k)
```

计算结果为f=1-(828390857088487/2251799813685248)^k，由于：

$$828390857088487/2251799813685248 \approx \mathrm{e}^{-1}$$

因此该结果等价于 $\mathrm{f}=1-\mathrm{e}^{-k}$，与例B.7中结果一致。

应该指出，用 Matlab 求函数的 Z 反变换，得到的结果常常难以化简，因此工程实际中这种求 Z 反变换的方法较为少用。

B.5 Z 变换法求解线性定常差分方程

用 Z 变换法求解差分方程的实质是将差分方程简化成代数方程，通过代数运算及查表求出输出序列 $y(k)$。Z 变换求解差分方程的一般步骤如下：

（1）利用 Z 变换的时间移位性质对差分方程两边进行 Z 变换，并代入相应的初始条件，化成复变量 z 的代数方程。

（2）求出代数方程的解 $Y(z)$。

（3）通过查 Z 变换表，对 $Y(z)$ 求 Z 反变换，得到 $y(kT)$ 或 $y^*(t)$。

整个过程如图 B.2 所示。

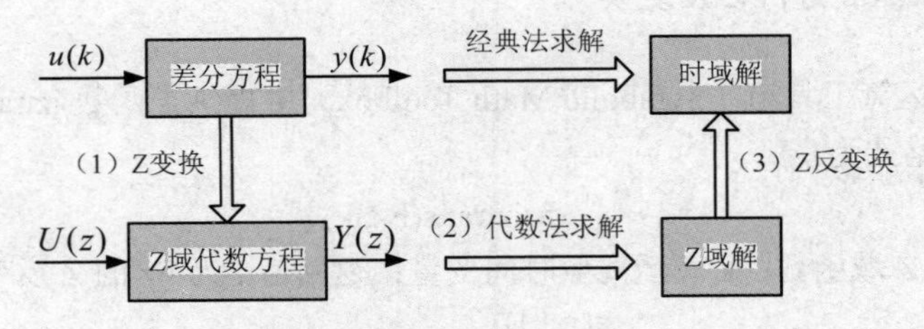

图 B.2 Z 变换法解差分方程

下面通过举例来说明。

例 B.11 二阶离散系统差分方程为 $y(k+2)-5y(k+1)+6y(k)=u(k)$，已知输入信号 $u(k)=1(k)$，初始条件 $y(0)=6$，$y(1)=25$，求响应 $y(k)$。

对方程两端取 Z 变换，得：

$$[z^2Y(z)-z^2y(0)-zy(1)]-5[zY(z)-zy(0)]+6Y(z)=U(z)$$

由于 $U(z)=Z\left[1(t)\right]=\dfrac{z}{z-1}$，$y(0)=6$，$y(1)=25$，得：

$$z^2Y(z)-6z^2-25z-5zY(z)+30z+6Y(z)=\frac{z}{z-1}$$

解代数方程得：

$$Y(z)=\frac{z(6z^2-11z+6)}{(z^2-5z+6)(z-1)}$$

用部分分式法求Z反变换：

$$\frac{Y(z)}{z}=\frac{(6z^2-11z+6)}{(z-1)(z-2)(z-3)}=\frac{0.5}{z-1}-\frac{8}{z-2}+\frac{13.5}{z-3}$$

$$Y(z)=\frac{0.5z}{z-1}-\frac{8z}{z-2}+\frac{13.5z}{z-3}$$

查表得 $y(k)=0.5-8(2^k)+13.5(3^k)$， $k=0,1,2,\cdots$。

为验算该结果，可用迭代法重解该例中的差分方程。迭代法非常适合在计算机上求解，已知差分方程并且给出输入序列和输出序列的初值，就可以利用递推关系在计算机上一步步地算出输出序列。

将原差分方程变形为：

$$y(k+2)=5y(k+1)-6y(k)+u(k)$$

根据输入信号、初始条件及递推关系，可得：

$$\begin{aligned}
&y(0)=6\\
&y(1)=25\\
&y(2)=5y(1)-6y(0)+u(0)=90\\
&y(3)=5y(2)-6y(1)+u(1)=301\\
&y(4)=5y(3)-6y(2)+u(2)=966\\
&y(5)=5y(4)-6y(3)+u(3)=3025
\end{aligned}$$

可以验证两种方法的结果是一致的。

迭代法给出了输出序列的一系列取值，由此可以画出输出信号的曲线，但得不到输出信号的闭式表达，而用Z变换法则可以得到输出信号的闭式表达。

附录 C

矩阵运算

现代控制理论是建立在状态空间模型基础上的，而矩阵是研究状态空间模型的主要工具，状态方程的求解、状态方程标准型、能控能观性的判定以及稳定性分析、状态反馈控制器的设计等都离不开矩阵这一重要数学工具。本附录简要介绍矩阵运算的相关理论，内容包括矩阵的定义及基本运算、矩阵的相似变换、矩阵指数函数、二次型以及矩阵微分法的基础知识。

C.1　矩阵的概念及基本运算

C.1.1　矩阵定义

定义 C.1　一个 $m\times n$ 矩阵，是由 $m\times n$ 个数 $a_{ij}(i=1,2,\cdots,m;j=1,2,\cdots,n)$ 排列成的一个 m 行 n 列的矩形数表，常用大写英文字母 A,B,C 等表示：

$$A=\begin{bmatrix}a_{11}&a_{12}&\cdots&a_{1n}\\a_{21}&a_{22}&\cdots&a_{2n}\\\vdots&\vdots&&\vdots\\a_{m1}&a_{m2}&\cdots&a_{mn}\end{bmatrix}$$

或者

$$A=(a_{ij})_{m\times n} \tag{C.1}$$

其中矩阵 A 中元素 a_{ij} 的下标 ij 表示它在矩阵中处于第 i 行第 j 列的位置。

特别的，行数和列数相等的矩阵称为方阵。在方阵中，我们称从左上角到右下角的对角线为主对角线；而从左下角到右上角的对角线为副对角线。主对角线上所有元素为 1，而其他元素均为 0 的 n 阶方阵称为单位元矩阵，记作 I_n。如果一个方阵除主对角线上元素外全为 0，则称此矩阵为对角矩阵，形如：

$$\begin{bmatrix}\lambda_1&0&\cdots&0\\0&\lambda_2&\cdots&0\\\vdots&\vdots&&\vdots\\0&0&\cdots&\lambda_n\end{bmatrix} \tag{C.2}$$

如果一个方阵位于主对角线上方的元素全为 0，则称该方阵为下三角矩阵；同样，如果一个方阵位于主对角线下方的元素全为 0，则称该方阵为上三角矩阵。例如：

$\begin{bmatrix}1&0&0\\11&2&0\\13&56&3\end{bmatrix}$ 是一个三阶下三角矩阵；　$\begin{bmatrix}2&9\\0&3\end{bmatrix}$ 为二阶上三角矩阵。

由 m 个含有 n 个未知量 $x_1,x_2,\cdots,x_n$ 的方程构成一个齐次线性方程组：

$$\begin{cases}a_{11}x_1+a_{12}x_2+\cdots+a_{1n}x_n=0\\a_{21}x_1+a_{22}x_2+\cdots+a_{2n}x_n=0\\\qquad\cdots\\a_{m1}x_1+a_{m2}x_2+\cdots+a_{mn}x_n=0\end{cases} \tag{C.3}$$

可将方程组中未知量的系数按照它们在方程组中的相对位置关系排成一个 m 行 n 列的矩阵：

$$A=\begin{bmatrix}a_{11}&a_{12}&\cdots&a_{1n}\\a_{21}&a_{22}&\cdots&a_{2n}\\\vdots&\vdots&&\vdots\\a_{m1}&a_{m2}&\cdots&a_{mn}\end{bmatrix} \tag{C.4}$$

这个矩阵通常称为齐次线性方程组式（C.3）的系数矩阵。易见，给定一个齐次线性方程组，按上述方式可以得到唯一一个矩阵；反之，给定一个矩阵，可以得到唯一的一个齐次方程组。这样，在齐次线性方程组与矩阵之间可确定一个一一对应关系。

C.1.2 矩阵基本运算

1. 矩阵加法

设矩阵 $A=(a_{ij})$，$B=(b_{ij})$ 同为 $m\times n$ 矩阵，定义 A 和 B 的和仍为一个 $m\times n$ 矩阵 $C=(c_{ij})$，其中，$c_{ij}=a_{ij}+b_{ij}(i=1,2,\cdots,m;j=1,2,\cdots,n)$，即 C 中元素为 A,B 对应元素的和，记为 $A+B=C$。

由于数的加法满足交换律和结合律，因此矩阵加法也满足如下运算律：

（1）交换律 $A+B=B+A$

（2）结合律 $(A+B)+C=A+(B+C)$

（3）对于矩阵 $A=(a_{ij})$，则 A 的负矩阵 $-A=(-a_{ij})$

2. 数与矩阵的乘法

设 λ 为任意实数，$A=(a_{ij})$ 为一个 $m\times n$ 矩阵。定义数 λ 与矩阵 A 的乘积为一个 $m\times n$ 矩阵 $C=\lambda A=(c_{ij})$，其中 $c_{ij}=\lambda a_{ij}(i=1,2,\cdots,m;j=1,2,\cdots,n)$。简单地说，实数 λ 与矩阵 $A=(a_{ij})$ 的乘积，就是用数 λ 乘以矩阵 A 的每一个元素 a_{ij} 所得的矩阵 $(\lambda a_{ij})_{m\times n}$。

数与矩阵的乘法满足：

（1）结合律：$\lambda(\mu A)=(\lambda\mu)A$

（2）分配律：$(\lambda+\mu)A=\lambda A+\mu A,\ \lambda(A+B)=\lambda A+\lambda B$

3. 矩阵的乘法

设 $A=(a_{ij})$ 为一个 $m\times n$ 矩阵，$B=(b_{ij})$ 为一个 $n\times k$ 矩阵。定义 A 与 B 的乘积为一个 $m\times k$ 矩阵 $C=(c_{ij})$，其中：

$$c_{ij}=a_{i1}b_{1j}+a_{i2}b_{2j}+\cdots+a_{in}b_{nj}=\sum_{l=1}^{n}a_{il}b_{lj}(i=1,2,\cdots,m;j=1,2,\cdots,k) \tag{C.5}$$

记为 $C=AB$。

两个矩阵 A,B 可以做乘法，当且仅当第一个矩阵 A 的列数与第二个矩阵 B 的行数相等。矩阵的乘法满足以下性质：

（1）结合律 $(AB)C=A(BC)$

（2）分配律 $A(B+C)=AB+AC$（左分配律），$(A+B)C=AC+BC$（右分配律）

需要注意的是，矩阵乘法不满足交换律。这是因为一方面即使 AB 有意义，BA 却未必有意义。另一方面，即使 BA 也可以运算，但 $AB\neq BA$。例如 $A=\begin{bmatrix}0&0\\1&1\end{bmatrix}$，$B=\begin{bmatrix}1&1\\0&0\end{bmatrix}$，而 $AB=\begin{bmatrix}0&0\\1&1\end{bmatrix}$，$BA=\begin{bmatrix}1&1\\0&0\end{bmatrix}$，显然 $AB\neq BA$。

4. 矩阵的转置

设 $A=(a_{ij})$ 为一个 $m\times n$ 矩阵，如果以矩阵 A 的行为列，以矩阵 A 的列为行，则得到一个 $n\times m$ 的矩阵。称此矩阵为矩阵 A 的转置矩阵，记为 A^T。

矩阵的转置满足以下性质：

（1）对任意矩阵 A，$(A^T)^T=A$

（2）$(A+B)^T=A^T+B^T$

（3）$(\lambda A)^T = \lambda A^T$

（4）$(AB)^T = B^T A^T$

特别的，如果 $A^T = A$，则矩阵 A 称为对称矩阵。如果 $A^T = -A$，则矩阵 A 称为反对称矩阵。

5. 矩阵的初等变换

下列三种变换统称为矩阵的行（列）初等变换

（1）将矩阵的某一行（列）乘以一个非零的数。

（2）将矩阵的两行（列）互换位置。

（3）将矩阵的某一行（列）乘以一个数并加到另一行（列）上去。

若矩阵 A 可经初等变换变为 B，则称 A 等价于 B，或者称 A 与 B 等价。可证明，A 与 B 等价的充要条件是：

$$\text{rank}A = \text{rank}B \tag{C.6}$$

设 A 为 $m \times n$ 矩阵，对 A 施加一次行（列）的初等变换，其结果等于在 A 的左（右）边乘以相应的 $m(n)$ 阶初等方阵。

6. 矩阵的秩

$m \times n$ 阶矩阵 A 中不等于零的子式的最大阶数称为矩阵 A 的秩，记做 $\text{rank}A$。显然，

$$\text{rank}A \leqslant \min(m, n) \tag{C.7}$$

由列（行）向量所张成的向量空间称为 A 的列（行）空间，其维数定义为矩阵 A 的列（行）秩。

定理 C.1 矩阵的行或列的初等变换不改变其秩。

证明从略。

7. 逆矩阵

设 A 为 n 阶方阵，如果存在同阶方阵 B，使得 $AB = BA = I_n$，则称矩阵 A 可逆。所有满足 $AB = BA = I_n$ 的矩阵 B 是唯一的，它完全由矩阵 A 来确定。因此，称 B 为矩阵 A 的逆矩阵，记为 $A^{-1} = B$。

可逆矩阵具有如下基本性质：

（1）若 A 可逆，则其逆矩阵 A^{-1} 必定可逆，且 $(A^{-1})^{-1} = A$。

（2）若 A 可逆，则其转置矩阵 A^T 也可逆，且 $(A^T)^{-1} = (A^{-1})^T$。

（3）若 A 可逆，则 $\lambda A(\lambda \neq 0)$ 也可逆，且 $(\lambda A)^{-1} = \dfrac{1}{\lambda} A^{-1}$。

（4）如果同阶方阵 A 和 B 都可逆，则其乘积 AB 也可逆，且 $(AB)^{-1} = B^{-1} A^{-1}$。

C.1.3 相似矩阵与矩阵对角化

1. 矩阵的特征值与特征向量

设 A 是一个 $n \times n$ 的矩阵，若在向量空间中存在一非零向量 $\boldsymbol{v}$，使得：

$$A\boldsymbol{v} = \lambda \boldsymbol{v} \tag{C.8}$$

则称 λ 为 A 的特征值，任何满足式（C.8）的非零向量 $\boldsymbol{v}$ 称为 A 对应于特征值 λ 的特征向量。

根据上述定义可以求解 A 的特征值。将式（C.8）改写为：

$$(\lambda I - A) = 0 \tag{C.9}$$

上式是一个齐次线性方程，其非零解存在的充分必要条件是：

$$|\lambda I - A| = 0 \tag{C.10}$$

因此，矩阵 A 的特征值即是式（C.10）的根。式（C.10）称为矩阵 A 的特征方程。其展开式：

$$|\lambda I - A| = \lambda^n + a_{n-1}\lambda^{n-1} + \cdots + a_1\lambda + a_0 \tag{C.11}$$

称为矩阵 A 的特征多项式。

$n \times n$ 的矩阵 A 有 n 个特征值。对于实数方阵 A，其 n 个特征值或为实数，或为共轭复数；若 A 是实数对称方阵，其特征值都是实数。

矩阵经非奇异变换后，其特征多项式保持不变。即若：

$$\hat{A} = P^{-1}AP \tag{C.12}$$

则：

$$\begin{aligned}|\lambda I - P^{-1}AP| &= |P^{-1}\lambda P - P^{-1}AP| = |P^{-1}||\lambda I - A||P| \\ &= |P^{-1}||P||\lambda I - A| = |P^{-1}P||\lambda I - A| \\ &= |\lambda I - A| = \lambda^n + a_{n-1}\lambda^{n-1} + \cdots + a_1\lambda + a_0\end{aligned}$$

称特征多项式的系数 $a_{n-1}, a_{n-2}, \cdots, a_1, a_0$ 为系统的不变量。特征值由特征多项式系数 $a_{n-1}, a_{n-2}, \cdots, a_1, a_0$ 完全确定，因此矩阵的非奇异变换也不改变特征值。

2. 矩阵对角或约当标准形

若矩阵 A 的特征值是互异的，则必存在非奇异变换矩阵 P，使得 A 可以变换成对角标准形：

$$\hat{A} = P^{-1}AP = \begin{bmatrix} \lambda_1 & & 0 \\ & \ddots & \\ 0 & & \lambda_n \end{bmatrix} \tag{C.13}$$

其中，变换矩阵 P 由 A 的特征向量 $\boldsymbol{v}_1, \boldsymbol{v}_2, \cdots, \boldsymbol{v}_n$ 构造

$$P = [\boldsymbol{v}_1 \quad \boldsymbol{v}_2 \quad \cdots \quad \boldsymbol{v}_n] \tag{C.14}$$

$v_1, v_2, \cdots, v_n$ 分别为对应于特征值 $\lambda_1, \lambda_2, \cdots, \lambda_n$ 的特征向量。

若矩阵 A 具有重特征根，能否化为对角阵，对于这个问题需要分两种情况来讨论。一种情况是矩阵 A 虽有重特征值，但矩阵 A 仍然具有 n 个独立的特征向量，对于这种情况就同特征值互异一样，仍可将矩阵 A 化为对角线标准形；另一种情况是，矩阵 A 不但具有重特征值，而且其独立特征向量的个数也低于 n，对于这种情况，倘若要构造变换矩阵 P，还需要另外添加一个称为“广义特征向量”的向量。显然，用这个变换矩阵进行变换，所得到的矩阵不会再是一个对角矩阵，而是一种和对角矩阵十分相近似的矩阵——约当矩阵。

我们将形如：

$$\begin{bmatrix} \lambda & 1 & 0 & \cdots & 0 & 0 \\ 0 & \lambda & 1 & \cdots & 0 & 0 \\ \vdots & \vdots & \vdots & & \vdots & \vdots \\ 0 & 0 & 0 & & \lambda & 1 \\ 0 & 0 & 0 & & 0 & \lambda \end{bmatrix}$$

的矩阵称为约当块。

由若干约当块组成的准对角线矩阵称为约当矩阵，例如：

$$\left[\begin{array}{cc|ccc}4 & 1 & 0 & 0 & 0\\0 & 4 & 0 & 0 & 0\\\hline 0 & 0 & -3 & 1 & 0\\0 & 0 & 0 & -3 & 1\\0 & 0 & 0 & 0 & -3\end{array}\right]$$

属于约当矩阵，它由两个约当块组成。

约当矩阵 A 中约当块的个数等于矩阵 A 的独立特征向量数。换句话说，对于每一个约当块，有且仅有一个线性独立的特征向量。设约当矩阵 A 中的约当块数为 l ，m_i 是第 i 个约当块的阶数，有：

$$m_1 + m_2 + \cdots + m_l = n \tag{C.15}$$

值得注意的是，每个约当块的阶数 m_i 并不一定等于该特征值的重数。只有当对应于重特征值的独立特征向量个数为 1 时，其约当块的阶数才等于特征值的重数。例如某特征值 λ_i 的重数等于 3，而对应于该特征值的独立特征向量数为 2，则对应于该特征值将有两个约当块（$l=2$），并且 $m_1=2, m_2=1$ 或者 $m_1=1, m_2=2$ ，相应的约当矩阵形式为：

$$\left[\begin{array}{cc|c}\lambda_i & 1 & 0\\0 & \lambda_i & 0\\\hline 0 & 0 & \lambda_i\end{array}\right] \text{或} \left[\begin{array}{c|cc}\lambda_i & 0 & 0\\\hline 0 & \lambda_i & 1\\0 & 0 & \lambda_i\end{array}\right]$$

当 $m_1 = m_2 = \cdots = m_l = 1, l = n$ 时，约当矩阵将变为对角线矩阵。因此，对角线矩阵可以看作是约当矩阵的一种特殊情况。

对于任意 n 阶矩阵，必定存在一个非奇异变换矩阵 P ，使得：

$$\tilde{A} = P^{-1}AP \tag{C.16}$$

为约当矩阵。这个约当矩阵除了排列的次序可能不同外，是由矩阵 A 唯一确定的。

构造转换为约当矩阵的非奇异变换矩阵 P 一般比较复杂，除了式（C.14）的特征值外，还需要求解广义特征向量，二者共同构成 P 矩阵的列向量。对于一种简单的情况，即每个 m 重特征值只对应于一个独立的特征向量，可以方便地计算其非奇异变换矩阵 P 。具体求解方法读者可参考线性代数相关教材，这里不再介绍。

C.2　矩阵指数函数

C.2.1　定义与性质

设 A 是 $n \times n$ 阶矩阵。则下列无穷幂级数：

$$\mathrm{e}^{At} = I + At + \frac{1}{2!}A^2t^2 + \cdots = \sum_{k=0}^{\infty}\frac{1}{k!}A^k t^k \tag{C.17}$$

称为矩阵指数函数，用符号 e^{At} 表示。

e^{At} 和矩阵 A 的阶次相同，也是一个 $n \times n$ 阶矩阵，且该幂级数对所有有限时间 t 是绝对收敛的。

e^{At} 具有如下基本性质：

（1）设 A 是 $n \times n$ 阶矩阵，t 和 s 为两个独立的自变量，则有：

$$e^{A(t+s)} = e^{At} \cdot e^{As} \tag{C.18}$$

（2）特别地，有：

$$e^{A0} = I \tag{C.19}$$

（3）e^{At} 总是非奇异的，其逆为 e^{-At}，即：

$$(e^{At})^{-1} = e^{-At} \tag{C.20}$$

（4）对于 $n \times n$ 阶方阵 A 和 B，如果 A 和 B 是可交换的，即 $AB = BA$，则下式必成立：

$$e^{(A+B)t} = e^{At} \cdot e^{Bt} \tag{C.21}$$

（5）对于矩阵指数函数 e^{At}，有：

$$\frac{d}{dt} e^{At} = A e^{At} = e^{At} \cdot A \tag{C.22}$$

上述性质可利用定义容易得证。

C.2.2　几种计算方法

1. 按照 e^{At} 的定义进行计算

$$e^{At} = I + At + \frac{1}{2!} A^2 t^2 + \cdots = \sum_{k=0}^{\infty} \frac{1}{k!} A^k t^k \tag{C.23}$$

该方法虽然简单，但很难获得解析形式的结果，一般用于计算机计算。

2. 利用拉氏反变换计算

$$e^{At} = L^{-1}(sI - A)^{-1} \tag{C.24}$$

3. 应用 Cayley-Hamilton 定理计算

Cayley-Hamilton（凯莱一哈密顿）定理：设 A 为 $n \times n$ 阶方阵，则 A 必定满足其自身的零化多项式。即如果：

$$f(\lambda) = |\lambda I - A| = \lambda^n + a_{n-1}\lambda^{n-1} + \cdots + a_1\lambda + a_0 \tag{C.25}$$

则必定有：

$$f(A) = A^n + a_{n-1}A^{n-1} + \cdots + a_1 A + a_0 I = 0 \tag{C.26}$$

根据式（C.26），可以导出：

$$\begin{aligned}
A^n &= -a_{n-1}A^{n-1} - a_{n-2}A^{n-2} - \cdots - a_1 A - a_0 I \\
A^{n+1} &= AA^n = -a_{n-1}A^n - a_{n-2}A^{n-1} - \cdots - a_1 A^2 - a_0 A \\
&= -a_{n-1}(-a_{n-1}A^{n-1} - a_{n-2}A^{n-2} - \cdots - a_1 A - a_0 I) - a_{n-2}A^{n-1} - \cdots - a_1 A^2 - a_0 A \\
&= (a_{n-1}^2 - a_{n-2})A^{n-1} + (a_{n-1}a_{n-2} - a_{n-3})A^{n-2} + \cdots + (a_{n-1}a_1 - a_0)A + a_{n-1}a_0 I
\end{aligned}$$

……

可以看出，所有高于 $(n-1)$ 次的矩阵幂 $A^n, A^{n+1}, \cdots$ 都可以用 $A^{n-1}, A^{n-2}, \cdots, A, I$ 的线性组合来表示。写成一般形式：

$$A^m = \sum_{j=0}^{n-1} \alpha_{mj} A^j \tag{C.27}$$

其中，对于 $m < n$ 的部分，只需令其他系数 $\alpha_{kj} = 0 (k \neq m)$。

将式（C.27）代入 e^{At} 的定义式（C.17）：

$$e^{At}=\sum_{k=0}^{\infty}\frac{1}{k!}t^kA^k=\sum_{k=0}^{\infty}\frac{1}{k!}t^k\sum_{j=0}^{n-1}\alpha_{kj}A^j=\sum_{j=0}^{n-1}A^j\sum_{k=0}^{\infty}\frac{1}{k!}\alpha_{kj}t^k \tag{C.28}$$

由于级数 $\sum_{k=0}^{\infty}\frac{1}{k!}\alpha_{kj}t^k$ 对于任何有限的 t 都是绝对收敛的，所以可用一个 t 的标量函数符号 $\alpha_j(t)$ 来表示：

$$\alpha_j(t)=\sum_{k=0}^{\infty}\frac{1}{k!}\alpha_{kj}t^k \quad (j=0,1,\cdots,n-1) \tag{C.29}$$

从而可以将 e^{At} 这个无穷项的幂级数表示成一个有限多项式的形式：

$$e^{At}=\alpha_0(t)I+\alpha_1(t)A+\cdots+\alpha_{n-1}(t)A^{n-1} \tag{C.30}$$

采用式（C.30）计算 e^{At} 的关键在于 $\alpha_j(t)$ 的具体解析形式。下面分两种情况给出 $\alpha_j(t)$ 的计算方法。

（1）A 的特征值 $\lambda_1,\lambda_2,\cdots,\lambda_n$ 互异的情况

$$\begin{bmatrix}\alpha_0(t)\\ \alpha_1(t)\\ \vdots\\ \alpha_{n-1}(t)\end{bmatrix}=\begin{bmatrix}1 & \lambda_1 & \lambda_1^2 & \cdots & \lambda_1^{n-1}\\ 1 & \lambda_2 & \lambda_2^2 & \cdots & \lambda_2^{n-1}\\ \vdots & \vdots & \vdots & & \\ 1 & \lambda_n & \lambda_n^2 & \cdots & \lambda_n^{n-1}\end{bmatrix}^{-1}\begin{bmatrix}e^{\lambda_1 t}\\ e^{\lambda_2 t}\\ \vdots\\ e^{\lambda_n t}\end{bmatrix} \tag{C.31}$$

证明：将式（C.30）两边进行非奇异变换，得：

$$P^{-1}e^{At}P=P^{-1}[\alpha_0(t)I+\alpha_1(t)A+\cdots+\alpha_{n-1}(t)A^{n-1}]P$$

也即：

$$\begin{pmatrix}e^{\lambda_1 t} & & 0\\ & \ddots & \\ 0 & & e^{\lambda_n t}\end{pmatrix}=\begin{pmatrix}\alpha_0(t) & & 0\\ & \ddots & \\ 0 & & \alpha_0(t)\end{pmatrix}+\begin{pmatrix}a_1(t)\lambda_1(t) & & 0\\ & \ddots & \\ 0 & & a_1(t)\lambda_n(t)\end{pmatrix}+\cdots+\begin{pmatrix}a_{n-1}(t)\lambda_1^{n-1} & & 0\\ & \ddots & \\ 0 & & a_{n-1}(t)\lambda_n^{n-1}\end{pmatrix}$$

等式两边矩阵的各个元素对应相等，有：

$$\alpha_0(t)+\alpha_1(t)\lambda_1(t)+\cdots+\alpha_{n-1}(t)\lambda_1^{n-1}=e^{\lambda_1 t}$$
$$\alpha_0(t)+\alpha_1(t)\lambda_2(t)+\cdots+\alpha_{n-1}(t)\lambda_2^{n-1}=e^{\lambda_2 t}$$
$$\cdots\cdots$$
$$\alpha_0(t)+\alpha_1(t)\lambda_n(t)+\cdots+\alpha_{n-1}(t)\lambda_n^{n-1}=e^{\lambda_n t}$$

将上式写成矩阵形式，并对 $\alpha_0(t),\alpha_1(t),\cdots,\alpha_n(t)$ 求解，即可得式（C.31）。

（2）A 具有 n 重特征根 λ_1 的情况

$$\begin{bmatrix}\alpha_0(t)\\ \alpha_1(t)\\ \vdots\\ \alpha_{n-3}(t)\\ \alpha_{n-2}(t)\\ \alpha_{n-1}(t)\end{bmatrix}=\begin{bmatrix}0 & 0 & 0 & \cdots & 0 & 1\\ 0 & 0 & 0 & \cdots & 1 & (n-1)\lambda_1\\ \vdots & \vdots & \vdots & & \vdots & \vdots\\ 0 & 0 & 1 & \cdots & \cdots & \frac{(n-1)(n-2)}{2!}\lambda_1^{n-3}\\ 0 & 1 & 2\lambda_1 & \cdots & \cdots & (n-1)\lambda_1^{n-2}\\ 1 & \lambda_1 & \lambda_1^2 & \cdots & \lambda_1^{n-2} & \lambda_1^{n-1}\end{bmatrix}^{-1}\begin{bmatrix}\frac{1}{(n-1)!}t^{n-1}e^{\lambda_1 t}\\ \frac{1}{(n-2)!}t^{n-2}e^{\lambda_1 t}\\ \vdots\\ \frac{1}{2!}t^2e^{\lambda_1 t}\\ te^{\lambda_1 t}\\ e^{\lambda_1 t}\end{bmatrix} \tag{C.32}$$

证明：已知：

$$\alpha_0(t)+\alpha_1(t)\lambda_1+\cdots+\alpha_{n-1}(t)\lambda_1^{n-1}=\mathrm{e}^{\lambda_1 t} \tag{C.33}$$

将上式对 λ_1 求导，得：

$$\alpha_1(t)+2\alpha_2(t)\lambda_1+\cdots+(n-1)\alpha_{n-1}(t)\lambda_1^{n-2}=t\,\mathrm{e}^{\lambda_1 t} \tag{C.34}$$

再将上式对 λ_1 求导一次，得：

$$2\alpha_2(t)+6\alpha_3(t)\lambda_2+\cdots+(n-1)(n-2)\alpha_{n-1}(t)\lambda_1^{n-3}=t^2\,\mathrm{e}^{\lambda_1 t} \tag{C.35}$$

重复上述步骤，经过 $n-1$ 次求导后，得：

$$(n-1)!\alpha_{n-1}(t)=t^{n-1}\,\mathrm{e}^{\lambda_1 t} \tag{C.36}$$

由此得到关于 $\alpha_j(t)(j=0,1,\cdots,n-1)$ 的 n 个方程，写成矩阵形式，并对 $\alpha_0,\alpha_1,\cdots,\alpha_{n-1}$ 求解，即可得式（C.32）。

例 C.1 利用 Cayley-Hamilton 定理计算 $A=\begin{bmatrix}0&1&0\\0&0&1\\-6&-11&-6\end{bmatrix}$ 的矩阵指数函数 e^{At}。

由特征方程

$$|\lambda I-A|=\lambda^3+6\lambda^2+11\lambda+6=0$$

得特征根 $\lambda_1=-1,\lambda_2=-2,\lambda_3=-3$。

根据式（C.32），得到：

$$\begin{bmatrix}\alpha_0(t)\\\alpha_1(t)\\\alpha_2(t)\end{bmatrix}=\begin{bmatrix}1&-1&1\\1&-2&4\\1&-3&9\end{bmatrix}^{-1}\begin{bmatrix}\mathrm{e}^{-t}\\\mathrm{e}^{-2t}\\\mathrm{e}^{-3t}\end{bmatrix}=\begin{bmatrix}3\mathrm{e}^{-t}-3\mathrm{e}^{-2t}+\mathrm{e}^{-3t}\\\frac{5}{2}\mathrm{e}^{-t}-4\mathrm{e}^{-2t}+\frac{3}{2}\mathrm{e}^{-3t}\\\frac{1}{2}\mathrm{e}^{-t}-\mathrm{e}^{-2t}+\frac{1}{2}\mathrm{e}^{-3t}\end{bmatrix}$$

最后计算得到：

$$\begin{aligned}\mathrm{e}^{At}&=\alpha_0(t)I+\alpha_1(t)A+\alpha_2(t)A^2\\&=\begin{bmatrix}3\mathrm{e}^{-t}-3\mathrm{e}^{-2t}+\mathrm{e}^{-3t} & \frac{5}{2}\mathrm{e}^{-t}-4\mathrm{e}^{-2t}+\frac{3}{2}\mathrm{e}^{-3t} & \frac{1}{2}\mathrm{e}^{-t}-\mathrm{e}^{-2t}+\frac{1}{2}\mathrm{e}^{-3t}\\-3\mathrm{e}^{-t}+6\mathrm{e}^{-2t}-3\mathrm{e}^{-3t} & -\frac{5}{2}\mathrm{e}^{-t}+8\mathrm{e}^{-2t}-\frac{9}{2}\mathrm{e}^{-3t} & \frac{1}{2}\mathrm{e}^{-t}+2\mathrm{e}^{-2t}-\frac{3}{2}\mathrm{e}^{-3t}\\3\mathrm{e}^{-t}-12\mathrm{e}^{-2t}+9\mathrm{e}^{-3t} & \frac{5}{2}\mathrm{e}^{-t}-16\mathrm{e}^{-2t}+\frac{27}{2}\mathrm{e}^{-3t} & \frac{1}{2}\mathrm{e}^{-t}-4\mathrm{e}^{-2t}+\frac{9}{2}\mathrm{e}^{-3t}\end{bmatrix}\end{aligned}$$

C.3 矩阵微分法

在现代控制理论中，常遇到矩阵微分，下面介绍矩阵微分方面的基本知识。

C.3.1 向量或者矩阵对于数量变量的微分

设有 n 维向量函数：

$$\boldsymbol{a}(t)=[a_1(t),a_2(t),\cdots,a_n(t)] \tag{C.37}$$

则它对于 t 的导数为：

$$\frac{\mathrm{d}\boldsymbol{a}(t)}{\mathrm{d}t}=\left[\frac{\mathrm{d}a_1(t)}{\mathrm{d}t},\frac{\mathrm{d}a_2(t)}{\mathrm{d}t},\cdots,\frac{\mathrm{d}a_n(t)}{\mathrm{d}t}\right] \tag{C.38}$$

对于 $n\times m$ 的矩阵函数：

$$A(t)=\begin{bmatrix} a_{11}(t) & \cdots & a_{1n}(t) \\ \vdots & & \vdots \\ a_{n1}(t) & \cdots & a_{nn}(t) \end{bmatrix} \tag{C.39}$$

则它对于 t 的导数为：

$$\frac{\mathrm{d}A(t)}{\mathrm{d}t}=\begin{bmatrix} \frac{\mathrm{d}a_{11}(t)}{\mathrm{d}t} & \cdots & \frac{\mathrm{d}a_{1n}(t)}{\mathrm{d}t} \\ \vdots & & \vdots \\ \frac{\mathrm{d}a_{n1}(t)}{\mathrm{d}t} & \cdots & \frac{\mathrm{d}a_{nn}(t)}{\mathrm{d}t} \end{bmatrix} \tag{C.40}$$

设 $\lambda(t)$ 是标量函数，A,B 为矩阵或者向量函数，则有以下的运算法则：

（1）加法运算：$\frac{\mathrm{d}}{\mathrm{d}t}[A\pm B]=\frac{\mathrm{d}A}{\mathrm{d}t}\pm\frac{\mathrm{d}B}{\mathrm{d}t}$

（2）数乘运算：$\frac{\mathrm{d}}{\mathrm{d}t}(\lambda A)=\frac{\mathrm{d}\lambda}{\mathrm{d}t}A+\lambda\frac{\mathrm{d}A}{\mathrm{d}t}$

（3）乘法运算：$\frac{\mathrm{d}}{\mathrm{d}t}(AB)=\frac{\mathrm{d}A}{\mathrm{d}t}B+A\frac{\mathrm{d}B}{\mathrm{d}t}$

C.3.2 数量函数对于向量的微分

设函数 $f(x)=f(x_1,x_2,\cdots,x_n)$ 为数量函数，则定义 f 对向量 x 的导数为：

$$\frac{\mathrm{d}f}{\mathrm{d}x}=\begin{bmatrix} \frac{\partial f}{\partial x_1} \\ \vdots \\ \frac{\partial f}{\partial x_n} \end{bmatrix} \tag{C.41}$$

称为函数 f 的梯度，记作 grad$f$，或者 ∇f。设 f 和 g 都是标量函数，则：

（1）加法运算：$\frac{\mathrm{d}}{\mathrm{d}x}[f\pm g]=\frac{\mathrm{d}f}{\mathrm{d}x}\pm\frac{\mathrm{d}g}{\mathrm{d}x}$

（2）乘法运算：$\frac{\mathrm{d}}{\mathrm{d}x}(fg)=\frac{\mathrm{d}f}{\mathrm{d}x}g+f\frac{\mathrm{d}g}{\mathrm{d}x}$

C.3.3 向量函数对于向量的微分

设 m 维向量函数 $F(x)=\begin{bmatrix} a_1(x) \\ \vdots \\ a_m(x) \end{bmatrix}$，其中自变量 $x=[x_1,x_2,\cdots,x_n]^T$，定义 $F(x)$ 对 x 的导数为：

$$\frac{\mathrm{d}F(x)}{\mathrm{d}x^T}=\begin{bmatrix}\frac{\partial f_1}{\partial x_1} & \cdots & \frac{\partial f_1}{\partial x_n}\\ \vdots & & \vdots\\ \frac{\partial f_m}{\partial x_1} & \cdots & \frac{\partial f_m}{\partial x_n}\end{bmatrix}_{m\times n} \tag{C.42}$$

且

$$\frac{\mathrm{d}F^T(x)}{\mathrm{d}x}=\left(\frac{\mathrm{d}F(x)}{\mathrm{d}x^T}\right)^T \tag{C.43}$$

特别的，根据定义可以得到：

$$\frac{\mathrm{d}x}{\mathrm{d}x^T}=\frac{\mathrm{d}x^T}{\mathrm{d}x}=I \tag{C.44}$$

设 $F(x)$ 和 $G(x)$ 都是 m 维列向量函数，$\lambda(x)$ 是标量函数，则：

（1）加法运算：$\frac{\mathrm{d}}{\mathrm{d}x}[F^T \pm G^T]=\frac{\mathrm{d}F^T}{\mathrm{d}X}\pm\frac{\mathrm{d}G^T}{\mathrm{d}x}$

（2）数乘运算：$\frac{\mathrm{d}}{\mathrm{d}x}(\lambda F^T)=\frac{\mathrm{d}\lambda}{\mathrm{d}x}F^T+\lambda\frac{\mathrm{d}F^T}{\mathrm{d}x}$

（3）乘法运算：$\frac{\mathrm{d}}{\mathrm{d}x}(F^T G)=\frac{\mathrm{d}F^T}{\mathrm{d}x}G+\frac{\mathrm{d}G^T}{\mathrm{d}x}F$

参考文献

[1] O. Mayr. The Origins of Feedback Control. MIT Press, Cambridge, Mass., 1970.

[2] J. C. Maxwell. On Governors. Selected Papers on Mathematical Trends in Control Theory, Dover, New York, 1964.

[3] E. J. Routh. Dynamics of a System of Rigid Bodies. Macmillan, New York, 1892.

[4] A. Hurwitz. On the Conditions under which an Equation Has Only Roots with Negative Real Parts. Mathematische Annalen, 1895.

[5] H. S. Black. Inventing the Negative Feedback Amplifier. IEEE Spectrum, December 1977.

[6] H. Nyquist. Regeneration Theory. Bell Systems Tech. J., January 1932.

[7] H. W. Bode. Feedback—The History of an Idea. Selected Papers on Mathematical Trends in Control Theory, Dover, New York, 1964.

[8] W. R. Evans. Graphical Analysis of Control Systems. Transactions of the AIEE, 1948.

[9] W. R. Evans. Control System Synthesis by Root Locus Method. Transactions of the AIEE, 1950.

[10] 钱学森．工程控制论．北京：科学出版社，1958.

[11] R. E. Kalman. A New Approach to Linear Filtering and Prediction Problems. Journal of Basic Engineering, 1960.

[12] R. E. Kalman. Mathematical Description of Linear Dynamical Systems. SIAM J. Control, 1963.

[13] 维纳．控制论．北京：北京大学出版社，2007.

[14] [美] R. C. Dorf，R. H. Bishop. 现代控制系统（第十二版）．谢红卫，孙志强等译．北京：电子工业出版社，2015.

[15] 谈乐斌，张相炎，管红根等．火炮概论．北京：北京理工大学出版社，2005.

[16] 张彦斌．火炮控制系统及原理．北京：北京理工大学出版社，2009.

[17] [美] Katsuhiko Ogata．离散时间控制系统．陈杰，蔡涛，张娟等译．北京：机械工业出版社，2006.

[18] 潘仲明．信号、系统与控制基础教程．北京：高等教育出版社，2012.

[19] 黄家英．自动控制原理．北京：高等教育出版社，2010.

[20] [美] Katsuhiko Ogata．现代控制工程（第五版）．卢伯英，佟明安译．北京：电子工业出版社，2013.

[21] 胡寿松．自动控制原理题海大全．北京：科学出版社，2008.

[22] 胡寿松．自动控制原理（第五版）．北京：科学出版社，2007.